重庆市示范性高职院校优质核心课程系列教材

# 食品理化检验技术

SHIPIN LIHUA JIANYAN JISHU

田春美 编著

化学工业出版社
·北京·

本书以食品检验工的职业资格标准进行编写，详细地介绍了食品理化检验的基本知识，粮油及其制品的检验，饮料酒的检验，乳及乳制品的检验，饮料的检验，肉蛋及其制品的检验，发酵食品的检验，糕点、糖果的检验以及茶叶的检验共九章内容，突出新的检验方法、新的检验技术，培养学生对食品理化检验相关岗位（群）的适应性，实现教学与工作零距离的对接。

本书可作为高职高专食品营养与检测、食品加工技术等食品与农产品检验相关专业的教材，也可以作为食品企业检验人员的参考资料。

**图书在版编目（CIP）数据**

食品理化检验技术/田春美编著．—北京：化学工业出版社，2015.5（2020.10重印）

ISBN 978-7-122-19085-7

Ⅰ．①食…　Ⅱ．①田…　Ⅲ．①食品检验　Ⅳ．①TS207.3

中国版本图书馆CIP数据核字（2015）第072032号

---

责任编辑：迟　蕾　李植峰

责任校对：宋　玮　　　装帧设计：史利平

---

出版发行：化学工业出版社（北京市东城区青年湖南街13号　邮政编码100011）

印　　装：涿州市般润文化传播有限公司

787mm×1092mm　1/16　印张22¼　字数592千字　2020年10月北京第1版第2次印刷

---

购书咨询：010-64518888　　　售后服务：010-64518899

网　　址：http://www.cip.com.cn

凡购买本书，如有缺损质量问题，本社销售中心负责调换。

---

**定　　价：59.00元**

# 序

随着高等职业教育“工学结合，校企合作”人才培养模式的不断发展，示范院校示范专业的课程建设进入到全新的阶段，特别是在《教育部关于推进高等职业教育改革创新　引领职业教育科学发展的若干意见》（教职成［2011］12号）的正式出台，标志着我国高等职业教育以课程为核心的改革与建设成为高等职业院校当务之急。重庆工贸职业技术学院经过十年的改革探索和三年的示范性建设，在课程改革和教材建设上取得了一些成就，纳入示范建设的3门食品工艺与检测专业优质核心课程的物化成果之一——教材，现均已结稿付梓，即将与同行和同学们见面交流。

本系列教材力求以职业能力培养为主线，以工作过程为导向，以典型工作任务和生产项目为载体，立足行业岗位要求，参照相关的职业资格标准和行业企业技术标准，遵循高职学生成长规律、高职教育规律和行业生产规律进行开发建设。教材建设过程中广泛吸纳了行业、企业专家的智慧，按照任务驱动、项目导向教学模式的要求，在内容选取上注重了学生可持续发展能力和创新能力培养，教材具有典型的工学结合特征。

本套以工学结合为主要特征的系列化教材的正式出版，是学院不断深化教学改革，持续开展工作过程系统化课程开发的结果，更是重庆市示范性高职院校建设的一项重要成果。本套教材是我们多年来按食品生产流程开展教学活动的一次理性升华，也是借鉴国外职教经验的一次探索尝试，凝聚了各位编审人员的大量心血与智慧，希望该系列教材的出版能为推动全国高职高专食品工艺与检测专业建设起到引领和示范作用。当然，系列教材涉及的工作领域较多，编者对现代教育理念的理解不一，难免存在各种各样的问题，希望得到专家的斧正和同行的指点，以便我们改进。

本教材的正式出版得到了全国生物技术职业教育教学委员会副主任陈电容教授等职教专家的悉心指导，以及娃哈哈集团重庆饮料有限公司刘炜、重庆涪陵榨菜集团张玉礼等专家和技术人员的大力支持，在此一并表示感谢！

宋正富

2014年10月

# 前言
FOREWORD

食品理化检验技术是食品类、生物技术类专业，尤其是食品检测相关专业的重要课程之一。为适应以就业为导向的现代高等职业教育的要求，培养学生对食品分析与检验相关岗位（群）的适应性，实现教学与工作零距离的对接，依据行业特点，以真实的岗位需求为依托，本着“培养学生工作能力为主，理论够用适用为度”的原则，编写了本教材。根据食品检验工国家职业资格标准，将分析化学、仪器分析、食品检验国家标准和行业标准等内容进行优化整合，将基础知识和专业技能融合进去，突出应用性、实用性、适用性，重点培养学生的实际工作能力。

为了在教学中创造全真的工作环境，本教材以食品生产实际加工过程中所涉及的原料的前处理技术、原料的检验及产品的检验为学习领域，以完成粮油及其制品、酒类、乳及乳制品、饮料、肉蛋及其制品、发酵食品、糕点糖果及茶叶等食品的质量控制为学习任务，选取相关知识、技能和素质为教学内容，以国家标准、地方标准、行业标准中食品各项指标的检验方法为蓝本，介绍标准的分析方法，培养学生在以后的工作中执行相关标准的能力。

本教材的内容还体现了企业对食品检验工工作能力的要求，体现了课证融合的特点，适用于边学边练、“教、学、做”一体化的教学形式。本教材编写的宗旨就是提高学生的综合素质能力，培养技能型、应用型人才，突出高职高专职业教育的特色。

本教材适用于高职高专院校的食品类、生物技术类等相关专业，也可供质量监督、管理和检测技术人员参考，同时可以供相关企业的食品检验工培训使用，学生在毕业后的工作中还可以作为工具书参考使用。

由于编者水平所限和时间关系，教材中难免有疏漏和不妥之处，敬请广大读者批评指正。

编著者

2014 年 12 月

# 目录
CONTENTS

## ◎ 第五章 饮料的检验 177



## ◎ 第六章 肉蛋及其制品的检验 208

# 绪 论

## 一、食品理化检验技术的性质、任务和作用

**1. 食品理化检验技术的性质及任务**

"民以食为天"，食品是人类不可缺少的一类特殊物质，是维持人体生命活动所必需的营养物质和能量的最主要来源，并以其所特有的色、香、味、形及口感给人们以享受。此外，有的食品还具有预防及治疗疾病，提高人体免疫能力的功能。但是人们在食用食品的同时，不可避免地摄入食品中可能存在的有害物质，所以说食品也是有害物质进入人体的最主要媒介。为了对食品及其原料进行全面、客观的评价，必须采用科学的、系统的分析检测手段。食品分析作为一种技术手段，在食品的质量监控、营养评价、膳食结构的合理安排、食品中有害物质的分析、伪劣食品的检测、仪器资源开发利用、维护消费者的权益、保障人们身体健康及满足人们物质生活的需求等方面起着重要的作用。

根据《中华人民共和国食品安全法》规定"食品指各种供人食用或者饮用的成品和原料，以及按照传统是食品又是药品的物品，但是不包括以治疗为目的的物品"。食品理化检验技术就是专门研究各类食品组成成分的检测方法及有关理论，进而评定食品品质及安全卫生的一门技术性学科。

食品理化检验技术的主要任务就是根据食品质量标准及食品生产管理规范的有关规定，运用物理、化学、生物等技术手段全面控制食品质量，保证食品的营养性、安全性和可接受性。

**2. 食品理化检验技术的作用**

食品理化检验是食物营养评价与食品加工过程中质量保证体系的一个重要组成部分，它始终贯穿于食物资源的开发、食品加工生产与销售的全过程。因此，无论是消费者、食品生产企业、政府监管机构，还是高等院校、科研院所等，都需要分析食品的组成和性质，以确保食品的营养性、安全性和可接受性。其作用有以下几方面。

（1）控制管理优化生产，监督和提高产品质量　食品理化检验工作者应与生产者紧密配合，开展食品工业生产中物料（原料、辅料、半成品、成品、副产品等）的质量检测及控制，发现影响质量的主要工艺流程，从而监督物料质量，优化生产条件，促进生产和提高产品质量。

（2）为新资源、新产品、新技术的开发提供技术手段　食品理化检验是食品科学研究中不可缺少的手段，不论是理论性研究还是应用性研究，都离不开食品理化检验技术，如食品资源的开发、新产品的试制、新设备的使用、生产工艺的改进、产品包装的更新、贮运技术

的提高等方面的研究中，都需要以分析检验结果为依据。

## 二、食品理化检验技术的内容

食品的理化检验主要是利用物理、化学以及仪器等分析方法对食品中的各种营养成分、添加剂、矿物质、有害物质、微量成分、污染物质等进行分析检验，确保食品的质量，指导食品生产及加工过程，评价食品的优劣、保证食品的安全性。

## 三、食品理化检验技术的方法

在食品检验中，由于目的不同，或被测组分和干扰成分的性质以及它们在食品中存在的数量的差异，所选择的理化检验方法也各不相同。食品理化检验采用的方法主要有物理检验法、化学检验法和仪器检验法。

**1. 物理检验法**

物理检验法主要是通过对被测食品的某些物理性质如温度、密度、折射率、旋光度、沸点、透明度等的测定，可间接地求出食品中某种成分的含量，进而来判断被检食品的纯度和品质。

物理检验法简便、实用，在实际工作中应用广泛。

**2. 化学检验法**

化学检验法是以物质的化学反应为基础，使被测成分在溶液中与试剂作用，由生成物的量或消耗试剂的量来确定组分和含量的方法。化学检验法包括定性分析和定量分析。它是食品理化检验中最基础、最重要的分析检验方法，包括质量法和容量法。在食品的常规检验中相当一部分项目都必须用化学检验法进行检验。

化学检验法适用于食品中常量组分的测定，所用仪器、设备简单；测定结果较为准确，是食品理化检验中应用最广泛的方法。

虽然目前有许多高灵敏度、高分辨率的大型仪器应用于食品理化检验，但现代仪器分析也经常需要用化学方法处理样品，而且仪器分析测定的结果必须与已知标准进行对照，所用标准往往要用化学分析法进行测定。

因此经典的化学分析法仍是食品分析中最重要的方法之一。

**3. 仪器检验法**

仪器检验法是以物质的物理或物理化学性质为基础，利用光学或电学仪器来测定物质含量的方法称为仪器分析法。在食品分析中常用的仪器分析方法有以下几种：光学分析法、电化学分析法、色谱分析法。

光学分析法：根据物质的光学性质所建立的分析方法，主要包括吸光光度法、发射光谱法、原子吸收分光光度法和荧光分析法等。

电化学分析法：根据物质的电化学性质所建立的分析方法，主要包括电位分析法、电导分析法、电流滴定法、库仑分析法、伏安法和极谱法等。

色谱分析法：是一种重要的分离富集方法，可用于多组分混合物的分离和分析，主要包括气相色谱法、液相色谱法（又分为柱色谱和纸色谱）以及离子色谱法。

仪器检验法具有简便、快速、灵敏度和准确度较高等优点，是食品分析发展的方向。

## 四、食品理化检验技术的现状及发展方向

**1. 食品理化检验技术的现状**

近年来，蛋白质和脂肪的测定方法发展较快，已实现半自动和自动化分析。粗纤维的测定方法已用膳食纤维测定法代替。近红外光谱分析法已应用于某些食品中水分、蛋白质、脂肪、纤维素等多种成分的测定，但尚存在一些问题，不能用于多种食品的测定，因而有一定

的局限性。气相色谱法和液相色谱法测定游离糖已比较可靠。自气相色谱仪问世以来，脂肪酸的测定方法得到了飞跃发展，目前多采用填充柱分离多种饱和及不饱和脂肪酸；毛细管色谱法以其更佳的分离效果也得到了广泛的应用。氨基酸自动分析仪的出现，完全革新了原有的微生物法测定氨基酸的手段，分析效果大为提高；高效液相色谱法附加柱前或柱后反应装置，也应用于氨基酸的测定，其效果甚至优于氨基酸自动分析仪。但是，食品理化检验技术中仍需要一些适用于工厂常规检验的简便、快速、高效的方法。随着食品污染源的增多及各种新型食品添加剂的相继出现，食品卫生安全检验的任务越来越重。某些有害残留物、微量元素等的检验方法仍需不断地研究和发展。

**2. 食品理化检验技术的发展方向**

近年来，随着科学技术的迅猛发展，各种食品检验的方法不断得到完善、更新，在保障测定灵敏、准确的前提下，食品检验技术正朝着微量、快速、自动化的方向发展。许多高灵敏度、高分辨率的分析仪器越来越多地应用于食品检验中，为食品的开发与研究、食品的安全与卫生检验提供了更有力的手段。气相色谱仪、高效液相色谱仪、氨基酸自动分析仪、原子吸收分光光度计以及可进行光谱扫描的紫外-可见分光光度计、荧光分光光度计等已在食品检验中得到普遍应用。现代食品检验技术中涉及的各种仪器检验方法，许多新型、高效的仪器检验技术也在不断地产生，随着计算机的普及和应用，为仪器分析方法的自动化提供了有力的保证，从自动进样到分析结果、数据的统计处理，实现了全过程的自动化。

## 五、本教材的特点

为了让学生能与实际工作实现零距离的对接，本教材以食品生产加工过程中所涉及的原料的前处理技术、原料的检验及产品的检验为学习领域，以完成粮油、乳类、酒类、发酵食品、饮料、肉类、蛋类、糕点糖果类及茶类等食品的质量控制为学习任务，选取相关知识、技能和素质为教学内容，以真实的岗位需求为依托，以食品检验工及相关工种为质量标准，来构建整个教材的内容体系，做到了教材内容来自于岗位，最终又服务于岗位。

本教材选取的教学内容所涉及的知识面广、技能全面、实用性强，具有很强的行业针对性，能满足食品类行业及相关行业技能型人才能力培养的需求。

另外，为了提高学生的学习积极性，活跃课堂气氛，增加学生自主获取课外知识的能力，本教材还在每章的需要位置添加了“知识链接”、“课堂互动”和“案例分析”三个环节，这样不但丰富了教材内容，也扩大了学生学习的知识面。为了检查学生的学习情况，在每章的最后安排有目标检测，这样可以对学生的学习起到一定的监督促进作用。

# 第一章 食品理化检验的基本知识

食品分析与检验包括感官、理化及微生物分析与检验，这 3 个分析与检验过程往往由各职能检测部门分别进行。每一类检验过程，根据其检验目的、检测要求、检验方法的不同都有其相应的检测程序，其中食品的理化检验程序最为复杂。食品的理化检验主要是一个定量的检测过程，整个检验程序的每一个环节都必须体现准确的量的概念，因此食品的理化检验不同于感官及微生物检验，它必须严格地按一定的定量程序进行。

食品种类繁多，成分复杂，来源不一，食品分析与检验的目的不同，项目各异，尽管如此，不论哪种类型食品的检验，一般都按以下 4 个程序进行：第一步，检测样品的准备过程，包括采样及样品的处理和制备过程；第二步，进行样品的预处理，使其处于便于检测的状态；第三步，选择适当的检测方法，进行一系列的检测并进行结果的计算，然后对所获得的数据（包括原始记录）进行数理统计及分析；第四步，将检测结果以报告的形式表达出来。

## 第一节 样品的准备

样品的准备包括样品的采集、制备与保存，是食品分析中非常重要而往往又是比较繁琐的步骤，对后来的食品分析结果有重要的影响。

### 一、样品的采集

对食品进行分析检验的第一步就是样品的采集。从大量的分析对象中抽取具有代表性的一部分样品作为分析材料（分析样品）的过程，称为样品的采集。所抽取的分析材料称为样品或试样。

**1. 正确采样的重要性**

为保证食品分析检测结果的准确与结论的正确，在采样时要坚持下面两个原则。

(1) 采集的样品有代表性　食品分析中，不同种类的样品，也会因品种产地、成熟期、加工及贮存方法、保藏条件的不同，其成分和含量都会有相当大的变动。此外，即使同一检测对象，各部位间的组成和含量也会有显著性差异。因此，要保证检测结果的准确与结论的正确，首要条件就是采集的样品必须具有充分的代表性，能代表全部检验对象，能反映被检验对象所具有的特性，否则，无论检测工作做得如何认真、精确都是毫无意义的，甚至会得出错误的结论。

(2) 采样过程中要设法保持原有的理化指标，防止成分逸散或带入杂质　如果检测样品的成分发生逸散（如水分、气味、挥发性酸等）或带入杂质，显然也将会影响检测结果的准确性结论的正确性。

**2. 采样的一般程序**

要从一大批被测对象中采取能代表整批物品质量的样品，必须遵从一定的采样程序和原则。采样的程序分为如下几步。

待检样品 —采样→ 检样 —混合→ 原始样品 —处理、缩分→ 平均样品 → 检验样品 / 复检样品 / 保留样品

（1）检样　先确定采样点数，由整批待检食品的各个部分分别采取的少量样品称为检样，这也是采样的第一步程序。

（2）原始样品　把许多份检样混合在一起，构成能代表该批食品的原始样品。

（3）平均样品　将原始样品经过处理，按一定的方法和程序抽取一部分作为最后的检测材料，称平均样品。

（4）检验样品　由平均样品中分出，用于全部项目检验用的样品。

（5）复检样品　对检验结果有争议或分歧时，可根据具体情况进行复检，故必须有复检样品。

（6）保留样品　对某些样品，需封存保留一段时间（通常是一个月），以备再次检验。易变质食品不作保留。

**3. 采样的一般方法**

样品的采集有随机抽样和代表性取样两种方法。

随机抽样，即按照随机的原则从大批物料中抽取部分样品。操作时，可用多点取样法，即从被检食品的不同部位、不同区域、不同深度，上、下、左、右、前、后多个地方采取样品，使所有物料的各个部分都有机会被抽到。

代表性取样，是用系统抽样法进行采样，即已经了解样品随空间（位置）和时间而变化的规律，按此规律进行取样，以便采集的样品能代表其相应部分的组成和质量。如分层采样、依生产程序流动定时采样、按批次或件数采样、定期抽取货架上陈列的食品采样等。

随机抽样可以避免人为倾向因素的影响，但在某些情况下，难以混匀的食品（如果蔬、面点等），仅用随机抽样是不够的，必须结合代表性取样，从有代表性的各个部分分别取样，才能保证样品的代表性，从而保证检测结果的正确性。具体采样方法视样品不同而异，采样工具见图 1-1。

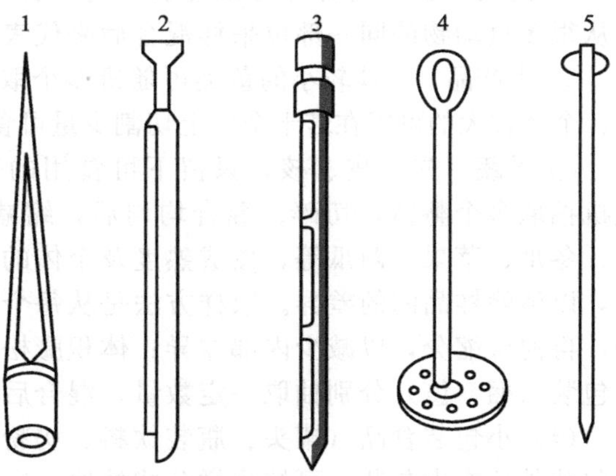

图 1-1　采样工具

1—固体脂肪采样器；2—谷物、糖类采样器；3—套筒式采样器；4—液体采样搅拌器；5—液体采样器

（1）散粒状样品（如粮食、粉状食品）　粮食、砂糖、奶粉等均匀固体物料，应按不同批号分别进行采样，对同一批号的产品，采样点数可由以下采样公式决定，即：

$$S=\sqrt{\frac{N}{2}}$$

式中　$N$——检测对象的数目（件、袋、桶等）；

　　$S$——采样点数。

从样品堆放的不同部位，按照采样点数确定具体采样袋（件、桶、包）数，用双套回转取样管，插入每一容器的上、中、下 3 个部位，分别采取等量样品混合在一起。若为散堆状的散料样品，先划分若干等体积层，然后在每层的四角及中心点，也分为上、中、下 3 个部位，用双套回转取样管插入采样，将取得的等量检样混合在一起，得到原始样品。混合后得到的原始样品，按四分法对角取样，缩减至样品不少于所有检测项目所需样品总和的 2 倍，即得到平均样品。

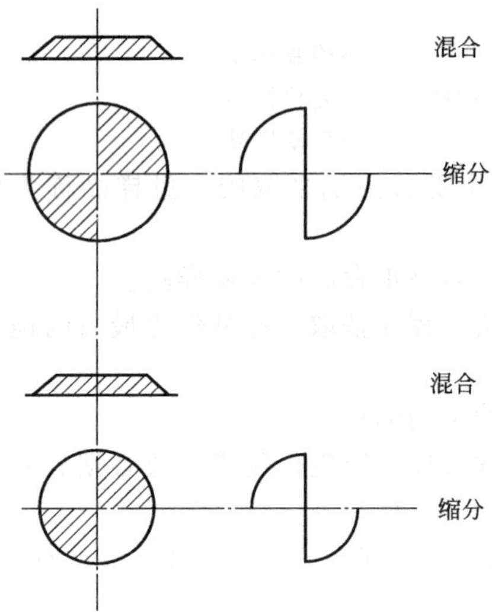

图 1-2　四分法取样图解

四分法是将散粒状样品由原始样品制成平均样品的方法，见图 1-2。将原始样品充分混合均匀后，堆集在一张干净平整的纸上，或一块洁净的玻璃板上；用洁净的玻璃棒充分搅拌均匀后堆成一圆锥形，将锥顶压平成一圆台，使圆台厚度约为 3cm；划“十”字等分成 4 份，取对角 2 份，其余弃去，将剩下 2 份按上述步骤再进行混合，四分取其二，重复操作至剩余为所需样品量为止。

(2) 液体及半固体样品（如植物油、鲜乳、饮料等）　对桶（罐、缸）装样品，先按采样公式确定采取的桶（罐、缸）数，再启开包装，用虹吸法分上、中、下三层各采取少部分检样，然后混合分取，缩减至所需数量的平均样品。若是大桶或池（散）装样品，可在桶（或池）的四角及中点分上、中、下三层进行采样，充分混匀后，分取缩减至所需要的量。

(3) 不均匀的固体样品（如肉、鱼、果蔬等）　此类食品本身各部位成分不均匀，个体及成熟度差异大，更应注意样品的代表性。

① 肉类　视不同的目的和要求而定，有时从不同部位采样，综合后代表该只动物，有时从很多只动物的同一部位采样混合后来代表某一部位的情况。

② 水产品　个体较小的鱼类可随机多个取样，切碎、混合均匀后，分取缩减至所需要的量；个体较大的可以在若干个体上切割少量可食部分，切碎后混匀，分取缩减至所需要的量。

③ 果蔬　先去皮、核，只留下可食用的部分。体积较小的果蔬，如豆、枣、葡萄等，随机抽取多个整体，切碎、混合均匀后，缩减至所需的量；体积较大的果蔬，如番茄、茄子、冬瓜、苹果、西瓜等，按成熟度及个体的大小比例，选取若干个体，对每个个体单独取样，以消除样品间的差异。取样方法是从每个个体生长轴纵向剖成 4 份或 8 份，取对角线 2 份，再混合缩分，以减少内部差异；体积膨松型的蔬菜，如油菜、菠菜、小白菜等，应由多个包装（捆、筐）分别抽取一定数量，混合后做成平均样品。

(4) 小包装食品（罐头、瓶装饮料、奶粉等）　根据批号连同包装一起，分批取样。如小包装外还有大包装，可按采样公式抽取一定的大包装，再从中抽取小包装，混匀后，分取至所需的量。

(5) 流水生产线上的采样

流水生产线上的取样位点一般都设在作业线上的一定位置（如罐头生产线的封盖前点，码头散装货输送线上抓斗前），每隔一定时间，从该位置取出流经此位置的一件或一定量的样品作为小样，然后将一定时间范围（如一个工作班、一个工作时等）内的小样合并，就形成原始样品。

食品采样的数量、采样的方法均有具体的规定，可参照有关标准执行。样品应一式三份，分别供检验、复查、备查或仲裁使用。

样品分检验样品与送检样品两种。检验样品是将较多的送检样品均匀混合后再取样，直接供分析检测用。取样量由各检测项目所需样品量决定，在以后的章节中会有详述。送检样品的取样量，至少应是全部检验用量的4倍。

**4. 采样的要求**

样品的采集，除了应注意样品的代表性之外，还需注意以下规则。

① 采样应注意抽检样品的生产日期、批号、现场卫生状况、包装和包装容器状况等。

② 小包装食品送检时应保持原包装的完整，并附上原包装上的一切商标及说明，供检验人员参考。

③ 盛放样品的容器不得含有待测物质及干扰物质，一切采样工具都应清洁、干燥无异味，在检验之前应防止一切有害物质或干扰物质带入样品。采样容器应根据检验项目选用硬质玻璃瓶或聚乙烯制品。检验微量与超微量元素时，对容器要进行预处理，例如检验食品中铅含量时，容器在盛样前要先进行去铅处理；检验铁含量时，应避免含铁的工具与容器接触；做汞测定的样品不能用橡胶塞；检测3,4-苯并芘时，样品不要用蜡纸包，并防止阳光照射。

④ 采样后应迅速送检验室检验，尽量避免样品在检验前发生变化，使其保持原来的理化状态。检验前不应发生污染、变质、成分逸散、水分变化及酶的影响等现象。

⑤ 要认真填写采样记录，包括采样单位、地址、日期、样品批号、采样条件、包装情况、采样数量、现场卫生状况、运输条件、贮藏条件、外观、检验项目及采样人员等。

## 二、样品的制备

样品的制备是指对采取的样品进行粉碎、混匀等过程，目的是保证样品的均匀性，在检测时取任何部分都能得到相同的测定结果。

样品的制备一般将不可食部分先去除，再根据样品的不同状态采用不同的制备方法。制备过程中，应注意防止易挥发性成分的逸散和避免样品组成成分及理化性质发生变化。

样品制备的方法因样品的状态不同而异。

(1) 液体、浆体或悬浮液体　一般是将样品充分混匀搅拌。常用的搅拌工具有玻璃棒、电动搅拌器、液体采样器。

(2) 互不相溶的液体　如油与水的混合物，分离后分别采取。

(3) 固体样品　应先粉碎、切分、捣碎、研磨或用其他方法研细、捣匀。常用工具有绞肉机、磨粉机、研钵、高速组织捣碎机等。

(4) 罐头　水果罐头在捣碎前须清除果核，肉、鱼类罐头应先清除骨头、调味料（葱、八角、辣椒等）后再捣碎，常用高速组织捣碎机等。

## 三、样品的保存

采取的样品，为了防止其水分或挥发性成分散失以及其他待测成分含量的变化（如光解、高温分解、发酵等)，应在短时间内进行分析。如果不能立即分析，则应妥善保存，保存的原则是：干燥、低温、避光、密封。

制备好的样品应放在密封洁净的容器内，置于阴暗处保存；易腐败变质的样品应保存在0～5℃的冰箱里，保存时间也不宜过长；有些成分，如胡萝卜素、黄曲霉毒素$B_1$、维生素$B_2$等，容易发生光解，以这些成分作为分析项目的样品必须在避光条件下保存；特殊情况下，样品中可加入适量的不影响分析结果的防腐剂，或将样品置于冷冻干燥器内进行升华干燥来保存。此外，样品保存环境要清洁干燥，存放的样品要按日期、批号、编号摆放，以便查找。

一般样品在检验结束后，应保留一个月以备需要时复检。保存时应加封并尽量保持原状，易变质食品不予保留。检验取样一般取可食部分，以所检验的样品计算。

## 第二节 样品的前处理技术

由于食品或食品原料种类繁多，组成复杂，而组分之间往往又以复杂的结合形式存在，所以只有少数分析项目（如水分、灰分等）及测定方法（如酒的气相色谱分析法）等可以直接进行分析，绝大多数分析项目及分析方法要求进行分析测定之前对试样进行有效、合理的处理。试样前处理就是待测成分的提取、浓缩（或稀释）、排除干扰、转态（转变为分析所要求的状态）的过程，又称试样预处理。试样的前处理是整个分析过程中继采样、制备样品之后非常重要的分析步骤。样品在前处理过程中，既要排除干扰因素，又不至于使被测物质受到损失。样品前处理的原则：消除干扰因素；完整保留待测组分；使待测组分浓缩或富集，以便获得可靠的检测结果。

食品分析前处理操作一般比较费时，过程繁琐，技术要求较高。各种食品的组织结构不同，组分的性质、含量差异很大，分析方法各异。食品分析的前处理没有一个统一的方法，通常应根据样品的种类与性质、分析项目、待测成分的理化性质与含量、采用的分析测定方法、分析目的等不同，选用适当的前处理方法。食品的多样性、特殊性、成分的复杂性，使食品分析的前处理技术成为食品分析中最具特色的部分。

### 一、传统的前处理技术

#### （一）有机物破坏法

有机物破坏法主要用于食品中无机元素的测定。食品中的无机盐或金属离子，常与蛋白质等有机物质结合，成为难溶、难离解的有机金属化合物，欲测定其中金属离子或无机盐的含量，需在测定前破坏有机结合体，释放出被测组分。通常可采用高温，或高温及强氧化条件使有机物质分解，呈气态逸散，而被测组分残留下来。根据具体操作条件的不同，又可分为干法灰化和湿法消化两大类。

**1. 干法灰化**

这是一种用高温灼烧的方式破坏样品中有机物的方法，因而又称为灼烧法。除汞外大多数金属元素和部分非金属的测定都可用此法处理样品。

（1）原理　将一定数量的样品置于坩埚中加热，使其中的有机物脱水、炭化、分解、氧化，再置高温电炉中（一般为500～550℃）灼烧灰化，直至残灰为白色或浅灰色为止，所得的残渣即为无机成分，可供测定用。

（2）方法特点　干法特点是有机物分解彻底，操作简便，无需工作者经常看管。另外，此法基本不加或加入很少的试剂，所以空白值低。但此法操作时间长，温度高，易造成某些易挥发元素的损失；坩埚对被测组分有吸留作用，致使测定结果和回收率降低。对有些元素的测定必要时可加助灰化剂。

（3）提高回收率的措施

① 根据被测组分的性质，采取适宜的灰化温度。灰化食品样品，应在尽可能低的温度下进行，但温度过低会延长灰化时间，通常选用500～550℃灰化2h或在600℃灰化0.5h，一般不要超过600℃。

② 加入助灰化剂（或灰化固定剂），防止被测组分的挥发损失和坩埚吸留。例如，考虑到灰化过程中卤素的损失，样品必须在碱性条件下进行灰化。通过在样品中加入氢氧化钠或

氢氧化钙可使卤素转为难挥发分的碘化钠或氟化钙；加入氯化镁或硝酸镁可使磷元素、硫元素转变为磷酸镁或硫酸镁，防止它们损失。为了防止砷的挥发，常在灰化之前加入适量的氢氧化钙；加入氯化镁及硝酸镁可使砷转变为不挥发的焦砷酸镁，氯化镁还起衬垫坩埚材料的作用，减少样品与坩埚的接触和吸留。在一般的灰化温度，铅、镉容易挥发损失，加硫酸可使易挥发的氯化铅、氯化镉等转变为难挥发的硫酸盐。

近年来，已开发了一种低温灰化技术，将样品放在低温灰化炉中，先将炉内抽至0～133.3Pa，然后不断通入氧气，每分钟0.3～0.8L，用射频照射使氧气活化，在低于150℃下可使样品完全灰化，从而克服高温灰化的缺点，但所需仪器价格较贵，不易普及。

**2. 湿法消化**

此法简称消化法，是常用的样品无机化方法。

(1) 原理　在酸性溶液中，向样品中加入强氧化剂（如 $H_2SO_4$、$HNO_3$、$H_2O_2$、$KMnO_4$ 等）并加热消化，使样品中的有机物质完全分解、氧化，呈气态逸出，而待测成分转化为无机物状态存在于消化液中，供测试用。

(2) 方法特点　此方法有机物分解速度快，所需时间短，由于加热温度较干法低，故可减少金属挥发逸散的损失，容器吸留也少。但在消化过程中，常产生大量有害气体，因此操作过程中需要在通风橱内进行；消化初期，易产生大量泡沫外溢，故需操作人员随时看管；此外，试剂用量较大，空白值偏高。本法适用于某些极易挥发散失物质的测定，除汞之外，大部分金属元素的测定都能达到良好的结果。

(3) 常用的湿法消化方法　根据所用的氧化剂不同，常用的湿法消化方法有以下几种。

① 硫酸消化法　硫酸具有强氧化性和脱水性，一般用于富含脂类样品的消化分离和测定蛋白质样品的消化，是凯氏定氮样品前处理中常用的消化剂。其作用是将样品中的有机物氧化分解，使蛋白质中的氮元素游离出来转变成铵盐。消化时配合催化剂如硫酸铜和硫酸钾来提高消化温度，从而可以减少消化时间。

② 硝酸消化法　硝酸能溶解绝大多数金属元素，且沸点较低（120℃），消化完成后易加热挥发除去。因消化温度低，对有些食品中的有机物不能彻底消化。铬、铝等在硝酸中会形成氧化膜而钝化，锡、锑能生成难溶的 $H_2SnO_3$、$HSbO_3$。消化液中残留的氮的氧化物和亚硝酸能破坏有机显色剂和指示剂，对分解测定产生严重干扰，因此在分析测定之前应除去。

③ 硝酸-硫酸消化法　这种方法适合于分解植物性食品中的有机物。采用硝酸-硫酸混合液与食品样品共热进行消化，硝酸和硫酸放出初生态氧，有机物被分解成 $CO_2$ 和 $H_2O$ 等物质，将样品彻底消化。硫酸有强氧化性和脱水性，沸点高（338℃），可以较好地分解样品。消化过程可使样品中的大多数元素转变为离子或水溶性形式。常用的硝酸与硫酸比例是5∶2。

称取均匀样品10～20g于凯氏烧瓶中，加入浓硝酸20mL，浓硫酸8～10mL，先以小火加热，待剧烈作用停止后，加大火力并不断滴加浓硝酸直至溶液透明不再转黑为止。每当溶液变深时，立即添加硝酸，否则溶液难以消化完全。待溶液不再转黑后，继续加热数分钟至有浓白烟逸出，此时消化液应澄清透明，冷却后小心加水稀释备用。

此法不足之处：试剂消耗量大，分解完成后多余的硫酸不易除去。此外硫酸与碱土金属、铅等生成的硫酸盐溶解度较小。在消化高糖食品时，要用硝酸浸泡足够时间，然后加入硫酸，消化时注意防止泡沫溢出及结焦。

④ 硝酸-高氯酸-硫酸消化法　热浓高氯酸具有强烈的氧化性和脱水性，分解样品能力很强，可加快氧化速度，高氯酸与水可形成共沸混合物（72%高氯酸溶液，沸点203℃）。硝酸和高氯酸的混合物是一种很好的氧化介质。要特别注意，高氯酸不能单独使用，且消化液不能蒸干，必须先用硝酸、硫酸分解大量有机物后，才可加入高氯酸，否则可能发生爆炸。

高氯酸的用量应严格控制，一般在 5mL 以下。

称取 5～10g 粉碎的样品于 250～500mL 凯氏烧瓶中，加少许水使之湿润，加数粒玻璃珠，加 4∶1 的硝酸-高氯酸混合液 10～15mL，放置片刻，小火缓缓加热，待作用缓和后放冷，沿瓶壁加入 5mL 或 10mL 浓硫酸，再加热，至瓶中液体开始变成棕色时，不断沿瓶壁滴加硝酸-高氯酸混合液（4∶1）至有机物分解完全。加大火力至产生白烟，溶液应澄清，无色或微黄色。在操作过程中应注意防止爆炸。

⑤ 硝酸-硫酸-过氧化氢消化法　某些不易消化的样品（如肉制品、乳制品等高脂肪样品），可先采用硝酸和硫酸消化后，然后加入过氧化氢进行消化，滴加时应沿壁缓慢进行，以防暴沸。

⑥ 硫酸-高锰酸钾消化法　适用于汞的比色测定前处理。可在加热条件下消化，也可在室温下放置一段时间消化。

（4）消化的操作技术　根据消化的具体操作不同，消化技术可分为以下几种。

① 敞口消化法　这是最常用的消化技术。通常在凯氏烧瓶或硬质锥形瓶中进行消化。操作时，在凯氏烧瓶中加入样品和消化液，将瓶倾斜呈约 45°，用电炉、电热板或煤气灯加热，直至消化完全为止。由于本法敞口操作，有大量消化烟雾和消化分解产物逸出，故需在通风橱中进行。

② 回流消化法　测定具有挥发性成分时，可在回流消化器中进行。这种消化器由于在上端连接冷凝器，可使挥发成分随同冷凝酸雾形成的酸液流回反应瓶中，不仅可以防止被测成分的挥发损失，而且可以防止烧干。

③ 冷消化法　又称低温消化法，是将样品和消化液混合后，置于室温或 37～40℃烘箱内，放置过夜。由于在低温下消化，可避免极易挥发的元素（如汞）的挥发损失，不需要特殊的设备，极为方便，但仅适用于含有机物较少的样品。

④ 高压密封罐消化法　这是近年来开发的一种新型样品消化技术，此法是在聚四氟乙烯容器中加入适量样品、氧化性强酸和氧化剂等，加压于密封罐内，并置于 120～150℃烘箱中保温数小时（通常 2h 左右），取出自然冷却至室温，摇匀，开盖，便可取此液直接测定。此法克服了常压湿法消化的一些缺点，但要求密封程度高，高压密封罐的使用寿命也有限。

（5）消化操作的注意事项

① 消化所用的试剂，应采用高纯的酸和氧化剂，所含杂质要少，并同时按与样品相同的操作做空白试验，以扣除消化试剂对测定数据的影响。如果空白值较高，应提高试剂纯度，并选择质量较好的玻璃器皿进行消化。

② 消化瓶内可以加玻璃珠或瓷片，以防止暴沸，凯氏烧瓶的瓶口应倾斜，不应对着自己或他人。加热时火力应集中于底部，瓶颈部位应保持较低的温度，以冷凝酸雾，并减少被测成分的挥发损失。消化时，如果产生大量的泡沫，除迅速减小火力外，可加入少量不影响测定的消泡剂，如辛醇、硅油等；也可将样品和消化液在室温下浸泡过夜，第二天再进行加热消化。

③ 在加热过程中需要补加酸或氧化剂时，首先要停止加热，待消化液稍冷后才沿瓶壁缓缓加入，以免发生剧烈反应，引起喷溅。另外，在高温下补加酸，会使酸迅速挥发，既浪费又污染环境。

### （二）溶剂提取法

在同一溶剂中，不同的物质具有不同的溶解度，利用样品各组分在某一溶剂中溶解度的差异，将各组分完全或部分分离的方法，称为溶剂提取法。常用的无机溶剂有水、稀酸、稀碱。常用的有机溶剂有乙醇、乙醚、氯仿、丙酮、石油醚等。在食品检测中常用于维生素、重金属、农药及黄曲霉毒素的测定。

溶剂提取法又分为浸提法、溶剂萃取法。

**1. 浸提法**

用适当的溶剂将固体样品中的某种被测组分浸取出来称浸提法，也称液-固萃取法。

(1) 提取剂的选择　应根据被提取物的性质来选择，对被测组分的溶解度最大，对杂质的溶解度最小；提取效果符合相似相溶的原则，故应根据被提取物的极性强弱选择提取剂。对极性较弱的成分（如有机氯农药）可用极性小的成分（如正己烷、石油醚）提取；对极性强的成分（如黄曲霉毒素 $B_1$）可用极性大的溶剂（如甲醇与水的混合液）提取。溶剂沸点在 45～80℃之间，沸点太低易挥发，沸点太高则不易浓缩，且对热稳定性差的被提取成分也不利。此外，提取剂要稳定，不与样品发生作用。

(2) 提取方法

① 振荡浸渍法：将样品切碎，放在合适的溶剂系统中浸渍、振荡一定时间，即可从样品中提取出被测成分。此法简便易行，但回收率较低。

② 捣碎法：将切碎的样品放入组织捣碎机中，加溶剂捣碎一定时间，提取出被测成分。此法回收率较高，但干扰杂质溶出较多。

③ 索氏提取法：将一定量样品放入索氏提取器中，加入溶剂，加热回流一定时间，被测组分被溶剂提取。此法溶剂用量少、提取完全、回收率高，但操作较麻烦，且需专用的索氏提取器。

**2. 溶剂萃取法**

利用适当的溶剂（常为有机溶剂）将液体样品中的被测组分（或杂质）提取出来称为萃取。其原理是被提取的部分在两种互不相溶的溶剂中分配系数不同，从一相转移到另一相中而与其他组分分离。此法操作简单、快速、分离效果好，使用广泛，但萃取试剂易挥发、易燃、有毒性。

(1) 萃取剂的选择　萃取用溶剂应与原溶剂不互溶，对被测组分有最大溶解度，而对杂质有最小溶解度，即被测组分在萃取溶剂中有最大的分配系数，而杂质只有最小的分配系数。经萃取后，被测组分进入萃取溶剂中，同仍留在原溶剂中的杂质分离开。此外，还应考虑两种溶剂分层的难易以及是否会产生泡沫等问题。

(2) 萃取方法　萃取通常在分液漏斗中进行，一般需 4～5 次萃取，才能达到完全分离的目的。当用比水轻的溶剂从水溶液中提取分配系数小或振荡后易乳化的物质时，采用连续液体萃取器比分液漏斗效果更好。仪器如图 1-3 所示。

锥形瓶 1 内的溶剂被加热，产生的蒸汽经过导管 2 上升，至冷凝管 3 被冷却，冷凝液化后滴入中央管内并沿中央管下降，在下端成为液滴，使预萃取液层 4 上升，此时发生萃取作用。萃取液回流至锥形瓶 1 内后，溶剂再次气化，这样继续反复萃取，可把被测组分全部萃入锥形瓶 1 中。

在萃取时，特别是当溶液呈碱性时，常常会产生乳化现象，影响分离。破坏乳化的方法有以下几种。

① 较长时间静置。

② 轻轻地旋摇漏斗，加速分层。

③ 若因两种溶剂（水与有机溶剂）部分互溶而发生乳化，可以加入少量电解质（如氯化钠），利用盐析作用加以破坏；若因两相密度差小发生乳化，也可以加入电解质，以增大水相的密度。

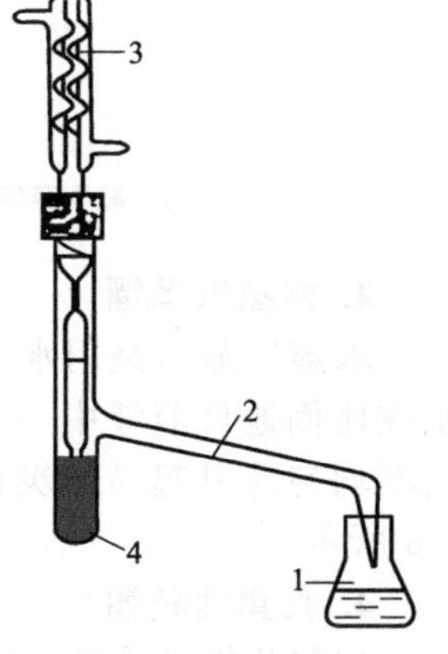

图 1-3　连续液体萃取器
1—锥形瓶；2—导管；3—冷凝器；4—预萃取液层

④ 若因溶液呈碱性而产生乳化，常可加入少量的稀盐酸或采用过滤等方法消除。

⑤ 根据不同情况，还可以加入乙醇、磺化蓖麻油等消除乳化。

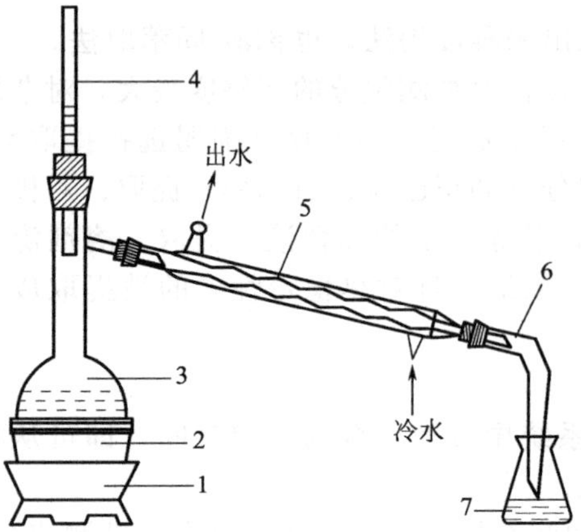


图 1-4　普通蒸馏装置

1—电炉；2—水浴锅；3—蒸馏瓶；4—温度计；5—冷凝管；6—接收管；7—接收瓶

（三）蒸馏法

蒸馏法是利用液体混合物中各组分挥发度不同所进行分离的方法。可用于除去干扰组分，也可用于将待测组分蒸馏逸出，收集馏出液进行分析。此法具有分离和净化双重效果。其缺点是仪器装置和操作较为复杂。

根据被测组分性质不同，蒸馏方式有常压蒸馏、减压蒸馏、水蒸气蒸馏、扫集共蒸馏等蒸馏方式。

**1. 常压蒸馏**

对于被蒸馏物质受热后不发生分解或沸点不太高时，可采用常压蒸馏。常用的普通蒸馏装置如图 1-4 所示。加热方式可根据被蒸馏物质的沸点和特性选择水浴、油浴或直接加热。

**2. 减压蒸馏**

对于样品待蒸馏物质易分解或沸点太高时，可采用减压蒸馏。减压蒸馏装置如图 1-5 所示。

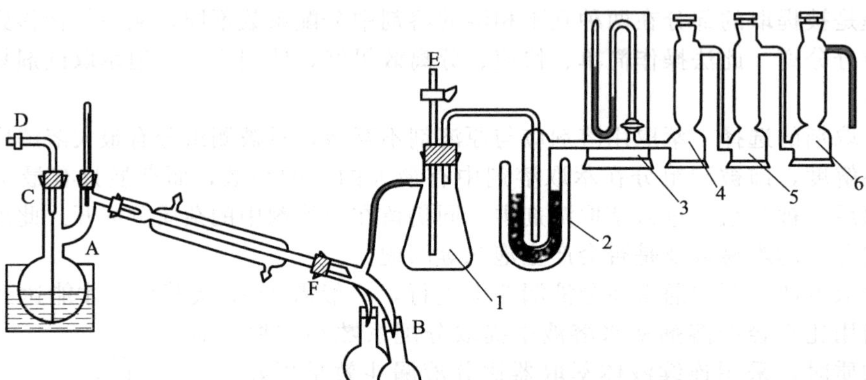


图 1-5　减压蒸馏装置

1—缓冲瓶；2—冷却装置；3,4,5,6—净化装置

A—减压蒸馏瓶；B—接受器；C—毛细管；D—调气夹；E—放气活塞；F—接液管

**3. 水蒸气蒸馏**

水蒸气蒸馏是用水蒸气来加热混合液体，使具有一定挥发度的被测组分与水蒸气分压成比例地自溶液中一起蒸馏出来。可用于被测物质沸点较高，直接加热蒸馏时，因受热不均匀易引起局部炭化，或加热到沸点时可能发生分解的物质。水蒸气蒸馏装置如图 1-6 所示。

**4. 扫集共蒸馏**

扫集共蒸馏采用的是一种专用设备，管式蒸馏器后接冷凝装置与微型层析柱。多用于测食品中残存农药的含量。其特点是：需样量少，用注射器加料，节省溶剂，速度快，自动化式，5～6s 测一个样，有 20 条净化管道。扫集共蒸馏装置如图 1-7 所示。

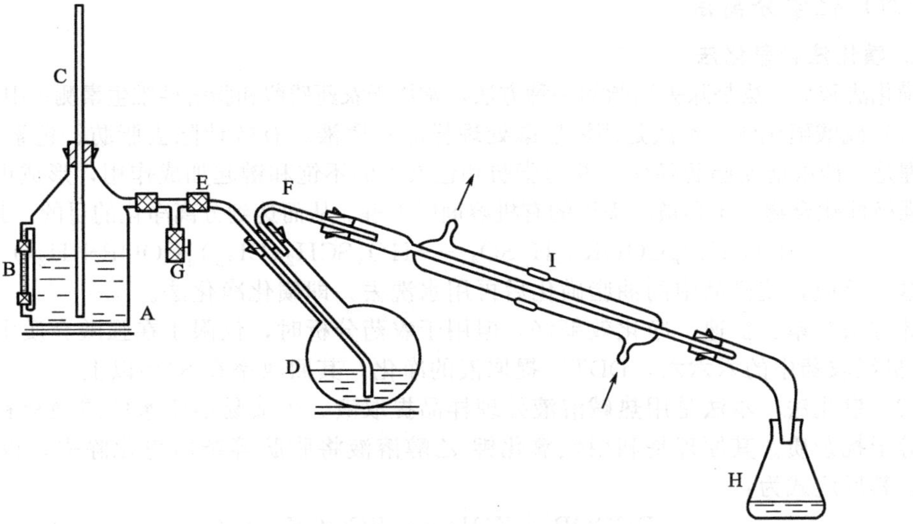


图 1-6　水蒸气蒸馏装置

A—水蒸气发生器；B—玻管；C—安全管；D—长颈圆底烧瓶；E—水蒸气导管；F—馏出液导管；G—螺旋夹；H—接收瓶；I—冷凝管

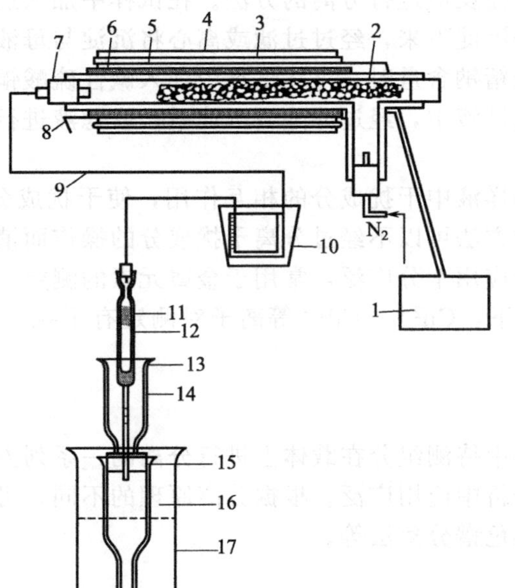


图 1-7　扫集共蒸馏装置

1—可变变压器；2—施特勒管（填充 12～15cm 硅烷化的玻璃棉）；3—石棉；4—绝缘套；5—加热板；6—铜管；7—硅橡胶塞；8—高温计；9—聚氟乙烯管；10—水或水浴；11—硅烷化玻璃；12—ANAKAROM ABS（一种吸附剂）4cm；13—尾接管；14—硅烷化玻璃棉；15—标准磨口；16—离心管；17—盛水烧杯

**[课堂互动]**

1. 在食品分析中，常用的蒸馏方法有哪几种？各有哪些特点？
2. 萃取精馏属于食品分析中的蒸馏方法吗？为什么？

### （四）化学分离法

**1. 磺化法和皂化法**

磺化法和皂化法是除去油脂的一种方法，常用于农药残留和脂溶性维生素测定中样品的处理。

（1）硫酸磺化法　本法是用浓硫酸处理样品提取液，有效地除去脂肪、色素等干扰杂质。其原理是浓硫酸能使脂肪磺化，并与脂肪和色素中的不饱和键起加成作用，形成可溶于硫酸和水的强极性化合物，不再被弱极性的有机溶剂所溶解，从而达到分离净化的目的。其反应式为：

$$CH_3(CH_2)_nCOOR+H_2SO_4 \longrightarrow HO_3SCH_2(CH_2)_nCOOR+H_2O$$

利用这一反应，使样品中的油脂磺化后再用水洗去，即磺化净化法。

此方法简单、快速、净化效果好，但用于农药分析时，仅限于在强酸介质中稳定的农药（如有机氯农药中的六六六，DDT）提取液的净化，其回收率在80%以上。

（2）皂化法　本法是用热碱溶液处理样品提取液，生成易溶于水的羧酸盐和醇，以除去脂肪等干扰杂质。其原理是利用氢氧化钾-乙醇溶液将脂肪等杂质皂化除去，以达到净化的目的。其反应式为：

$$RCOOR'+KOH \longrightarrow RCOOK+R'OH$$

此法仅适用于对碱稳定的农药提取液的净化。如荧光分光光度法测定肉、鱼、禽中的苯并[a]芘时，样品中加入氢氧化钾溶液，回流皂化，以除去脂肪。

**2. 沉淀分离法**

沉淀分离法是利用沉淀反应进行分离的方法。在试样中加入适当的沉淀剂，使被测组分沉淀下来，或将干扰组分沉淀下来，经过过滤或离心将沉淀与母液分开，从而达到分离的目的。例如，测定冷饮中糖精钠含量时，可在试剂中加入碱性硫酸铜，将蛋白质等干扰杂质沉淀下来，而糖精钠仍留在试液中，经过滤除去沉淀后，取滤液进行分析。

**3. 掩蔽法**

此法是利用掩蔽剂与样液中干扰成分的相互作用，使干扰成分转变为不干扰测定状态，即被掩蔽起来。运用这种方法可以不经过分离干扰成分的操作而消除其干扰作用，简化分析步骤，因而在食品分析中应用十分广泛，常用于金属元素的测定。如用双硫腙比色法测定铅时，在测定条件（pH9）下，$Cu^{2+}$、$Cd^{2+}$等离子对测定有干扰，可加入氰化钾和柠檬酸铵掩蔽，消除它们的干扰。

### （五）色层分离法

色层分离法是将样品中待测组分在载体上进行分离的一系列方法，又称色谱分离法。该法分离效果好，在食品分析中应用广泛。根据分离原理的不同，可分为吸附色谱分离法、分配色谱分离法和离子交换色谱分离法等。

**1. 吸附色谱分离法**

吸附色谱分离法是利用聚酰胺、硅胶、硅藻土、氧化铝等吸附剂，经过活化处理后，可对被测组分或干扰组分进行选择性吸附，从而达到分离目的的方法。例如，聚酰胺对色素有强大的吸附力，而其他组分难以被吸附，在测定食品中色素时，常用聚酰胺吸附色素，经过过滤、洗涤，再用适当溶剂解吸，可得到较纯净的色素溶液，供测试用。

**2. 分配色谱分离法**

分配色谱分离法是利用物质在两相间分配系数不同而达到分离的方法。通常两相中一相是流动的，称流动相；另一相是固定的，称固定相。各组分随着流动相的流动，根据各自不同的分配比，在两相中不断分配而向前移动，最后达到分离的目的。例如，多糖类样品的纸上层析，样品经酸水解处理，中和后制成试液，点样于滤纸上，用苯酚-1%氨水饱和溶液展开，苯胺-邻苯二甲酸显色剂显色，于105℃加热数分钟，即可见到被分离开的戊醛糖（红棕色)、己醛糖(棕褐色)、己酮糖(淡棕色)、双糖类(黄棕色)的色斑。

**3. 离子交换色谱分离法**

离子交换色谱分离法是利用离子交换剂与溶液中的离子之间所发生的交换反应来进行分离的方法，分为阳离子交换和阴离子交换两种。交换作用可用下列反应式表示：

阳离子交换：　$R—H+M^+X^-═R—M+HX$

阴离子交换：　$R—OH+M^+X^-═R—X+MOH$

式中　R——离子交换剂的母体；

$M^+X^-$——溶液中被交换的物质。

当被测溶液与离子交换剂一起混合振荡，或将样液缓缓通过用离子交换剂填充的离子交换柱时，被测离子或干扰离子即与离子交换柱上的 $H^+$ 和 $OH^-$ 发生交换，被测离子或干扰离子留在离子交换柱上，被交换出的 $H^+$ 或 $OH^-$ 以及不发生交换反应的其他物质则留在溶液中，然后用适当溶剂将被交换的离子洗脱出来，从而达到分离的目的。在食品分析中，可应用离子交换色谱分离法制备无氨水、无铅水。离子交换色谱分离法还常用于分离较为复杂的样品。

(六) 浓缩

样品经提取、净化后，有时样液体积过大，因此在测定前需进行浓缩，以提高被测组分的浓度，常用的有常压浓缩法和减压浓缩法两种。

**1. 常压浓缩法**

常压浓缩法主要用于被测组分为非挥发性的样品试液的浓缩，通常采用蒸发皿直接挥发。如要回收溶剂，可采用普通蒸馏装置或旋转蒸发器等，该法简便、快速，是常用的浓缩方法。

**2. 减压浓缩法**

减压浓缩法主要用于被测组分为对热不稳定或易挥发的样品净化液的浓缩，通常采用 K-D 浓缩器。样品浓缩时，水浴加热并抽气减压。该法浓缩温度低、速度快，被测组分损失少，特别适用于农药残留量分析中样品净化液的浓缩[美国分析化学家协会(AOAC)即用此法浓缩样品净化液]。

## 二、现代的前处理技术

20 世纪末，现代科学技术尤其是分析仪器技术的发展推动了现代前处理技术的发展，分析仪器灵敏度的提高、分析对象基质的复杂，对样品的前处理提出了更高的要求。凝胶渗透色谱、固相萃取、固相微萃取、加速溶剂提取、超临界流体萃取、微波提取和微量化学法技术在飞速发展，并得到广泛应用。这些新开发的样品前处理技术实现了快速、有效、简单和自动化地完成样品前处理的过程。

**1. 凝胶渗透色谱**

凝胶渗透色谱，也称作体积排斥色谱，是 40 多年前才发展起来的一种新型液相色谱，是色谱中较新的分离技术之一。

凝胶渗透色谱技术在富含脂肪、色素等大分子的样品分离净化方面，具有明显的净化效果。随着科学技术的进步，凝胶渗透色谱已发展成为从进样到收集全自动化的净化系统。此外，该技术主要用于样品净化处理和高聚物的相对分子质量及其分布的测定。凝胶渗透色谱技术适用的样品范围极广，回收率也较高，不仅对油脂净化效果好，而且分析的重现性好，柱子可以重复使用，已成为食品安全检测中通用的净化方法。

**2. 固相萃取**

固相萃取是一种用途广泛而且越来越受欢迎的样品前处理技术，它建立在传统的液-液萃取基础之上，结合物质相互作用的相似相溶原理和目前广泛应用的高效液相色谱、气相色谱中的固定相基本知识逐渐发展起来的。

固相萃取就是利用固体吸附剂将液体样品中的目标化合物吸附，与样品的基体和干扰化合物分离，然后再用洗脱液洗脱或加热解吸附，达到分离和富集目标化合物的目的。

固相萃取实质上是一种液相色谱分离，其主要分离模式也与液相色谱相同，可分为正相（吸附剂极性大于洗脱液极性）、反相（吸附剂极性小于洗脱液极性）、离子交换和吸附。固相萃取所用的吸附剂也与液相色谱常用的固定相相同，只是在粒度上有所区别。

固相萃取不需要大量互不相溶的溶剂，处理过程中不会产生乳化现象，它采用高效、高选择性的吸附剂（固定相），能显著减少溶剂的用量，简化样品的前处理过程，同时所需费用也有所减少。一般来说固相萃取所需时间为液-液萃取的 1/2，而费用为液-液萃取的 1/5。其缺点是目标化合物的回收率和精密度要略低于液-液萃取。固相萃取主要应用于食品及动植物产品中农药残留量、兽药残留量及其他化学污染残留物分析。

**3. 加速溶剂萃取**

加速溶剂萃取是一种全新的处理固体和半固体样品的方法，该法是在较高温度（50～200℃）和压力条件（10.3～20.6MPa）下，用有机溶剂萃取。它的突出优点是有机溶剂用量少（1g 样品仅需 1.5mL 溶剂，一个样品 15mL 溶剂）、快速（一般为 15min）和回收率高，已成为样品前处理最佳方式之一，并被美国环境保护署选定为推荐的标准方法，已广泛用于环境、药物、食品和高聚物等样品的前处理，特别是农药残留量的分析。

提高温度能加速溶质分子的解析动力学过程，减小解析过程所需的活化能，降低溶剂的黏度，因而减小溶剂进入样品基体的阻力，增加溶剂进入样品基体的扩散。根据报道，温度从 25℃增至 150℃，扩散系数增加 2～10 倍，溶剂和样品基体之间的表面张力降低，溶剂能更好地“浸润”样品基体，有利于被测物与溶剂的接触。液体的沸点一般随压力的升高而降低，例如，丙酮在常压下的沸点为 56.3℃，而在 0.5MPa 时，其沸点高于 100℃，液体对溶质的溶解能力远大于气体对溶质的溶解能力。

由于加速溶剂萃取是在高温下进行，因此，热降解是一个令人关注的问题。加速溶剂萃取的运行程序是先加入溶剂，即样品在溶剂包围之下，再加温，而且在加温的同时加压，即在高压下加热，高温的时间一般少于 10min，因此，热降解不甚明显。

**4. 超临界流体萃取**（SFE）

（1）原理　利用超临界流体（SF）作为溶剂，用来有选择性地溶解液体或固体混合物中的溶质，从液体或固体中萃取出某些有效组分，并进行分离的一种技术。

（2）特点　超临界流体萃取的特点在于充分利用超临界流体兼有气、液两重性的特点，在临界点附近，超临界流体对组分的溶解能力随体系的压力和温度发生连续变化，从而可方便地调节组分的溶解度和溶剂的选择性。超临界流体萃取具有萃取和分离的双重作用，物料无相变过程因而节能明显、工艺流程简单、萃取效率高、无有机溶剂残留、产品质量好、无环境污染，但是，超临界流体萃取也有其局限性，二氧化碳-超临界流体萃取较适合于亲脂性、相对分子量较小的物质萃取，此外超临界流体萃取设备属高压设备，投资较大。

**[知识链接]**

超临界流体是指某种气体（液体）或气体（液体）混合物在操作压力和温度均高于临界点时，使其密度接近液体，而其扩散系数和黏度均接近气体，其性质介于气体和液体之间的流体。常用 $CO_2$ 作为超临界流体（临界温度为 31.05℃，临界压力 7.37MPa），不可燃、无毒、廉价易得、化学稳定性好，适合于提取分离挥发性物质及含热敏性组分的物质。

**5. 微波萃取**

微波萃取，即微波辅助萃取（MAE），是根据不同物质吸收微波能力的差异使得基体物质的某些区域或萃取体系中的某些组分被选择性加热，从而使得被萃取物质从基体或体系中分离，进入到介电常数较小、微波吸收能力相对差的萃取剂中，达到提取的目的。

此法是近年来新发展的一种样品前处理技术，随着微波辅助萃取的发展和成熟，与其他样品前处理技术的联用得到了迅速发展。与传统前处理方法相比，这些联用方法具有快速、高效、操作简便、节省溶剂、选择性好、应用范围广的特点。

**6. 微量化学法**

微量化学法样品处理技术的发展可以追溯到有机点滴试验，早在 1859 年 Hugo Schiff 报道：将尿酸的水溶液一滴，滴在用硝酸银渗透过的滤纸上可以检定尿酸。Friedrich Schonbein 等使用毛细管方法，将试液用毛细管点于滤纸上，再用试剂显色，这种方法在分析上很有意义。随着有机显色试剂的不断发展，点滴试验应用得越来越广泛。目前，在现代技术的基础上选择和研制了新微量化学法技术的配套设备，并将这一新的技术广泛运用到农药残留量、兽药残留量的检测实践中。微量化学法的应用范围越来越广，目前有许多标准也采用了微量化学法技术，随着它的推广应用，微量化学法样品前处理技术将会得到更进一步的发展。

## 第三节　分析方法的选择

**1. 正确选择分析方法的重要性**

食品理化分析的目的在于为生产部门和市场管理监督部门提供准确、可靠的分析数据，以便生产部门根据这些数据对原料的质量进行控制，制定合理的工艺条件，保证生产正常进行，以较低的成本生产出符合质量标准和卫生标准的产品；市场管理和监督部门则根据这些数据对被检食品的品质和质量做出正确客观的判断和评定，防止质量低劣食品危害消费者的身心健康。为了达到上述目的，除了需要采取正确的方法采集样品，并对采取的样品进行合理的制备和预处理外，在现有的众多分析方法中，选择正确的分析方法是保证分析结果准确的又一关键环节。如果选择的分析方法不恰当，即使前序环节非常严格、正确，得到的分析结果也可能是毫无意义的，甚至会给生产和管理带来错误的信息，造成人力、物力的损失。

**2. 选择恰当的分析方法需要考虑的因素**

样品中待测成分的分析方法往往很多，怎样选择最恰当的分析方法是需要周密考虑的。一般地说，应综合考虑以下各因素。

（1）分析要求的灵敏度、准确度和精密度　不同分析方法的灵敏度、准确度、精密度各不相同，要根据生产和科研工作对分析结果的要求选择适当的分析方法。

灵敏度是指分析方法所能检测到的最低量。在选择分析方法时，要根据待测成分的含量范围选择具有适宜灵敏度的方法。一般来说，待测成分含量低时，需选用灵敏度高的方法；待测成分含量高时，宜选用灵敏度低的方法，以减少由于稀释倍数太大所引起的误差。总之，灵敏度的高低并不是评价分析方法好坏的绝对标准，一味追求高灵敏度的方法是不合理的。

（2）分析方法的繁简和速度　不同分析方法操作步骤的繁简程度和所需时间及劳动力各不相同，每样次分析的费用也不同，要根据待测样品的数目和要求取得分析结果的时间等来选择适当的分析方法。同一样品需要测定几种成分时，应尽可能选用同一份样品处理液同时测定几种成分的方法，以达到简便、快速的目的。

（3）样品的特性　各类样品中待测成分的形态和含量不同，可能存在的干扰物质及其含量不同，样品的溶解度和待测成分提取的难易程度也不相同，要根据样品的这些特征来选择制备待测液、定量某成分和消除干扰的适宜方法。

(4) 现有条件　分析工作一般在实验室进行，各级实验室的设备条件和技术条件也不相同，应根据具体条件来选择适当的分析方法。

在具体情况下究竟选用哪一种方法，必须综合考虑上述各项因素，但首先必须了解各类方法的特点，如方法的精密度、准确度、灵敏度等，以便加以比较。

## 第四节　误差分析、数据处理及检验报告单的填写

### 一、误差的分类及产生原因

在食品分析检验中，由于各种因素的影响，误差是客观存在的，在试验过程中先了解误差产生的原因及误差出现的规律是很有必要的，对提高试验质量也可起到一定的指导作用。

试验误差是指测定结果与真实值之间的差值，根据误差产生的原因和性质不同，误差可分为系统误差、偶然误差和过失误差三类。

**1. 系统误差**

系统误差是指在一定实验条件下的数次测定中，由于某种固定的原因或某些经常出现的因素所引起的误差。其特点是：具有重现性和单向性，即在每次测定时均重复出现，其大小在同一试验中是恒定的，或在实验条件改变时，误差按照某一确定规律变化。因此，系统误差决定分析结果的准确度。系统误差按其来源分为以下几种。

(1) 方法误差　由于选用的分析方法本身不完善而引起的误差。这种误差与方法本身固有的特性有关，与分析人员的操作技术无关。如在滴定分析中，滴定终点和化学计量点不吻合、反应不完全、有干扰及副反应等引起的误差；在称量分析中，沉淀的溶解损失、共沉淀的发生、沉淀的称量方式选择不当等引起的误差。

(2) 仪器误差　由于使用的仪器本身精度不够而引起的误差。如 1/10000 天平有 ±0.0001g 的误差；砝码质量未经校正；滴定管读数与真实值不符合等引起的误差。

(3) 试剂误差　由于使用的试剂或蒸馏水不纯、含有某些微量杂质而引起的误差。

(4) 操作误差　在正常操作情况下，由于个人掌握操作规程与控制操作条件稍有出入而造成的误差。如滴定分析中，对滴定终点颜色的判断偏深或偏浅、读取滴定管刻度值偏高或偏低等所引起的误差。

**2. 偶然误差**

偶然误差是由测定过程中一些微小随机波动所造成的误差。如测定时环境温度、湿度和气压的变化、空气流动性、振动的发生、仪器性能的微小变化等带来的误差。这类误差的大小和正负都是不固定的，没有规律性，较难预测和控制，在操作中不能完全避免。但是，在消除系统误差后，对同一试样在同一条件下进行多次重复测定，测定数据经数理统计处理可得如下规律。

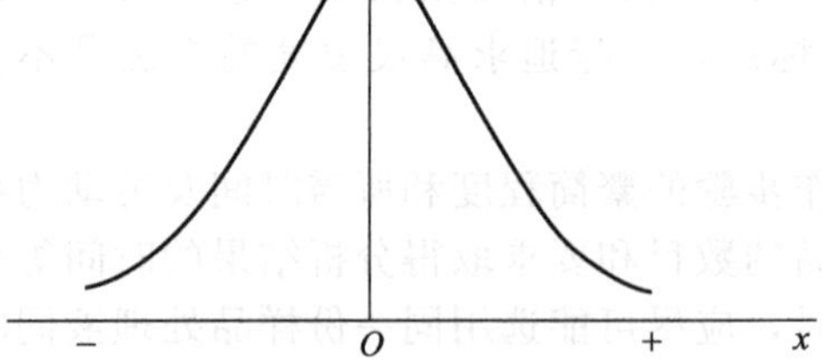

图 1-8　偶然误差的正态分布曲线

$x$—误差的大小；$y$—误差出现的几率

① 大小相等的正负误差出现的几率相等。

② 小误差出现的几率大，大误差出现的几率小。

偶然误差的分布规律可用正态分布曲线表示，如图 1-8 所示。根据偶然误差的分布规律，

只要在消除系统误差的情况下，测定次数越多，其平均值就越接近真实值，从而使偶然误差尽可能减小。因此，在分析操作中，采用算术平均值来表示分析结果是合理的。

**3. 过失误差**

过失误差是指由于工作上的粗心，操作中没有严格遵守操作规范，犯了某种不应犯的错误而引起的误差。如加错试剂、看错砝码、记错读数、溅出分析操作液等错误操作引起的误差。一般过失误差较大时，会出现个别离群的数据，在操作中若查明是由于过失误差引起的，应弃去此测定数据。分析人员应加强工作责任心，严格遵守操作规程，做好原始记录，反复核对，就能避免这类误差的发生。

## 二、误差的表示方法

**1. 准确度与误差**

准确度是指在一定条件下多次测定的平均值与真实值相符合的程度。测定值与真实值越接近，则准确度越高。准确度反映了测定结果的可靠性，它的高低可用绝对误差或相对误差来表示。若以 $x$ 表示测量值，以 $\mu$ 代表真实值，则绝对误差和相对误差的表示方法如下：

$$\text{绝对误差}=x-\mu$$

$$\text{相对误差}=\frac{x-\mu}{\mu}\times 100\%$$

绝对误差和相对误差都有正值和负值。正值表示试验结果偏高，负值表示试验结果偏低。

同样的绝对误差，当被测定物的质量较大时，相对误差就比较小，测定的准确度就比较高。因此用相对误差来表示各种情况下测定结果的准确度更为确切些。

**2. 精密度与偏差**

在食品分析检验中，一般来说，人们并不知道待测样品的真实值，因此无法用绝对误差或相对误差来衡量测定结果的可靠性，但可以用偏差的大小来衡量测定结果的好坏。偏差是指测定值 $x_i$ 与测定的平均值 $\overline{x}$ 之差，它可以用来衡量测定结果的精密度。

精密度是指在同一条件下，对同一样品多次重复测定时各测定结果相互接近的程度，它代表着测定方法的稳定性和重现性。偏差越小，说明测定的精密度越高。

精密度的高低可用绝对偏差、平均偏差、相对平均偏差、标准偏差、相对标准偏差来衡量。

(1) 绝对偏差和平均偏差　测量值与平均值之差称为绝对偏差。绝对偏差越小，说明精密度越高。若以 $\overline{x}$ 表示一组平行测定的平均值，则单个测量值 $x_i$ 的绝对偏差 $d$ 为：

$$\overline{x}=\frac{1}{n}\sum x_i$$

$$d=x_i-\overline{x}$$

$d$ 值有正负之分。各单个偏差绝对值的平均值称为平均偏差，即：

$$\overline{d}=\frac{1}{n}\sum_{i=1}^{n}|x_i-\overline{x}|$$

式中　$n$——测量次数。

(2) 相对平均偏差　平均偏差在平均值中所占的百分率称为相对平均偏差，即：

$$\text{相对平均偏差}=\frac{\overline{d}}{\overline{x}}\times 100\%=\frac{\frac{\sum|x_i-\overline{x}|}{n}}{\overline{x}}\times 100\%$$

(3) 标准偏差　使用标准偏差是为了突出较大偏差的存在对测量结果的影响，其计算公式为：

$$S=\sqrt{\frac{\sum(x_i-\overline{x})^2}{n-1}}=\sqrt{\frac{\sum d_i^2}{n-1}}$$

式中 $n-1$——自由度。

（4）相对标准偏差（RSD） 相对标准偏差又称变异系数（CV），其计算公式为：

$$变异系数=\frac{S}{\overline{x}}\times100\%$$

（5）最大相对偏差

① 相对偏差：用来表示测定结果的精密度，根据分析工作的要求不同而制定的最大值（也称为允许差）。

② 误差限度：指根据生产需要和实际情况，通过大量实践而制定的测定结果的最大允许相对偏差。

③ 相对相差：两次测定的结果之差占其平均值的百分率。

**［案例分析］**

实例：对某次试验结果进行评价分析时，发现该结果有很高的精密度，但是准确度并不高，原因何在？

分析：准确度的高低取决于测定的系统误差和随机误差的大小，而精密度的高低仅与测定过程中随机误差的大小有关，所以在分析测定过程中，如果未消除系统误差，虽然分析结果有很高的精密度，并不能说明准确度高。因此，在评价分析结果时，首先应考察它的准确度，然后再考察精密度。

## 三、提高分析结果准确度的方法

**1. 消除系统误差**

（1）对照试验 常用的对照试验有用标准样品对照和用标准方法对照两种。

① 用标准样品对照 就是取标准样品按所用分析方法进行分析，将标准样品的测定值与标准值比较。若分析结果的相对误差符合公差范围，说明此分析方法可靠，否则就存在系统误差。

标准样品，一般是由国家有关部门组织有经验的单位，用可靠的分析方法对样品进行分析及对分析结果的数据处理，得出的一个标准含量接近真实值的样品。

② 用标准方法对照 在同一条件下，用拟定方法和标准方法同时分析一种试样，若所得结果符合公差要求，说明拟定的分析方法准确可靠。

标准方法，一般有国家标准（GB）、化学工业行业标准（HG）、轻工业行业标准（QB）、石油天然气行业标准（SY）、冶金工业行业标准（YB）等。

（2）空白试验 就是在没有待测组分的情况下，按照与试样分析完全相同的操作条件和步骤进行分析，所得结果为空白值。

空白试验可以用来消除试剂、器皿、蒸馏水等带进的杂质所造成的误差。在计算时，从样品分析结果中扣除空白值。

（3）仪器校正 对分析结果准确度要求较高时，应对测量仪器进行校正，并将校正值考虑到分析结果的计算中，或者在计算结果时直接采用校正值。如在化学分析中，对滴定管、移液管、容量瓶体积的校正，对分析天平砝码的校正等。一般情况下，最简单有效的办法是在一系列操作过程中使用同一仪器，这样可以完全或部分抵消仪器误差。

（4）方法校正　有些方法误差可以用其他方法进行校正。如重量分析中未完全沉淀出来的待测组分可以用其他方法测出，将这个测出结果加入分析结果中，即得到可靠的分析结果。

**2. 减少偶然误差**

增加平行测定次数，取多次测定值的平均值作为分析结果，可以减少甚至消除偶然误差。在食品检验中，一般试样的平行测定次数通常为 2～4 次。

**3. 减少测量误差**

各类分析方法所要求准确度不完全相同，整个分析过程的误差要求应与分析方法的误差要求相一致。如重量分析和滴定分析允许的相对误差不超过 0.1%，这两种分析方法的测量误差有称量误差和体积测量误差。

称量误差，一般分析天平的绝对误差为±0.0001g，称取一份样品可能造成的最大误差是±0.0002g，根据误差要求，称取样品的最低质量应该是 0.0002g/0.1%＝0.2g。

体积测量误差，一般常量滴定管的读数误差为±0.01mL，完成一次滴定可能造成的最大误差是±0.02mL，根据误差要求，用滴定管滴定时消耗滴定剂的最低用量应该是 0.02mL/0.1%＝20mL，一般控制在 20～40mL。

**4. 选择合适的分析方法**

不同分析方法的准确度和灵敏度是不相同的。如重量分析和滴定分析的灵敏度虽不高，但是分析结果的相对误差只有千分之几，因此适于测定含量高的组分。而仪器分析的灵敏度虽然较高，但分析结果的相对误差可达百分之几，所以适于测定含量低的组分。

**5. 做回收试验**

在样品中加入已知量的标准物质，然后做对照试验，计算标准物质的回收率，根据回收率的高低，来判断该方法的准确度和分析过程中是否存在系统误差。

在回收试验中，加入已知量标准物质的样品，称为加标样品；未加标准物质的样品，称为未知样品。在相同条件下用同种方法对加标样品和未知样品进行预处理和测定，按下列公式计算出加入标准物质的回收率：

$$P=\frac{x_1-x_2}{m}$$

式中　$P$——加入标准物质的回收率，%；

$m$——加入标准物质的量；

$x_1$——加标样品的测定值；

$x_2$——未知样品的测定值。

## 四、分析数据的处理

为了得到准确的分析结果，不仅要准确地测量而且要正确地记录和计算数据。

**1. 有效数字及运算规则**

（1）有效数字　在分析工作中实际能测量到的数字称为有效数字。在记录有效数字时，规定中允许数的末位欠准，可有±1 的误差。

（2）有效数字修约规则　用“四舍六入五成双”规则舍去过多的数字。即当尾数小于等于 4 时，则舍；尾数大于等于 6 时，则入；尾数等于 5 时，若 5 前面为偶数则舍，为奇数时则入；当 5 后面还有不是零的任何数时，无论 5 前面是偶还是奇皆入。

（3）有效数字运算法则

① 在加减法运算中，每数及它们的和或差的有效数字的保留，以小数点后面有效数字

位数最少的为标准。在加减法中，因是各数值绝对误差的传递，所以结果的绝对误差必须与各数中绝对误差最大的那个相当。

② 在乘除法运算中，每数及它们的积或商的有效数字的保留，以每数中有效数字位数最少的为标准。在乘除法中，因是各数值相对误差的传递，所以结果的相对误差必须与各数中相对误差最大的那个相当。

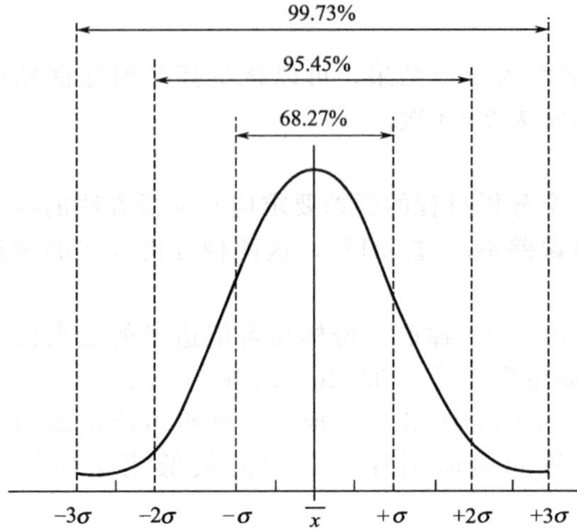


图 1-9 正态分布曲线

**2. 置信度与置信区间**

在多次测定中，测定值 $x_i$ 将随机地分布在其平均值 $\overline{x}$ 的两边。若以测定值的大小为横坐标，以其相应的重现的次数为纵坐标作图，可得到一个正态分布曲线，如图 1-9 所示。曲线与横坐标从 $-\infty \sim +\infty$ 所包围的面积，代表了具有各种大小误差的测定值出现的概率的总和，设为 100%。由概率统计计算可知：测定值在 $\overline{x}\pm\sigma$ 区间的占 68.27%，测定值在 $\overline{x}\pm 2\sigma$ 区间的占 95.45%，测定值在 $\overline{x}\pm 3\sigma$ 区间的占 99.73%。由此可见，测定值偏离平均值 $\overline{x}$ 越大，出现的概率越小，这个概率称为置信度，而测定值所处的区间称为置信区间。换句话说，置信区间就是指在一定置信度下，以测定结果的平均值为中心，包括总体平均值在内的可靠性范围。

在消除了系统误差的前提下，对于有限次数的测定，总体平均值 $\overline{x}$ 的置信区间为：

$$\mu=\overline{x}\pm\frac{tS}{\sqrt{n}}$$

式中 $\mu$——总体平均值（相当于真实值）；

$\overline{x}$——已消除系统误差的有限次数测定值的平均值；

$S$——标准偏差；

$n$——测定次数；

$t$——校正系数，其数值随置信度和测定次数而定，可从表 1-1 中查得。

**表 1-1 不同测定次数和置信度的 $t$ 值**

| 测定次数 $n$ | 置信度 | | | | |
|---|---|---|---|---|---|
| | 50% | 90% | 95% | 99% | 99.5% |
| 2 | 1.000 | 6.314 | 12.706 | 63.657 | 127.32 |
| 3 | 0.816 | 2.920 | 4.303 | 9.925 | 14.089 |
| 4 | 0.765 | 2.353 | 3.182 | 5.841 | 7.453 |
| 5 | 0.741 | 2.132 | 2.776 | 4.604 | 5.598 |
| 6 | 0.727 | 2.015 | 2.571 | 4.023 | 4.773 |
| 7 | 0.718 | 1.943 | 2.447 | 3.707 | 4.317 |
| 8 | 0.711 | 1.895 | 2.365 | 3.500 | 4.029 |
| 9 | 0.706 | 1.860 | 2.306 | 3.355 | 3.832 |
| 10 | 0.703 | 1.833 | 2.262 | 3.250 | 3.690 |
| 11 | 0.700 | 1.812 | 2.228 | 3.169 | 3.581 |
| 12 | 0.687 | 1.725 | 2.086 | 2.845 | 3.153 |
| ∞ | 0.647 | 1.645 | 1.960 | 2.576 | 2.807 |

**3. 可疑值的取舍**

在分析工作中，往往需要进行多次重复的测定，求出平均值。然而并非每个数据都可以参加平均值的计算，因为在一组平行测定的数值中，常常会发现有个别测定值比其余测定值明显偏大或偏小，这种明显偏大或偏小的数值称为可疑值。对可疑值的处理，应慎重对待。如查明的确是由于“过失”原因造成，则这一数据必须舍去；如果不能确定是由“过失”引起，则不能随便舍去或轻易保留，特别是当测量数据较少时，可疑值的取舍会对分析结果产生很大的影响，必须慎重对待，这时可借助于统计学方法来决定取舍。统计检验方法有多种，各有其优缺点，目前比较常采用的统计检验方法有 $4\overline{d}$ 检验法和 $Q$ 检验法。

（1）$4\overline{d}$ 检验法

$4\overline{d}$ 检验法也称“4 乘平均偏差法”，用 $4\overline{d}$ 检验法判断可疑值的取舍时，首先求出除可疑值以外的其余数据的算术平均值 $\overline{x}$ 和平均偏差 $\overline{d}$，然后将可疑值与平均值进行比较，如绝对差值大于 $4\overline{d}$，则将可疑值舍去，否则应予保留。

$4\overline{d}$ 检验法计算简单，不必查表，但数据统计处理不够严密，常用于处理一些要求不高的分析数据。当 $4\overline{d}$ 检验法与其他检验法矛盾时，以其他法则为准。

（2）$Q$ 检验法

$Q$ 检验法又叫舍弃商法，它适用于 3～10 次测定，且只有一个可疑数据。其检验步骤如下。

① 将各数据从小到大排列：$x_1$、$x_2$、$x_3$、…、$x_n$。

② 计算出最大与最小数据之差（$x_{大}-x_{小}$），即（$x_n-x_1$）。

③ 计算可疑数据与最邻近数据之差（$x_{可}-x_{邻}$），即（$x_n-x_{n-1}$）或（$x_2-x_1$）。

④ 计算舍弃商 $Q_{计}=\dfrac{x_{可}-x_{邻}}{x_n-x_1}$。

⑤ 根据测定次数 $n$ 和要求的置信度（如 90%），查 $Q$ 值表，见表 1-2，得 $Q_{表}$。

⑥ 比较 $Q_{表}$ 与 $Q_{计}$：若 $Q_{计}>Q_{表}$，可疑值应舍去；$Q_{计}<Q_{表}$，可疑值应保留。

$Q$ 检验法符合数理统计原理，比较严谨，方法也简便，置信度可达 90%以上。

**表 1-2　不同置信度下舍弃可疑数据的 $Q$ 值**

| 测定次数 $n$ | 置信度 | | |
|---|---|---|---|
| | 90%($Q_{0.90}$) | 95%($Q_{0.95}$) | 99%($Q_{0.99}$) |
| 3 | 0.94 | 1.53 | 0.99 |
| 4 | 0.76 | 1.05 | 0.93 |
| 5 | 0.64 | 0.86 | 0.82 |
| 6 | 0.56 | 0.76 | 0.74 |
| 7 | 0.51 | 0.69 | 0.68 |
| 8 | 0.47 | 0.64 | 0.63 |
| 9 | 0.44 | 0.60 | 0.60 |
| 10 | 0.41 | 0.58 | 0.57 |

**4. 分析方法的检验**

在分析工作中，常用 $t$ 检验法来检查分析方法的可靠性，以及测定过程中是否存在系统误差。方法是：采用已知含量的标准试样进行分析测定，求出 $n$ 次测定值的平均值和标准偏差，并求出 $t_{计}$，然后与表 1-1 中的 $t_{0.95}$ 相比较，如果 $t_{计}<t_{0.95}$，则说明所采用的分析方法准确可靠，不存在系统误差。$t_{计}$ 的计算公式为：

$$t_{计}=\frac{|\overline{x}-\mu|}{S}\sqrt{n}$$

式中 $\mu$——总体平均值；

$\overline{x}$——各次测定值的算术平均值；

$S$——标准偏差；

$n$——测定次数。

## 五、检验报告单的填写

**1. 原始记录的填写**

原始记录是计算分析结果的依据，应如实地记录下来，并妥善保管，以备查验。因此应做到如下几点。

① 原始记录必须真实、齐全、清楚，记录方式应简单明了，可设计成一定的格式，内容包括来源、名称、编号、采样地点、样品处理方式、包装及保管状况、检验分析项目、采用的分析方法、检验日期、所用试剂的名称与浓度、称量记录、滴定记录、计算记录、计算结果等。原始记录表示例见表 1-3。

**表 1-3 原始记录表示例**

| 项目： |  | 编号： |  |
|---|---|---|---|
| 日期： 年 月 日 |  |  |  |
| 样品： |  | 批号： |  |
| 方法： |  |  |  |
| 测定次数 | 1 | 2 | 3 |
| 样品质量/g |  |  |  |
| 滴定管初读数/mL |  |  |  |
| 滴定管终读数/mL |  |  |  |
| 消耗滴定剂的体积/mL |  |  |  |
| 滴定剂的浓度/(mol/L) |  |  |  |
| 计算公式 |  |  |  |
| 被测组分质量分数/% |  |  |  |
| 平均值 |  |  |  |

② 原始记录本应统一编号、专用，用钢笔或圆珠笔填写，不得任意涂改、撕页、散失，有效数字的位数应按分析方法的规定填写。

③ 修改错误数字时不得涂改，而应在原数字上画一条横线表示消除，并由修改人签注。

④ 确知在操作过程中存在错误的检验数据，不论结果好坏，都必须舍去，并在备注栏中注明原因。

⑤ 原始记录应统一管理，归档保存，以备查验。

⑥ 原始记录未经批准，不得随意向外提供。

**2. 检验报告单的填写**

检验报告是分析工作的最终产物，是产品质量的凭证，也是产品质量是否合格的技术根据，因此其反映的信息和数据，必须客观公正、准确可靠，填写要清晰完整，决不允许弄虚作假。检验报告的内容一般包括样品名称、送检单位、生产日期及批号、取样时间、检验日期、检验项目、检验结果、报告日期、检验员签字、主管负责人签字、检验单位盖章等。

填写检验报告单应做到如下几点。

① 检验报告必须由考核合格的检验技术人员填报，进修及代培人员不得独自报出检验结果，必须有指导人员或检验室负责人的同意和签字，否则检验结果无效。

② 检验结果必须经双人复核无误后，才能填写检验报告单。检验报告单上应有检验人

员和复核人员的签字及检验室负责人的签字。

③ 检验报告单一式两份，其中正本提供给服务对象，副本留存备查。检验报告单在经签字和盖章后即可报出，但如果遇到检验不合格或样品不符合要求等情况，检验报告单应交给技术人员审查签字后才能报出。

检验报告单可按规定格式设计，也可按产品特点单独设计。一般可设计成表 1-4 的格式。

**表 1-4　检验报告单式样**

××××××（检验单位名称）

**检验报告单**

编号：

| 送检单位 | | | 样品名称 | | |
|---|---|---|---|---|---|
| 生产单位 | | | 检验依据 | | |
| 生产日期及批号 | | 送检日期 | | 检验日期 | |
| 检验项目 | | | | | |

检验结果：

结论：

检验专用章：

| 技术负责人： | 复核人： | 检验人： |
|---|---|---|

注：(1) ××××××。

(2) ××××××。

年　　月　　日

## [目标检测]

### 一、单项选择题

1. 对样品进行理化检验时，采集样品必须有（　）。

A. 随机性　　B. 典型性　　C. 代表性　　D. 适时性

2. 采集的样品如果是冷冻食品应该（　）。

A. 保持在冷冻状态　　B. 于高温下　　C. 加热后　　D. 进行解冻

3. 固体粉末采集时应该采取（　）。

A. 尽可能取粉末　　B. 边取边混合　　C. 边取边溶解　　D. 只挑大块的

4. 采集样品按种类可分为大样、中样、小样，大样一般指（　）。

A. 混合样　　B. 固体样　　C. 体积大的样　　D. 一个批次的样

5. 掺伪食品样品采集，要做到（　）。

A. 按分析项目要求混合后采样　　B. 典型性

C. 应能反映该食品的卫生质量的需要　　D. 均匀性

6. 分析液体中的有机氯农药进行采样时应该使用（　）容器。

A. 塑料　　B. 玻璃　　C. 橡胶　　D. 金属

7. 食品仪器检测分析常用的有电化学分析法、色谱分析法和（　）。

A. 氧化还原法　　B. 光学分析法　　C. 酸碱滴定法　　D. 络合滴定法

8. 食品分析中，微量分析是指（　　）。

A. 样品中组分>1%　　B. 样品中组分>5%

C. 样品中组分=(0.1%～1%)　　D. 样品中组分<0.1%

9. 某标明为含谷氨酸钠99.0%的味精，挑选出其圆粒状的结晶溶于水后，加入硝酸银溶液，有白色沉淀产生，证明该味精（　　）。

A. 纯度较高　　B. 掺有明矾　　C. 掺有白砂糖　　D. 掺有食盐

10. 在分析天平上称重前，要先预称未知物的重量，是为了（　　）。

A. 正确快速提高工作效率　　B. 遵守操作规程，爱护天平

C. 避免开启过多，磨损玛瑙刀刃。　　D. 减少偶然称量误差

11. 下列蒸馏方法中，食品分析不常用的是（　　）。

A. 减压蒸馏　　B. 水蒸气蒸馏　　C. 扫集共蒸馏　　D. 萃取精馏

12. 纸层析是在滤纸上进行的（　　）分析法。

A. 色层　　B. 柱层　　C. 薄层　　D. 过滤

13. 杂醇油的光度测定中显色剂应用（　　）配制。

A. 蒸馏水　　B. 优级纯浓硫酸　　C. 乙醇　　D. 50%硫酸

14. 容量分析用标准溶液除特殊要求外，在常温下（15～20℃），保存时间一般（　　）。

A. 不得超过2个月　　B. 不得超过1.5个月

C. 不得超过15天　　D. 不得超过20天

15. 测铅含量用的所有玻璃均需用下面的（　　）溶液浸泡24h以上，用自来水反复冲洗，最后用去离子水冲洗干净。

A. 1∶5的$HNO_3$　　B. 1∶5的HCl　　C. 1∶5的$H_2SO_4$　　D. 1∶2的$HNO_3$

16. 在分析化学实验室常用的去离子水中，加入1～2滴甲基橙指示剂，则应呈现（　　）。

A. 紫色　　B. 红色　　C. 黄色　　D. 无色

17. 分析用水的质量要求中，不用进行检验的指标是（　　）。

A. 吸光度　　B. 密度　　C. 电导率　　D. pH值

18. 实验用水电导率的测定要注意避免空气中的（　　）溶于水，使水的电导率（　　）。

A. 氧气、减小　　B. 二氧化碳、增大　　C. 氧气、增大　　D. 二氧化碳、减小

19. 分析用三级水的电导率应小于（　　）。

A. 6.0μS/cm　　B. 5.5μS/cm　　C. 5.0μS/cm　　D. 4.5μS/cm

20. 一化学试剂瓶的标签为绿色，其英文字母的缩写为（　　）。

A. G.R.　　B. A.R.　　C. C.P.　　D. L.P.

21. 优级纯试剂的标签颜色是（　　）。

A. 红色　　B. 蓝色　　C. 玫瑰红色　　D. 深绿色

22. 下列不属于对糖果糕点感官分析人员要求的一项是（　　）。

A. 身体健康　　B. 具超常敏感性　　C. 无明显个人气味　　D. 对产品无偏见

23. 个别测定值与多次测定的算术平均值之间的差值称为（　　）。

A. 相对误差　　B. 相对偏差　　C. 绝对偏差　　D. 绝对误差

24. 在以邻苯二甲酸氢钾（$KHC_8H_4O_4$）为基准物标定NaOH溶液时，下列仪器中需用操作溶液淋洗三次的是（　　）。

A. 滴定管　　B. 容量瓶　　C. 移液管　　D. 锥形瓶

25. 准确度、精密度、系统误差、偶然误差之间的关系是（　　）。

A. 准确度高，精密度不一定高。

B. 精密度高，不一定能保证准确度高。

C. 系统误差小，准确度一般较高。

D. 准确度高，系统误差、偶然误差一定小。

26. 滴定分析的相对误差一般要求小于 0.1%，滴定时耗用标准溶液的体积应控制为（　）。

A. ≤10mL　　B. 10～15mL　　C. 20～30mL　　D. 15～20mL

27. 称量时样品吸收了空气中的水分会引起（　）。

A. 系统误差　　B. 偶然误差　　C. 过失误差　　D. 试剂误差

28. 试剂中含有微量组分会引起（　）。

A. 方法误差　　B. 偶然误差　　C. 过失误差　　D. 试剂误差

29. 下列关于废液的处理，错误的是（　）。

A. 废酸液可用生石灰中和后排放。

B. 废酸液用废碱液中和后排放。

C. 少量的含氰废液可先用 NaOH 调节 pH 值大于 10 后再氧化。

D. 量大的含氰废液可用酸化的方法处理。

30. 实验室安全守则中规定，严禁任何（　）入口或接触伤口，下能用（　）代替水杯。

A. 食品、烧杯　　B. 药品、玻璃器皿

C. 药品、烧杯　　D. 食品、玻璃器皿

**二、判断题**

1. 抽样检查中，抽取的样本数越多越好。（　）

2. 固体样品的抽样，对同一批号的产品，采取次数可由 $S=\sqrt{\frac{N}{2}}$ 决定，式中，$N$ 表示被检样品的个数。（　）

3. 抽样检查中，抽取的样本数越多越好。（　）

4. 采样时必须注意样品的生产日期、批号、代表性和均匀性。（　）

5. 检验后的样品必须保留一个月以备复查。（　）

6. 国家标准中规定，用标定和比较两种方法测定的标准溶液浓度值之差应小于 0.1%。（　）

7. 只要是优级纯试剂都可作基准物。（　）

8. 我国化学试剂分为优级纯、分析纯、化学纯和实验试剂。（　）

9. 一般食品用有机溶剂浸提，挥干有机溶剂后称得的质量主要是游离脂肪。（　）

10. 过氧化氢为无毒消毒剂，可适用于器具和食品的消毒。（　）

11. 饮水中有机物的存在不会影响氯气的杀菌效果。（　）

12. 工作人员进入无菌室后，实验没有完成之前可以随便出入无菌室。（　）

13. 改变食品渗透压的物质主要是食盐和糖。（　）

14. 分析天平称出的是物体的重量。（　）

15. 消化操作应在在通风橱中或通风条件较好的地方进行。（　）

16. 酸式滴定管安装时，凡士林应分别涂在玻璃活塞的大头和活塞槽小头。（　）

17. 使用干燥箱时，试剂和玻璃仪器应该分开烘干。（　）

18. 天平室要经常敞开通风，以防室内过于潮湿。（　）

19. 4.030+0.46−1.8259+13.7 的计算结果应表示为 16.4。（　）

20. 在多次平行测定样品时，若发现某个数据与其他数据相差较大，计算时就应将此数

据立即舍去。(　　)

21. 记录原始数据时，要想修改错误数字，应在原数字上画一条横线表示消除，并由修改人签注。(　　)

22. 检验报告单可以由进修及代培人员填写，但必须有指导人员或室负责人的同意和签字，检验结果才能生效。(　　)

23. 一个样品经过 10 次以上的测试，可以去掉一个最大值和最小值，然后求平均值。(　　)

24. 由于仪器设备缺陷，操作者不按操作规程进行操作，以及环境等的影响均可引起系统误差。(　　)

25. 滴定管读数时，应双手持管，保持与地面垂直。(　　)

26. 用已知准确含量的标准样品代替试样，按照样品的分析步骤和条件进行分析的试验叫做对照试验。(　　)

27. 称取某样品 0.0250g 进行分析，最后分析结果报告为 96.24%（质量分数）是合理的。(　　)

28. 为了使滴定分析时产生的误差小于 0.1%，滴定时标准溶液的用量应大于 20mL。(　　)

29. 将 HCl 标准溶液装入滴定管前，没有用该 HCl 标准溶液荡洗，对分析结果不会产生影响。(　　)

30. 配制重铬酸钾标准溶液时可直接配制而不用标定。(　　)

# 第二章 粮油及其制品的检验

粮油是指以粮食为原料加工而成的食品、食用油等产品。粮食是谷物类、豆类、薯类和其他杂粮及其加工产品的统称。水稻、小麦、玉米、大豆和薯类五大作物就是我们通常所说的粮食，除此之外的高粱、谷子、荞麦（甜荞、苦荞）、燕麦（莜麦）、大麦、糜子、薏仁、籽粒苋以及菜豆（芸豆）、绿豆、小豆（红小豆、赤豆）、蚕豆、豌豆、豇豆、小扁豆、黑豆等称为杂粮。食用油分动物油和植物油，人们在日常生活中通常使用植物油，如花生油、大豆油、菜籽油、红花籽油、葵花子油、棉籽油、茶籽油、芝麻油、玉米油乃至亚麻籽油、橄榄油等。

目前，粮食强制性标准主要包括小麦、玉米、大豆等主要粮食质量标准；大米、小麦粉、食用植物油等粮油产品质量标准；粮食卫生标准、植物油料卫生标准、食用植物油卫生标准；食品中农药最大残留量限定标准；食品中真菌毒素限量标准；食品中污染物限量标准；饲料卫生标准等。粮食质量安全包括食用品质、营养品质、卫生指标、感官品质和贮藏品质等方面。影响粮食质量安全的因素有很多，按照性质可分为化学性危害、物理性危害和生物性危害。化学性危害是指粮食作物在种植中滥用农药、化肥、催熟剂等，粮食生产加工过程中不适当使用添加剂以及食品包装容器和工业废弃物的污染；物理性危害指粮食在生长、收割、晾晒、加工、贮存、运输、销售过程中混入物理杂质，如杂草的种子、麦秆、泥土、沙石、金属碎屑等影响粮食的品质和质量安全；生物性危害指粮食从农田到餐桌的过程中造成的微生物污染，如食源性细菌病原体、食源性病毒、食源性寄生虫等。按照产生的途径，影响粮食质量安全的因素类型包括生产环节、加工环节、贮藏环节、运输环节、销售环节和监管环节等。在每个环节、每个过程中都可能发生化学性危害、物理性危害或生物性危害。

## 第一节 小麦粉质量的检验

### 一、小麦粉水分的测定

小麦粉水分含量是小麦粉的重要质量指标，是小麦粉能否安全贮藏的重要因素，也是确定粮食制品加工工艺参数的重要依据，因此小麦粉在使用前应进行水分含量的测定。

**1. 原理**

测定小麦粉水分含量一般采用干燥恒重法，在一定条件下对待测量小麦粉进行烘干至恒重，小麦粉减少的重量就是该小麦粉在该条件下的含水量。

**2. 仪器**

电热恒温箱、分析天平（感量 0.001g）、铝盒（内径 4.5cm、高 2.0cm）。

**3. 操作步骤**

（1）定温　使烘箱中温度计的水银球距离烘网 2.5cm 左右，调节烘箱温度在 105℃±2℃。

（2）烘干铝盒　取干净的空铝盒放在烘箱内温度计水银球下方的烘网上，烘 30min 至 1h 取出，置于干燥器内冷却至室温，取出称重，再烘 30min，烘至前后两次重量差不超过 2mg，即为恒重。

（3）称取试样　用烘至恒重的铝盒 $m_0$ 准确称取待测小麦粉 25.000g。

（4）烘干试样　将铝盒盖套在盒底上，放入烘箱内温度计水银球下方的烘网上，在 105℃下烘 3h 后取出铝盒，加盖，置于干燥器内冷却至室温，取出称重后，再按以上方法进行复烘，每隔 30min 取出冷却称量一次，烘至前后两次重量差不超过 2mg 为止，如后一次重量高于前一次重量，以前一次重量称量计算 $m_1$。

**4. 结果计算**

小麦粉含水量按照下式计算。

$$水分(\%)=(25+m_0-m_1)/25\times100\%$$

式中　$m_0$——铝盒的重量，g；

$m_1$——烘干后铝盒和试样的重量，g。

**[知识链接]**

食品中水分的测定主要有 4 种方法。

1. 直接干燥法：适用于 95～105℃内不含或含有极微量挥发性成分，而且对热稳定的各种食品。该法不适用于水分含量小于 0.5g/100g 的样品。

2. 减压干燥法：适用于在 100℃以上加热易分解、变质或不易除去结合水的食品。如淀粉制品、豆制品、罐头食品、糖浆、蜂蜜、蔬菜、水果、味精、果酱等。不适用于添加了其他原料的糖果，如奶糖、软糖等试样的测定。该法不适用于水分含量小于 0.5g/100g 的样品。

3. 蒸馏法：适用于测定含较多挥发性物质的食品。如干果、油脂、香料等。特别是香料，蒸馏法是唯一、公认的水分测定方法。该法不适用于水分含量小于 1g/100g 的样品。

4. 卡尔-费休法：测定各种物质中微量水分的一种方法，能客观地反映出样品中的总水分含量。如样品中有强还原性物质，包括含有维生素 C 的样品不能用此法测定。卡尔-费休容量法适用于水分含量大于 $1.0\times10^{-3}$ g/100g 的样品，卡尔-费休库仑法适用于水分含量大于 $1.0\times10^{-5}$ g/100g 的样品。

## 二、小麦粉灰分的检验

小麦粉灰分是衡量小麦粉固形物含量的重要指标，也是判定小麦粉品质的依据之一，测定小麦粉中灰分含量，有利于正确评价小麦粉质量。

**1. 原理**

测定小麦粉灰分含量通常采用高温（550℃）灼烧法。在空气中用高温灼烧试样，使有机成分与氧结合成二氧化碳和水蒸气而挥发，残留下来的呈灰白色氧化物即为灰分。

**2. 仪器**

高温电炉（马弗炉）、感量 0.0001g 分析天平、18～20mL 瓷坩埚、备有变色硅胶的干燥器、长柄和短柄坩埚钳等。

**3. 试剂**

0.5g/100mL 三氯化铁蓝墨水溶液。

**4. 操作步骤**

(1) 坩埚处理 将坩埚用盐酸（1+4）煮 1～2h，洗净晾干后，用三氯化铁蓝墨水溶液在坩埚外壁及盖上写上编号，然后置于 500～550℃马弗炉内灼烧 30min 至 1h，取出坩埚，移至炉口冷却到 200℃左右，再移入干燥器中，冷却至室温后，准确称量，再灼烧 30min，取出冷却，称量，直至前后两次称量之差不超过 0.5mg 为止，即恒重 $m_0$。

[知识链接]

测定灰分通常以坩埚作为灰化容器，坩埚分素烧瓷坩埚、铂坩埚、石英坩埚等多种。其中最常用的是素烧瓷坩埚，它具有耐高温、耐酸、价格低廉等优点，但是耐碱性能较差，当灰化碱性食品时，瓷坩埚内壁的釉层会部分溶解，反复使用多次后，往往难以得到恒重。铂坩埚具有耐高温、能抗碱金属碳酸盐及氟化物的腐蚀、导热性能好、吸湿性小等优点，但价格昂贵，约为黄金的 9 倍，故使用时应特别注意其性能和使用原则。

(2) 测定 用灼烧至恒重的坩埚称取小麦粉试样 2.00～3.00g，放在电炉上，错开坩埚盖，加热至试样完全炭化为止。然后将坩埚放在马弗炉口片刻，再移入炉膛内，错开坩埚盖，关闭炉门在 500～550℃下灼烧 2～3h，在灼烧过程中，可将坩埚位置调换 1～2 次，灼烧至黑点全部消失，变成灰白色为止。取出坩埚，放入干燥器内冷却至室温，称量。再灼烧 30min，称量，至恒重 $m_1$ 为止。最后一次灼烧的质量如果增加，取前一次质量计算。

**5. 结果计算**

灰分（干基）含量按下式计算。

$$灰分(\%)=\frac{m_1-m_0}{m(1-w)}\times100\%$$

式中 $m_0$——坩埚质量，g；

$m_1$——坩埚和灰分质量，g；

$m$——试样质量，g；

$w$——试样水分，%。

此试验结果允许差不超过 0.03 %，求其平均值，即为测定结果，测定结果取小数点后两位。

## 三、小麦粉加工精度的检验

小麦粉加工精度是小麦粉等级确定的基础项目。小麦粉加工精度的标志主要有粉色和麸星两个指标，粉色是指面粉颜色的深浅，麸星是指面粉中所含麸皮的程度。小麦粉的粉色主要取决于麸星的含量，麸星含量少，粉色较白，加工精度高，出粉率低，反之，麸星含量多，则粉色加深，加工精度低，出粉率高。

**1. 仪器**

5cm×30cm 搭粉板、粉刀、感量 0.1g 天平、电炉、100mL 烧杯、铝制蒸锅、白瓷碗、玻璃棒等。

**2. 试剂**

酵母液（称取 5g 鲜酵母或 2g 干酵母，加入 100mL 35℃温水，搅拌均匀备用）。

**3. 操作步骤**

小麦粉加工精度检测方法有五种：干法、湿法、湿烫法、干烫法、蒸馒头法。仲裁时以湿烫法对比粉色、干烫法对比麸星。

小麦粉加工精度的检测，其中特制一等、特制二等和标准粉的加工精度以国家制定的标准样品为准。普通粉的加工精度标准样品，由省、自治区、直辖市制定。具体操作方法如下所述。

(1) 干法　用洁净粉刀取少量标准样品置于搭粉板上，用粉刀压平，将右边切齐，再取少量试样置于标准样品右侧压平，将左边切齐，用粉刀将试样慢慢向左移动，使试样与标准样品相连接，再用粉刀把两个粉样紧紧压平（标准样品与试样不得互混），打成上厚下薄的坡度（上厚约 6mm，下与搭粉板拉平），切齐各边，刮去标准样品左上角，对比粉色、麸星。

(2) 湿法　将干法检验过的粉样，连同搭粉板缓缓倾斜插入水中，直至不起气泡为止，取出搭粉板，待粉样表面微干时，对比粉色、麸星。

(3) 湿烫法　将湿法检验过的粉样，连同搭粉板缓缓倾斜插入加热的沸水中，约经 1min 取出，用粉刀轻轻刮去粉样表面受烫浮起部分，对比粉色、麸星。

(4) 干烫法　先按干法打好粉样，然后连同搭粉板缓缓倾斜插入加热的沸水中，约经 1min 取出，用粉刀轻轻刮去粉样表面受烫浮起部分，对比粉色、麸星。

(5) 蒸馒头法　标准样品与试样分别按相同操作做馒头。

第一次发酵：称取试样 30g 置于白瓷碗中，加入 15mL 酵母液和成面团，并揉至无干面、光滑后为止，白瓷碗上盖一块湿布，放在 38℃左右的保温箱内发酵至面团内部略呈蜂窝状即可（约 30min）。

第二次发酵：将已发酵的面团用少许干面揉合至软硬适度后，做成馒头形放入白瓷碗中，用干布盖上，置 38℃左右的保温箱内醒发约 20min，取出放入盛有沸水的铝制蒸锅内蒸 15min，取出，对比粉色、麸星。

在测定粉色、麸星时应注意下列几点。

① 应注意粉色、麸星二者的关系，即小麦粉中麸星含量多，粉色必然深，但反过来，粉色深的，麸星含量不一定多。

② 注意粉刀、搭粉板洁净。

③ 打粉样时，粉刀压紧用力要均匀，应压紧。

④ 观察时光线要均匀一致，在散射光下观察比较。

## 四、小麦粉面筋的测定

不同的粮食制品对小麦粉中面筋含量的要求不同，面包、方便面、挂面等需要高面筋含量小麦粉；蛋糕、糕点等需要低面筋含量小麦粉，因此测定小麦粉中面筋含量，对于正确制定加工工艺，科学地确定技术参数，提高产品质量具有重要意义。

**1. 原理**

小麦粉样品先用氯化钠缓冲溶液制成面团，再用氯化钠缓冲溶液洗涤并分离出面团中的淀粉、糖、纤维素及可溶性蛋白等，之后除去多余的洗涤液，称量排除多余水分后的胶状物质，即可测得湿面筋的含量。

**2. 仪器**

感量 0.01g 天平、搪瓷碗、10mL 或 20mL 量筒、不锈钢盆或大玻璃缸、CQ20 筛、离心排水机（带对称筛板，转速 3000r/min，转 2min 自停，或转速 6000r/min，转 1min 自停）、挤压板［面筋脱水用，9cm×16cm，厚 3～5mm，周围贴 2 块 0.3～0.4mm 胶布

(纸)]、秒表、毛玻璃板、玻璃棒、牛角匙、金属镊子等。

**3. 试剂**

① 氯化钠缓冲溶液(pH5.9～6.2):称取 200g 氯化钠溶于水中,加 7.54g 磷酸二氢钾和 2.46g 磷酸氢二钠,用水稀释至 10L。

② 碘-碘化钾溶液:称取 0.1g 碘和 1.0g 碘化钾,用水溶解后再加水至 250mL。

**4. 操作步骤**

面筋含量可用干面筋和湿面筋两个参数表示。其中,湿面筋的测定方法有手洗法和机洗法两种,本实验采用手洗法。

(1) 制备面团 称取小麦粉样品 10g(准确至 0.01g)于搪瓷碗中,加入 4.6～5.2mL 氯化钠缓冲溶液,用玻璃棒和成面团球,将面团球放到毛玻璃板上,用手将面团滚成 7～8cm 长条,叠拢,再滚成长条,重复 5 次。

(2) 洗涤 将面团放在手中,从盛氯化钠缓冲溶液的容器中放出氯化钠缓冲溶液滴入面团,以每分钟 50mL 流量洗涤 8min,洗涤过程中不断用另一只手的手指压挤面团,反复压平,卷叠滚团,洗涤时为防止面团及碎面筋损失,操作应在 CQ20 筛上进行。用氯化钠缓冲溶液洗涤后,再用自来水揉洗 2min 以上(测定全麦粉面筋须适当延长时间),至面筋挤出液用碘液检验呈微蓝色时,洗涤即可结束。

(3) 排水 将洗出的面筋球分成两半,分别置于离心排水机的两个筛板上,离心脱去多余游离水。如果没有离心排水机,可用挤压板排水,将洗出的面筋置挤压板上,压上另一挤压板压挤面筋(约 5s),每压一次后取下,将挤压板擦干,再压挤,再擦干,重复压挤 15 次。

(4) 称重 用金属镊子取出离心排水机或挤压板上的湿面筋,称量湿面筋,精确至 0.01g。

**5. 结果计算**

以每百克含水量为 14%的小麦粉面筋含量表示。按下式计算。

$$\text{湿面筋含量}(\%)=\frac{m}{10}\times\frac{86}{100-m_1}\times 100\%$$

式中 $m$——湿面筋质量,g;

$m_1$——每百克小麦粉含水量,g;

86——换算成 14%基准水分试样的系数;

10——试样质量,g。

此试验结果允许差不超过 1.0%,求其平均数,即为测定结果,测定结果取小数点后一位。

**[知识拓展]**

小麦粉中干面筋测定方法

1. 仪器

9～11cm 滤纸、控温电烘箱 130℃±2℃、干燥器(干燥剂一般使用 130～140℃干燥几小时的变色硅胶)、感量 0.01g 天平、烘干机(面筋烘干专用设备,内装有 2 块涂有聚四氟乙烯涂层的夹板,可控温 150℃±2℃)。

2. 操作步骤

湿面筋的制备、洗涤、排水如前所述。

(1) 滤纸法 将湿面筋放在已烘干称重(准确至 0.01g)的滤纸上,并摊成薄片状,然后放入130℃±2℃控温电烘箱内30min，取出置干燥器内冷却至室温，称量干面筋和滤纸的总量，准确至0.01g（干面筋质量=总量-滤纸质量）。

（2）烘干机法　先将烘干机电源接通使其预热10min，打开烘干机，将湿面筋球放在烘干机的夹板中间，关闭盖子，用强制夹钳住，烘干4min，打开烘干机，取出干面筋置于干燥器中冷却至室温，称量，准确至0.01g。

（3）结果计算　干面筋含量以每百克含水量为14%的小麦粉含有干面筋的克数表示。按下式计算。

$$\omega=\frac{m_{干}}{10}\times\frac{86}{100-m}\times 100\%$$

式中　$\omega$——干面筋的含量，%；

$m_{干}$——干面筋质量，g；

$m$——每百克试样含水分克数，g；

86——换算成14%基准水分试样的系数；

10——试样质量，g。

此试验结果允许差不超过0.5%，求其平均数，即为测定结果，测定结果取小数点后一位。

## 五、小麦粉中磁性金属物的测定

小麦在制粉过程中会混入加工机械中的金属，这些金属的存在严重影响加工品的质量，因此加工前必须除去。

**1. 仪器**

天平（感量0.0001g、0.1g）、坩埚或铝盒、表面皿、毛刷、磁铁（吸力不少于12kg）、磁性金属物测定器、玻璃板。

**2. 操作步骤**

小麦粉磁性金属物测定方法有磁性金属物测定器法和磁铁吸引法两种。

（1）磁性金属物测定器法

① 从平均样品中称取试样1kg，倒入磁性金属物测定器上部的容器内。

② 接通电源，将磁铁通电，开启电动机，调节流量控制板，使试样经淌板流到盛样箱内。

③ 试样流完后，切断电源，断磁，刷下磁性金属物放入表面皿中。

④ 将试样按上述方法进行3次，将各次磁性金属物合并于已知质量的坩埚 $m_0$ 中，用四氯化碳漂洗数次，直至粉粒除净。

⑤ 烘干，冷却，称重 $m_1$。

⑥ 结果计算。磁性金属物含量（mg/kg）按下式计算。

$$磁性金属物含量=\frac{(m_1-m_0)\times 1000}{1}$$

式中　$m_1$——烘干后磁性金属物与坩埚的质量，g；

$m_0$——坩埚的质量，g；

1——试样质量，kg。

此试验以最高含量为测定结果。

（2）磁铁吸引法

① 从平均样品中称取试样 1kg，倒在玻璃板或光滑的平面台上，摊成长方形，厚度约 0.5cm。

② 用磁铁将两极插入试样中，磁铁前端可略提高，后端与玻璃板接触，先从前向后慢慢顺序移动，然后从左向右移动。

③ 当磁铁通过全部试样后，用毛刷轻轻刷去附在磁铁上的非磁性物，将金属物刷入已知质量的坩埚 $m_0$ 中。

④ 再将试样混合后，按上述方法进行 3 次。

⑤ 把吸出的磁性金属物一并称重 $m_1$。

⑥ 结果计算同上法。

## 六、小麦粉面团特性试验

小麦粉特性包括小麦粉吸水量、面团揉合性和面团的拉伸性，是小麦粉的重要加工特性，为确定加工工艺技术参数提供依据。

### （一）小麦粉吸水量和面团揉合性的测定

**1. 原理**

将小麦粉在粉质仪中加水后，利用同步电机使揉面钵的叶片旋转，进行揉合，随着面团的形成及衰变，其稠度不断变化，用测力计测量面团揉合时间相应于稠度的阻力变化，并自动记录在记录纸上。由加水量及记录的揉合性能的粉质曲线计算小麦粉的吸水量，评价揉合面团形成时间、稳定时间、弱化度等特性，用以评价面团强度。

**2. 仪器**

粉质测定仪、感量 0.1g 天平、软塑料刮片。

**3. 操作步骤**

① 在启动仪器之前，预先打开恒温水浴和循环水泵开关，将揉面钵升温到 30℃±2℃。

② 测定小麦粉水分，根据所测小麦粉水分含量，称取相当于 50g 或 300g 含水量为 14％的小麦粉试样（其他含水量可以换算称取），准确至 0.1g。

③ 用加压装水装置，使滴定管装满恒温蒸馏水，确保滴定管尖端充满水，并使滴定管自动调零。

④ 将样品倒入选定的揉面钵中（一般用 50g 揉面钵），盖上盖（除短时间加蒸馏水和刮除黏附在内壁的碎面块外，实验中不要打开有机玻璃盖子，防止水分蒸发）。

⑤ 将记录笔尖处于记录纸上的 9min 线位，启动揉面钵，放下记录笔，揉合 1min（控制开关位于“2”处），打开有机玻璃盖子，立即从滴定管自揉面钵右前角加水（加水量按能获得峰值中线位于 500 FU±20 FU 的粉质曲线而定），蒸馏水必须在 25s 内加完，盖上有机玻璃盖子，用软塑料刮片从右边开始依逆时针方向刮下钵内壁各边上黏附的碎片块（不停机）。面团揉合至形成峰值后，观察峰值是否在 480～520FU。否则，即停止揉合，清洗揉面钵后重新测定。峰值过高，可增加水量；峰值过低，则减少加水量。使用 50g 揉面钵，每改变峰值 20FU 约相当于 0.4mL 水；使用 300g 揉面钵，每改变峰值 20FU 约相当于 2.1mL 水。

⑥ 如形成的峰值在 480～520FU，则继续揉合面团。一般小麦粉的曲线峰值稳定一段时间后逐渐下降，在开始明显下降后，继续揉合 12min，实验结束。记录仪绘出粉质曲线（揉合全过程）。

⑦ 取下揉面钵外套件，放入温水中浸泡。用湿纱布（或用细软毛刷）擦洗和面刀，并用软塑料刮片，刮出粘在和面刀缝隙里的面团，重复数次。然后，将控制开关旋到“1”，双手同时按下两只安全开关，使和面刀转动，以露出缝隙里的面团，不断清洗、擦洗和面刀，

直到和面刀转动时，记录器的指针指向“0”。同样用湿纱布（或细软毛刷、软刮片）擦洗取下的揉面钵外套件，清洗粘在钵上的全部碎面团，再用于纱布擦干，装上揉面钵外套件（切勿用酸、碱、金属器件刮洗）。彻底清洗和擦干揉面钵，是得到正确测定结果的保证。

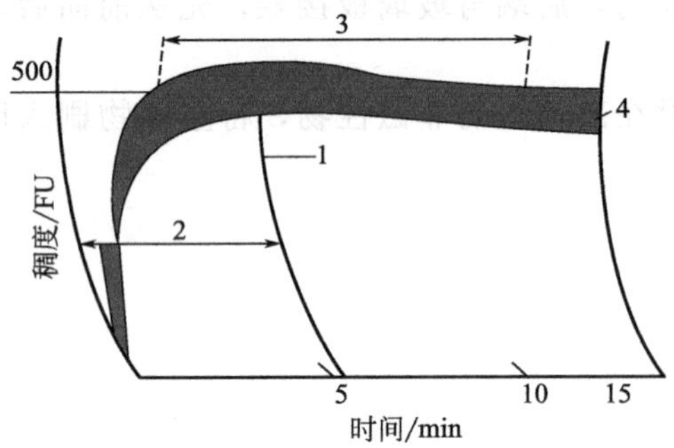


图 2-1 粉质曲线

1—面团最大稠度；2—面团形成时间；3—面团稳定时间；4—面团弱化度

⑧ 粉质曲线分析。粉质曲线如图 2-1 所示。从粉质曲线可以得出：

a. 吸水量：吸水量是指以 14%水分为基准，每百克小麦粉在粉质仪中揉合成最大稠度为 500FU 的面团时所需的水量，以 mL/100g 表示。

b. 面团最大稠度：面团最大稠度是指曲线顶峰中心到底线的距离 1，代表和面刀在面团形成过程中所遇到的最大阻力，面团的最大稠度一般应调至 500FU±20FU。

c. 面团形成时间：面团形成时间是指开始加水直至粉质曲线达到和保持最大稠度所需的时间 2，以 min 表示，读数准确至 0.5min。此试验差值不超过平均值的 25%，以平均值作为测定结果。取小数点后一位数。对于在几分钟内处于平直状态的粉质曲线，其峰高时间可用曲线底部弧的最低点和曲线上部平直部位的中点来确定。对于出现双峰的粉质曲线，以第二个峰值即将下降的时间作为面团形成时间。

d. 面团稳定时间：面团稳定时间是指粉质曲线到达峰值前首次与 500FU 标线相交，以后曲线下降第二次与 500FU 标线相交并离开此线，两个交点相应的时间差值为面团稳定时间 3，以 min 表示，读数准确至 0.5min。此实验差值不超过平均值的 25%，以平均值作为测定结果。取小数点后一位数。

e. 面团弱化度：面团弱化度是指粉质曲线到达最大稠度后开始衰变至 12min 时，曲线的下降程度称为面团弱化度 4，用面团到达形成时间点时曲线带宽的中间值和此点后 12min 处曲线带宽的中间值之间的高度差值表示，以 FU 表示，读数准确至 5FU。此试验差值不超过平均值的 20%，以平均值作为测定结果。取小数点后一位数。

f. 评价值：评价值是由面团形成时间和耐搅拌性来评价小麦粉样品品质的单一数值。评分范围为 0～100，评价值为 0 时，说明其质量最差，评价值为 100 时，说明质量最好。一般来说，品质良好的小麦粉，其评价值在 50 以上。这样就使对小麦粉的品质的评价简单化。评价值还能用于两种或两种以上小麦的搭配制粉，迅速确定不同品质小麦的搭配比例，保证小麦粉产品达到所要求的评价值。

评价值测定步骤：将测得的粉质曲线置于附属的特殊测定板的黄色透明板的下面，首先将粉质曲线上的 500FU 标线（如曲线偏移时，此标线为通过面团形成时间的曲线中心且平行于 500FU 直线）与黄色透明板的顶部边缘重合，然后调整粉质曲线开始端（开始加水时的曲线起始点）与黄色透明板的左边边缘重合，加盖滑板，滑板的左端对准面团形成时间，滑板的右端（距面团形成时间 12min）与粉质曲线波带中心线相交，沿这一点的刻度板上的曲线向下移行，读出数值，即为评价值，最小单位为 1。

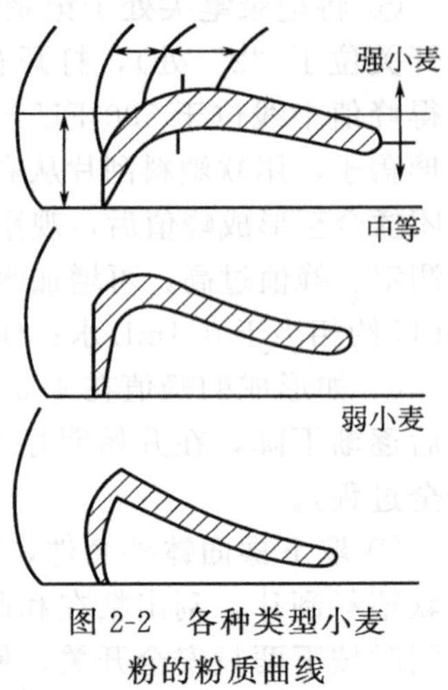


图 2-2 各种类型小麦粉的粉质曲线

评价：根据粉质曲线可以将小麦粉划分为几种类型，如图 2-2 所示。

弱力粉的粉质曲线：面团形成时间和稳定时间短，曲线急速从 500FU 线衰退，评价值小。

中力粉的粉质曲线：面团形成时间和稳定时间较长，评价值较大。

强力粉的粉质曲线：面团形成时间和稳定时间长，评价值大。

非常强力粉的粉质曲线：在正常的粉质仪和面刀的转速（60r/min）时，稳定时间达 20min 以上，难以表示小麦粉质量的有关数据，此时应将转速改为 90r/min 重新测定。

### （二）小麦粉面团拉伸性的测定

**1. 原理**

小麦粉在粉质测定仪揉面钵中加盐水揉制成面团后，在拉伸仪中揉球、搓条、恒温醒面，然后将装有面团的夹具置于测量系统托架上，牵拉杆带动拉面钩以固定速度向下移动，用拉面钩拉伸面团，面团受拉力作用产生形变直至拉断，记录器自动将面团因受力产生的抗拉伸力和拉伸变化情况记录下来，从所得拉伸曲线可评价面团的黏弹性——抗拉伸阻力和延伸度等性能。

**2. 试剂**

所使用的试剂有氯化钠（AR）、蒸馏水。

**3. 仪器**

所使用的仪器和用具有拉伸仪、粉质测定仪（带 300g 揉面钵）、感量 0.1g 天平、软塑料刮片、250mL 锥形瓶、闹钟。

**4. 操作步骤**

测定小麦粉面团拉伸性采用拉伸仪法，操作步骤如下。

（1）准备仪器　打开粉质测定仪（带 300g 揉面钵）、拉伸仪的恒温水浴及循环水泵开关，使粉质测定仪的揉面钵和拉伸仪的醒面箱等升温至 30℃±0.2℃，操作时经常检查温度。

（2）面团的制备

① 根据测定的小麦粉水分，称取质量相当于 300g 含水量为 14% 的样品（准确至 0.1g），将样品倒入揉面钵中，盖上盖，除短时间加蒸馏水和刮除黏附在内壁的碎面块外，实验过程中不要打开有机玻璃盖子。

② 称取 6.0g±0.1g 氯化钠，倒入锥形瓶中，并根据用粉质测定仪测定的小麦粉吸水量估算加水量（加水量比吸水量约少 2%，以抵消氯化钠的影响。若系软小麦粉，则需减少加水量），然后从滴定管注入估算的水量溶解氯化钠。加入的总水量必须使揉合 5min 后能获得 500 FU±20 FU 的稠度峰值，否则，须改变加水量，重新制备面团。

③ 启动粉质测定仪揉面器，放下记录笔，揉合 1min 后打开有机玻璃盖子，立即用漏斗将锥形瓶中的氯化钠溶液自揉面钵钵盖中心孔加入小麦粉中，再从滴定管自钵盖右前角补加少许蒸馏水，盖上有机玻璃盖子（氯化钠溶液和蒸馏水必须在 25s 内加完）。用软塑料刮片将粘在揉面钵内壁的碎面块刮入面团（不停机）。揉合 5min±0.1min，这时面团最大稠度值必须在 480～520 FU，关停揉面器，此面团即可用做拉伸实验，否则需重新制备面团。

（3）面团分割和成型

① 将揉合好的面团小心从揉面钵中取出（不要揉捏），用剪刀将面团分为 2 块，每块重 150g±0.5g。

② 将称好的一块面团放在揉球装置底盘上的固定顶针上，放在正方形容器中，盖上重盖，开启电机，底盘旋转 20 圈后，电机自动关闭，此时面团揉成球形。取下重盖，将容器倾斜，小心从顶针上取出球面团（若面团黏手，可在表面加入少许米粉或淀粉）。

③ 将上述球形面团放入搓条器，开启电机，球形面团随轧辊滚动一圈出来即成为均匀

的圆筒形。

④ 打开醒面箱，取出一套面团装具，迅速将搓好条的面团夹持在夹具中（面团装具在醒面箱内恒温 15min 后才能装置面团，夹具需涂少许矿物油）。另一份面团同样揉成球，搓成条，夹进夹具，二个夹具连同托盘一起推入醒面箱，随手关好箱门，开始计时，醒面 45min（将闹钟的指针拨至 45min 位置，醒面 45min 后，闹钟便发出响声）。

（4）面团拉伸实验

① 醒面 45min 后，取出第一块面团夹具和托盘，将面团夹具放在拉伸仪测量系统托架上，使面团夹具上的开口面向拉钩方向，面团夹具底座上 2 支定位针插入托架上的孔舟。这样可使面团夹具在每次实验时能始终保持在同一位置。

② 放下记录笔，调整到零位。启动测量系统，牵拉杆及拉面钩向下移动，拉面钩拉伸面团直至断开，记录器自动在记录纸上记录下一条曲线。

③ 面团被拉断后，牵拉杆继续向下移动直到下部终点，自动返回原位，收集拉断面团，继续下面实验。

④ 拉断后的面团，再揉球、搓条，醒面 45min，又进行第二次拉伸实验。然后又按同样步骤进行第三次拉伸实验。这样就得到同一块面团经历了醒面 45min、90min 及 135min 三个阶段的拉伸实验，并得到三条拉伸曲线。第二块 150g±0.5g 面团用于做此实验，同上操作。

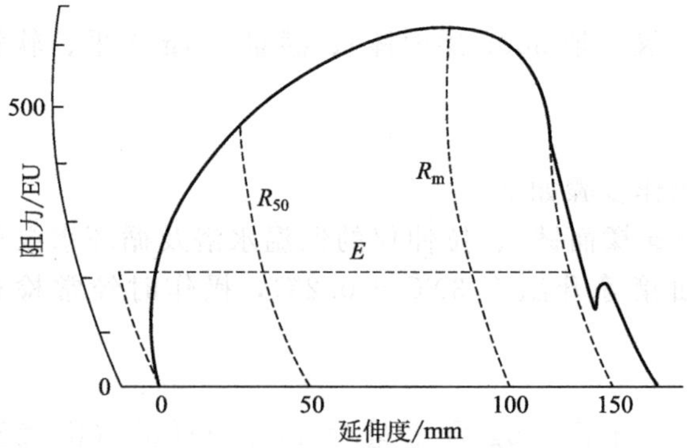


图 2-3 面团拉伸曲线

E—延伸度；$R_{50}$—50mm 处面团拉伸阻力；$R_m$—面团最大拉伸阻力

（5）拉伸曲线分析

拉伸曲线如图 2-3 所示。从拉伸曲线可测得粉力、面团的延伸性、面团抗延伸性阻力及拉力比数等指标。

① 面团拉伸阻力。拉伸曲线最大高度 $R_m$ 为面团最大拉伸阻力，以 EU 为单位，读数准确到 5EU。面团在不同醒面时间最大拉伸阻力分别为 $R_{m,45'}$、$R_{m,90'}$、$R_{m,135'}$。两个面团实验差值不超过平均值的 20%，以平均值作为测定结果。

50mm 处面团拉伸阻力。从开始拉伸至记录纸行进 50mm 处拉伸曲线高度 $R_{50}$ 为 50mm 处面团拉伸阻力，以 EU 为单位，读数准确到 5EU。不同醒面时间在 50mm 处面团拉伸阻力分别为 $R_{50,45'}$、$R_{50,90'}$、$R_{50,135'}$。

两个面团实验差值不超过平均值的 20%，以平均值作为测定结果。

② 面团延伸度。从拉面钩接触面团开始至面团被拉断，拉伸曲线横坐标的距离称为面团延伸度 $E$，以 mm 为单位，准确至 1mm。不同醒面时间的面团延伸度分别为 $E_{45'}$、$E_{90'}$、$E_{135'}$。

两个面团实验差值不超过平均值的 15%，以平均值作为测定结果。

③ 拉伸曲线面积。用求积仪测量面团拉伸曲线以内的面积 $A$，以 $cm^2$ 为单位，读数准确至 $1cm^2$。不同醒面时间拉伸曲线面积分别为 $A_{45'}$、$A_{90'}$、$A_{135'}$。

两个面团实验差值不超过平均值的 25%，以平均值作为测定结果。

④ 拉力比数。即面团最大拉伸阻力与面团延伸度的比值，按下式计算。

$$拉力比数=面团最大拉伸阻力/面团延伸度$$

⑤ 曲线分析。4 个参数中最重要的是拉伸曲线面积和拉力比数。一种小麦粉若拉伸曲线面积越大，其面团弹性越强。拉力比数的大小与拉伸曲线面积密切相关，拉力比数越小的

面团，越易拉长，反之，则拉得越短。一般拉伸曲线面积大而拉力比数适中的小麦粉，食用品质较好，拉伸曲线面积小而拉力比数大的小麦粉食用品质较差。拉力比数过大，表明面团过于坚实，延伸性小，脆性大；比数过小，表明延伸性大而拉力小，面团性质弱且易于流变。

通过醒面 45min、90min 和 135min 所测试的曲线图，揭示出面团在不同阶段的拉伸特性，以便我们在实际生产中选定合适的醒发时间，以达到最佳拉伸特性。经数次拉伸实验，曲线上显示的面团拉伸阻力没有增大，或增长甚微，表明该小麦粉醒发迟缓，需加快进程，面团拉伸阻力大幅度增长的小麦粉，在发酵、揉团、装听及最后醒发时，均能表现出良好性能。

### 七、全麦粉发酵时间试验

全麦粉发酵时间试验是测定小麦中面筋质量的一种简单、快速的方法。全麦粉发酵时间值越大，说明小麦中的面筋质量越好，反之，发酵时间值越小，面筋质量越差。因此，通过测定全麦粉发酵时间值，可以及时了解小麦及小麦粉的品质情况，对指导食品烘焙具有重要意义。

**1. 原理**

用一定量的全麦粉与酵母悬浮液混合后，制成球形面团，置于 30℃水中，随着酵母的发酵作用，球形面团中二氧化碳含量不断增加，体积也随之增大，密度降低，浮至水面，继续发酵至球形面团解体破裂。从面团开始发酵至解体所经历的时间即为全麦粉发酵时间值。

**2. 试剂**

鲜酵母（发酵力不低于 650mL）、干酵母（发酵力不低于 500mL）、酵母溶液（临用配制）。

**3. 仪器**

30℃±1℃恒温水浴锅、恒温箱（控温 30℃±1℃，装有透明玻璃板）、内装有 1mm 筛子粉碎机，感量 0.1g 天平、烧杯（150mL、50mL）、5mL 移液管、100mL 量筒。

**4. 操作步骤**

(1) 样品制备　取 50g 小麦样品，除去杂质，用粉碎机粉碎后，全部通过 0.45mm 孔径筛，清理磨子与筛子，将残留物料与粉碎样品合并，混合均匀，置于密闭瓶中备用。

(2) 酵母溶液制备　将 100g 鲜酵母或 2g 干酵母悬浮于 100mL30℃水中，搅匀，置于 30℃±1℃的恒温水浴锅中备用。

(3) 测定　称取 4.0g 样品倒入 50mL 烧杯中，加入 2.25mL 酵母悬浮液。用玻璃棒混合成面团，取出，放在手掌中，用手指捏揉 40s，然后搓成表面光滑的圆球，放入盛有 80mL 30℃水的 150mL 低形烧杯中，移入 30℃±1℃的恒温箱内，开始计时。

随着酵母的发酵，球形面团中二氧化碳含量不断增加，体积增大，浮至水面，经过一段时间后，球形面团解体，记下球形面团解体的时间。从球形面团浸入水中至解体破裂所经历的时间即为全麦粉发酵时间值，以 min 为单位。两次测定结果与平均值的相对偏差不得超过±6%。

## 第二节　原料油质量的检验

### 一、相对密度的测定

油脂在 20℃时的质量与同体积纯水在 4℃时的质量之比，称为油脂的相对密度，用相对密度（20℃/4℃）表示。各种纯净、正常的油脂，在一定温度下均有不同的相对密度范围。天然油脂的相对密度均<1，其数值在 0.908～0.970 之间变动。

测定油脂的相对密度，可作为评定油脂纯度、掺杂、品质变化的参考，还可以根据相对密度将贮藏与运输油脂的体积换算为质量。

测定原料油相对密度的方法有液体相对密度天平（比重天平）法、相对密度瓶（比重瓶）法和相对密度计（比重计）法。这里介绍相对密度瓶法。

**1. 原理**

采用同一相对密度瓶在同一温度下，分别称量等体积的油脂和蒸馏水，两者的质量比即为油脂的相对密度。

**2. 试剂**

乙醇、乙醚、无二氧化碳蒸馏水、滤纸等。

**3. 仪器**

电热恒温水浴锅、感量 0.0001g 分析天平、吸管（25mL）、烧杯、相对密度瓶（25mL 或 50mL 带温度计塞），密度瓶见图 2-4。

(a) 带毛细管的普通密度瓶

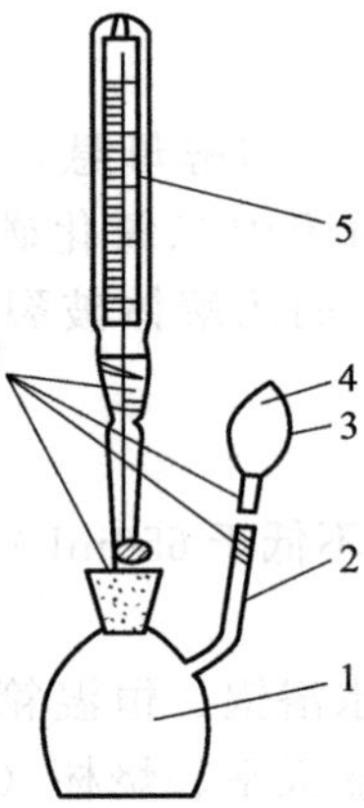


(b) 带温度计的精密密度瓶

图 2-4 密度瓶

1—密度瓶；2—支管；3—侧孔；4—支管上小帽；5—温度计

**4. 操作步骤**

(1) 洗涤相对密度瓶　用洗涤液、水、乙醇、水依次洗净相对密度瓶。

(2) 测定水质量　用吸管吸取蒸馏水，沿瓶口内壁注入相对密度瓶，插入带温度计的瓶塞（加塞后瓶内不得有气泡存在），将相对密度瓶置于 20℃恒温水浴中，待瓶内水温达到 20℃±0.2℃时，经 30min 后取出相对密度瓶，用滤纸吸去排水管溢出的水，盖上瓶帽，揩干瓶外部，称量。

(3) 测定瓶质量　倒出瓶内水，用乙醇和乙醚洗净瓶内水分，用干燥空气吹去瓶内残留的乙醚，并吹干瓶内外，然后加瓶塞和瓶帽称量（瓶质量应减去瓶内空气质量，$1cm^3$ 干燥的空气质量在标准状况下为 0.001293g≈0.0013g）。

(4) 测定试样质量　吸取 20℃以下澄清试样，按测定水质量法注入瓶内，加塞，用滤纸蘸乙醚揩净外部，置于 20℃恒温水浴中，经 30min 后取出，揩净排管溢出的试样和瓶外部，盖上瓶帽，称量。

(5) 结果计算　在试样和水的温度为 20℃条件下测得的试样质量 $m_2$ 和水质量 $m_1$，先按公式（相对密度$=m_2/m_1$）计算相对密度，再换算为水温 4℃的相对密度。

## 二、透明度、色泽的鉴定

### （一）透明度鉴定

我国植物油国家标准规定：各种色拉油、高级烹调油均应澄清、透明；一级香油透明，二级香油允许微浊；一级普通芝麻油透明，二级普通芝麻油允许微浊；食用亚麻籽油允许微浊；一、二级葵花子油均应透明；一级玉米胚油透明，二级玉米胚油允许微浊。

植物油脂透明度是指油样在一定温度下，静置一定时间后，目测观察油样的透明程度。品质正常合格的油脂应是澄清、透明的，但若油脂中含有过高的水分、磷脂、蛋白质、固体脂肪、蜡质或含皂量过多时，油脂会出现浑浊，影响其透明度。因此，油脂透明度的鉴定是借助检验者的视觉，初步判断油脂的纯净程度。

**1. 仪器**

比色管（100mL，直径 25mm）、乳白灯泡等。

**2. 操作步骤**

① 量取混匀试样 100mL 注入比色管中。

② 在 20℃下静置 24h（蓖麻籽油静置 48h）。

③ 移置在乳白灯泡前（或在比色管后衬以白纸），观察透明程度，记录观察结果。

④ 观察结果以“澄清、透明”，“透明”，“微浊”，“浑浊”表示。

### （二）色泽鉴定

植物油脂之所以具有各种不同的颜色，如淡黄色、橙黄色、棕红色以及青绿色等，主要是由于油料子粒中含有叶黄素、叶绿素、叶红素、类胡萝卜素、棉酚等色素，在制油过程中溶于油脂中的缘故。我国国家标准（GB/T 22460—2008）中对各类、各种、各等级植物油的色泽，应用罗维朋比色计进行测定，并制定了相应的指标。

色泽的深浅是植物油脂的重要质量指标之一，特别是对于食用植物油，常要求具有较浅的色泽。油脂的色泽，除了与油料子粒的粒色有关外，还与加工工艺以及精炼程度有关。此外，油料品质劣变和油脂酸败也会导致油色变深或影响油脂色泽。所以，测定油脂的色泽，可以了解油脂的纯净程度、加工工艺和精炼程度以及判断其是否变质。

**1. 原理**

通过调节黄、红色的标准颜色色阶玻璃片与油样的色泽进行比色，直至二者色泽相当时，分别读取黄、红色玻璃片上的数字作为罗维朋色值，即油脂的色泽值。

**2. 仪器**

罗维朋比色计。罗维朋比色计主要由比色槽，比色槽托架，碳酸镁反光片，乳白灯泡，观察管以及红、黄、蓝、灰色的标准颜色色阶玻璃片等部件组成，如图 2-5 所示。

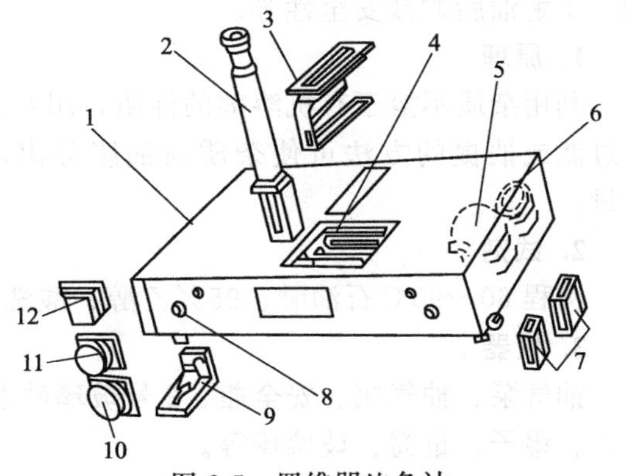


图 2-5　罗维朋比色计

1—比色槽；2—观察管；3—透明样品架；4—有色玻璃架；5—乳白灯泡；6—计时数字钟；7—比色皿；8—开关；9—固体样品架；10—标准白板；11—粉末样品盘；12—胶体样品盘

**3. 操作步骤**

① 放平仪器，从配件匣中取出观察管，在确保观察反射镜正对仪器时，将它插入仪器中，将两个碳酸镁反光片分别放入仪器的两个孔上，接通电源，交替按下“ON/OFF”开关按钮，检查光源是否完好。

② 取澄清（或过滤）的试样注入比色槽

中（等级植物油选用 25.4mm 比色槽，色拉油、高级烹调油选用 133.4mm 比色槽），达到距离比色槽上口约 5mm 处，将比色槽置于比色槽托架上，并按下托架上的固定比色槽位置的保持夹。

③ 将比色槽托架置于比色计中，先按质量标准固定黄色玻璃片色值，按下“ON/OFF”开关按钮，打开光源，移动红色玻璃片调色，直至玻璃片色泽与油样色泽完全相同为止。

④ 如果油色有青绿色，则须配入蓝色玻璃片，这时移动红色玻璃片，使配入蓝色玻璃片的色值达到最小值为止。

⑤ 记下黄、红或黄、红、蓝玻璃片相对应的各自总色值，即为被测油样的色值。结果注明不深于黄多少号和红多少号，同时注明比色槽厚度。

**4. 注意事项**

① 双试验结果允许差值不超过 0.2，以试验结果较高的色值作为测定结果。

② 用作光源的两只乳白灯泡，在达到使用寿命后，应予以更换，以保证准确的光强度。

③ 若碳酸镁反光片表面有变色，可用小刀仔细地将变色层刮去，但应保证反光面平整。

**[知识拓展]**

原料油气味、滋味鉴定

各种油脂都具有独特的气味和滋味，例如菜籽油和芥籽油常常带有辣味，而芝麻油则带有令人喜爱的香味等。酸败变质的油脂会产生酸味或哈喇的滋味等。因此，通过油脂气味和滋味的鉴定，可以了解油脂的种类、品质的优劣、酸败的程度、能否食用以及有无掺杂等。操作方法：取少量试样注入烧杯中，加温至 50℃，用玻璃棒边搅拌边嗅气味，同时尝辨滋味。凡具有该油固有的气味和滋味、无异味的为合格。不合格的应注明异味情况。

## 三、油脂中杂质的测定

油脂杂质是指油脂中不溶于石油醚等有机溶剂的残留物，主要是泥土、沙石、饼屑、碱皂等。杂质存在于植物油中，不仅使植物油脂品质降低，而且会加速油脂品质的劣变，影响油脂贮藏的稳定性。因此，测定油脂杂质可以评定油脂品质的优劣，检查过滤设备的工艺效能，了解油脂贮藏安全性等。

**1. 原理**

利用杂质不溶于有机溶剂的性质，用石油醚溶解油样（蓖麻籽油用 95% 乙醇溶解），应用过滤或抽提的方法可使杂质与油脂分离，然后将杂质烘干、称量，即可计算出杂质的含量。

**2. 试剂**

沸程 60～90℃石油醚、95% 乙醇、酸洗石棉、脱脂棉、定量滤纸等。

**3. 仪器**

抽气泵、抽气瓶、安全瓶、2 号玻璃砂芯漏斗、称量皿、天平（感量 0.0001g、0.1g）、胶管、镊子、量筒、玻璃棒等。

**4. 操作步骤**

(1) 抽滤装置准备　用胶管连接抽气泵、安全瓶和抽气瓶。用水将石棉分成粗、细两部分，先用粗的、后用细的石棉铺垫玻璃砂芯漏斗（约 3mm 厚）。先用水沿玻璃棒倾入漏斗中抽洗，后用少量乙醇和石油醚先后抽洗，待石油醚挥净后，将漏斗送入 105℃烘箱中，烘至前后两次质量差不超过 0.001g 为止。

(2) 抽滤杂质 称取混匀试样 15～20g (mL) 于烧杯中，加入 20～25mL 石油醚（蓖麻油用 95%乙醇)，用玻璃棒搅拌使试样溶解，倾入漏斗中，用石油醚将烧杯中的杂质全部洗入漏斗内，再用石油醚分数次抽洗杂质，洗至无油迹为止。

(3) 烘干杂质 用脱脂棉揩净漏斗外部，在 105℃下烘至恒重 $m_1$。

**5. 结果计算**

杂质含量按下列公式计算。

$$杂质含量(\%)=m_1/m\times100\%$$

式中 $m_1$——杂质质量，g；

$m$——试样质量，g。

此试验结果允许差不超过 0.04%，求其平均数，即为测定结果，测定结果取小数点后两位。

## 四、油脂酸价的测定

油脂酸价系指中和 1g 油脂中的游离脂肪酸所需氢氧化钾的毫克数。一般从新收获、成熟的油料种子中制取的植物油脂含有约 1%的游离脂肪酸。原料中含有较多的未熟粒、生芽粒、霉变粒等，则制出的毛油中含有较多的游离脂肪酸；精炼工艺不当，则等级油将会有较高的酸价；此外在油脂贮藏过程中，如水分、杂质含量高，温度高时，脂肪酶活性大，亦使植物油脂中游离脂肪酸的含量增高。因此，测定油脂酸价可以评定油脂品质的好坏和贮藏方法是否得当，并能为油脂碱炼工艺提供需要的加碱量。

**1. 原理**

测定原料油脂酸价的原理是采用中性乙醇和乙醚混合溶剂溶解油样，然后用碱标准溶液滴定其中的游离脂肪酸，根据油样质量和消耗碱液的量计算出油脂酸价。

**2. 试剂**

0.1mol/L 氢氧化钾（或氢氧化钠）标准溶液、中性乙醚和乙醇（2∶1）混合溶剂（临用前用 0.1mol/L 碱液滴定至中性)、1g/100mL 酚酞乙醇溶液指示剂。

**3. 仪器**

25mL 滴定管、250mL 锥形瓶、感量 0.001g 天平、容量瓶、移液管、称量瓶、试剂瓶等。

**4. 操作步骤**

① 称取混匀试样 3～5g (mL) 注入锥形瓶中，加入混合溶剂 50mL，摇动使试样溶解。

② 加 3 滴酚酞指示剂，用 0.1mol/L 碱液滴定至出现微红色，在 30s 内不消失。

③ 记下消耗的碱液体积 $V$。

**5. 结果计算**

油脂酸价（mgKOH/g 油）按下式计算。

$$酸价=\frac{V\times c\times56.1}{m}$$

式中 $V$——滴定消耗的氢氧化钾标准溶液体积，mL；

$c$——KOH 标准溶液浓度，mol/L；

$m$——试样质量，g；

56.1——氢氧化钾的摩尔质量，g/mol。

此试验结果允许差不超过 0.2mg KOH/g 油，求其平均数，即为测定结果。测定结果取小数点后一位。

[课堂互动]

1. 什么是油脂的酸价?
2. 测定油脂的酸价有什么意义?

## 五、油脂过氧化值的测定

油脂在贮藏期间，由于光、热、空气中的氧，以及油脂中的水和酶的作用，常会发生变质腐败的复杂变化，这种变化称为酸败。酸败产物常具有特殊的臭气和发苦的滋味，以致影响了油脂的感官性质，酸败严重的油脂则不能食用。因此，检验油脂中是否存在过氧化物、醛、酮等，以及它们的含量多少，即可判断油脂是否酸败以及酸败的程度。

**1. 原理**

油脂在氧化酸败过程中产生的过氧化物很不稳定，氧化能力较强，能氧化碘化钾成为游离碘，用硫代硫酸钠标准溶液滴定析出的碘，从而计算过氧化值。

**2. 试剂**

三氯甲烷、冰醋酸、饱和碘化钾溶液（取 10g 碘化钾，加 5mL 水，贮于棕色瓶中）、10g/L 淀粉溶液、0.01mol/L $Na_2S_2O_3$ 标准溶液和 0.002mol/L $Na_2S_2O_3$ 标准溶液。

**3. 仪器**

感量 0.0001g 分析天平、250mL 具塞锥形瓶、移液管（5mL、10mL、15mL）、100mL 量筒、滴定管（10mL，最小分度值 0.05mL）。

**4. 操作步骤**

（1）称样　称取混匀和过滤的油样，试样量如表 1-1 所示，准确至 0.001g。

**表 1-1　过氧化值与试样用量范围**

| 估计过氧化值/(mmol/kg) | 试样质量/g | 估计过氧化值/(mmol/kg) | 试样质量/g |
|---|---|---|---|
| ≤12 | 2.0～5.0 | 30～50 | 0.5～0.8 |
| 12～20 | 1.2～2.0 | ≥50 | 0.3～0.5 |
| 20～30 | 0.8～1.2 | | |

（2）测定　在装有称好试样的锥形瓶中加入 10mL 三氯甲烷，溶解试样，再加入 15mL 冰醋酸和 1mL 饱和碘化钾溶液，迅速盖好瓶塞，摇匀溶液 1min，在 15～25℃ 避光静置 5min。取出，加入约 75mL 水，摇匀，立即以 10g/L 淀粉溶液为指示剂，用硫代硫酸钠标准溶液滴定析出的碘（估计值小于 12mmol/kg 用 0.002mol/L 标准溶液，大于 12mmol/kg 用 0.01mol/L 标准溶液）至淡黄色时，加 1mL 淀粉指示剂，继续滴定至蓝色消失为终点。

（3）空白试验　如空白试验超过 0.1mL 0.01mol/L 硫代硫酸钠标准溶液，应更换不纯的试剂。

**5. 结果计算**

试样中碘的质量分数的计算公式为：

$$w_{(碘)}=\frac{(V_1-V_0)\times c\times 0.1269}{m}\times 100\%$$

试样的过氧化值为

$$X=w_{(碘)}\times 78.8$$

式中　$w_{(碘)}$——试样中碘的质量分数，%；

$X$——试样的过氧化值，mmol/kg；

$V_1$——试样用去的硫代硫酸钠标准溶液体积，mL；

$V_0$——空白试验用去的硫代硫酸钠标准溶液体积；mL；

$c$——硫代硫酸钠标准溶液的实际浓度，mol/L；

$m$——试样质量，g；

0.1269——与 1.00mL 1.00mol/L 硫代硫酸钠标准溶液相当的碘的质量，g/mmol；

78.8——换算因子。

双试验允许差符合要求时，求其平均数，即为测定结果。结果小于 12 保留一位小数，大于 12 保留到整数位。允许差按表 1-2 规定。

**表 1-2 过氧化值允许差范围**

| 过氧化值/(mmol/kg) | 允许差 | 过氧化值/(mmol/kg) | 允许差 |
|---|---|---|---|
| ≤1 | 0.1 | 6～12 | 0.5 |
| 1～6 | 0.2 | ≥12 | 1 |

**6. 注意事项**

除采用碘量法的测定条件外，本法测定还要注意以下问题。

① 碘化钾的加入量在保证它与冰醋酸生成的碘化氢与样品中的过氧化物反应的前提下，不宜过量太多。

② 要严格控制反应条件的一致性，如加碘化钾后的放置时间、光线、温度、混合溶剂配比、试剂量（包括加水量）、试样量等，并且反应要在所有试剂混合均匀的溶液中进行，只有这样，才能使平行试验结果有较好的重现性。

③ 本法在室温下进行，对常见油脂都适用。对过氧化值较高的试样，可减少取样量；同时也可取用浓度稍大的硫代硫酸钠标准溶液滴定，以使滴定体积处于最佳范围。

④ 对于固态油样，可微热溶解，并适当增加溶剂量。

## 六、油脂酸败试验（间苯三酚试纸法）

原料油油脂酸败是油脂质量好坏的重要指标，酸败产物中的过氧化物、醛、酮等严重影响了油脂的质量，酸败严重的油脂则不能食用。因此，油脂在食用前应进行酸败试验。

**1. 原理**

原料油油脂酸败的测定原理是油脂酸败产生的醛类，与间苯三酚反应呈红色，借此作为酸败的定性试验。

**2. 试剂**

间苯三酚试纸（取长 7cm、宽 0.4cm 的滤纸条，浸入 0.1g/100mL 间苯三酚乙醇溶液中，浸泡约 3min 后取出，阴干，装入棕色瓶中备用）、直径约 2mm 大理石颗粒或碳酸钙、盐酸。

**3. 仪器**

恒温水浴锅、电炉、50mL 锥形瓶（插有 5cm 长玻璃管的胶塞）、移液管、棕色瓶等。

**4. 操作步骤**

① 将间苯三酚试纸条装入锥形瓶胶塞的玻璃管内。

② 取 5mL 油样注入锥形瓶中，加入 5mL 盐酸，摇匀，立即加入 5～6 粒大理石颗粒，塞紧胶塞。

③ 在约 25℃的水浴中放置 20min，试纸变红为阳性，表示有醛类存在，油脂已发生酸败；试纸呈黄色或橙色时为阴性。

## 七、羰基价的测定

羰基化合物的测定可分为油脂总羰基直接定量和挥发性或游离羰基分离定量两种情况。挥发性或游离羰基分离定量可采用蒸馏法或柱色谱法。这里介绍总羰基的测定方法。

**1. 原理**

羰基化合物和 2,4-二硝基苯肼反应生成腙，在碱性溶液中呈褐红色或酒红色，在 440nm 波长下测定其吸光度，并可依此计算羰基价。

**2. 仪器**

① 721 型分光光度计。

② 25mL 磨口具塞试管。

③ 25mL 容量瓶。

④ 5mL、10mL 移液管。

⑤ 恒温水浴锅。

**3. 试剂**

(1) 精制乙醇　取 1000mL 无水乙醇，置于 2000mL 圆底烧瓶中，加入 5g 铝粉、10g 氢氧化钾，接上标准磨口的回流冷凝管，在水浴中加热回流 1h，然后用全玻璃蒸馏装置蒸馏收集馏出液。

(2) 精制苯　取 500mL 苯，置于 1000mL 分液漏斗中，加入 50mL 硫酸，小心振摇 5min（开始振摇时注意放气），静置分层，弃除硫酸层；再加 50mL 硫酸重复处理一次，将苯层移入另一分液漏斗中，用水洗涤三次，然后经无水硫酸钠脱水，用全玻璃蒸馏装置蒸馏收集馏出液。

(3) 2,4-二硝基苯肼溶液　称取 50mg 2,4-二硝基苯肼溶于 100mL 精制苯中。

(4) 三氯乙酸溶液　称取 4.3g 固体三氯乙酸，溶于 100mL 精制苯中。

(5) 氢氧化钾乙醇溶液　称取 4g 氢氧化钾，加入 100mL 精制乙醇使其溶解，放置于冷暗处过夜，取上部澄清液备用。若溶液变为黄褐色则应重新配制。

**4. 操作步骤**

准确称取约 0.025～0.5g 样品，置于 25mL 容量瓶中，加精制苯溶解并稀释至刻度。吸取 5mL 样液置于 25mL 磨口具塞试管中，加入 3mL 三氯乙酸溶液及 5mL 2,4-二硝基苯肼溶液，仔细振摇均匀，在 60℃水浴中加热 30min，冷却后，沿试管壁慢慢加入 10mL 氢氧化钾乙醇溶液，使其成为二液层，塞好，剧烈振摇均匀，放置 10min。以 1cm 比色杯，用试剂空白（以 5mL 精制苯代替样液）调节零点，于波长 440nm 处测定其吸光度。

**5. 结果计算**

羰基价（mmol/kg）的计算公式为：

$$羰基价=\frac{A}{854\times m(V_2/V_1)}\times 1000$$

式中　$A$——测定时样液的吸光度；

$m$——样品质量，g；

$V_1$——样品稀释后的总体积，mL；

$V_2$——测定用样品稀释液的体积，mL；

854——各种醛的毫摩尔吸光系数的平均值。

**6. 注意事项**

① 所用仪器必须洁净、干燥。

② 所用试剂在含有干扰试验的物质时，都必须精制后才能用于试验。

③ 当空白试验管的吸收值（在波长440nm处、以水作对照）超过0.20时，表明试验所用试剂的纯度不够理想。

④ 当油样过氧化值较高（超过20～30mmol/kg）时，将影响羰基价的测定，此时最好先把过氧化物还原为非羰基化合物。

⑤ 结果的表述：报告算术平均值的两位有效数字。

⑥ 允许差：平行样品测定允许的相对偏差为小于或等于±10%。

⑦ 当试样羰基值较高时，则取样量应当相应减少。

⑧ 2,4-二硝基苯肼较难溶于苯，配制时应充分搅动，必要时过滤，使溶液中无固形物。

⑨ 三氯乙酸是较强的有机酸，提供酸性环境，同时对生成腙有催化作用，故加入量应适宜。

⑩ 经反复煎炸过的油脂，羰基化合物增加，质量降低。对食用油脂中羰基价的规定为：食用植物油小于或等于20mmol/kg；食用煎炸油小于或等于50mmol/kg。

⑪ 由于油脂氧化过程中生成的羰基化合物是多种醛类的混合物，组成不确定，因此计算时采用各种醛的毫摩尔吸光系数的平均值进行计算，以求得样品的羰基价。

## 八、碘价的测定

碘价是100g油脂所吸收的氯化碘或溴化碘，换算成碘的克数。碘价的高低表示油脂中脂肪酸的不饱和程度。

**1. 原理**

在溴化碘的酸性溶液中，溴化碘与不饱和的脂肪酸起加成反应，游离的碘可用硫代硫酸钠溶液滴定，从而计算出被测样品所吸收的溴化碘的克数。

**2. 仪器**

① 250mL碘量瓶。

② 50mL滴定管。

③ 25mL移液管。

④ 分析天平。

⑤ 洗瓶、烧杯、玻璃棒、胶管等。

**3. 试剂**

① 0.1mol/L硫代硫酸钠标准溶液。

② 溴化碘乙酸溶液　溶解13.2g碘于1000mL冰醋酸中，冷却至25℃时，取出20mL，用0.1mol/L硫代硫酸钠标准溶液测定其含碘量。按126.1g碘相当于79.92g溴，溴的密度约为3.1g/cm$^3$，计算溴的加入量（注意溴有毒）。加入溴后，再用0.1mol/L硫代硫酸钠标准溶液滴定并校正溴的加入量，使加溴后的滴定体积刚好为加溴前的2倍。

③ 150g/L碘化钾溶液。

④ 10g/L淀粉溶液。

**4. 操作步骤**

准确称取油样0.1～0.25g，置于干燥碘量瓶中，加入10mL氯仿溶解。准确加入溴化碘乙酸溶液25mL，加塞，于暗处放置30min（碘价高于130，放置60min），不时振摇。然后加入碘化钾溶液20mL，塞严，用力振摇。以100mL新煮沸后冷却的蒸馏水将瓶口和瓶塞上的游离碘洗入瓶内，混匀。用硫代硫酸钠标准溶液滴至淡黄色时，加入淀粉指示剂1mL，继续滴定至蓝色消失为终点（近终点时用力振摇，使溶于氯仿的碘析出）。

在相同条件下做空白试验。

**5. 结果计算**

样品的碘价（g/100g）计算公式为：

$$碘价=\frac{(V_2-V_1)c\times 0.1269}{m}\times 100$$

式中 $V_1$——样品滴定用硫代硫酸钠标准溶液的体积，mL；

$V_2$——空白滴定用硫代硫酸钠标准溶液的体积，mL；

$c$——硫代硫酸钠标准溶液的浓度，mol/L；

$m$——试样质量，g；

0.1269——$1/2\ I_2$ 的摩尔质量，g/mmol。

双试验结果允许差不超过 0.5 碘价单位，求其平均数，即为测定结果。测定结果取小数点后一位。

**6. 注意事项**

① 根据碘价的大小，习惯上将油脂分为干性油（碘价＞130g/100g）、半干性油（碘价 100～130g/100g）、不干性油（碘价＜100g/100g），将干性油涂成薄层暴露在空气中会逐渐变黏稠，最后形成坚韧的膜。

② 加成反应的时间在 30～60min，根据碘价的大小决定。碘价＜130g/100g 的油脂样品，放置 30min；碘价＞130g/100g 的样品，需放置 60min，以使加成反应进行完全。

常见油脂的碘价（g/100g）为：大豆油 120～141；棉籽油 99～113；花生油 84～100；菜籽油 97～103；芝麻油 103～116；葵花子油 125～135；茶籽油 80～90；核桃油 140～152；棕榈油 44～54；可可脂 35～40；牛脂 40～48；猪油 52～77。碘价大的油脂，说明其组成中不饱和脂肪酸含量高或不饱和程度高。

## 九、皂化价的测定

皂化价是指 1g 油脂完成皂化时所需氢氧化钾的毫克数。油脂的皂化就是皂化油脂中的甘油酯和中和油脂中所含的游离脂肪酸。因此，油脂的皂化价包含着酯价（皂化 1g 油脂内中性甘油酯和内酯时所需氢氧化钾的毫克数）与酸价。

**1. 原理**

利用油脂能被碱液皂化的特性，先在油样中加入过量的碱醇溶液共热皂化。

$$C_3H_5(OCOR)_3+3KOH \longrightarrow C_3H_5(OH)_3+3RCOOK$$

皂化完全后，用盐酸标准溶液滴定剩余的碱，同时做空白试验。由所消耗碱液量计算皂化价。

**2. 仪器**

① 锥形瓶：250mL，由耐碱玻璃制成，带有磨口。

② 滴定管：50mL。

③ 天平：感量 0.001g。

④ 烧杯、量筒、回流冷凝管、恒温水浴锅、电炉、玻璃珠等。

**3. 试剂**

① 精馏乙醇：称取硝酸银 2g，加水 3mL，注入 1L 乙醇中，剧烈振荡。另称取氢氧化钾 3g，溶于 15mL 热乙醇中，冷却后注入主液，充分摇动，静置 1～2 周，待澄清后吸取清液蒸馏。

② 中性乙醇。

③ 0.5mol/L 氢氧化钾乙醇溶液。

④ 0.5mol/L 盐酸标准溶液。

⑤ 10g/L 酚酞乙醇溶液。

**4. 操作步骤**

称取混匀试样 2g（准确至 0.001g），注入锥形瓶中，加入 0.5mol/L 氢氧化钾乙醇溶液 25mL，并加入一些助沸剂，接上回流冷凝管与锥形瓶，在水浴上煮沸，不时振摇，维持沸腾状态 1h。难皂化的油脂需煮沸 2h。皂化完毕后，取下锥形瓶，用 10mL 中性乙醇冲洗冷凝管下端，加 5 滴酚酞指示剂，趁热用 0.5mol/L 盐酸标准溶液滴定至红色消失，记下所消耗盐酸标准溶液的体积数 $V_1$。同时进行空白试验。

**5. 结果计算**

试样中皂化价（mg/g）的计算公式为：

$$皂化价=\frac{(V_2-V_1)c\times 56.1}{m}$$

式中　$V_1$——滴定试样用去的盐酸标准溶液的体积，mL；

$V_2$——滴定空白用去的盐酸标准溶液的体积，mL；

$c$——盐酸溶液的浓度，mol/L；

$m$——试样质量，g；

56.1——氢氧化钾的摩尔质量，mg/mmol。

双试验结果允许差不超过 1.0mg/g，求其平均数，即为测定结果。测定结果取小数点后一位。

**6. 注意事项**

① 脂肪的皂化价反映组成油脂的各种脂肪酸混合物的平均相对分子质量的大小，皂化价越大，脂肪酸混合物的平均相对分子质量就越小，熔点较低，消化率较高，反之亦然。一般油脂的皂化价在 200mg/g 左右。常见油脂的皂化价（mg/g）为：棉籽油 189～198；花生油 188～195；大豆油 190～195；菜籽油 170～180；芝麻油 188～195；葵花子油 188～194；茶籽油 188～196；核桃油 189～198；棕榈油 195～205；可可脂 190～200；牛脂 190～199；猪油 190～202。

② 试样应澄清无显著杂质，若杂质过多，在测定前应加以过滤。试样的用量应视皂化价的大小而定，一般要求试样的质量调整到滴定试样所耗盐酸标准溶液的体积约为滴定空白所耗盐酸标准溶液体积的 45%～55%。

③ 皂化完毕后，应趁热迅速滴定。既可避免碱液吸收空气中的二氧化碳而影响测定结果，又可避免因冷却钾肥皂凝结（冬季时尤要注意）而无法滴定。

④ 滴定过程中若溶液出现浑浊，可补加适量的无水乙醇后，再进行滴定。

⑤ 可根据植物油皂化价鉴定油脂的纯度。

## 十、不皂化物的测定

不皂化物是指油脂皂化时与碱不起作用的、不溶于水但溶于醚的物质。不皂化物包括甾醇、高分子脂肪醇、碳氢化合物、蜡、色素和维生素等，其中最重要的组成部分是甾醇。一般植物油中约含 1%（质量分数）的不皂化物。这里主要介绍用乙醚法测定油脂的不皂化物。

**1. 原理**

将油脂与碱醇溶液共热皂化，用乙醚萃取不皂化物，与皂化物分离，蒸去乙醚后即得不皂化物。

**2. 仪器**

① 锥形瓶：250mL。

② 冷凝管（与锥形瓶配套）。

③ 电热恒温水浴锅。

④ 分液漏斗：250mL。

⑤ 量筒：50mL。

⑥ 索氏抽提器（抽提瓶250mL）。

⑦ 天平：感量0.0001g。

⑧ 电炉、烧杯、试剂瓶等。

**3. 试剂**

① 1.0mol/L氢氧化钾乙醇溶液。

② 0.5mol/L氢氧化钾溶液。

③ 乙醇、乙醚。

④ 中性乙醚乙醇混合液（2＋1）、10g/L酚酞乙醇溶液、0.02mol/L氢氧化钾标准溶液。

**4. 操作步骤**

称取混匀试样5g，注入锥形瓶中，加1.0mol/L氢氧化钾乙醇溶液50mL，连接冷凝管，在电热恒温水浴锅上煮沸回流约30min，煮到溶液清澈透明为止。用50mL水将皂化液转移入分液漏斗中，加入50mL乙醚，趁温热时猛烈摇动1min后，静置分层。将下层皂化溶液放入另一分液漏斗中，用乙醚提取两次，每次50mL。合并乙醚提取液，加水20mL轻轻旋摇，待分层后，放出水层，再用水洗涤两次，每次20mL，猛烈振摇。

乙醚提取液先后用0.5mol/L氢氧化钾溶液和水20mL，充分振摇洗涤一次，反复洗涤两次后，用水洗至加酚酞指示剂时不显红色为止。

将乙醚提取液转移至恒重的脂肪抽提器的抽提瓶中，在水浴上回收乙醚后，于105℃烘箱中烘1h，冷却，称量，再烘30min，直至质量不变为止。将称量后的残留物溶于30mL中性乙醚乙醇混合液中，用0.02mol/L氢氧化钾标准溶液滴定至粉红色。

**5. 结果计算**

不皂化物$w$质量分数的计算公式为

$$w(\%)=\frac{m_1-0.282cV}{m}\times 100\%$$

式中 $m_1$——残留物质量，g；

$m$——油样质量，g；

$V$——滴定所消耗的氢氧化钾标准溶液的体积，mL；

$c$——氢氧化钾标准溶液的浓度，mol/L；

0.282——油酸的摩尔质量，g/mmol。

双试验结果允许差不超过0.2%，求其平均数，即为测定结果。测定结果取小数点后一位。

**6. 注意事项**

① 最初用乙醚提取时，溶液的碱性很强会形成乳浊层，可加几滴1mol/L盐酸使分层清晰。

② 所用分液漏斗的活塞上不宜涂凡士林润滑剂。在合并三次乙醚提取液时，应从分液漏斗上口倒出，不宜从活塞处放出。

③ 在稀的皂液中会有脂肪酸残留。所以，在称量不皂化物后，必须将残留物溶于中性乙醚乙醇混合液中，测定脂肪酸的质量。在结果计算中从残留物质量中扣去这部分质量。

④ 油脂与碱醇溶液共热皂化后，也可用石油醚萃取，其他操作同乙醚法。

# 第三节 粮油及其制品中一般成分检验

## 一、蛋白质的测定

蛋白质的测定方法一般是根据蛋白质的理化特性来确定的，主要分为两类：一类是利用蛋白质共性的方法，例如凯氏定氮法、双缩脲法等；另一类是利用蛋白质中含有特定氨基酸残基的方法，例如酚试剂法、紫外光谱吸收法、色素结合法等。

在粮食品质分析中应用最普遍的是凯氏定氮法。该法是 1883 年由丹麦化学家凯道尔（Johan Kjedahl）创立的，适宜于测定任何形态的样品，而且具有很高的准确度和精密度，一直被作为蛋白质定量的标准方法。近几年来对凯氏定氮法进行了多方面的改进，目前正向自动检测方面发展。

### （一）常量凯氏定氮法

**1. 原理**

将含有蛋白质的样品与浓硫酸和催化剂一同加热消化，使蛋白质分解，其中碳和氢被氧化为二氧化碳和水逸出，而样品中的有机氮转化为氨，并与硫酸结合成硫酸铵，此过程称为消化。加碱将消化液碱化，使氨游离出来，再通过水蒸气蒸馏，使氨蒸出，用硼酸吸收形成硼酸铵，再以标准盐酸或硫酸溶液滴定，根据标准酸消耗量可计算出蛋白质的含量。具体测定步骤可用消化、蒸馏、吸收与滴定来概括。

消化是指将蛋白质与浓硫酸混合加热，蛋白质被分解，其中的碳和氢被氧化成二氧化碳和水，所含的氮则转变成氨，并与硫酸化合形成硫酸铵残留于消化液中。

$$2NH_2(CH_2)_2COOH+13H_2SO_4 = (NH_4)_2SO_4+6CO_2+12SO_2+16H_2O$$

由于上述反应进行很慢，消化需要很长时间，加入催化剂可加快反应速度，硫酸铜是常用的催化剂，硫酸钾能提高硫酸的沸点，常将它们混合使用，起加速氧化、促进有机物分解的作用。硫酸钾的用量不宜过大，否则温度过高，生成的硫酸铵会分解，放出氨，使氮损失。

蒸馏是将消化所得的硫酸铵加碱蒸馏，氨又被释放出来。

$$2NaOH+(NH_4)_2SO_4 = 2NH_3+Na_2SO_4+2H_2O$$

需要注意的是加入氢氧化钠溶液要过量，而且要防止样液中氨气的逸出。可用硫酸铜作碱性指示剂，以黑色氧化铜出现为宜。

吸收与滴定是将生成的氨用标准盐酸吸收，剩余的未被中和的盐酸则用标准氢氧化钠溶液滴定。所用盐酸的摩尔数减去滴定所消耗的氢氧化钠摩尔数，就是被吸收的氨的摩尔数。

生成的氨也可直接用硼酸溶液吸收。硼酸吸收氨后，指示剂的颜色变化，再用标准盐酸滴定，直至恢复到原来的氢离子浓度为止，用去盐酸的摩尔数即相当于样品中氨的摩尔数。

$$2NH_3+4H_3BO_3 = (NH_4)_2B_4O_7+5H_2O$$

$$(NH_4)_2B_4O_7+5H_2O+2HCl = 2NH_4Cl+4H_3BO_3$$

由于各种蛋白质中氮的质量分数通常为 16%左右，将氮的质量分数乘以蛋白质系数，即得粗蛋白质的质量分数。

**2. 仪器**

（1）凯氏烧瓶 500mL。

（2）锥形瓶 250mL。

（3）滴定管　50mL。

（4）移液管　50mL。

（5）量筒　100mL。

（6）凯氏定氮消化、蒸馏装置，如图 2-6 所示。

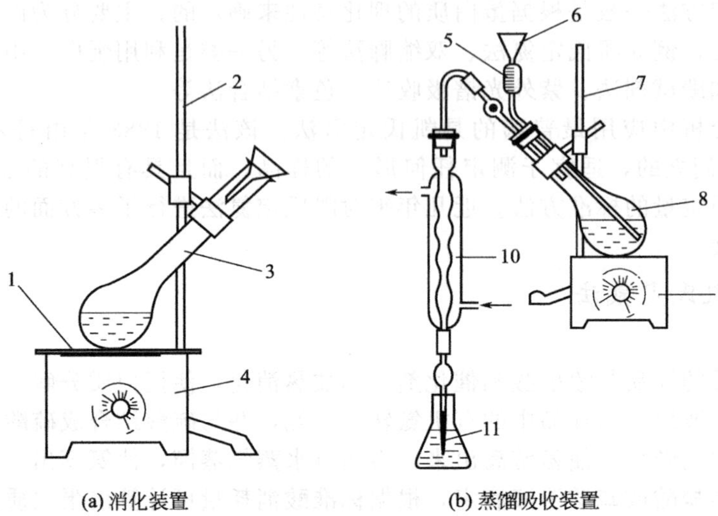


图 2-6　凯氏定氮消化、蒸馏装置

1—石棉网；2，7—铁支架；3—凯氏烧瓶；4，9—电炉；5—玻璃珠；6—进样漏斗；8—蒸馏烧瓶；10—冷凝管；11—吸收液

**3. 试剂**

① 浓硫酸。

② 硫酸铜。

③ 硫酸钾。

④ 400g/L 氢氧化钠溶液：将 40g 氢氧化钠溶于蒸馏水，并稀释至 100mL。

⑤ 甲基红-溴甲酚绿混合指示剂：5 份 1g/L 溴甲酚绿乙醇溶液与 1 份 1g/L 甲基红乙醇溶液，按 5∶1 体积临用时混合。

⑥ 40g/L 硼酸吸收液：称取 20g 硼酸溶解于 500mL 热水中，摇匀备用。

⑦ 0.1000mol/L 盐酸标准溶液。

**4. 操作步骤**

（1）消化　准确称取固体样品 0.20～2.00g 或半固体样品 2.00～5.00g 或液体样品 10.00～25.00mL（约相当氮 30～40mg），小心移入干燥洁净的 500mL 凯氏烧瓶（又名定氮瓶）中，加入研细的硫酸铜 0.2g、硫酸钾 6g 和浓硫酸 20mL，轻轻摇匀，加入玻璃珠数粒，按图 2-6(a) 所示安装消化装置，于凯氏烧瓶口放一小漏斗，并将其以 45°斜支于有小孔的石棉网上。用电炉以小火加热，待内容物全部炭化、泡沫停止产生后，加大火力，使瓶内液体微沸，液体变蓝绿色透明后，再继续加热微沸 0.5～1h。冷却，小心加入 200mL 蒸馏水，再放冷，加入玻璃珠数粒以防蒸馏时暴沸。同时做试剂空白试验。

（2）蒸馏　将凯氏烧瓶按图 2-6(b) 所示安装蒸馏吸收装置，塞紧瓶口，冷凝管下端插入吸收瓶液面下（瓶内预先装入 50mL 40g/L 硼酸吸收液及混合指示剂 2～3 滴）。放松夹子，通过漏斗加入 70～80mL 400g/L 氢氧化钠溶液，并摇动凯氏烧瓶，至瓶内溶液变为深蓝色，或产生黑色沉淀后，再加入 100mL 蒸馏水（从漏斗中加入），夹紧夹子，加热蒸馏，至氨全部蒸出（馏液约 250mL 即可），将冷凝管下端提离液面，用蒸馏水冲洗管口，继续蒸馏 1min，用表面皿接几滴馏出液，以奈氏试剂检查，若无红棕色物生成，表示蒸馏完毕，即可停止加热。否则应继续蒸馏。

（3）吸收与滴定　将上述吸收液用 0.1000mol/L 盐酸标准溶液滴定至灰色或蓝紫色即为终点，记录盐酸标准溶液的用量。同时做空白试验（除不加样品外，其他操作完全相同），记录空白试验消耗盐酸标准溶液的体积。

**5. 结果计算**

样品中的蛋白质含量按下式进行计算

$$X=\frac{c(V_1-V_2)\times\frac{M}{1000}}{m}\times F\times 100$$

式中　$X$——样品中蛋白质的含量，g/100g 或 g/100mL；

$c$——盐酸标准溶液的浓度，mol/L；

$V_1$——滴定样品吸收液时消耗盐酸标准溶液的体积，mL；

$V_2$——滴定空白吸收液时消耗盐酸标准溶液的体积，mL；

$m$——样品质量，g；

$M$——1/2 $N_2$ 的摩尔质量，14g/mol；

$F$——氮换算为蛋白质的系数。

蛋白质中氮的质量分数一般为 15%～17.6%，按 16%计算乘以 6.25 即为蛋白质的质量分数。蛋白质系数：一般食物为 6.25；小麦、面粉为 5.70；玉米、高粱为 6.24；花生为 5.46；大米为 5.95；大豆及其制品为 5.71；大麦、小米、燕麦、裸麦为 5.83；芝麻、向日葵为 5.30。

**6. 注意事项**

① 所用试剂溶液应用无氨蒸馏水配制。

② 消化时不要用强火，应保持和缓沸腾，注意不断转动凯氏烧瓶，以便利用冷凝酸液将附在瓶壁上的固体残渣洗下并促进其消化完全。

③ 样品中若含脂肪或糖较多时，消化过程中易产生大量泡沫，为防止泡沫溢出瓶外，在开始消化时应用小火加热，并不断摇动；也可以加入少量辛醇、液体石蜡或硅油消泡剂，并同时注意控制热源强度。

④ 当样品消化液不易澄清透明时，可将凯氏烧瓶冷却，加入 30%（体积分数）过氧化氢 2～3mL 后再继续加热消化。

⑤ 若取样量较大，如干试样超过 5g，可按每克试样 5mL 的比例增加硫酸用量。

⑥ 一般消化至透明后，继续消化 30min 即可，但对于含有特别难以消化的氮化合物的样品，如含赖氨酸、组氨酸、色氨酸、酪氨酸或脯氨酸等，需适当延长消化时间。有机物若分解完全，消化液呈蓝色或浅绿色，但含铁量多时，呈较深绿色。

⑦ 蒸馏装置不能漏气。

⑧ 蒸馏前若加碱量不足，消化液呈蓝色，不生成氢氧化铜沉淀，此时需增加氢氧化钠的用量。

⑨ 硼酸吸收液的温度不应超过 40℃，否则对氨的吸收作用减弱而造成损失，此时可置于冷水浴中使用。

⑩ 蒸馏完毕后，应先将冷凝管下端提离液面清洗管口，再蒸 1min 后关掉热源，否则可能造成吸收液倒吸。

⑪ 混合指示剂在碱性溶液中呈绿色，在中性溶液中呈灰色，在酸性溶液中呈红色。

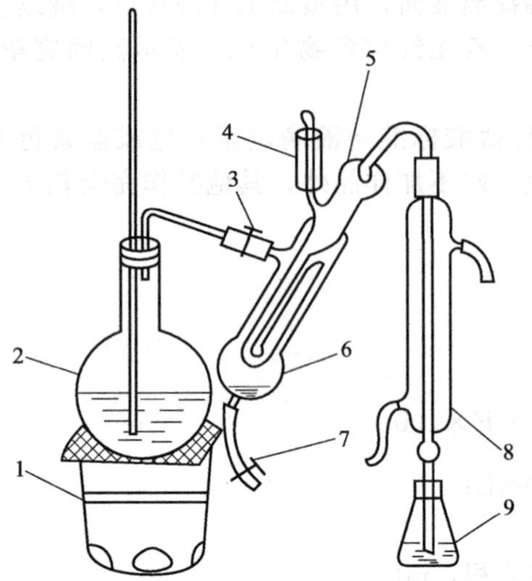

图 2-7　微量凯氏定氮装置

1—电炉；2—蒸气发生器（2L 平底烧瓶）；3—螺旋夹；4—小漏斗及棒状玻璃塞；5—反应室；6—反应室外层；7—橡皮管及螺旋夹；8—冷凝管；9—蒸馏液接收瓶

## （二）半微量凯氏定氮法

**1. 原理**

同常量凯氏定氮法。

**2. 仪器**

（1）凯氏烧瓶　100mL。

（2）微量凯氏定氮装置，如图 2-7 所示。

**3. 试剂**

0.0100mol/L 盐酸标准溶液，其他试剂同常量凯氏定氮法。

**4. 操作步骤**

（1）消化　消化步骤同常量法。将消化完全的消化液冷却后，完全转入 100mL 容量瓶中，加蒸馏水至刻度，摇匀待用。

（2）蒸馏　按图 2-7 所示装好微量定氮装置，水蒸气发生瓶内装水至 2/3 处，加入数粒玻璃珠，加甲基红指示液数滴及数毫升硫酸以保持水呈酸性。用调压器控制，加热煮沸水蒸气发生瓶内的水。向接收瓶内装入 10mL 40g/L（或 20g/L）硼酸吸收液及 1～2 滴混合指示剂，并使冷凝管的下端插入吸收瓶液面下。根据试样中氮含量，准确吸取 2.0～10.0mL 样品处理液由小漏斗流入反应室，并以 10mL 水洗涤小漏斗使流入反应室内，塞紧小漏斗的棒状玻璃塞。将 10mL 400g/L 氢氧化钠溶液倒入小漏斗，提起玻璃塞使其缓缓流入反应室，立即将玻璃塞塞紧，并加水于小漏斗中以防漏气。夹紧螺旋夹，开始蒸馏。蒸馏至吸收液中所加的混合指示剂变为绿色或蓝绿色开始计时，继续蒸馏 10min 后，将冷凝管尖端提离液面再蒸馏 1min，然后用少量蒸馏水冲洗冷凝管尖端后停止蒸馏。取下接收瓶，馏出液用 0.0100mol/L 盐酸标准溶液（或硫酸标准溶液）滴定，由蓝色变为微红色即为终点。同时做试剂空白试验。

**5. 结果计算**

样品中的蛋白质含量按下式进行计算

$$X=\frac{c(V_1-V_2)\times\frac{14}{1000}}{m\times\frac{V_3}{100}}\times F\times 100$$

式中 $X$——样品中蛋白质的含量，g/100g 或 g/100mL；

$c$——盐酸标准溶液的浓度，mol/L；

$V_1$——滴定样品吸收液时消耗盐酸标准溶液的体积，mL；

$V_2$——滴定空白吸收液时消耗盐酸标准溶液的体积，mL；

$V_3$——吸取消化液的体积，mL；

$m$——样品质量或体积，g 或 mL；

14——氮的摩尔质量，g/mol；

$F$——氮换算为蛋白质的系数。

**6. 注意事项**

① 蒸馏前将水蒸气发生器内装水至 2/3 体积处，加甲基橙指示剂数滴及硫酸数毫升以使其始终保持酸性，可避免水中的氨被蒸出而影响测定结果。

② 20g/L 硼酸吸收液每次用量 10mL，用前加入甲基红-溴甲酚绿混合指示剂 2 滴。

③ 在蒸馏时，蒸汽发生要均匀充足，蒸馏过程中不得停火断气，否则将发生倒吸。

④ 加碱要足量，操作要迅速；漏斗应采用水封措施，以免氨由此逸出损失。

⑤ 双试验结果允许误差：粗蛋白质的质量分数在 15%以下时，不超过 0.2%；粗蛋白质的质量分数在 15.1%以上时，误差不超过 0.4%。求其平均数，即为测定结果，测定结果取小数点后一位。

## 二、酸度的测定

粮食中酸性物质（磷酸、酸性磷酸盐、脂肪酸、乳酸、乙酸等）的数量总称为酸度，又叫做滴定酸度。测定粮食酸度的方法很多，这里主要介绍三种常用的方法。

### （一）水浸出法

**1. 原理**

用水浸出试样中水溶性酸性物质（如磷酸及其酸性盐、乳酸、乙酸等），然后用碱液滴定，从而求得水溶性酸度。水溶性酸度是以中和 10g 试样中水溶性酸性物质所需的 0.1mol/L 碱液的毫升数来表示。

**2. 仪器**

① 锥形瓶：250mL、100mL。

② 量筒：250mL。

③ 玻璃漏斗。

④ 移液管：5mL 和 50mL。

⑤ 天平：感量 0.01g。

**3. 试剂**

① 0.01mol/L KOH 或 NaOH 标准溶液。

② 甲苯（CP）。

③ 氯仿（CP）。

④ 10g/L 酚酞乙醇溶液。

**4. 操作步骤**

称取粉碎试样 15g [准确至 0.01g，粉碎试样通过 40 目筛（孔径为 0.45mm），磨后立即测定]，置于 250mL 锥形瓶中，加入不含 $CO_2$ 的蒸馏水 150mL（先用少量水调和试样成稀糊状，再将水全部加入），滴入甲苯和氯仿各 5 滴，摇匀后加塞，在室温下放置 2h（每隔 15min 摇动一次），用干燥滤纸过滤，再用移液管移取滤液 10mL，注入 100mL 锥形瓶中，加入 20mL 蒸馏水和酚酞乙醇溶液 3 滴，用 0.01mol/L KOH 标准溶液滴定至微红色，0.5min 内不消失为止，记下所耗碱液的体积。

**5. 结果计算**

水溶性酸度（mL/10g）的计算公式为：

$$水溶性酸度=(V_1-V_2)\times\frac{c}{0.1}\times\frac{V_3}{V_4}\times\frac{10}{m}$$

式中　$V_1$——试样滤液消耗的碱液体积，mL；

$V_2$——空白试验消耗的碱液体积，mL；

$V_3$——浸泡试样所加水的体积，mL；

$V_4$——用于滴定的滤液体积，mL；

$c$——KOH 标准溶液的标定浓度，mol/L；

$m$——试样质量，g；

0.1——KOH 标准溶液的配制浓度，mol/L；

10——换算为 10g 试样的质量，g。

双试验结果允许差不超过 0.5（mL/10g），求其平均数，即为测定结果。测定结果取小数点后一位。

### （二）乙醇水溶液法

**1. 原理**

利用 80%（体积分数）乙醇溶液提取试样中醇溶性和水溶性的酸性物质，然后用碱标准溶液滴定，从而求得粮食酸度。本法的优点是测得的结果既包括醇溶性酸，也包括水溶性酸，而且滴定终点容易确定。缺点是费时。

**2. 仪器**

① 锥形瓶：250mL。

② 移液管：25mL。

③ 量筒：100mL。

④ 烧杯：500mL。

⑤ 滴定管：25mL 或 50mL。

⑥ 漏斗。

⑦ 天平：感量 0.01g。

**3. 试剂**

① 80%（体积分数）乙醇溶液。

② 10g/L 酚酞乙醇溶液。

③ 0.1mol/L KOH 或 NaOH 标准溶液。

**4. 操作步骤**

称取粉碎试样 15g [准确至 0.01g，粉碎试样通过 40 目筛（孔径为 0.45mm），磨后立即测定]，置于 250mL 锥形瓶中，加入 75mL 80%（体积分数）乙醇溶液，摇匀，加塞，在室温下放置 16h 或 24h，并不断加以振荡，过滤，用移液管移取 25mL 滤液注入另一 250mL 锥形瓶中，加入不含 $CO_2$ 的蒸馏水 100mL，滴加酚酞乙醇溶液 3 滴，以 0.1mol/L KOH 或 NaOH 标准溶液滴定至呈现微红色，0.5min 内不消失为止，记下所耗 KOH 或 NaOH 标准溶液的毫升数。

**5. 结果计算**

同水溶性酸测定法的结果计算。

### （三）样品与水混合液测定法

**1. 原理**

所有的酸性物质均存在于样品与水的混合液中，用碱液滴定至终点求其酸度。本法的优点是所有酸性物质均可被碱中和，测得的是总酸度。缺点是终点不易判断。

**2. 仪器**

① 烧杯：500mL。

② 量筒：100mL。

③ 滴定管：50mL。

④ 天平：感量 0.01g。

⑤ 洗瓶。

**3. 试剂**

0.1mol/L KOH 或 NaOH 标准溶液。

**4. 操作步骤**

称取粉碎试样 5g［准确至 0.01g，粉碎试样通过 40 目筛（孔径为 0.45mm），磨后立即测定］，放入 400mL 烧杯中，加入不含 $CO_2$ 的蒸馏水 30～40mL，用玻璃棒搅拌，使其混合均匀，没有粉块存在，附在烧杯壁上的试样用洗瓶注水洗下。然后加入 3～5 滴酚酞乙醇溶液，用 0.1mol/L KOH 或 NaOH 标准溶液滴定至呈现微红色，0.5min 内不消失为止。因为淀粉能吸附酚酞的颜色，在接近终点时，再补加数滴酚酞乙醇溶液，如果发生红晕时，证明已达到终点，记下所耗 KOH 或 NaOH 标准溶液的毫升数。

**5. 结果计算**

酸度（mL/10g）的计算公式为

$$酸度 = V_1 \times \frac{c}{0.1} \times \frac{10}{m}$$

式中 $V_1$——滴定试样所耗 KOH 或 NaOH 标准溶液的体积，mL；

$c$——KOH 或 NaOH 标准溶液的浓度，mol/L；

$m$——试样质量，g；

10——换算为 10g 试样的质量，g；

0.1——KOH 标准溶液的配制浓度，mol/L。

## 三、粗纤维的测定

纤维是人类膳食中不可缺少的重要物质之一，虽然不能被人体消化吸收和利用，营养价值很低，但它能吸收和保留水分，使粪便柔软，有利于大便的畅通，也能刺激消化液的分泌和肠道的蠕动，在维持人体健康、预防疾病方面有着独特的作用，已日益引起人们的重视。在食品生产和开发中，常需要测定粗纤维的含量，它也是食品成分全分析项目之一，对于食品品质管理和营养价值的评定具有重要意义。

测定纤维素的方法很多，如氯化法、硝酸法、酸碱处理法、酸性洗涤剂法、中性洗涤剂法等，这里只介绍酸碱处理法，该法为测定纤维素含量的经典方法，也是国家标准推荐的分析方法。适用于植物类食品中粗纤维的测定。

**1. 原理**

在硫酸的作用下，样品中的糖、淀粉、果胶质和半纤维素经水解除去后，再用碱处理，除去蛋白质及脂肪酸，遗留的残渣为粗纤维。若其中含有不溶于酸碱的杂质，可用灰化法除去。

**2. 仪器**

① 烧杯：500mL。

② G2 垂融坩埚：130mL（用石棉铺垫后，在 600℃温度下灼烧 30min）。

③ 玻璃棉吸滤管：直径 1cm。

④ 抽滤瓶和抽气泵。

⑤ 量筒：250mL。

⑥ 平底烧瓶：500mL。

⑦ 容量瓶：500mL。

⑧ 移液管：15mL。

⑨ 万用电炉、高温炉、电热恒温箱、备有变色硅胶的干燥器、冷凝管、锥形瓶（500mL）等。

**3. 试剂**

① 95%（体积分数）乙醇。

② 乙醚。

③ 石蕊试纸。

④ 石棉：加 50g/L 氢氧化钠溶液浸泡石棉，在水浴上回流 8h 以上，再用热水充分洗涤。然后用 20%（体积分数）盐酸在沸水浴上回流 8h 以上，再用热水充分洗涤、干燥。在 600～700℃下灼烧后，加水使其成混悬物，贮存于具塞玻璃瓶中。

⑤ 硫酸溶液（体积分数为 1.25%）：将 280mL 浓硫酸加至水中，并稀释至 5L，此为体积分数为 10%的硫酸贮备液；然后将 62.5mL 硫酸贮备液加水稀释至 500mL。

⑥ 12.5g/L 氢氧化钾溶液：溶解 500g 氢氧化钾于水中，并稀释至 5L，此为 100g/L 的氢氧化钾贮备液，然后将 62.5mL 氢氧化钾贮备液加水稀释至 500mL。

⑦ 硅油消泡剂（体积分数为 2%）：以四氯化碳作溶剂。

**4. 操作步骤**

称取 20～30g 捣碎的样品（或 5.0g 干样品），置于 500mL 锥形瓶中，加入 200mL 煮沸的硫酸溶液（体积分数为 1.25%），易起泡的样品可加几滴消泡剂，立即加热至沸，保持体积恒定，维持 30min，每隔 5min 摇动锥形瓶一次，以充分混合瓶内的物质。

取下锥形瓶，立即用衬有亚麻布的布氏漏斗过滤，用沸水洗涤至洗液不显酸性。

用 200mL 煮沸的 12.5g/L 氢氧化钾溶液将样品洗回原锥形瓶中，加热微沸 30min 后，取下锥形瓶，立即以亚麻布过滤，用沸水洗涤 2～3 次后，移入已干燥称量的 G2 垂融坩埚（或同型号的垂融漏斗）中，抽滤，用热水充分洗涤后抽干，再依次用乙醇、乙醚洗涤一次（用量约为 20mL）。将坩埚和内容物置于 105℃烘箱中烘干后称量，重复操作，直至恒重。

若样品中含有较多的不溶性杂质，则可将样品移入石棉坩埚中，烘干称量后，再移入 550℃高温炉中灰化，使含碳的物质全部灰化，置于干燥器内冷却至室温后称量，所损失的量即为粗纤维的量。

**5. 结果计算**

试样中粗纤维质量分数 $w$ 的计算公式为：

$$w(\%)=\frac{m_1-m_2}{m}\times 100\%$$

式中 $m$——试样质量，g；

$m_1$——坩埚与沉淀烘干后的质量，g；

$m_2$——坩埚与沉淀灼烧后质量，g。

双试验结果允许差不超过平均值的 1%，取平均值作为测定结果，测定结果取小数点后一位。

**6. 注意事项**

① 纤维素的测定方法之间不能相互对照，对于同一样品，分析结果因测定方法、操作条件的不同差别很大。因此，必须严格控制试验条件，表明分析结果时还应注明测定方法。

② 酸碱处理法是测定纤维含量的标准方法，但由于在操作过程中，纤维素、木质素、半纤维素都发生了不同程度的降解和流失，残留物中除纤维素、木质素外，还含有少量蛋白质、半纤维素、戊聚糖和无机物质，因此称为“粗纤维”。

③ 酸碱处理法操作较繁杂，测定条件不易控制，影响分析结果的主要因素如下。

a. 样品细度：样品越细，分析结果越低，通常样品细度控制在 1mm 左右。

b. 回流温度及时间：回流时沸腾不能过于猛烈，样品不能脱离液体，且应注意随时补充试剂，以维持体积的恒定，沸腾时间为整 30min。

c. 过滤操作：对于蛋白质含量较高的样品不能用滤布作为过滤介质，因为滤布不能保证留下全部细小的颗粒，这时可采用滤纸过滤。此外，若样品不能在10min内过滤出来，则应适当减少样品。

d. 脂肪含量：样品脱脂不足，将使结果偏高。当样品脂肪的质量分数大于等于1%时，应预先脱脂。其处理方法为：取1～2g样品，加入20mL乙醚或石油醚（沸程为30～60℃），搅匀后放置，倾出上层清液。重复上述操作2～3次，风干后即可测定。

## 四、淀粉的测定

淀粉是由多个葡萄糖分子连接而成的高分子化合物，广泛分布在植物的根、茎、叶、种子等组织中。淀粉是人类食品重要的组成部分，是供给人体热能的主要来源。

淀粉在食品工业中用途广泛，如在糖果生产中作为填充剂；在雪糕、棒冰等冷饮食品中作为稳定剂；在午餐肉等肉类罐头中作为增稠剂，以增加制品的结合性和持水性；在面包、糕点、饼干生产中，用来调节面筋浓度和胀润度，使面团具有适合于工艺操作的性质等。淀粉含量是某些食品主要的质量指标，是食品生产管理中经常检测的分析项目。

淀粉的测定通常采用酸或淀粉酶将淀粉水解为还原性单糖，再按还原糖测定法测定还原糖量后折算为淀粉含量。由于淀粉不溶于冷水及有机溶剂，可用这些溶剂提取、浸泡、去除淀粉中的水溶性糖类及脂肪等杂质，然后再行测定。

### （一）酶水解法

**1. 原理**

样品经脱脂处理，除去可溶性糖类后，先用淀粉酶将淀粉水解为双糖，再用盐酸将双糖水解为单糖，按还原糖测定方法测定还原糖量，再乘以换算系数，即可得到淀粉含量。

**2. 仪器**

① 水浴锅。

② 高速组织捣碎机。

**3. 试剂**

① 5g/L淀粉酶溶液。

② 碘溶液：称碘化钾3.6g，溶于20mL水中，加碘1.3g，溶解后再加水至100mL。

③ 6mol/L盐酸溶液：取盐酸（密度1.19g/mL）100mL，加水至200mL。

④ 200g/L氢氧化钠溶液。

⑤ 甲基红指示剂：1g/L甲基红乙醇溶液。

⑥ 碱性酒石酸铜甲液：称取15g无水硫酸铜（$CuSO_4 \cdot 5H_2O$）及0.05g四甲基蓝，溶于水中并稀释至1000mL。

⑦ 碱性酒石酸铜乙液：称取50g酒石酸钾钠及75g氢氧化钠，溶于水中，再加入4g亚铁氰化钾，完全溶解后，用水稀释至1000mL，贮存于橡胶塞玻璃瓶内。

⑧ 乙酸锌溶液：称取21.9g乙酸锌［$Zn(CH_3COO)_2 \cdot 2H_2O$］，加3mL冰醋酸，加水溶解并稀释至100mL。

⑨ 106g/L亚铁氰化钾溶液。

⑩ 葡萄糖标准溶液：准确称取1.000g经过96℃±2℃干燥至恒重的纯葡萄糖，加水溶解后加入5mL盐酸，并以水稀释至1000mL。此溶液每1mL相当于1.0mg葡萄糖。

**4. 操作步骤**

(1) 样品处理　称取2～5g样品，置于放有折叠滤纸的漏斗内，先用50mL乙醚分5次洗涤脂肪，再用约100mL 85%（体积分数）的乙醇洗去可溶性糖类，将残留物移入250mL

烧杯内，并用 50mL 水洗涤滤纸及漏斗，洗液并入烧杯内。

(2) 酶解　将烧杯置于沸水浴上加热 15min，使淀粉糊化，冷却至 60℃以下，加 20mL 淀粉酶溶液，在 55～60℃下保温 1h，并不时搅拌。在白色点滴板上用碘液检查，取一滴淀粉液加 1 滴碘液应不显蓝色，若显蓝色，再加热糊化，冷却至 60℃以下，加 20mL 淀粉酶溶液，继续保温，直至加碘液不显蓝色为止。加热至沸，冷却后移入 250mL 容量瓶中定容，摇匀后过滤，弃去初滤液。

(3) 酸解　取 50mL 滤液置于 250mL 锥形瓶中，加 5mL 6mol/L 盐酸，装上回流冷凝器，在沸水浴中回流 1h，冷却后加 2 滴甲基红指示剂，用 200g/L 氢氧化钠溶液中和至中性，溶液移入 100mL 容量瓶中，洗涤锥形瓶，洗液并入 100mL 容量瓶中，加水至刻度，混匀，备用。

(4) 标定碱性酒石酸铜溶液　吸取 5.00mL 碱性酒石酸铜甲液及 5.00mL 碱性酒石酸铜乙液，置于 250mL 锥形瓶中。加水 10mL、玻璃珠 3 粒，从滴定管中滴加约 9mL 葡萄糖标准溶液，使其在 2min 内加热至沸。趁沸腾时以 0.5 滴/s 的速度继续滴加葡萄糖标准溶液，直至溶液蓝色刚好褪去为终点。记录消耗葡萄糖标准溶液的体积，平行操作 3 次，取其平均值。

计算每 10mL（甲、乙各 5mL）碱性酒石酸铜溶液相当于葡萄糖的质量（mg），其计算公式为：

$$m=Vc$$

式中　$c$——葡萄糖标准溶液的浓度，mg/mL；

$V$——标定时消耗葡萄糖标准溶液的总体积，mL；

$m$——10mL 碱性酒石酸铜溶液相当于葡萄糖的质量，mg。

(5) 样品预测　吸取碱性酒石酸铜甲液及乙液各 5.00mL，置于 250mL 锥形瓶中，加水 10mL 玻璃珠 3 粒，使其在 2min 内加热至沸。趁沸腾时以先快后慢的速度从滴定管中滴加样品液，须始终保持溶液的沸腾状态，待溶液蓝色变浅时，以 0.5 滴/s 的速度滴定，直至溶液蓝色刚好褪去为终点。记录消耗样品溶液的体积。

(6) 样品测定　吸取碱性酒石酸铜甲液及乙液各 5.00mL，置于 250mL 锥形瓶中，加玻璃珠 3 粒，从滴定管中加入比预测体积少 1mL 的样品液，使其在 2min 内加热至沸。趁沸腾时以 0.5 滴/s 的速度继续滴定，直至蓝色刚好褪去为终点。记录消耗样品液的体积。同法平行操作 3 次，得出平均消耗体积。同时取 50mL 水及与样品处理、酶解、酸解相同量的淀粉酶溶液、试剂，做空白试验。

**5. 结果计算**

淀粉质量分数 $w$ 的公式为：

$$w=\frac{(m_1-m_0)\times 0.9}{m\times\frac{50}{250}\times\frac{V}{100}\times 1000}\times 100\%$$

式中　$m_1$——样品水解液中还原糖的质量，mg；

$m_0$——空白液中还原糖的质量，mg；

$m$——样品质量，g；

$V$——测定还原糖时取水解液的体积，mL；

0.9——还原糖换算为淀粉的系数。

**6. 注意事项**

① 若样品中脂肪含量很少，可免去用乙醚清洗的步骤。

② 淀粉酶需事先了解其活力，以确定其水解时的加入量。可配制一定浓度的淀粉溶液

少许，加一定量的淀粉酶溶液在 50～60℃水浴上加热 1h，用碘液检查。

③ 若无淀粉酶可用麦芽汁代替。取大麦粒 200g，加水浸泡 12h，平铺于搪瓷盘中约 1cm，使其发芽。待芽长约 1cm 时，取发芽麦粒 50g，磨细加 400mL 水，常温下浸泡 3h，过滤备用。保存时可加甲苯或氯仿数滴，防止其生霉，贮于冰箱中。

④ 此法适于含有半纤维素等非淀粉多糖的样品，测定结果较准确。

（二）酸水解法

**1. 原理**

样品经除去脂肪及可溶性糖类后，用酸将淀粉水解为具有还原性的单糖，然后按还原糖测定法测定还原糖量，再折算为淀粉含量。

**2. 试剂**

① 乙醚。

② 85%（体积分数）乙醇。

③ 6mol/L 盐酸。

④ 400g/L 氢氧化钠溶液。

⑤ 100g/L 氢氧化钠溶液。

⑥ 甲基红指示剂：2g/L 甲基红乙醇溶液。

⑦ 精密 pH 试纸。

⑧ 200g/L 乙酸铅溶液。

⑨ 100g/L 硫酸钠溶液。

⑩ 其余试剂同酶水解法试剂中的⑥、⑦、⑩。

**3. 仪器**

① 水浴锅。

② 回流装置。

**4. 操作步骤**

（1）样品处理　粮食、豆类、糕点、饼干等较干燥的样品：称取 2～5g 磨碎、过 40 目筛（孔径为 0.45mm）的样品，置于放有慢速滤纸的漏斗中，用 30mL 乙醚分三次洗去样品中的脂肪，再用 150mL 85%（体积分数）乙醇分数次洗涤残渣以去除可溶性糖类。以 100mL 水洗涤漏斗中残渣并转移至 250mL 锥形瓶中。

（2）酸解　往上述 250mL 锥形瓶中加入 30mL 6mol/L 盐酸，装好冷凝管，于沸水浴中回流 2h，回流完毕后，立即置于流水中冷却，待样品水解液冷却后，加入 2 滴甲基红指示剂，先用 400g/L 氢氧化钠溶液调至黄色，再用 6mol/L 盐酸调到刚好变为红色，若水解液颜色较深，可用精密 pH 试纸测试，使样品水解液 pH 值约为 7。加入 20mL 200g/L 乙酸铅溶液，摇匀放置 10min，以除去蛋白质、单宁、有机酸、果胶及其他胶体，再加 20mL 100g/L 硫酸钠溶液，以除去过多的铅。摇匀后用蒸馏水转移至 500mL 容量瓶中，定容。过滤，弃去初滤液，收集滤液供测定用。

（3）其他步骤按酶水解法操作方法中步骤（4）、（5）、（6）进行。

**5. 结果计算**

淀粉质量分数 $w$ 的计算公式为

$$w(\%)=\frac{(m_1-m_2)\times 0.9}{m\times\frac{V}{500}\times 1000}\times 100\%$$

式中　$m_1$——样品水解液中还原糖的质量，mg；

$m_2$——空白液中还原糖的质量，mg；

$m$——样品质量，g；

$V$——测定用样品水解液的体积，mL；

500——样品液的总体积，mL；

0.9——还原糖换算为淀粉的系数。

**6. 注意事项**

此法适用于含淀粉量较多、不含其他能水解为还原糖的物质，测定含淀粉量较少，而富含半纤维素、多缩戊糖的样品时，最好采用淀粉酶水解法。

## 五、磷化物的测定

磷化物通常指金属或非金属与磷组成的二元化合物。金属磷化物，如磷化钙（$Ca_3P_2$）、磷化锌（$Zn_3P_2$）、磷化铝（AlP）、磷化铜（$Cu_3P_2$）等。有的金属磷化物（如磷化钙）遇水完全水解生成金属氢氧化物和磷化氢；有的金属磷化物（如磷化锌）与水不反应，但与酸反应。非金属磷化物常温下不与水和酸作用。多数金属磷化物可由金属与磷直接化合而成。

适用于防治粮食虫害的磷化物，是一种杀鼠杀虫剂，包括磷化铝、磷化锌和磷化钙，由于价廉、杀虫效果好，已经成为我国目前常用的熏蒸杀虫剂。磷化物在酸、碱、水或光的作用下，均能产生有毒的气体——磷化氢（$PH_3$），磷化氢对人体的毒性主要作用于神经系统，抑制中枢神经，刺激肺部，引起肺水肿和心脏扩大，其中以神经系统受损最严重。国家标准中推荐常用的磷化物定量测定方法是钼蓝比色法（GB/T 25222—2010）。

**1. 原理**

磷化物遇水、酸放出磷化氢，用酸性高锰酸钾溶液吸收，并将其氧化成磷酸，与钼酸铵作用生成磷钼酸铵。磷钼酸铵用氯化亚锡还原成蓝色化合物钼蓝，与标准系列比较定量。

**2. 试剂**

除另有规定外，所用试剂均为分析纯。实验用水应符合 GB/T 6682 中三级要求。

① 高锰酸钾溶液（16.5g/L）：称取 16.5g 高锰酸钾，加水溶解后稀释至 1000mL，静置 3d 或加热煮沸 3min，冷却，放置过夜，用玻璃棉或石棉过滤备用。

② 高锰酸钾溶液（3.3g/L）：取一定量的高锰酸钾溶液①用水稀释 5 倍。

③ 硫酸（1+17）：取 28mL 98%硫酸缓缓加入 400mL 水中，冷却后加水至 500mL。

④ 硫酸（1+5）：取 83.3mL 98%硫酸缓缓加入 400mL 水中，冷却后加水至 500mL。

⑤ 饱和亚硫酸钠溶液：取 28.5g 无水亚硫酸钠，加约 70mL 水，微热使溶解，冷却后稀释至 100mL。

⑥ 钼酸铵溶液：50g/L。

⑦ 氯化亚锡溶液：取 0.1g 氯化亚锡，溶于 5mL 盐酸中，用时现配。

⑧ 酸性高锰酸钾溶液：高锰酸钾溶液①和硫酸③等量混合。

⑨ 碱性焦性没食子酸溶液：5g 焦性没食子酸溶于 15mL 水中，48g 氢氧化钾溶于 32mL 水中，冷却后小心将两溶液混合。用时现配。

⑩ 磷化物标准溶液：称取 0.040 0g 经 105℃干燥过的无水磷酸二氢钾，溶于水，移入 100mL 容量瓶中，加水稀释至刻度（可加 1 滴三氯甲烷以增加保存时间），此溶液含磷量相当于含磷化氢 0.10mg/mL。

⑪ 磷化物标准使用液：吸取 1.00mL 磷化物标准溶液⑩于 100mL 容量瓶中，加水至刻度，混匀，此溶液含磷量相当于含磷化氢 1.0μg/mL。

**3. 仪器**

实验室常规仪器设备及以下仪器设备。

（1）分光光度计：配 3cm 比色皿，可调节波长 710nm。

（2）天平：感量 0.01g 及感量 0.0001g。

（3）磷化氢蒸馏吸收装置，包括下列玻璃仪器和器具。见图 2-8 所示。

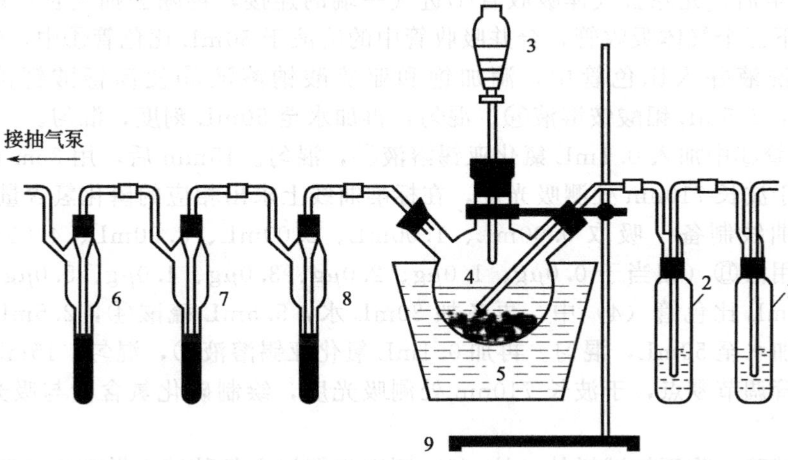


图 2-8　磷化氢蒸馏吸收装置

1，2—洗气瓶；3—分液漏斗；4—反应瓶；5—水浴；6，7，8—气体吸收管；9—铁架台

① 气体吸收管：20mL。

② 洗气瓶：250mL。

③ 分液漏斗：250mL，装有与三颈瓶配套的胶塞。

④ 沸水浴：铜质水浴锅和电炉，或其他等效的设备。

⑤ 水力抽气泵或其他抽气设备：可调抽气速度。

⑥ 反应瓶：三颈瓶，1000mL。

⑦ 玻璃弯管：长短管各 1 根，具有与反应瓶配套的胶塞，或能与反应瓶吻口的磨口连接管。注：长管应能伸入反应液面下至少 2cm，短管位于反应瓶中的部分不宜过长。

⑧ 铁架台：配有十字夹和万用夹。

⑨ 软管：橡胶管或乳胶管。

（4）比色管：50mL。

（5）刻度移液管：1mL、5mL 各数支。

（6）量筒：10mL、100mL。

**4. 扦样**

按 GB 5491 进行，并迅速密封包装。

**5. 试样制备**

打开包装后，尽可能快地按 GB 5491 分取试样。粒状粮食样品不需粉碎。

**6. 操作步骤**

（1）蒸馏吸收装置准备　按图 2-8 连接好蒸馏吸收装置。在三个串联的气体吸收管①中各加 5mL 高锰酸钾溶液②和 1mL 硫酸③。洗气瓶 1②中加入约 100mL 酸性高锰酸钾溶液⑧，洗气瓶 2②中加入新配制的碱性焦性没食子酸溶液⑨。分液漏斗③中加入 5mL 硫酸③和 80mL 水。水浴锅④中加入适量水并加热至沸腾。打开抽气泵⑤，检查装置的气密性。

（2）测定

① 称取 50g（精确至 0.1g）试样。

② 预先抽气 5min，取下分液漏斗③，迅速加入试样①于反应瓶⑥中，立即装上分液漏

斗，塞紧瓶塞，加大抽气速度，将分液漏斗中的溶液加至反应瓶中，然后减慢抽气速度，抽气 30min，并保持水浴沸腾。

注：反应时抽气速度以能分辨气泡为宜。

③ 反应完毕后，先除去气体吸收管①进气一端的连接，再除去抽气管一端的连接，关闭抽气泵，取下三个气体吸收管，合并吸收管中的溶液于 50mL 比色管④中，气体吸收管用少量水洗涤，洗液并入比色管中，滴加饱和亚硫酸钠溶液⑤使高锰酸钾溶液褪色，加 4.5mL 硫酸④，2.5mL 钼酸铵溶液⑥，混匀，再加水至 50mL 刻度，混匀。

④ 在比色管③中加入 0.1mL 氯化亚锡溶液⑦，混匀。15min 后，用 3cm 比色杯，以零管调节零点，于波长 710nm 处测吸光度，在标准曲线上求出相应的磷化氢含量。

（3）标准曲线制备　吸取 0.00mL、1.00mL、2.00mL、3.00mL、4.00mL、5.00mL 磷化物标准使用液⑪（相当于 0.0μg、1.0μg、2.0μg、3.0μg、4.0μg、5.0μg 磷化氢），分别加于 6 支 50mL 比色管（4）中，再各加 30mL 水，5.5mL 硫酸④，2.5mL 钼酸铵溶液⑥，混匀，再加水至 50mL，混匀。再加 0.1mL 氯化亚锡溶液⑦，混匀。15min 后，用 3cm 比色杯，以零管调节零点，于波长 710nm 处测吸光度，绘制磷化氢含量与吸光度关系的标准曲线。

（4）空白试验　除不加试样外，按（2）测定步骤加入各种试剂做空白试验。

（5）平行试验　每个试样按重复进行两次测定。

**7. 结果计算**

（1）试样中磷化物残留量按下式计算：

$$X=\frac{(A_1-A_2)\times 1000}{m\times 1000}$$

式中　$X$——试样中磷化物残留量（以 $PH_3$ 计），mg/kg；

$A_1$——试样溶液中磷化物的质量，μg；

$A_2$——试剂空白液中磷化物的质量，μg；

$m$——试样质量，g。

（2）结果的表述：两次平行测定结果应符合重复性要求，两次测定的算术平均值即为最终测定结果，保留二位有效数字。

**8. 重复性要求**

两次测定结果的差值不应超过平均值的 10%。

## 六、氰化物的测定

氰化物特指带有氰基（CN）的化合物，其中的碳原子和氮原子通过叁键相连接。这一叁键给予氰基以相当高的稳定性，使之在通常的化学反应中都以一个整体存在。因该基团具有和卤素类似的化学性质，常被称为拟卤素。氰化物可分为无机氰化物和有机氰化物，通常为人所了解的氰化物都是无机氰化物，是指包含有氰根离子（$CN^-$）的无机盐，可认为是氢氰酸（HCN）的盐，常见的有氰化钾和氰化钠，它们多有剧毒，故而为世人熟知。有机氰化物，是由氰基通过单键与另外的碳原子结合而成。视结合方式的不同，有机氰化物可分类为腈（C—CN）和异腈（C—NC），相应的，氰基可被称为腈基（—CN）或异腈基（—NC），如乙腈、丙烯腈、正丁腈等均能在体内很快析出离子，均属高毒类。很多氰化物，凡能在加热或与酸作用后或在空气中与组织中释放出氰化氢或氰离子的都具有与氰化氢同样的剧毒作用。

测定粮油及其制品中氰化物的方法为异烟酸-吡唑啉酮比色法，是国家标准中规定使用的方法。

**1. 原理**

氰化物在酸性溶液中被蒸出后，吸收在碱性溶液中。在 pH 7.0 溶液中，用氯胺 T 将氰化物转化为氯化氰，再与异烟酸-吡唑啉酮作用，生成蓝色染料，与标准系列比较定量。

**2. 仪器**

水蒸气蒸馏装置、可见分光光度计。

**3. 试剂**

① 酒石酸。

② 0.5g/L 甲基橙指示液。

③ 10g/L 酚酞乙醇指示剂。

④ 10g/L 氢氧化钠溶液。

⑤ 1g/L 氢氧化钠溶液。

⑥ 15g/L 乙酸溶液。

⑦ 100g/L 乙酸锌溶液。

⑧ 磷酸盐缓冲溶液（pH 7.0）：称取 34g 无水磷酸二氢钾和 35.5g 无水磷酸氢二钠，溶于水中并稀释至 1000mL。

⑨ 试银灵（对二甲氨基亚苄基罗丹宁）溶液：称取 0.02g 试银灵，溶于 100mL 丙酮中。

⑩ 异烟酸-吡唑啉酮溶液：称取 1.5g 异烟酸，溶于 24mL 20g/L 氢氧化钠溶液中，加水至 100mL；称取 0.25g 吡唑啉酮，溶于 20mL $N,N$-二甲基甲酰胺。合并上述两种溶液，混匀。

⑪ 氯胺 T 溶液：称取 1g 氯胺 T [有效含量在 11%（质量分数）以上]，溶于 100mL 水中。临用时现配。

⑫ 氰化物标准溶液：称取 0.25g 氰化钾，溶于水中并稀释至 1000mL，此溶液每毫升约相当于 0.1mg 氢氰酸。其准确浓度在使用如下方法标定。

吸取上述溶液 10.0mL，置于锥形瓶中，加 1mL 20g/L 氢氧化钠溶液，调节 pH 为 11 以上，加 0.1mL 试银灵溶液，用 0.02mol/L 硝酸银标准溶液（1mL 相当于 1.08mg 氢氰酸）滴定至橙红色。

⑬ 氰化物标准使用液：根据氰化物标准溶液的浓度，吸取适量的氰化物标准溶液，用 1g/L 氢氧化钠溶液稀释成每毫升相当于 1μg 氢氰酸。

**4. 操作步骤**

迅速称取 10.00g 样品，置于 250mL 蒸馏瓶中，加适量水使样品全部浸没。加入 20mL 100g/L 乙酸锌溶液和 1～2g 酒石酸，迅速连接好所有蒸馏装置，将冷凝管的下端插入盛有 5mL 10g/L 氢氧化钠溶液的 100mL 容量瓶的液面下，缓缓加热通水蒸气进行蒸馏，收集馏出液近 100mL，取下容量瓶，加水至刻度，摇匀。

吸取 0.00mL、0.30mL、0.60mL、0.90mL、1.20mL、1.50mL 氰化物标准使用液（相当于含 0.0μg、0.3μg、0.6μg、0.9μg、1.2μg、1.5μg 氢氰酸），分别置于 25mL 比色管中，各加水至 10mL。另吸取 10mL 样品溶液于 25mL 比色管中。

在样品溶液和标准溶液中各加 1.0mL 10g/L 氢氧化钠溶液和 1 滴酚酞指示剂，用 15g/L 乙酸溶液调至红色刚好消失，加入 5mL 磷酸盐缓冲溶液，加热升温至 37℃左右，再加入 0.25mL 氯胺 T 溶液，加塞混合，放置 5min 后，加入 5mL 异烟酸-吡唑啉酮溶液，加水至 25mL，混匀，于 25～40℃放置 40min 后，用 2cm 比色皿，以“0”管调节零点，于 638nm 处测定吸光度，绘制标准曲线比较定量。

**5. 结果计算**

样品中氰化物的含量（以氢氰酸计）按下式计算

$$X=\frac{A\times1000}{m\times\frac{V_2}{V_1}\times1000}$$

式中 $X$——样品中氰化物的含量（以氢氰酸计），mg/kg；

$A$——测定用样品溶液中氢氰酸的质量，μg；

$V_1$——样品溶液的总体积，mL；

$V_2$——测定用样品溶液的体积，mL；

$m$——样品质量，g。

**6. 注意事项**

① 氰化物主要指氰酸盐和氢氰酸。氰酸盐在高温高湿条件或与酸作用下，分解并放出氢氰酸。氢氰酸蒸气和氰酸盐皆属作用强烈的有毒物质，对人有毒性。氢氰酸蒸气中毒主要通过呼吸道，严重中毒时呼吸急剧减慢、气喘、脉搏减慢、瞳孔放大、痉挛和失去知觉。本方法检出极限为 0.15μg，最低检出浓度为 0.015mg/kg。

② 氰化物遇酸产生氢氰酸，氢氰酸与苦味酸作用，生成红色异氰紫酸钠。

## 七、过氧化苯甲酰的测定

过氧化苯甲酰中文名称为过氧化（二）苯甲酰，白色或淡黄色，微有苦杏仁气味，是一种强氧化剂，极不稳定，易燃烧。当撞击、受热、摩擦时能爆炸，加入硫酸时发生燃烧。主要用途有：合成树脂的引发剂；面粉、油脂、蜡的漂白剂；化妆品助剂；橡胶硫化剂等。

面粉增白剂中过氧化苯甲酰的检测方法比较简单，属于常规检验，一般面粉厂的化验室和懂得基本分析操作的化验员都能检测。现将其测定方法作一介绍。

过氧化苯甲酰已经安全性评估，同时对面粉的漂白和防腐也有很积极的作用，也有研究认为其对人体有一定的负面作用。应用于面粉的增白剂几乎全是过氧化苯甲酰，其最大允许使用量为 0.06g/kg。

**1. 方法原理**

在丙酮溶液中，过氧化苯甲酰与碘化钾反应生成游离碘，以硫代硫酸钠标准溶液滴定。

**2. 仪器**

① 感量 0.0001g 分析天平。

② 250mL 碘量瓶。

③ 50mL 酸式滴定管。

**3. 试剂**

① 丙酮。

② 500g/L 碘化钾溶液。

③ 0.1mol/L 硫代硫酸钠标准溶液。

**4. 操作步骤**

称取样品 1g（精确至 0.0002g），置于 250mL 碘量瓶中，加丙酮 30mL 使之溶解，加碘化钾溶液 2mL，立即盖上塞子。摇匀后放在暗处 15min 后，用硫代硫酸钠标准溶液滴定（不加淀粉指示液），直至棕色消失为滴定终点。同时进行空白试验。

**5. 结果计算**

按下式计算样品中过氧化苯甲酰的质量分数，即

$$X=\frac{(V_1-V_0)c\times0.1211}{m}\times100\%$$

式中　$X$——样品中过氧化苯甲酰的质量分数，%；

$V_1$——试样消耗硫代硫酸钠标准滴定溶液的体积，mL；

$V_0$——空白消耗硫代硫酸钠标准滴定溶液的体积，mL；

$c$——硫代硫酸钠标准滴定溶液的实际浓度，mol/L；

$m$——样品的质量，g；

0.1211——与1.00mL硫代硫酸钠标准溶液［$c(Na_2S_2O_3)=1.000mol/L$］相当的过氧化苯甲酰的质量，g。

两次平行测定结果之差值不大于0.2%，取其算术平均值为测定结果。

## 第四节　粮油及其制品中微量元素的检验

### 一、磷的测定

磷存在于人体所有细胞中，是维持骨骼和牙齿的必要物质，几乎参与所有生理上的化学反应。磷还是使心脏有规律地跳动、维持肾脏正常机能和传达神经刺激的重要物质。没有磷时，烟酸不能被吸收；磷的正常机能需要维生素D（维生素食品）和钙（钙食品）来维持。

测定粮食中总磷的含量主要用比色法，常用的有氯化亚锡-硫酸肼还原法和对苯二酚-亚硫酸钠还原法。

#### （一）氯化亚锡-硫酸肼还原法

**1. 原理**

食品中有机物经酸破坏后，磷在酸性条件下与钼酸铵作用生成磷钼酸铵。用氯化亚锡-硫酸肼还原磷钼酸铵得到蓝色化合物——钼蓝。其蓝色强度与磷含量成正比，可以进行比色定量。

**2. 仪器**

实验室常规仪器、可见分光光度计。

**3. 试剂**

① 硝酸（分析纯）。

② 硫酸（分析纯）。

③ 高氯酸（分析纯）。

④ 硫酸溶液（3+17）：量取15mL硫酸，缓缓加入到80mL水中，混匀。冷却后，用水稀释至100mL。

⑤ 硫酸溶液（1+19）。

⑥ 硫酸溶液（3+97）。

⑦ 钼酸铵溶液：称取5g钼酸铵［$(NH_4)_6Mo_7O_{24}\cdot 4H_2O$］，用硫酸溶液（3+17）稀释至100mL。

⑧ 氯化亚锡-硫酸肼混合液：称取0.1g氯化亚锡（$SnCl_2\cdot 2H_2O$），0.2g硫酸肼（$NH_2NH_2\cdot H_2SO_4$），加入硫酸溶液（3+97）并用其稀释至100mL。将此溶液装在棕色瓶中，置于冰箱中至少可以保存一个月。

⑨ 磷标准贮备液：准确称取在105℃干燥至恒重的磷酸二氢钾（优级纯）0.4394g，加水溶解后，移入100mL容量瓶中，加水至刻度，摇匀。此溶液每毫升含1mg磷。装在聚乙烯瓶中，置于冰箱中保存。

⑩ 磷标准使用液：吸取磷标准贮备液1.00mL于100mL容量瓶中，加水稀释至刻度，摇匀（此溶液每毫升含10μg磷）。

**4. 操作步骤**

(1) 样品处理　称取均匀干样 0.1～0.5g 或湿样 5g 左右，置于 100mL 锥形瓶中，加入 15mL 硝酸、2mL 高氯酸、2mL 硫酸，混匀。小火加热消化，当瓶中液体开始变成棕黑色时，不断沿瓶壁补加硝酸，直至有机物分解完全。加大火力，至消化液发生浓密的白烟、溶液澄清透明或微带黄色为止。待消化液冷却后，加水 20mL。冷却后转移至 100mL 容量瓶中，用水少量多次洗涤三角瓶，合并洗液于容量瓶中，加水至刻度，摇匀。

取与消化样品用相同量的硝酸、高氯酸、硫酸，按同一方法做空白试验。

(2) 标准曲线绘制　吸取磷标准使用液 0.00mL、0.20mL、0.40mL、0.60mL、0.80mL、1.00mL（相当于含 0.0μg、2.0μg、4.0μg、6.0μg、8.0μg、10.0μg 磷），分别置于 25mL 比色管中，各加水约 15mL、硫酸溶液（1+19）2.5mL、钼酸铵溶液 2mL、氯化亚锡-硫酸肼混合液 0.5mL，均补加水至 25mL，混匀。于室温放置 20min 后，用 2cm 比色皿，以“0”管调节零点，在 660nm 处分别测定其吸光度，以吸光度对磷含量绘制标准曲线。

(3) 样品测定　准确吸取样品溶液 1～2mL 及相同量的试剂空白液，分别置于 25mL 比色管中，各加水约 15mL、硫酸溶液（1+19）2.5mL、钼酸铵溶液 2mL、氯化亚锡-硫酸肼混合液 0.5mL，均补加水至 25mL，混匀。于室温放置 20min 后，用 2cm 比色皿，用水作参比，在 660nm 处分别测定其吸光度。由测得的吸光度从标准曲线上查得未知液的磷含量。

**5. 结果计算**

样品中磷的含量按下式计算。

$$X=\frac{(C-C_0)\times 100}{m\times \frac{V_2}{V_1}\times 1000}$$

式中　$X$——样品中磷的含量，mg/100g；

$C$——由标准曲线上查得样品测定溶液中磷的质量，μg；

$C_0$——试剂空白溶液中磷的质量，μg；

$V_1$——样品溶液的总体积，mL；

$V_2$——测定用样品溶液的体积，mL；

$m$——样品质量，g。

### （二）对苯二酚-亚硫酸钠还原法

**1. 原理**

食品中有机物经酸破坏后，使磷在酸性条件下与钼酸铵作用生成磷钼酸铵。用对苯二酚-亚硫酸钠还原磷钼酸铵得到蓝色化合物——钼蓝，其蓝色强度与磷含量成正比，在 660nm 处测定钼蓝的吸光度，可以定量分析磷的含量。本方法的最低检出极限为 2μg。

**2. 仪器**

实验室常规仪器、可见分光光度计。

**3. 试剂**

① 硫酸（分析纯）。

② 高氯酸-硝酸消化液：高氯酸-硝酸混合液（1+4）。

③ 硫酸溶液（3+17）：量取 15mL 硫酸，缓缓加入到 80mL 水中，混匀，冷却后，用水稀释至 100mL。

④ 钼酸铵溶液：称取 5g 钼酸铵 [$(NH_4)_6Mo_7O_{24}\cdot 4H_2O$]，用硫酸溶液（3+17）稀释至 100mL。

⑤ 对苯二酚溶液：称取 0.5g 对苯二酚，加 100mL 水使其溶解，并加入 1 滴浓硫酸

(减缓氧化作用)。

⑥ 亚硫酸钠溶液：称取 20g 亚硫酸钠，加 100mL 水使其溶解。此溶液最好在实验前临用配制，否则会使溶液发生浑浊。

⑦ 磷标准贮备液：准确称取在 105℃干燥至恒重的磷酸二氢钾（优级纯）0.4394g，加水溶解后，移入 100mL 容量瓶中，加水至刻度，摇匀。此溶液每毫升含 1mg 磷。装在聚乙烯瓶中，置于冰箱中保存。

⑧ 磷标准使用液：吸取磷标准贮备液 1.00mL 于 100mL 容量瓶中，加水稀释至刻度，摇匀。此溶液每毫升含 10μg 磷。

**4. 操作步骤**

① 样品处理：称取均匀干样 0.1～0.5g 或湿样 5g 左右，置于 100mL 凯氏烧瓶中，加入 3mL 硫酸溶液（3＋17）和 3mL 高氯酸-硝酸消化液，小火加热消化，瓶中液体开始时为棕黑色，当溶液变成无色或微带黄色清亮液体时，即消化完全。待消化液冷却后，加水 20mL，转移至 100mL 容量瓶中，用水少量多次洗涤凯氏烧瓶，合并洗液于容量瓶中，加水至刻度，摇匀。

取与消化样品相同量的硫酸溶液（3＋17）、高氯酸-硝酸消化液，按同一方法做空白试验。

② 标准曲线绘制：吸取磷标准使用液 0.00mL、0.50mL、1.00mL、2.00mL、3.00mL、4.00mL、5.00mL（相当于含 0.0μg、5.0μg、10.0μg、20.0μg、30.0μg、40.0μg、50.0μg 磷），分别置于 20mL 具塞试管中，各加入 2mL 钼酸铵溶液，摇匀，静置几秒钟。加入 1mL 亚硫酸钠溶液和 1mL 对苯二酚溶液，摇匀。均补加水至刻度，混匀。静置 0.5h 后，用 2cm 比色皿，以“0”管调节零点，在 660nm 处分别测定其吸光度。以测得的吸光度对磷含量绘制标准曲线。

③ 样品测定：准确吸取样品溶液 2mL 及相同量的试剂空白液，分别置于 20mL 具塞试管中，各加入 2mL 钼酸铵溶液，摇匀，静置几秒钟。加入 1mL 亚硫酸钠溶液和 1mL 对苯二酚溶液，摇匀。均补加水至刻度，混匀。静置 0.5h 后，用 2cm 比色皿，以“0”管调节零点，在 660nm 处分别测定其吸光度。由测得的吸光度从标准曲线上查得未知液的磷含量。

**5. 结果计算**

样品中磷的含量按下式计算。

$$X=\frac{(C-C_0)\times 100}{m\times \dfrac{V_2}{V_1}}$$

式中　$X$——样品中磷的含量，mg/100g；

$C$——由标准曲线上查得样品测定溶液中磷的质量，mg；

$C_0$——试剂空白溶液中磷的质量，mg；

$V_1$——样品溶液的总体积，mL；

$V_2$——测定用样品溶液的体积，mL；

$m$——样品质量，g。

## 二、镍的测定

镍是人体必需的微量元素，但过多摄入会对人体健康造成危害。

测定粮油及其制品中镍含量的方法有丁二肟比色法和原子吸收分光光度法。

### （一）丁二肟比色法

**1. 原理**

在碱性介质中，在氧化剂的存在下，镍与丁二肟生成酒红色络合物，其颜色的深浅与溶液中镍的含量成正比。

**2. 仪器与试剂**

可见分光光度计。

**3. 试剂**

① 500g/L 酒石酸钠溶液。

② 100g/L 氢氧化钠溶液。

③ 50g/L 过硫酸铵溶液。

④ 10g/L 丁二肟乙醇溶液。

⑤ 盐酸溶液（1+1）。

⑥ 镍标准储备液：准确称取金属镍 1.0000g，溶于硝酸溶液（1+3）中，冷却后加水稀释至 1000mL，此溶液每毫升相当于 1.0mg 镍。

⑦ 镍标准使用液：临用时，将镍标准贮备液用水逐次稀释［其中加 2mL 盐酸溶液（1+1)］，配制成每毫升相当于 10μg 镍的标准溶液。

**4. 操作步骤**

① 样品处理：准确称取均匀样品 10.0g 于瓷坩埚中，小火炭化后移入 550℃高温炉中炭化成白色灰烬，冷却，加入 5mL 盐酸溶液（1+1）溶解残渣，转移至 50mL 容量瓶中，加水稀释至刻度，摇匀。同时做空白试验。

② 标准曲线绘制：准确吸取镍标准使用液 0.00mL、0.50mL、1.00mL、1.50mL、2.00mL、2.50mL，分别移入 25mL 比色管中，用 100g/L 氢氧化钠溶液调节至中性后，加入 5mL 500g/L 酒石酸钠溶液、2mL 100g/L 氢氧化钠溶液（这时溶液的 pH 值为 13 左右）、5mL 50g/L 过硫酸铵溶液，摇匀。加入 3mL 10g/L 丁二肟乙醇溶液，振摇加水至刻度，摇匀，置于 37℃恒温保持 30min，取出（如有氢氧化钠沉淀，可离心后比色），于 530nm 处分别测定其吸光度，绘制标准曲线。

③ 样品测定：准确吸取 5～10mL 样品溶液于 25mL 比色管中，按绘制标准曲线中的方法进行操作，根据测得的吸光度从标准曲线中查出镍含量。

**5. 结果计算**

样品中镍的含量按下式计算。

$$X=\frac{(A-A_0)\times 1000}{m\times \frac{V_2}{V_1}\times 1000}$$

式中 $X$——样品中镍的含量，mg/kg；

$A$——测定用样品消化液中镍的质量，μg；

$A_0$——试剂空白液中镍的质量，μg；

$m$——样品质量，g；

$V_1$——样品消化液的总体积，mL；

$V_2$——测定用样品消化液体积，mL。

（二）原子吸收分光光度法

**1. 原理**

样品经消化处理后，导入原子吸收分光光度计的石墨炉中，电热原子化后，吸收 232.0nm 共振线，其吸光度与镍含量成正比，与标准系列比较定量。

**2. 仪器**

① 原子吸收分光光度计（附石墨炉及镍空心阴极灯）。

② 压力消化罐（100mL 容量）。

③ 实验室常用设备。

**3. 试剂**

① 硝酸（优级纯）。

② 硝酸（1+1）：量取 50mL 硝酸，加水稀释至 100mL。

③ 0.5mol/L 硝酸溶液。

④ 过氧化氢。

⑤ 镍标准贮备液：准确称取 1.0000g 镍粉（质量分数不低于 99.99%），溶于 30mL 硝酸（1+1）中，加热溶解，冷却后移入 1000mL 容量瓶中，加水稀释至刻度。此溶液每毫升相当于 1.0mg 镍。

⑥ 镍标准使用液：临用时，将镍标准贮备液用 0.5mol/L 硝酸溶液逐次稀释，配制成每毫升相当于 20ng 镍的标准溶液。

**4. 操作步骤**

(1) 样品处理　粮食、豆类去杂物、尘土等，碾碎，过 30 目筛，贮于聚乙烯瓶中，保存备用。

① 湿法消化：称取干样 0.3～0.5g（精确至 0.001g）于 150mL 锥形瓶中，加 15mL 硝酸，瓶口加一小漏斗，放置过夜。次日，置于铺有沙子的电热板上加热，待剧烈反应后取下稍冷，缓缓加入 2mL 过氧化氢，继续加热消化。反复补加过氧化氢或适量硝酸，直至不再产生棕色气体。再加 25mL 去离子水，煮沸除去多余的硝酸，重复处理两次，待溶液接近 1～2mL 时取下冷却。将消化液移入 10mL 容量瓶中，用水分次洗涤烧瓶，定容至刻度，摇匀。同时做试剂空白试验。

② 高压消化：称取干样 0.2～1.0g（精确至 0.001g），置于聚四氟乙烯塑料罐内，加 5mL 硝酸，放置过夜。再加 7mL 过氧化氢，盖上内盖，放入不锈钢外套内，将不锈钢外盖和外套旋紧密封。放入恒温箱，在 120℃保温 2～3h，至消化完全后，自然冷却至室温。将消化液移入 25mL 容量瓶中，用少量水多次洗涤消化罐，洗液并入容量瓶中，定容至刻度，摇匀。同时做空白试验。

(2) 测定

① 标准系列的制备：分别吸取镍标准使用液 0.00mL、0.50mL、1.00mL、2.00mL、3.00mL、4.00mL 于 10mL 容量瓶中，用 0.5mol/L 硝酸溶液稀释至刻度，摇匀。

② 仪器条件：将原子吸收分光光度计调试至测镍最佳状态。

参考条件：波长 232.0nm；狭缝 0.15nm；灯电流 4mA；干燥 150℃，20s；灰化 1050℃，20s；原子化 2650℃，4s；氘灯或塞曼背景校正；进样量 20μL。

③ 样品测定：将镍标准系列溶液按次序分别注入石墨炉中进行测定，得到吸光度，绘制标准曲线。

将试剂空白溶液、样品溶液分别注入石墨炉中，测得其吸光度，从标准曲线上查出试剂空白溶液和样品溶液中的镍含量。

**5. 结果计算**

样品中镍的含量按下式计算

$$X=\frac{(A-A_0)\times V\times 1000}{m\times 1000}$$

式中　$X$——样品中镍的含量，μg/kg；

$A$——测定用样品溶液中镍的含量，ng/mL；

$A_0$——试剂空白液中镍的含量，ng/mL；

$m$——样品质量，g；

$V$——样品定容体积，mL。

## 三、汞的测定

汞是人体机能非必需的微量元素。汞在人体内积蓄可引起人体积蓄性汞中毒，导致骨节疼痛等症状。

测定粮油及其制品中汞的方法有双硫腙比色法和原子吸收分光光度法。

### （一）双硫腙比色法

**1. 原理**

样品经消化后，汞离子在酸性溶液中可与双硫腙生成橙色络合物，溶于三氯甲烷，与标准系列比较定量。

**2. 仪器**

消化装置、可见分光光度计。

**3. 试剂**

① 硫酸。

② 1mol/L 硫酸：量取 5mL 硫酸，缓缓倒入 150mL 水中，冷却后加水至 180mL。

③ 硫酸（1＋19）：量取 5mL 硫酸，缓缓倒入 90mL 水中，冷后加水至 100mL。

④ 氨水。

⑤ 溴麝香草酚蓝指示液（质量分数为 0.1％乙醇溶液）。

⑥ 200g/L 盐酸羟胺溶液（吹清洁空气，可使含有的微量汞挥发除去）。

⑦ 三氯甲烷（不应含有氧化物）。

⑧ 双硫腙溶液：质量分数为 0.05％的三氯甲烷溶液，保存冰箱中，必要时用下述方法钝化。

称取 0.5g 研细的双硫腙，溶于 50mL 三氯甲烷中，如不全溶，可用滤纸过滤于 250mL 分液漏斗中，用氨水（1＋99）提取三次，每次 100mL，将提取液用棉花过滤至 500mL 分液漏斗中，用 6mol/L 盐酸将溶液调至酸性，将沉淀出的双硫腙用三氯甲烷提取 2～3 次，每次 20mL，合并三氯甲烷层，用等量水洗涤二次，弃去洗涤液，在 50℃水浴上蒸去三氯甲烷。精制的双硫腙置于硫酸干燥器中，干燥备用。或将沉淀出的双硫腙用 200mL、200mL、100mL 三氯甲烷提取三次，合并三氯甲烷层为双硫腙溶液。

⑨ 双硫腙使用液：吸取 1.0mL 双硫腙溶液，加三氯甲烷至 10mL，混匀。用 1cm 比色皿，以三氯甲烷调节零点，于 510nm 处测吸光度 $A$，用下式计算出配制 100mL 双硫腙使用液（70％透光率）所需双硫腙溶液的毫升数 $V$。

$$V=\frac{10\times(2-\lg 70)}{A}=\frac{1.55}{A}$$

⑩ 汞标准溶液：准确称取 0.1354g 经干燥器干燥过的二氯化汞，加 1mol/L 硫酸使其溶解后，移入 100mL 容量瓶中，并稀释至刻度。此溶液每毫升相当于 1mg 汞。

⑪ 汞标准使用液：吸取 1.0mL 汞标准溶液，置于 100mL 容量瓶中，加 1mol/L 硫酸稀释至刻度，此溶液每毫升相当于 10μg 汞。再吸取此液 5.0mL 于 50mL 容量瓶中，加 1mol/L 硫酸稀释至刻度，此溶液每毫升相当于 1μg 汞。

**4. 操作步骤**

（1）样品处理

① 粮食：称取 20g 样品，置于消化装置锥形瓶中，加玻璃珠数粒及 80mL 硝酸、15mL

硫酸，转动锥形瓶，防止局部炭化。装上冷凝管后，小火加热，待液体开始发泡即停止加热，发泡停止后加热回流 2h。如加热过程中溶液变棕色，再加 5mL 硝酸，继续回流 2h，放冷，用适量水洗涤冷凝管，洗液并入消化液中，取下锥形瓶，加水至总体积为 150mL。

② 植物油及动物油脂：称取 10g 样品，置于消化装置锥形瓶中，加玻璃珠数粒及 15mL 硫酸，小心混匀至溶液变棕色，然后加入 45mL 硝酸。装上冷凝管后，小火加热，后面步骤同粮食处理。

③ 薯类、豆制品：称取 50g 捣碎、混匀的样品，置于消化装置锥形瓶中，加玻璃珠数粒及 45mL 硝酸、15mL 硫酸，转动锥形瓶，防止局部炭化。装上冷凝管后，小火加热，后面步骤同粮食处理。

取与消化样品相同量的硝酸、硫酸按同一方法做试剂空白试验。

(2) 测定：取上述样品消化液（全量），加 20mL 水，在电炉上煮沸 10min，除去二氧化氮等气体，放冷。

在样品消化液及试剂空白液中各加 50g/L 高锰酸钾溶液至溶液呈紫色，然后再加 200g/L 盐酸羟胺溶液使紫色褪去，加 2 滴溴麝香草酚蓝指示液，用氨水调节 pH，使橙红色变为橙黄色（pH 1～2）。定量转移至 125mL 分液漏斗中。

吸取 0.00mL、0.50mL、1.00mL、2.00mL、3.00mL、4.00mL、5.00mL、6.00mL 汞标准使用液（相当于 0.0μg、0.5μg、1.0μg、2.0μg、3.0μg、4.0μg、5.0μg、6.0μg 汞），分别置于 125mL 分液漏斗中，加 10mL 硫酸（1+19），再加水至 40mL，混匀。再各加 1mL 200g/L 盐酸羟胺溶液，放置 20min，并时时振摇。

于样品消化液、试剂空白液及标准液振摇放冷后的分液漏斗中加 5.0mL 双硫腙使用液，剧烈振摇 2min，静置待分层后，经脱脂棉将三氯甲烷层滤入 1cm 比色皿中，以三氯甲烷调节零点，在波长 490nm 处测吸光度，标准管吸光度减去零管吸光度，绘制成标准曲线。

**5. 结果计算**

样品中汞的质量浓度按下式计算。

$$X=\frac{(A-A_0)\times 1000}{m\times 1000}$$

式中 $X$——样品中汞的含量，mg/kg；
$A$——样品消化液中汞的质量，μg；
$A_0$——试剂空白液中汞的质量，μg；
$m$——样品质量，g。

（二）冷原子吸收法

**1. 原理**

汞原子蒸气对波长 253.7nm 的共振线具有强烈的吸收作用。样品经硝酸-硫酸或硝酸-硫酸-五氧化二钒消化，使汞转为离子状态，在强酸性中以氯化亚锡还原成元素汞，然后以氮气或干燥清洁空气作为载气，将汞蒸气吹出，进行冷原子吸收测定，与标准系列比较定量。

**2. 仪器**

消化装置、测汞仪、汞蒸气发生器、抽气装置。

**3. 试剂**

① 硝酸。

② 硫酸。

③ 300g/L 氯化亚锡溶液：称取 30g 氯化亚锡（$SnCl_2\cdot 2H_2O$），加少量水，再加 2mL 硫酸使溶解后，加水稀释至 100mL，放置在冰箱中保存。

④ 无水氯化钙（干燥用）。

⑤ 5mol/L 混合酸溶液：量取 10mL 硫酸，再加入 10mL 硝酸，缓慢倒入 50mL 水中，待冷却后加水稀释至 100mL。

⑥ 五氧化二钒。

⑦ 50g/L 高锰酸钾溶液：配好后煮沸 10min，静置过夜，过滤后贮于棕色瓶中。

⑧ 200g/L 盐酸羟胺溶液。

⑨ 汞标准溶液：准确称取 0.1354g 在干燥器中干燥过的二氯化汞，加 5mol/L 混合酸溶解后，移入 100mL 容量瓶中，并稀释至刻度，混匀。此溶液每毫升相当于 1mg 汞。

⑩ 汞标准使用液：吸取 1.0mL 汞标准溶液，置于 100mL 容量瓶中，加 5mol/L 混合酸稀释至刻度，此溶液每毫升相当于 10μg 汞。再吸取此液 1.0mL，置于 100mL 容量瓶中，加 5mol/L 混合酸稀释至刻度，此溶液每毫升相当于 0.1μg 汞，临用时现配。

**4. 操作步骤**

(1) 样品处理

① 粮食：称取 10g 样品，置于消化装置锥形瓶中，加玻璃珠数粒，加 45mL 硝酸、10mL 硫酸，转动锥形瓶防止局部炭化。装上冷凝管后，小火加热，待开始发泡即停止加热，发泡停止后，加热回流 2h。如加热过程中溶液变棕色，再加 5mL 硝酸，继续回流 2h，放冷后从冷凝管上端小心加 20mL 水，继续加热回流 10min，放冷，用适量水冲洗冷凝管，洗液并入消化液中，将消化液经玻璃棉过滤于 100mL 容量瓶内，用少量水洗锥形瓶、过滤器，洗液并入容量瓶内，加水至刻度，混匀。

② 植物油及动物油脂：称取 5.0g 样品，置于消化装置锥形瓶中，加玻璃珠数粒，加入 7mL 硫酸，小心混匀至溶液颜色变为棕色，再加入 40mL 硝酸。装上冷凝管，小火加热，后面步骤按粮食处理。

③ 薯类、豆制品：称取 20g 捣碎混匀的样品（薯类须预先洗净晾干），置于消化装置锥形瓶中，加玻璃珠数粒，加入 30mL 硝酸和 5mL 硫酸，转动锥形瓶防止局部炭化。装上冷凝管，小火加热，后面步骤按粮食处理。

取与消化样品用相同量的硝酸、硫酸，按同一方法做试剂空白试验。

(2) 测定：吸取 10.0mL 样品消化液，置于汞蒸气发生器内，连接抽气装置，沿壁迅速加入 2mL 300g/L 氯化亚锡溶液，立即通入流速为 1.5L/min 的氮气或经活性炭处理的空气，使汞蒸气经过氯化钙干燥管进入测汞仪中，读取测汞仪上最大读数，同时做试剂空白试验。

吸取 0.00mL、0.10mL、0.20mL、0.30mL、0.40mL、0.50mL 汞标准使用液（相当于 0.00μg、0.01μg、0.02μg、0.03μg、0.04μg、0.05μg 汞）置于试管中，各加 10mL 5mol/L 混合酸，置于汞蒸气发生器内，连接抽气装置，沿壁迅速加入 2mL 300g/L 氯化亚锡溶液，立即通入流速为 1.5L/min 的氮气或经活性炭处理的空气，使汞蒸气经过氯化钙干燥管进入测汞仪中，读取测汞仪上最大读数，绘制标准曲线。

**5. 结果计算**

样品中汞的含量按下式计算。

$$X=\frac{(A-A_0)\times 1000}{m\times\frac{V_2}{V_1}\times 1000}$$

式中 $X$——样品中汞的含量，mg/kg；

$A$——测定用样品消化液中汞的质量，μg；

$A_0$——试剂空白液中汞的质量，μg；

$m$——样品质量，g；

$V_1$——样品消化液的总体积，mL；

$V_2$——测定用样品消化液体积，mL。

**6. 注意事项**

① 测定痕量汞时，要注意试剂（尤其盐酸）、滤纸、橡胶管上都可能含有少量汞，玻璃仪器在中性溶液中也很容易吸附汞，这些都会使测定结果不准确。因此，所用的玻璃仪器必须用硝酸（1+5）浸泡过夜，再用水反复冲洗，最后用去离子水冲洗干净。

② 汞极易挥发，在消化样品时必须使汞保持氧化态，因此硝酸溶液应过量，以避免汞挥发损失。测定汞时一般不采用灰化法消化样品。

③ 本法测定汞的最低检出质量浓度为 0.4μg/kg，允许的相对误差小于 20%，适用于食品中汞含量的测定。

## 四、铅的测定

食品原料生产中含铅农药的使用，食品原料加工中含铅镀锡管道、器具和容器，食品添加剂的使用，陶瓷食具釉料中使用的含铅颜料，都会直接或间接地造成食品污染，使食品中含有一定量的铅。由于铅是一种具有积蓄性的有害元素，经常摄入含铅食品，会引起慢性铅中毒。为了控制人体铅的摄入量，我国食品卫生标准中铅被列为重要监测项目。铅的允许限量为粮食、薯类≤0.4mg/kg；豆类≤0.8mg/kg；乳类（鲜）≤0.05mg/kg；蛋类、蔬菜、水果≤0.2mg/kg；蒸馏酒与配制酒、食醋和酱油≤1mg/L（均以 Pb 计）。

测定粮油及其制品中铅的方法有双硫腙比色法和原子吸收分光光度法。

### （一）双硫腙比色法

**1. 原理**

样品经消化后，在 pH 8.5～9.0 时，铅离子与双硫腙生成红色络合物，溶于三氯甲烷。加入柠檬酸铵、氰化钾和盐酸羟胺等，防止铁、铜、锌等离子干扰，与标准系列比较定量。

**2. 仪器**

① 所用玻璃仪器均用10%～20%（体积分数）硝酸浸泡 24h 以上，用自来水反复冲洗，最后用水冲洗干净。

② 可见分光光度计。

**3. 试剂**

① 氨水（1+1）。

② 6mol/L 盐酸。量取 100mL 盐酸，加水稀释至 200mL。

③ 酚红指示剂（质量分数为 0.1%乙醇溶液）。

④ 200g/L 盐酸羟胺溶液：称取 20g 盐酸羟胺，加水溶解至约 50mL，加 2 滴酚红指示剂，加氨水（1+1），调 pH 至 8.5～9.0（由黄变红，再多加 2 滴），用双硫腙-三氯甲烷溶液提取至三氯甲烷层绿色不变为止，再用三氯甲烷洗二次，弃去三氯甲烷层，水层加 6mol/L 盐酸呈酸性，加水稀释至 100mL。

⑤ 200g/L 柠檬酸铵溶液：称取 50g 柠檬酸铵，溶于 100mL 水中，加 2 滴酚酞指示剂，加氨水（1+1），调 pH 至 8.5～9.0，用双硫腙-三氯甲烷溶液提取数次，每次 10～20mL，至三氯甲烷层绿色不变为止，弃去三氯甲烷层，再用三氯甲烷洗二次，每次 5mL，弃去三氯甲烷层，加水稀释至 250mL。

⑥ 100g/L 氰化钾溶液。

⑦ 三氯甲烷（不应含氧化物）。

检查方法：量取 10mL 三氯甲烷，加 25mL 新煮沸过的水，振摇 3min，静置分层后，取 10mL 水液，加数滴 150g/L 碘化钾溶液及淀粉指示液，振摇后应不显蓝色。

处理方法：于三氯甲烷中加入 1/10～1/20 体积的 200g/L 硫代硫酸钠溶液洗涤，再用水洗，加入少量无水氯化钙脱水后进行蒸馏，弃去最初及最后的 1/10 馏出液，收集中间馏出液备用。

⑧ 淀粉指示剂：称取 0.5g 可溶性淀粉，加 5mL 水搅匀后，慢慢倒入 100mL 沸水中，边倒边搅拌，煮沸后放冷备用。临用时配制。

⑨ 硝酸（1＋99）：量取 1mL 硝酸，加水稀释至 100mL。

⑩ 双硫腙溶液：0.05%（质量发数）三氯甲烷溶液，保存冰箱中，必要时用下述方法钝化。

称取 0.5g 研细的双硫腙，溶于 50mL 三氯甲烷中，如不全溶，可用滤纸过滤于 250mL 分液漏斗中，用氨水（1＋99）提取三次，每次 100mL，将提取液用棉花过滤至 500mL 分液漏斗中，用 6mol/L 盐酸调至酸性，将沉淀出的双硫腙用三氯甲烷提取 2～3 次，每次 20mL，合并三氯甲烷层，用等量水洗涤二次，弃去洗涤液，在 50℃水浴上蒸去三氯甲烷。精制的双硫腙置于硫酸干燥器中，干燥备用。或将沉淀出的双硫腙用 200mL、200mL、100mL 三氯甲烷提取三次，合并三氯甲烷层为双硫腙溶液。

⑪ 双硫腙使用液：吸取 1.0mL 双硫腙溶液，加三氯甲烷至 10mL，混匀。用 1cm 比色皿，以三氯甲烷调节零点，于 510nm 处测吸光度（$A$），用下式计算出配制 100mL 双硫腙使用液（70%透光率）所需双硫腙溶液的毫升数（$V$）。

$$V=\frac{10\times(2-\lg 70)}{A}=\frac{1.55}{A}$$

⑫ 铅标准溶液：准确称取 0.1598g 硝酸铅，加 10mL 硝酸（1＋99），全部溶解后，移入 100mL 容量瓶中，加水稀释至刻度。此溶液每毫升相当于 1mg 铅。

⑬ 铅标准使用液：吸取 1.0mL 铅标准溶液，置于 100mL 容量瓶中，加水稀释至刻度。此溶液每毫升相当于 10μg 铅。

**4. 操作步骤**

① 样品处理：称取 5.0g 样品，置于坩埚中，加热至炭化，然后移入高温炉中，500℃灰化 3h，放冷，取出坩埚，加 1mL 硝酸，润湿灰分，用小火蒸干，在 500℃灼烧 1h，放冷，取出坩埚。加 1mL 硝酸（1＋1），加热，使灰分溶解，移入 50mL 容量瓶中，用水洗涤坩埚，洗液并入容量瓶中，加水至刻度，混匀备用。

② 测定：吸取 10.0mL 消化后的定容溶液和同量的试剂空白液，分别置于 125mL 分液漏斗中，各加水至 20mL。

吸取 0.00mL、0.10mL、0.20mL、0.30mL、0.40mL、0.50mL 铅标准使用液（相当 0.0μg、1.0μg、2.0μg、3.0μg、4.0μg、5.0μg 铅），分别置于 125mL 分液漏斗中，各加硝酸（1＋99）至 20mL。

于样品消化液、试剂空白液和铅标准液中各加 2mL 200g/L 柠檬酸铵溶液、1mL 200g/L 盐酸羟胺溶液和 2 滴酚红指示液，用氨水（1＋1）调至红色，再各加 2mL 100g/L 氰化钾溶液，混匀。各加 5.0mL 双硫腙使用液，剧烈振摇 1min，静置分层后，三氯甲烷层经脱脂棉滤入 1cm 比色杯中，以“0”管调节零点，于 510nm 处测吸光度，绘制标准曲线比较。

**5. 结果计算**

样品中铅的含量按下式计算。

$$X=\frac{(A-A_0)\times 1000}{m\times\frac{V_2}{V_1}\times 1000}$$

式中 $X$——样品中铅的含量，mg/kg 或 mg/L；

$A$——测定用样品消化液中铅的质量，μg；

$A_0$——试剂空白液中铅的质量，μg；

$m$——样品质量或体积，g 或 mL；

$V_1$——样品消化液的总体积，mL；

$V_2$——测定用样品消化液体积，mL。

如用单色法，可按上述操作，但双硫腙三氯甲烷层需用氰化钾溶液（100g/L）洗涤二次，每次 10～20mL，以洗去过剩的双硫腙，然后进行比色测定。

**6. 注意事项**

① 氰化钾是剧毒药品，操作时不能用嘴吸，使用后要洗手。废氰化钾溶液不要与酸接触，以防产生氰化氢气体而中毒。向废氰化钾溶液中加氢氧化钠和硫酸亚铁，使它生成铁氰化钾，可降低毒性。

② 本法测定重金属的灵敏度很高，在分析之前对所用玻璃仪器先要用硝酸（1+3）洗涤二次，再用水冲洗干净，然后用双硫腙三氯甲烷应用液洗一次，残留在仪器中的微量双硫腙三氯甲烷溶液不应改变颜色，否则说明玻璃仪器不洁净，应重新洗涤。

③ 双硫腙在空气中容易被氧化，氧化产物不溶于酸性或碱性水溶液，能溶解在三氯甲烷和四氯化碳中，显黄色或棕色，对测定有干扰。所以要保证双硫腙的纯度和稳定性，将双硫腙贮存于棕色试剂瓶中，放在干燥器中备用。

④ 铅与双硫腙相结合，其颜色变化过程为：

绿色→浅蓝→浅灰→灰→淡紫→紫→淡红→红色

### （二）原子吸收分光光度法

**1. 原理**

样品经处理后，导入原子吸收分光光度计中，原子化以后，吸收 283.3nm 共振线，其吸收量与铅量成正比，与标准系列比较定量。

**2. 仪器**

① 所用玻璃仪器均以体积分数为 10%～20%硝酸浸泡 24h 以上，用水反复冲洗，最后用去离子水冲洗，晾干后方可使用。

② 原子吸收分光光度计。

**3. 试剂**

① 硝酸。

② 6mol/L 硝酸：量取 38mL 硝酸，加水稀释至 100mL。

③ 硝酸（1+199）：量取 1mL 硝酸，加水稀释至 200mL。

④ 硝酸（1+9）：量取 10mL 硝酸，加水稀释至 100mL。

⑤ 过硫酸铵。

⑥ 5g/L 硫酸钠溶液。

⑦ 石油醚。

⑧ 铅标准溶液：准确称取 1.0000g 金属铅（质量分数不小于 99.99%），分次加入 6mol/L 硝酸溶解，总量不超过 37mL，移入 1000mL 容量瓶中，加水稀释至刻度。此溶液每毫升相当于 1mg 铅。

⑨ 铅标准使用液：吸取 10.0mL 铅标准溶液，置于 100mL 容量瓶中，加硝酸（1+

199）稀释至刻度。如此多次稀释至每毫升相当于 1μg 铅。

**4. 操作步骤**

（1）样品处理

① 谷类：除去外壳，磨碎，过 20 目筛，混匀。称取 1.0～5.0g 样品，置于石英坩埚或瓷坩埚中，加 5mL 硝酸，放置 0.5h，小火蒸干，继续加热炭化，移入高温炉中，500℃灰化 1h，取出放冷，再加 1mL 硝酸浸湿灰分，小火蒸干。称取 2g 过硫酸铵，覆盖灰分，再移入高温炉中，800℃灰化 20min，冷却后取出，以硝酸溶液（1＋199）少量多次洗入 10mL 容量瓶中，并稀释至刻度，备用。

② 油脂类：称取 2.0g 混匀样品（固体油脂先加热融成液体），置于 100mL 锥形瓶中，加 10mL 石油醚，用硝酸（1＋9）提取 2 次，每次 5mL，振摇 1min，合并硝酸液与 10mL 容量瓶中，加水稀释至刻度，混匀后备用。

取与消化样品用相同量的硝酸、过硫酸铵，按同一方法做试剂空白试验。

（2）测定　吸取 0.00mL、0.50mL、1.00mL、2.00mL、3.00mL、4.00mL 铅标准使用液，分别置于 100mL 容量瓶中，加硝酸（1＋199）稀释至刻度，混匀（当各取 50μL 注入石墨炉时，其曲线各点的铅含量为 0.0ng、5.0ng、10.0ng、20.0ng、30.0ng、40.0ng）。

将处理后的样液、试剂空白液和各容量瓶中铅标准稀释液分别导入火焰进行测定。测定条件：灯电流 7.5mA，波长 283.3nm，狭缝 0.2nm。石墨炉操作条件：120℃干燥 20s，450℃灰化 20s，2300℃原子化 5s。由于某些样品或因样品量增加干扰增大，如加基底改善剂后的石墨炉条件可以自行决定。氘灯背景校正也可根据仪器型号，调至最佳条件。以铅含量对测得的吸光度绘制标准曲线比较定量。

**5. 结果计算**

样品中铅的含量按下式计算。

$$X=\frac{(A-A_0)\times 1000}{m\times\dfrac{V_2}{V_1}\times 1000\times 1000}$$

式中　$X$——样品中铅的含量，mg/kg 或 mg/L；

$A$——测定用样品中铅的质量，ng；

$A_0$——试剂空白液中铅的质量，ng；

$V_1$——样品处理后的总体积，mL；

$V_2$——注入石墨炉样液体积，mL；

$m$——样品质量或体积，g 或 mL。

**6. 注意事项**

① 分析过程中应全部使用去离子水（电阻率大于 $8\times 10^5\Omega$），所用的仪器都要用硝酸（1＋5）浸泡过夜，用水反复冲洗后，再用去离子水冲洗干净。

② 在采取和制备样品过程中，应避免样品被铅污染。

③ 本法测定铅的最低检出浓度为 5μg/kg，允许的相对误差小于 20%，适用于测定食品中的铅含量。

④ 湿法消解时，要适时加入混合酸，若溶液未转黑时补加混合酸，不起作用；若变黑过后一段时间再补加混合酸，析出的碳烧结成块，不易氧化。

## 五、砷的测定

砷广泛分布于自然环境中，几乎所有的土壤都有砷。砷常用于制造农药和药物，食品原料及水产品由于受农药和药物、水质污染或其他原因污染而含有一定量的砷。砷的化合物具有强烈的毒性，在人体内积蓄可引起慢性中毒，表现为食欲下降、胃肠障碍、末梢神经炎等症状。为了控制人体砷的摄入量，我国食品卫生标准规定：粮食中含砷量不应超过 0.7mg/kg，食用植物油不应超过 0.1mg/L，酱类、味精、井盐、矿盐和冷饮食品均不应超过 0.5mg/L，酱油和醋不应超过 0.5mg/L（均以 As 计）。

[案例分析]

实例：在贵州省某一癌症高发区调查发现，患皮肤癌的比例最高，其次是肝癌、肺癌、膀胱癌等，患"癞子病"的人也比较多。

分析：由于贵州气候潮湿、阴冷（尤其在冬季），需要用火取暖、干燥收获的谷物和辣椒，当地居民就利用极易开采且价格低廉的高砷煤来处理，造成了慢性砷中毒，属于燃煤型地方性砷中毒现象。

测定粮油及其制品中砷含量的方法有砷斑法和银盐法。

### （一）砷斑法

**1. 原理**

样品经消化后，在酸性条件下，用碘化钾、氯化亚锡将五价砷还原为三价砷，再利用锌与酸作用产生的原子态氢，将三价砷还原为砷化氢。当砷化氢气体遇到溴化汞试纸时，会生成黄色至黄褐色的砷斑，砷斑颜色的深浅与砷含量成正比，可进行比色定量。同时，在测定过程中用乙酸铅试纸和棉花去除反应中生成的硫化氢气体，以消除干扰。

**2. 仪器**

砷斑测定器，如图 2-9 所示。

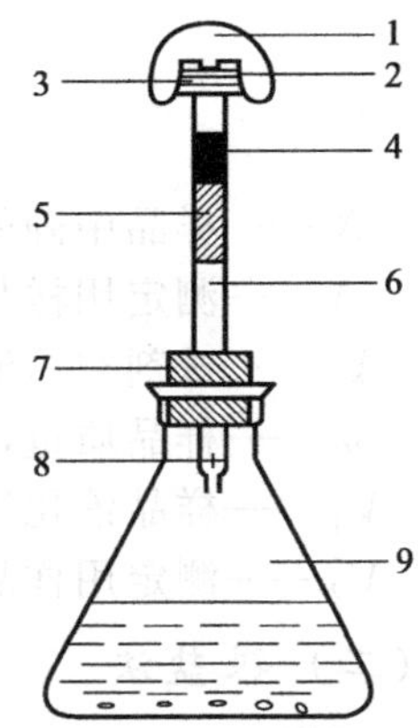


图 2-9 砷斑测定器

1—帽子；2—橡皮筋；3—溴化汞试纸；4—乙酸铅棉花；5—乙酸铅试纸；6—砷测定管；7—橡胶塞；8—小孔；9—150mL 三角瓶

**3. 试剂**

① 50g/L 溴化汞乙醇溶液。

② 溴化汞试纸：将滤纸剪成直径为 2cm 的圆片，浸泡在溴化汞乙醇溶液中。使用前取出，自然干燥后备用。

③ 400g/L 酸性氯化亚锡溶液：称取 20g 氯化亚锡（$SnCl_2 \cdot 2H_2O$），溶于 12.5mL 浓盐酸中，加水稀释至 50mL。另加两颗锡粒于溶液中。

④ 100g/L 乙酸铅溶液。

⑤ 乙酸铅棉花：将脱脂棉浸泡在 100g/L 乙酸铅溶液中，1h 后取出，并使之疏松，在 100℃烘箱内干燥，取出置于玻璃瓶中塞紧保存以备用。

⑥ 乙酸铅试纸：将普通滤纸浸泡在 100g/L 乙酸铅溶液中，1h 后取出，自然晾干，剪成条状（8cm×5cm），置于瓶中保存以备用。

⑦ 无砷锌粒。

⑧ 浓盐酸。

⑨ 200g/L 碘化钾溶液。

⑩ 100g/L 硝酸镁溶液。

⑪ 氧化镁。

⑫ 1mol/L 氢氧化钠溶液。

⑬ 0.5mol/L 硫酸溶液。

⑭ 砷标准溶液：准确称取预先在硫酸干燥器中干燥的三氧化二砷 0.1320g，溶于 10mL 1mol/L 氢氧化钠溶液中，加 0.5mol/L 硫酸溶液 10mL，将此溶液准确地移入 1000mL 容量瓶中，加水稀释至刻度，摇匀。此溶液每毫升相当于 0.1mg 砷。使用时，可将此溶液稀释成每毫升含 1.0μg 砷的标准溶液。

**4. 操作步骤**

① 样品处理：准确称取 10g 样品置于瓷坩埚中，加入 2g 氧化镁、10mL 100g/L 硝酸镁溶液，在水浴上蒸干。小火炭化后，在 550℃高温炉中灰化至白色灰烬，冷却，加入 10mL 浓盐酸溶解残渣，用水移入 100mL 容量瓶中，稀释至刻度，摇匀。同时做试剂空白试验。

② 测定：准确吸取样品溶液和试剂空白液各 20mL，分别移入砷斑测定器的三角瓶中；另取数套砷斑测定器，于三角瓶中分别加入砷标准溶液（1.0μg/L）0.00mL、1.00mL、2.00mL、3.00mL、4.00mL、5.00mL。在各瓶中加入 5mL 200g/L 碘化钾溶液和 2mL 400g/L 氯化亚锡溶液。在样品溶液和试剂空白液中再加入 13mL 浓盐酸，在标准系列溶液中各加入 15mL 浓盐酸。各加水至 45mL，放置 10min 后，加入 5g 无砷锌粒，迅速装上已装入溴化汞试纸、乙酸铅棉花和乙酸铅试纸的测砷管。在 25～30℃下避光放置 45min。取出溴化汞试纸，将样品色斑和标准色斑比较，求出样品溶液和试剂空白液中的砷含量。

**5. 结果计算**

样品中砷的含量按下式计算

$$X=\frac{(A-A_0)\times1000}{m\times\frac{V_2}{V_1}\times1000}$$

式中 $X$——样品中砷的含量，mg/kg；

$A$——测定用样品消化液中砷的质量，μg；

$A_0$——试剂空白液中砷的质量，μg；

$m$——样品质量，g；

$V_1$——样品消化液的总体积，mL；

$V_2$——测定用样品消化液体积，mL。

（二）银盐法

**1. 原理**

样品经消化后，用碘化钾、氯化亚锡将五价砷还原为三价砷，然后与锌和酸作用产生的新生态氢反应生成砷化氢，通过用乙酸铅溶液浸泡的棉花除去硫化氢后，与溶于三乙醇胺-三氯甲烷的二乙氨基二硫代甲酸银（AgDDC）溶液作用，形成红色胶态物，与标准系列比较定量。

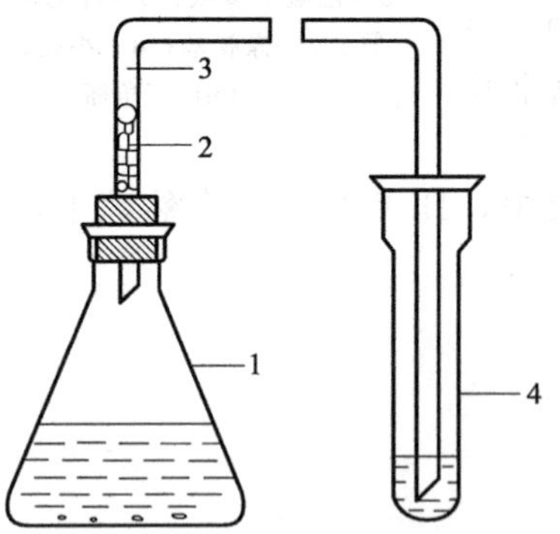

图 2-10 银盐法测砷装置

1—150mL 三角瓶；2—乙酸铅棉花；3—导气管；4—10mL 刻度离心管

**2. 仪器**

① 可见分光光度计。

② 测砷装置如图 2-10 所示。

a. 100～150mL 锥形瓶（19 号标准口）。

b. 导气管：管口 19 号标准口或经碱处理后洗净的橡胶塞（与锥形瓶密合时不应漏气），管的另一端管径为 1.0mm。

c. 吸收管：10mL 刻度离心管。

**3. 试剂**

① 硝酸。

② 硫酸。

③ 盐酸。

④ 硝酸-高氯酸混合液（4+1）：量取 80mL 硝酸，加入 20mL 高氯酸，混匀。

⑤ 氧化镁。

⑥ 硝酸镁溶液：称取 15g 硝酸镁 [$Mg(NO_3)_2 \cdot 6H_2O$]，溶于水中并稀释至 100mL。

⑦ 150g/L 碘化钾溶液（贮存于棕色瓶中）。

⑧ 酸性氯化亚锡溶液：称取 40g 氯化亚锡（$SnCl_2 \cdot 2H_2O$），加盐酸溶解，加水稀释至 100mL，另加几颗锡粒于溶液中。

⑨ 6mol/L 盐酸：量取 50mL 盐酸，加水稀释至 100mL。

⑩ 100g/L 乙酸铅溶液。

⑪ 乙酸铅棉花：用 100g/L 乙酸铅溶液浸透脱脂棉后，压除多余溶液，并使之疏松，在 100℃以下干燥，取出置于玻璃瓶中。

⑫ 无砷锌粒。

⑬ 200g/L 氢氧化钠溶液。

⑭ 100g/L 硫酸溶液：量取 5.7mL 硫酸，缓缓加到 80mL 水中，冷却后加水稀释至 100mL。

⑮ 二乙氨基二硫代甲酸银-三乙醇胺-三氯甲烷溶液：称取 0.25g 二乙氨基二硫代甲酸银 [$(C_2H_5)_2NCS_2Ag$] 置于乳钵中，加少量三氯甲烷研磨，移入 100mL 量筒中，加入 1.8mL 三乙醇胺，再用三氯甲烷分次洗涤乳钵，洗液一并移入量筒中，用三氯甲烷稀释至 100mL，放置过夜，滤入棕色瓶中贮存。

⑯ 砷标准溶液：准确称取 0.1320g 在硫酸干燥器中干燥过的或在 100℃干燥 2h 的三氧化二砷，加 5mL 200g/L 氢氧化钠溶液，溶解后加 25mL 100g/L 硫酸溶液，移入 1000mL 容量瓶中，加新煮沸后冷却的水稀释至刻度，摇匀，贮存在棕色玻璃瓶中。此溶液每毫升相当于 0.1mg 砷。

⑰ 砷标准使用液：吸取 1.0mL 砷标准溶液，置于 100mL 容量瓶中，加 1mL 100g/L 硫酸溶液，加水稀释至刻度，摇匀。此溶液每毫升相当于 1.0μg 砷。

**4. 操作步骤**

（1）样品处理

① 硝酸-高氯酸-硫酸法：适用于粮食、粉丝、粉条、豆干制品等。

首先称取 5.0g 或 10.0g 粉碎样品，置于 250～500mL 定氮瓶中，加少许水使之润湿，加数粒玻璃珠、10～15mL 硝酸-高氯酸混合液，放置片刻，小火缓缓加热，待作用缓和后，放置冷却。沿瓶壁加入 5mL 或 10mL 硫酸，再加热至瓶中液体开始变成棕色时，不断沿瓶壁滴加硝酸-高氯酸混合液，至有机物分解完全。加大火力，至产生白烟，溶液应无色或微黄色澄清透明，放置冷却。在操作过程中应注意防止爆炸。

在上述溶液中加入 20mL 水，煮沸，除去残余的硝酸，至产生白烟为止。如此处理两次，放置冷却。将其移入 50mL 或 100mL 容量瓶中，用水洗涤定氮瓶，洗液并入容量瓶中，冷却后加水稀释至刻度，摇匀。此溶液 10mL 相当于 1g 样品，相当于加入硫酸量 1mL。

取与消化样品用相同量的硝酸-高氯酸混合液、硫酸，按同一方法做试剂空白试验。

② 硝酸-硫酸法：以硝酸代替硝酸-高氯酸混合液，按硝酸-高氯酸-硫酸法进行操作。

③ 灰化法

a. 粮食：称取 5.0g 磨碎样品，置于坩埚中，加 1g 氧化镁和 10mL 硝酸镁溶液，混匀后浸泡 4h，于低温或水浴锅上蒸干。用小火炭化至无烟后转移至高温炉中，于 550℃灼烧 3～4h，冷却后取出。加 5mL 水湿润灰分，用玻璃棒搅拌，用少量水将附着在玻璃棒上的灰分洗至坩埚中，于水浴蒸干后移入高温炉内，550℃灰化 2h，冷却后取出。加 5mL 水湿润灰分，慢慢加入 10mL 6mol/L 盐酸溶液，将溶液移入 50mL 容量瓶中，坩埚用 6mol/L 盐酸洗涤 3 次，每次 5mL，再用水洗涤 3 次，每次 5mL，洗液均并入容量瓶中，加水至刻度，摇匀。此溶液 10mL 相当于 1g 样品，相当于加入盐酸量（中和需要量除外）1.5mL。此溶液全量用于银盐法测定时，不需要再加盐酸。

取与消化样品用相同量的氧化镁和硝酸镁溶液，按同一操作方法做试剂空白试验。

b. 植物油：称取 5.0g 样品，置于 50mL 坩埚中，加入 10g 硝酸镁，再在上面覆盖 2g 氧化镁。将坩埚置于小火上加热至刚冒烟，立即取下坩埚，以防内容物溢出，待烟小后再加热至炭化完全。将坩埚移入高温炉，于 550℃灼烧至完全，冷却后取出。加 5mL 水湿润灰分，慢慢加入 15mL 6mol/L 盐酸溶液，将溶液移入 50mL 容量瓶中，坩埚用 6mol/L 盐酸洗涤 5 次，每次 5mL，再用水洗涤 3 次，每次 5mL，洗液均并入容量瓶中，加 6mol/L 盐酸溶液至刻度，摇匀。此溶液 10mL 相当于 1g 样品，相当于加入盐酸量（中和需要量除外）1.5mL。

取与消化样品用相同量的硝酸镁、氧化镁，按同一操作方法做试剂空白试验。

（2）测定

① 硝酸-高氯酸-硫酸法消化液或硝酸-硫酸法消化液：吸取一定量样品消化溶液（相当于 5g 样品）及同量的空白溶液，分别置于 1.50mL 锥形瓶中，补加硫酸至总量为 5mL，加水至 50～55mL。

吸取 0.00mL、2.00mL、4.00mL、6.00mL、8.00mL、10.00mL 砷标准使用液（相当于 0.0μg、2.0μg、4.0μg、6.0μg、8.0μg、10.0μg 砷），分别置于 150mL 锥形瓶中，加水稀释至 40mL，再加 10mL 硫酸（1+1）。

在样品消化液、空白溶液和砷标准使用液中各加 3mL 150g/L 碘化钾溶液和 0.5mL 酸性氯化亚锡溶液，混匀，静置 15min。各加 3g 锌粒，立即分别塞上装有乙酸铅棉花的导气管，使管尖端插入盛有 4mL 银盐溶液的离心管的液面下。在常温下反应 45min 后，取下离心管，加三氯甲烷补足 4mL。用 1cm 比色皿，以“0”管调节零点，于 520nm 处测定其吸光度，绘制标准曲线比较定量。

② 灰化法消化液：取灰化消化液和空白液分别置于 150mL 锥形瓶中。吸取 0.00mL、2.00mL、4.00mL、6.00mL、8.00mL、10.00mL 砷标准使用液（相当于 0.0μg、2.0μg、4.0μg、6.0μg、8.0μg、10.0μg 砷），分别置于 150mL 锥形瓶中，加水稀释至 43.5mL，再加 6.5mL 盐酸。

在灰化消化液、空白液和砷标准使用液中各加 3mL 150g/L 碘化钾溶液和 0.5mL 酸性氯化亚锡溶液，混匀，静置 15min。各加 3g 无砷锌粒，立即分别塞上装有乙酸铅棉花的导气管，使管尖端插入盛有 4mL 银盐溶液的离心管的液面下。在常温下反应 45min 后，取下离心管，加三氯甲烷补足 4mL。用 1cm 比色皿，以“0”管调节零点，于 520nm 处测定其吸光度，绘制标准曲线比较定量。

**5. 结果计算**

样品中砷的含量按下式计算。

$$X=\frac{(A-A_0)\times 1000}{m\times\dfrac{V_2}{V_1}\times 1000}$$

式中 $X$——样品中砷的含量，mg/kg 或 mg/L；

$A$——测定用样品消化液中砷的质量，μg；

$A_0$——试剂空白液中砷的质量，μg；

$m$——样品质量或体积，g 或 mL；

$V_1$——样品消化液的总体积，mL；

$V_2$——测定用样品消化液体积，mL。

**6. 注意事项**

① 砷化氢气体有毒，操作时要防止其逸出，并应通风良好。

② 测定结果除受酸的用量影响外，还受无砷锌粒的规格、大小影响，若无砷锌粒太细，反应或太激烈。

③ 反应温度应控制在 25℃左右，以免反应过激或过缓。

④ 氯化亚锡除起还原作用（$As^{5+}$还原为$As^{3+}$）外，还有还原反应中生成的碘在无砷锌粒表面沉积形成锡层以抑制氢气的生成速度，抑制某些元素（如锑）的干扰等作用。

⑤ 本法测定砷的最低检出浓度为 0.2mg/kg，允许的相对误差小于 10%，用于测定食品中砷的含量。

## 第五节 加工用水质量的检验

### 一、水的硬度测定

水的硬度是指水中钙、镁的含量，水的硬度对粮食制品质量影响很大，硬度小会影响发酵制品的持气性能和产品的组织状态和外观。

**1. 原理**

在 pH 10 时，EDTA 能与水中的钙离子、镁离子生成稳定的无色可溶性配合物，其稳定性比铬黑 T（pH 在 6.3～11.3 呈蓝色）与镁离子、钙离子形成的配合物（紫红色）的稳定性强。以 EDTA 标准溶液直接滴定，铬黑 T 为指示剂，在接近终点时，EDTA 夺取 Mg-EBT 中的镁，使铬黑 T 游离出来，溶液由紫红色转变为蓝色，即为滴定终点。由于 Mg-EBT 比 Ca-EBT 稳定，如果水样中没有或极少有 $Mg^{2+}$，则终点变色不够敏锐。可在缓冲溶液中加入适量 Mg-EDTA，使终点变色更敏锐。滴定时，加入盐酸羟胺或三乙醇胺和硫化钠或 KCN 来消除水中少量的 $Fe^{3+}$、$Al^{3+}$、$Cu^{2+}$、$Ni^{2+}$、$Co^{2+}$等的干扰。

**2. 试剂**

(1) 铬黑 T 指示剂　称取 0.5g 铬黑 T 与 100g 氯化钠充分混合，贮于棕色瓶内，密闭备用，可长期保存。或称取 0.5g 铬黑 T，用 95%乙醇溶解并稀释至 100mL，置于冰箱中保存，可稳定 1 个月。

(2) 氨-氯化铵缓冲溶液（pH 10）　①A 液，称取 16.9g 氯化铵，加适量水溶解后加入 143mL 浓氨水。②B 液，称取 0.780g 硫酸镁（$MgSO_4 \cdot 7H_2O$）及 1.178g 乙二胺四乙酸二钠，溶于 50mL 纯水中，加入 2mL 氯化铵-氢氧化铵溶液（A 液）和 5 滴铬黑 T（此时溶液应呈紫红色，若为天蓝色，应再加极少量硫酸镁使呈紫红色），用 EDTA 标准溶液滴定至溶液由紫红色变为天蓝色。③合并 A 液和 B 液，用纯水稀释至 250mL，并密闭贮存于聚乙烯瓶或硬质玻璃瓶中，防止反复开盖使氨水浓度降低而影响 pH 值。合并后如溶液又变为紫红色，在计算结果时应扣除试剂空白。

(3) 5%硫化钠溶液　称取 5.0g 硫化钠（$Na_2S \cdot 9H_2O$）溶于纯水中，并稀释至 100mL。

(4) 1.0 %盐酸羟胺溶液　称取 1.0g 盐酸羟胺，溶于纯水中，并稀释至 100mL。

(5) 盐酸溶液（1+1）。

(6) 锌标准溶液　准确称取 0.6～0.8g 的锌粒（或 ZnO），溶于盐酸溶液（1+1）中，置于水浴上温热至完全溶解。移入容量瓶中，定容至 1000mL。按下式计算锌标准溶液的浓度。

$$c=\frac{m}{M}$$

式中 $c$——锌标准溶液的浓度，mol/L；

$m$——锌的质量，g；

$M$——锌的摩尔质量，一般是 65.37（或 ZnO 为 81.37），g/mol。

(7) 0.01mol/L EDTA 标准溶液的配制与标定 ①配制：称取 3.72g EDTA 二钠盐（相对分子质量为 372.2），溶于纯水中，并稀释至 1000mL，摇匀，贮存于聚乙烯瓶中待标定。②标定：用移液管准确移取 25.00mL 锌标准溶液到 150mL 锥形瓶中，加入 25mL 纯水，加氨水调至近中性，再加 2mL 缓冲溶液和 5 滴铬黑 T 指示剂，用 EDTA 溶液滴定至溶液由紫红色转变成蓝色为滴定终点。记录消耗 EDTA 的体积。平行测定 3 次。计算公式：

$$c=\frac{c_1V_1}{V_2}$$

式中 $c$——EDTA 标准溶液的浓度，mol/L；

$c_1$——锌标准溶液的浓度，mol/L；

$V_1$——滴定时吸取的锌标准溶液的体积，mL；

$V_2$——滴定时消耗 EDTA 的体积，mL。

**3. 操作步骤**

准确吸取 50.00mL 水样（如果硬度过小，改取 100mL）于 150mL 锥形瓶中，加入 0.5mL 盐酸羟胺和 1mL 硫化钠溶液，然后加入 1～2mL 缓冲溶液及 5 滴铬黑 T 指示剂，立即用 EDTA 标准溶液滴定，至溶液由紫红色变为蓝色即为终点。记录消耗 EDTA 标准溶液的体积。平行测定 3 次。同时做空白试验，并记录消耗 EDTA 的体积 $V_0$。

**4. 结果计算**

计算水的总硬度和相对平均偏差。计算水的总硬度公式如下。

$$\rho=\frac{c(V_1-V_0)\times 100.09}{V}\times 1000$$

式中 $\rho$——水样的总硬度（以 $CaCO_3$ 计），mg/L；

$c$——EDTA 标准溶液的浓度，mol/L；

$V_1$——滴定时消耗 EDTA 的体积，mL；

$V_0$——空白试验所消耗 EDTA 的体积，mL；

100.09——与 1.00mmol EDTA 标准溶液相当的以毫克表示的总硬度（以 $CaCO_3$ 计），mg/mmol；

$V$——吸取的水样体积，mL。

**5. 注意事项**

① 配制缓冲溶液时加入 Mg-EDTA 是为了使含镁较低的水样滴定终点更为敏锐。如果有市售 Mg-EDTA 试剂，则可直接称取 1.25g Mg-EDTA，加入 250mL 缓冲溶液中。

② 水样中钙、镁含量较大时，为防止碳酸钙及氢氧化镁在碱性溶液中沉淀，影响在滴定时的转化，可预先加入 1～2 滴盐酸溶液（1+1）酸化水样，并加热除去二氧化碳，冷却后再滴定。

③ 如水样中含悬浮性或胶体有机物影响终点的观察时，可预先将水样蒸干，并于 550℃ 灰化，用纯水溶解残渣后再进行滴定。

④为防止碳酸钙及氢氧化镁在碱性溶液中沉淀，可根据滴定第一份水样所消耗的 EDTA 溶液的体积，在滴定第二份和第三份水样时，先加入 95%左右的 EDTA 标准溶液，

然后再加入缓冲溶液进行滴定。

⑤ 若取 50mL 水样，本法测定的最低检测浓度为 1.0mg/L。

## 二、水的 pH 测定

**1. 原理**

指示电极（玻璃电极）与参比电极（饱和甘汞电极）插入被测溶液中组成原电池，在一定条件下，测得电池的电动势是 pH 的直线函数。由测得的电动势就能计算出被测溶液的 pH。

**2. 试剂**

① pH 4.00 标准缓冲溶液（20℃），邻苯二甲酸氢钾配制。

② pH 6.88 标准缓冲溶液（20℃），磷酸二氢钾和磷酸氢二钠配制。

③ pH 9.23 标准缓冲溶液（20℃），硼砂配制。

**3. 仪器**

① 25 型酸度计或 PHS-29A 型酸度计。

② 221 型口玻璃电极及 222 型饱和甘汞电极。

③ 100mL 塑料烧杯。

**4. 操作步骤**

① 将电极和塑料烧杯用水冲洗干净后，用标准缓冲溶液清洗 1～2 次（电极用滤纸吸干）。

② 用标准缓冲溶液校正仪器。

③ 用水样将电极和塑料烧杯冲洗 6～8 次后，测量水样，由仪器刻度表上读出 pH。

④ 测定完毕后，将电极和塑料烧杯冲洗干净，妥善保存。

## [目标检测]

### 一、单项选择题

1. 水分测定时，水分是否排除完全，可以根据（　　）来进行判定。

A. 经验　　B. 专家规定的时间

C. 样品是否已达到恒重　　D. 烘干后样品的颜色

2. 水分测定时，铝皿在干燥器中的干燥时间一般为（　　）。

A. 1h　　B. 2h　　C. 3h　　D. 0.5h

3. 测定小麦粉水分含量时所用的干燥温度为（　　）。

A. 80～90℃　　B. 95～105℃　　C. 60～70℃　　D. 115～120℃

4. 测定面粉中的水分时，加入海砂的作用是（　　）。

A. 加大蒸发面积　　B. 提高加热强度　　C. 减少烘干时间　　D. 保护易挥发成分

5. 小麦粉水分测定中，恒重是指铝皿前后两次称量之差不大于（　　）。

A. 5mg　　B. 2mg　　C. 0.5mg　　D. 0.2mg

6. 测定小麦粉的水分时，若空铝皿重 19.9784g，铝皿加干燥物 22.1616g，样品加铝皿重 22.2185g，则样品中水分含量为（　　）。

A. 2.54%　　B. 1.54%　　C. 1.00%　　D. 1.84%

7. 可直接将样品放入烘箱中进行常压干燥的样品是（　　）。

A. 果汁　　B. 乳粉　　C. 糖浆　　D. 酱油

8. 若要测定水的总含量，应采用（　　）。

A. 烘干法　　B. 减压干燥法　　C. 卡尔费休法　　D. 蒸馏法

9. 测定面粉中灰分含量时，坩埚恒重是指前后两次称量之差不大于（　）。

A. 2mg　B. 0.2mg　C. 5mg　D. 0.5mg

10. 用马弗炉灰化样品时，下面操作不正确的是（　）。

A. 用坩埚盛装样品。

B. 将坩埚与样品在电炉上小心炭化后放入。

C. 将坩埚与坩埚盖同时放入灰化。

D. 关闭电源后，开启炉门，降温至室温时取出。

11. 测定面粉中灰分含量时，放入干燥器的坩埚温度不得高于（　）。

A. 200℃　B. 300℃　C. 410℃　D. 350℃

12. 测定食品中的灰分时，不能采用的助灰化方法是（　）。

A. 加过氧化氢　B. 提高灰化温度至800℃

C. 加水溶解残渣后继续灰化　D. 加灰化助剂

13. 以下各化合物不可能存在于灼烧残留物中的是（　）。

A. 氯化钠　B. 碳酸钙　C. 蛋白质　D. 氧化铁

14. 测定食品中蛋白质含量的仲裁方法是（　）。

A. 双缩脲法　B. 凯氏定氮法　C. 紫外法　D. 考马斯亮蓝染色法

15. 凯氏定氮法测蛋白质含量时，所用的消化剂是（　）。

A. 硫酸钠-硫酸钾　B. 硝酸钠-硫酸钾

C. 硫酸铜-硫酸钡　D. 硫酸铜-硫酸钾

16. 凯氏定氮法测蛋白质含量的试验中，混合指示剂是由1g/L溴甲酚绿和1g/L甲基红按（　）的比例配比而成的。

A. 1∶5　B. 1∶2　C. 2∶1　D. 5∶1

17. 异烟酸-吡唑啉酮比色法测定粮油及制品中氰化物时，在（　）溶液中用氯胺T将氰化物转化为氯化氰，再与异烟酸-吡唑啉酮作用，生成蓝色染料。然后在（　）波长处测量。

A. pH<7.0、618nm　B. pH 7.0、638nm

C. pH>7.0、648nm　D. 任意、628nm

18. 碘量法测定面粉中过氧化苯甲酰时是在（　）溶液中进行的。

A. 水　B. 三氯甲烷　C. 乙醇　D. 丙酮

19. 双硫腙比色法测定铅的pH条件是（　）。

A. 酸性溶液　B. 中性溶液　C. 碱性溶液　D. 任意溶液

20. 双硫腙比色法测定汞的pH条件是（　）。

A. 酸性溶液　B. 中性溶液　C. 碱性溶液　D. 任意溶液

21. 原子吸收分光光度法测定铅的分析线波长为（　）。

A. 213.8nm　B. 248.3nm　C. 285.0nm　D. 283.3nm

22. 粮食中的磷化物遇到水、酸或碱时会生成（　）。

A. 磷化铝　B. 磷化钙　C. 磷化锌　D. 磷化氢

23. 测定汞时为了使汞保持氧化态，避免汞挥发损失，在消化样品时（　）溶液应过量。

A. 硝酸　B. 硫酸　C. 高氯酸　D. 以上都是

24. 双硫腙比色法测定铅时，为了防止铁、铜、锌等离子的干扰，应加入（　）。

A. 柠檬酸铵　B. 氰化钾　C. 盐酸羟胺　D. 以上都是

25. 双硫腙比色法测定铅时产生的废氰化钾溶液，在排放前应加入（　）降低毒性。

A. 氢氧化钠和硫酸亚铁　B. 盐酸和硫酸亚铁
C. 氢氧化钠　D. 盐酸
26. 砷斑法测定砷时，与新生态氢作用生成砷化氢的是（　）。
A. 砷原子　B. 五价砷　C. 三价砷　D. 砷化物
27. 砷斑法测定砷时，与砷化氢作用生成砷斑的是（　）。
A. 乙酸铅试纸　B. 溴化汞试纸　C. 氯化亚锡　D. 碘化钾
28. 砷斑法测定砷时，去除反应中生成的硫化氢气体采用（　）。
A. 乙酸铅试纸　B. 溴化汞试纸　C. 氯化亚锡　D. 碘化钾
29. 砷斑法测定砷时，生成的砷斑是（　）的。
A. 红色　B. 蓝色　C. 黄色或黄褐色　D. 绿色
30. 丁二肟比色法测镍应在（　）溶液中进行，其测量波长为（　）。
A. 酸性、510nm　B. 碱性、530nm　C. 中性、550nm　D. 任意、570nm
31. 钼蓝比色法测磷的测量波长为（　）。
A. 600nm　B. 620nm　C. 640nm　D. 660nm
32. 磷在酸性条件下与（　）作用生成磷钼酸铵。
A. 钼酸铵　B. 氯化亚锡　C. 硫酸肼　D. 氯化亚锡-硫酸肼
33. 双硫腙比色法测定汞的测量波长为（　）。
A. 450nm　B. 470nm　C. 490nm　D. 510nm
34. 双硫腙比色法测定铅中，铅与双硫腙生成（　）络合物，其测量波长为（　）。
A. 红色、510nm　B. 黄色、530nm　C. 蓝色、550nm　D. 绿色、570nm
35. 银盐法测定砷时，为了避免反应过缓或过激，反应温度应控制在（　）左右。
A. 15℃　B. 20℃　C. 25℃　D. 30℃
36. 油脂酸价是指（　）1g 油脂中的游离脂肪酸所需氢氧化钾的毫克数。
A. 中和　B. 沉淀　C. 氧化
37. 油脂酸价测定的指示剂是（　）。
A. 铬黑 T　B. 孔雀石绿　C. 酚酞
38. 油脂酸价测定终点时，溶液的颜色变化是（　）。
A. 由红色变无色　B. 由无色变红色　C. 由红色变绿色
39. （　）是油脂酸价测定的计算公式。
A. 酸价（mgKOH/g 油）$=V\times N\times 56.1/W\times 100$
B. 酸价（mgKOH/g 油）$=W\times 100/V\times N\times 56.1$
C. 酸价（mgKOH/g 油）$=V\times N/W\times 100$
40. （　）是灰分测定的计算公式。
A. 样品中灰分重×100/样品重　B. 样品重×100/样品中灰分重
C. 样品中灰分重/样品重×100

**二、判断题**

1. 香料一般采用常压干燥法测水分。（　）
2. 灰分能准确地表示食品中原来的无机成分的总量。（　）
3. 素烧瓷坩埚不可用于灼烧酸性样品。（　）
4. 测定酸性样品的水分含量时，可以采用铝皿作为容器。（　）
5. 在分光光度法中，当欲测物的浓度大于 0.01mol/L 时，可能会偏离光吸收定律。（　）
6. 721 型分光光度计的光源灯亮时就一定有单色光。（　）
7. $As_2O_3$ 是一种剧毒氧化物。（　）

8. 电气仪器使用时若遇停电，应立即断开电闸。(　　)

9. 易燃液体的废液不得倒入下水道。(　　)

10. 洒落在试验台上的汞可采用适当措施收集在有水的烧杯中。(　　)

11. 测砷时，测砷瓶各连接处都不能漏气，否则结果不准确。(　　)

12. 砷斑法测砷时，砷斑在空气中易褪色，没法保存。(　　)

13. 双硫腙比色法测定铅含量时，用普通蒸馏水就能满足实验要求。(　　)

14. 双硫腙比色法测定铅的灵敏度高，故所用的试剂及溶剂均需检查是否含有铅，必要时需经纯化处理。(　　)

15. 用硝酸-硫酸消化法处理样品时，应先加硫酸后加硝酸。(　　)

16. 测砷时，由于锌粒的大小影响反应速度，所以所用锌粒应大小一致。(　　)

17. 测砷时，导气管中塞有乙酸铅棉花是为了吸收砷化氢气体。(　　)

18. 盐酸是蛋白质测定的标准溶液。(　　)

19. 水分测定应将铝合的盖盖紧。(　　)

20. 烘箱是水分测定的重要仪器。(　　)

# 第三章 饮料酒的检验

## 第一节 饮料酒理化指标的检验

### 一、白酒、果酒、黄酒中总酸的测定

**1. 原理**

食品中的有机酸用标准碱液滴定时，被中和成盐类，以酚酞为指示剂，滴定至溶液呈现淡红色（pH 8.2），且 0.5min 内不消失为终点。根据所耗标准碱液的浓度和体积，可计算样品中酸的含量。

**2. 试剂**

① 0.1mol/L 氢氧化钠标准溶液。

② 10g/L 酚酞指示剂。

**3. 仪器**

碱式滴定管。

**4. 操作步骤**

准确吸取酒样 5mL 置于 250mL 锥形瓶中，加 50～100mL 水（视酒的色泽深浅而定），加入 10g/L 酚酞指示剂 2 滴，用 0.1mol/L 氢氧化钠标准溶液滴至微红色，0.5min 内不褪色为止。

**5. 结果计算**

总酸以琥珀酸计，其计算公式为：

$$X=\frac{(V_1-V_2)cK}{V}\times 100$$

式中 $X$——酒样中总酸的含量，g/100mL；

$V_1$——样品滴定时，所耗氢氧化钠标准溶液的体积，mL；

$V_2$——空白滴定时，所耗氢氧化钠标准溶液的体积，mL；

$c$——氢氧化钠标准溶液的浓度，mol/L；

$K$——酸的换算系数，g/mmol，（各种酸的换算系数为：乙酸，0.060；琥珀酸，0.059；乳酸，0.090）；

$V$——样品的体积，mL；

100——换算成 100mL 酒样中总酸的含量。

**6. 注意事项**

① 总酸测定后的酒样可留作测定氨基酸态氮用。

② 酸度计法测总酸见氨基酸态氮测定中的酸度计法。

## 二、果酒、黄酒中氨基酸态氮的测定

氨基酸态氮是指以氨基酸状态存在的氮元素，是衡量饮料酒质量的重要指标。氨基酸是具有氨基和羧基的两性化合物，它们会相互作用生成分子内盐，故不能用氢氧化钠标准溶液直接滴定。采用加入甲醛的方法，氨基与甲醛结合，从而碱性消失，使羧基显示出酸性，再以氢氧化钠标准溶液滴定，用酚酞或酸度计指示终点。

根据终点指示的不同，测定方法可分为甲醛滴定法和电位滴定法。酚酞和酸度计相比，酸度计指示终点不受酒样色泽的影响，对于浑浊和色深样液可不经处理而直接滴定，可用于各类样品游离氨基酸态氮含量的测定。

饮料酒中的氨基酸态氮是蛋白质发酵分解的特有产物，是判断发酵产品发酵程度特性指标，该指标不达标，主要是由于生产工艺不符合标准要求、产品配方缺陷或者是产品与已制定指标不匹配等原因造成的。在果酒、黄酒的质量检验中，氨基酸态氮被视为必检项目。

### （一）滴定法

**1. 原理**

氨基酸是两性化合物，不能直接用氢氧化钠溶液滴定，可先采用加入甲醛使氨基的碱性被掩蔽后，呈现羧基酸性，再以氢氧化钠溶液滴定。

**2. 试剂**

① 0.1mol/L 氢氧化钠标准溶液。

② 10g/L 酚酞指示剂。

③ 360～380g/L 甲醛溶液。

**3. 仪器**

10mL 微量滴定管。

**4. 操作步骤**

准确吸取酒样 5mL 置于 250mL 锥形瓶中，加水 50mL、酚酞指示剂 2 滴，用 0.1mol/L 氢氧化钠标准溶液滴至呈现微红色。准确加入甲醛溶液 10mL，摇匀，用 0.1mol/L 氢氧化钠标准溶液滴至微红色，30s 不褪色即为终点，记录消耗氢氧化钠标准溶液的体积 $V$。以 5mL 水代替酒样进行空白试验，消耗的氢氧化钠标准溶液的体积为 $V_0$。

**5. 结果计算**

酒样中氨基态氮的含量为：

$$X=\frac{(V-V_0)\times c\times 0.014}{5}\times 100$$

式中 $X$——酒样中氨基态氮的含量，g/100mL；

$V$——加入甲醛后酒样消耗氢氧化钠标准溶液的体积，mL；

$V_0$——加入甲醛后空白试验消耗氢氧化钠标准溶液的体积，mL；

$c$——氢氧化钠标准溶液的浓度，mol/L；

0.014——氮的摩尔质量，g/mmol；

5——测定时酒样的体积，mL。

### （二）酸度计法

**1. 原理**

同滴定法，但中和及测定的终点都以酸度计的 pH 值为准，不受酒样色泽的影响。

**2. 仪器**

酸度计（附电磁搅拌器）。

**3. 试剂**

同滴定法。

**4. 操作步骤**

① 准确吸取酒样 5mL 置于小烧杯中，加水 50～100mL，开动搅拌器。

② 将酸度计的甘汞电极和玻璃电极置于溶液中适当高度，测定溶液的 pH 值。

③ 用 0.05mol/L 氢氧化钠标准溶液滴至溶液 pH 8.2，记录耗用氢氧化钠标准溶液的体积，可进行总酸的计算。

④ 加入甲醛溶液 10mL，继续用 0.05mol/L 氢氧化钠标准溶液滴至溶液 pH 9.2，记录耗用氢氧化钠标准溶液的体积。

⑤ 取水 50mL，不加酒样做空白试验，方法同上。

**5. 结果计算**

同滴定法。

**6. 注意事项**

① 本法准确快速，可用于各类样品游离氨基酸态氮含量的测定。

② 对于浑浊和色深样液可不经处理而直接测定。

## 三、果酒中挥发酸的测定

果酒中酸类较多，一些低碳链的直链脂肪酸，如甲酸、乙酸等沸点比较低，称为挥发酸，而一些沸点比较高的羟基酸如乳酸、柠檬酸等则称为非挥发酸。

酸的测定对果酒生产过程有一定的指导意义，酸含量的高低直接影响这些产品的口味和质量。浓郁的果酒，其中挥发酸含量必然较高，而酸败了的果酒中挥发酸增加，如优质葡萄酒 100mL 中，挥发酸含量为 0.01～0.05g，0.1g 以上表示酒已经变质，0.2g 以上为酸败酒。挥发酸的含量是果酒生产过程中技术管理的重要依据，是果酒半成品分析的主要项目。

测定挥发酸的方法有间接法和直接法。间接法是将挥发酸蒸发除去后，滴定不挥发的残酸，然后由总酸减去残酸，即为挥发酸。直接法用标准碱液直接滴定蒸馏出来的挥发酸。由于挥发酸呈游离态和结合态两部分，前者在蒸馏时较易挥发，后者则比较困难，为了准确地测出挥发酸的含量，在直接蒸馏的基础上，发展了水蒸气蒸馏，在食品分析中，常用水蒸气蒸馏法来测定挥发酸的含量。

**1. 原理**

用水蒸气蒸馏使挥发酸分离，在蒸馏时加入磷酸可使结合态离析。挥发酸经冷凝收集后，用标准碱液滴定，根据消耗标准碱液的浓度和体积，可计算挥发酸的含量［本方法适用于各类饮料、果蔬及其制品（如发酵制品、酒等）中总挥发酸含量的测定］。

**2. 仪器**（图 3-1）

**3. 试剂**

① 0.1mol/L 氢氧化钠标准溶液。

② 10g/L 酚酞指示剂。

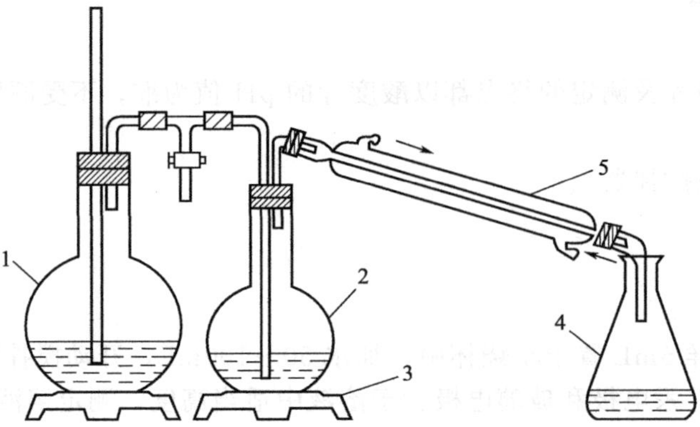


图 3-1 水蒸气蒸馏装置

1—水蒸气发生器；2—样品瓶；3—电炉；4—接收瓶；5—冷凝管

③ 100g/L 磷酸溶液。

**4. 测定步骤**

吸取酒样 25mL 置于 250mL 烧瓶中，加 1%（质量分数）磷酸 1mL，连接水蒸气蒸馏装置，加热蒸馏至馏出液（如室温较高，应将接收瓶置于冰水或冷水中）达 300mL。将馏出液加热至 60～65℃，加酚酞指示剂 3 滴，用 0.1mol/L 氢氧化钠标准溶液滴定至微红色，0.5min 内不褪色为终点。在相同条件下做空白试验。

**5. 结果计算**

酒样中挥发酸的质量分数为

$$w(\text{挥发酸})=\frac{(V_1-V_2)\times c}{m}\times 0.06\times 100\%$$

式中 $w$（挥发酸）——挥发酸的质量分数（以乙酸计），%；

$c$——氢氧化钠标准溶液的浓度，mol/L；

$V_1$——样品滴定时，所耗氢氧化钠标准溶液的体积，mL；

$V_2$——空白滴定时，所耗氢氧化钠标准溶液的体积，mL；

$m$——样品质量，g；

0.06——乙酸的毫摩尔质量，g/mmol。

**6. 注意事项**

① 蒸馏前水蒸气发生器中的水应先煮沸 10min，以排除其中的二氧化碳，并用蒸汽冲洗整个蒸馏装置。

② 整套蒸馏装置的各个连接处应密封，切不可漏气。

③ 滴定前将馏出液加热至 60～65℃，可使其终点明显，加快反应速度，缩短滴定时间，减少溶液与空气的接触，提高测定精度。

## 四、果酒、黄酒中亚硫酸盐和二氧化硫的测定

在食品生产加工过程中，为使食品保持其特有的色泽，常加入漂白剂。漂白剂是破坏或抑制食品的发色因素使食品褪色或免于褐变的物质。食品中常用的漂白剂大都属于亚硫酸及其盐类，通过其产生的二氧化硫的还原作用使之褪色，同时还有抑菌及抗氧化等作用，广泛用于食品的漂白与保藏。

根据食品添加剂的使用标准，漂白剂的使用不应对食品的品质、营养价值及保存期产生

不良影响。二氧化硫和亚硫酸盐本身无营养价值，也不是食品的必需成分，而且有一定的腐蚀性，少量摄取时，经体内代谢成硫酸盐，从尿中排出体外，一天摄取4～6g可损害肠胃，造成激烈腹泻，因此对其使用量有严格的限制。

我国《食品添加剂使用标准》（GB 2760—2011）规定：最大使用量以$SO_2$残留量计，啤酒和麦芽饮料的最大使用量为0.01g/kg；葡萄酒、果酒的最大使用量为0.25g/L；果蔬汁（肉）饮料（包括发酵型产品等）的最大使用量为0.05g/kg；粉丝、粉条、饼干、食糖的最大使用量为0.1g/kg；蜜饯凉果的最大使用量为0.35g/kg；竹笋罐头、酸菜罐头及蘑菇罐头的最大使用量为0.05g/kg等。

二氧化硫具有防腐、澄清和抗氧化等作用，因此在果酒酿造中具有不可代替的作用，但二氧化硫的添加要适量，添加量过少起不到防腐等作用，在发酵过程中其他杂菌容易生长，使发酵过程难以控制；添加量过多，则容易引起难闻的气味，增加粗糙感，并对人体产生危害。测定果酒中二氧化硫含量是果酒分析检验中的一项重要指标。

测定亚硫酸盐和二氧化硫的方法有盐酸副玫瑰苯胺比色法、中和滴定法、蒸馏法、高效液相色谱法和极谱法等。

### （一）盐酸副玫瑰苯胺比色法

**1. 原理**

利用亚硫酸根被四氯汞钠吸收，生成稳定的络合物，再与甲醛和盐酸副玫瑰苯胺作用，并经分子重排，生成紫红色络合物，其于550nm处有最大吸收，通过测定其吸光度以确定二氧化硫的含量。

**2. 仪器**

分光光度计。

**3. 试剂**

① 四氯汞钠吸收液：称取27.2g氯化高汞及11.9g氯化钠溶于水并稀释至1000mL，放置过夜，过滤后备用。

② 120g/L氨基磺酸铵溶液。

③ 2g/L甲醛溶液：吸取0.55mL无聚合沉淀的360g/L甲醛，加水稀释至100mL，混匀。

④ 淀粉指示剂。

⑤ 亚铁氰化钾溶液：称取10.6g亚铁氰化钾［$K_4Fe(CN)_6 \cdot 3H_2O$］，加水溶解并稀释至100mL。

⑥ 乙酸锌溶液：称取22g乙酸锌［$Zn(CH_3COO)_2 \cdot 2H_2O$］溶于少量水中，加入3mL冰醋酸，用水稀释至100mL。

⑦ 盐酸副玫瑰苯胺溶液：称取0.1g盐酸副玫瑰苯胺（$C_{19}H_{18}N_2Cl \cdot 4H_2O$）置于研钵中，加少量水研磨，使其溶解，并稀释至100mL。取出20mL置于100mL容量瓶中，加6mol/L盐酸，充分摇匀后，使溶液由红变黄，如不变黄再滴加少量盐酸至出现黄色，用水定容至100mL，混匀备用（若无盐酸副玫瑰苯胺可用盐酸品红代替）。

⑧ 0.1mol/L碘溶液。

⑨ 0.1000mol/L硫代硫酸钠标准溶液。

⑩ 二氧化硫标准溶液：称取0.5g亚硫酸氢钠，溶于200mL四氯汞钠吸收液中，放置过夜，上清液用定量滤纸过滤备用。吸取10.0mL亚硫酸氢钠-四氯汞钠溶液置于250mL碘量瓶中，加100mL水，准确加入20.00mL 0.1mol/L碘溶液及5mL冰醋酸，摇匀，置暗处2min后，迅速以0.1000mol/L硫代硫酸钠标准溶液滴定至淡黄色，加0.5mL淀粉指示剂

呈蓝色，继续滴至无色。另取 100mL 水，准确加入 20.0mL 0.1mol/L 碘溶液及 5mL 冰醋酸，按同一方法做试剂空白试验。

二氧化硫标准溶液的浓度为：

$$\rho=\frac{(V_1-V_2)\times c\times 32.03}{10}$$

式中 $\rho$——二氧化硫标准溶液的浓度，mg/mL；

$V_1$——滴定亚硫酸氢钠-四氯汞钠溶液，消耗硫代硫酸钠标准溶液的体积，mL；

$V_2$——滴定空白，消耗硫代硫酸钠标准溶液的体积，mL；

$c$——硫代硫酸钠标准溶液的浓度，mol/L；

32.03——每毫升 1mol/L 硫代硫酸钠标准溶液相当二氧化硫的质量，mg/mmol；

10——样品液的体积，mL。

⑪ 二氧化硫标准使用液：取二氧化硫标准溶液，用四氯汞钠吸收液稀释成 2μg/mL 二氧化硫标准使用液。临用时配制。

⑫ 0.5mol/L 氢氧化钠溶液。

⑬ 0.25mol/L 硫酸。

**4. 操作步骤**

（1）样品处理　吸取 5～10mL 样品置于 100mL 容量瓶中，以少量水稀释，加 20mL 四氯汞钠吸收液，摇匀，最后以水定容，混匀，必要时过滤备用。

（2）标准曲线绘制　吸取 0.00mL、0.20mL、0.40mL、0.60mL、0.80mL、1.00mL、1.50mL、2.00mL 二氧化硫标准使用液，分别置于 25mL 比色管中。各加入四氯汞钠吸收液至 10mL，然后各加 1mL 120g/L 氨基磺酸铵溶液、1mL 2g/L 甲醛溶液及 1mL 盐酸副玫瑰苯胺溶液，摇匀，放置 20min。用 1cm 比色皿，以空白调零，于 550nm 处测定吸光度，并绘制标准曲线。

（3）试样测定　吸取 0.5～5.0mL 样品处理液（视含量高低而定）置于 25mL 比色管中，按标准曲线绘制操作进行，于 550nm 处测定吸光度，由标准曲线查出试液中二氧化硫的质量。

**5. 结果计算**

样品中二氧化硫的含量为：

$$X=\frac{m_s\times 1000}{m\times\frac{V}{100}\times 1000\times 1000}$$

式中 $X$——二氧化硫的含量，g/kg；

$m_s$——测定用样品液中二氧化硫的质量，μg；

$V$——测定用样品液的体积，mL；

$m$——样品质量，g；

100——样品液的总体积，mL。

**6. 注意事项**

① 最适宜的反应温度为 20～25℃，标准管与样品管需在相同温度下显色。

② 若温度为 15～16℃，放置时间需延长为 25min。

③ 盐酸副玫瑰苯胺中的盐酸用量对显色有影响。加入盐酸量多，显色浅；加入量少，显色深。

④ 甲醛浓度在 1.5～2.5g/L 时，颜色稳定，故选择 2g/L 甲醛溶液。

⑤ 颜色较深的样品，可用 100g/L 活性炭脱色。

⑥ 样品加入四氯汞钠溶液后，溶液中二氧化硫含量在 24h 内很稳定。

⑦ 盐酸副玫瑰苯胺加入盐酸调成黄色，放置过夜后使用，以空白管不显色为宜，否则应重新调节。

（二）蒸馏法

**1. 原理**

在密闭容器中对试样进行酸化并加热蒸馏，以释放出其中的二氧化硫，释放物用乙酸铅溶液吸收。吸收后用浓酸酸化，再以碘标准溶液滴定，根据所消耗的碘标准溶液用量计算出试样中的二氧化硫含量。本法适用于色酒及葡萄糖糖浆、果脯中二氧化硫的测定。

**2. 试剂**

① 盐酸（1：1）：浓盐酸用水稀释 1 倍。

② 20g/L 乙酸铅溶液：称取 2g 乙酸铅，溶于少量水中并稀释至 100mL。

③ 0.010mol/L 碘标准溶液：将 0.100mol/L 碘标准溶液用水稀释 10 倍。

④ 10g/L 淀粉指示剂：称取 1g 可溶性淀粉，用少许水调成糊状，缓缓倾入 100mL 沸水中，边加边搅拌，煮沸 2min，放冷，备用。此溶液应临用时配制。

**3. 仪器**

① 全玻璃蒸馏器。

② 碘量瓶。

③ 酸式滴定管。

**4. 操作步骤**

（1）试样处理　吸取 5.0～10.0mL 试样，置于 500mL 圆底蒸馏烧瓶中。

（2）测定

① 蒸馏：在蒸馏烧瓶中，加入 250mL 水，装上冷凝装置，冷凝管下端应插入碘量瓶中的 25mL 20g/L 乙酸铅吸收液中，然后在蒸馏瓶中加入 10mL 盐酸（1：1），立即盖塞，加热蒸馏。当蒸馏液约为 200mL 时，将冷凝管下端离开液面，再蒸馏 1min。用少量蒸馏水冲洗插入乙酸铅溶液的装置部分。在检测试样的同时要做空白试验。

② 滴定：向取下的碘量瓶中依次加入 10mL 浓盐酸、1mL 10g/L 淀粉指示剂。摇匀之后用 0.010mol/L 碘标准溶液滴定至变蓝色且在 30s 内不褪色为止。

**5. 结果计算**

试样中二氧化硫的总含量按下式进行计算，即

$$X=\frac{(V_1-V_2)c\times 0.032\times 1000}{m}$$

式中　$X$——试样中二氧化硫的总含量，g/kg；

$V_1$——滴定试样所用 0.01mol/L 碘标准滴定溶液的体积，mL；

$V_2$——滴定试剂空白所用 0.01mol/L 碘标准滴定溶液的体积，mL；

$c$——碘标准溶液的浓度，mol/L；

$m$——试样质量，g；

0.032——1mL 1.0mol/L 碘标准溶液相当二氧化硫的质量，g/mmol。

**6. 注意事项**

① 亚硫酸和食品中的醛（乙醛等）、酮（酮戊二酸、丙酮酸）和糖（葡萄糖、果糖、甘露糖）相结合，以结合型的亚硫酸存在于食品中。加碱是将糖中的二氧化硫释放出来，加硫酸是为了中和碱，这是因为总的显色反应是在微酸性条件下进行的。

② 葡萄酒加四氯汞钠后，在不同时间测定，测定值随放置时间而增加，72h 后达到最大值，并和碘量法测定值一致。

［案例分析］

实例：果酒酿造时，为了发酵安全，防止原料果皮上黏附的微生物、空气中杂菌等的侵入，一般常进行二氧化硫处理。

分析：二氧化硫应在破碎时或下池前将全量一次加入。破碎时用滴加法，这样一开始就起到杀菌作用，否则杂菌繁殖，失去使用二氧化硫的意义。

果实在破碎前用熏硫法使果实吸收一部分二氧化硫，并被二氧化硫包围一层，取汁的效果更佳，能保留更多的果香。果汁经二氧化硫处理，不仅有杀菌作用，而且还起到澄清作用。在整个过程中，若均控制二氧化硫含量为 30～40mg/kg，对果酒清晰度以及维生素 C 含量保存率，均有良好效果。

## 五、果酒、黄酒中还原糖的测定

还原糖浓度的变化是指示果酒、黄酒发酵进程的一个重要指标，还原糖的测定一般采用的是氧化还原滴定法，但该方法对样品中还原糖浓度有一定的要求，测定时样品溶液的消耗体积应与标定葡萄糖标准溶液时消耗的体积接近。通过预滴定可了解样品浓度是否合适，浓度过大或过小，应加以调整，才能提高测定结果的准确性。

### （一）直接滴定法

**1. 原理**

样品经除去蛋白质，在加热条件下，直接滴定经标定的碱性酒石酸铜溶液，还原糖将二价铜还原为氧化亚铜。以次甲基蓝为指示剂，在终点稍过量的还原糖将蓝色的氧化型次甲基蓝还原为无色的还原型次甲基蓝，根据试样所消耗的体积计算还原糖量。

**2. 试剂**

① 费林试剂甲液：称取 15g 硫酸铜（$CuSO_4 \cdot 5H_2O$）及 0.05g 次甲基蓝，溶于水中并稀释至 1000mL。

② 费林试剂乙液：称取 50g 酒石酸钾钠及 75g 氢氧化钠，溶于水中，再加入 4g 亚铁氰化钾，完全溶解后，用水稀释至 1000mL。贮存于橡胶塞玻璃瓶内。

③ 乙酸锌溶液：称取乙酸锌结晶 21.9g，加 3mL 冰醋酸，加水溶解至 100mL。

④ 106g/L 亚铁氰化钾溶液。

⑤ 葡萄糖标准溶液：准确称取 1.0000g 经过 96℃±2℃干燥 2h 的纯葡萄糖，加水溶解后加入 5mL 盐酸，并以水稀释至 1000mL。此溶液每 1mL 相当于 1.0mg 葡萄糖。

**3. 操作步骤**

（1）样品处理　吸取 100mL 样品，置于蒸发皿中，用 1mol/L 氢氧化钠溶液中和至中性，蒸发至原体积的 1/4 后，转移至 250mL 容量瓶中，加水 50mL，摇匀后慢慢加入 5mL 乙酸锌溶液，混匀后再慢慢加入 5mL 亚铁氰化钾溶液，振摇，加水定容并摇匀后静置 30min，用干滤纸过滤，弃去初始滤液，过滤液备用。

（2）标定碱性酒石酸铜溶液　吸取 5.00mL 碱性酒石酸铜甲液及 5.00mL 碱性酒石酸铜乙液，置于 250mL 锥形瓶中。加水 10mL，加入玻璃珠 3 粒，从滴定管加约 9mL 葡萄糖标准溶液，使其在 2min 内加热至沸。趁沸以每 2s/滴的速度继续滴加糖液，直至溶液蓝色刚好褪去为终点。记录消耗葡萄糖液的体积，平行操作 3 次，取其平均值。

计算每 10mL（甲、乙各 5mL）碱性酒石酸铜溶液，相当于葡萄糖的质量。

$$m_2 = V \times m_1$$

式中 $m_1$——葡萄糖标准溶液的浓度，mg/mL；

$V$——标定时消耗葡萄糖标准溶液的总体积，mL；

$m_2$——10mL 碱性酒石酸铜溶液相当于葡萄糖的质量，mg。

(3) 样品溶液预测定 吸取费林试剂甲、乙液各 5mL，置于 150mL 锥形瓶中，加水 10mL，加入 2 粒玻璃珠，控制在 2min 内加热至沸，趁沸以先快后慢的速度，从滴定管中滴加样液，趁沸以每 2s/滴的速度继续滴定至蓝色刚好褪去为终点，记录样液消耗的体积。

(4) 样品溶液的测定 吸取费林试剂甲、乙液各 5mL，置于 150mL 锥形瓶中，加水 10mL，加入 2 粒玻璃珠，从滴定管中加入比预测定体积少 1mL 的样液，使在 2min 内加热至沸，趁沸以每 1s/滴的速度继续滴定至蓝色刚好褪去为终点，记录样液消耗的体积。同法平行操作 3 次，得出平均消耗体积。

**4. 结果计算**

$$\omega=\frac{m_2}{m\times\frac{V}{250}\times1000}\times100\%$$

式中 $\omega$——还原糖质量分数，%；

$m$——样品质量，g；

$V$——测定时平均消耗样品溶液的体积，mL；

$m_2$——10mL 碱性酒石酸铜溶液相当于葡萄糖的质量，mg；

250——样品溶液的总体积，mL；

1000——将样品质量由 g 换算为 mg 的系数。

**5. 注意事项**

① 乙酸锌及亚铁氰化钾作为蛋白质沉淀剂。

② 碱性酒石酸铜甲、乙液应分别配制分别贮存，不能事先混合贮存。

③ 测定中滴定速度、加热时间及热源稳定程度、锥形瓶壁厚度对测定精密度影响很大，在预测及正式测定过程中实验条件应力求一致。平行测定的样品溶液消耗毫升数相差应不超过 0.1mL。

④ 整个滴定过程应保持在微沸状态下进行，继续滴至终点的毫升数应控制在 0.5～1mL 之内，否则应重做。

⑤ 样品中还原糖浓度不宜过高或过低，需根据预测加以调节，以 0.1%为宜。

⑥ 滴定至终点指示剂被还原糖所还原，蓝色消失，呈淡黄色，稍放置接触空气中氧指示剂被氧化，又重新变成蓝色，此时不应再滴定。

⑦ 配制标准液的葡萄糖应先于 50～60℃干燥 30min，然后将温度升至 98～100℃于烘箱中烘至恒重。

⑧ 碱性酒石酸铜的氧化能力较强，可将醛糖和酮糖都氧化，所以测得的是总还原糖量。

⑨ 本法对糖进行定量的基础是碱性酒石酸铜溶液中 $Cu^{2+}$ 的量，所以，样品处理时不能采用硫酸铜-氢氧化钠作为澄清剂，以免样液中误入 $Cu^{2+}$，得出错误的结果。

⑩ 在碱性酒石酸铜乙液中加入亚铁氰化钾，是为了使所生成的 $Cu_2O$ 的红色沉淀与之形成可溶性的无色络合物，使终点便于观察。

⑪ 次甲基蓝也是一种氧化剂，但在测定条件下其氧化能力比 $Cu^{2+}$ 弱，故还原糖先与 $Cu^{2+}$ 反应，待 $Cu^{2+}$ 完全反应后，稍过量的还原糖才会与次甲基蓝发生反应，溶液蓝色消失，指示到达终点。

(二) 高锰酸钾法

该法是国家标准分析方法，主要特点是准确度高，重现性好，这两方面都优于直接滴定法。但操作复杂、费时，需查特制的高锰酸钾法糖类检索表。

**1. 原理**

将还原糖与过量的碱性酒石酸铜溶液反应，还原糖使二价铜还原为氧化亚铜。经过滤取得氧化亚铜，用硫酸铁溶液将其氧化溶解，而三价铁盐被还原为亚铁盐，再用高锰酸钾标准液滴定所产生的亚铁盐。根据高锰酸钾标准溶液消耗量计算得氧化亚铜量，从附录3表中查得与氧化亚铜量相当的还原糖量，再计算样品中的还原糖含量。

**2. 试剂**

① 碱性酒石酸铜甲液：称取35.639g硫酸铜（$CuSO_4 \cdot 5H_2O$），加适量水溶解，加0.5mL浓$H_2SO_4$，再加水稀释至500mL，用精制石棉过滤。

② 碱性酒石酸铜乙液：称取173g酒石酸钾钠与50g氢氧化钠，加适量水溶解，并稀释至500mL，用精制石棉过滤，贮存于橡胶塞玻璃瓶内。

③ 精制石棉：取石棉，先用3mol/L盐酸浸泡2～3h，用水洗净，再用100g/L氢氧化钠溶液浸泡2～3h，倾去溶液，再用碱性酒石酸铜乙液浸泡数小时，用水洗净，再以3mol/L盐酸浸泡数小时，以水洗至不呈酸性。然后加水振摇，使成微细的浆状软纤维，用水浸泡并贮存于玻璃瓶中，即可用作填充古氏坩埚用。

④ 0.02mol/L高锰酸钾标准溶液：称取3.3g高锰酸钾溶于1050mL水中，缓缓煮沸20～30min，冷却后于暗处密闭保存数日，用垂融漏斗过滤，保存于棕色瓶中。用基准草酸钠标定其准确浓度。

⑤ 1mol/L氢氧化钠溶液：称取4g氢氧化钠，加水溶解并稀释至100mL。

⑥ 硫酸铁溶液：称取50g硫酸铁，加入200mL水溶解后，慢慢加入100mL硫酸，冷后加水稀释至1000mL。

⑦ 3mol/L盐酸：量取30mL浓盐酸，加水稀释至120mL。

**3. 仪器**

① 25mL古氏坩埚或G4垂融坩埚。

② 真空泵或水力真空管。

**4. 操作步骤**

(1) 样品处理　吸取100mL样品，置于蒸发皿中，用1mol/L氢氧化钠溶液中和至中性，蒸发至原体积的1/4后，移入250mL容量瓶中。加50mL水，混匀。加10mL碱性酒石酸铜甲液及4mL 1mol/L氢氧化钠溶液至刻度，混匀，静置30min，用干燥滤纸过滤，弃去初滤液，滤液供测定用。

(2) 测定　吸取50mL处理后的样品溶液于400mL烧杯内，加25mL碱性酒石酸铜甲液及25mL乙液，盖上表面皿，置电炉上加热，使在4min内沸腾，再准确沸腾2min，趁热用G4垂融坩埚或铺好石棉的古氏坩埚抽滤，并用60℃热水洗涤烧杯及沉淀，至洗液不呈碱性为止。将垂融坩埚或古氏坩埚放回400mL烧杯中，加25mL硫酸铁溶液及25mL水，用玻璃棒搅拌至氧化亚铜完全溶解，以0.02mol/L高锰酸钾标准溶液滴定至微红色为终点。同时吸取50mL水，加入与测样品时相同量的碱性酒石酸铜甲液、乙液、硫酸铁溶液及水，按同一方法做试剂空白试验。

**5. 结果计算**

① 根据滴定所消耗$KMnO_4$标准溶液的体积，计算相当于样品中还原糖的氧化亚铜量。

$$m_1=(V-V_0)\times c\times\frac{5}{2}\times 143.08$$

式中　$m_1$——氧化亚铜质量，mg；

$V$——测定用样品液所消耗高锰酸钾标准溶液的体积，mL；

$V_0$——试剂空白消耗高锰酸钾标准溶液的体积，mL；

$c$——高锰酸钾标准溶液浓度，mol/L；

143.08——氧化亚铜的毫摩尔质量，mg/mmol；

5/2——氧化亚铜与高锰酸钾的换算关系。

② 根据上式计算所得氧化亚铜量查附录 3 得出相当于还原糖量，再按下式计算样品中还原糖含量。

$$\omega_2 = \frac{m_2}{m_3 \times \frac{V_2}{V_1} \times 1000} \times 100\%$$

式中 $\omega_2$——还原糖的质量分数，%；

$m_2$——查表得出的相当还原糖质量，mg；

$m_3$——样品质量，g；

$V_1$——样品处理液总体积，此处为 250mL；

$V_2$——测定用样品处理溶液体积，mL；

1000——将样品质量由 g 换算为 mg 的系数。

**6. 注意事项**

① 必须注意反应条件的控制，加入碱性酒石酸铜甲、乙液后必须控制在 4min 内煮沸，维持沸腾 2min，时间要准确，否则会引起较大误差，重现性不好。

② 煮沸过程中若发现溶液蓝色消失，说明糖度过高，需减少样品处理液量，重新操作，而不应增加碱性酒石酸铜溶液的用量。

③ 抽滤过程中应防止氧化亚铜沉淀暴露于空气中，需使沉淀始终在液面下避免氧化。

④ 样品处理中利用硫酸铜在碱性条件下作为澄清剂，除去蛋白质等成分。

## 六、果酒中干浸出物的测定

葡萄酒干浸出物主要是指葡萄酒中除了总糖以外的所有不挥发物总量。干浸出物是葡萄酒在酿造过程中产生的成分，是酒质的重要指标。干浸出物反映了酒的原汁含量及原料的质量，直接影响酒的香味。

国家标准规定全汁葡萄酒的干浸出物应大于或等于 17g/L（红葡萄酒）和 15g/L（白葡萄酒），半汁葡萄酒的干浸出物应大于或等于 11g/L（红葡萄酒）和 9g/L（白葡萄酒）。这一指标过低表明产品的原汁含量不足或原汁质量不佳。

**[知识链接]**

干浸出物是指葡萄酒中不破坏任何非挥发性物质的条件下测定的葡萄酒中的所有非挥发性物质，主要有固定酸及其金属盐、甘油、单宁、色素、果胶和矿物质等。葡萄酒的成分很复杂，现在已知的有 250 多种化学物质。决定葡萄酒质量的因素是多方面的，但葡萄酒主体骨架却主要由浸出物来决定。一般来说浸出物含量高的葡萄酒其质量也高，尤其是干葡萄酒类型。

单宁在红酒中充当两种核心角色，首先，单宁产生的涩味，提高味觉的骨架，支撑葡萄酒的其他味道，形成立体而多层次的口感。其次，单宁具有抗氧化功能，减缓葡萄酒的氧化速度。

葡萄酒（果酒）中干浸出物的测定一般采用密度瓶法。

**1. 原理**

排除酒精及其他易挥发物质后的酒样，用蒸馏水恢复至原来的体积，然后测其相对密度，它与总浸出物的含量成正比。通过相应的换算表定量，从总浸出物中减去还原糖，若有蔗糖再减去蔗糖，即得干浸出物的含量。

**2. 仪器**

① 瓷蒸发皿：200mL

② 相对密度瓶：25mL 或 50mL，附温度计，见图 3-2。

③ 高精度恒温水浴：20.0℃±0.1℃

**3. 操作步骤**

(1) 样品制备　用 100mL 容量瓶量取 100mL 试样，定量洗入蒸发皿中。在水浴上蒸发至原体积的 1/4，冷却后洗入原容量瓶中，加水至刻度，混匀后备用。

(2) 测定　将相对密度瓶洗净、烘干、称量，反复操作，直至质量恒定。

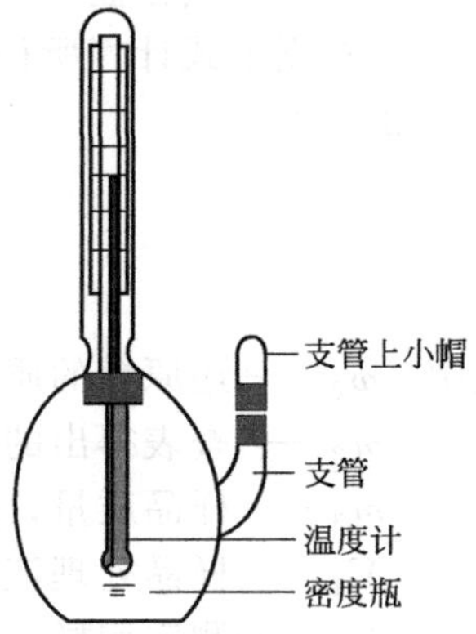


图 3-2　附有温度计的精密密度瓶

将煮沸冷却后的蒸馏水注满已质量恒定的相对密度瓶，插上带温度计的瓶塞（瓶中应无气泡），立即浸入 (20±0.1)℃的水浴中，至内容物温度达 (20±0.1)℃，并保持 20min 不变后，取出，用滤纸吸去溢出支管的水，立即盖好小帽，擦干后称量（准确至 0.0001g）。

将相对密度瓶中的水倒去，先用无水乙醇，再用乙醚冲洗相对密度瓶，然后吹干，将制备好的样品装满相对密度瓶，按上述同样操作方法进行称量。

根据称得的蒸馏水及样品的质量，计算出样品的相对密度，然后再进行计算。

**4. 结果计算**

① 样品的相对密度为：

$$d_{20}^{20}=\frac{m_2-m}{m_1-m}$$

式中　$d_{20}^{20}$——样品在 20℃的相对密度；

$m$——密度瓶的质量，g；

$m_1$——密度瓶和水的质量，g；

$m_2$——密度瓶和蒸馏液的质量，g。

② 将测得的样品的相对密度，从附录 4 中查得相应总浸出物的含量，再进行计算，即干浸出物的含量为

干浸出物＝总浸出物－[(总糖－还原糖)×0.95＋还原糖]

## 七、白酒中总酯的测定

**1. 原理**

用氢氧化钠溶液中和酒样中的总酸后，加入一定过量的氢氧化钠溶液使其与酒样中的酯起皂化反应，剩余的碱再用一定过量的盐酸溶液中和，然后用氢氧化钠溶液滴定中和后所剩的盐酸，以此测定白酒的总酯量。

**2. 仪器**

回流皂化装置（图 3-3）。

**3. 试剂**

① 0.1mol/L 氢氧化钠标准溶液。

② 0.1mol/L 盐酸标准溶液。

③ 1g/L 酚酞指示剂。

**4. 测定步骤**

① 用吸量管吸取酒样 50mL，注入 250mL 锥形瓶中，滴入酚酞指示剂 3 滴。

② 用 0.1mol/L 氢氧化钠标准溶液滴定至刚显微红色（不可过量），记下所耗用的体积，作计算总酸用。

③ 准确加入 0.1mol/L 氢氧化钠标准溶液 25mL。

④ 装上回流皂化装置，在沸水浴中回流加热 0.5h（以溶液沸腾后冷凝管第一滴冷却水滴下起计时）以进行皂化。

⑤ 冷却后，用吸量管加入 0.1mol/L 盐酸标准溶液 25mL，然后用 0.1mol/L 氢氧化钠标准溶液滴定至溶液呈现微红色为止，记下用去 0.1mol/L 氢氧化钠标准溶液的体积。

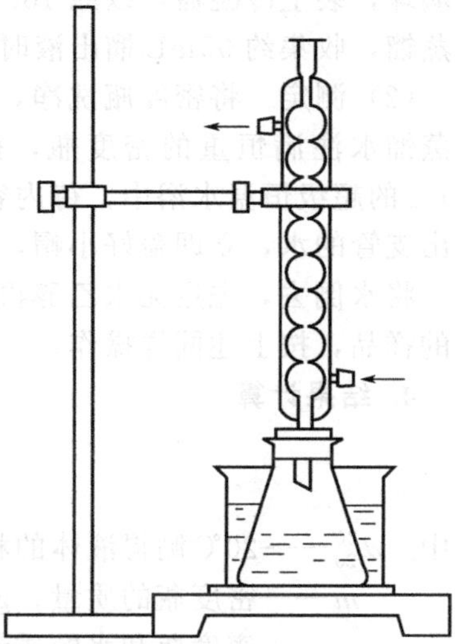

图 3-3　回流皂化装置

**5. 结果计算**

样品中总酯的含量为

$$\rho=(25c_1-c_2V_2)\times 0.08812\times \frac{100}{50}$$

式中　$\rho$——样品中总酯（以乙酸乙酯计）的含量，g/100mL；

25——加入皂化用氢氧化钠溶液的体积，mL；

$c_1$——氢氧化钠标准溶液的浓度，mol/L；

$c_2$——滴定用盐酸标准溶液的浓度，mol/L；

$V_2$——滴定所耗盐酸标准溶液的体积，mL；

50——酒样体积，mL；

0.08812——乙酸乙酯的毫摩尔质量，g/mmol。

**6. 注意事项**

① 白酒中总酯的质量分数高于 0.4%时，皂化用 0.1mol/L 氢氧化钠溶液可加入 30mL。

② 当测定曲酒的酯含量时，皂化后颜色较深，可改用 0.1mol/L 硫酸标准溶液滴定过量的氢氧化钠，此时终点较易观察。

## 八、白酒中酒精度的测定

### （一）密度瓶法

**1. 原理**

酒精的相对密度系指 20℃时酒精水溶液质量与同体积纯水质量之比值，通常以 $d_{20}^{20}$ 表示，然后查表将酒精水溶液密度换算成容量百分数，即酒精度（乙醇含量），以%（体积分数）表示。

**2. 仪器**

① 全玻璃蒸馏器：500mL。

② 超级恒温水浴：精度±0.1℃。

③ 附温度计密度瓶：25mL。

**3. 操作步骤**

(1) 样品的制备　用容量瓶量取 100mL 酒样于 500mL 蒸馏瓶中，加 100mL 水和数粒玻璃珠，装上冷凝器，以原 100mL 容量瓶接收馏出液（外加冰浴），然后，开启电炉缓缓加热蒸馏，收集约 95mL 馏出液时，取下，加水稀释至 100mL，混匀，备用。

（2）测定　将密度瓶洗净，烘干，称量，反复操作，直至恒重。将煮沸冷却至约 15℃ 的蒸馏水注满恒重的密度瓶，插上带温度计的瓶塞（瓶中应无气泡），立即浸入 20℃±0.1℃的超级恒温水浴中，待内容物温度达 20℃，并保持 20min 不变后，取出，用滤纸吸去溢出支管的水，立即盖好小帽，擦干后称量。

将水倒去，先用无水乙醇再用乙醚冲洗密度瓶，吹干（或于烘箱中烘干），然后装满制备的样品，按上述同样操作。

**4. 结果计算**

$$d_{20}^{20}=\frac{m_2-m}{m_1-m}$$

式中　$d_{20}^{20}$——20℃测得液体的相对密度；

$m$——密度瓶的质量，g；

$m_1$——密度瓶和水的质量，g；

$m_2$——密度瓶和酒样的质量，g。

根据酒精水溶液相对密度 $d_{20}^{20}$ 查“酒精水溶液相对密度与酒精度（乙醇含量）对照表”（附录 1），得出酒精度。

**5. 允许误差**

同一样品的 2 次测定值之差，不得超过 0.1%（体积分数），结果精确至 1 位小数，报告其结果。

### （二）酒精计法

**1. 原理**

用酒精密度计直接读取温度和酒精计的示值，然后查“酒精计温度、酒精度（乙醇含量）换算表”（附录 2），换算成 20℃时的酒精度。

**2. 仪器**

酒精密度计（精度为 0.1 度）。

**3. 操作步骤**

将制得的酒样倒入洁净、干燥的量筒中，静置数分钟，待酒中气泡消失后，放入洗净、擦干的酒精计，再轻轻按一下，静止后，水平观测与弯月面相切处的刻度示值，同时插入温度计记录温度，根据测得的温度和酒精计示值，查“酒精计温度、酒精度（乙醇含量）换算表”（附录 2）换算成 20℃时的酒精度（体积分数）。

**4. 允许误差**

同一样品的 2 次测定值之差，不得超过 0.2%（体积分数），结果精确至 1 位小数，报告其结果。

## 九、白酒中乙酸乙酯和己酸乙酯的测定

**1. 原理**

不同组分在气液两相中具有不同的分配系数，做相对运动、经多次分配达到完全分离，在氢火焰中电离进行检测，内标法定量。

**2. 仪器**

① 气相色谱仪：配有氢火焰离子化检测器。

② 微量注射器：10$\mu$L。

**3. 试剂**

① 乙酸乙酯：色谱纯，作标样用，2%溶液（用60%乙醇配制）。

② 己酸乙酯：色谱纯，作标样用，2%溶液（用60%乙醇配制）。

③ 乙酸正丁酯：色谱纯，在邻苯二甲酸二壬酯-吐温混合柱上分析时，作内标用，2%溶液（用60%乙醇配制）。

④ 乙酸正戊酯：色谱纯，在聚乙二醇柱上分析时，作内标用，2%溶液（用60%乙醇配制）。

⑤ 载体：Chromosorb WAW或白色担体102（酸洗，硅烷化），80～100目。

⑥ 固定液。

a. 20%DNP（邻苯二甲酸二壬酯）+7%吐温80。

b. 10%PEG（聚乙二醇）1500或PEG20M。

**4. 操作步骤**

（1）色谱柱与色谱条件　采用邻苯二甲酸二壬酯-吐温混合柱或聚乙二醇（PEG）柱，柱长不应短于2m，载气、氢气、空气的流速及柱温等色谱条件随仪器而异，应通过试验选择最佳操作条件，以使乙酸乙酯（或己酸乙酯）及内标峰与酒样中其他组分峰获得完全分离为准。

（2）标样的测定　吸取2%的乙酸乙酯（或己酸乙酯）溶液1.00mL，移入50mL容量瓶中，然后加入2%的内标液1.00mL、60%乙醇稀释至刻度。上述溶液中乙酸乙酯（或己酸乙酯）及内标的浓度均为0.04%（体积分数）。

待色谱仪基线稳定后，用微量注射器进样，进样量随仪器的灵敏度而定。记录乙酸乙酯（或己酸乙酯）峰的保留时间及其峰面积，用其峰面积与内标峰面积之比，计算出乙酸乙酯（或己酸乙酯）的相对重量校正因子 $f$ 值。

（3）样品的测定　吸取酒样10.0mL，移入2%的内标液0.20mL，混匀后，在与 $f$ 值测定相同的条件下进样，根据保留时间确定乙酸乙酯（或己酸乙酯）峰的位置，并测定乙酸乙酯（或己酸乙酯）峰面积与内标峰面积，求出峰面积之比，计算出酒样中乙酸乙酯（或己酸乙酯）的含量。

**5. 结果计算**

$$f=\frac{A_1}{A_2}\times\frac{d_1}{d_2}$$

$$\rho=f\times\frac{A_3}{A_4}\times 0.352$$

式中　$\rho$——酒样中乙酸乙酯（或己酸乙酯）的含量，g/L；

$f$——乙酸乙酯（或己酸乙酯）的相对质量校正因子；

$A_1$——标样 $f$ 值测定时内标的峰面积；

$A_2$——标样 $f$ 值测定时乙酸乙酯（或己酸乙酯）峰面积；

$A_3$——酒样中乙酸乙酯（或己酸乙酯）的峰面积；

$A_4$——添加于酒样中内标的峰面积；

$d_1$——乙酸乙酯（或己酸乙酯）的密度；

$d_2$——内标物的密度；

0.352——酒样中添加内标的量，g/L。

**6. 允许误差**

同一样品2次测定值之差，不得超过5%，结果精确至2位小数，报告其结果。

## 十、白酒中氰化物的测定

测定白酒中的氰化物常用比色法。

**1. 原理**

氰化物在酸性溶液中蒸出后被吸收于碱溶液中。在中性溶液中，用氯胺 T 将氰化物转变为氯化氰，再与异烟酸-吡唑酮作用，生成蓝色物质，其呈色强度与氰化物含量成正比。将样品与标准系列比较定量。

**2. 仪器**

① 玻璃水蒸气蒸馏装置。250mL。

② 可见分光光度计。

**3. 试剂**

① 10g/L 酚酞指示剂：称取 0.5g 酚酞溶于 50mL95%（体积分数）的乙醇中，摇匀。

② 0.5mol/L，pH7.0 磷酸盐缓冲溶液：称取 3.40g 无水磷酸二氢钾和 35.0g 无水磷酸氢二钾，溶于水并稀释至 1000mL，摇匀。

③ 酒石酸。

④ 10g/L 氢氧化钠溶液：称取 1g 氢氧化钠溶于 100mL 水中，摇匀。

⑤ 2g/L 氢氧化钠溶液：称取 1g 氢氧化钠用水溶解，冷却后稀释至 500mL，摇匀。

⑥ 乙酸溶液（1+6）：1 份乙酸溶于 6 份水中，摇匀。

⑦ 试银灵（对二甲氨基亚苄基罗单宁）溶液：称取 0.02g 试银灵，溶于 100mL 丙酮中，摇匀。

⑧ 异烟酸-吡唑酮溶液：称取 1.5g 异烟酸溶于 24mL20g/L 氢氧化钠溶液中，加水至 100mL。另称取 0.25g 吡唑酮，溶于 20mL *N*,*N*-二甲基甲酰胺中，合并上述 2 种溶液，混合均匀。

⑨ 氯胺 T 溶液：称取 1g 氯胺 T［有效氯含量应在 11%（质量分数）以上］，溶于 100mL 水中，摇匀，临用现配。

⑩ 氰化钾标准溶液：称取 0.25g 氰化钾溶于水中，并稀释至 1000mL，摇匀。此溶液质量浓度为 1mg/mL，其准确度在使用前用以下方法标定。

吸取上述溶液 10.0mL 置于锥形瓶中，加 2mL10g/L 氢氧化钠溶液，使 pH 为 11 以上，加 0.1mL 试银灵溶液，用 0.020mol/L $AgNO_3$ 标准溶液滴定至橙红色（1mL 0.020mol/L $AgNO_3$ 标准溶液相当于 1.08mg 氢氰酸）。

⑪ 氰化钾标准工作液：根据氰化钾标准溶液的浓度，吸取适量体积的标准溶液，用 10g/L 氢氧化钠溶液稀释成 $\rho$（氢氰酸）$=1\mu g/mL$。

**4. 操作步骤**

（1）样品处理　若样品无色透明，直接吸取 1mL 样品于 10mL 具塞比色管中，加入 2g/L 氢氧化钠溶液至 5mL，放置 10min。

若样品浑浊有色，取 25mL 样品于 250mL 全玻璃蒸馏器中，加入 2g/L 氢氧化钠溶液 5mL，碱解 10min，加水 50mL，以饱和酒石酸溶液调节溶液呈酸性，进行蒸馏，在 50mL 容量瓶中加 2g/L 氢氧化钠溶液 10mL 接收馏出液，收集馏出液至约 50mL，定容，摇匀。取 2mL 馏出液于 10mL 具塞比色管中，加 2g/L 氢氧化钠溶液至 5mL，摇匀。

（2）标准曲线绘制　分别吸取 0.00mL、0.50mL、1.00mL、1.50mL、2.00mL 氰化钾标准工作液（相当于 0.0μg、0.5μg、1.0μg、1.5μg、2.0μg 氢氰酸），分别置于 10mL 具塞比色管中，加 2g/L 氢氧化钠溶液至 5mL。

（3）测定　于样品及标准管中分别加入 2 滴酚酞指示剂，然后加入乙酸（1+6）调至红色褪去后，用 2g/L 氢氧化钠溶液调至近红色，然后加入 2mL 磷酸盐缓冲溶液（如果室温低于 20℃即放入 25～30℃水浴中 10min），再加入 0.2mL 氯胺 T 溶液，摇匀放置 3min，加入 2mL 异烟酸-吡唑酮溶液，加水稀释至刻度，摇匀，在 25～30℃放置 30min。取出用 1cm 比色杯，以零管调节零点，于波长 638nm 处测吸光度，绘制标准曲线比较。

**5. 结果计算**

① 无色样品的计算公式如下。

$$X=\frac{m}{V}$$

② 浑浊有色样品的计算公式如下。

$$X=\frac{m}{V\times\frac{2}{50}}$$

式中 $X$——样品中氰化物的含量（以氢氰酸计），mg/L；

$m$——测定样品中氰化物的质量（以氢氰酸计），μg；

$V$——样品体积，mL；

2/50——从 50mL 馏出液中取 2mL 测定。

**6. 注意事项**

① 氰化钾是剧毒品，取溶液时不可用口吸，比色后标准管的销毁方法是：在管中加入氢氧化钠和硫酸亚铁，使生成亚铁氰酸盐而失去剧毒，反应式如下。

$$2OH^- + Fe^{2+} \longrightarrow Fe(OH)_2$$

$$Fe(OH)_2 + 6CN^- \longrightarrow [Fe(CN)_6]^{4-} + 2OH^-$$

② 氯胺 T 溶液不稳定，最好临用现配。

## 十一、黄酒中氧化钙的测定

氧化钙含量的高低是衡量黄酒品质优劣的一项重要指标。黄酒中含氧化钙一是由于酿造用水硬度过高，或水质处理不当，这是醪液发酵异常的潜在因素之一，即使醪液发酵正常，酒质也会有粗糙、味涩之感；二是糖化发酵后为了调味，在压滤前允许加入少量澄清石灰水。成品黄酒中允许有少量氧化钙残留，但酒变酸，则不得以石灰中和降低酸度。一般情况下，成品黄酒中氧化钙应≤1.0g/L。

测定黄酒中氧化钙的方法有 EDTA 滴定法、高锰酸钾滴定法和原子吸收分光光度法。

### （一）EDTA 滴定法

EDTA 滴定法快速、简便，但由于黄酒品种较多，终点不易判别。如果将酒样用活性炭脱色，则可排除色泽的干扰。

**1. 原理**

在碱性溶液中 EDTA 与酒样中的钙离子（$Ca^{2+}$）反应生成络合物。钙指示剂在碱性溶液中呈天蓝色，当溶液中有 $Ca^{2+}$ 时，与钙指示剂形成酒红色络合物。由于钙指示剂与 $Ca^{2+}$ 的结合能力不如 EDTA 与 $Ca^{2+}$ 的结合能力强，当用 EDTA 溶液滴定时，EDTA 不断夺取 $Ca^{2+}$-钙指示剂络合物中的 $Ca^{2+}$，使 $Ca^{2+}$ 与 EDTA 络合而释放出钙指示剂，溶液则由酒红色变为钙指示剂的天蓝色，达到滴定终点。

此外，镁离子也能与 EDTA 生成络合物，但当溶液的 pH 值大于 12 时，镁在碱性溶液中生成氢氧化镁沉淀，所以能单独测出 $Ca^{2+}$。

**2. 仪器**

滴定管、马弗炉、抽滤装置。

**3. 试剂**

① 200g/L 氢氧化钠溶液：称取 40g 氢氧化钠，用水溶解后稀释至 100mL，摇匀。

② 10g/L 盐酸羟胺溶液：称取 1.0g 盐酸羟胺（$NH_2OH \cdot HCl$），溶于 100mL 水中，摇匀。

③ 三乙醇胺溶液（1+1）：量取 75%（体积分数）三乙醇胺［$(C_2H_4OH)_3N$］50mL，加水 50mL，混合均匀。

④ 钙指示剂：称取 0.2g 钙指示剂（铬蓝黑 R），20g 氯化钠于研钵中，充分研细，混合均匀。

⑤ 粉末状活性炭。

⑥ EDTA 标准溶液：$c(H_2Y^{2-})=0.2$mol/L。

a. 配制：称取乙二胺四乙酸二钠盐（$Na_2H_2Y \cdot 2H_2O$）8g，加热溶于 1000mL 水中，冷却，摇匀。

b. 标定：称取 0.4g 于 800℃灼烧至质量恒定的基准氧化锌（称准至 0.0002g），用少量水润湿，加盐酸溶液（1+4）使样品溶解，移入 250mL 容量瓶中，然后用蒸馏水稀释至刻度，摇匀。取 25.0mL，加水 70mL，用氨水溶液（1+9）中和至 pH 值为 7～8，加 pH 值为 10 的氨-氯化铵缓冲溶液 10mL，及 5 滴 5g/L 铬黑 T 指示剂，用上述配制好的乙二胺四乙酸二钠溶液滴定至溶液由紫色变为纯蓝色。同时做空白试验。

$$c_{EDTA}=\frac{m}{(V_1-V_2)\times 0.08138}$$

式中 $c_{EDTA}$——乙二胺四乙酸二钠标准溶液的浓度，mol/L；

$m$——氧化锌的质量，g；

$V_1$——乙二胺四乙酸二钠溶液的用量，mL；

$V_2$——空白试验乙二胺四乙酸二钠溶液的用量，mL；

0.08138——氧化锌的摩尔质量，kg/mol。

**4. 操作步骤**

准确吸取酒样 25mL 于 100mL 烧杯中，加入 1～1.5g 活性炭（视酒样色泽而定，色泽深可多加），搅拌，抽滤，用少量水洗涤烧杯，一并滤入滤瓶中。将滤瓶中的滤液移入 250mL 锥形瓶中，用少量水洗涤过滤瓶，一并倒入锥形瓶中。加盐酸羟胺溶液 1mL，三乙醇胺溶液 2mL，然后加入 200g/L 氢氧化钠 6.5mL（使溶液 pH>12），振荡片刻。加入钙指示剂粉末少许（使溶液呈明显的酒红色），振荡片刻，用 EDTA 标准溶液滴定至溶液呈浅蓝色。

**5. 结果计算**

$$X=\frac{cV\times 0.056\times 1000}{25\times 1000}\times 100$$

式中 $X$——样品中氧化钙的含量，g/100mL；

$V$——消耗 EDTA 标准溶液的体积，mL；

$c$——EDTA 标准溶液的浓度，mol/L；

0.056——氧化钙的摩尔质量，kg/mol；

25——测定时酒样的体积，mL；

100——换算成 100mL 酒样中氧化钙的质量。

**6. 注意事项**

① 加入氢氧化钠溶液 pH>12，使 $Mg^{2+}$ 生成 $Mg(OH)_2$ 沉淀，再加入钙指示剂可以减少沉淀时指示剂的吸附。

② 加盐酸羟胺及三乙醇胺是为了消除铁、锰、铅等离子的干扰。三乙醇胺必须在酸性溶液中添加，然后再碱化。如溶液中有铜离子，可以加入 50g/L 硫化钠 3mL 掩蔽铜离子。

③ 加入钙指示剂不宜太少，应使溶液呈明显的酒红色，以免终点不明显。

④ 由于 EDTA 较难溶于水，实际在应用中采用 EDTA 的二钠盐，通常把它也简称 EDTA。

⑤ 亦可用紫脲酸铵指示剂［称取 100g 氯化钠，0.2g 紫脲酸铵（$C_8H_8O_6N_6 \cdot 2H_2O$）］于研钵中，充分研细，混匀，终点由橙红色变为紫色。

⑥ 若不用活性炭脱色，可直接取酒样 1mL，加蒸馏水 50～100mL，加入 80g/L 氢氧化钠溶液 2mL，使溶液 pH＞12，加 0.1g 紫脲酸铵指示剂，摇匀后用 0.01mol/L 的 EDTA 标准溶液滴定，终点由橙红色变为紫色。

⑦ EDTA 标准溶液长久放置时应贮存于聚乙烯瓶中。

### （二）高锰酸钾滴定法

**1. 原理**

酒样中的钙离子与草酸铵形成难溶的草酸钙沉淀，用硫酸溶液溶解草酸钙，然后用高锰酸钾标准溶液滴定，当草酸完全被氧化后，稍过量的高锰酸钾使溶液呈淡红色，指示滴定终点。根据高锰酸钾用量计算氧化钙的含量。

**2. 试剂**

① 0.05mol/L 高锰酸钾标准溶液：称取高锰酸钾 1.7g，溶于 1000mL 水中，加热至沸，保持微沸 20～30min，冷却后于暗处保存 2～3d。用微孔玻璃漏斗过滤，滤液贮存于棕色试剂瓶中，并按以下方法进行标定。

称取在 105～110℃下烘干至质量恒定的基准草酸钠 0.1000g，溶于 50mL 水中，加入 8mL 硫酸，加热至 80℃左右，不断搅拌，以用高锰酸钾标准溶液滴定至溶液呈淡粉红色，并在 30s 内不消失为终点。按下式计算高锰酸钾标准溶液的浓度。

$$c_{\frac{1}{5}KMnO_4}=\frac{m}{(V_1-V_0)\times 0.06700}$$

式中 $c$——高锰酸钾标准溶液的物质的量浓度，mol/L；

$m$——草酸钠的质量，g；

$V_1$——高锰酸钾标准溶液的用量，mL；

$V_0$——空白试液高锰酸钾标准溶液的用量，mL；

0.06700——1/2 草酸钠分子的摩尔质量，kg/mol。

② 5g 甲基橙指示剂：称取 0.5g 甲基橙溶于 100mL 水中，摇匀。

③ 硫酸溶液（1＋3）：量取浓硫酸 1 份，缓缓倒入 3 份水中，混合均匀。

④ 氢氧化铵溶液（1＋10）：量取 1 份氨水，与 10 份水混合均匀。

⑤ 浓盐酸。

⑥ 10g/L 硝酸银溶液：称取 1.0g 硝酸银溶于 100mL 水中，摇匀。

⑦ 饱和草酸铵溶液：称取 5.6g 草酸铵溶于 100mL 水中，摇匀。

**3. 操作步骤**

准确吸取酒样 25mL 于 400mL 烧杯中，以 50mL 蒸馏水稀释，加 3 滴甲基橙指示剂及浓盐酸 2mL，再加入饱和草酸铵溶液 30mL 并将溶液煮沸，搅动，逐渐加入氢氧化铵溶液（1＋10）至甲基橙变为黄色，将烧杯放于温热处 2h，过滤后用氢氧化铵溶液（1＋500）洗涤沉淀至无氯离子反应（以硝酸酸化后用硝酸银检验无白色沉淀为止）。将洗净的沉淀及滤纸小心取下，置于烧杯中，加入沸蒸馏水 100mL、硫酸溶液（1＋3）25mL，保持溶液温度在 60～80℃，用 0.05mol/L 高锰酸钾标准溶液滴定至微红色为终点。

**4. 结果计算**

样品中氧化钙的含量可由下式求得。

$$X=\frac{cV_1\times 0.028\times 1000}{V\times 1000}\times 100$$

式中　$X$——样品中氧化钙的含量，g/100mL；

$c$——高锰酸钾标准溶液的浓度，mol/L；

$V_1$——滴定时消耗高锰酸钾标准溶液的体积，mL；

$V$——取样量，mL；

0.028——氧化钙的摩尔质量，kg/mol；

100——换算成 100mL 酒样中氧化钙的含量。

（三）原子吸收分光光度法

此法准确、快速，是测定氧化钙的仲裁检验方法。

**1. 原理**

从光源辐射出待测元素的特征波长的光，通过火焰中样品蒸汽时，被待测元素基态原子吸收。其吸收的大小与火焰中原子浓度的含量成正比。

**2. 仪器**

① 原子吸收分光光度计

② 分析天平（0.0001g/分度）。

③ 凯氏烧瓶（250mL）。

**3. 试剂**

① 浓硝酸（分析纯）。

② 浓硫酸（分析纯）。

③ 氯化镧溶液：称取 80.2g 氯化镧（$LaCl_3\cdot 7H_2O$，优级纯），溶于水后，转移至 1000mL 容量瓶中，加水定容至刻度，摇匀。

④ 钙标准溶液：称取在 105℃烘干的碳酸钙（优级纯）1.2485g 于 100mL 烧杯中，加入 20mL 水，然后慢慢加入盐酸溶液（1+2）使其溶解，待溶解完后，再加盐酸溶液（1+2）5mL，煮沸除去二氧化碳，转移至 1000mL 容量瓶中，加水至刻度，摇匀（此溶液 1.00mL 含 0.50mg 钙）。

**4. 操作步骤**

（1）样品处理　吸取 10mL 样品于 250mL 凯氏烧瓶中，加 10mL 浓硝酸，5mL 浓硫酸，轻轻振摇，置于电炉上加热消化至样品透明无色或淡棕色。冷却后移入 100mL 容量瓶中，加氯化镧溶液 2.5mL，定容，同时做试剂空白试验。

（2）钙标准溶液的制备　分别吸取钙标准溶液 0.00mL、1.00mL、2.00mL、3.00mL、4.00mL 于 5 个 100mL 容量瓶中，各加氯化镧溶液 2.5mL 和适量硝酸，再加水定容至刻度。此溶液每毫升分别相当于 0.0μg、5.0μg、10.0μg、15.0μg、20.0μg 钙。

（3）测定　将测定波长调至 422.7nm，将钙标准溶液、试剂空白溶液和处理后样品溶液依次导入火焰中进行测定，记录各吸光度。

以标准钙的含量对其吸光度绘制标准曲线，再分别以试剂空白和样品的吸光度，从标准曲线中查出钙的含量。

**5. 结果计算**

$$X=\frac{(\rho-\rho_0)V\times 1.4}{V_s\times 1000\times 1000}\times 100$$

式中　$X$——样品中氧化钙的含量，g/100mL；

$\rho$——样品中钙的含量，μg/mL；

$\rho_0$——试剂空白中钙的含量，μg/mL；

$V_s$——取样量，mL；

$V$——样品处理后的总体积，mL；

1.4——换算系数。

保留两位小数报告检验结果。

## 十二、啤酒中酒精度的测定

啤酒中的酒精度测定常采用密度瓶法，适用于发酵液、清酒液和成品啤酒的测定。

**1. 原理**

将样品进行蒸馏，测量馏出液的相对密度，查表 3-1 得出样品中酒精的含量，即为酒精度。

**表 3-1 相对密度与酒精度对照表**

| 相对密度 $d_{20}^{20}$ | 酒精度 /(g/100g) | 相对密度 $d_{20}^{20}$ | 酒精度 /(g/100g) | 相对密度 $d_{20}^{20}$ | 酒精度 /(g/100g) | 相对密度 $d_{20}^{20}$ | 酒精度 /(g/100g) |
|---|---|---|---|---|---|---|---|
| 0.9999 | 0.055 | 0.9965 | 1.890 | 0.9931 | 3.845 | 0.9898 | 5.890 |
| 0.9998 | 0.110 | 0.9964 | 1.950 | 0.9930 | 3.905 | 0.9897 | 5.950 |
| 0.9997 | 0.165 | 0.9963 | 2.005 | | | 0.9896 | 6.015 |
| 0.9996 | 0.220 | 0.9962 | 2.060 | 0.9929 | 3.965 | 0.9895 | 6.080 |
| 0.9995 | 0.270 | 0.9961 | 2.120 | 0.9928 | 4.030 | 0.9894 | 6.150 |
| 0.9994 | 0.325 | 0.9960 | 2.170 | 0.9927 | 4.090 | 0.9893 | 6.205 |
| 0.9993 | 0.380 | | | 0.9926 | 4.150 | 0.9892 | 6.270 |
| 0.9992 | 0.435 | 0.9959 | 2.225 | 0.9925 | 4.215 | 0.9891 | 6.330 |
| 0.9991 | 0.485 | 0.9958 | 2.280 | 0.9924 | 4.275 | 0.9890 | 6.395 |
| 0.9990 | 0.540 | 0.9957 | 2.335 | 0.9923 | 4.335 | | |
| | | 0.9956 | 2.390 | 0.9922 | 4.400 | 0.9889 | 6.455 |
| 0.9989 | 0.590 | 0.9955 | 2.450 | 0.9921 | 4.460 | 0.9888 | 6.520 |
| 0.9988 | 0.645 | 0.9954 | 2.505 | 0.9920 | 4.520 | 0.9887 | 6.580 |
| 0.9987 | 0.700 | 0.9953 | 2.560 | | | 0.9886 | 6.645 |
| 0.9986 | 0.750 | 0.9952 | 2.620 | 0.9919 | 4.580 | 0.9885 | 6.710 |
| 0.9985 | 0.805 | 0.9951 | 2.675 | 0.9918 | 4.640 | 0.9884 | 6.780 |
| 0.9984 | 0.855 | 0.9950 | 2.730 | 0.9917 | 4.700 | 0.9883 | 6.840 |
| 0.9983 | 0.910 | | | 0.9916 | 4.760 | 0.9882 | 6.910 |
| 0.9982 | 0.965 | 0.9949 | 2.790 | 0.9915 | 4.825 | 0.9881 | 6.980 |
| 0.9981 | 1.015 | 0.9948 | 2.850 | 0.9914 | 4.885 | 0.9880 | 7.050 |
| 0.9980 | 1.070 | 0.9947 | 2.910 | 0.9913 | 4.945 | | |
| | | 0.9946 | 2.970 | 0.9912 | 5.005 | 0.9879 | 7.115 |
| 0.9979 | 1.125 | 0.9945 | 3.030 | 0.9911 | 5.070 | 0.9878 | 7.180 |
| 0.9978 | 1.180 | 0.9944 | 3.090 | 0.9910 | 5.130 | 0.9877 | 7.250 |
| 0.9977 | 1.235 | 0.9943 | 3.150 | | | 0.9876 | 7.310 |
| 0.9976 | 1.285 | 0.9942 | 3.205 | 0.9909 | 5.190 | 0.9875 | 7.380 |
| 0.9975 | 1.345 | 0.9941 | 3.265 | 0.9908 | 5.255 | 0.9874 | 7.445 |
| 0.9974 | 1.400 | 0.9940 | 3.320 | 0.9907 | 5.315 | 0.9873 | 7.510 |
| 0.9973 | 1.455 | | | 0.9906 | 5.375 | 0.9872 | 7.580 |
| 0.9972 | 1.510 | 0.9939 | 3.375 | 0.9905 | 5.445 | 0.9871 | 7.650 |
| 0.9971 | 1.565 | 0.9938 | 3.435 | 0.9904 | 5.510 | 0.9870 | 7.710 |
| 0.9970 | 1.620 | 0.9937 | 3.490 | 0.9903 | 5.570 | | |
| | | 0.9936 | 3.550 | 0.9902 | 5.635 | 0.9869 | 7.780 |
| 0.9969 | 1.675 | 0.9935 | 3.610 | 0.9901 | 5.700 | 0.9868 | 7.850 |
| 0.9968 | 1.730 | 0.9934 | 3.670 | 0.9900 | 5.760 | 0.9867 | 7.915 |
| 0.9967 | 1.785 | 0.9933 | 3.730 | | | 0.9866 | 7.980 |
| 0.9966 | 1.840 | 0.9932 | 3.785 | 0.9899 | 5.820 | | |

**2. 仪器**

(1) 全玻璃蒸馏器　由500mL蒸馏瓶、定氮球、蛇形冷凝器等组成。

(2) 高精度恒温水浴箱　精度为±0.1℃。

(3) 密度瓶（附温度计）　25mL或50mL。

(4) 容量瓶　100mL。

(5) 天平　感量0.1g。

(6) 分析天平　感量0.1mg。

**3. 操作步骤**

(1) 样品的蒸馏　称取100.0g已处理好的样品（温度为20℃）置于500mL已知质量的蒸馏瓶中，精确至0.1g，加约50mL水和数粒玻璃珠，装上定氮球和蛇形冷凝器，用已知质量的100mL容量瓶接收蒸馏液（容量瓶浸于冰水浴中），缓缓加热蒸馏，收集约95mL蒸馏液（应在30～60min内完成），取下容量瓶，调节溶液温度至20℃，然后加水恢复蒸馏液至原质量100.0g（此时在天平上称量的总质量为100.0g＋容量瓶质量）。

(2) 密度瓶的校正　用铬酸洗液将密度瓶、温度计和小帽泡洗后，用自来水冲洗，再用蒸馏水冲洗，然后用无水乙醇、乙醚顺次洗涤数次，吹干，在干燥器中冷却至室温。用分析天平准确称其质量（精确至0.0001g）。

将煮沸后冷却至约15℃的蒸馏水注满密度瓶，插入温度计（瓶中应无气泡），立即浸入(20±0.1)℃的水浴中，至密度瓶温度达20℃，并保持20～30min，用滤纸吸去溢出支管的水，盖上小帽，从水浴中取出。放置，待与室温一致时擦干外壁，立即称量（准确至0.0001g）。

(3) 蒸馏液的测量　将密度瓶中的水倒去，用冷却至约15℃的蒸馏液反复冲洗密度瓶及温度计3次，然后注满蒸馏液，按与步骤(2)相同的操作方法，称量出密度瓶与蒸馏液的质量。密度瓶小帽在(2)、(3)步骤之间应进行干燥。

**4. 结果计算**

① 蒸馏液的相对密度（20℃/20℃）计算公式为：

$$d_{20}^{20}=\frac{m_2-m}{m_1-m}$$

式中　$d_{20}^{20}$——样品蒸馏液在20℃时的相对密度；

$m$——密度瓶的质量，g；

$m_1$——密度瓶和水的质量，g；

$m_2$——密度瓶和蒸馏液的质量，g。

② 根据计算出的相对密度 $d_{20}^{20}$；查表3-1，得出样品的酒精度。所得结果应保留3位小数。

**5. 注意事项**

① 蒸馏时冷却水的温度不得高于20℃，否则会导致结果偏低。

② 密度瓶称量前调整至室温，是为防止当室温高于瓶温时，水汽在瓶外壁冷凝，引起测量误差。

③ 密度瓶不得在烘干箱中烘烤。

**6. 结果的允许差**

平行试验测定值之差应小于或等于0.05％。

## 十三、啤酒中原麦汁浓度的测定

原麦汁浓度是指发酵之前的麦汁浓度。在啤酒发酵中，随着糖分的消耗、酒精和 $CO_2$ 的产生，发酵液密度会逐渐下降，因此可通过测定发酵液的密度来监控啤酒的发酵过程。原麦汁浓度的测定方法是通过测定发酵液、清酒液和成品啤酒中的酒精度及真正浓度，然后按经验公式计算出其数值。

原麦汁浓度与酒精度并不相同，啤酒瓶标签标注的10°或11°等均是指酒的原麦汁浓度，它可读作10度或11度，2008年颁布的新国家标准则标记为10°P或11°P。

通常情况下，原麦汁浓度高则酒中含酒精也高，日常生活中常饮用的11°P啤酒其酒精度在4.5%左右。虽然啤酒中酒精含量较低，但是由于二氧化碳能促进酒精在人体内吸收，因此一次大量饮用也会醉酒伤身。

本方法适用于发酵液、清酒液和成品啤酒的测定。

**1. 原理**

将样品注入蒸发皿后在沸水浴上蒸发掉酒精及易挥发的轻组分后，用水恢复至原来的质量，用密度瓶法测量其相对密度（20℃时），查附录4得浸出物的含量，即样品的真正浓度。与样品的酒精度一起，按经验公式（Balling氏公式），计算出样品的原麦汁浓度。

**2. 仪器**

① 蒸发皿：有效容积100mL。

② 高精度恒温水浴：精度±0.1℃。

③ 密度瓶（附温度计）：25mL或50mL。

④ 药物天平：感量0.1g。

⑤ 分析天平：感量0.1mg。

⑥ 沸水浴。

**3. 操作步骤**

（1）样品的蒸发　用已知质量的蒸发皿称取100.0g已经处理好的样品，置于沸水浴上蒸发至原体积的1/3，取下冷却，用水恢复至原质量，混匀。

（2）密度瓶的校正　同啤酒中酒精度的测定的操作步骤。

（3）样品的测量　将密度瓶中的水倒去，用冷却至约15℃蒸发并恢复至原质量的样品溶液冲洗密度瓶和温度计三次，然后注满蒸馏液，插入温度计（瓶中应无气泡），立即浸入(20±0.1)℃的水浴中，至密度瓶温度达20℃，并保持20～30min。用滤纸吸去溢出支管的水，盖上小帽，从水浴中取出。放置，待与室温一致时擦干外壁，立即称量（准确至0.0001g）。密度瓶小帽在（2）、（3）步骤之间应进行干燥。

**4. 结果计算**

（1）溶液的相对密度（20℃/20℃）　其计算公式为：

$$d_{20}^{20}=\frac{m_2-m}{m_1-m}$$

式中　$d_{20}^{20}$——样品经蒸发恢复至原质量后的溶液在20℃的相对密度；

$m$——密度瓶的质量，g；

$m_1$——密度瓶和水的质量，g；

$m_2$——密度瓶和溶液的质量，g。

（2）样品的真正浓度（浸出物的含量）　根据计算出的相对密度$d_{20}^{20}$；查附录4，得出样品的真正浓度（即浸出物的含量）。

（3）样品的原麦汁浓度　麦汁中浸出物的数量与其发酵生成的酒精和二氧化碳的数量关系如下。

$$\begin{matrix}\text{浸出物} & \longrightarrow & \text{酒精} & + & CO_2 & + & \text{酵母}\\ 2.0665g & & 1g & & 0.9565g & & 0.11g\end{matrix}$$

计算公式如下：

$$\omega(\text{原麦汁})=\frac{X_1\times 2.0665+X_2}{100+X_1\times 1.0665}\times 100\%$$

式中 $\omega$（原麦汁）——样品的原麦汁浓度，%；

$X_1$——样品的酒精度，%；

$X_2$——样品的真正浓度，%；

2.0665——系数，指生成1g酒精所需浸出物的克数；

1.0665——系数，指生成1g酒精的同时生成的$CO_2$和酵母的克数；

$100+X_1\times 1.0665$——生成100g啤酒所需麦芽汁的克数。

**5. 注意事项**

① 样品蒸发时应缓慢平稳地进行，防止样品溅失。

② 密度瓶称量前调整至室温，是为防止当室温高于瓶温时水汽在瓶外壁冷凝，引起测量误差。

③ 密度瓶不得在烘干箱中烘烤。

**6. 结果的允许差**

平行测定值之差应小于或等于0.1%。

## 十四、啤酒中双乙酰的测定

双乙酰（丁二酮）是在啤酒主发酵期间酵母代谢的重要副产物，是赋予啤酒风味的重要物质，同时也是制约啤酒香气与口味的关键指标，它是由$\alpha$-乙酰乳酸在代谢过程中产生的，又在贮酒过程中被酵母还原而消失。成品酒中双乙酰含量的高低是衡量其成熟度的重要指标。如其含量超过风味阈值，会给啤酒带来不愉快的馊饭味，酵母菌种、原料和麦汁组成、发酵条件等均影响啤酒中双乙酰的含量。

由于其风味阈值比较低，前轻工部部颁标准规定成品啤酒中双乙酰的含量小于0.2mg/L，对于优质淡色啤酒而言，双乙酰的含量在0.10mg/L以下。

双乙酰的测定方法有气相色谱法、极谱法和邻苯二胺比色法等。邻苯二胺比色法是凡遇连二酮类都能发生显色反应的方法。所以，此法测得值为双乙酰与戊二酮的总量，结果偏高，但此法测定快速简便，是前轻工部部颁标准规定的方法。这里只介绍此种方法。

**1. 原理**

用蒸汽将双乙酰从样品中蒸馏出来，加入邻苯二胺后，形成2,3-二甲基喹喔啉。在335nm波长下有最大吸收峰，其吸光度与双乙酰的含量符合朗伯-比尔定律，可对样品的双乙酰含量进行定量测定。

**2. 试剂**

(1) 4mol/L盐酸　取浓盐酸150mL，注入300mL蒸馏水中。

(2) 10g/L邻苯二胺　精密称取邻苯二胺（分析纯）0.25g溶解于4mol/L盐酸中，并定容至25mL，摇匀，贮存于棕色瓶中，现用现配。

(3) 消泡剂　有机硅消泡剂或甘油聚醚。

**3. 仪器**

① 紫外分光光度计。

② 双乙酰蒸馏装置（图3-4）。

**4. 测定步骤**

(1) 蒸馏　按图3-4把双乙酰蒸馏装置安装好，把排气夹子打开，将内装2.5mL蒸馏水的容量瓶置于冷凝器下端，使馏出口尖端浸在水面下，外加冰水冷却。加热水蒸气发生器至沸，通过水蒸气加热夹套蒸馏器，备用。于100mL量筒中先加入2～4滴消泡剂，再注入

5℃左右未除气的啤酒100mL。待夹套蒸馏器下端冒大气泡时，打开进样口瓶塞，将啤酒迅速注入到蒸馏器内，再用约10mL蒸馏水冲洗量筒，洗液同时倒入蒸馏器内，迅速盖好进样口塞子，用水封口。待夹套蒸馏器下端再次冒大气泡时，将排气夹子夹住，开始蒸馏，接馏出液，直到馏出液接近25mL时取下容量瓶，用水定容至25mL，摇匀（蒸馏应在3min内完成）。

（2）显色　混匀馏出液，分别吸取馏出液10mL置于两支比色管中。一管作为样品管加入0.5mL 1%（质量分数）邻苯二胺溶液；另一管不加作空白，充分摇匀后，同时置于暗处放置20～30min，然后于样品管中加2mL 4mol/L盐酸溶液，于空白管中加2.5mL 4mol/L盐酸溶液，混匀。

（3）测定　在335nm波长处，用2cm比色皿以空白作对照测定样品吸光度。

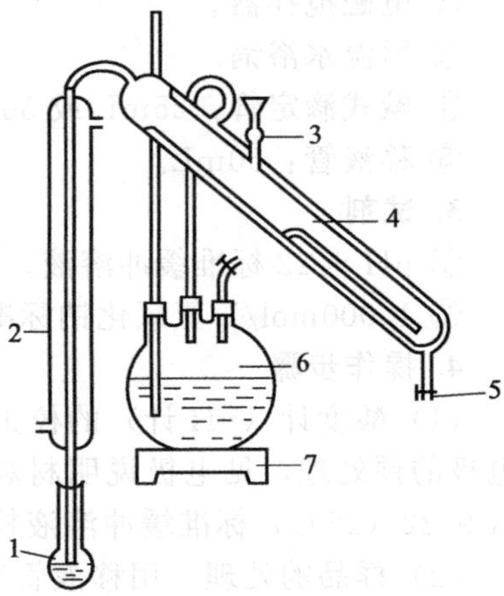

图3-4　双乙酰蒸馏装置

1—容量瓶；2—冷凝器；3—进样口；4—夹套蒸馏器；5—排气夹子；6—水蒸气发生瓶；7—电炉

**5. 结果计算**

双乙酰（mg/L）含量的计算公式为：

$$双乙酰 = A_{335} \times 1.2$$

式中　$A_{335}$——样品吸光度，指用2cm比色皿测得的。若用1cm比色皿，则吸光度乘以2；

1.2——换算系数，是多次用纯双乙酰测得的吸光度和双乙酰含量的换算系数。

**6. 注意事项**

① 在能达到消泡效果的情况下，消泡剂的用量越少越好。用量会造成测定结果出现较大的正误差。

② 蒸馏时加入试样要迅速，勿使双乙酰损失，蒸馏要求在内3min完成。严格控制水蒸气量，勿使泡沫过高，被水蒸气带出而导致蒸馏失败。

③ 显色反应在暗处进行，否则会导致结果偏高。

④ 发酵液、清酒液、桶（罐）装啤酒采样后应立即测定，不经过样品处理。

⑤ 瓶（听）装啤酒：先将原瓶（听）装啤酒浸入冰水浴，使其品温降至5℃以下，开盖，立即注入已加消泡剂的100mL量筒中，无须进行样品处理。

**7. 结果的允许差**

平行实验测定值之差应小于或等于0.01mg/L。

## 十五、啤酒中总酸的测定

啤酒中的总酸是指样品中能与强碱（NaOH）作用的所有物质的总量，用中和每升样品（滴定至pH 9.0）所消耗的1.000mol/L NaOH的体积来表示，但在啤酒发酵液的测定过程中常用中和100mL除气发酵液所需的1.000mol/L NaOH的体积来表示。

本方法适用于发酵液、清酒液和成品啤酒中总酸的测定。

**1. 原理**

利用酸碱中和原理，用氢氧化钠标准溶液直接滴定一定量的样品溶液，用酸度计（pH计）指示滴定终点，当pH 9.0时，即为滴定终点。计算100mL样品溶液所消耗1.000mol/L氢氧化钠标准溶液的体积，即为样品的总酸。

**2. 仪器**

① 酸度计（pH计）：附与之相配套的玻璃电极和饱和甘汞电极。

② 电磁搅拌器。

③ 恒温水浴锅。

④ 碱式滴定管：25mL 或 50mL。

⑤ 移液管：50mL。

**3. 试剂**

① pH 9.22 标准缓冲溶液。

② 1.000mol/L 氢氧化钠标准溶液。

**4. 操作步骤**

(1) 酸度计（pH 计）的校正　按仪器使用说明书的要求连接玻璃电极和饱和甘汞电极（电极的预处理，见电极说明材料）。取下饱和甘汞电极胶帽、加液孔胶塞和下端胶帽，用 pH 9.22（25℃）标准缓冲溶液校正。

(2) 样品的处理　用移液管吸取 50mL 已处理好的样品置于 100mL 烧杯中，于 40℃恒温水浴中保温 30min，并不时振摇和搅拌，以除去残余的二氧化碳，取出，冷却至室温。

(3) 样品的测量　将盛有样品的烧杯置于电磁搅拌器上，投入玻璃或塑料铁心搅拌子，插入玻璃电极和饱和甘汞电极，开动电磁搅拌器，用氢氧化钠标准溶液滴定至 pH 9.0 即为终点。记录所耗氢氧化钠标准溶液的体积。

**5. 结果计算**

样品中总酸的含量为：

$$x=2cV$$

式中　$x$——样品的总酸含量，mL；

$c$——氢氧化钠标准溶液的浓度，mol/L；

$V$——滴定所消耗氢氧化钠标准溶液的体积，mL；

2——换算成 100mL 样品的系数。

计算结果保留二位小数。

**6. 注意事项**

在滴定过程中溶液的 pH 值没有明显的突跃变化，所以在临近终点时滴定要慢，以减少终点时的误差。

**7. 结果的允许差**

平行测定值之差应小于或等于 0.1%。

## 十六、啤酒中苦味质的测定

啤酒中的苦味物质主要成分是异 α-酸，它来自啤酒花中的 α-酸，α-酸是啤酒花中最主要的苦味成分，也是啤酒花的最有效成分。啤酒花在煮沸过程中，部分 α-酸溶出并异构化生成异 α-酸。苦味使啤酒呈现特殊的风味，是啤酒质量的重要指标。

异 α-酸的测定方法有重量法、旋光法、电位滴定法、电导法、色谱法（纸上色谱、薄层色谱、气相色谱法等）以及紫外分光光度法。紫外分光光度法比较准确快速，是欧洲啤酒酿造协会推荐的方法。

### （一）紫外分光光度法

**1. 原理**

麦芽汁、发酵液和啤酒苦味物质的主要成分是异 α-酸。将样品酸化后用异辛烷萃取其中的苦味物质，在 275nm 波长下测定吸光度，用以测定其相对含量。

**2. 仪器**

① 紫外分光光度计：配有 10mm 石英比色皿。

② 离心机：转速3000r/min。

③ 离心试管。

④ 电动振荡器：振幅 20～30mm。

⑤ 移液管：0.5mL、10mL 和 20mL 大肚管。

⑥ 碘量瓶：250mL。

**3. 试剂**

① 重蒸馏水：将普通蒸馏水在全玻璃蒸馏装置中重新蒸馏。

② 异辛烷：分析纯，其吸光度须接近重蒸馏水（在 275nm 波长下）。

③ 6mol/L 盐酸溶液：量取 100mL 浓盐酸用重蒸馏水稀释至 200mL，摇匀。

**4. 操作步骤**

吸取已经处理好的样品（在进行样品处理时不能损失泡沫）10.0mL 于 250mL 碘量瓶中，加 6mol/L 盐酸溶液 0.5mL、异辛烷 20.0mL，放入 2～3 个小玻璃珠，加塞。用电动振荡器振摇，直至异辛烷提取液呈乳状（约需 15min），然后移入离心试管中，以 3000r/min 转速离心 10min，取上层清液于 10mm 石英比色皿中，在 275nm 波长下，以异辛烷为空白，测定其吸光度。

**5. 结果计算**

样品中苦味质含量按下式计算。

$$X=A\times 50$$

式中 $X$——样品中苦味质的含量，Bu；

$A$——在 275nm 波长下，用 10mm 石英比色皿测得的吸光度；

50——吸光度与苦味质的换算系数。

计算结果取整数，标准偏差为±2.4。

**6. 注意事项**

① 测定麦芽汁时，取样量为 5.0mL，计算结果应乘以 2。

② 如无电动振荡器，可用手持碘量瓶振荡，连续振荡 20min。也可用分液漏斗萃取，吸取 10.0mL 样品注入 125mL 分液漏斗中，加 0.50mL 6mol/L 盐酸溶液和 20.0mL 异辛烷，盖塞，先对准气孔轻摇两下，放气。再盖塞，手指压紧塞和放液旋塞，振摇直至异辛烷萃取液呈乳状（约 10min），静置分层后，弃去水相，将有机相转入离心试管，离心并测吸光度。

③ 使用后的异辛烷，可加入质量分数为 4% 的活性炭处理，过滤后回收。或加固体氢氧化钠，放置过夜，在全玻璃蒸馏装置上蒸馏。其透光率接近重蒸蒸馏水（在 275nm 波长下），方可重复使用。

④ 啤酒样品处理方法

样品处理的目的是除去本身溶解的二氧化碳，以便于分析操作。一般的处理方法有以下三种。

a. 反复流注法：在室温 25℃以下时，取品温为 10～15℃的样品 500～700mL 于清洁、干燥的 1000mL 搪瓷杯中，以细流注入同样体积的另一搪瓷杯中，注入时两搪瓷杯之间距离应约 20～30cm，反复流注 50 次（一个反复为一次），以充分除去酒液中的二氧化碳，注入具塞瓶中备用。

b. 过滤法：取约 300mL 啤酒样品，以快速滤纸过滤至具塞瓶中，加塞备用。

c. 摇瓶法：取约 300mL 啤酒样品，置于 500mL 碘量瓶中，用手堵住瓶口摇动约 30s，并不时松开排气几次。静置，加塞备用。

上述三种处理方法中，第一种方法操作最为繁杂，且结果易受条件的影响；第二种方法和第三种方法操作简单，且稳定性好，尤其是第三种方法，操作十分简单，可靠性较高，国内外普遍采用此法。

## （二）重量法

**1. 原理**

利用苦味质溶于三氯甲烷等有机溶剂的性质，以有机溶剂萃取，蒸去溶剂，称重残渣，计算苦味质含量。

**2. 仪器**

① 具塞磨口锥形瓶：100～150mL 和 750～1000mL 两种。

② 分液漏斗：80～100mL 和 750～1000mL 两种。

③ 圆底烧瓶：75mL。

④ 机械振荡器。

⑤ 离心机及离心管。

⑥ 水浴：温度控制在 65～70℃，最好为真空水浴。

⑦ 烘箱：温度控制在 70℃，最好为真空干燥箱。

**3. 试剂**

① 三氯甲烷。

② 稀硫酸：将 54mL 浓硫酸与 400mL 水混合制成。

③ 无水硫酸钠。

**4. 操作步骤**

量取酒样 500mL，倒入带磨口塞的 750mL 锥形瓶中，加 5mL 稀硫酸和 50mL 三氯甲烷，放在振荡器上或手摇动 30min。然后移入 750mL 分液漏斗中，静置数小时，待三氯甲烷和啤酒分层，三氯甲烷成白色乳状体。为了破坏其乳化状态，可把乳状液体分装在离心管中，离心 10～15min（2000～3000r/min），管内液体分成三层：上层为澄清的酒液，将之倾出；中层为乳状的白色三氯甲烷乳液；下层为亮清的三氯甲烷浸出液。用吸管将亮清液吸出，放入 100mL 分液漏斗中，静置 5～10min，澄清，把下面的澄清液倒入 100mL 的带磨口塞锥形瓶中。锥形瓶中已预先放好 15g 无水硫酸钠，用以干燥三氯甲烷浸出液，摇动 5～15min，使其混合，然后用干燥滤纸过滤。

用吸管吸取滤液 25mL，放入预先干燥称量过的圆底烧瓶中，然后在 65～70℃水浴中（最好用真空水浴或通二氧化碳气流）去除三氯甲烷，其残渣放在 70℃以下的烘箱中干燥 1h，置于干燥器内冷却至室温后称重，或在真空干燥器内干燥 1h 后称重。

**5. 结果计算**

$$X=\frac{W\times 50\times 1000}{25\times 500}=4W$$

式中 $X$——样品中的苦味质含量，mg/L；

$W$——烘干后残渣重量，mg；

500——取酒样量，mL；

50——三氯甲烷加入量，mL；

25——三氯甲烷浸出液用于烘干处理的量，mL；

1000——换算成 1L 酒样所乘的倍数。

## （三）异律草酮比色法

**1. 试剂**

① 酸化甲醇：向 64mL 甲醇中加入 4mol/L 盐酸溶液 36mL。

② 异辛烷（经提纯）。

③ 盐酸。

**2. 仪器**

紫外分光光度计。

**3. 操作步骤**

取瓶（听）装啤酒调整温度至（20±1)℃，开盖，除气。取出10mL放入100mL带塞比色管中，加3mol/L盐酸1mL进行酸化，再加入异辛烷20mL抽提，强烈摇动至呈乳浊状。待两相分制时取异辛烷层10mL，放入50mL带塞比色管中，再加入10mL酸化甲醇，于（20±1)℃摇动。用紫外分光光度计在波长275nm处，用1.0cm吸收池，以酸化甲醇洗过的异辛烷作对照，测定抽提液异辛烷层的吸光度。

**4. 结果计算**

$$异律草酮(mg/kg)=\frac{E\times 20000}{285}$$

式中 $E$——样品的吸光度；

285——1%（质量分数）异律草酮吸光度；

20000——换算成$10^{-6}$应乘的倍数。

**5. 注意事项**

① 微量铁的存在会引起误差，所以要使用同一批甲醇，而且试剂必须不含铁。

② 所用蒸馏水必须是二次蒸馏的水。

[课堂互动]

1. 酒花是啤酒苦味的主要来源，在啤酒酿造中如何添加酒花才能使啤酒呈现良好的苦味，不留后苦？

2. 啤酒中苦味质的测定方法主要有哪些？其中哪一种方法是欧洲啤酒酿造协会推荐使用的方法？

## 第二节 饮料酒中微量元素的检验

### 一、啤酒中铜的测定

**1. 原理**

二乙氨基二硫代甲酸钠（简称DDTC，又称铜试剂)，在氨性条件下，它与铜离子生成络合物。生成的络合物，用四氯化碳或三氯甲烷等有机溶剂萃取生成棕黄色溶液，用比色法测定。

**2. 试剂**

① 柠檬酸铵-乙二胺四乙酸二钠溶液：称取20g柠檬酸铵和5g乙二胺四乙酸二钠溶于水中，加水稀释至100mL。

② 硝酸（1+199)：量取0.5mL硝酸，倒入100mL水中，混匀。

③ 氨水（1+1)。

④ 1g/L酚红指示剂：称取0.1g酚红，溶于100mL乙醇。

⑤ 铜试剂溶液：1g/L二乙氨基二硫代甲酸钠［$(C_2H_5)_2NCS_2Na\cdot 3H_2O$］溶液，必要时可过滤，贮存于冰箱中。

⑥ 四氯化碳。

⑦ 6mol/L 硝酸：量取 60mL 硝酸，加水稀释至 160mL。

⑧ 铜标准溶液：准确称取 1.0000g 金属铜（99.99%），分次加入 6mol/L 硝酸溶解，总量不超过 37mL，移入 1000mL 容量瓶中，用水稀释至刻度。此溶液每毫升相当于 1mg 铜。

⑨ 铜标准使用液：吸取 1.00mL 铜标准溶液，置于 100mL 容量瓶中，加硝酸（1+199）稀释至刻度。此溶液每毫升相当于 10μg 铜。

**3. 操作步骤**

（1）样品处理　吸取 20mL 除气啤酒，置入磁蒸发皿中，先用小火炭化至无烟，然后移入高温炉中，于 550℃下灰化 1h。于灰化后的磁蒸发皿中，加 2mL 盐酸（1+1），置于水浴上温热溶解，加 5～10mL 水，再加氢氧化铵溶液（1+1）使呈碱性。继续在水浴上加热，蒸去大部分氨，过滤，滤液收集于 125mL 分液漏斗中，用 20mL 水分数次洗涤，洗涤液合并于分液漏斗中，用盐酸溶液（1+1）调节至呈酸性。

（2）测定　另取 125mL 分液漏斗 6 支，各加 25mL 水，然后分别加入 10μg/mL 铜标准溶液 0.00mL、0.20mL、0.40mL、0.60mL、0.80mL、1.00mL，用盐酸溶液（1+1）调节至呈酸性。

在上述分液漏斗中，各加 10mL 200g/L 柠檬酸铵溶液，2 滴酚红指示剂，用氢氧化铵溶液（1+1）调节至粉红色（pH 为 9.0～9.2），加 1mL 0.1%（质量分数）二乙氨基二硫代甲酸钠溶液，摇匀，加 10mL 四氯化碳，振摇 1min，静置分层。放置 20min，取四氯化碳层比色。于 440nm 波长下测吸光度，绘制标准曲线。

**4. 结果计算**

$$\text{铜(mg/L)}=\frac{\text{样品溶液中相当的标准铜质量}(\mu g)\times 1000}{\text{样品体积(mL)}\times 1000}$$

**5. 注意事项**

二乙氨基二硫代甲酸钠能与许多金属生成络合物，其中铋、钴、镍、铁等的络合物均有颜色，干扰测定。但一般样品中主要干扰元素为铁，故可加入柠檬酸铵（或酒石酸钾钠）与铁络合排除干扰。

## 二、啤酒中铅的测定

在此仅介绍火焰原子吸收光谱法。

**1. 原理**

样品经处理后，铅离子在一定 pH 条件下与 DDTC 形成络合物，经 4-甲基戊酮-2 萃取分离，导入原子吸收光谱仪中，火焰原子化后，吸收 283.3nm 的共振线，其吸收量与铅含量成正比，与标准系列比较定量。

**2. 仪器**

原子吸收分光光度计，附火焰原子化器。

**3. 试剂**

① 硝酸-高氯酸（4+1）。

② 300g/L 硫酸铵溶液：称取 30.0g 硫酸铵 [$(NH_4)_2SO_4$]，用水溶解并加水至 100mL。

③ 250g/L 柠檬酸铵溶液：称取 25.0g 柠檬酸铵，用水溶解并加水至 100mL。

④ 1g/L 溴百里酚蓝水溶液。

⑤ 50g/L 二乙氨基二硫代甲酸钠（DDTC）溶液：称取 5g 二乙氨基二硫代甲酸钠，用水溶解并加水至 100mL。

⑥ 氨水（1+1）。

⑦ 4-甲基戊酮-2（MIBK）。

⑧ 铅标准溶液：配制标准使用液为 10μg/mL 铅。

**4. 操作步骤**

（1）样品处理 取均匀酒样 10.0～20.0g 于烧杯中，先在水浴上蒸去酒精，于电热板上蒸发至一定体积后，加硝酸-高氯酸（4+1）消化完全后，转移、定容于 500mL 容量瓶中。

（2）萃取分离 吸取 25.0～50.0mL 上述制备的样液及试剂空白液，分别置于 125mL 分液漏斗中，补加水至 60mL。加 2mL 柠檬酸铵溶液、溴百里酚蓝指示剂 3～5 滴，用氨水（1+1）调 pH 至溶液由黄变蓝，加硫酸铵溶液 10.0mL、DDTC 溶液 10mL，摇匀。放置 5min 左右，加入 10.0mL MIBK，剧烈振摇提取 1min，静置分层后，弃去水层，将 MIBK 层放入 10mL 带塞刻度管中，备用。分别吸取铅标准使用液 0.00mL、0.25mL、0.50mL、1.00mL、1.50mL、2.00mL（相当 0.0μg、2.5μg、5.0μg、10.0μg、15.0μg、20.0μg 铅）于 125mL 分液漏斗中，以下操作与样品相同。

（3）测定 将处理后的样液、试剂空白液和各容量瓶中铅标准稀释液分别导入火焰进行测定。

仪器参考条件：空心阴极灯电流 8mA，共振线 283.3nm，狭缝 0.4nm，空气流量 8L/min，燃烧器高度 6mm。

**5. 结果计算**

样品中铅的含量可按下式进行计算。

$$X=\frac{(c_1-c_2)V_1\times 1000}{m\dfrac{V_3}{V_2}\times 1000}$$

式中 $X$——样品中铅的含量，mg/kg 或 mg/L；

$c_1$——测定用样品液中铅的含量，μg/mL；

$c_2$——试剂空白液中铅的含量，μg/mL；

$m$——样品质量或体积，g 或 mL；

$V_1$——样品萃取液体积，mL；

$V_2$——样品处理液的体积，mL；

$V_3$——测定用样品处理液的总体积，mL。

计算结果保留 2 位有效数字。在重复条件下获得的两次独立测定结果的绝对差值不得超过算术平均值的 20%。

## 三、白酒中铅含量的测定

测定白酒中铅含量的方法有双硫腙比色法和原子吸收分光光度法。双硫腙比色法是经典方法，虽然操作繁杂，但不需要高精仪器，一般实验室均可操作。原子吸收分光光度法快速准确，但原子吸收仪价格昂贵，可根据实验室具体情况选择检验方法。

### （一）双硫腙比色法

**1. 原理**

样品经消化后，在 pH 值为 8.5～9.0 时，铅离子与双硫腙生成红色络合物。络合物颜色的深浅与样品中铅的含量成正比，此络合物溶于三氯甲烷。加入掩蔽剂柠檬酸铵、氰化钾和盐酸羟胺等，使之与 $Fe^{2+}$、$Sn^{2+}$、$Cd^{2+}$、$Cu^{2+}$ 等离子生成更稳定的络合物，从而消除这些离子的干扰。然后用目视比色法或分光光度计进行比色定量。

**2. 仪器**

① 分光光度计（可见光范围）。

② 马弗炉。

③ 水浴锅。

④ 蒸发皿：100mL。

⑤ 成套比色管：50mL。

⑥ 分液漏斗：100mL。

**3. 试剂**

① 氨水（1+1）。

② 6mol/L 盐酸：量取 100mL 盐酸，加水稀释至 200mL。

③ 酚红指示剂（质量分数为 0.1%乙醇溶液）。

④ 200g/L 盐酸羟胺溶液：称取 20g 盐酸羟胺，加水溶解至约 50mL，加 2 滴酚红指示剂，加氨水（1+1），调 pH 至 8.5～9.0（由黄变红，再多加 2 滴），用双硫腙-三氯甲烷溶液提取至三氯甲烷层绿色不变为止，再用三氯甲烷洗二次，弃去三氯甲烷层，水层加 6mol/L 盐酸呈酸性，加水稀释至 100mL。

⑤ 200g/L 柠檬酸铵溶液：称取 50g 柠檬酸铵，溶于 100mL 水中，加 2 滴酚酞指示剂，加氨水（1+1），调 pH 至 8.5～9.0，用双硫腙-三氯甲烷溶液提取数次，每次 10～20mL，至三氯甲烷层绿色不变为止，弃去三氯甲烷层，再用三氯甲烷洗二次，每次 5mL，弃去三氯甲烷层，加水稀释至 250mL。

⑥ 100g/L 氰化钾溶液。

⑦ 三氯甲烷（不应含氧化物）。

检查方法：量取 10mL 三氯甲烷，加 25mL 新煮沸过的水，振摇 3min，静置分层后，取 10mL 水液，加数滴 150g/L 碘化钾溶液及淀粉指示剂，振摇后应不显蓝色。

处理方法：于三氯甲烷中加入 1/20～1/10 体积的 200g/L 硫代硫酸钠溶液洗涤，再用水洗，加入少量无水氯化钙脱水后进行蒸馏，弃去最初及最后的 1/10 馏出液，收集中间馏出液备用。

⑧ 淀粉指示剂：称取 0.5g 可溶性淀粉，加 5mL 水搅匀后，慢慢倒入 100mL 沸水中，边倒边搅拌，煮沸后放冷备用。临用时配制。

⑨ 硝酸（1+99）：量取 1mL 硝酸，加水稀释至 100mL。

⑩ 双硫腙溶液：0.05%（质量分数）三氯甲烷溶液，保存冰箱中，必要时用下述方法钝化。

称取 0.5g 研细的双硫腙，溶于 50mL 三氯甲烷中，如不全溶，可用滤纸过滤于 250mL 分液漏斗中，用氨水（1+99）提取三次，每次 100mL，将提取液用棉花过滤至 500mL 分液漏斗中，用 6mol/L 盐酸调至酸性，将沉淀出的双硫腙用三氯甲烷提取 2～3 次，每次 20mL，合并三氯甲烷层，用等量水洗涤二次，弃去洗涤液，在 50℃水浴上蒸去三氯甲烷。精制的双硫腙置于硫酸干燥器中，干燥备用。或将沉淀出的双硫腙用 200mL、200mL、100mL 三氯甲烷提取三次，合并三氯甲烷层为双硫腙溶液。

⑪ 双硫腙使用液：吸取 1.0mL 双硫腙溶液，加三氯甲烷至 10mL，混匀。用 1cm 比色皿，以三氯甲烷调节零点，于 510nm 处测吸光度 $A$，用下式计算出配制 100mL 双硫腙使用液（70%透光率）所需双硫腙溶液的毫升数 $V$。

$$V=\frac{10\times(2-\lg 70)}{A}=\frac{1.55}{A}$$

⑫ 铅标准溶液：准确称取 0.1598g 硝酸铅，加 10mL 硝酸（1+99），全部溶解后，移

入 100mL 容量瓶中，加水稀释至刻度。此溶液每毫升相当于 1mg 铅。

⑬ 铅标准使用液：吸取 1.0mL 铅标准溶液，置于 100mL 容量瓶中，加水稀释至刻度。此溶液每毫升相当于 10μg 铅。

**4. 操作步骤**

(1) 样品处理

① 干法处理酒样：吸取 25.0mL 酒样于瓷蒸发皿中，于水浴上蒸干。加盐酸（1+1）10mL 将残渣溶解，再于水浴上蒸干。移入马弗炉中 500℃灰化至白灰，难灰化的酒样可加入 100g/L 硝酸镁溶液 2mL 或 1g 氧化镁作助灰剂。如样品在马弗炉中不易烧成灰白色，可在冷却后于坩埚中加硝酸数滴使残渣湿润，蒸干后再行灼烧，直至烧至灰白色。加盐酸（1+9）5mL 分三次溶解残渣，分次移入 25mL 容量瓶中，用热水洗涤蒸发皿三次，并稀释至刻度，摇匀。

② 湿法处理酒样：吸取 25.0mL 酒样，将其置于 250mL 定氮瓶中，加数粒玻璃珠或瓷环，先用小火缓缓加热除去乙醇，再加入 5～10mL 硝酸，混合均匀后，沿瓶壁慢慢加入硫酸 5～10mL，放置片刻，先小火加热，待作用缓和后放冷，沿瓶壁再加入硫酸 5～10mL，再加热，至瓶中液体刚开始变成棕色时，不断沿瓶壁滴加硝酸至有机质分解完全。加大火力，至产生白烟，溶液应澄明无色或微带黄色，放冷。

加 20mL 水煮沸，除去残余的硝酸至产生白烟为止，如此处理两次，放冷。将冷后的溶液移入 50mL 容量瓶中，用水洗涤定氮瓶，洗液并入容量瓶中，放冷，加水至刻度，混合均匀。定容后的溶液每 10mL 相当于 1g 样品，相当于加入硫酸量 1mL。

取与消化样品相同量的硝酸、硫酸，按同样方法做试剂空白试验。

(2) 测定　吸取 10～20mL 干法或湿法消化处理的溶液和同量的试剂空白液，分别置于 125mL 分液漏斗中，加水至 20mL。

吸取 0.00mL、0.20mL、0.40mL、0.60mL、0.80mL、1.00mL 铅标准使用液（相当于 0.0μg、2.0μg、4.0μg、6.0μg、8.0μg、10.0μg 铅），分别置于 125mL 分液漏斗中，各加硝酸（1+99）至 20mL。

于样品处理液、试剂空白液和铅标准液中各加 200g/L 柠檬酸铵溶液 2mL，200g/L 盐酸羟胺溶液 1mL 和酚红指示剂 2 滴，用氨水（1+1）调至红色，再各加 100g/L 氰化钾溶液 1mL，混合均匀。各加 10.0mL 双硫腙使用液，剧烈振摇 1min，静置分层后比色。如用目视比色，可在白色背景上将样品管和标准系列管进行比较，找出颜色相同的标准管；若用分光光度法，需将氯仿层经脱脂棉滤入 1cm 比色杯中，于波长 510nm 处以零管作参比测定吸光度，以标准管的吸光度为纵坐标，标准铅的质量为横坐标绘制标准曲线，并从标准曲线上查出样品管相对应的铅含量。

**5. 结果计算**

样品中铅的含量可由下式求得。

$$X=\frac{m_1-m_0}{V_1\times\frac{V_3}{V_2}}$$

式中　$X$——样品中铅的含量，mg/L；

$V_1$——取样体积，mL；

$V_2$——样品消化液的总体积，mL；

$V_3$——测定用样品消化液的体积，mL；

$m_1$——测定用样品消化液中铅的质量，μg；

$m_0$——试剂空白液中铅的质量，μg。

**6. 注意事项**

① 本节湿法消化方法采用国家标准规定的方法，对高糖、高脂肪含量的样品更为适用。白酒中的有机物主要是乙醇，其他物质很少，可采用盐酸消化，此法操作简便，试剂用量少，而准确度也较好。

② 氰化钾为剧毒品，使用时应特别小心，用后要洗手。废氰化钾溶液不能乱倒，不可与酸接触，以免产生氰化氢气体吸入而中毒。处理时可加氢氧化钠和硫酸亚铁生成亚铁氰化钾，以降低毒性。

③ 加入氰化钾，可使许多金属元素形成稳定络合物被掩蔽，加入柠檬酸铵以防止碱性条件下碱土金属沉淀，加入盐酸羟胺，防止三价铁氧化双硫腙。

④ 测定铅所用的蒸馏水、各种试剂和器皿都不应含铅。无铅水的制备方法是：在普通蒸馏水中加浓硫酸（每升水中加约 2mL 浓硫酸），用硬质玻璃蒸馏器进行重蒸馏，或采用离子交换法制备。所用试剂及仪器先检查是否含有铅。玻璃器皿在使用前用 10%～20%（体积分数）硝酸浸泡 24h 以上，用自来水反复冲洗，再用无铅蒸馏水冲洗干净。

⑤ 双硫腙在空气中容易氧化而失去络合能力，应进行精制。精制方法是：称取 1g 双硫腙，溶于 50～75mL 氯仿中（如有不溶物则用滤纸过滤），转入 250mL 分液漏斗中，用 100mL 氨水（1+99）提取双硫腙（分 3～4 次提取），使双硫腙全部溶入氨水中，弃去氯仿层，以脱脂棉过滤，滤液转入另一大分液漏斗中，用盐酸（1+9）（优级纯）酸化，双硫腙被沉淀。将沉淀出的双硫腙用氯仿提取 2～3 次，每次约 20mL，将氯仿提取液置入分液漏斗中，用水洗涤 2～3 次。将氯仿层置入蒸发皿中，于 70℃水浴中蒸去氯仿，精制的双硫腙放入浓硫酸干燥器中干燥备用。

⑥ 氨水的检查方法：取浓氨水 3mL，于瓷蒸发皿中蒸干，用盐酸溶液（1+99）将瓷蒸发皿中残渣洗入比色管中，加 1mL 100g/L 氰化钾溶液和 5mL 双硫腙氯仿溶液，振摇后氯仿层应成绿色。

处理方法：将浓氨水置入干燥器磁板下，磁板上面放置盛有无铅水的烧杯，使自然吸收，24h 后取出备用。

⑦ 酚红指示剂变色范围为 pH 值在 6.8～8.0，由黄色变为红色，在酸性条件下酚红也成红色。因样品管为酸性，加酚红指示剂后呈红色，故需用氨水调至由红变黄，再由黄变红为止。

⑧ 酒样的取样量视铅含量而定，对上述测定条件来说，酒样含铅量 1mg/L 左右取样 5mL；含铅量 0.5mg/L 左右取样 10mL；含铅量 0.1mg/L 左右取样 25mL。

### （二）原子吸收分光光度法

**1. 原理**

酒样经稀释处理后，导入原子吸收分光光度计中，铅在空气-乙炔火焰中原子化，基态原子铅吸收特征波长 283.3nm 的光，其吸收量与铅含量成正比，测定其吸光度，将样品与标准系列比较定量。

**2. 仪器**

① 原子吸收分光光度计（附铅空心阴极灯）。

② 所用玻璃仪器均以 10%～20%（体积分数）硝酸浸泡 24h 以上，用水反复冲洗，最后用去离子水冲洗晾干后，方可使用。

**3. 试剂**

要求使用去离子水，优级纯或高级纯试剂。

① 1μg/mL 铅标准溶液（同双硫腙比色法）。

② 硝酸（1＋199）：量取 1mL 浓硝酸，加水稀释至 200mL，摇匀。

**4. 操作步骤**

（1）样品处理　吸取酒样 2.0mL，置入 100mL 容量瓶中，加硝酸（1＋199）至刻度，混合均匀，备用。

（2）测定　吸取 0.00mL、0.50mL、1.00mL、2.00mL、3.00mL、4.00mL 铅标准溶液，分别置于 100mL 容量瓶中，加硝酸（1＋199）至刻度，混合均匀。容量瓶中每毫升分别相当于 0.0ng、5.0ng、10.0ng、20.0ng、30.0ng、40.0ng 铅。

将处理后的样液、试剂空白液和各容量瓶中铅标准稀释液分别导入火焰进行测定。以铅含量对应吸光度，绘制标准曲线比较定量。

测定条件：灯电源 7.5mA，波长 283.3nm，狭缝 0.2nm，空气流量 7.5L/min，乙炔流量 1L/min，灯头高度 3mm，氘灯背景校正（也可根据仪器型号调至最佳条件）。

**5. 结果计算**

样品中的铅含量可由下式求得。

$$X=\frac{(\rho_1-\rho_2)V_1\times 1000}{V_s\times 1000}$$

式中　$X$——样品中的铅含量，mg/L；

$\rho_1$——测定样品中铅的含量，ng/mL；

$\rho_2$——试剂空白液中铅的含量，ng/mL；

$V_1$——样品处理后的总体积，mL；

$V_s$——取样体积，mL。

## 四、白酒中锰含量的测定

测定白酒中锰含量的主要方法是过碘酸钾法和原子吸收分光光度法，其中以过碘酸钾法最为常用，适用于工厂化验室。

**1. 原理**

样品经干法或湿法消化后，在酸性介质中样品中的二价锰被氧化剂过碘酸钾氧化成七价锰而呈紫红色，其呈色深浅与锰含量成正比，与标准比较定量。

**2. 仪器**

可见分光光度计。

**3. 试剂**

① 硫酸。

② 磷酸。

③ 过碘酸钾。

④ 硝酸。

⑤ 1mg/mL 锰标准贮备溶液：称取 0.2746g 经 400～650℃灼烧至质量恒定的硫酸锰，或精密称取 0.3073g 含一分子水的硫酸锰（$MnSO_4\cdot H_2O$），加水溶解后移入 100mL 容量瓶中，加入 3 滴硫酸，再加水稀释至刻度，摇匀（此溶液每毫升含 1mg 锰）。

⑥ 10μg/mL 锰标准使用液：吸收 1.0mL 锰标准贮备溶液置于 100mL 容量瓶中，加水稀释至刻度，摇匀。此溶液每毫升含 10μg 锰。临用现配制。

**4. 操作步骤**

（1）样品处理　湿法处理同铅测定中的双硫腙法。

干法处理时，当蒸发皿内样品剩 1mL 左右时，加硝酸（1＋9）0.5mL，继续蒸发至干，用热蒸馏水多次洗入 25mL 容量瓶中，定容。

(2) 测定 吸取10.0mL样品消化液于100mL烧杯中，添加适量浓硫酸至样品消化液中含2mL硫酸液，加水至总体积为20mL，混匀。

吸取0.00mL、1.00mL、2.00mL、3.00mL、4.00mL、5.00mL锰标准使用液（相当于含锰0.0μg、10.0μg、20.0μg、30.0μg、40.0μg、50.0μg），分别置于100mL烧杯中，再加2mL硫酸，加水至总体积为20mL，混匀。

于样品及标准中分别加入1.5mL磷酸及0.3g过碘酸钾，混匀，在小火上煮沸5min，然后移入25mL比色管中，以少量水洗涤烧杯，洗液一并移入比色管中，加水至刻度，混匀。在波长530nm处，用3cm比色杯，以标准零管调节零点，测定吸光度，绘制标准曲线比较定量，或与标准系列目视比色定量。

**5. 结果计算**

$$X=\frac{m_1\times V_1\times 1000}{V\times V_2\times 1000}$$

式中 $X$——样品中锰（以Mn计）的含量，mg/L；

$m_1$——测定样品消化液中锰的质量，μg；

$V_1$——样品消化液总体积，mL；

$V_2$——测定用消化液体积，mL；

$V$——取样体积，mL。

## 五、葡萄酒中铁含量的测定

葡萄酒中铁的测定方法较多，其中以比色法最为常用。常用的显色剂有邻菲啰啉、磺基水杨酸、硫氰酸钾和三吡啶均三嗪等，此外还有原子吸收分光光度法，其中三吡啶均三嗪比色法被AOAC列为正式法。邻菲罗啉比色法、磺基水杨酸比色法及三吡啶均三嗪比色法简单可靠，应用较多。原子吸收分光光度法快速，准确度也可满足要求，但需配备原子吸收仪。可根据实验室具体情况选择检验方法。

### （一）邻菲罗啉比色法

**1. 原理**

样品经消化后，以盐酸羟胺为还原剂，将样品中的三价铁还原为二价铁。pH值为4～5之间时，亚铁与邻菲罗啉反应生成橙红色络合物。用分光光度计或目视比色。测定亚铁时，不加盐酸羟胺溶液，以免将$Fe^{3+}$还原为$Fe^{2+}$，使结果增高。

**2. 仪器**

① 可见分光光度计。

② 成套比色管：50mL。

**3. 试剂**

① 2.5g/L邻菲罗啉溶液：称取0.25g邻菲罗啉，加10mL95%（体积分数）乙醇溶解，用水稀释至100mL，摇匀。

② 氨水（1+1）。

③ 10mg/L铁标准溶液：精确称取0.7024g硫酸亚铁铵［$FeSO_4\cdot(NH_4)_2SO_4\cdot 6H_2O$］，溶解于水，转移至1000mL容量瓶中，加3～4滴浓硫酸，然后用水定容至刻度，摇匀。此液为含铁100mg/L的标准贮备液。

吸取贮备液10.0mL，用水稀释至100.0mL，摇匀。

④ 2mol/L乙酸钠溶液：称取乙酸钠（$CH_3COONa\cdot 3H_2O$）272g，用水溶解并稀释至1000mL，摇匀。

⑤ 200g/L 盐酸羟胺溶液：称取 20g 盐酸羟胺，用水溶解并稀释至 100mL，摇匀，于棕色瓶低温处贮存。

⑥ 30%（体积分数）过氧化氢。

⑦ 浓硫酸。

**4. 操作步骤**

(1) 样品处理　吸取酒样 1.00mL 于 10mL 凯氏烧瓶内，置电炉上小心缓慢蒸发至干（此时另取一支凯氏烧瓶，按下法同样操作做空白试验），取下稍冷后，加浓硫酸 1mL（可根据含糖量的高低增减酸的用量，含糖量高可适当多加酸），于通风橱内加热至干固物完全消化为止。取出，沿瓶壁缓慢加入 30%（体积分数）过氧化氢 0.5～1mL（或过氯酸 4 滴），继续置电炉上消化至无色透明。如仍有色，可再加几滴过氧化氢（或过氯酸）直至无色透明为止。

(2) 标准曲线绘制　用刻度吸管精确吸取 10mg/L 的铁标准溶液 0.00mL、0.20mL、0.40mL、0.60mL、1.00mL、1.40mL 分别于 50mL 比色管中，加水 5mL，摇匀。加盐酸羟胺 0.5mL，摇匀。放置 5min 后，再加邻菲罗啉溶液 1mL，摇匀。加水至 25mL，放置 30min。在分光光度计上于 480nm 波长处，用 1cm 比色杯测定吸光度，以测得的吸光度为纵坐标，铁含量为横坐标，绘制标准曲线。

(3) 测定　样品与空白消化液分别用氨水或乙酸钠溶液调整 pH 值为 4～5，小心地将此液移入 25mL 比色管中，以少量水洗涤凯氏烧瓶多次，洗液并入同一比色管中，加盐酸羟胺 0.5mL，摇匀。放置 5min 后，再加 1mL 邻菲罗啉溶液，摇匀，用水定容。放置 30min，在分光光度计上于 480nm 波长处，用 1cm 比色杯测定其吸光度，在标准曲线上查出铁的含量。

**5. 结果计算**

样品中的铁含量可由下式求得。

$$X=A-B$$

式中　$X$——样品的铁含量，mg/L；

$A$——从标准曲线中查出的样品的铁含量，mg/L；

$B$——空白的铁含量，mg/L。

保留一位小数报告检验结果。

**6. 注意事项**

① 试液的 pH 对显色影响较大，必须严格控制 pH 值在 4～5 时再加显色剂。

② 铁标准溶液不宜放置时间太长。

### （二）磺基水杨酸比色法

**1. 原理**

在弱碱性条件下，$Fe^{2+}$ 能被迅速氧化为 $Fe^{3+}$ 并能与磺基水杨酸结合生成黄色络合物，其呈色强度与铁含量成正比。

**2. 仪器**

可见分光光度计。

**3. 试剂**

① 氨水（1+9）。

② 10mg/L 铁标准溶液：精确称取 0.7024g 硫酸亚铁铵 [$FeSO_4 \cdot (NH_4)_2SO_4 \cdot 6H_2O$]，溶解于水，转移至 1000mL 容量瓶中，加 3～4 滴浓硫酸，然后用水定容至刻度，摇匀。此液为含铁 100mg/L 的标准贮备液。

吸取贮备液 10.0mL，用水稀释至 100.0mL，摇匀。

③ 100g/L 磺基水杨酸溶液：称取 10g 磺基水杨酸，溶于 100mL 水中，摇匀。

**4. 操作步骤**

（1）样品消化 吸取酒样 1.00mL 于 10mL 凯氏烧瓶内，置电炉上小心缓慢蒸发至干（此时另取一支凯氏烧瓶，按下法同样操作做空白试验），取下稍冷后，加浓硫酸 1mL（可根据含糖量的高低增减酸的用量，含糖量高可适当多加酸），于通风橱内加热至干固物完全消化为止。取出，沿瓶壁缓慢加入 30%（体积分数）过氧化氢 0.5～1mL（或过氯酸 4 滴），继续置电炉上消化至无色透明。如仍有色，可再加几滴过氧化氢（或过氯酸）直至无色透明为止。

（2）标准曲线绘制 准确吸取铁标准溶液 0.00mL、0.40mL、0.80mL、1.20mL、1.60mL、2.00mL 分别置于 50mL 比色管中，然后依次各加入 100g/L 磺基水杨酸溶液 5mL、氨水（1+9）5mL，用蒸馏水稀释至刻度，摇匀。于 465nm 波长处，用 1cm 比色杯测吸光度，以吸光度为纵坐标，铁含量为横坐标，绘制标准曲线。

（3）测定 将消化液倾入 50mL 比色管中，用蒸馏水冲洗数次至 10mL。然后依次加入 100g/L 磺基水杨酸溶液 5mL，用浓氨水中和至溶液呈黄色，冷却，用蒸馏水稀释至刻度，与标准管目视比色或用分光光度计测定吸光度。

**5. 结果计算**

样品中的铁含量可由下式求得。

$$X=\frac{m}{V}\times 1000$$

式中 $X$——样品中总铁的含量，mg/L；

$m$——与样品颜色相同的标准管含铁的质量，mg；

$V$——取样量，mL；

1000——换算为 1L 的系数。

**6. 注意事项**

① $Fe^{3+}$ 能与磺基水杨酸作用生成数种络合物，当 pH 值为 1.8～2.5 时，形成紫褐色的络阳离子；当 pH 值为 4～8 时，形成褐色的络阴离子；pH 值为 8～11.5 时，形成黄色的络阴离子；pH 值大于 12 时，生成氢氧化铁沉淀，所以应特别注意调节溶液的酸碱度。

② 铜离子也能与磺基水杨酸络合而干扰测定，生成物是无色的，但也能消耗一定量的磺基水杨酸，故加入过量的磺基水杨酸溶液，以消除铜离子的干扰。

### （三）三吡啶均三嗪比色法（AOAC 法）

**1. 原理**

用维生素 C 作还原剂将 $Fe^{3+}$ 还原为 $Fe^{2+}$，它与 2,4,6-三吡啶均三嗪生成有色络合物，在波长 593nm 处测定该络合物吸光度，用标准曲线法定量。

**2. 仪器**

可见分光光度计。

**3. 试剂**

用无铁水和无铁试剂配制。

① 0.001mol/L 2,4,6-三吡啶均三嗪（TPTZ）溶液：在 250mL 容量瓶中，加 100mL 水及 5 滴盐酸，再加入 0.078g TPTZ，稀释至刻度，摇匀。以玻璃漏斗过滤，贮存于无铁玻璃瓶中。

② 400g/L 乙酸钠溶液：称取 40g 乙酸钠，用水溶解并稀释至 100mL，摇匀。

③ 抗坏血酸-乙酸钠缓冲溶液：称取 2.5g 抗坏血酸溶于 20mL 水中，加 5mL 400g/L 乙酸钠溶液，用乙醇稀释至 50mL，摇匀。使用时当天配制。

④ 10mg/L 铁标准溶液：精确称取 0.7024g 硫酸亚铁铵［$FeSO_4 \cdot (NH_4)_2SO_4 \cdot 6H_2O$］，溶解于水，转移至 1000mL 容量瓶中，加 3～4 滴浓硫酸，然后用水定容至刻度，摇匀。此液为含铁 100mg/L 的标准贮备液。

吸取贮备液 10.0mL，用水稀释至 100.0mL，摇匀。

⑤ 50g/L 抗坏血酸溶液：称取 5g 抗坏血酸，溶于 100mL 水中。

**4. 操作步骤**

（1）绘制标准曲线　吸取铁标准溶液 0.00mL、0.50mL、1.00mL、2.00mL、3.00mL、4.00mL 分别置于 100mL 容量瓶中，各加 2.0mL 抗坏血酸-乙酸钠缓冲溶液及 2.0mL 的 TPTZ 溶液，摇匀。置约 60℃水浴中加热 15min，冷却至室温后，在分光光度计上用与酒样酒精度相近的乙醇溶液调节零点，在波长 593nm 处，用 1cm 比色杯测定各溶液的吸光度。

从标准测得的吸光度减去空白的吸光度，然后用校正后的吸光度对铁的浓度作图，绘制标准曲线（在此浓度范围内应为直线）。

（2）测定　将按邻菲罗啉法消化好的样品两份分别置于两个 100mL 容量瓶中，各加 2.0mL 50g/L 抗坏血酸溶液。一个容量瓶中加入 2.0mL 的 TPTZ 溶液，另一个加 2.0mL 水（作空白）。在 60℃水浴中加热 15min，冷却溶液至室温后，在与绘制标准曲线相同条件下测定各溶液的吸光度，从测得的样品吸光度减去试剂空白吸光度和样品空白吸光度，用校正后的吸光度从标准曲线中查得样品中铁的含量。

### （四）原子吸收法

**1. 原理**

酒样在空气-乙炔火焰中直接喷雾，使铁元素原子化，然后在铁的最灵敏线 248.3nm 处测定吸光度，吸光度的大小与铁离子的含量成正比，由标准曲线法定量。

**2. 仪器**

原子吸收分光光度计（具有铁空心阴极灯）。

**3. 试剂**

用无铁试剂、无铁水和无铁乙醇配制试剂（玻璃器皿使用前用盐酸和水冲洗）。

① 10mg/L 铁标准溶液：精确称取 0.7024g 硫酸亚铁铵［$FeSO_4 \cdot (NH_4)_2SO_4 \cdot 6H_2O$］，溶解于水，转移至 1000mL 容量瓶中，加 3～4 滴浓硫酸，然后用水定容至刻度，摇匀。此液为含铁 100mg/L 的标准贮备液。

吸取贮备液 10.0mL，用水稀释至 100.0mL，摇匀。

② 1mol/L 盐酸溶液：量取浓盐酸 17mL，加水稀释至 200mL，摇匀。

**4. 操作步骤**

按仪器说明书调节原子吸收分光光度计，使用空气-乙炔火焰。装上空心阴极灯，将波长调节至 248.3nm，喷入空白溶液，调节吸光度为零。准确吸取 10mg/L 铁标准溶液 0.50mL、1.00mL、2.00mL、3.00mL、4.00mL、5.00mL 分别移入 50mL 容量瓶中，用 1mol/L HCl 溶液定容至刻度，摇匀，依次将铁标准溶液喷入火焰，测定吸光度。在每次测定前用水喷雾，清洗燃烧器，再用空白调节吸光度至零。以吸光度对铁的浓度作图，绘制标准曲线。将被测样品喷入火焰，测定吸光度。从标准曲线查得样品中铁的含量。

**5. 结果计算**

样品中的铁含量可由下式求得。

$$X=\frac{m}{V}\times 1000$$

式中 $X$——样品中总铁的含量，mg/L；

$m$——与样品颜色相同的标准管含铁的质量，mg；

$V$——取样量，mL；

1000——换算为1L的系数。

**6. 注意事项**

如样品中铁含量低，将检测器的灵敏度提高二倍再测。

## [目标检测]

**一、单项选择题**

1. （　）是氨基酸态氮含量测定的重要试剂。

A. 甲醛　　B. 硫酸　　C. 硼酸

2. 氨基酸态氮含量测定的公式是（　）。

A. $NV\times0.014\times100/W$　　B. $W/NV\times0.014\times100$　　C. $NV/W$

3. （　）是测定啤酒中二氧化硫含量的指示剂。

A. 淀粉　　B. 孔雀石绿　　C. 酚酞

4. （　）是测定啤酒中二氧化硫含量的标准溶液。

A. 高锰酸钾　　B. 碘标准溶液　　C. 碳酸钠

5. 溶液应呈（　）是啤酒中二氧化硫含量测定的终点颜色。

A. 蓝色　　B. 黄色　　C. 红紫色

6. 空白试验是指（　）。

A. 在不加待测成分的前提下，按操作规程所进行的实验。

B. 用任何一种溶液代替样液的实验。

C. 不用标准溶液的实验。

7. 蒸馏某种沸点很低的液体应选用（　）。

A. 空气冷凝管　　B. 直形冷凝管　　C. 蛇形冷凝管　　D. 球形冷凝管

8. 蒸馏装置的安装使用中，不正确的选项是（　）。

A. 温度计水银球应插入蒸馏烧杯内液面下。

B. 各个塞子孔道应尽量做到紧密套进各部件。

C. 各个铁夹不要夹得太紧或太松。

D. 整套装置应安装合理端正、气密性好。

9. 下列选项中，蒸馏无法达到目的的是（　）。

A. 测定液体化合物的沸点　　B. 分离两种沸点相近互不相溶的液体

C. 提纯，除去不挥发的杂质　　D. 回收溶剂

10. 装配蒸馏装置的一般顺序是（　）。

A. 由下而上，由左而右　　B. 由大而小，由右而左

C. 由上而下，由左而右　　D. 由小而大，由右而左

11. 有关蒸馏操作不正确的是（　）。

A. 加热前应加入数粒止暴剂　　B. 应在加热前向冷凝管内通入冷水

C. 应用大火快速加热　　D. 蒸馏完毕应先停止加热，后停止通水

12. 下列几种冷凝管，蒸馏乙醇宜选用的是（　）。

A. 空气冷凝管　　B. 直形冷凝管　　C. 蛇形冷凝管　　D. 球形冷凝管

13. 为防止蒸馏过程中的（　），须加沸石或无釉小瓷片到蒸馏烧瓶中。

A. 沸腾现象　　B. 暴沸现象　　C. 爆炸现象　　D. 过热现象

14. 硫氰酸盐光度法测定铁的 pH 条件是（　　）。

A. 酸性溶液　　B. 中性溶液　　C. 碱性溶液　　D. 任意溶液

15. 双硫腙比色法测定铅的 pH 条件是（　　）。

A. 酸性溶液　　B. 中性溶液　　C. 碱性溶液　　D. 任意溶液

16. 原子吸收分光光度法测定铁的分析线波长为（　　）。

A. 213.8nm　　B. 248.3nm　　C. 285.0nm　　D. 279.5nm

17. 原子吸收分光光度法测定锰的分析线波长为（　　）。

A. 213.8nm　　B. 248.3nm　　C. 285.0nm　　D. 279.5nm

18. 原子吸收分光光度法测定铅的分析线波长为（　　）。

A. 213.8nm　　B. 248.3nm　　C. 285.0nm　　D. 283.3nm

19. 双硫腙比色法测定铅时，为了防止铁、铜、锌等离子的干扰，应加入（　　）。

A. 柠檬酸铵　　B. 氰化钾　　C. 盐酸羟胺　　D. 以上都是

20. 双硫腙比色法测定铅中，铅与双硫腙生成（　　）络合物。

A. 红色　　B. 黄色　　C. 蓝色　　D. 绿色

21. 双硫腙比色法测定铅的测量波长为（　　）。

A. 510nm　　B. 530nm　　C. 550nm　　D. 570nm

22. 二乙氨基二硫代甲酸钠光度法测定铜的测量波长为（　　）。

A. 400nm　　B. 420nm　　C. 440nm　　D. 460nm

23. 异烟酸-吡唑啉酮比色法测定白酒中氰化物时，在（　　）溶液中用氯胺 T 将氰化物转化为氯化氰，再与异烟酸-吡唑啉酮作用，生成蓝色染料。

A. pH<7.0　　B. pH 7.0　　C. pH>7.0　　D. 任意

24. 原子吸收法测定铜的分析线为（　　）。

A. 324.8nm　　B. 248.3nm　　C. 285.0nm　　D. 283.3nm

25. 双硫腙比色法测定铅时，加入柠檬酸铵的目的是（　　）。

A. 与许多金属离子形成稳定的络合物而被掩蔽。

B. 防止在碱性条件下碱土金属的沉淀。

C. 防止三价铁离子对双硫腙的氧化。

D. 使铅与双硫腙形成的络合物稳定。

26. 双硫腙比色法测定锌时，加入盐酸羟胺的作用是（　　）。

A. 消除其他金属离子的干扰　　B. 使锌与双硫腙形成的络合物色泽稳定

C. 防止三价铁离子氧化双硫腙　　D. 以上都是

27. 下列中毒急救方法错误的是（　　）。

A. 呼吸系统急性中毒时，应使中毒者离开现场，使其呼吸新鲜空气或做抗休克处理。

B. $H_2S$ 中毒立即进行洗胃，使之呕吐。

C. 误食了重金属盐溶液应立即洗胃，使之呕吐。

D. 皮肤、眼、鼻受毒物侵害时立即用大量自来水冲洗。

28. 理化检验选用的试剂，其标签上必须有的标注项目是（　　）。

A. 纯度、状态和杂质含量等　　B. 品级、纯度和价格等

C. 纯度、价格和杂质含量等　　D. 品级、纯度和杂质含量等

29. 在实验中，皮肤溅上浓碱时，在用大量水冲洗后继而应用（　　）处理。

A. 5%硼酸　　B. 5%小苏打溶液　　C. 2%盐酸　　D. 2%硝酸

30. 玻璃器皿上附着的黄褐色铁锈斑点可用（　　）洗除。

A. 热碱水　　B. 10%盐酸　　C. 0.5%草酸　　D. 乙醇

二、判断题

1. 20℃时，酒精质量与同体积纯水质量之比值，即为酒精密度。(　　)

2. 原麦汁浓度的测定和酒精度的测定都可以采用密度瓶法，其操作步骤是一样的，但计算方法不同。(　　)

3. 白酒己酸乙酯的气相色谱检验采用的是火焰光度检测器。(　　)

4. 硫氰酸钾法测定食品中铁含量原理是在碱性条件下，二价铁与硫氰酸钾作用生成血红色的硫氰酸铁络合物，颜色深浅与铁离子浓度成正比。(　　)

5. 邻菲罗啉比色法测定铁时，加入盐酸羟胺是为了防止 $Fe^{2+}$ 氧化成 $Fe^{3+}$。(　　)

6. 邻菲罗啉比色法测定铁时，应该先加盐酸羟胺和乙酸钠，后加邻菲罗啉。(　　)

7. 双硫腙是测定铅的专一试剂，测定时没有其他金属离子的干扰。(　　)

8. 二乙氨基二硫代甲酸钠光度法测定铜时，一般样品中存在的主要干扰元素是铁。(　　)

9. 二乙氨基二硫代甲酸钠光度法测定铜含量是在酸性条件下进行的。而吡啶偶氮间苯二酚比色法测定铜含量则是在碱性溶液中进行的。(　　)

10. 双硫腙比色法测定铅含量是在酸性溶液中进行的。加入柠檬酸铵、氰化钾等是为了消除铁、铜、锌等离子的干扰。(　　)

11. EDTA 络合滴定法测定黄酒中氧化钙含量是在碱性条件下进行的，且 pH 值大于 12，是为了避免镁的干扰。而加入三乙醇胺时则需在酸性溶液中添加。(　　)

12. 过碘酸钾法测定白酒中锰含量是样品经干法或湿法消化后，在碱性介质中样品中的二价锰被氧化剂过碘酸钾氧化成七价锰而呈紫红色，其呈色深浅与锰含量成正比，与标准比较定量。(　　)

13. 磺基水杨酸比色法测定葡萄酒中铁含量时，加入过量的磺基水杨酸溶液是为了消除铜离子的干扰。(　　)

14. 磺基水杨酸比色法测定葡萄酒中铁含量时，因 $Fe^{2+}$ 能与磺基水杨酸作用生成数种络合物，因此应特别注意控制溶液的酸碱度。(　　)

15. 邻菲罗啉比色法测定葡萄酒中铁含量时，因试液的 pH 对显色影响较大，需严格控制 pH 值在碱性范围内，再加显色剂。(　　)

16. 正常啤酒中除了含有二氧化硫外，还含有硫酸成分。(　　)

17. 在分光光度法中，当欲测物的浓度大于 0.01mol/L 时，可能会偏离光吸收定律。(　　)

18. 水俣病和骨痛病是由慢性中毒引起的。(　　)

19. 易燃液体的废液不得倒入下水道。(　　)

20. 电气仪器使用时若遇停电，应立即断开电闸。(　　)

# 第四章 乳及乳制品的检验

## 第一节 乳及乳制品中一般成分的检验

### 一、蛋白质的测定

蛋白质的测定方法一般是根据蛋白质的理化特性来确定的，主要分为两类：一类是利用蛋白质共性的方法，例如凯氏定氮法、双缩脲法等；另一类是利用蛋白质中含有特定氨基酸残基的方法，例如酚试剂法、紫外光谱吸收法、色素结合法等。

其中应用最普遍的是凯氏定氮法。该法是1883年由丹麦化学家凯道尔（Johan Kjedahl）创立的，适宜于测定任何形态的样品，而且具有很高的准确度和精密度，一直被作为蛋白质定量的标准方法。近几年来对凯氏定氮法进行了多方面的改进，目前正向自动检测方面发展。

#### （一）常量凯氏定氮法

**1. 原理**

将含有蛋白质的样品与浓硫酸和催化剂一同加热消化，使蛋白质分解，其中碳和氢被氧化为二氧化碳和水逸出，而样品中的有机氮转化为氨，并与硫酸结合成硫酸铵，此过程称为消化。加碱将消化液碱化，使氨游离出来，再通过水蒸气蒸馏，使氨蒸出，用硼酸吸收形成硼酸铵，再以标准盐酸或硫酸溶液滴定，根据标准酸消耗量可计算出蛋白质的含量。具体测定步骤可用消化、蒸馏、吸收与滴定来概括。

消化是指将蛋白质与浓硫酸混合加热，蛋白质被分解，其中的碳和氢被氧化成二氧化碳和水，所含的氮则转变成氨，并与硫酸化合形成硫酸铵残留于消化液中。

$$2NH_2(CH_2)_2COOH+13H_2SO_4 \xlongequal{} (NH_4)_2SO_4+6CO_2+12SO_2+16H_2O$$

由于上述反应进行很慢，消化需要很长时间，加入催化剂可加快反应速度，硫酸铜是常用的催化剂，硫酸钾能提高硫酸的沸点，常将它们混合使用，起加速氧化、促进有机物分解的作用。硫酸钾的用量不宜过大，否则温度过高，生成的硫酸铵会分解，放出氨，使氮损失。

蒸馏是将消化所得的硫酸铵加碱蒸馏，氨又被释放出来。

$$2NaOH+(NH_4)_2SO_4 \xlongequal{} 2NH_3+Na_2SO_4+2H_2O$$

需要注意的是加入氢氧化钠溶液要过量，而且要防止样液中氨气的逸出。可用硫酸铜作碱性指示剂，以黑色氧化铜出现为宜。

吸收与滴定是将生成的氨用标准盐酸吸收，剩余的未被中和的盐酸则用标准氢氧化钠溶液滴定。所用盐酸的摩尔数减去滴定所消耗的氢氧化钠摩尔数，就是被吸收的氨的摩尔数。

生成的氨也可直接用硼酸溶液吸收。硼酸吸收氨后，指示剂的颜色变化，再用标准盐酸滴定，直至恢复到原来的氢离子浓度为止，用去盐酸的摩尔数即相当于样品中氨的摩尔数。

$$2NH_3+4H_3BO_3 = (NH_4)_2B_4O_7+5H_2O$$

$$(NH_4)_2B_4O_7+5H_2O+2HCl = 2NH_4Cl+4H_3BO_3$$

由于各种蛋白质中氮的质量分数通常为 16%左右，将氮的质量分数乘以蛋白质系数，即得粗蛋白质的质量分数。

**2. 仪器**

(1) 凯氏烧瓶　500mL。

(2) 锥形瓶　250mL。

(3) 滴定管　50mL。

(4) 移液管　50mL。

(5) 量筒　100mL。

(6) 凯氏定氮消化、蒸馏、吸收装置（图 4-1）。

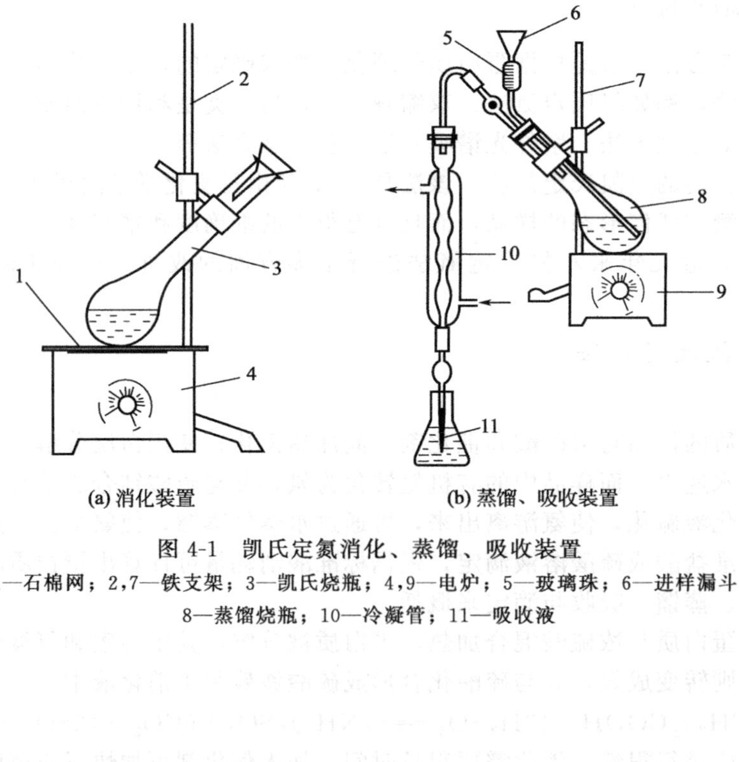


图 4-1　凯氏定氮消化、蒸馏、吸收装置

1—石棉网；2,7—铁支架；3—凯氏烧瓶；4,9—电炉；5—玻璃珠；6—进样漏斗；8—蒸馏烧瓶；10—冷凝管；11—吸收液

**3. 试剂**

① 浓硫酸。

② 硫酸铜。

③ 硫酸钾。

④ 400g/L 氢氧化钠溶液：将 40g 氢氧化钠溶于蒸馏水，并稀释至 100mL。

⑤ 甲基红-溴甲酚绿混合指示剂：5 份 1g/L 溴甲酚绿乙醇溶液与 1 份 1g/L 甲基红乙醇溶液，按 5∶1 体积临用时混合。

⑥ 40g/L 硼酸吸收液：称取 20g 硼酸溶解于 500mL 热水中，摇匀备用。

⑦ 0.1000mol/L 盐酸标准溶液。

**4. 操作步骤**

准确称取固体样品 0.20～2.00g（半固体样品 2.00～5.00g，液体样品 10.00～20.00mL），约相当氮 30～40mg，小心移入干燥洁净的 500mL 凯氏烧瓶（又名定氮瓶）中，加入研细的硫酸铜 0.5g、硫酸钾 10g 和浓硫酸 20mL，轻轻摇匀，加入玻璃珠数粒，按图 4-1(a) 所示安装消化装置，于凯氏烧瓶口放一小漏斗，并将其以 45°斜支于有小孔的石棉网上。用电炉以小火加热，待内容物全部炭化、泡沫停止产生后，加大火力，使瓶内液体微沸，液体变蓝绿色透明后，再继续加热微沸 0.5～1h。冷却，小心加入 200mL 蒸馏水，再放冷，加入玻璃珠数粒以防蒸馏时暴沸。同时做试剂空白试验。

将凯氏烧瓶按图 4-1(b) 所示安装蒸馏装置，塞紧瓶口，冷凝管下端插入吸收瓶液面下（瓶内预先装入 50mL 40g/L 硼酸吸收液及混合指示剂 2～3 滴）。放松夹子，通过漏斗加入 70～80mL 400g/L 氢氧化钠溶液，并摇动凯氏烧瓶，至瓶内溶液变为深蓝色，或产生黑色沉淀后，再加入 100mL 蒸馏水（从漏斗中加入），夹紧夹子，加热蒸馏，至氨全部蒸出（馏液约 250mL 即可），将冷凝管下端提离液面，用蒸馏水冲洗管口，继续蒸馏 1min，用表面皿接几滴馏出液，以奈氏试剂检查，若无红棕色物生成，表示蒸馏完毕，即可停止加热。否则应继续蒸馏。

将上述吸收液用 0.1000mol/L 盐酸标准溶液滴定至灰色或蓝紫色即为终点，记录盐酸标准溶液的用量。同时做空白试验（除不加样品外，其他操作完全相同），记录空白试验消耗盐酸标准溶液的体积。

**5. 结果计算**

样品中的蛋白质含量按下式进行计算

$$X=\frac{c(V_1-V_2)\times\frac{M}{1000}}{m}\times F\times 100$$

式中　$X$——样品中蛋白质的含量，g/100g 或 g/100mL；

$c$——盐酸标准溶液的浓度，mol/L；

$V_1$——滴定样品吸收液时消耗盐酸标准溶液的体积，mL；

$V_2$——滴定空白吸收液时消耗盐酸标准溶液的体积，mL；

$m$——样品质量，g；

$M$——$1/2N_2$ 的摩尔质量，14g/mol；

$F$——氮换算为蛋白质的系数。

蛋白质中氮的质量分数一般为 15%～17.6%，按 16%计算乘以 6.25 即为蛋白质的质量分数。蛋白质系数：一般食物为 6.25；乳及其制品为 6.38。

**6. 注意事项**

① 所用试剂溶液应用无氨蒸馏水配制。

② 消化时不要用强火，应保持和缓沸腾，注意不断转动凯氏烧瓶，以便利用冷凝酸液将附在瓶壁上的固体残渣洗下并促进其消化完全。

③ 样品中若含脂肪或糖较多时，消化过程中易产生大量泡沫，为防止泡沫溢出瓶外，在开始消化时应用小火加热，并不断摇动；也可以加入少量辛醇、液体石蜡或硅油消泡剂，并同时注意控制热源强度。

④ 当样品消化液不易澄清透明时，可将凯氏烧瓶冷却，加入 30%（体积分数）过氧化氢 2～3mL 后再继续加热消化。

⑤ 若取样量较大，如干试样超过 5g，可按每克试样 5mL 的比例增加硫酸用量。

⑥ 一般消化至透明后，继续消化 30min 即可，但对于含有特别难以消化的氮化合物的

样品，如含赖氨酸、组氨酸、色氨酸、酪氨酸或脯氨酸等，需适当延长消化时间。有机物若分解完全，消化液呈蓝色或浅绿色，但含铁量多时，呈较深绿色。

⑦ 蒸馏装置不能漏气。

⑧ 蒸馏前若加碱量不足，消化液呈蓝色，不生成氢氧化铜沉淀，此时需增加氢氧化钠的用量。

⑨ 硼酸吸收液的温度不应超过40℃，否则对氨的吸收作用减弱而造成损失，此时可置于冷水浴中使用。

⑩ 蒸馏完毕后，应先将冷凝管下端提离液面清洗管口，再蒸1min后关掉热源，否则可能造成吸收液倒吸。

⑪ 混合指示剂在碱性溶液中呈绿色，在中性溶液中呈灰色，在酸性溶液中呈红色。

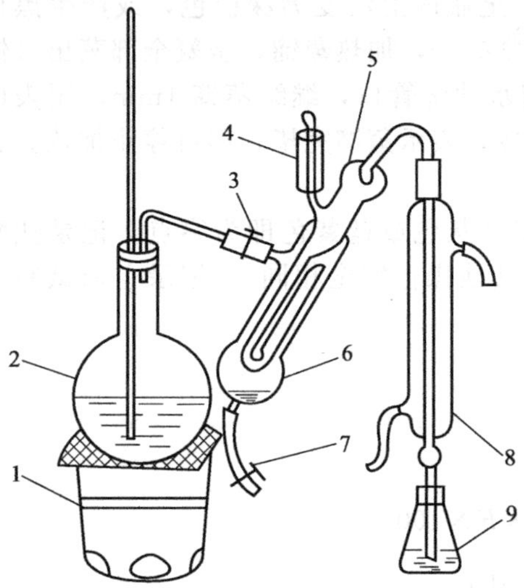

图 4-2 微量凯氏定氮装置

1—电炉；2—蒸汽发生器（2L平底烧瓶）；3—螺旋夹；4—小漏斗及棒状玻璃塞；5—反应室；6—反应室外层；7—橡皮管及螺旋夹；8—冷凝管；9—蒸馏液接收瓶

### （二）半微量凯氏定氮法

**1. 原理**

同常量凯氏定氮法。

**2. 仪器**

（1）凯氏烧瓶 100mL。

（2）微量凯氏定氮装置，如图4-2所示。

**3. 试剂**

0.01000mol/L盐酸标准溶液；其他试剂同常量凯氏定氮法。

**4. 操作步骤**

（1）样品处理：准确称取固体样品0.20～2.00g（半固体样品2.00～5.00g，液体样品10.00～20.00mL），约相当氮30～40mg，小心移入干燥洁净的500mL凯氏烧瓶（又名定氮瓶）中，加入研细的硫酸铜0.5g、硫酸钾10g和浓硫酸20mL，轻轻摇匀，加入玻璃珠数粒，按图4-1(a)所示安装消化装置，于凯氏烧瓶口放一小漏斗，并将其以45°斜支于有小孔的石棉网上。用电炉以小火加热，待内容物全部炭化、泡沫停止产生后，加大火力，使瓶内液体微沸，液体变蓝绿色透明后，再继续加热微沸0.5～1h。取下冷却，小心加入20mL蒸馏水，再放冷，移入100mL容量瓶中，并用少量水洗定氮瓶，洗液并入容量瓶中，再加蒸馏水至刻度，摇匀备用。同时做试剂空白试验。

（2）按图4-2所示装好微量凯氏定氮装置，水蒸气发生瓶内装水至2/3处，加入数粒玻璃珠，加甲基红指示液数滴及数毫升硫酸以保持水呈酸性。用调压器控制，加热煮沸水蒸气发生瓶内的水。向接收瓶内装入25mL 40g/L（或20g/L）硼酸吸收液及1～2滴混合指示剂，并使冷凝管的下端插入吸收瓶液面下。准确吸取10mL样品处理液由小漏斗流入反应室，并以10mL水洗涤小漏斗使流入反应室内，塞紧小烧杯的棒状玻璃塞。将10mL 400g/L氢氧化钠溶液倒入小漏斗，提起玻璃塞使其缓缓流入反应室，立即将玻璃塞塞紧，并加水于小漏斗中以防漏气。夹紧螺旋夹，开始蒸馏。蒸馏至吸收液中所加的混合指示剂变为绿色或蓝绿色开始计时，继续蒸馏10min后，将冷凝管尖端提离液面再蒸馏1min，然后用少量蒸馏水冲洗冷凝管尖端后停止蒸馏。取下接收瓶，馏出液用0.01000mol/L盐酸标准溶液（或硫酸标准溶液）滴定，由蓝色变为微红色即为终点。同时准确吸取10mL试剂空白消化液做空白试验。

**5. 结果计算**

样品中的蛋白质含量按下式进行计算

$$X=\frac{c(V_1-V_2)\times\frac{14}{1000}}{m\times\frac{10}{100}}\times F\times 100$$

式中　$X$——样品中蛋白质的含量，g/100g 或 g/100mL；

$c$——盐酸标准溶液的浓度，mol/L；

$V_1$——滴定样品吸收液时消耗盐酸标准溶液的体积，mL；

$V_2$——滴定空白吸收液时消耗盐酸标准溶液的体积，mL；

$m$——样品质量或体积，g 或 mL；

14——氮的摩尔质量，g/mol；

$F$——氮换算为蛋白质的系数。

**6. 注意事项**

① 蒸馏前将水蒸气发生器内装水至 2/3 体积处，加甲基橙指示剂数滴及硫酸数毫升以使其始终保持酸性，可避免水中的氨被蒸出而影响测定结果。

② 20g/L 硼酸吸收液每次用量 25mL，用前加入甲基红-溴甲酚绿混合指示剂 2 滴。

③ 在蒸馏时，蒸汽发生要均匀充足，蒸馏过程中不得停火断气，否则将发生倒吸。

④ 加碱要足量，操作要迅速；漏斗应采用水封措施，以免氨由此逸出损失。

⑤ 双试验结果允许误差：粗蛋白质的质量分数在 15%以下时，不超过 0.2%；粗蛋白质的质量分数在 15.1%以上时，误差不超过 0.4%。求其平均数，即为测定结果，测定结果取小数点后一位。

**[课堂互动]**

1. 用凯氏定氮方法测定蛋白质的含量时，需要哪几步来完成？加入硫酸铜有什么作用？

2. 你发现用凯氏定氮方法测定蛋白质存在哪些不足？你对 2008 年的三聚氰胺事件有什么想法？能否提出凯氏定氮方法的改进建议？

## 二、脂肪的测定

乳及乳制品中脂类化合物是指乳脂肪和类脂两类化合物，测定方法有罗紫-哥特里法、巴布科克法和盖勃法。

### （一）罗紫-哥特里法

本法适用于各种液状乳（生乳、加工乳、部分脱脂乳、全脂乳等）、各种炼乳、奶粉、奶油及冰淇淋等能在碱性溶液中溶解的乳制品，也适用于豆乳或加水呈乳状的食品。本法是乳及乳制品脂类定量的国际标准法，被国际标准化组织（ISO）、联合国粮农组织/世界卫生组织（FAO/WHO）等所采用。

**1. 原理**

利用氨-乙醇溶液破坏乳的胶体性状及脂肪球膜，使非脂成分溶解于氨-乙醇溶液中而将脂肪游离出来，再用乙醚-石油醚提取出脂肪，蒸馏去除溶剂后，残留物即为乳脂。

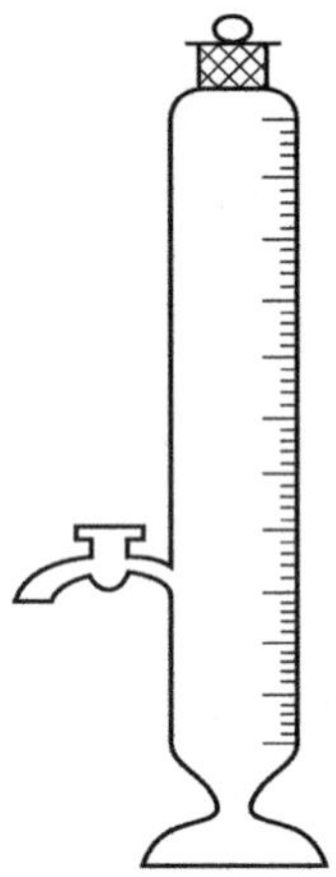

图 4-3 罗兹-哥特里抽脂瓶

**2. 试剂**

(1) 乙醚(分析纯)。

(2) 石油醚(分析纯) 沸程 30~60℃。

(3) 95%(体积分数)乙醇(分析纯)。

(4) 浓氨水(分析纯)。

**3. 仪器**

① 罗兹-哥特里抽脂瓶(图 4-3)。

② 100mL 脂肪瓶。

③ 移液管(25mL)。

④ 电热恒温水浴锅。

⑤ 电热恒温干燥箱。

⑥ 分析天平。

**4. 操作步骤**

准确吸(称)取样品(牛乳吸取 10mL;乳粉 1~5g 用 10mL 60℃的水分次溶解)置于抽脂瓶中,加入 1.25mL 浓氨水,充分摇匀,于 60℃水浴中加热 5min,再摇动 5min,加乙醇 10mL,充分摇匀,于冷水中冷却后,加入 25mL 乙醚,加塞轻轻振荡混匀,小心放出气体,再塞紧,剧烈振荡混合 1min,小心放出气体并取下塞子,加入 25mL 石油醚,加塞,剧烈振荡混合 0.5min。小心开塞放出气体,敞口静置约 30min,待液层分离后,读取并记录醚层体积,吸出醚层液 10mL 于已恒重的脂肪瓶中。蒸馏回收乙醚和石油醚后,将脂肪瓶置于 100~105℃的干燥箱中干燥 1.5h,取出放入干燥器中冷却至室温后称重,重复操作至恒重(前后两次质量之差不超过 2mg)。

**5. 结果计算**

乳及乳制品中脂肪质量分数的计算公式为:

$$w(\text{脂肪})=\frac{m_2-m_1}{m\times\frac{V_1}{V_2}}\times100\%$$

式中 $w$(脂肪)——脂肪的质量分数,%;

$m$——样品质量,g;

$m_1$——脂肪瓶的质量,g;

$m_2$——脂肪瓶加脂肪的质量,g;

$V_1$——放出醚层的体积,mL;

$V_2$——醚层的总体积,mL。

**6. 注意事项**

① 乳类脂肪虽然也属游离脂肪,但因脂肪球被乳中酪蛋白钙盐包裹,又处于高度分散的胶体分散系中,故不能直接被乙醚、石油醚提取,需预先用氨水处理,故此法也称为碱性乙醚提取法。

② 若无抽脂瓶时,可用容积 100mL 的具塞量筒替用,待分层后读数,用移液管吸出一定量醚层。

③ 加氨水后,要充分混匀,否则会影响下步醚对脂肪的提取。

④ 操作时加入乙醇的作用是沉淀蛋白质以防止乳化,并溶解醇溶性物质,使其留在水中,避免进入醚层,影响结果。

⑤ 加入石油醚的作用是降低乙醚极性,使乙醚与水不混溶,只抽提出脂肪,并可使分层清晰。

⑥ 对已结块的乳粉，用本法测定脂肪，其结果往往偏低。

### （二）巴布科克法和盖勃法

巴布科克法和盖勃法都是测定乳脂肪的标准方法，适用于鲜乳及乳制品脂肪的测定。对含糖多的乳品（如甜炼乳、加糖乳粉等），采用这两种方法时糖易焦化，使结果误差较大，故不宜采用。这两种方法操作简便、迅速。对大多数样品来说测定精度可满足要求，但不如质量法准确。

**1. 原理**

用浓硫酸溶解乳中的乳糖和蛋白质等非脂成分，将牛奶中的酪蛋白钙盐转变成可溶性的重硫酸酪蛋白，使脂肪球膜被破坏，脂肪游离出来，再利用加热离心，使脂肪完全迅速分离，直接读取脂肪层的数值，便可知被测乳的含脂率。

**2. 试剂**

（1）硫酸　相对密度为 1.82～1.825（20℃）。

（2）异戊醇　相对密度为 0.811±0.002（20℃），沸程 128～132℃。

**3. 仪器**

① 盖勃氏乳脂计（图 4-4）：颈部刻度为 0～8.0%，最小刻度值为 0.1%。

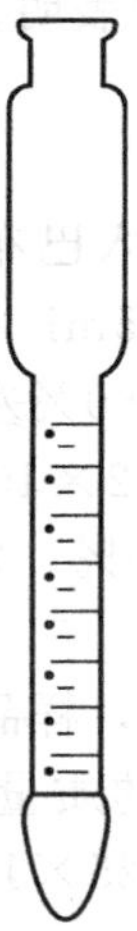

图 4-4　盖勃氏乳脂计

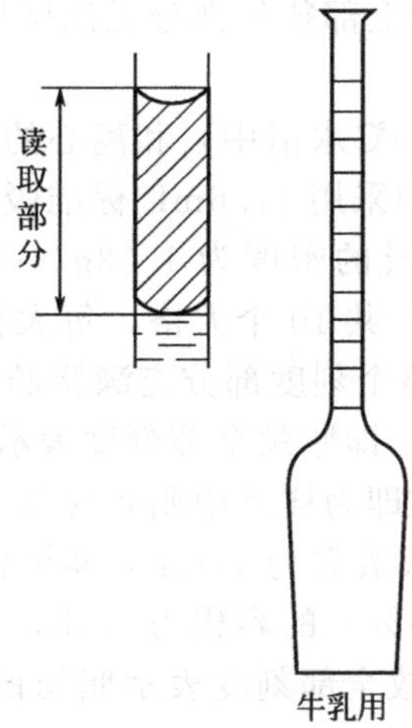


图 4-5　巴布科克氏乳脂瓶

② 巴布科克氏乳脂瓶（图 4-5）：颈部刻度有 0～8.0%、0～10.0%两种，最小刻度值为 0.1%。

③ 标准移乳管（17.6mL，11mL）。

④ 乳脂离心机。

⑤ 盖勃氏离心机。

**4. 操作步骤**

（1）盖勃法　在乳脂计中先加入硫酸（相对密度为 1.82～1.825）10mL，沿管壁小心加入鲜乳 11mL，不要使其混合，然后加异戊醇 1mL 塞上橡胶塞，用力摇动（瓶口向外向下，避免冲出而腐蚀衣物）使其成均匀棕色液体。静置数分钟（瓶口向下），于 65～70℃水浴中置 5min 后取出，以 1000r/min 的转速离心 5min，取出后（瓶口仍应向下）再于 65～70℃水浴中置 5min，应注意水浴内的水面必须高于乳脂计的脂肪层，最后按照刻度读出脂肪的百分比。

（2）巴布科克法　以标准移乳管吸取 20℃均匀鲜乳 17.6mL，置入巴布科克氏乳脂瓶中，沿管壁缓缓加入17.5mL浓硫酸（15～20℃），手持瓶颈回旋，使液体充分混匀，至无凝块并呈均匀的棕色为止。

将乳脂瓶放入离心机，以约1000r/min的速度离心5min，取出加入60℃或60℃以上的热水，至液面完全充满乳脂瓶下方的球部，再离心2min，取出，加热水至脂肪到瓶颈刻度标线约4%处，再离心1min，取出，将乳脂瓶置于55～60℃的水浴中，保温数分钟，待脂肪柱稳定后，即可读取脂肪的百分比（读数时以上端凹面最高点为准）。

**5. 注意事项**

① 硫酸的浓度要严格遵守规定的要求，如过浓会使乳炭化成黑色溶液而影响读数；过稀则不能使酪蛋白完全溶解，会使测定值偏低或使脂肪层浑浊。

② 硫酸除可破坏脂肪球膜，使脂肪游离出来外，还可增加液体相对密度，使脂肪容易浮出。

③ 盖勃法中所用异戊醇的作用是促使脂肪析出，并能降低脂肪球的表面张力，以利于形成连续的脂肪层。

④ 1mL异戊醇应能完全溶于酸中，但由于质量不纯，可能有部分析出掺入到油层，而使结果偏高。因此在使用未知规格的异戊醇之前，应先做试验。其方法如下：

将硫酸、水（代替牛乳）及异戊醇按测定样品时的数量注入乳脂计中，振摇后静置24h澄清，如在乳脂计的上部狭长部分无油层析出，认为适用，否则表明异戊醇质量不佳，不能采用。

⑤ 加热（65～70℃水浴中）和离心的目的是促使脂肪离析。

⑥ 巴布科克法中采用17.6mL标准吸量管取样，实际上注入巴布科克氏乳脂瓶中的样品只有17.5mL，牛乳的密度为1.03g/mL，故样品质量为17.5mL×1.03g/mL＝18g。瓶颈的刻度（0～10%）共10个大格，每大格容积为0.2mL，在60%左右，脂肪的平均密度为0.9g/mL，故当整个刻度部分充满脂肪时，其脂肪质量为0.2×10×0.9＝1.8g。18g样品中含有1.8g脂肪，即瓶颈全部刻度表示脂肪的质量分数为10%，每一大格代表1%的脂肪。故瓶颈刻度读数即为样品中脂肪含量。

⑦ 盖勃法所用移乳管为11mL，实际注入的样品为10.9mL，样品的质量为11.25g，乳脂计刻度部分（0～8%）的容积为1mL，当充满脂肪时，脂肪的质量为0.9g，11.25g样品中含有0.9g脂肪，故全部刻度表示脂肪的质量分数为0.9/11.25×100%＝8%，刻度数即为脂肪含量。

## 三、乳糖及蔗糖的测定

**1. 原理**

样品经除去蛋白质后，在加热条件下，以亚甲蓝为指示剂，用样液直接滴定费林氏液，达到终点时，稍微过量的还原糖即可将蓝色的亚甲蓝指示剂还原成无色，根据样液消耗量查乳糖及转化糖因素表求得乳糖及蔗糖（用酸水解为转化糖）的含量。

**2. 试剂**

（1）亚铁氰化钾溶液　称取10.6g亚铁氰化钾，加水溶解并稀释至100mL。

（2）乙酸锌溶液　称取乙酸锌结晶21.9g，加3mL冰醋酸，加水溶解并稀释至100mL。

（3）费林氏液（甲液及乙液）

① 甲液：称取34.639g硫酸铜（$CuSO_4 \cdot 5H_2O$），加适量水溶解，加0.5mL浓硫酸，再加水稀释至500mL，用精制石棉过滤。

② 乙液：称取173g酒石酸钾钠与50g氢氧化钠，加适量水溶解，并稀释至500mL，用精制石棉过滤，贮存于橡胶塞玻璃瓶内。

(4) 亚甲蓝（次甲基蓝）指示剂　10g/L，水溶液。

(5) 6mol/L 盐酸溶液。

(6) 200g/L 氢氧化钠溶液。

(7) 20g/L 甲基红-乙醇溶液　取 0.2g 甲基红，溶于 100mL 20%（体积分数）乙醇溶液中。

**3. 操作步骤**

(1) 样品处理　准确称取 3g 左右的样品于小烧杯中，用 100mL 水分数次溶解并洗入 250mL 容量瓶，慢慢加入乙酸锌溶液和亚铁氰化钾溶液各 5mL，轻轻摇动容量瓶。加水至刻度，静置数分钟后以干燥滤纸过滤，滤液备用。

(2) 乳糖的测定和计算

① 测定

a. 样品溶液预测定：吸取费林甲液、乙液各 5.0mL，置于 150mL 锥形瓶中，加水 10mL，加入玻璃珠 2 粒，控制在 2min 内沸腾，趁沸以先快后慢的速度滴加样品溶液，待颜色变浅时，加入亚甲蓝指示剂 2～3 滴，趁沸以 0.5 滴/s 的速度继续滴定至蓝色刚好褪去为止。记录消耗样液的体积。

b. 样品溶液的测定：吸取费林甲液、乙液各 5.0mL，置于 150mL 锥形瓶中，加水 10mL，加入玻璃珠 2 粒，从滴定管中加入比预测定时样品溶液消耗总体积约少 0.5～1mL 的样品溶液，加热使之在 2min 内沸腾，并维持沸腾 2min。加入亚甲蓝指示剂 2～3 滴，趁沸 0.5 滴/s 的速度继续滴定至蓝色刚好褪去为止，记录消耗样液的体积。

② 结果计算：每 100mL 样液中乳糖的质量（mg）为：

$$m_1=\frac{m_2}{V}\times 100$$

式中　$m_1$——乳糖的含量，mg/100mL；

$m_2$——滴定量相对应的乳糖质量（具体见表 4-1），mg；

$V$——滴定体积，mL。

**表 4-1　乳糖及转化糖因数表**（10mL 费林氏液）

| 滴定量/mL | 乳糖/mg | 转化糖/mg | 滴定量/mL | 乳糖/mg | 转化糖/mg |
|---|---|---|---|---|---|
| 15 | 68.3 | 50.5 | 33 | 67.8 | 51.7 |
| 16 | 68.2 | 50.6 | 34 | 67.9 | 51.7 |
| 17 | 68.2 | 50.7 | 35 | 67.9 | 51.8 |
| 18 | 68.1 | 50.8 | 36 | 67.9 | 51.8 |
| 19 | 68.1 | 50.8 | 37 | 67.9 | 51.9 |
| 20 | 68.0 | 50.9 | 38 | 67.9 | 51.9 |
| 21 | 68.0 | 51.0 | 39 | 67.9 | 52.0 |
| 22 | 68.0 | 51.0 | 40 | 67.9 | 52.0 |
| 23 | 67.9 | 51.1 | 41 | 68.0 | 52.1 |
| 24 | 67.9 | 51.2 | 42 | 68.0 | 52.1 |
| 25 | 67.9 | 51.2 | 43 | 68.0 | 52.2 |
| 26 | 67.9 | 51.3 | 44 | 68.0 | 52.2 |
| 27 | 67.8 | 51.4 | 45 | 68.1 | 52.3 |
| 28 | 67.8 | 51.4 | 46 | 68.1 | 52.3 |
| 29 | 67.8 | 51.5 | 47 | 68.2 | 52.4 |
| 30 | 67.8 | 51.5 | 48 | 68.2 | 52.4 |
| 31 | 67.8 | 51.6 | 49 | 68.2 | 52.5 |
| 32 | 67.8 | 51.6 | 50 | 68.3 | 52.5 |

若蔗糖含量与乳糖含量之比超过 3∶1 时，则应在滴定量中加上表 4-2 中的校正值后再进行计算（一般甜炼乳需校正）。

**表 4-2 乳糖滴定量校正值表**

| 滴定至终点时所用的糖液量/mL | 蔗糖对乳糖量的比(用 10mL 费林氏液) | |
|---|---|---|
| | 3∶1 | 6∶1 |
| 15 | 0.15 | 0.30 |
| 20 | 0.25 | 0.50 |
| 25 | 0.30 | 0.60 |
| 30 | 0.35 | 0.70 |
| 35 | 0.40 | 0.80 |
| 40 | 0.45 | 0.90 |
| 45 | 0.50 | 0.95 |
| 50 | 0.55 | 1.05 |

样品中乳糖的质量分数为：

$$\omega(\text{乳糖})=\frac{m_1\times 2.5}{m\times 1000}\times 100\%$$

式中 $\omega$（乳糖）——乳糖的质量分数，%；

$m$——样品的质量，g；

$m_1$——乳糖的质量，mg；

2.5——换算系数，即 250/100。

（3）蔗糖的测定和计算

① 转化前转化糖的计算：利用测定乳糖时的滴定量，从表 4-1 中查出相对应的转化糖因子，即可计算出转化前 100mL 样液中转化糖的质量（mg）。

$$m_1=\frac{m_2}{V}\times 100$$

转化前转化糖的质量分数为：

$$\omega(\text{转化前转化糖})=\frac{m_1\times 2.5}{m\times 1000}\times 100\%$$

式中 $\omega$（转化前转化糖）——转化前转化糖的质量分数，%；

$m$——样品质量，g；

$m_1$——转化前 100mL 样液中转化糖的质量，mg；

$m_2$——滴定量相对应的转化糖质量（具体见表 4-1），mg；

$V$——测定乳糖时的滴定体积，mL。

② 样品溶液的转化和滴定：吸取糖提取液 50mL，置于 100mL 容量瓶中，加 6mol/L 盐酸溶液 5mL，在 68～70℃水浴中加热 15min。冷却后加甲基红指示剂 2 滴，用 200g/L 氢氧化钠溶液中和至微酸性，加水至刻度，混匀。

滴定方法与乳糖的测定相同。由滴定体积可计算出转化后每 100mL 样液中转化糖的质量（mg），即

$$m_1=\frac{m_2}{V}\times 100$$

转化后转化糖的质量分数为：

$$\omega(\text{转化后转化糖})=\frac{m_1\times 5}{m\times 1000}\times 100\%$$

③ 蔗糖质量分数的计算公式为：

$$\omega(\text{蔗糖})=[\omega(\text{转化后转化糖})-\omega(\text{转化前转化糖})]\times 0.95$$

**4. 注意事项**

① 测定乳及乳制品中乳糖及蔗糖的含量也可采用其他项目中介绍的测还原糖及蔗糖的方法。

② 费林氏甲、乙液要分别配制、分别贮存，临用时按等量混合，以免在碱性溶液中氢氧化铜被酒石酸钾钠缓慢地还原，从而析出少量氧化亚铜，使有效浓度降低。

③ 本法中费林氏液需用乳糖及蔗糖（分析纯）校正。

## 四、脲酶的定性测定

脲酶是一种含镍的寡聚酶，Mr 约为 483000，pI4.8，最适 pH 值 7.4，具有绝对专一性，特异性地催化尿素水解释放出氨和二氧化碳，广泛分布于植物的种子中，但以大豆、刀豆中含量丰富，也存在于动物血液和尿中。某些微生物也能分泌脲酶。

**1. 适用范围**

本方法适用于乳酸菌饮料中脲酶的定性测定。

**2. 试剂**

① 1g/L 酚红乙醇液。

② 0.06mol/L 磷酸二氢钠：取 4.68g $NaH_2PO_4 \cdot 2H_2O$ 溶于 500mL 水中。

③ 0.06mol/L 磷酸氢二钠：取 21.51g $Na_2HPO_4 \cdot H_2O$ 溶于 1000mL 水中。

④ 10%（质量分数）尿素溶液。

**3. 操作步骤**

将 390mL 0.06mol/L 磷酸二氢钠溶液、610mL 0.06mol/L 磷酸氢二钠缓冲液混合。取试管两支，各加入试样 1mL，并各加入混合缓冲液 1mL，向试管中加入 10%（质量分数）尿素溶液 2mL，向对照管中加入蒸馏水 2mL，摇匀后置于 30℃水浴中保温 10min，样品管及对照管中各加入酚红指示剂 1～2 滴，摇匀后比较两管颜色，对照管呈黄色或橙黄色；含尿素试样呈鲜红。

## 五、膳食纤维的测定

**1. 原理**

样品分别用 $\alpha$-淀粉酶、蛋白酶、葡萄糖苷酶进行酶解消化以去除蛋白质和可消化的淀粉。总膳食纤维（TDF）是先酶解，然后用乙醇沉淀，再将沉淀物过滤，将 TDF 残渣用乙醇和丙酮冲洗，干燥称重。不溶性膳食纤维（IDF）是酶解后将 IDF 过滤，过滤后的残渣用热水冲洗，经干燥后称重。可溶性膳食纤维（SDF）是将上述滤出液用 4 倍量的 95%（体积分数）乙醇沉淀，然后再过滤、干燥、称重。TDF、IDF 和 SDF 的含量通过蛋白质、灰分的含量进行校正。

**2. 适用范围**

本方法适用于乳类、各类植物性食物和保健食品。

**3. 仪器**

① 烧杯：400mL 或 600mL 高脚型。

② 过滤用坩埚：玻璃滤板，孔径为 40～60$\mu$m，容量为 60mL。

③ 真空装置：真空泵或抽气机；1L 厚壁抽滤瓶；与抽滤瓶相配套的橡胶圈。

④ 振荡水浴箱：自动控温使温度能保持在（98±2）℃；恒温控制在 60℃。

⑤ 天平：分析级，精确至±0.1mg。

⑥ 马弗炉：温度控制在（525±5）℃。

⑦ 干燥箱：温度控制在105℃和（130±3）℃。

⑧ 干燥器：用二氧化硅或同等的干燥剂。干燥剂每两周在130℃下烘干（过夜）一次。

⑨ pH计：注意温控，用pH值为4.0、7.0和10.0缓冲液标化。

⑩ 移液管及套头：容量为100μL和5mL。

⑪ 分配器或量筒：(15±0.5)mL［供分配78%（体积分数）的乙醇、95%（体积分数）的乙醇以及丙酮］；(40±0.5)mL（供分配缓冲液）。

⑫ 磁力搅拌器和搅拌棒。

**4. 试剂**

全过程使用去离子水，试剂不加说明均为分析纯试剂。

（1）乙醇溶液 85%（体积分数）［取895mL 95%（体积分数）乙醇于1L量筒中，用水稀释至刻度］；78%（体积分数）［取821mL 95%（体积分数）乙醇于1L量筒中，用水稀释至刻度］。

（2）丙酮。

（3）供分析用酶，在0～5℃下贮存。

① 热稳定α-淀粉酶溶液：Cat. No. A3306，Sigma Chemical Co.，St. Louis，MO63178，或Termamyl 300L，Cat. No. 361-6282，Novo-Nordisk，Bagsvaerd，Denmark，或等效的酶。

② 蛋白酶：Cat. No. P3910，Sigma Chemical Co.，或等效的酶。当天用MES/TRIS缓冲液现配50mg/mL酶溶液。

③ 淀粉葡糖苷酶溶液：Cat. No. AMG A9913，Sigma Chemical Co.，或等效的酶。

（4）硅藻土 酸洗（Celite 545 AW，No. C8656，Sigma Chemical Co.，或等效的成分）。

（5）洗涤液 铬酸洗液或试验室用液体清洁剂。

（6）MES-TRIS缓冲液 0.05mol/L，24℃时pH值为8.2。

① MES：2-(N-吗啉代）磺酸基乙烷（No. M-8250，Sigma Chemical Co. 或等效的成分）。

② TRIS：三羟（羟甲基）氨基甲烷（No. T-1503，Sigma Chemical Co. 或等效的成分）。

在1.7L的蒸馏水中溶解19.52gMES和12.2gTRIS，用6mol/LNaOH调pH值为8.2，用水定容至2L。

（7）盐酸溶液（0.561mol/L） 取93.5mL 6mol/L盐酸于700mL水中，用水稀释至1L。

**5. 操作步骤**

（1）样品制备 固体样品粒度大于0.5mm，研磨后过40～60目筛（孔径为0.45～0.28mm）；高脂肪样品脂肪的质量分数大于10%，用石油醚去脂。每克样品用25mL石油醚，每次提取完静置一会再将烧杯倾斜，慢慢将石油醚倒出，共洗三次；高碳水化合物样品中糖分的质量分数大于50%时，用85%（体积分数）乙醇去除糖分，每克样品每次用10mL乙醇，共洗三次，轻轻倒出，然后在40℃烘箱中不时翻搅干燥过夜，并研磨过40目筛（孔径为0.45mm）。

（2）样品消化

① 准确称取两份（1.000±0.005)g样品（$m_1$ 和 $m_2$），置于高脚烧杯中。

② 在每个烧杯中加入40mL MES-TRIS缓冲液，在磁力搅拌器上搅拌直至样品完全分散，防止团块形成，使受试物与酶能充分接触。

③ 用热稳定的淀粉酶进行酶解处理：加100μL热稳定的淀粉酶溶液，低速搅拌。用铝箔片将烧杯盖住，在95～100℃水浴中反应30min（起始的水浴温度应达到95℃）。

④ 冷却：将所有烧杯从水浴中移出，冷却至60℃打开铝箔盖，用刮勺将烧杯边缘的网状物以及烧杯底部的胶状物刮离，以使样品能够完全地酶解。用10mL蒸馏水冲洗烧杯壁和刮勺。

⑤ 用蛋白酶进行酶解处理：在每个烧杯中各加入 100μL 蛋白酶溶液。用铝箔盖住，在 60℃下持续摇动反应 30min（开始时的水浴温度应达 60℃），使之充分反应。

⑥ pH 值的测定：30min 后，打开铝箔盖，搅拌中加入 5mL 0.561mol/L HCl 至烧杯中。60℃时用 1mol/L NaOH 溶液或 1mol/L HCl 溶液调最终 pH 值为 4.0～4.7（注意：当溶液为 60℃时检测和调整 pH 值，因为在较低温度时 pH 值会偏高）。

⑦ 用淀粉葡萄糖苷酶溶液酶解处理：搅拌同时加 100μL 淀粉葡萄糖苷酶溶液。用铝箔盖住，在 60℃下持续振摇反应 30min，温度应恒定在 60℃。

（3）测定

① 总膳食纤维的测定

a. 用乙醇沉淀膳食纤维：在每份样品中，加入预热至 60℃的 95%（体积分数）乙醇 225mL，乙醇与样品的体积比为 4∶1，室温下沉淀 1h。

b. 过滤装置：用 15mL 78%（体积分数）乙醇将硅藻土湿润并重新分布在已称重的坩埚中。用适度的抽力把坩埚中的硅藻土吸到玻板上。

c. 酶解过滤：用 78%（体积分数）乙醇和刮勺将所有内容物微粒移至坩埚中（注意：如果一些样品形成胶质，可用刮勺破坏其表面，以加速过滤）。分别用 15mL 的 78%（体积分数）乙醇、95%（体积分数）乙醇和丙酮冲洗残渣各 2 次，将坩埚内的残渣抽干后在 105℃下烘干过夜。将坩埚置于干燥器中冷却至室温并称重。坩埚的质量，包括膳食纤维残渣和硅藻土的质量（精确称至 0.1mg），减去坩埚和硅藻土的质量，即可计算出残渣的质量。

d. 蛋白质和灰分的测定：取双份样品中的一份测定蛋白质，用凯氏定氮法测定。

分析灰分时用平行样的第二份在 525℃下灼烧 5h，在干燥器中冷却并称重，精确称至 0.1mg，减去坩埚和硅藻土的质量，即为灰分的质量。

② 不溶性膳食纤维的测定

a. 称适量样品进行酶解，过滤前用 3mL 水将硅藻土湿润并重新分布在预先处理好的坩埚上，保持抽气使坩埚中的硅藻土抽成均匀的一层。

b. 过滤并冲洗烧杯，用 10mL 70℃水冲洗残渣 2 次，然后再过滤并用水冲洗，转移至 600mL 高脚烧杯中，保留用以测定可溶性膳食纤维。

c. 分别用 15mL 78%（体积分数）乙醇、95%（体积分数）乙醇和丙酮各冲洗残渣 2 次［注意：应及时用 78%（体积分数）乙醇、95%（体积分数）乙醇和丙酮冲洗残渣，否则会导致不溶性膳食纤维数值的增大］。

d. 用双份样品测定蛋白质和灰分的质量。

③ 可溶性膳食纤维的测定

a. 将不溶性膳食纤维过滤后的滤液收集到 600mL 高脚烧杯中，对比烧杯和滤出液，估计体积。

b. 加约为滤出液 4 倍量并已预热至 60℃的 95%（体积分数）乙醇，或者将滤液和洗过残渣的蒸馏水的混合液调至 80mL，再加入预热至 60℃的 95%（体积分数）乙醇 320mL。

c. 室温下沉淀 1h，其他操作同总膳食纤维的测定步骤 b.～d.。

**6. 结果计算**

TDF、IDF、SDF 的含量（g/100g）按下式进行计算。

$$\text{膳食纤维的含量}=\frac{\left[\dfrac{m_3+m_4}{2}-(m_5+m_6)\right]\times 1000}{\dfrac{m_1+m_2}{2}\times 1000}\times 100$$

式中 $m_3+m_4$——双份样品残留物的质量，mg；

$m_5+m_6$——蛋白质和灰分的质量，mg；

$m_1+m_2$——双份样品的质量，mg。

### 六、非脂乳固体的测定

**1. 试剂**

石油醚（沸点为 30～60℃）。

**2. 仪器**

① 2 号或 3 号砂芯漏斗：洗净，在 100℃烘箱中干燥后冷却，称重。

② 电热恒温干燥箱。

③ 分析天平。

**3. 操作步骤**

将已测过水分的样皿中加入 25mL 石油醚，用玻璃棒充分搅拌，将溶液和残渣都移入已恒重的砂芯漏斗中。用 15～20mL 石油醚洗涤数次，洗液也并入漏斗中，在吸滤瓶中抽干，用洗瓶（瓶内装石油醚）洗去漏斗内外壁的脂肪。取出漏斗置于 98～100℃烘箱中烘干，30min 后取出，冷却，称重。如此重复，直至前后两次质量相差小于 2mg 为止。

**4. 结果计算**

样品中非脂乳固体质量分数的计算公式为：

$$\omega(\text{非脂乳固体})=\frac{m_2-m_1}{m}\times 100\%$$

式中 ω（非脂乳固体）——样品中非脂乳固体的质量分数，%；

$m$——样品质量，g；

$m_2$——漏斗及残渣干燥后的质量，g；

$m_1$——漏斗质量，g。

## 第二节 乳及乳制品中微量元素的检验

### 一、铁的测定

在实际检测工作中，测定乳及乳制品中铁常用的方法有光度法和原子吸收法。

#### （一）硫氰酸钾光度法

**1. 原理**

在酸性溶液中，三价铁离子与硫氰酸根离子作用会生成血红色的硫氰酸铁。溶液颜色的深浅与铁离子的浓度成正比，于 485nm 波长处测溶液的吸光度，与标准曲线比较进行定量。

**2. 仪器**

可见分光光度计。

**3. 试剂**

① 200g/L 硫氰酸钾溶液。

② 20g/L 过硫酸钾溶液。

③ 硫酸。

④ 1mg/mL 铁标准贮备液：称取纯铁 0.1000g 溶于 10mL 硫酸（1+9）中，加热至铁完全溶解后冷却，向溶液中加入 30mL 水，移入 100mL 容量瓶中，用水定容，摇匀。

⑤ 10μg/mL 铁标准工作液：准确吸取铁标准贮备液 10.00mL 至 100mL 容量瓶中，用水稀释至刻度，此时每毫升溶液相当于 100μg 铁。吸取上述溶液 10.00mL 至 100mL 容量瓶中，用水定容。临用现配。

**4. 操作步骤**

① 样品处理：称取均匀样品 10～20g（称准至 0.01g）于瓷坩埚中，加热烘干水分后，将其小心炭化后移入 550℃马弗炉中灰化。

灰化完全后取出冷却，向灰分中加入 2mL 盐酸（1+1）后再在水浴上蒸干，加入 5mL 水，加热煮沸（注意防止溅出）后，移入 100mL 容量瓶中，用水定容，摇匀备用。同时做空白试验（瓷坩埚中不加样品，以下操作同样品的处理）。

② 标准曲线绘制：准确吸取铁标准工作溶液 0.00mL、0.20mL、0.40mL、0.60mL、0.80mL、1.00mL，分别移入 25mL 比色管中，各加入 5mL 水，加浓硫酸 0.5mL，再加入 20g/L 过硫酸钾溶液 0.2mL 和 200g/L 硫氰酸钾溶液 2mL，混合均匀后定容至 25mL，摇匀。在 485nm 波长处，以试剂溶液为参比，测定各溶液的吸光度，以铁的浓度为横坐标，吸光度为纵坐标，绘制标准曲线。

③ 测定：准确吸取空白液及样液各 5mL 于 25mL 比色管中，各加 0.5mL 硫酸，0.2mL 20g/L 过硫酸钾溶液，2mL 200g/L 硫氰酸钾溶液，用水稀释至 25mL，摇匀。以空白液为参比，在 485nm 波长处，测定吸光度。

**5. 结果计算**

样品中铁的质量分数可由下式计算得出。

$$\omega_{Fe}=\frac{m_1\times V\times 10^{-6}}{m\times V_1}\times 100\%$$

式中 $\omega_{Fe}$——样品中铁的质量分数，%；

$m_1$——测定时扣除空白后样液中铁的质量，μg；

$V_1$——测定时吸取样液的体积，mL；

$V$——样品溶液的体积，mL；

$m$——样品的质量，g。

**6. 注意事项**

① 测定过程中应加入过硫酸钾作为氧化剂，以防止三价铁转变为二价铁。

② 硫氰酸铁稳定性差，如时间稍长，红色便会逐渐消退，因此应在规定时间内完成比色。

③ 随着硫氰酸根浓度增加，$Fe^{3+}$可与之形成 $FeSCN^{2+}$，直至 $Fe(SCN)_6^{3-}$ 系列化合物，溶液颜色由橙黄色至血红色，影响测定，因此应严格控制硫氰酸钾的用量。

### （二）原子吸收分光光度法

**1. 原理**

样品用干法灰化处理后，以稀盐酸溶解灰分，制成溶液，将其直接喷入原子吸收分光光度计，在波长 248.3nm 处测吸光度，并计算铁含量。

**2. 仪器**

原子吸收分光光度计。

**3. 试剂**

① 0.1mol/L 盐酸：量取浓盐酸 9mL，加水稀释至 1000mL，摇匀。

② 6mol/L 盐酸：量取 100mL 浓盐酸用水稀释至 200mL，摇匀。

③ 1mg/mL 铁标准贮备液：称取纯铁丝（质量分数不低于 99.99%）0.2500g 于 250mL

烧杯中，加 20mL 6mol/L 盐酸溶液加热溶解，冷却后，移入 250mL 容量瓶中，用水稀释至刻度，摇匀。

④ 100μg/mL 铁标准工作液：吸取 10.00mL 铁标准贮备液于 100mL 容量瓶中，用 0.1mol/L 盐酸溶液稀释至刻度，摇匀。

**4. 操作步骤**

① 样品处理：称取混匀样品 5～10g（称准至 0.01g）于坩埚中，烘干水分，炭化至不冒烟为止，移入 550℃马弗炉中灰化。难灰化的样品加入 2mL100g/L 硝酸镁溶液作灰化剂。

灰化完全后，向灰分中加 5mL 盐酸溶液（1＋1）蒸发至干，重复这一步骤。然后用 0.1mol/L 盐酸溶液溶解，过滤移入 25mL 容量瓶中，并定容，摇匀。同时做空白试验。

② 标准曲线绘制：吸取 100μg/mL 铁标准工作液 0.00mL、1.00mL、2.00mL、3.00mL、4.00mL、5.00mL 于 25mL 容量瓶中，用 0.1mol/L 盐酸溶液稀释至刻度（相当于含铁为 0.0μg/mL、4.0μg/mL、8.0μg/mL、12.0μg/mL、16.0μg/mL、20.0μg/mL），按测定步骤中的测定条件，直接喷雾测定吸光度，并以铁的质量浓度为横坐标，吸光度为纵坐标，绘制标准曲线。

③ 测定：将空白液和样品溶液按以下条件直接喷雾，测定吸光度。

测定条件：分析线波长 248.3nm，灯电流 8mA，狭缝宽度 0.2nm，空气流量 8L/min，乙炔气流量 2.0L/min。

**5. 结果计算**

样品中铁的质量分数可由下式计算得出

$$\omega_{Fe}=\frac{\rho_{Fe}\times V\times 10^{-6}}{m}\times 100\%$$

式中 $\omega_{Fe}$——样品中铁的质量分数，%；

$\rho_{Fe}$——测得扣除空白后样品溶液中铁的质量浓度，μg/mL；

$V$——样品溶液的体积，mL；

$m$——样品的质量，g。

## 二、锌的测定

测定乳及乳制品中锌含量的方法有双硫腙比色法、锌试剂光度法、原子吸收分光光度法和极谱法等。在这些方法中，常用的是原子吸收分光光度法，其灵敏度高，干扰元素少而且简便快速；双硫腙比色法作为标准方法，其条件要求较严格。

### （一）原子吸收分光光度法

**1. 原理**

样品用干法处理后，以稀盐酸溶解灰分，制成溶液，将其直接喷入原子吸收分光光度计，在波长 213.8nm 处测吸光度，与标准系列比较定量。

**2. 仪器**

原子吸收分光光度计。

**3. 试剂**

① 盐酸（优级纯）。

② 0.5mg/L 锌标准贮备液：称取 0.5000g 金属锌（质量分数不低于 99.99%）溶于 10mL 盐酸中，然后在水浴上蒸发至干，用少量水溶解后移入 1000mL 容量瓶中，以水稀释至刻度，摇匀，贮于聚乙烯瓶中。

③ 10μg/mL 锌标准工作液：准确吸取 5.00mL 锌标准贮备液于容量瓶中，加 2mL 2mol/L 盐酸，用水稀释至刻度。

**4. 操作步骤**

① 样品处理：称取 5.00g 样品于瓷坩埚中，置电炉上炭化，然后移入 550℃马弗炉中灰化至白色灰烬。冷却后，用 1mL 盐酸溶液（1+1）溶解，再移入 50mL 容量瓶中，用水稀释至刻度。同时做空白试验。

② 标准曲线绘制：准确吸取 10μg/mL 锌标准工作液 0.00mL、0.20mL、0.40mL、0.60mL、0.80mL、1.00mL 分别于 10mL 容量瓶中用 0.1mol/L 盐酸溶液定容，摇匀，直接喷入原子分光光度计进行测定，以锌的浓度为横坐标，吸光度为纵坐标，绘制标准曲线。

③ 测定：将空白试液、样品溶液、标准系列按下列条件直接喷雾测定吸光度。

测定条件：分析线波长 213.8nm，灯电流 4mA，狭缝宽度 0.5nm，空气流量 8L/min，乙炔气流量 2.0L/min。

**5. 结果计算**

样品中锌的质量分数可由下式求得。

$$\omega_{Zn}=\frac{\rho_{Zn}\times V\times 10^{-6}}{m}\times 100\%$$

式中 $\omega_{Zn}$——样品中锌的质量分数，%；

$\rho_{Zn}$——测得扣除空白后样液中锌的质量浓度，μg/mL；

$V$——样液的体积，mL；

$m$——样品的质量，g。

（二）双硫腙比色法

**1. 原理**

样品经消化后，在 pH 4.0～5.5 时，锌离子与双硫腙形成紫红色络合物，溶于四氯化碳，加入硫代硫酸钠，防止铜、汞、铅、铋、银和镉等离子干扰，与标准系列比较定量。

**2. 仪器**

可见分光光度计。

**3. 试剂**

① 2mol/L 乙酸钠溶液：称取 68g 乙酸钠（$CH_3COONa\cdot 3H_2O$），加水溶解后稀释至 250mL。

② 2mol/L 乙酸：量取 10.0mL 冰醋酸，加水稀释至 85mL。

③ 乙酸-乙酸盐缓冲液：2mol/L 乙酸钠溶液与 2mol/L 乙酸等体积混合，此溶液 pH 值为 4.7 左右。用 0.1g/L 双硫腙-四氯化碳溶液提取数次，每次 10mL，除去其中的锌，至四氯化碳层绿色不变为止，弃去四氯化碳层，再用四氯化碳提取乙酸-乙酸盐缓冲液中过剩的双硫腙，至四氯化碳层无色，弃去四氯化碳层。

④ 氨水（1+1）。

⑤ 2mol/L 盐酸：量取 10mL 盐酸，加水稀释至 60mL。

⑥ 0.02mol/L 盐酸：吸取 1mL 2mol/L 盐酸，加水稀释至 100mL。

⑦ 1g/L 酚红指示剂：称取 0.1g 酚红，将其溶于 100mL 乙醇。

⑧ 200g/L 盐酸羟胺溶液：称取 20g 盐酸羟胺，加 60mL 水，滴加氨水（1+1），调节其 pH 值至 4.0～5.5，用 0.1g/L 双硫腙-四氯化碳溶液提取数次，每次 10mL，除去其中的锌，至四氯化碳层绿色不变为止，弃去四氯化碳层，再用四氯化碳提取盐酸羟胺溶液中过剩

的双硫腙，至四氯化碳层无色，弃去四氯化碳层。

⑨ 250g/L 硫代硫酸钠溶液：用 2mol/L 乙酸调节溶液 pH 值至 4.0～5.5。用 0.1g/L 双硫腙-四氯化碳溶液提取数次，每次 10mL，除去其中的锌，至四氯化碳层绿色不变为止，弃去四氯化碳层，再用四氯化碳提取溶液中过剩的双硫腙，至四氯化碳层无色，弃去四氯化碳层。

⑩ 0.1g/L 双硫腙-四氯化碳溶液。

⑪ 双硫腙使用液：吸取 1.0mL 0.1g/L 双硫腙-四氯化碳溶液，加四氯化碳至 10.0mL，混匀。用 1cm 比色皿，以四氯化碳调节零点，于波长 530nm 处测吸光度 $A$。用下式计算出配制 100mL 双硫腙使用液（57%透光率）所需 0.1g/L 双硫腙-四氯化碳溶液体积（$V$/mL）。

$$V=\frac{10\times(2-\lg 57)}{A}=\frac{2.44}{A}$$

⑫ 锌标准溶液：准确称取 0.1000g 锌，加 10mL 2mol/L 盐酸，溶解后移入 1000mL 容量瓶中，加水稀释至刻度，摇匀。此溶液每毫升相当于 100μg 锌。

⑬ 锌标准使用液：吸取 1.0mL 锌标准溶液，置于 100mL 容量瓶中，加 1mL 2mol/L 盐酸，加水稀释至刻度，摇匀。此溶液每毫升相当于 1μg 锌。

**4. 操作步骤**

（1）样品处理

① 湿法处理：取样品 5～10g（称准至 0.01g，称样量视含锌量而定）于 500mL 或 250mL 凯氏烧瓶中，先加少许水润湿，再加入浓硝酸 20mL、硫酸 20mL、玻璃珠数粒，先以小火加热，剧烈反应停止后，加大火力，分四次加入 20mL 过氧化氢直至溶液透明或呈淡绿色为止。继续加热数分钟至冒白烟，冷却。加 25mL 饱和草酸铵溶液继续加热到冒白烟后 20min，冷却内容物，移入 50mL 容量瓶中，以二次蒸馏水稀释至刻度。同时做空白试验。

② 干法处理：称取 5～10g（称准至 0.01g）样品于瓷坩埚中，氧化镁 1g 及 0.15g/mL 硝酸镁溶液 10mL，混匀，于水浴上蒸干。先用微火炭化，至无烟后移入 550℃马弗炉中，灼烧 3～4h，冷却后取出。加水 5mL 润湿灰分，用玻璃棒搅拌，用少量水冲洗玻璃棒上附着的灰分至坩埚内，置水浴上蒸干后移入马弗炉中在 550℃灰化 2h，冷却后加水 5mL 润湿灰分，缓慢加入 6mol/L 盐酸溶液 10mL，最后将溶液移入 50mL 容量瓶中，用 6mol/L 盐酸溶液洗涤坩埚三次，每次 5mL，再用水洗涤三次，每次亦为 5mL，洗液并入容量瓶中，水至刻度，摇匀。同时做空白试验。

（2）测定　吸取 5.0～10.0mL 分样品消化液和相同量的试剂空白液，分别置于 125mL 分液漏斗中，加 5mL 水、0.5mL 200g/L 盐酸羟胺溶液，摇匀，再加 2 滴 1g/L 酚红指示液，用氨水（1+1）调节至红色，再多加 2 滴。再加 5mL0.1g/L 双硫腙-四氯化碳溶液，剧烈振摇 2min，静置分层。将四氯化碳层移入另一分液漏斗中，水层再用少量双硫腙-四氯化碳溶液振摇提取，每次 2～3mL，直至双硫腙-四氯化碳溶液绿色不变为止。合并提取液，用 5mL 水洗涤，四氯化碳层用 0.02mol/L 盐酸提取 2 次，每次 10mL，提取时剧烈振摇 2min，合并 0.02mol/L 盐酸提取液，并用少量四氯化碳洗去残留的双硫腙。

吸取 0.00mL、1.00mL、2.00mL、3.00mL、4.00mL、5.00mL 锌标准使用液（相当 0.0μg、1.0μg、2.0μg、3.0μg、4.0μg、5.0μg 锌），分别置于 125mL 分液漏斗中，各加 0.02mol/L 盐酸至 20mL。于样品提取液、试剂空白液及锌标准溶液各分液漏斗中加 10mL 乙酸-乙酸盐缓冲液、1mL 250g/L 硫代硫酸钠溶液，摇匀，再各加入 10.0mL 双硫腙使用液，剧烈振摇 2min。静置分层后，经脱脂棉将四氯化碳层滤入 1cm 比色皿中，以零管调节零点，于波长 530nm 处测吸光度，绘制标准曲线比较。

**5. 结果计算**

样品中锌的质量分数可由下式求得

$$\omega_{Zn}=\frac{m_1V_1\times10^{-6}}{mV_2}\times100\%$$

式中　$\omega_{Zn}$——样品中锌的质量分数，%；

$m_1$——测定时扣除空白后样液中锌的质量，μg；

$V_1$——样品溶液的体积，mL；

$V_2$——测定用样品溶液的体积，mL；

$m$——样品的质量，g。

## 三、钾的测定

**1. 原理**

试样处理后导入火焰光度计中，经火焰原子化后，测定钾的发射强度。钾的发射波长为 766.5nm，其发射强度与它的含量成正比，与标准系列比较定量。

**2. 仪器**

所用玻璃仪器均以硫酸-重铬酸钾洗液浸泡数小时，再用洗衣粉充分洗刷后，用自来水反复冲洗，最后用去离子水冲洗晾干或烘干，方可使用。

① 实验室常用玻璃仪器：高型烧杯（250mL）、电热板（1000～3000W）。

② 火焰光度计。

**3. 试剂**

① 硝酸。

② 高氯酸。

③ 混合酸消化液（硝酸＋高氯酸＝4＋1）。

④ 钾标准贮备液：将氯化钾（质量分数大于 99.9%）于烘箱中（110～120℃）干燥 2h。精确称取 1.9068g 氯化钾，将其溶于水中，移入 1000mL 容量瓶中，加水稀释至刻度，贮存于聚乙烯瓶内，4℃保存（此溶液每毫升相当于 1mg 钾）。

⑤ 钾标准使用液：吸取 5.0mL 钾标准贮备液于 100mL 容量瓶中，加水稀释至刻度，贮存于聚乙烯瓶中，4℃保存（此溶液每毫升相当于 50μg 钾）。

**4. 操作步骤**

(1) 试样处理　准确称取均匀干样 0.5～1g，湿样 1～2g，液体样品 3～5g 于 250mL 高型烧杯中，向其中加入 20～30mL 混合酸消化液，盖上表面皿，置于电热板或电沙浴上加热消化。如消化不完全，应再补加几毫升混合酸消化液，继续加热消化，直至溶液无色透明为止，加几毫升水，加热以除去多余的硝酸。待烧杯中的液体接近 2～3mL 时，将其取下冷却。用水洗并转移到 10mL 刻度试管中，定容至刻度（也可用测铁、镁、锰的消化好的液样进行钾、钠测定）。

取与消化试样相同量的混合酸消化液，按上述操作做试剂空白测定。

(2) 测定　吸取 0.00mL、0.50mL、1.00mL、1.50mL、2.00mL、2.50mL 钾标准使用液，分别置于 250mL 容量瓶中，加水稀释至刻度，混匀（容量瓶中溶液每毫升分别相当于 0.0μg、0.1μg、0.2μg、0.3μg、0.4μg、0.5μg 钾）。

将消化样液、试剂空白液、钾标准稀释液分别导入火焰，测定发射强度。测定条件：波长为 766.5nm，空气压力为 $0.4\times10^5$Pa，燃气的调整以火焰不出现黄火焰为准。以钾含量对应浓度的发射强度绘制标准曲线。

**5. 结果计算**

试样中钾的含量可由下式求得

$$X=\frac{(c-c_0)Vf\times 100}{m\times 1000}$$

式中 $X$——试样中钾的含量，mg/100g；

$c$——测定用试样液中钾的质量浓度（由标准曲线查出），μg/mL；

$c_0$——试剂空白液中钾的质量浓度（由标准曲线查出），μg/mL；

$V$——试样液定容体积，mL；

$f$——试样液稀释倍数；

$m$——试样的质量，g。

计算结果表示到小数点后两位。在重复条件下获得的两次独立测定结果的绝对差值不得超过算术平均值的7%。

## 四、钠的测定

**1. 原理**

试样处理后导入火焰光度计中，经火焰原子化后，测定钾的发射强度。钾的发射波长为589nm，其发射强度与它的含量成正比，与标准系列比较定量。

**2. 仪器**

同本节中钾的测定。

**3. 试剂**

① 硝酸。

② 高氯酸。

③ 混合酸消化液（硝酸+高氯酸=4+1）。

④ 钠标准贮备液：将氯化钠（质量分数大于99.9%）于烘箱中（110～120℃）干燥2h。精确称取2.5421g氯化钾，将其溶于水中，移入1000mL容量瓶中，加水稀释至刻度，贮存于聚乙烯瓶内，4℃保存（此溶液每毫升相当于1mg钠）。

⑤ 钠标准使用液：吸取10.0mL钠标准贮备液于100mL容量瓶中，加水稀释至刻度，贮存于聚乙烯瓶中，4℃保存（此溶液每毫升相当于100μg钠）。

**4. 操作步骤**

（1）试样处理　准确称取均匀干样0.5～1g，湿样1～2g，液体样品3～5g于250mL高型烧杯中，向其中加入20～30mL混合酸消化液，盖上表面皿，置于电热板或电沙浴上加热消化。如消化不完全，应再补加几毫升混合酸消化液，继续加热消化，直至溶液无色透明为止，加几毫升水，加热以除去多余的硝酸。待烧杯中的液体接近2～3mL时，将其取下冷却。用水洗并转移到10mL刻度试管中，定容至刻度（也可用测铁、镁、锰的消化好的液样进行钾、钠测定）。

取与消化试样相同量的混合酸消化液，按上述操作做试剂空白测定。

（2）测定　吸取0.00mL、1.00mL、2.00mL、3.00mL、4.00mL钠标准使用液，分别置于100mL容量瓶中，用水稀释至刻度（容量瓶中溶液每毫升分别相当于0.0μg、1.0μg、2.0μg、3.0μg、4.0μg钠）。将消化液、试剂空白液、钠标准稀释液分别导入火焰，测定其发射强度。测定条件：波长589nm，空气压力$0.4\times 10^5$Pa，燃气的调整以火焰中不出现黄火焰为准。以钠含量对应浓度的发射强度绘制标准曲线。

**5. 结果计算**

试样中钠的含量可由下式求得

$$X=\frac{(c-c_0)Vf\times 100}{m\times 1000}$$

式中 $X$——试样中钠的含量，mg/100g；

$c$——测定用试样液中钠的质量浓度（由标准曲线查出），μg/mL；

$c_0$——试剂空白液中钠的质量浓度（由标准曲线查出），μg/mL；

$V$——试样液定容体积，mL；

$f$——试样液稀释倍数；

$m$——试样的质量，g。

在重复条件下获得的两次独立测定结果的绝对差值不得超过算术平均值的9%。

## 五、镁的测定

### 1. 原理

试样经湿法消化后，导入原子吸收分光光度计中，经火焰原子化后，镁吸收285.2nm的共振线，其吸收强度与它的含量成正比，与标准系列比较定量。

### 2. 仪器

① 实验室常用设备。

② 原子吸收分光光度计。

注意：所用玻璃仪器均以硫酸-重铬酸钾洗液浸泡数小时后，再用洗衣粉充分洗刷干净，用自来水反复冲洗，最后用去离子水冲洗晾干或烘干，方可使用。

### 3. 试剂

① 盐酸。

② 硝酸。

③ 高氯酸。

④ 混合酸消化液（硝酸＋高氯酸＝4＋1）。

⑤ 0.5mol/L硝酸溶液：量取32mL硝酸，加去离子水并稀释至1000mL。

⑥ 镁标准溶液：准确称取金属镁（质量分数大于99.99%）1.0000g（或含1.0000g纯金属相对应的氧化物），加硝酸溶解并移入1000mL容量瓶中，加0.5mol/L硝酸溶液并稀释至刻度，贮存于聚乙烯瓶内，4℃保存（此溶液每毫升相当于1mg镁）。

⑦ 镁标准使用液：吸取5mL镁标准溶液，置于100mL容量瓶中，用0.5mol/L硝酸溶液稀释至刻度，贮存于聚乙烯瓶内，4℃保存。此标准使用液质量浓度为50μg/mL。

### 4. 操作步骤

(1) 试样处理　试样制备过程中应特别注意防止各种污染，所用容器必须使用玻璃或聚乙烯制品。

精确称取均匀试样干样0.5～1.5g，湿样2.0～4.0g，液体样品5.0～10.0g于250mL高型烧杯中，向其中加入20～30mL混合酸消化液，盖上表面皿。置于电热板或电沙浴上加热消化。如消化不完全，应再补加几毫升混合酸消化液，继续加热消化，直至溶液无色透明为止。加几毫升水，加热以除去多余的硝酸。待烧杯中的液体接近2～3mL时，将其取下冷却。用水洗并转移到10mL刻度试管中，定容至刻度。

取与消化样品相同量的混合酸消化液，按上述操作做试剂空白测定。

(2) 测定　将镁标准使用液分别配制不同浓度系列的标准稀释液，见表4-3。

测定操作参数见表4-4。

其他实验条件：仪器狭缝、空气及乙炔的流量、灯头高度、元素灯电流等均按仪器说明调至最佳状态。

表 4-3 不同浓度系列标准稀释液的配制方法

| 元素 | 使用液质量浓度/($\mu g \cdot mL^{-1}$) | 吸取使用液量/mL | 稀释体积(容量瓶)/mL | 稀释溶液 |
| --- | --- | --- | --- | --- |
| 镁 | 50 | 0.5 | 500 | 0.5mol/L 硝酸溶液 |
| | | 1 | | |
| | | 2 | | |
| | | 3 | | |
| | | 4 | | |

表 4-4 测定操作参数

| 元素 | 波长/nm | 光源 | 火焰 | 标准系列质量浓度范围/($\mu g \cdot mL^{-1}$) | 稀释溶液 |
| --- | --- | --- | --- | --- | --- |
| 镁 | 285.2 | 紫外 | 空气-乙炔 | 0.05～1.0 | 0.5mol/L 硝酸溶液 |

**5. 结果计算**

以各浓度系列标准溶液与对应的吸光度绘制标准曲线。

测定用样品液及试剂空白液由标准曲线查出质量浓度值（$c$ 及 $c_0$），再按下式计算。

$$X=\frac{(c-c_0)Vf\times 100}{m\times 1000}$$

式中 $X$——样品中镁的含量，mg/100g；

$c$——测定用样品液中镁的质量浓度（由标准曲线查出），μg/mL；

$c_0$——试剂空白液中镁的质量浓度（由标准曲线查出），μg/mL；

$V$——样品液定容体积，mL；

$f$——样品液稀释倍数；

$m$——样品的质量，g。

计算结果表示到小数点后两位。在重复条件下获得的两次独立测定结果的绝对差值不得超过算术平均值的10%。

## 六、钙的测定

测定乳及乳制品中钙含量的方法有高锰酸钾滴定法、EDTA 滴定法、火焰光度法、原子吸收分光光度法和 X 荧光法。这里仅介绍 EDTA 滴定法、高锰酸钾滴定法和较快速的原子吸收分光光度法。

### （一）EDTA 滴定法

**1. 原理**

钙与氨羧络合剂能定量地形成金属络合物，其稳定性较钙与指示剂所形成的络合物为强。在适当的 pH 值范围内，以氨羧络合剂 EDTA 滴定，在达到化学计量点时，EDTA 就从指示剂络合物中夺取钙离子，使溶液呈现游离指示剂的颜色（终点）。根据 EDTA 络合剂用量，可计算钙的含量。

**2. 试剂**

① 6mol/L 盐酸溶液。

② 2mol/L 氢氧化钠溶液。

③ 10g/L 氰化钾溶液。

④ 0.05mol/L 柠檬酸钠溶液：称取 1.47g 柠檬酸钠（$Na_2C_6H_5O_7 \cdot 2H_2O$），加水溶解并稀释至 100mL。

⑤ 0.01mol/L EDTA 溶液：称取 20g 乙二胺四乙酸二钠盐，溶于水并稀释至 1000mL。

标定：取基准锌用盐酸（1+3）、水、丙酮依次洗涤，置于干燥器中干燥 24h 以上，精确称取该基准锌 3.2690g，用 25mL 水和 10mL 盐酸溶解。溶解完全后移入 500mL 容量瓶中并稀释至刻度。

准确吸取上述锌标准溶液 25mL，稀释至 100mL，滴加氨水（1+9）使溶液 pH 值约为 8，再加 pH 值为 10.1 的氨性缓冲液（以 0.1mol/L 氯化铵溶液 10mL 与 0.1mol/L 氨水 40mL 混合）10mL，加 0.5%（质量分数）铬黑 T 指示剂 4 滴，用配制好的 EDTA 溶液滴定，溶液由紫色转变为纯蓝色为终点。同样条件下做空白试验。

$$c_{\mathrm{EDTA}}=\frac{\frac{m}{500}\times 25}{(V-V_0)\times 0.06538}$$

式中 $c_{\mathrm{EDTA}}$——EDTA 标准溶液的浓度，mol/L；

$m$——称取基准锌的质量，g；

$V$——标准消耗 EDTA 溶液的体积，mL；

$V_0$——空白试验消耗 EDTA 溶液的体积，mL；

0.06538——锌的毫摩尔质量，g/mmol。

**3. 操作步骤**

① 样品处理：称取 2～4g 均匀样品置于瓷坩埚中，先用小火炭化至无黑烟，再移入 550～600℃高温电炉中灰化，直至灰分呈灰白色（不易灰化完全时，可向残渣中加入质量分数为 10%的硝酸镁溶液或硝酸润湿，蒸干后再灰化）。待炉温降至 200℃以下时取出坩埚，冷却后加入 20mL 6mol/L 盐酸，加热溶解灰分，然后转入 100mL 容量瓶中，用少量水洗净坩埚，洗液并入容量瓶中，最后加水至刻度，混合均匀备用。

② 测定：准确吸取上述样品处理液 5mL 于锥形瓶中，加水 20mL，用 2mol/L 氢氧化钠溶液中和后（加约 3mL）再用水稀释至 50mL。加入氰化钾溶液 1 滴和柠檬酸钠溶液 0.1mL，再加入 2mol/L 氢氧化钠溶液 1mL（调节 pH 值至 12～14）混合均匀，加钙红指示剂 3 滴，立即以 0.01mol/L EDTA 标准溶液滴定至溶液由紫红色变为纯蓝色为终点，记录 EDTA 标准溶液的用量。按照与样品测定同样的方法做空白试验。

**4. 结果计算**

试样中钙的含量可由下式求得

$$X=\frac{(V-V_0)\times M\times 40}{m\times\frac{V_2}{V_1}}\times 100$$

式中 $X$——试样中钙的含量，mg/100g；

$V_0$——空白滴定消耗 EDTA 标准溶液的体积，mL；

$V_1$——样品处理液的体积，mL；

$V_2$——用于滴定的样品液体积，mL；

$V$——样品消耗 EDTA 标准溶液的体积，mL；

$M$——EDTA 标准溶液的摩尔浓度，mol/L；

$m$——样品质量，g；

40——1mol EDTA 溶液 1mL 相当于钙的质量，mg/mmol。

**5. 注意事项**

① 钙红为紫黑色粉末，其水溶液和乙醇溶液均不稳定，若与干燥的氯化钠配成混合物使用，保存期可长一些。配制方法：取钙红 0.5g，加氯化钠 50g 混合均匀，并且研磨成细

粉后，装入广口玻璃瓶中保存。

② 在 pH 值为 12 时，溶液中 $Mg^{2+}$ 已成为 $Mg(OH)_2$ 沉淀，又由于 $Ca^{2+}$ 与 EDTA 形成的络合物比 $Mg^{2+}$ 形成的络合物稳定，因此用钙红指示剂时，可在 $Ca^{2+}$、$Mg^{2+}$ 共存时滴定钙。

③ 加指示剂后应立即滴定，放置过久会造成终点不明显。

④ 加氰化钾和柠檬酸钠能络合锌、铜、铁、镍和镉等干扰离子。

### （二）高锰酸钾滴定法

**1. 原理**

样品经处理后，在酸性溶液（pH3.5～4.5）中，用草酸铵沉淀草酸钙，然后以稀硫酸溶解，用高锰酸钾标准溶液滴定草酸离子，间接地求出钙的含量。

**2. 试剂**

① 草酸铵饱和溶液。

② 盐酸溶液（1+1）。

③ 盐酸溶液（1+3）。

④ 氨水溶液（1+1）。

⑤ 氨水溶液（1+50）。

⑥ 5g/L 甲基红指示剂。

⑦ 硫酸。

⑧ 0.05mol/L 高锰酸钾标准溶液：称取高锰酸钾 1.7g，溶于 1000mL 水中，加热至沸，保持微沸 20～30min，冷却后于暗处保存 2～3d。用微孔玻璃漏斗过滤，滤液贮存于棕色试剂瓶中，并按以下方法进行标定。

称取在 105～110℃下烘干至质量恒定的基准草酸钠 0.1000g，溶于 50mL 水中，加入 8mL 硫酸，加热至 80℃左右，不断搅拌，以用高锰酸钾标准溶液滴定至溶液呈淡粉红色，并在 30s 内不消失为终点。按下式计算高锰酸钾标准溶液的浓度。

$$c_{\frac{1}{5}KMnO_4}=\frac{m}{(V_1-V_0)\times 0.06700}$$

式中 $c$——高锰酸钾标准溶液的物质的量浓度，mol/L；

$m$——草酸钠的质量，g；

$V_1$——高锰酸钾标准溶液的用量，mL；

$V_0$——空白试液高锰酸钾标准溶液的用量，mL；

0.06700——1/2 草酸钠分子的摩尔质量，kg/mol。

**3. 操作步骤**

① 样品处理：称取 50～100g（准确至 0.2mg）均匀样品于瓷皿中，先烘干水分，然后在 600℃以下灰化至无明显碳粒为止。冷却后加 20mL 水，小心加 10mL 盐酸，置水浴上蒸干，再加入 50mL 盐酸溶液（1+1），在水浴上加热 15min 后滤入 200mL 容量瓶，用热水充分洗涤残渣和瓷皿，冷却后定容。

同时做空白试验，于瓷皿中不加样品，其他操作同样品的处理。

② 测定：准确吸取制备好的样液及空白试液各 50mL，分别置于 250mL 烧杯中，加水至 100mL，加 2 滴甲基红指示剂，逐滴加氨水调 pH 值至 5.6（溶液介于褐色和橙色之间），再加 1～2 滴盐酸溶液（1+3）使 pH 值至 2.5～3.0（淡红色），用水稀释至 150mL。加热煮沸，不断搅拌，缓慢加入 10mL 热饱和草酸铵溶液，此时溶液应为红色，否则须加盐酸溶液（1+3）至淡红色，放置过夜。将清液以定量滤纸过滤，并以氨水（1+50）充分洗涤沉

淀和滤纸。把滤纸连同沉淀放回原烧杯中，加 125mL 水和 5mL 硫酸的混合液，在电炉上加热至 80℃左右。在保温条件下，以高锰酸钾标准溶液滴至出现微红色并保持 15s 不消失为止。

**4. 结果计算**

样品中钙的质量分数可由下式求得。

$$\omega_{Ca}=\frac{c(V_1-V_0)\times 20.04}{m\times\frac{50}{200}\times 1000}\times 100\%$$

式中　$\omega_{Ca}$——样品中钙的质量分数，%；

$c$——高锰酸钾标准溶液的物质的量浓度，mol/L；

$V_1$——滴定样液所耗高锰酸钾标准溶液的体积，mL；

$V_0$——滴定空白所耗高锰酸钾标准溶液的体积，mL；

$m$——样品的质量，g；

20.04——1/2 钙原子的摩尔质量，g/mol。

### （三）原子吸收分光光度法

**1. 原理**

样品经处理后制备成溶液，以镧作释放剂，将溶液喷入原子吸收仪器的火焰中，在钙的特征线波长 422.7nm 处测量钙的吸收，其吸收量与含量成正比，与标准系列比较定量。

**2. 仪器**

原子吸收分光光度计。

**3. 试剂**

① 盐酸（优级纯）。

② 100g/L 镧溶液：称取氧化镧（优级纯）117.6g，加 20mL 水浸湿，加 50mL 6mol/L 盐酸溶液加热溶解，冷却后用 1mol/L 盐酸溶液稀释至 1000mL。

③ 1mg/mL 钙标准贮备液：准确称取在 110℃干燥过的碳酸 2.4973g，溶于 20mL 盐酸中，于电热板上加热至沸 5min，驱除溶液中的二氧化碳，取下稍冷，用水稀释至 1000mL。盐酸浓度约 0.1mol/L。

④ 100μg/mL 钙标准工作液：准确吸取 10.00mL 钙标准贮备液于 100mL 容量瓶中，用 0.1mol/L 盐酸定容。

**4. 操作步骤**

① 样品处理：称取 2～15g 样品（称准至 0.01g，称样量视样品含量而定）于铂坩埚（或者石英坩埚）中加热烘干水分后低温炭化，炭化移入 550℃马弗炉中灰化完全。取出坩埚，冷却后，用 1mL 盐酸溶液（1＋1）溶解灰分，并移入 25mL 容量瓶中。加 2.5mL 100g/L 镧溶液，用水定容，摇匀备用。同时做空白试验。

② 标准曲线绘制：吸取钙标准工作液 0.00mL，0.50mL，1.00mL，1.50mL，2.00mL 和 2.50mL，分别置于 25mL 容量瓶中，加 2.5mL 100g/L 镧溶液，用 0.1mol/L 盐酸溶液稀释至刻度，摇匀。按测定步骤测定吸光度，并以浓度为横坐标，吸光度为纵坐标，绘制标准曲线。

③ 测定：将样品溶液、空白试液和标准系列，按下列条件直接喷入仪器测定。

测定条件：分析线波长 422.7nm，灯电流 6mA，狭缝宽度 0.5nm，空气流量 8L/min，乙炔流量 2.0L/min。

**5. 结果计算**

样品中钙的质量分数可由下式求得。

$$\omega_{Ca}=\frac{\rho_{Ca}\times V\times 10^{-6}}{m}\times 100\%$$

式中 $\omega_{Ca}$——样品中钙的质量分数，%；

$\rho_{Ca}$——扣除空白后样品溶液中钙的质量浓度，μg/mL；

$V$——样品溶液的体积，mL；

$m$——样品的质量，g。

## 七、磷的测定

### （一）钼蓝比色法

本法适用于磷含量较低的乳及乳制品样品。

**1. 试剂**

① 钼酸铵溶液：称取 25g 钼酸铵 [$(NH_4)_6Mo_7O_{24}\cdot 4H_2O$]，将其溶于 15mL 水中。另将 28mL 浓硫酸加到 48mL 水中，冷却后两液合并以水稀释至 100mL。

② 2.5%氯化亚锡甘油溶液：称取 2.5g 氯化亚锡（$SnCl_2\cdot 2H_2O$）溶于 100mL 甘油中，用温水促使溶解，混合均匀后贮存于玻璃瓶中，可长期使用。

③ 磷酸盐标准溶液：精密称取 0.7165g 经 105℃干燥过的磷酸二氢钾，加少量水溶解，移入 1000mL 容量瓶中，用水稀释至刻度（此液每毫升相当于 500μg 磷酸盐）。吸取 10.0mL 此液，置于 500mL 容量瓶中，用水稀释至刻度，所配制成的这种溶液 1mL 相当于 10μg 磷酸盐。

**2. 仪器**

可见分光光度计。

**3. 操作步骤**

① 样品处理：准确称取均匀样品 2.00～4.00g，置于瓷坩埚中，在电炉上小火炭化至无烟，移入 550～600℃高温炉中灰化，直至灰分呈灰白色为止（必要时可加入浓硝酸湿润后再灰化，有促进样品灰化的作用）。取出冷却后加入 6mol/L 盐酸溶液 20mL，加热溶解灰分，然后用水移入 100mL 容量瓶中，加水至刻度，摇匀。

② 标准曲线绘制：吸取磷酸盐标准溶液 0.00mL，0.20mL，0.6mL，0.80mL，1.00mL 分别于 50mL 比色管中，各加 20mL 水、2.0mL 钼酸铵溶液，再加 0.25mL 氯化亚锡甘油溶液，然后用水稀释至刻度，混合均匀。在 20min 内用分光光度计在波长 660nm 处测定各标准溶液的吸光度，并绘制标准曲线。

③ 测定：吸取样品处理液 1.0～5.0mL 于 50mL 比色管中，加 20mL 水、2.0mL 钼酸铵溶液、0.25mL 氯化亚锡甘油溶液，然后用水稀释至刻度，混合均匀。在 20min 内，与标准系列同样的条件，测定吸光度。根据测得的吸光度，在标准曲线上求得相应磷酸盐的含量。

**4. 结果计算**

样品中磷酸盐的含量可由下式计算。

$$\omega_{PO_4^{3-}}=\frac{C}{m\times\frac{V_2}{V_1}\times 1000}\times 1000$$

式中 $\omega_{PO_4^{3-}}$——样品中磷酸盐的含量，mg/kg；

$C$——从标准曲线上查出相当于磷酸盐的标准量，μg；

$V_1$——样品处理液的总体积，mL；

$V_2$——测定时取用样品处理液的体积，mL；

$m$——样品质量，g。

## （二）喹钼柠酮质量法

本法适用于磷含量较高的样品。

**1. 试剂**

① 盐酸。

② 硝酸。

③ 钼酸钠。

④ 柠檬酸。

⑤ 喹啉。

⑥ 丙酮。

⑦ 喹钼柠酮试剂：将 70g 钼酸钠溶于 150mL 水中。将 60g 柠檬酸溶于 85mL 硝酸和 150mL 水混合溶液中，冷却。在不断搅拌下缓慢地将前一种溶液加到后一种溶液中，然后缓慢地将含有 5mL 喹啉、35mL 硝酸和 100mL 水的混合液加入其中。放置 24h 后过滤，于滤液中加入 280mL 丙酮，用水稀释至 1000mL，混合均匀，贮存于聚乙烯瓶中。

⑧ 无水硫酸钠或无水硫酸钾。

⑨ 无水硫酸铜。

⑩ 浓硫酸。

**2. 仪器**

① 50mL 凯氏烧瓶。

② 烘箱。

**3. 操作步骤**

① 样品处理：称取 0.50g 样品。置于 50mL 凯氏烧瓶中加无水硫酸钠或无水硫酸钾 10g、无水硫酸铜 0.5g、浓硫酸 15mL。开始时用小火加热，10min 后加大火力进行消化，直至样品溶液呈透明无黑粒为止。冷却，将凯氏烧瓶中内容物移入 500mL 容量瓶中加水至刻度，摇匀。

② 测定：吸取上述消化溶液 25～50mL，置于 400mL 烧杯中，加入硝酸溶液（1+1）10mL，用水稀释至 100mL，加入 50mL 喹钼柠酮试剂，盖上表面皿，小火加热煮沸，微沸 1min 后冷却至室温，冷却时转动烧杯 3～4 次。然后用预先干燥至恒重的 4 号玻璃芯坩埚抽滤，先倾去上层清液，抽滤完后，用倾泻法以水洗涤沉淀物 1～2 次。将沉淀物全部移入坩埚中，用水洗涤 4～5 次。将坩埚放入 180℃烘箱内 45min。取出移入干燥器中冷却，称至恒重（前后两次误差小于 0.2mg）

同时按样品操作方法做一空白试验。

**4. 结果计算**

磷的质量分数按五氧化二磷计算（0.03207 为磷钼酸喹啉换算为五氧化二磷的系数）。

$$\omega=\frac{(m_1-m_2)\times 0.03207}{m\times\frac{V}{500}}\times 100\%$$

式中 $\omega$——样品中磷的质量分数（以五氧化二磷计算），%；

$m_1$——沉淀物和砂芯坩埚的质量，g；

$m_2$——砂芯坩埚的质量，g；

$V$——吸取样品处理液的体积，mL；

$m$——样品的质量，g。

**5. 注意事项**

① 加入试剂后，煮沸时要防止溅失，尽量维持微沸 1min。

② 过滤时，一定要先将上层清液抽滤完，再将沉淀物移至坩埚内进行抽滤。

③ 洗涤坩埚中的沉淀可用自来水冲洗，剩余部分用氨水（1＋1）浸至黄色消失，然后再用自来水冲洗，最后用热蒸馏水洗涤数次，烘干备用。

## 八、锡的测定

测定乳及乳制品中锡含量的方法较多，有苯芴酮比色法、栎精比色法、原子吸收分光光度法等。一般采用苯芴酮比色法较为稳定，干扰因素较少，但使用试剂较多；栎精比色法比较简便，但需要控制 pH 值；原子吸收分光光度法灵敏度高，但需要专门仪器。这里仅介绍苯芴酮比色法和原子吸收分光光度法。

### （一）苯芴酮比色法

**1. 原理**

在酸性介质中，四价锡离子与苯芴酮生成微溶性的橙红色络合物，在保护性胶体存在下与标准系列进行比较定量。加入抗坏血酸、酒石酸作为隐蔽铁离子等的干扰。

**2. 仪器**

分光光度计。

**3. 试剂**

① 100g/L 酒石酸溶液。

② 5g/L 动物胶（明胶）溶液：称取 0.5g 动物胶移入 50mL 烧杯中，加入 20～30mL 水，在 60℃热水溶解后移入 100mL 容量瓶中。使用时需新配制，贮存于冰箱中。

③ 硫酸溶液（1＋9）。

④ 10g/L 抗坏血酸溶液（贮存于冰箱中）。

⑤ 0.3g/L 苯芴酮溶液：称取 0.03g 苯芴酮，加少量无水乙醇溶解后，加数滴硫酸溶液（1＋9）透明后，移入 100mL 容量瓶中，用无水乙醇稀释至刻度，贮存于冰箱中。

⑥ 锡标准溶液：称取 0.1000g 纯锡于小烧杯中，加 10mL 浓硫酸，盖上表面皿，加热至锡完全溶解，移去表面皿，继续加热至冒烟，冷却，加入 50mL 水，移至 1000mL 容量瓶中，用硫酸（1＋9）稀释至刻度（此溶液每毫升相当于 100μg 的锡）。

**4. 操作步骤**

（1）样品处理

① 湿法处理：取样品 5～10g（称准至 0.01g，称样量视含锡量而定）于 500mL 或 250mL 凯氏烧瓶中，先加少许水润湿，再加入浓硝酸 20mL、硫酸 20mL、玻璃珠数粒，先以小火加热，剧烈反应停止后，加大火力，分四次加入 20mL 过氧化氢直至溶液透明或呈淡绿色为止。继续加热数分钟至冒白烟，冷却。加 25mL 饱和草酸铵溶液继续加热到冒白烟后 20min，冷却内容物，移入 50mL 容量瓶中，以二次蒸馏水稀释至刻度。同时做空白试验。

② 干法处理：称取 5～10g（称准至 0.01g）样品于瓷坩埚中，加入氧化镁 1g 及 0.15g/mL 硝酸镁溶液 10mL，混匀，于水浴上蒸干。先用微火炭化，至无烟后移入 550℃马弗炉中，灼烧 3～4h，冷却后取出。加水 5mL 润湿灰分，用玻璃棒搅拌，用少量水冲洗玻璃棒上附着的灰分至坩埚内，置水浴上蒸干后移入马弗炉中在 550℃灰化 2h，冷却后加水 5mL 润湿灰分，缓慢加入 6mol/L 盐酸溶液 10mL，最后将溶液移入 50mL 容量瓶中，用 6mol/L 盐酸溶液洗涤坩埚三次，每次 5mL，再用水洗涤三次，每次亦为 5mL，洗液并入容量瓶中，加水至刻度，摇匀。同时做空白试验。

(2) 标准曲线的绘制 准确吸取锡标准溶液 0.00mL、1.00mL、2.00mL、3.00mL、4.00mL、5.00mL，分别置于 50mL 比色管中，加入酒石酸溶液 0.5mL、抗坏血酸溶液 5mL、明胶溶液 1.5mL、硫酸溶液（1+9）10mL，并准确地加入 0.3g/L 苯芴酮溶液 2mL，用水稀释至刻度，摇匀，30min 后于分光光度计 492nm 波长处测定吸光度，并绘制标准曲线。

(3) 测定 吸取样品溶液 10mL 置于 50mL 比色管中，以氨水（1+1）中和后，加入酒石酸溶液 0.5mL，抗坏血酸 5mL，以下操作同标准曲线绘制。根据标准曲线查出锡的含量。

**5. 结果计算**

样品中锡的含量由下式求得

$$X=\frac{c}{\omega}\times 1000$$

式中 $X$——样品中锡的含量，mg/kg；

$c$——从标准曲线中查出相当于锡的标准量，mg；

$\omega$——吸取的样品溶液相当于样品的质量，g。

**6. 注意事项**

天冷时，由于显色反应缓慢，标准溶液和样品分析溶液加入显色剂后，可在 37℃ 恒温箱内放置 30min，再比色。色泽由黄至橙红色（视锡含量而定）。

### (二) 原子吸收分光光度法

**1. 原理**

样品在碘化钾溶液中用苯直接萃取进行无火焰原子吸收法测定，求出样液中锡含量。

**2. 仪器**

原子吸收分光光度计，附石墨炉原子化器和锡空心阴极灯。

**3. 试剂**

① 4mol/L 碘化钾溶液。

② 锡标准溶液：准确称取纯锡 0.1000g 于烧杯中，加入 100mL 硫酸溶液（1+1）加热溶解后，移入预先盛有 300mL 硫酸（1+1）的 1000mL 容量瓶中，用溶有 5g 柠檬酸的水溶液稀释至刻度，摇匀。此溶液每毫升含 100μg 锡。使用时吸取 5mL 于 100mL 容量瓶中，用 9mol/L 硫酸稀释至刻度，此溶液每毫升含锡 5μg。

**4. 操作步骤**

(1) 样品处理

① 湿法处理：取样品 5～10g（称准至 0.01g，称样量视含锡量而定）于 500mL 或 250mL 凯氏烧瓶中，先加少许水润湿，再加入浓硝酸 20mL、硫酸 20mL、玻璃珠数粒，先以小火加热，剧烈反应停后，加大火力，分四次加入 20mL 过氧化氢直至溶液透明或呈淡绿色为止。继续加热数分钟至冒白烟，冷却。加 25mL 饱和草酸铵溶液继续加热到冒白烟后 20min，冷却内容物，移入 50mL 容量瓶中，以二次蒸馏水稀释至刻度。同时做空白试验。

② 干法处理：称取 5～10g（称准至 0.01g）样品于瓷坩埚中，氧化镁 1g 及 0.15g/mL 硝酸镁溶液 10mL，混匀，于水浴上蒸干。先用微火炭化，至无烟后移入 550℃ 马弗炉中，灼烧 3～4h，冷却后取出。加水 5mL 润湿灰分，用玻璃棒搅拌，用少量水冲洗玻璃棒上附着的灰分至坩埚内，置水浴上蒸干后移入马弗炉中在 550℃ 灰化 2h，冷却后加水 5mL 润湿灰分，缓慢加入 6mol/L 盐酸溶液 10mL，最后将溶液移入 50mL 容量瓶中，用 6mol/L 盐酸溶液洗涤坩埚三次，每次 5mL，再用水洗涤三次，每次亦为 5mL，洗液并入容量瓶中，

水至刻度，摇匀。同时做空白试验。

(2) 测定　吸取5～10mL样品溶液于25mL比色管中，加入4mL硫酸溶液（1+1），用水稀释至10mL，加入1mL 50%（质量分数）柠檬酸溶液，摇匀，加入2mL 4mol/L碘化钾溶液，摇匀，加入5mL苯，萃取2min，静置分层，分别吸取上层有机相50μL注入石墨管中进行操作，测得样品溶液的吸光度，并从标准曲线中查出锡含量。

测定条件：分析线234.0nm，狭缝0.7nm，灯电流15mA，用氘灯作背景校正。温度程序是干燥100℃，升温3s，保持20s；灰化600℃，升温2s，保持30s；原子化2300℃，升温1s，保持5s，氩气流中断；净化2400℃，升温1s，保持3s。

(3) 标准曲线的绘制　准确吸取每毫升相当于5μg的锡标准溶液0.00mL、1.00mL、2.00mL、3.00mL、4.00mL和5.00mL于25mL比色管中，用9mol/L硫酸稀释至10mL，然后按样品测定的操作条件和步骤进行，测得各浓度锡的吸光度，绘制标准曲线。

**5. 结果计算**

样品中锡的含量由下式求得。

$$X=\frac{c}{\omega}$$

式中　$X$——样品中锡的含量，mg/kg；

$c$——从标准曲线中查出相当于锡的标准量，μg；

$\omega$——所取样液相当于样品的质量，g。

**6. 注意事项**

① 样液中微量的锑、砷、铅等不影响测定。

② 加入柠檬酸目的是与锡生成络合物而使四价锡稳定。

③ 苯层中呈紫红色是碘析出之故，在样液萃取前加入亚硫酸钠饱和溶液还原碘，可以消除碘的干扰。

## 九、锰的测定

锰是人体所必需的微量元素，是人体内蛋白质、激素、酶、维生素和遗传物质的组成元素，是多种酶的激活剂，主要参与蛋白质的合成。缺锰将导致发育停滞、骨骼畸形、生殖机能紊乱。

**[案例分析]**

实例：某病人在患病后期，出现典型的震颤麻痹综合征，有四肢肌张力增高和静止性震颤、言语障碍、步态困难等以及有不自主哭笑、强迫观念和冲动行为等精神症状。

分析：此病人是患上了慢性锰中毒。一般在接触锰的烟、尘3～5年或更长时间后发病。

测定食品中锰的国家标准方法主要是过硫酸铵比色法和原子吸收分光光度法。

### （一）过硫酸铵比色法

**1. 原理**

锰的化合物在酸性条件下，以银离子作催化剂，被过硫酸铵氧化，生成紫红色的高锰酸盐，颜色的深浅与锰离子的含量成正比，可以比色求出样品中锰的含量。

**2. 仪器**

可见分光光度计。

**3. 试剂**

① 锰标准溶液：溶解0.3076g硫酸锰（$MnSO_4 \cdot H_2O$）或0.4060g硫酸锰（$MnSO_4 \cdot 4H_2O$）于5mL水中，加入1mL浓硫酸，移入1000mL容量瓶中，加水稀释至刻度（此溶液每毫升相当于含0.10mg锰）。使用时可将此溶液用水稀释至每毫升含2μg锰的标准溶液。

② 过硫酸铵[$(NH_4)_2S_2O_8$]。

③ 锰试剂：溶解75g硫酸高汞或85g硝酸汞于400mL浓硝酸和200mL水中，并加入85%（体积分数）磷酸200mL和硝酸银0.035g，冷却后稀释至1000mL。

**4. 操作步骤**

(1) 样品处理

取样品5～10g（称准至0.01g，称样量视含锰量而定）于500mL或250mL凯氏烧瓶中，先加少许水润湿，再加入浓硝酸20mL、硫酸20mL、玻璃珠数粒，先以小火加热，剧烈反应停后，加大火力，分四次加入20mL过氧化氢直至溶液透明或呈淡绿色为止。继续加热数分钟至冒白烟，冷却。加25mL饱和草酸铵溶液继续加热到冒白烟后20min，冷却内容物，移入50mL容量瓶中，以二次蒸馏水稀释至刻度。同时做空白试验。

(2) 标准曲线绘制　准确吸取每毫升相当于2μg锰的标准溶液0.00mL、1.00mL、2.00mL、3.00mL、4.00mL、5.00mL，分别置于三角瓶中，各加水至50mL，加入5mL锰试剂，煮沸，浓缩至30～40mL，稍冷却后加入1g硫酸铵，继续煮沸2min，冷却，将溶液移入50mL比色管中，加水至刻度。于分光光度计525nm波长处测定吸光度，并绘制标准曲线。

(3) 测定　准确吸取样品消化液10mL，移入三角瓶中，加水至50mL，加入5mL锰试剂，以下操作同标准曲线绘制，测得吸光度。

**5. 结果计算**

样品中锰的含量由下式求得。

$$X=\frac{c}{\omega}$$

式中　$X$——样品中锰的含量，mg/kg；

$c$——从标准曲线查出相当于锰的标准量，μg；

$\omega$——比色时所取样品的质量，g。

**6. 注意事项**

① 锰试剂不能在煮沸时加入，以防溶液溢出。

② 含盐食品，应先在测定样品溶液中加入硝酸银沉淀并过滤后再测定。

### （二）原子吸收分光光度法

**1. 原理**

样品经湿法消化后，导入原子吸收分光光度计中，经火焰原子化后，吸收波长279.5nm的共振线，其吸收量与锰的含量成正比，与标准系列比较定量。

**2. 仪器**

① 实验室常用设备。

② 原子吸收分光光度计。

注意：所用玻璃仪器均以硫酸-重铬酸钾洗液浸泡数小时，再用洗衣粉充分洗刷后，用自来水反复冲洗，最后用去离子水冲洗晾干或烘干，方可使用。

**3. 试剂**

① 盐酸。

② 硝酸。

③ 高氯酸。

④ 混合酸消化液：硝酸＋高氯酸＝4＋1。

⑤ 0.5mol/L 硝酸溶液：量取 32mL 硝酸，加去离子水并稀释至 1000mL。

⑥ 锰标准溶液：准确称取金属锰（质量分数大于 99.99%）1.0000g（或含 1.0000g 纯金属相对应的氧化物），加硝酸溶解并移入 1000mL 容量瓶中，加 0.5mol/L 硝酸溶液并稀释至刻度，贮存于聚乙烯瓶内，4℃保存（此溶液每毫升相当于 1mg 锰）。

⑦ 锰标准使用液：吸取 10.0mL 锰标准溶液，置于 100mL 容量瓶中，用 0.5mol/L 硝酸溶液稀释至刻度，贮存于聚乙烯瓶内，4℃保存（此标准使用液的质量浓度为 100μg/mL）。

**4. 操作步骤**

（1）样品处理　试样制备过程中应特别注意防止各种污染，所用容器必须使用玻璃或聚乙烯制品。

精确称取均匀试样干样 0.5～1.5g，湿样 2.0～4.0g，液体样品 5.0～10.0g 于 250mL 高型烧杯中，向其中加入 20～30mL 混合酸消化液，盖上表面皿。置于电热板或电沙浴上加热消化。如消化不完全，应再补加几毫升混合酸消化液，继续加热消化，直至溶液无色透明为止。加几毫升水，加热以除去多余的硝酸。待烧杯中的液体接近 2～3mL 时，将其取下冷却。用水洗并转移到 10mL 刻度试管中，定容至刻度。

取与消化样品相同量的混合酸消化液，按上述操作做试剂空白测定。

（2）测定　将锰标准使用液分别配制不同浓度系列的标准稀释液，见表 4-5。

**表 4-5　不同质量浓度系列标准稀释液的配制方法**

| 元素 | 使用液质量浓度/($\mu g \cdot mL^{-1}$) | 吸取使用液量/mL | 稀释体积/mL | 稀释溶液 |
|---|---|---|---|---|
| 锰 | 100 | 0.5 | 200 | 0.5mol/L 硝酸溶液 |
| | | 1 | | |
| | | 2 | | |
| | | 3 | | |
| | | 4 | | |

测定操作参数见表 4-6。

**表 4-6　测定操作参数**

| 元素 | 波长/nm | 光源 | 火焰 | 标准系列质量浓度范围/($\mu g \cdot mL^{-1}$) | 稀释溶液 |
|---|---|---|---|---|---|
| 锰 | 279.5 | 紫外 | 空气-乙炔 | 0.25～2.0 | 0.5mol/L 硝酸溶液 |

其他实验条件：仪器狭缝、空气及乙炔的流量、灯头高度、元素灯电流等均按仪器说明调至最佳状态。

**5. 结果计算**

以各浓度系列标准溶液与对应的吸光度绘制标准曲线。测定用样品液及试剂空白液由标准曲线查出浓度值（$c$ 及 $c_0$），再按下式计算。

$$X=\frac{(c-c_0)Vf\times 100}{m\times 1000}$$

式中　$X$——样品中锰的含量，mg/100g；

$c$——测定用样品液中锰的质量浓度（由标准曲线查出），μg/mL；

$c_0$——试剂空白液中锰的质量浓度（由标准曲线查出），μg/mL；

$V$——样品液定容体积，mL；

$f$——样品液稀释倍数；

$m$——样品的质量，g。

计算结果表示到小数点后两位。

在重复条件下获得的两次独立测定结果的绝对差值不得超过算术平均值的10%。

## 十、铜的测定

乳及乳制品中铜含量测定方法有二乙氨基二硫代甲酸钠比色法、吡啶偶氮间苯二酚比色法、双环己酮乙二酰二腙比色法、二甲苯二氮菲比色法、联喹啉比色法等，还有原子吸收分光光度法、选择性电极法和中子活化法等。其中二乙氨基二硫代甲酸钠（简称铜试剂DDTC）比色法被定为标准方法，该法比较稳定，易于掌握，但须用有机溶剂提取。此外，原子吸收分光光度法也是测铜的常用方法。这里介绍二乙氨基二硫代甲酸钠（简称铜试剂DDTC）比色法和原子吸收分光光度法。

### （一）二乙氨基二硫代甲酸钠（DDTC）比色法

**1. 原理**

样品经消化后，在碱性溶液中铜离子与二乙氨基二硫代甲酸钠生成棕黄色络合物，溶于四氯化碳，与标准系列比较定量。

**2. 仪器**

可见分光光度计

**3. 试剂**

① 柠檬酸铵-乙二胺四乙酸二钠溶液：称取20g柠檬酸铵和5g乙二胺四乙酸二钠溶于水中，加水稀释至100mL。

② 硝酸（1+199）：量取0.5mL硝酸，倒入100mL水中，混匀。

③ 氨水（1+1）。

④ 1g/L酚红指示剂：称取0.1g酚红，溶于100mL乙醇。

⑤ 铜试剂溶液：1g/L二乙氨基二硫代甲酸钠［$(C_2H_5)_2NCS_2Na \cdot 3H_2O$］溶液，必要时可过滤，贮存于冰箱中。

⑥ 四氯化碳。

⑦ 6mol/L硝酸：量取60mL硝酸，加水稀释至160mL。

⑧ 铜标准溶液：准确称取1.0000g金属铜（99.99%），分次加入6mol/L硝酸溶解，总量不超过37mL，移入1000mL容量瓶中，用水稀释至刻度。此溶液每毫升相当于1mg铜。

⑨ 铜标准使用液：吸取1.00mL铜标准溶液，置于100mL容量瓶中，加硝酸（1+199）稀释至刻度。此溶液每毫升相当于10μg铜。

**4. 操作步骤**

（1）样品处理

① 湿法处理：取样品5～10g（称准至0.01g，称样量视含铜量而定）于500mL或250mL凯氏烧瓶中，先加少许水润湿，再加入浓硝酸20mL、硫酸20mL、玻璃珠数粒，先以小火加热，剧烈反应停后，加大火力，分四次加入20mL过氧化氢直至溶液透明或呈淡绿色为止。继续加热数分钟至冒白烟，冷却。加25mL饱和草酸铵溶液继续加热到冒白烟后20min，冷却内容物，移入50mL容量瓶中，以二次蒸馏水稀释至刻度。同时做空白试验。

② 干法处理：称取5～10g（称准至0.01g）样品于瓷坩埚中，氧化镁1g及0.15g/mL硝酸镁溶液10mL，混匀，于水浴上蒸干。先用微火炭化，至无烟后移入550℃马弗炉中，灼烧3～4h，冷却后取出。加水5mL润湿灰分，用玻璃棒搅拌，用少量水冲洗玻璃棒上附着的灰分至坩埚内，置水浴上蒸干后移入马弗炉中在550℃灰化2h，冷却后加水5mL润湿灰分，缓慢加入6mol/L盐酸溶液10mL，最后将溶液移入50mL容量瓶中，用6mol/L盐酸溶液洗涤坩埚三次，每次5mL，再用水洗涤三次，每次亦为5mL，洗液并入容量瓶中，水至刻度，摇匀。同时做空白试验。

（2）测定　吸取10.00mL消化后的定容溶液和同量的试剂空白液，分别置于125mL分液漏斗中，加水稀释至20mL。吸取0.00mL、0.50mL、1.00mL、1.50mL、2.00mL、2.50mL铜标准使用液（相当于0.0μg、5.0μg、10.0μg、15.0μg、20.0μg、25.0μg铜），分别置于125mL分液漏斗中，各加2mol/L硫酸至20mL。

于样品消化液、试剂空白液和铜标准液中，各加5mL柠檬酸铵-乙二胺四乙酸二钠溶液和3滴酚红指示剂，混匀，用氨水（1+1）调至红色。各加2mL铜试剂溶液和10.0mL四氯化碳，剧烈振摇2min，静置分层后，四氯化碳层经脱脂棉滤入2cm比色杯中，以零管调节零点，于波长440nm处测吸光度，绘制标准曲线比较。

**5. 结果计算**

样品中铜的质量分数由下式求得。

$$\omega_{Cu}=\frac{m_1V_1\times10^{-6}}{mV_2}\times100\%$$

式中　$\omega_{Cu}$——样品中铜的质量分数，%；

$m_1$——测定用扣除空白后样液中铜的质量，μg；

$m$——样品的质量，g；

$V_1$——样品溶液的总体积，mL；

$V_2$——测定用样品溶液的体积，mL。

## （二）原子吸收分光光度法

**1. 原理**

样品处理后，导入原子吸收分光光度计中，原子化以后，吸收324.8nm共振线，其吸收量与铜含量成正比，与标准系列比较定量。

**2. 仪器**

原子吸收分光光度计。

**3. 试剂**

① 硝酸（1+1）。

② 1mg/mL铜标准贮备液：称取铜（质量分数不低于99.99%）1.000g，溶于10mL硝酸（1+1）中，以水稀释至1000mL。

③ 10μg/mL铜标准工作液：吸取1mg/mL铜标准贮备液10.00mL于100mL容量瓶中，以硝酸溶液（1+199）稀释至刻度，摇匀，该溶液质量浓度为100μg/mL，再吸取10mL上述溶液于100mL容量瓶中，以硝酸溶液（1+199）稀释至刻度，摇匀，此溶液质量浓度为10μg/mL。

**4. 操作步骤**

（1）样品处理　称取5～10g（称准至0.01g）样品于瓷坩埚中，烘干水分后，低温炭化，至不冒烟为止，然后移入500～550℃马弗炉中灰化至灰烬呈白色，取出冷却，用硝酸（1+1）溶解，移入25mL容量瓶中，用水定容。同时做空白试验。

(2) 标准曲线绘制　吸取 10μg/mL 铜标准溶液 0.00mL、1.00mL、2.00mL、3.00mL、4.00mL 和 5.00mL，分别置于 25mL 容量瓶中，用硝酸溶液（1+199）稀释至刻度，摇匀。

(3) 测定　把样品溶液、空白试液和标准系列分别喷入原子吸收分光光度计，按下列条件进行测定。

测定条件：分析线波长 324.8nm，灯电流 3mA，狭缝宽度 0.5nm，空气流量 8.0L/min，乙炔流量 1.8L/min。

**5. 结果计算**

$$\omega_{Cu}=\frac{\rho_{Cu}V\times 10^{-6}}{m}\times 100\%$$

式中　$\omega_{Cu}$——样品中铜的质量分数，%；

$\rho_{Cu}$——扣除空白后样液中铜的质量浓度，μg/mL；

$V$——样品溶液的体积，mL；

$m$——样品的质量，g。

## 十一、汞的测定

乳品中汞含量的测定方法主要有双硫腙比色法、冷原子吸收法、原子荧光光谱分析法等。这里介绍双硫腙比色法和冷原子吸收法。

### （一）双硫腙比色法

**1. 原理**

在酸性介质（pH 1～2）中，低价汞和有机汞被氧化成高价汞，双硫腙与高价汞反应生成橙红色的双硫腙汞络盐，溶于三氯甲烷有机溶剂，进行比色测定。

**2. 仪器**

① 分光光度计。

② 消化装置：500mL 磨口锥形瓶和长 400mm 磨口球形冷凝管。

**3. 试剂**

① 硝酸（优级纯）。

② 硫酸（优级纯）。

③ 氨水。

④ 三氯甲烷（优级纯）：不应含氧化物。

⑤ 硫酸（1+35）：量取 5mL 硫酸，缓缓倒入 150mL 水中，冷却后加水至 180mL。

⑥ 硫酸（1+19）：量取 5mL 硫酸，缓缓倒入水中，冷却后加水至 100mL。

⑦ 200g/L 盐酸羟胺溶液：吹清洁空气，除去溶液中含有的微量汞。

称取盐酸羟胺（化学纯）20g，溶于 100mL 水中，加双硫腙-三氯甲烷溶液 5mL，振摇洗涤，弃去三氯甲烷层，再加三氯甲烷 100mL，洗涤至三氯甲烷层无色，弃去三氯甲烷层备用。

⑧ 1g/L 溴麝香草酚蓝-乙醇指示剂。

⑨ 0.5g/L 双硫腙-三氯甲烷溶液：保存冰箱中，必要时用下述方法钝化。

称取 0.5g 研细的双硫腙，溶于 50mL 三氯甲烷中，如不全溶，可用滤纸过滤于 250mL 分液漏斗中，用氨水（1+99）提取三次，每次 100mL，将提取液用棉花过滤至 500mL 分液漏斗中，用 6mol/L 盐酸调至酸性，将沉淀出的双硫腙用三氯甲烷提取 2～3 次，每次 20mL，合并三氯甲烷层，用等量水洗涤二次，弃去洗涤液，在 50℃水浴上蒸去三氯甲烷。精制的双硫腙置于硫酸干燥器中，干燥备用。或将沉淀出的双硫腙用 200mL、200mL、

100mL 三氯甲烷提取三次，合并三氯甲烷层为双硫腙溶液。

⑩ 双硫腙使用液：吸取 1.0mL 双硫腙溶液，加三氯甲烷至 10mL，混匀。用 1cm 比色皿，以三氯甲烷调节零点，于 510nm 处测吸光度 $A$，用下式计算出配制 100mL 双硫腙使用液（70%透光率）所需双硫腙溶液的毫升数 $V$。

$$V=\frac{10\times(2-\lg 70)}{A}=\frac{1.55}{A}$$

⑪ 汞标准溶液：精密称取 105℃干燥的二氯化汞（分析纯）0.1354g，加硫酸（1+35）溶液溶解，转入容量瓶中，稀释至 100mL，混合均匀，此溶液每毫升相当于 1.0mg 汞。

⑫ 汞标准使用液：准确吸取 1.0mL 汞标准溶液，置于 100mL 容量瓶中，加硫酸（1+35）溶液稀释至刻度，混合均匀，此溶液每毫升相当于 10.0μg 汞。临用时准确吸取此稀释液 5.0mL 于 50mL 容量瓶中，加入硫酸（1+35）溶液至刻度，混合均匀，此溶液每毫升相当于 1.0μg 汞。

**4. 操作步骤**

（1）样品处理　称取 50g 牛乳、酸牛乳，或相当于 50g 牛乳的乳制品（6g 全脂乳粉、20g 甜炼乳、12.5g 淡炼乳、干酪 9g、称准至 0.01g），置于消化装置锥形瓶中，加数粒玻璃珠及 45mL 硝酸，牛乳、酸牛乳加 15mL 硫酸，乳制品加 10mL 硫酸，装上冷凝管，小心加热，待开始发泡后停止加热，发泡停止后，加热回流 2h。如加热过程中溶液变棕色，再加硝酸 5mL，继续回流 2h，放冷，用适量水洗涤冷凝管，洗液并入消化液中，取下锥形瓶，加水至总体积为 150mL。按同一方法做试剂空白试验。

（2）测定

① 取上述消化液（全量），加 20mL 水，在电炉上煮沸 10min，除去二氧化氮等，放冷。

② 于试样消化液及试剂空白液中各加入 50g/L 高锰酸钾溶液至溶液呈紫色，然后再加 200g/L 盐酸羟胺溶液使紫色褪去，加 2 滴溴麝香草酚蓝指示剂，用氨水调节 pH，使橙红色变为橙黄色（pH1～2）。定量转移至 125mL 分液漏斗中。

③ 吸取 0.00μL、0.50μL、1.00μL、2.00μL、3.00μL、4.00μL、5.00μL、6.00μL 汞标准使用液（相当于 0.0μg、0.5μg、1.0μg、2.0μg、3.0μg、4.0μg、5.0μg、6.0μg 汞），分别置于 125mL 分液漏斗中，加 10mL 硫酸（1+19），再加水至 40mL，混匀。再各加入 1mL 200g/L 盐酸羟胺溶液，放置 20min，并时时振摇。

④ 于试样消化液、试剂空白液及标准液振摇放冷后的分液漏斗中加 5.0mL 双硫腙使用液，剧烈振摇 2min，静置分层后，经脱脂棉将三氯甲烷层滤入 1cm 比色杯中，以三氯甲烷调节零点，在波长 490nm 处测吸光度，标准管吸光度减去零管吸光度，制绘标准曲线（以标准系列中汞的浓度为横坐标，以吸光度为纵坐标）。

**5. 结果计算**

试样中汞的含量按下式计算。

$$X=\frac{(A_1-A_2)\times 1000}{m\times 1000}$$

式中　$X$——试样中汞的含量，mg/kg；

$A_1$——试样消化液中汞的质量，μg；

$A_2$——试样空白液中汞的质量，μg；

$m$——样品的质量，g。

计算结果保留两位有效数字。

**6. 精密度**

在重复性条件下获得的两次独立测定结果的绝对值不得超过算术平均值的 10%。

## (二) 冷原子吸收法

**1. 原理**

在强酸性溶液中，用氯化亚锡将汞离子还原为汞，以氮气或干燥清洁空气为载体，将汞吹出。汞蒸气在波长 253.7nm 处有强烈的吸收，据此进行测定，与标准系列比较定量。

**2. 仪器**

① 测汞仪。

② 消化装置：500mL 磨口锥形瓶和长 400mm 磨口球形冷凝管。

③ 汞蒸气发生器：容积 500mL，如图 4-6 所示。

④ 抽气装置。

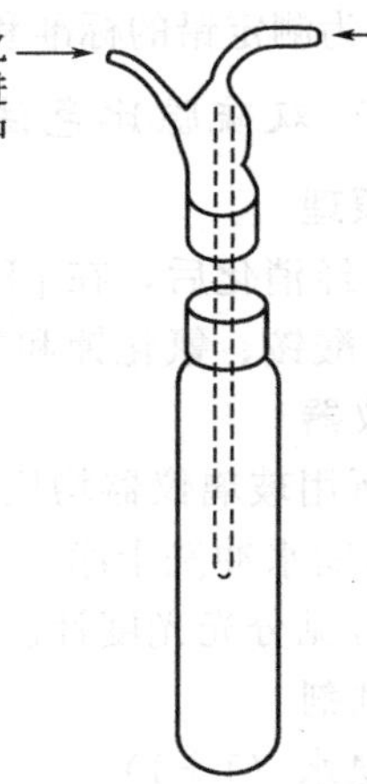


图 4-6　汞蒸气发生器

**3. 试剂**

① 硝酸（优级纯）。

② 硫酸（优级纯）。

③ 300g/L 氯化亚锡溶液：称取 30g 氯化亚锡溶于 60mL 盐酸中，以水稀释至 100mL，临用时现配。

④ 无水氯化钙（干燥用）。

⑤ 5mol/L 混合酸：硫酸 10mL，硝酸 10mL，慢慢倒入 50mL 水内，冷却后加水至 100mL。

⑥ 0.1μg/mL 汞标准溶液：称取在 105℃干燥过的二氯化汞（分析纯）0.1354g，加混合酸溶解后，稀释至 100mL，混合均匀。临用时准确吸取此液 1mL 于 100mL 容量瓶中，加混合酸稀释至刻度，混合均匀。再准确吸取此稀释液 1mL 于 100mL 容量瓶中，加混合酸稀释至刻度，混合均匀。

**4. 操作步骤**

(1) 样品处理　称取样品 20g（准确至 0.01g），于 500mL 圆底烧瓶中加数粒玻璃珠，连接冷凝管，通水冷却。从冷凝管上端加硝酸 30mL、硫酸 5mL（牛乳、酸牛乳则加 10mL），小心转动烧瓶，防止局部炭化。小火加热，待开始发泡后停止加热，发泡停止后，加热回流 2h，放冷后从冷凝管上端小心加入水 20mL，继续加热回流 10min，放冷后用适量水冲洗冷凝管，将消化液经玻璃棉滤至 100mL 容量瓶中，并用少量水洗涤烧瓶及过滤器，洗液并入容量瓶中，加水定容，摇匀。同时做空白试验。

(2) 标准曲线绘制　准确吸取汞标准溶液 0.00mL，0.10mL，0.20mL，0.30mL，0.40mL，分别置于试管中，各加混合酸至 10mL。

(3) 测定　准确吸取样品溶液、空白试液各 10mL，分别于汞蒸气发生器内，连接抽气装置，沿发生器内壁迅速加入氯化亚锡溶液 2mL，立即通入流量为 1.5L/min 的氮气或经活性炭处理的空气。将汞蒸气经氯化钙干燥管吹入测汞仪中，读取测汞仪上最大读数。

标准系列也按上述操作，并以汞的质量浓度为横坐标，以吸光度为纵坐标，绘制标准曲线。

**5. 结果计算**

样品中汞的质量分数按下式计算。

$$\omega_{Hg}=\frac{m_1\times 10^{-6}}{m\times\frac{10}{100}}\times 100\%$$

式中　$\omega_{Hg}$——样品中汞的质量分数，%；

$m_1$——扣除空白后样品中汞的质量，μg；

$m$——样品的质量，g。

## 十二、铅的测定

测定乳及乳制品中铅含量的方法主要有双硫腙比色法和原子吸收分光光度法。其中双硫腙比色法作为测定铅的标准和常规方法，而原子吸收分光光度法测定铅，方法简单，结果可靠。

### （一）双硫腙比色法

**1. 原理**

样品经消化后，在 pH 8.5～9.0 时，铅离子与双硫腙生或红色络合物，溶于三氯甲烷。加入柠檬酸铵、氰化钾和盐酸羟胺等，防止铁、铜、锌等离子干扰，与标准系列比较定量。

**2. 仪器**

① 所用玻璃仪器均用10%～20%（体积分数）硝酸浸泡 24h 以上，用自来水反复冲洗，最后用蒸馏水冲洗干净。

② 可见分光光度计。

**3. 试剂**

① 氨水（1+1)。

② 6mol/L 盐酸：量取 100mL 盐酸，加水稀释至 200mL。

③ 酚红指示液（质量分数为 0.1%乙醇溶液)。

④ 200g/L 盐酸羟胺溶液：称取 20g 盐酸羟胺，加水溶解至约 50mL，加 2 滴酚红指示液，加氨水（1+1)，调 pH 至 8.5～9.0（由黄变红，再多加 2 滴)，用双硫腙-三氯甲烷溶液提取至三氯甲烷层绿色不变为止，再用三氯甲烷洗二次，弃去三氯甲烷层，水层加 6mol/L 盐酸呈酸性，加水稀释至 100mL。

⑤ 200g/L 柠檬酸铵溶液：称取 50g 柠檬酸铵，溶于 100mL 水中，加 2 滴酚酞指示液，加氨水（1+1)，调 pH 至 8.5～9.0，用双硫腙-三氯甲烷溶液提取数次，每次 10～20mL，至三氯甲烷层绿色不变为止，弃去三氯甲烷层，再用三氯甲烷洗二次，每次 5mL，弃去三氯甲烷层，加水稀释至 250mL。

⑥ 100g/L 氰化钾溶液。

⑦ 三氯甲烷（不应含氧化物)。

检查方法：量取 10mL 三氯甲烷，加 25mL 新煮沸过的水，振摇 3min，静置分层后，取 10mL 水液，加数滴 150g/L 碘化钾溶液及淀粉指示液，振摇后应不显蓝色。

处理方法：于三氯甲烷中加入 1/20～1/10 体积的 200g/L 硫代硫酸钠溶液洗涤，再用水洗，加入少量无水氯化钙脱水后进行蒸馏，弃去最初及最后的 1/10 馏出液，收集中间馏出液备用。

⑧ 淀粉指示液：称取 0.5g 可溶性淀粉，加 5mL 水搅匀后，慢慢倒入 100mL 沸水中，边倒边搅拌，煮沸后放冷备用。临用时配制。

⑨ 硝酸（1+99)：量取 1mL 硝酸，加水稀释至 100mL。

⑩ 双硫腙溶液-三氯甲烷溶液（0.5g/L)：保存冰箱中，必要时用下述方法钝化。

称取 0.5g 研细的双硫腙，溶于 50mL 三氯甲烷中，如不全溶，可用滤纸过滤于 250mL 分液漏斗中，用氨水（1+99）提取三次，每次 100mL，将提取液用棉花过滤至 500mL 分液漏斗中，用 6mol/L 盐酸调至酸性，将沉淀出的双硫腙用三氯甲烷提取 2～3 次，每次 20mL，合并三氯甲烷层，用等量水洗涤二次，弃去洗涤液，在 50℃水浴上蒸去三氯甲烷。精制的双硫腙置于硫酸干燥器中，干燥备用。或将沉淀出的双硫腙用 200mL、200mL、

100mL 三氯甲烷提取三次，合并三氯甲烷层为双硫腙溶液。

⑪ 双硫腙使用液：吸取 1.0mL 双硫腙溶液，加三氯甲烷至 10mL，混匀。用 1cm 比色皿，以三氯甲烷调节零点，于 510nm 处测吸光度 $A$，用下式计算出配制 100mL 双硫腙使用液（70%透光率）所需双硫腙溶液的毫升数 $V$。

$$V=\frac{10\times(2-\lg 70)}{A}=\frac{1.55}{A}$$

⑫ 铅标准溶液：准确称取 0.1598g 硝酸铅，加 10mL 硝酸（1＋99），全部溶解后，移入 100mL 容量瓶中，加水稀释至刻度。此溶液每毫升相当于 1mg 铅。

⑬ 铅标准使用液：吸取 1.0mL 铅标准溶液，置于 100mL 容量瓶中，加水稀释至刻度。此溶液每毫升相当于 10μg 铅。

**4. 操作步骤**

（1）样品处理

① 湿法处理：取样品 5～10g（称准至 0.01g，称样量视含锌量而定）于 500mL 或 250mL 凯氏烧瓶中，先加少许水润湿，再加入浓硝酸 20mL、硫酸 20mL、玻璃珠数粒，先以小火加热，剧烈反应停后，加大火力，分四次加入 20mL 过氧化氢直至溶液透明或呈淡绿色为止。继续加热数分钟至冒白烟，冷却。加 25mL 饱和草酸铵溶液继续加热到冒白烟后 20min，冷却内容物，移入 50mL 容量瓶中，以二次蒸馏水稀释至刻度。同时做空白试验。

② 干法处理：称取 5～10g（称准至 0.01g）样品于瓷坩埚中，氧化镁 1g 及 0.15g/mL 硝酸镁溶液 10mL，混匀，于水浴上蒸干。先用微火炭化，至无烟后移入 550℃马弗炉中，灼烧 3～4h，冷却后取出。加水 5mL 润湿灰分，用玻璃棒搅拌，用少量水冲洗玻璃棒上附着的灰分至坩埚内，置水浴上蒸干后移入马弗炉中在 550℃灰化 2h，冷却后加水 5mL 润湿灰分，缓慢加入 6mol/L 盐酸溶液 10mL，最后将溶液移入 50mL 容量瓶中，用 6mol/L 盐酸溶液洗涤坩埚三次，每次 5mL，再用水洗涤三次，每次亦为 5mL，洗液并入容量瓶中，水至刻度，摇匀。同时做空白试验。

（2）标准曲线绘制　准确吸取铅标准溶液 0.00mL、0.10mL、0.30mL、0.50mL、0.70mL、0.90mL，分别置于 125mL 分液漏斗中，各加硝酸溶液（1＋99）至 20mL，各加柠檬酸铵溶液 2mL、盐酸羟胺溶液 1mL、酚红指示剂 2 滴，用氨水（1＋1）调节 pH 值至 9.0～9.5（颜色由黄变红）。再加氰化钾溶液 2mL，混合均匀，各准确加双硫腙使用液 10mL，强烈振摇 1min，静置分层后，弃去水层。氯仿层用 100g/L 氰化钾溶液洗涤，每次 10～20mL，至氯仿层没有双硫腙颜色为止。经脱脂棉将氯仿层滤至 1cm 比色杯中，以零管调节零点，于波长 510nm 处测吸光度，以铅的质量浓度为横坐标，吸光度为纵坐标，绘制标准曲线。

（3）测定　准确吸取样品溶液 10～20mL（相当于 1～2g 样品）和相同量的试剂空白液，分别置于 125mL 分液漏斗中，各加水至 20mL，以下与做标准曲线的步骤相同。最后也在同样条件下测吸光度。在标准曲线上查出铅含量。

**5. 结果计算**

样品中铅的质量分数按下式计算。

$$\omega_{Pb}=\frac{m_1V_1\times10^{-6}}{mV_2}\times100\%$$

式中　$\omega_{Pb}$——样品中铅的质量分数，%；

$m_1$——测定扣除空白后样液中铅的质量，μg；

$V_1$——样品溶液总体积，mL；

$V_2$——测定用样品溶液体积，mL；

$m$——样品质量，g。

## （二）原子吸收分光光度法

**1. 原理**

样品经处理后，制备成溶液，用甲基异丁基酮和碘化钾溶液萃取后，直接喷入火焰进行原子化，在 283.3nm 处测吸光度，与标准系列比较定量。

**2. 仪器**

原子吸收分光光度计。

**3. 试剂**

① 0.1mol/L 盐酸。

② 1mol/L 碘化钾溶液。

③ 50g/L 抗坏血酸溶液。

④ 硝酸-高氯酸（2+1）。

⑤ 甲基异丁基酮（MIBK）。

⑥ 铅标准溶液：准确称取 0.1598g 硝酸铅，加 10mL 硝酸（1+99），全部溶解后，移入 100mL 容量瓶中，加水稀释至刻度。此溶液每毫升相当于 1mg 铅。

⑦ 铅标准使用液：吸取 1.0mL 铅标准溶液，置于 100mL 容量瓶中，加水稀释至刻度。此溶液每毫升相当于 10μg 铅。

**4. 操作步骤**

（1）样品处理　称取 5～10g（称准至 0.01g）样品于 150mL 锥形瓶中，加入 10～20mL 硝酸-高氯酸（2+1）放置过夜。放于电热板上加热，溶液不断发棕黑色，不断滴加硝酸，直至试液不发黑为止。继续加热至冒高氯酸白烟，冷却后倒入 50mL 小烧杯中。用少量水冲洗瓶壁，洗液转入烧杯中，将烧杯置于电热板上继续加热至高氯酸近干，取下烧杯冷却。加入 20mL 0.1mol/L 盐酸溶液，试液用垫有脱脂棉的小漏斗滤入 125mL 分液漏斗中，用 30mL 0.1mol/L 盐酸溶液分数次洗涤烧杯及脱脂棉，加入 10mL1mol/L 碘化钾溶液，摇匀。加入 5mL 抗坏血酸溶液，摇匀，准确加入 10mL 甲基异丁基酮，提取 1～2min，静置分层，弃去水相，有机层进行原子吸收测定。同时做空白试验。

（2）标准曲线绘制　准确吸取 10μg/mL 铅的标准溶液 0.00mL、0.50mL、1.00mL、1.50mL、2.00mL、2.50mL，分别置于盛有 20mL 0.1mol/L 盐酸溶液的 125mL 分液漏斗中，用 0.1mol/L 盐酸溶液稀释至 50mL，然后加入 10mL1mol/L 碘化钾溶液，摇匀，加入 5mL 抗坏血酸溶液，摇匀，准确加入 10mL 甲基异丁基酮，提取 1～2min，静置分层，弃去水相，有机相进行原子吸收测定。

（3）测定　把试剂空白溶液、样品溶液和标准系列，进行原子吸收光度测定。

测定条件：分析线波长 283.3nm，灯电流 5mA，狭缝宽度 0.7nm，空气流量 8L/min，乙炔流量 0.5L/min。

**5. 结果计算**

样品中铅的质量分数按下式计算

$$\omega_{Pb}=\frac{\rho_{Pb}V}{m\times10^6}\times100\%$$

式中　$\omega_{Pb}$——样品中铅的质量分数，%；

$\rho_{Pb}$——扣除空白后样液中铅的质量浓度，μg/mL；

$V$——测定时样液的体积，mL；

$m$——样品的质量，g。

## 第三节 乳及乳制品中三聚氰胺的检验

三聚氰胺属于化工原料，是不允许添加到食品中的。由于食品和饲料工业蛋白质含量测试方法的缺陷，三聚氰胺也常被不法商人用作食品添加剂，以提升食品检测中的蛋白质含量指标，因此三聚氰胺也被人称为“蛋白精”。

蛋白质主要由氨基酸组成，其含氮量一般不超过 30%，而三聚氰胺的分子式含氮量为 66%左右，是牛乳的 151 倍，是乳粉的 23 倍。每 100g 牛乳中添加 0.1g 三聚氰胺，就能提高 0.4%蛋白质。通用的蛋白质测试方法“凯氏定氮法”是通过测出含氮量来估算蛋白质含量，因此，添加三聚氰胺会使得食品的蛋白质测试含量偏高，从而使劣质食品通过食品检验机构的测试。

**[知识链接]**

三聚氰胺（英文：Melamine）（化学式：$C_3H_6N_6$），俗称蜜胺、蛋白精，国际纯粹与应用化学联合会（IUPAC）命名为“1,3,5-三嗪-2,4,6-三胺”，是一种三嗪类含氮杂环有机化合物，被用作化工原料。它是白色单斜晶体，几乎无味，微溶于水（3.1g/L 常温），可溶于甲醇、甲醛、乙酸、热乙二醇、甘油、吡啶等，不溶于丙酮、醚类，对身体有害，不可用于食品加工或食品添加物。三聚氰胺是氨基氰的三聚体，由它制成的树脂加热分解时会释放出大量氮气，因此可用作阻燃剂，也是杀虫剂环丙氨嗪在动植物体内的代谢产物。

依据 GB/T 22388—2008《原料乳与乳制品中三聚氰胺检测方法》。

**1. 原理**

试样用三氯乙酸-乙腈溶液提取，经阳离子交换固相萃取柱净化后，用高效液相色谱测定，外标法定量。

**2. 试剂**

除非另有说明，所有试剂均为分析纯，水为 GB/T 6682—2008 规定的一级水。

(1) 甲醇（色谱纯）。

(2) 乙腈（色谱纯）。

(3) 氨水：含量为 25%～28%。

(4) 三氯乙酸。

(5) 柠檬酸。

(6) 辛烷磺酸钠（色谱纯）。

(7) 甲醇水溶液　准确量取 50mL 甲醇和 50mL 水，混匀后备用。

(8) 1%三氯乙酸溶液　准确称取 10g 三氯乙酸于 1L 容量瓶中，用水溶解并定容至刻度，混匀后备用。

(9) 5%氨化甲醇溶液　准确量取 5mL 氨水和 95mL 甲醇，混匀后备用。

(10) 离子对试剂缓冲液　准确称取 2.10g 柠檬酸和 2.16g 辛烷磺酸钠，加入约 980mL 水溶解，调节 pH 至 3.0 后，定容至 1L 备用。

(11) 三聚氰胺标准品　CAS 108-78-01，纯度大于 99.0%。

(12) 三聚氰胺标准贮备液　准确称取 100mg（精确到 0.1mg）三聚氰胺标准品于 100mL 容量瓶中，用甲醇水溶液溶解并定容至刻度，配制成浓度为 1mg/mL 的标准贮备液，于4℃避光保存。

（13）阳离子交换固相萃取柱　混合型阳离子交换固相萃取柱，基质为苯磺酸化的聚苯乙烯-二乙烯基苯高聚物，填料质量为60mg，体积为3mL，或相当者。使用前依次用3mL甲醇、5mL水活化。

（14）定性滤纸。

（15）海砂（化学纯）　粒度0.65～0.85mm，二氧化硅（$SiO_2$）含量为99%。

（16）微孔滤膜　0.2μm，有机相。

（17）氮气　纯度大于等于99.999%。

**3. 仪器**

（1）高效液相色谱（HPLC）仪　配有紫外检测器或二极管阵列检测器。

（2）分析天平　感量为0.0001g和0.01g。

（3）离心机　转速不低于4000r/min。

（4）超声波水浴。

（5）固相萃取装置。

（6）氮气吹干仪。

（7）旋涡混合器。

（8）具塞塑料离心管：50mL。

（9）研钵。

**4. 操作步骤**

（1）提取

① 液态乳、乳粉、酸乳、冰淇淋和奶糖等：称取2g（精确至0.01g）试样于50mL具塞塑料离心管中，加入15mL三氯乙酸溶液和5mL乙腈，超声提取10min，再振荡提取10min后，以不低于4000r/min离心10min。上清液经三氯乙酸溶液润湿的滤纸过滤后，用三氯乙酸溶液定容至25mL，移取5mL滤液，加入5mL水混匀后做待净化液。

② 奶酪、奶油和巧克力等：称取2g（精确至0.01g）试样于研钵中，加入适量海砂（试样质量的4～6倍）研磨成干粉状，转移至50mL具塞塑料离心管中，用15mL三氯乙酸溶液分数次清洗研钵，清洗液转入离心管中，再往离心管中加入5mL乙腈，超声提取10min，再振荡提取10min后，以不低于4000r/min离心10min。上清液经三氯乙酸溶液润湿的滤纸过滤后，用三氯乙酸溶液定容至25mL，移取5mL滤液，加入5mL水混匀后做待净化液。

注：若样品中脂肪含量较高，可以用三氯乙酸溶液饱和的正己烷液-液分配除脂后再用固相萃取柱净化。

（2）净化　将待净化液转移至固相萃取柱中，依次用3mL水和3mL甲醇洗涤，抽至近干后，用6mL氨化甲醇溶液洗脱。整个固相萃取过程流速不超过1mL/min。洗脱液于50℃下用氮气吹干，残留物（相当于0.4g样品）用1mL流动相定容，涡旋混合1min，过微孔滤膜后，供HPLC测定。

（3）HPLC参考条件

① 色谱柱：$C_8$柱，250mm×4.6mm（内径），5μm，或相当者；$C_{18}$柱，250mm×4.6mm（内径），5μm，或相当者。

② 流动相：$C_8$柱，离子对试剂缓冲液-乙腈（85+15，体积比），混匀。$C_{18}$柱，离子对试剂缓冲液-乙腈（90+10，体积比），混匀。

③ 流速：1.0mL/min。

④ 柱温：40℃。

⑤ 波长：240nm。

⑥ 进样量：20$\mu$L。

(4) 标准曲线的绘制 用流动相将三聚氰胺标准贮备液逐级稀释得到的浓度为0.8$\mu$g/mL、2$\mu$g/mL、20$\mu$g/mL、40$\mu$g/mL、80$\mu$g/mL的标准工作液，浓度由低到高进样检测，以峰面积-浓度作图，得到标准曲线回归方程。基质匹配加标三聚氰胺的样品HPLC色谱图参见GB/T 22388—2008附录A中的图A.1。

(5) 定量测定 待测样液中三聚氰胺的响应值应在标准曲线线性范围内，超过线性范围则应稀释后再进样分析。

**5. 结果计算**

试样中三聚氰胺的含量由色谱数据处理软件或按下式计算获得。

$$X=\frac{A\rho V\times 1000}{A_s m\times 1000}\times f$$

式中 $X$——试样中三聚氰胺的含量，mg/kg；

$A$——样液中三聚氰胺的峰面积；

$\rho$——标准溶液中三聚氰胺的浓度，$\mu$g/mL；

$V$——样液最终定容体积，mL；

$A_s$——标准溶液中三聚氰胺的峰面积；

$m$——试样的质量，g；

$f$——稀释倍数。

**6. 空白试验**

除不称取样品外，均按上述测定条件和步骤进行。

**7. 方法定量限**

本方法的定量限为2mg/kg。

**8. 回收率**

在添加浓度2～10mg/kg范围内，回收率在80%～110%，相对标准偏差小于10%。

**9. 允许差**

在重复性条件下获得的两次独立测定结果的绝对差值不得超过算术平均值的10%。

三聚氰胺标准品色谱图如图4-7所示。

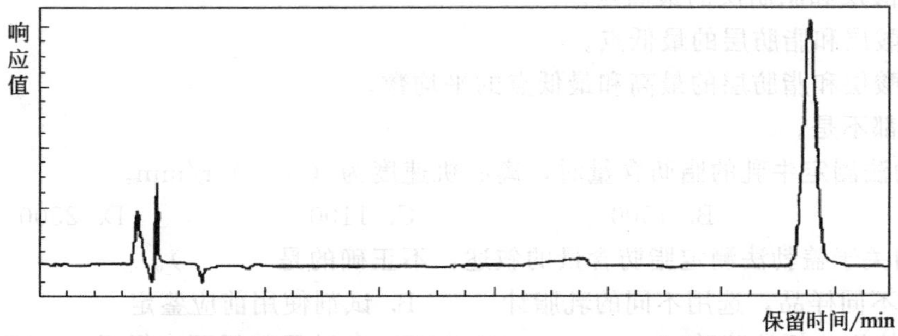


注：检测波长240nm，保留时间13.6min，$C_8$色谱柱

图4-7 基质匹配加标三聚氰胺的样品HPLC色谱图

## [目标检测]

### 一、单项选择题

1. 测定牛乳中脂肪含量的基准方法是（ ）。

A. 盖勃法 B. 罗紫-哥特里法 C. 巴氏法 D. 索氏提取法

2. 以下测定牛乳中脂肪含量的各种方法中，属于质量法是（　　）。

A. 盖勃法　　B. 罗紫-哥特里法　　C. 巴氏法　　D. 红外扫描法

3. 以下测定脂肪的方法中，不适于牛乳脂肪测定的是（　　）。

A. 巴氏法　　B. 罗紫-哥特里法　　C. 盖勃法　　D. 酸水解法

4. 用罗紫-哥特里法测定牛乳中的脂肪含量时，加入石油醚的作用是（　　）。

A. 易于分层　　B. 分解蛋白质　　C. 分解糖类　　D. 增加脂肪极性

5. 用罗紫-哥特里法测定牛乳中的脂肪含量时，溶解乳蛋白所用的试剂是（　　）。

A. 盐酸　　B. 乙醇　　C. 乙醚　　D. 氨水

6. 罗紫-哥特里法测定牛乳中的脂肪含量时，烘干温度为（　　）。

A. 90～100℃　　B. 80～90℃　　C. 100～102℃　　D. 110℃

7. 测定甜牛乳蔗糖含量时，转化温度为（　　）。

A. 75℃　　B. 35℃　　C. 67℃　　D. 100℃

8. 巴布科克法测定牛乳中脂肪含量时，加入硫酸的量为（　　）。

A. 17.5mL　　B. 20mL　　C. 10.0mL　　D. 15.0mL

9. 巴布科克法测定牛乳中脂肪含量时，取样量为（　　）。

A. 17.6mL　　B. 20mL　　C. 10.75mL　　D. 15mL

10. 巴布科克法测定牛乳中脂肪含量时，离心速度为（　　）r/min。

A. 2000　　B. 1500　　C. 1000　　D. 500

11. 盖勃法测定牛乳脂肪含量时，加异戊醇的作用是（　　）。

A. 调节样品比重　　B. 形成酪蛋白钙盐

C. 破坏有机物　　D. 促进脂肪从水中分离出来

12. 如果用盖勃法测定牛乳的脂肪含量，应选用的乳脂计型号是（　　）。

A. 1%　　B. 7%　　C. 35%　　D. 40%

13. 盖勃法测定牛乳的脂肪含量时，水浴温度是（　　）。

A. 约 65℃　　B. 约 80℃　　C. 约 50℃　　D. 约 100℃

14. 盖勃法测定牛乳的脂肪含量时，乳脂计的读数方法是（　　）。

A. 读取酸层和脂肪层的最高点。

B. 读取酸层和脂肪层的最低点。

C. 读取酸层和脂肪层的最高和最低点的平均数。

D. 以上都不是。

15. 盖勃法测定牛乳的脂肪含量时，离心机速度为（　　）r/min。

A. 2000　　B. 1500　　C. 1100　　D. 2500

16. 下列关于盖勃法测定脂肪含量的叙述，不正确的是（　　）。

A. 对于不同样品，选用不同的乳脂计　　B. 试剂使用前应鉴定

C. 直接使用分析纯硫酸　　D. 全过程包括两次保温，一次离心

17. 凯氏定氮法测牛乳中蛋白质的含量时，消化液中的氮以（　　）形式馏出。

A. 氯化铵　　B. 硫酸钠　　C. 氢氧化铵　　D. 硝酸铵

18. 测定牛乳中乳糖含量时，会干扰测定的离子是（　　）。

A. 钙离子　　B. 磷酸根离子　　C. 草酸根离子　　D. 磷酸氢根离子

19. 测定甜牛乳蔗糖含量时，转化温度为（　　）。

A. 75℃　　B. 35℃　　C. 67℃　　D. 100℃

20. 热滴定法测定牛乳中乳糖和蔗糖的含量时，用（　　）的颜色指示滴定终点。

A. 酒石酸钾钠　　B. 葡萄糖　　C. 氧化铜　　D. 硫酸铜

21. 测定牛乳中乳糖含量时，费林试剂必须控制在（　　）。

A. 5min　　B. 4min　　C. 3min　　D. 2min

22. 测定牛乳中的水分时，加入海沙的作用是（　　）。

A. 加大蒸发面积　　B. 提高加热强度　　C. 减小烘干时间　　D. 保护易挥发成分

23. 凯氏定氮法测牛乳中蛋白质的含量时，消化液中的蛋白质以（　　）形式存在的。

A. 氯化铵　　B. 碳酸铵　　C. 硫酸铵　　D. 氢氧化铵

24. 凯氏定氮法测牛乳中蛋白质的含量时，不可用作助消化剂的是（　　）。

A. 过氧化氢　　B. 硝酸　　C. 硫酸铜　　D. 硫酸钾

25. 钼蓝比色法测磷的测量波长为（　　）。

A. 600nm　　B. 620nm　　C. 640nm　　D. 660nm

26. 磷在酸性条件下与（　　）作用生成磷钼酸铵。

A. 钼酸铵　　B. 氯化亚锡　　C. 硫酸肼　　D. 氯化亚锡-硫酸肼

27. 双硫腙比色法测定锌时，为了防止铜、汞、铅、铋、银和镉等离子干扰，应加入（　　）。

A. 硫代硫酸钠　　B. 盐酸羟胺　　C. 乙酸钠　　D. 以上都是

28. 原子吸收光度法测定锌时，（　　）处理的样品测得的锌含量较低。

A. 硫酸-硝酸法　　B. 硝酸-高氯酸法

C. 灰化法　　D. 硝酸-硫酸-高氯酸法

29. 二乙氨基二硫代甲酸钠法测定铜的测量波长为（　　）。

A. 400nm　　B. 420nm　　C. 440nm　　D. 460nm

30. 邻菲罗啉比色法测定铁时应在（　　）缓冲介质中进行。

A. 乙酸钠溶液　　B. 磷酸盐溶液

C. 氨水-氯化铵溶液　　D. 硼砂溶液

**二、判断题**

1. 巴布科克法测定牛乳脂肪含量时，需经过两次离心。（　　）

2. 凯氏定氮法测牛乳蛋白质含量时，蒸馏装置冷凝管应插入吸收液液面以下。（　　）

3. 测定牛乳中灰分含量时，坩埚恒重是指前后两次称重之差不大于 2mg。（　　）

4. 盖勃法测定牛乳脂肪含量时，所用的异戊醇无需鉴定便可直接使用。（　　）

5. 测定牛乳乳糖含量的方法有热滴定法和旋光法。（　　）

6. 测定甜乳粉中乳糖含量时，加入草酸钾-磷酸二氢钾的作用是为了沉淀蛋白质。（　　）

7. 巴布科克法测定牛乳脂肪含量时，加热、离心的作用是形成重硫酸酪蛋白钙盐和硫酸钙沉淀。（　　）

8. 凯氏定氮法测牛乳蛋白质含量时，蒸馏装置冷凝管不应插入液面以下。（　　）

9. 测定乳制品总糖含量时，应将样品中的蔗糖都转化成还原糖后测定。（　　）

10. 测定甜乳粉中蔗糖含量时，要经过预滴和精滴两个步骤。（　　）

11. 测定乳制品总糖含量时，不需将样品中的蔗糖都转化成还原糖后测定。（　　）

12. 用乳糖标定费林氏液的目的是求出费林氏液标准溶液的校正值。（　　）

13. 用火焰光度法分别测定 $K^+$ 和 $Na^+$，可以得到较好的测定结果。（　　）

14. 在汞的测定中，样品消解可采用干灰化法或湿消解法。（　　）

15. 双硫腙比色法测定铅的灵敏度高，故所用的试剂及溶剂均需检查是否含有铅，必要时需经纯化处理。（　　）

16. 用硝酸-硫酸消化法处理样品时，应先加硫酸后加硝酸。(　　)

17. 二乙氨基二硫代甲酸钠法测定铜时，一般样品中存在的主要干扰元素是铁。(　　)

18. 高锰酸钾滴定法测定钙含量是在酸性溶液中进行的。(　　)

19. 双硫腙比色法测定锌含量是在碱性条件下进行的，加入硫代硫酸钠、盐酸羟胺是为了防止铜、汞、铅等其他金属离子的干扰。(　　)

20. 在汞的测定中，不能采用干灰化法处理样品，是因为会引入较多的杂质。(　　)

# 第五章
# 饮料的检验

## 第一节 饮料中酸度的测定

### 一、食品酸度测定的意义

食品中的酸性物质，主要是溶于水的一些有机酸和无机酸。食品中的酸不仅作为酸味成分，而且在食品的加工、贮运及品质管理等方面被认为是重要的成分，测定食品中的酸度具有十分重要的意义。

**1. 有机酸影响食品的色、香、味及其稳定性**

果蔬中所含色素的色调，与其酸度密切相关，在一些变色反应中，酸是起很重要作用的成分。如叶绿素在酸性条件下会变成黄褐色的脱镁叶绿素；花色素于不同酸度下，颜色亦不同。果实及其制品的口味取决于糖、酸的种类、含量及其比例，酸度降低则甜味增加，各种水果及其制品正是因其适宜的酸味和甜味使之具有各自独特的风味。同时水果中适量的挥发酸含量也会带给其特定的香气。另外，食品中的有机酸含量高，则其 pH 值低，而 pH 值的高低，对食品的稳定性有一定的影响。降低 pH 值，能减弱微生物的抗热性和抑制其生长，所以 pH 值是果蔬罐头杀菌条件的主要依据；在水果加工中，控制介质 pH 值还可抑制水果褐变；有机酸能与 Fe、Sn 等金属反应，加快设备和容器的腐蚀，影响制品的风味和色泽；有机酸可以提高维生素 C 的稳定性，防止其氧化。

**2. 食品中有机酸的种类和含量是判断其质量好坏的一个重要指标**

挥发酸的种类是判断某些制品腐败的标准，如某些发酵制品中有甲酸积累，则说明已经发生细菌性腐败；挥发酸的含量也是某些制品质量好坏的指标，如水果发酵制品中含有 0.1%以上的乙酸，则说明制品腐败；牛乳及乳制品中乳酸过高时，亦说明其已由乳酸菌发酵而产生腐败。新鲜的油脂常是中性的，不含游离脂肪酸，但油脂在存放过程中，本身含的解脂酶会分解油脂而产生游离脂肪酸，使油脂酸败，故测定油脂酸度（以酸价表示）可判断其新鲜程度。有效酸度也是判断食品质量的指标，如新鲜肉的 pH 值为 5.7～6.2，如 pH>6.7，说明肉已变质。

**3. 利用有机酸的含量与糖的含量之比，可判断某些果蔬的成熟度**

有机酸在果蔬中的含量，因其成熟度及生长条件不同而异，一般随成熟度的提高，有机酸含量下降，而糖含量增加，糖酸比增大。故测定酸度可判断某些果蔬的成熟度，对于确定果蔬收获期及加工工艺条件很有意义。

## 二、食品酸度的表示方法

**1. 总酸度**

总酸度是指食品中所有酸性成分的总量。它包括已离解部分和未离解部分，通常用碱滴定法进行测定，故总酸度又称“可滴定酸度”。

**2. 有效酸度**

有效酸度是指被测溶液中氢离子的浓度，严格地说应该是溶液中氢离子的活度，所反映的是已离解的那部分酸的浓度，常用 pH 值表示，其大小可用酸度计（pH 计）来测定。

**3. 挥发酸**

挥发酸是指食品中易挥发的有机酸，如甲酸、乙酸及丁酸等低碳链的直链脂肪酸，其大小可以通过水蒸气蒸馏法分离，再利用标准碱滴定来测定。

**4. 牛乳酸度**

牛乳有以下两种酸度。

(1) 外表酸度　又称固有酸度，是指刚挤出来的新鲜牛乳本身所具有的酸度，主要来源于鲜牛乳中酪蛋白、白蛋白、柠檬酸盐及磷酸盐等酸性成分。外表酸度在新鲜牛乳中占 0.15%～0.18%（以乳酸计）。

(2) 真实酸度　也叫发酵酸度，是指牛乳放置过程中，在乳酸菌作用下乳糖发酵产生了乳酸而升高的那部分酸度。若牛乳的含酸量超过了 0.15%～0.20%，即表明有乳酸存在，习惯上将含酸量在 0.20%以上的牛乳列为不新鲜牛乳。

外表酸度与真实酸度之和即为牛乳的总酸度（而新鲜牛乳总酸度即为外表酸度），其大小可通过标准碱滴定来测定。

牛乳酸度有两种表示方法：①用°T 表示牛乳的酸度，是指滴定 100mL 牛乳所消耗 0.1mol/L NaOH 的体积（mL）或滴定 10mL 牛乳所消耗 0.1mol/L NaOH 的体积（mL）乘以 10，新鲜牛乳的酸度常为 16～18°T；②用乳酸的百分含量来表示，与总酸度的计算方法一样，用乳酸表示牛乳的酸度。

[课堂互动]

1. 酸度的表示方法有哪几种？
2. 测定牛乳酸度时常采用哪种方法？

## 三、总酸度的测定

**1. 原理**

食品中的有机弱酸用标准碱液滴定时，被中和生成盐类。

$$ROOH + NaOH \longrightarrow RCOONa + H_2O$$

用酚酞作指示剂，当滴定至溶液显淡红色，pH 8.2 时，且 30s 不褪色即为终点，根据耗用标准碱液的体积，可计算出样品中总酸的含量。

**2. 适用范围**

本法适用于各类色浅的食品中总酸含量的测定。

**3. 试剂**

(1) 0.1mol/L NaOH 标准溶液　称取 120g 氢氧化钠（分析纯）于 250mL 烧杯中，加入蒸馏水 100mL，振摇使其溶解，制成氢氧化钠饱和溶液，待溶液冷却后，倒入聚乙烯塑料瓶中，盖上橡皮塞，贴上标签，放置数日（7 天以上）澄清后，取上清液 5.6mL，加新煮沸并冷却的蒸馏水至 1000mL，摇匀。

标定：准确称取在 105～110℃干燥至恒重的基准邻苯二甲酸氢钾 0.2～0.3g（准确至 0.0001g），分别置于 250mL 锥形瓶中，各加入 20mL 经煮沸冷却后的蒸馏水，加酚酞指示剂 3～4 滴，用待测氢氧化钠溶液滴定至溶液呈浅红色 30s 不褪色为止，记下氢氧化钠溶液的滴定体积。平行操作 3 次。同时做空白试验。

计算：
$$c=\frac{m\times 1000}{(V_1-V_2)\times 204.2}$$

式中　$c$——氢氧化钠标准溶液的摩尔浓度，mol/L；

$m$——基准邻苯二甲酸氢钾的质量，g；

$V_1$——标定时所耗用氢氧化钠标准溶液的体积，mL；

$V_2$——空白试验中所耗用氢氧化钠标准溶液的体积，mL；

204.2——邻苯二甲酸氢钾的摩尔质量，g/mol。

（2）1%酚酞乙醇溶液　称取酚酞 1g 溶解于 100mL 95%乙醇溶液中。

**4. 操作步骤**

（1）样品的制备

① 固体样品、干鲜果蔬、蜜饯及罐头样品：将样品用粉碎机或高速组织捣碎机捣碎并混合均匀。取适量样品（按其总酸含量而定），用无 $CO_2$ 蒸馏水（果蔬干品须加 8～9 倍无 $CO_2$ 蒸馏水）将其移入 250mL 容量瓶中，在 75～80℃水浴上加热 0.5h（果脯类沸水浴加热 1h），冷却后定容，用干燥滤纸过滤，弃去初始滤液 25mL，收集滤液备用。

② 含 $CO_2$ 的饮料、酒类：将样品置于 40℃水浴上加热 30min，以除去 $CO_2$，冷却后备用。

③ 调味品及不含 $CO_2$ 的饮料、酒类：将样品混合均匀后直接取样，必要时加适量的水稀释（若样品浑浊，则需要过滤）。

④ 咖啡样品：将样品粉碎过 40 目筛，取 10g 粉碎的样品于锥形瓶中，加入 75mL 80%乙醇，加塞放置 16h，并不时摇动，过滤。

⑤ 固体饮料：称取 5～10g 样品，置于研钵中，加入少量的无 $CO_2$ 的蒸馏水，研磨成糊状，用无 $CO_2$ 的蒸馏水，移入 250mL 容量瓶中，充分振摇，过滤。

（2）滴定　准确吸取上述制备滤液 50mL，加入酚酞指示剂 3～4 滴，用 0.1mol/L NaOH 标准溶液滴定至微红色 30s 不褪色，记录消耗 0.1mol/L NaOH 标准溶液的体积。

**5. 结果计算**

$$总酸度(g/100g 或 g/100mL)=\frac{c\times V\times K}{m}\times\frac{V_0}{V_1}\times 100$$

式中　$c$——标准 NaOH 溶液的浓度，mol/L；

$V$——滴定消耗标准 NaOH 溶液的体积，mL；

$m$——样品质量或体积，g 或 mL；

$V_0$——样品稀释总体积，mL；

$V_1$——滴定时吸取的样液体积，mL；

$K$——换算系数，即 1mmol NaOH 相当于主要酸的质量，g。

因食品中含有多种有机酸，食品中总酸度一般以其主要酸表示，具体见表 5-1 所示。

**表 5-1　换算系数的选择**

| 分析样品 | 主要有机酸 | 换算系数 |
|---|---|---|
| 葡萄及其制品 | 酒石酸 | 0.075 |
| 柑橘类及其制品 | 柠檬酸 | 0.064 或 0.070(带一分子结晶水) |
| 苹果、核果及其制品 | 苹果酸 | 0.067 |

续表

| 分析样品 | 主要有机酸 | 换算系数 |
| --- | --- | --- |
| 乳品、肉类、水产品及其制品 | 乳酸 | 0.090 |
| 酒类、调味品 | 乙酸 | 0.060 |
| 蔬菜 | 草酸 | 0.045 |

**6. 注意事项**

① 若滤液有颜色（如带色果汁等），使终点颜色变化不明显，会影响滴定终点的判断，测定前，可加入约同体积的无 $CO_2$ 蒸馏水稀释，或活性炭脱色处理，用原样液对照，以及用外指示剂法等方法来减少干扰。脱色处理方法：取 25mL 样液，置于 100mL 容量瓶中，加水至刻度混合均匀。取出约 50～60mL，加入活性炭 1～2g 脱色，放水浴上加热至 50～60℃微温过滤，即可脱色。取此滤液 10mL，置于锥形瓶中加入水 50mL，测定方法同上（计算时换算为原样品体积）。对于颜色过深或浑浊的样液，则改用电位滴定法进行测定。

② 该实验中的水全部为无 $CO_2$ 蒸馏水，方法是在使用前将蒸馏水煮沸 15min，迅速冷却备用。样品中的 $CO_2$ 对滴定也有影响，因而在实验前也要去除。浸渍、稀释用水量应据样品中总酸量而定，一般要求滴定时消耗 0.1mol/L NaOH 不得少于 5mL，最好在 10～15mL。

③ 各类食品的酸度多以主要酸表示，但有些食品（如乳品、面包等）亦可用中和 100g（mL）样品所需 0.1mol/L（乳品）或 1mol/L（面包）NaOH 溶液的毫升数表示，符号为°T。新鲜牛乳的酸度为 16～18°T，面包的酸度为 3～9°T。

④ 食品中的有机酸均为弱酸，用强碱（NaOH）滴定时，其滴定终点偏碱，一般在 pH8.2 左右，所以可选用酚酞作为指示剂。

## 四、挥发酸的测定

食品中的挥发酸，主要是指乙酸和痕量的甲酸、丁酸等一些低碳链的直链脂肪酸，不包括可用水蒸气蒸馏的乳酸、琥珀酸、山梨酸以及 $CO_2$ 和 $SO_2$ 等。当生产中使用不合格的果蔬原料，或违反正常的工艺操作，如在装罐前将果蔬半成品放置过久，由于糖的发酵，挥发酸增加，使食品的品质下降。因此，挥发酸含量是某些食品的一项质量控制指标。挥发酸的测定方法有直接法和间接法，直接法是通过水蒸气蒸馏或萃取把挥发酸分离出来，然后用碱标准液滴定；间接法是将挥发酸蒸发除去后，用碱标准液滴定不挥发酸，然后从总酸中减去不挥发酸，即得挥发酸的含量。直接法操作方便，较常用，适用于挥发酸含量高的样品。若样品挥发酸含量较低，或蒸馏液有损失或污染，宜用间接法测定。下面介绍直接法测定挥发酸。

**1. 原理**

样品经适当的处理后，加入适量的磷酸使结合态挥发酸游离出，用水蒸气蒸馏分离出总挥发酸，经冷却，收集后，以酚酞作指示剂，用氢氧化钠标准溶液滴定，计算出样品中挥发酸的含量。

**2. 使用范围**

本法适用于各类饮料，果蔬及其制品（如发酵制品、酒等）中总挥发酸含量的测定。

**3. 仪器**

① 水蒸气蒸馏装置，如图 5-1 所示。

② 电磁搅拌器。

**4. 试剂**

① 0.1mol/L NaOH 标准溶液。

② 10g/L 酚酞乙醇溶液。

③ 100g/L 磷酸溶液：称取 10.0g 磷酸，用少许无 $CO_2$ 蒸馏水溶解，并稀释至 100mL。

**5. 操作步骤**

（1）样品处理方法

① 一般果蔬及饮料可直接取样。

② 含 $CO_2$ 的饮料、发酵酒类，须排除 $CO_2$。方法是取 80～100mL（g）样品于锥形瓶中，在用电磁搅拌器连续搅拌的同时，于低真空下抽空 2～4min，以除去 $CO_2$。

③ 固体样品（如干鲜果蔬及其制品）及冷冻、黏稠等制品，先取可食部分加入定量水（冷冻制品须先解冻），用高速组织捣碎机捣成浆状，再称取处理样品 10g，加无 $CO_2$ 蒸馏水溶解并稀释至 25mL。

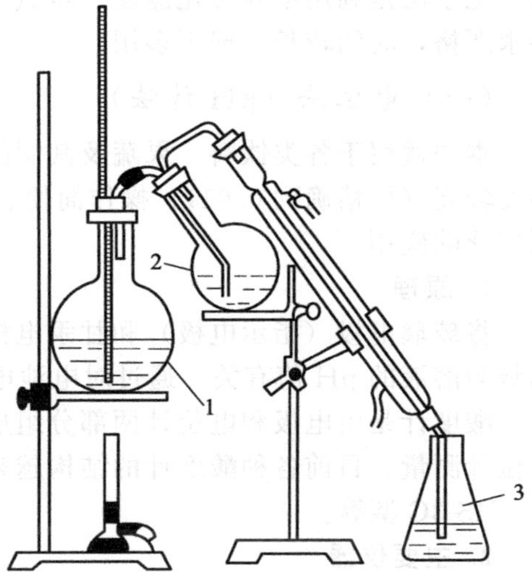

图 5-1　水蒸气蒸馏装置

1—蒸汽发生器；2—样品瓶；3—接收瓶

（2）测定

① 样品蒸馏：取 25mL 经上述处理的样品移入蒸馏瓶中，加入 25mL 无 $CO_2$ 蒸馏水和 1mL 100g/L 磷酸溶液，如图 5-1 连接水蒸气蒸馏装置，加热蒸馏至溜出液约 300mL 为止。于相同条件下做空白试验。

② 滴定：将馏出液加热至 60～65℃（不可超过），加入 3 滴酚酞指示剂，用 0.1mol/L NaOH 标准溶液滴定到溶液呈微红色 30s 不褪色即为终点。

**6. 结果计算**

食品中的总挥发酸通常以乙酸的质量百分数表示，计算公式如下。

$$挥发酸[以乙酸计,g/100g 或 g/100mL 样品]=\frac{(V_1-V_2)\times c}{m}\times 0.06\times 100$$

式中　$m$——样品质量或体积，g 或 mL；

$V_1$——样液滴定消耗标准 NaOH 的体积，mL；

$V_2$——空白滴定消耗标准 NaOH 的体积，mL；

$c$——标准 NaOH 溶液的浓度，mol/L；

0.06——换算为乙酸的系数，即 1mmol NaOH 相当于乙酸的克数，g/mmol。

**7. 注意事项**

① 蒸馏前应先将水蒸气发生瓶中的水煮沸 10min，或在其中加 2 滴酚酞指示剂并滴加 NaOH 使其呈浅红色，以排除其中的 $CO_2$。

② 在蒸馏过程中，应注意蒸馏瓶内液面保持恒定，否则会影响测定结果。

③ 水蒸气蒸馏装置应密封性能良好。

④ 食品中的挥发酸包括游离挥发酸和结合态的挥发酸。结合态的挥发酸在水蒸气蒸馏时不能被蒸馏出，加入磷酸可使结合态的挥发酸游离出来。

## 五、有效酸度（pH 值）的测定

在食品酸度测定中，有效酸度（pH 值）的测定往往比测定总酸度更具有实际意义，更能说明问题。pH 值是溶液中 $H^+$ 活度（近似认为浓度）的负对数，其大小说明了食品介质的酸碱性。

pH 值的测定方法有多种，如电位法、比色法及化学法等，常用的方法是电位法与比色法。化学法是利用蔗糖转化速度、重氮基乙酸乙酯或乙缩醛的分解速度来求出 pH 值，操作要求严格，时间较长，现不多用。

### （一）电位法（pH 计法）

本法适用于各类饮料、果蔬及其制品，以及肉、蛋类等食品中 pH 值的测定。它具有准确度较高（可精确到 0.01）、操作简便、不受试样本身颜色的影响等优点，在食品检验中得到广泛的应用。

**1. 原理**

将玻璃电极（指示电极）和甘汞电极（参比电极）插入被测溶液中组成一个电池，其电动势与溶液的 pH 值有关。通过对电池电动势的测量即可测定溶液的 pH 值。

酸度计是由电极和电位计两部分组成的。电极与被测液组成工作电池，电池的电动势用电位计测量。目前各种酸度计的结构越来越简单、紧凑，并趋向数字显示式。常用的酸度计如 pHS-3C 型等。

**2. 主要仪器**

酸度计、玻璃电极、甘汞电极。

**3. 试剂**

饱和 KCl 溶液、缓冲溶液。

**4. 操作步骤**

（1）酸度计的校正

① 开启酸度计电源，预热 30min，连接玻璃电极与甘汞电极，在读数开关放开的情况下调零。

② 选择适当 pH 值的标准缓冲溶液（其 pH 值与被测样液的 pH 值应相接近）。

③ 测量标准缓冲溶液的温度，调节酸度计的温度补偿旋钮。

④ 将两电极浸入缓冲溶液中，按下读数开关，调节定位旋钮使 pH 计指针在缓冲溶液的 pH 值上，放开读数开关，指针回零。如此重复操作二次。

（2）pH 值的测定

① 用无 $CO_2$ 的蒸馏水淋洗电极，并用滤纸吸干，再用样品制备液冲洗两电极。

② 根据样品制备液的温度，调节酸度计的温度补偿旋钮，将两电极插入待测样品溶液中，按下读数开关，稳定 1min 后，酸度计指针所指示的 pH 值即为待测样液的 pH 值。

③ 放开读数开关，清洗电极。

### （二）比色法

比色法是利用不同的酸碱指示剂来显示 pH 值。由于各种酸碱指示剂在不同的 pH 范围内显示不同的颜色，故可用不同指示剂的混合物显示各种不同的颜色来指示样液的 pH 值。根据操作方法的不同，此法又分为试纸法和标准管比色法。

**1. 试纸法**

将滤纸裁成小片，放在适当的指示剂溶液中，浸渍后取出干燥即可。用干净的玻璃棒蘸上少量样液，滴在经过处理的试纸上（有广泛试纸与精密试纸之分）使其显色，在 2～3s 后，与标准色板比较，以测出样液的 pH 值。

此法简便、经济、快速，但结果不太准确，仅能粗略地测定各类样液的 pH 值。

**2. 标准管比色法**

用标准缓冲溶液配制不同的标准系列，再各加适当的酸碱指示剂使其于不同 pH 下呈不同颜色，即形成标准色管。在样液中加入与标准缓冲溶液中相同的酸碱指示剂，显色后与标准色管的颜色进行比较，与样液颜色相近的标准色管中缓冲溶液的 pH 值即为待测样液的

pH 值。

此法可适用于色度和浑浊度较低样液的 pH 值测定，因其受样液的颜色、浊度、胶体物和各种氧化剂与还原剂的干扰，故测定结果不太准确，其测定仅能准确到 0.1pH 单位。

## 第二节　饮料中维生素 C 的测定

维生素 C 是一种己糖醛基酸，有抗坏血病的作用，所以又称作抗坏血酸。维生素 C 广泛存在于植物组织中，新鲜的水果、蔬菜，特别是枣、辣椒、苦瓜、柿子叶、猕猴桃、柑橘等食品中含量尤为丰富。

维生素 C 具有较强的还原性，对光敏感，氧化后的产物称为脱氢抗坏血酸，仍然具有生理活性。进一步水解则生成 2,3-二酮古乐糖酸，失去生理作用。

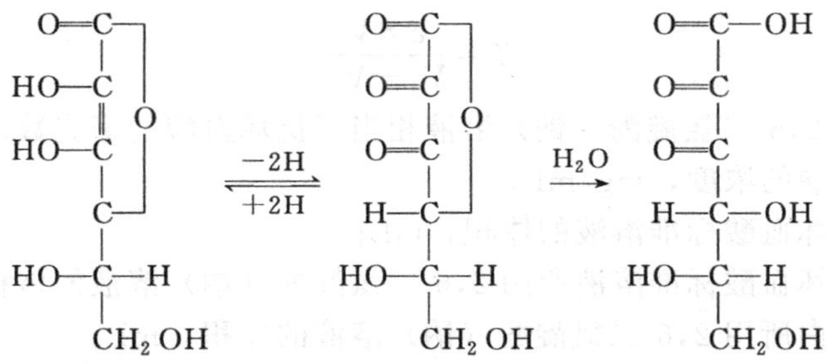

抗坏血酸　　　　脱氢抗坏血酸　　　　2,3-二酮古乐糖酸

在食品中，这三种形式均有存在，但主要是前两者，故许多国家的食品成分表均以抗坏血酸和脱氢抗坏血酸的总量表示。

测定维生素 C 常用的方法有靛酚滴定法、苯肼比色法、荧光法及高效液相色谱法、极谱法等。靛酚滴定法测定的是还原型抗坏血酸，该法简便，也较灵敏，但特异性差，样品中的其他还原性物质（如 $Fe^{2+}$、$Sn^{2+}$、$Cu^{2+}$ 等）会干扰测定，使测定值偏高，对深色样液滴定终点不易辨别。苯肼比色法和荧光法测得的都是抗坏血酸和脱氢抗坏血酸的总量。苯肼比色法操作复杂，特异性较差，易受共存物质的影响，结果中包括 2,3-二酮古乐糖酸，故测定值往往偏高。荧光法受干扰的影响较小，且结果不包括 2,3-二酮古乐糖酸，故准确度较高，重现性好，灵敏度与苯肼比色法基本相同，但操作较复杂，它是测定出口饮料中维生素 C 的标准方法。高效液相色谱法可以同时测得抗坏血酸和脱氢抗坏血酸的含量，具有干扰少、准确度高、重现性好、灵敏、简便、快速等优点，是上述几种方法中最先进、可靠的方法。这里主要介绍 2,6-二氯靛酚滴定法。

**1. 原理**

染料 2,6-二氯靛酚的颜色反应表现两种特性：一是取决于其氧化还原状态，氧化态为深蓝色，还原态变为无色；二是受其介质的酸度影响，在碱性溶液中呈深蓝色，在酸性介质中呈浅红色。

用蓝色的碱性染料标准溶液，对含维生素 C 的酸性浸出液进行氧化还原滴定，染料被还原为无色，当到达滴定终点时，多余的染料在酸性介质中则表现为浅红色，由染料用量计算样品中还原型抗坏血酸的含量。

**2. 适用范围**

本标准适用于果品、蔬菜及其加工制品中还原型抗坏血酸的测定（不含二价铁、二价锡、二价铜、二氧化硫、亚硫酸盐或硫代硫酸盐），不适用于深色样品。

**3. 试剂**

① 2%（20g/L）的草酸溶液。

② 1mg/mL 抗坏血酸标准溶液：准确称取 100mg（准确至 0.1mg）抗坏血酸，溶于 2%的草酸中，并稀释至 100mL。现用现配。

③ 2,6-二氯靛酚（钠）溶液：称取 52mg 碳酸氢钠溶解在 200mL 热蒸馏水中，然后称取 2,6-二氯靛酚（钠）50mg 溶解在上述碳酸氢钠溶液中，冷却后定容至 250mL，过滤于棕色瓶中，在冰箱中保存。每次使用前，用抗坏血酸标准溶液标定其滴定度。

④ 白陶土（或称高岭土）：对维生素 C 无吸附性。

**4. 操作步骤**

（1）2,6-二氯靛酚（钠）溶液的标定　吸取 1mL 已知浓度的抗坏血酸标准溶液于 50mL 锥形瓶中，加入 2%草酸溶液 10mL，摇匀，用 2,6-二氯靛酚（钠）溶液滴定至溶液呈粉红色，在 15s 不褪色即为终点。同时，另取 10mL2%草酸溶液做空白试验。做 2～3 次平行标定。计算滴定度 $T$。

$$T=\frac{c\times V}{V_1-V_2}$$

式中　$T$——每毫升 2,6-二氯靛酚（钠）溶液相当于抗坏血酸的毫克数，mg/mL；

$c$——抗坏血酸的浓度，mg/mL；

$V$——吸取抗坏血酸标准溶液的体积，mL；

$V_1$——滴定抗坏血酸标准溶液所用 2,6-二氯靛酚（钠）溶液的体积，mL；

$V_2$——滴定空白所用 2,6-二氯靛酚（钠）溶液的体积，mL。

（2）样液制备

① 鲜样制备：称取具有代表性样品的可食部分 100g，放入组织捣碎机中，加 100mL 2%草酸溶液，迅速捣成匀浆。取 10～40g 浆状样品（含抗坏血酸 1～2mg），用 2%草酸溶液将样品移入 100mL 容量瓶内，并稀释至刻度，充分摇匀，浸提 10～15min，过滤，弃初滤液，取中间滤液备用。若滤液有色，可按每克样品加 0.4g 白陶土脱色后再过滤。

② 干样制备：称 1～4g 干样（含 1～2mg 抗坏血酸）放入乳钵内，加 2%草酸溶液磨成匀浆，倒入 100mL 容量瓶中，用 2%草酸稀释至刻度。过滤上述样液，不易过滤的可用离心机沉淀后，倾出上清液，过滤备用。

（3）滴定　准确吸取样品滤液 10mL，置于 50mL 锥形瓶中，快速用已标定的 2,6-二氯靛酚溶液滴定，直至溶液呈粉红色，在 15s 内不褪色即为终点。同时以 10mL 2%草酸溶液代替样品滤液做空白试验。做 2～3 次平行试验。

**5. 结果计算**

$$x=\frac{(V-V_0)\times T}{W}\times\frac{100}{10}\times 100$$

式中　$x$——样品中维生素 C 含量，mg/100g；

$T$——2,6-二氯靛酚（钠）染料的滴定度，mg/mL；

$V$——滴定样液时消耗染料溶液的体积，mL；

$V_0$——滴定空白时消耗染料溶液的体积，mL；

$W$——样品的质量，g；

100/10——稀释倍数。

平行测定的结果，用算术平均值表示，取三位有效数字，含量低的保留小数点后两位数字。

平行测定结果的相对相差，在维生素 C 含量大于 20mg/100g 时，不得超过 2%，小于 20mg/100g，不得超过 5%。

**6. 注意事项**

① 该法测定的是还原型抗坏血酸，方法简便，较灵敏，但特异性差，样品中的其他还

原性物质（如 $Fe^{2+}$、$Sn^{2+}$、$Cu^{2+}$ 等）会干扰测定，使测定结果偏高。

② 所有试剂的配制最好都用重蒸馏水。

③ 样品进入实验室后，应浸泡在已知量的2%草酸液中，以防氧化，损失维生素C；贮存过久的罐头食品，可能含有大量的低价铁离子（$Fe^{2+}$），要用8%的乙酸代替2%草酸。这时如用草酸，低价铁离子可以还原2,6-二氯靛酚，使测定数值偏高，使用乙酸可以避免这种情况的发生。

④ 整个操作过程中要迅速，避免还原型抗坏血酸被氧化。

⑤ 在处理各种样品时，如遇有泡沫产生，可加入数滴辛醇消除。

⑥ 测定样液时，需做空白对照，样液滴定体积扣除空白体积。

## 第三节 饮料中茶多酚的测定

茶多酚又叫儿茶酸和茶单宁，属于多酚类化合物，是茶中最重要的一种化学物质，在茶叶中的质量分数为10%～25%，茶的水色、滋味和香气都与它有关。茶多酚主要由以下6种儿茶素组成：L-表没食子儿茶素（简称L-EGC）、D，L-没食子儿茶素（简称D，L-GC）、L-表儿茶素（简称L-EC）、D，L-儿茶素（简称D，L-C）、L-表没食子儿茶素没食子酸酯（简称L-EGCG）和L-表儿茶素没食子酸酯（简称L-ECG），其中L-EGCG占10%～12%（质量分数）。

**[知识链接]**

茶多酚（tea polyphenols）是茶叶中多酚类物质的总称，其中以黄烷醇类物质（儿茶素）最为重要，是形成茶叶色香味的主要成分之一，也是茶叶中有保健功能的主要成分之一。研究表明，茶多酚等活性物质具解毒和抗辐射作用，能有效地阻止放射性物质侵入骨髓，并可使锶90和钴60迅速排出体外，被健康及医学界誉为“辐射克星”。它具有抗癌、预防心血管疾病、提高综合免疫能力及其他保健治疗功效。

茶多酚的测定，长期以来采用高锰酸钾氧化法，但操作比较繁琐，终点不易判断，测定结果偏低。没食子酸乙酯比色法操作简便，准确度高，本节对此方法做一详细介绍。

**1. 原理**

样品中的茶多酚能与酒石酸亚铁作用显紫蓝色，与没食子酸乙酯的检量线进行比色定量。

**2. 仪器**

恒温水浴锅、分光光度计。

**3. 试剂**

① 酒石酸亚铁溶液：称取100mg硫酸亚铁（$FeSO_4 \cdot 7H_2O$）和500mg酒石酸钾钠，用水溶解并定容至100mL。溶液应避光、低温保存，有效期一个月。

② pH 7.5磷酸盐缓冲液

1/15mol/L磷酸氢二钠：称取23.377g磷酸氢二钠，加水溶解后定容至1L。

1/15mol/L磷酸二氢钾：称取9.078g磷酸二氢钾，加水溶解后定容至1L。

取85mL 1/15mol/L磷酸氢二钠溶液和15mL 1/15mol/L磷酸二氢钾溶液混合均匀。

③ 没食子酸乙酯标准溶液：准确称取用水重结晶并在100℃下干燥1h的没食子酸乙酯0.5g，加水溶解后，置于100mL容量瓶中稀释定容，充分摇匀，此溶液1mL含有5mg没

食子酸乙酯。

**4. 操作步骤**

（1）标准曲线的绘制　吸取没食子酸乙酯标准溶液 0.00mL、1.00mL、2.00mL、3.00mL、4.00mL、5.00mL，分别置于 25mL 容量瓶中，均加水至 5.0mL，再各加入 5.0mL 酒石酸亚铁溶液，用磷酸盐缓冲溶液定容，充分摇匀，放置 15min。在 540nm 处用分光光度计分别测定吸光度。以没食子酸乙酯标准溶液的浓度为横坐标，测得的吸光度为纵坐标，绘制标准曲线。

（2）样品的测定　准确吸取 10～20mL 样品，置于 100mL 容量瓶中，加水至刻度，摇匀，用干滤纸过滤，弃去最初约 20mL 滤液。吸取 5mL 滤液，移入 25mL 容量瓶中，以下按标准曲线绘制中的步骤进行操作。由测得的样品溶液吸光度从标准曲线上查出相应的没食子酸乙酯含量。

**5. 结果计算**

样品中茶多酚的质量分数按下式计算。

$$茶多酚(mg/L)=\frac{m_{测定液}\times 25\times \frac{100}{5}}{V_{样品}\times 10^{-3}}$$

式中　$m_{测定液}$——从标准曲线上查出样品测定液中茶多酚的含量，mg/mL；

$V_{样品}$——样品溶液的体积，mL。

**6. 注意事项**

① 由于只用了 5%（体积分数）的提取液进行比色，即使稍有差错，也会产生很大的误差。所以样品和没食子酸乙酯的量必须准确。

② 如果改变磷酸盐缓冲溶液的浓度，显色后溶液的吸光度也会发生变化，因此必须避免改变磷酸盐缓冲溶液的浓度。

③ 为了测得茶多酚的准确含量，就需要用茶多酚纯品作比色标准，但由于不同茶多酚的显色不同，且茶多酚不易买到。所以本方法用纯度高、稳定、易得的没食子酸乙酯作为比色标准。

## 第四节 饮料中咖啡因的测定

测定饮料中咖啡因的方法主要有紫外分光光度法（UV）和高效液相色谱法（HPLC）。这两种测定方法简单、快速、稳定、准确、灵敏度高、排除干扰能力强。

### 一、紫外分光光度法

**1. 原理**

咖啡因的三氯甲烷溶液对 276.5nm 波长光有最大吸收，其吸收值的大小与咖啡因的浓度正比，与标准比较定量。

**2. 仪器**

紫外分光光度计。

**3. 试剂**

① 无水硫酸钠。

② 三氯甲烷（使用前重新蒸馏）。

③ 15g/L 高锰酸钾溶液：称取 1.5g 高锰酸钾，加水溶解并稀释至 100mL。

④ 亚硫酸钠和硫氰酸钾混合溶液：称取 10g 无水亚硫酸钠，加水溶解并稀释至 100mL，

另取 10g 硫氰酸钾，加水溶解并稀释至 100mL。将这两种溶液均匀混合。

⑤ 磷酸溶液（3+17）：吸取 15mL 磷酸于 100mL 容量瓶中，加水稀释至刻度，混匀。

⑥ 200g/L 氢氧化钠溶液：称取 20g 氢氧化钠，加水溶解，冷却后稀释至 100mL。

⑦ 200g/L 乙酸锌溶液：称取 20g 乙酸锌 [$Zn(CH_3COO)_2 \cdot 2H_2O$]，加入 3mL 冰醋酸，用水溶解并稀释至 100mL。

⑧ 100g/L 亚铁氰化钾溶液：称取 10g 亚铁氰化钾 [$K_4Fe(CN)_6 \cdot 3H_2O$]，加水溶解并稀释至 100mL。

⑨ 咖啡因标准品（质量分数在 98.0%以上）。

⑩ 咖啡因标准溶液：根据咖啡因标准品的含量，用重蒸三氯甲烷配制成每毫升相当于 0.5mg 咖啡因的溶液，置于冰箱中保存。

**4. 操作步骤**

（1）样品处理

① 可乐型饮料：在 250mL 分液漏斗中，准确移入 10.0～20.0mL 经超声脱气后的均匀可乐型饮料样品，加入 15g/L 高锰酸钾溶液 5mL，摇匀，静置 5min。加入 10mL 亚硫酸钠和硫氰酸钾混合溶液、1mL 磷酸溶液（3+17）、1mL 200g/L 氢氧化钠溶液和 50mL 重蒸三氯甲烷，振摇 100 次，静置分层，收集三氯甲烷。水层再加 40mL 重蒸三氯甲烷，振摇 100 次，静置分层。合并两次三氯甲烷萃取液，用重蒸三氯甲烷稀释至 100mL，摇匀。

② 咖啡、茶叶及其固体制成品：在 100mL 烧杯中，准确称取 0.5～2.0g 已粉碎成低于 30 目的均匀样品，加入 80mL 沸水，加盖摇匀，浸泡 2h。将浸出液全部移入 100mL 容量瓶中，加入 200g/L 乙酸锌溶液 2mL、100g/L 亚铁氰化钾溶液 2mL，摇匀，加水定容至 100mL，摇匀，静置沉淀，过滤。准确吸取 5.0～20.0mL 滤液，按①中操作进行，制成 100mL 三氯甲烷溶液。

③ 咖啡、茶叶的液体制成品：在 100mL 容量瓶中，准确移入 10.0～20.0mL 均匀样品，加入 200g/L 乙酸锌溶液 2mL、100g/L 亚铁氰化钾溶液 2mL，摇匀，加水定容至 100mL，摇匀，静置沉淀，过滤。准确吸取 5.0～20.0mL 滤液，按①中操作进行，制成 100mL 三氯甲烷溶液。

（2）标准曲线的绘制　吸取 0.5mg/mL 咖啡因标准溶液，用重蒸三氯甲烷配制成质量浓度分别为 0.0μg/mL、5.0μg/mL、10.0μg/mL、15.0μg/mL、20.0μg/mL 的标准系列。以质量浓度为 0.0μg/mL 标准溶液作参比调节零点，用 1cm 吸收池于 276.5nm 处测量其余各溶液的吸光度，绘制吸光度-咖啡因浓度的标准曲线或求出线性回归方程。

（3）样品的测定　在 25mL 具塞试管中，加入 5g 无水硫酸钠，吸取 20.00mL 样品的三氯甲烷溶液倒入其中，摇匀，静置。将澄清的三氯甲烷溶液用 1cm 吸收池于 276.5nm 处测量吸光度，根据标准曲线或线性回归方程求出样品的吸光度相当于咖啡因的浓度。同时用重蒸三氯甲烷做试剂空白试验。

**5. 结果计算**

样品中咖啡因含量按下式计算。

$$\text{可乐型饮料中咖啡因含量(mg/L)}=\frac{(c-c_0)\times 100}{V}\times\frac{1000}{1000}$$

$$\text{咖啡、茶叶及其固体制成品中咖啡因含量(mg/100g)}=\frac{(c-c_0)\times 100\times 100\times 100}{V_1\times m\times 1000}$$

$$\text{咖啡、茶叶的液体制成品中咖啡因含量(mg/L)}=\frac{(c-c_0)\times 100\times 100\times 100}{V_1\times V\times 1000}$$

式中　$c$——样品吸光度相当于咖啡因质量浓度，μg/mL；

$c_0$——试剂空白吸光度相当于咖啡因质量浓度，μg/mL；

$m$——称取样品的质量，g；

$V$——移取样品的体积，mL；

100——样品的总体积，mL；

$V_1$——移取样品处理液的体积，mL。

**6. 注意事项**

① 本方法仪器检出限为 0.2μg。方法检出限：可乐型饮料为 3mg/L，咖啡、茶叶及其固体制成品为 5mg/100g，咖啡、茶叶的液体制成品为 5mg/L。标准曲线线性范围为 0.0～30.0μg/mL，相对标准偏差小于 4.0%。

② 平行测定结果的相对偏差：可乐型饮料为 10%，咖啡、茶叶及其制成品为 15%。

## 二、高效液相色谱法

**1. 原理**

咖啡因的甲醇溶液在 286nm 波长处有最大吸收，其吸收值的大小与咖啡因的浓度成正比，与标准比较定量。

**2. 仪器**

① 高效液相色谱仪。

② 色谱柱：Bondapak™ $C_{18}$ [30cm×3.9mm（内径）]。

③ 预柱：RESAVE™ $C_{18}$。

④ 超声清洗器（CQ250）。

⑤ 混纤微孔滤膜。

**3. 试剂**

① 甲醇：HPLC 试剂。

② 乙腈：HPLC 试剂。

③ 三氯甲烷：分析纯（必要时须重蒸）。

④ 超纯水（18.2MΩ）。

⑤ 无水硫酸钠（分析纯）。

⑥ 氯化钠（分析纯）。

⑦ 咖啡因标准品（质量分数大于 98%）。

**4. 操作步骤**

(1) 样品处理

① 可乐型饮料：样品先用超声清洗器在 40℃下超声脱气 5min，吸取 10.0mL 经脱气的样品，用混纤微孔滤膜过滤，弃去最初的 5mL，保留后 5mL 备用。

② 咖啡、茶叶及其制成品：在 150mL 烧杯中，称取 2g 已粉碎成低于 30 目的均匀样品或液体样品，加入 2～3mL 超纯水，再加 50mL 三氯甲烷，摇匀，在超声处理机上萃取 1min（分二次，每次 30s），静置 30min，分层，将萃取液倾入另一 150mL 烧杯中。在样品中再加入 50mL 三氯甲烷，重复上述萃取操作步骤，弃去样品。合并二次萃取液，加入少许无水硫酸钠和 5mL 饱和氯化钠溶液，过滤，滤液移入 100mL 容量瓶中，用三氯甲烷定容。最后取 10mL 滤液，用混纤微孔滤膜过滤，弃去最初的 5mL，保留后 5mL 备用。

(2) 色谱条件

流动相：甲醇：乙腈：水=57：29：14（体积比），每升流动相中加入 0.8mol/L 乙酸溶液 50mL。

流动相流速：1.5mL/min。

进样量：可乐型饮料 10μL；茶叶、咖啡及其制成品 5～20μL。

(3) 标准曲线的绘制　用甲醇配制成咖啡因质量浓度分别为 0μg/mL、20μg/mL、50μg/mL、100μg/mL、150μg/mL 的标准系列。分别进样 10μL，于 286nm 处测量峰面积，绘制峰面积-咖啡因质量浓度的标准曲线或求出线性回归方程。

(4) 样品的测定　吸取 10μL 可乐型饮料样品或 5μL 咖啡、茶叶及其制成品样品，进样，于 286nm 处测量其峰面积，根据标准曲线或线性回归方程求出样品的峰面积相当于咖啡因的质量浓度。同时做试剂空白试验。

**5. 结果计算**

$$\text{可乐型饮料中咖啡因含量(mg/L)} = c$$

$$\text{咖啡、茶叶及其制成品样品咖啡因含量(mg/100g)} = \frac{c \times V \times 100}{m \times 1000}$$

式中　$c$——由标准曲线求得试样稀释液中咖啡因浓度，μg/mL；

$V$——试样定容体积，mL；

$m$——试样质量，g。

**6. 注意事项**

① 本方法仪器检出限为 0.72μg/mL。方法检出限：可乐型饮料为 0.72mg/L，咖啡、茶叶及其制成品为 1.8mg/100g。标准曲线线性范围为 0.0～150.0μg/mL，相对标准偏差小于 2.0%。

② 平行测定结果的相对偏差：可乐型饮料为 5%，咖啡、茶叶及其制成品为 10%。

## 第五节　饮料中甜味剂的测定

甜味剂是赋予食品甜味的食品添加剂。食品甜味的作用是满足人们的嗜好要求，改进食品的可口性以及其他食品的工艺性质。

目前，世界上使用的甜味剂有几十种。这些甜味剂有几种不同的分类方法：按其来源可分为天然甜味剂和人工合成甜味剂；按其营养价值可分为营养型甜味剂和非营养型甜味剂。通常所说的甜味剂是指非营养型合成甜味剂（如糖精、甜蜜素、异麦芽酮糖、甜味素、安赛蜜等）、非营养型天然甜味剂（干草甜素、甜菊糖苷、罗汉果抽提物、二氢查尔酮等）及营养型合成甜味剂（主要指糖醇类，如山梨糖醇、麦芽糖醇、木糖醇等）三类。

至于葡萄糖、果糖、蔗糖、麦芽糖和乳糖等物质，虽然也是天然甜味剂，但因长期被人食用且是重要的营养素，我国通常视为食品原料，不作为食品添加剂对待。

一种理想的甜味剂应具有以下条件：具有生理安全性；有清爽、纯正、似糖的甜味；低热量；高甜度；化学和生物稳定性高；不会引起龋齿；价格合理。

化学合成甜味剂，又称合成甜味剂，是人工合成的具有甜味的复杂有机化合物。

化学合成甜味剂的主要优点为：①化学性质稳定，耐热、耐酸和耐碱，不易出现分解失效现象，故使用范围比较广泛；②不参与机体代谢，大多数合成甜味剂经口摄入后全部排出体外，不提供能量，适合糖尿病人、肥胖者和老年人等特殊营养消费群使用；③甜度较高，一般都是蔗糖甜度的 50 倍以上；④价格便宜，等甜度条件下的价格均低于蔗糖；⑤不是口腔微生物的合适作用底物，不会引起牙齿龋变。

化学合成甜味剂的主要缺点为：甜味不够纯正，带有苦后味或金属异味，甜味特性与蔗糖还有一定的差距；不是食物的天然成分，有一种“不安全”感觉。

常用的甜味剂有糖精钠、甜蜜素、甜菊糖苷。糖精钠、甜蜜素是人工合成的甜味剂，而甜菊糖苷是从植物甜叶菊中提取的天然甜味剂。

## 一、糖精钠的检测

糖精（邻磺酰苯甲酰亚胺）难溶于水，故实际应用时多用其钠盐。糖精钠又称可溶性糖精、水溶性糖精，为白色结晶或结晶性粉末，无臭，微有芳香气，有强甜味，并稍带苦味，甜度约为蔗糖的300倍，易溶于水。它是广泛使用的一种人工甜味剂，糖精钠被摄食后，在人体内不分解、不被吸收，将随尿排出，不能供给热能，无营养价值，对其使用的安全性至今尚未有定论。在其产品检验中，经常出现含量超标的现象。

糖精钠的定量分析方法有高效液相色谱法、薄层色谱法、离子选择电极法及紫外分光光度法等。目前使用较多的是高效液相色谱法。

### （一）高效液相色谱法

**1. 原理**

试样加热除去二氧化碳和乙醇，调节pH至近中性，过滤后进高效液相色谱仪，经反相色谱分离后，根据保留时间和峰面积进行定性和定量。

**2. 试剂**

（1）甲醇　经滤膜（0.5μm）过滤。

（2）氨水（1+1）。

（3）0.02mol/L乙酸铵溶液　称取1.54g乙酸铵，加水至1000mL溶解，经0.45μm滤膜过滤。

（4）糖精钠标准贮备溶液　准确称取0.0851g经120℃烘干4h后的糖精钠（$C_6H_4CONNaSO_2 \cdot H_2O$），加水溶解定容至100mL。糖精钠含量1.0mg/mL，作为贮备溶液。

（5）糖精钠标准使用溶液　吸取糖精钠标准贮备溶液10mL放入100mL容量瓶中，加水至刻度，经0.45μm滤膜过滤，该溶液每毫升相当于0.10mg的糖精钠。

**3. 仪器**

高效液相色谱仪（紫外检测器）。

**4. 操作步骤**

（1）样品处理

① 汽水：称取样品5.00～10.00g，放入小烧杯中，微温搅拌除去二氧化碳，用氨水（1+1）调pH约7，加水定容至适当的体积，经0.45μm滤膜过滤。

② 果汁类：称取样品5.00～10.00g，用氨水（1+1）调pH约7，加水定容至适当的体积，离心沉淀，上清液经0.45μm滤膜过滤。

③ 配制酒类：称取样品10.00g，放入小烧杯中，水浴加热除去乙醇，用氨水（1+1）调pH约7，加水定容至20mL，经0.45μm滤膜过滤。

（2）高效液相色谱参考条件

色谱柱：YWG-$C_{18}$ 4.6mm×250mm，10μm不锈钢柱。

流动相：0.02mol/L甲醇-乙酸铵溶液（5+95）。

流速：1mL/min。

检测器：紫外检测器，230nm波长，0.2AUFS。

（3）测定　取样品处理液和标准使用液各10μL（或相同体积）注入高效液相色谱仪进行分离，以其标准溶液峰的保留时间为依据进行定性，以其峰面积求出样液中被测物质的含量，供计算。

**5. 结果计算**

$$X=\frac{m_1\times1000}{m_2\times\frac{V_2}{V_1}\times1000}$$

式中 $X$——样品中糖精钠含量，g/kg；

$m_1$——进样体积中糖精钠的质量，mg；

$V_1$——样品稀释总体积，mL；

$V_2$——进样体积，mL；

$m_2$——样品质量，g。

结果的表述：报告算术平均值的两位有效数字。

**6. 注意事项**

① 本方法最低检出量为 0.10μg 苯甲酸、山梨酸、糖精钠。最低检出限为 0.10mg/mL 苯甲酸、山梨酸、糖精钠。

② 本方法苯甲酸回收率为 90%～110%，山梨酸回收率为 90%～95%，糖精钠回收率为 90%～110%。

③ 山梨酸的波长为 245nm，在此波长测苯甲酸、糖精钠灵敏度较低，苯甲酸、糖精钠的灵敏波长为 230nm，为照顾三种被测组分灵敏度，方法采用测定波长为 230nm。

④ 在本实验条件下苯甲酸、山梨酸、糖精钠的出峰时间依次为 3.88min、4.70min、7.27min。

⑤ 所用的流动相中甲醇的量根据不同规格的柱可以作改变，一般在 5%～7%变化。

## （二）薄层色谱法

**1. 原理**

在酸性条件下，食品中的糖精钠用乙醚提取、浓缩、薄层色谱分离、显色后，与标准比较，进行定性和半定量测定。

**2. 试剂**

(1) 乙醚　不含过氧化物。

(2) 无水硫酸钠。

(3) 无水乙醇及 95%乙醇。

(4) 聚酰胺粉　过 200 目筛。

(5) 盐酸（1+1）。

(6) 展开剂。

① 正丁醇+氨水+无水乙醇（7+1+2）；

② 异丙醇+氨水+无水乙醇（7+1+2）。

(7) 显色剂为 0.4g/L 溴甲酚紫溶液　称取 0.04g 溴甲酚紫，用 50%乙醇溶解，加 4g/L 氢氧化钠溶液 1.1mL 调制 pH 为 8，定容至 100mL。

(8) 100g/L 硫酸铜溶液　称取 10g 硫酸铜（$CuSO_4\cdot5H_2O$），用水溶解并稀释至 100mL。

(9) 40g/L 氢氧化钠溶液。

(10) 糖精钠标准溶液　准确称取 0.0851g 经 120℃干燥 4h 后的糖精钠，加乙醇溶解，移入 100mL 容量瓶中，加 95%乙醇稀释至刻度，此溶液每 1mL 相当于 1mg 糖精钠。

**3. 仪器**

(1) 玻璃纸　生物制品透析袋或不含增白剂的市售玻璃纸。

（2）玻璃喷雾器。

（3）微量注射器。

（4）紫外光灯波长 253.7nm。

（5）薄层板　10cm×20cm 或 20cm×20cm。

（6）展开槽。

**4. 操作步骤**

（1）薄层板制备　称取 1.6g 聚酰胺粉，加 0.4g 可溶性淀粉，加约 7.0mL 水，研磨 3～5min，立即涂成 0.25～0.30mm 厚的 10cm×20cm 的薄层板，室温干燥后，在 80℃下干燥 1h。置于干燥器中保存。

（2）样品处理

① 饮料、冰棍、汽水：取 10mL 均匀试样（如试样中含有二氧化碳，先加热除去；如试样中含有酒精，加 4%氢氧化钠溶液使其呈碱性，在沸水浴中加热除去），置于 100mL 分液漏斗中，加 2mL 盐酸（1+1），用 30mL、20mL、20mL 乙醚提取 3 次。合并乙醚提取液，用 5mL 盐酸酸化的水洗涤一次，弃去水层。乙醚层通过无水硫酸钠脱水后，挥发乙醚，加 2.0mL 乙醇溶解残留物，密塞保存，备用。

② 酱油、果汁、果酱：称取 20.0g 或吸取 20.00mL 均匀试样，置于 100mL 容量瓶中，加水至约 60mL，加 20mL 100g/L 硫酸铜溶液，混匀，再加 4.4mL 40g/L 氢氧化钠溶液，加水至刻度，混匀，静置 30min，过滤，取 50mL 滤液置于 150mL 分液漏斗中，加 2mL 盐酸（1+1），用 30mL、20mL、20mL 乙醚提取 3 次。合并乙醚提取液，用 5mL 盐酸酸化的水洗涤一次，弃去水层。乙醚层通过无水硫酸钠脱水后，挥发乙醚，加 2.0mL 乙醇溶解残留物，密塞保存，备用。

③ 固体果汁粉等：称取 20.0g 磨碎的均匀试样，置于 200mL 容量瓶中，加 100mL 水，加热使溶解、放冷，加 20mL 100g/L 硫酸铜溶液，混匀，再加 4.4mL 40g/L 氢氧化钠溶液，加水至刻度，混匀，静置 30min，过滤，取 50mL 滤液置于 150mL 分液漏斗中，加 2mL 盐酸（1+1），用 30mL、20mL、20mL 乙醚提取 3 次。合并乙醚提取液，用 5mL 盐酸酸化的水洗涤一次，弃去水层。乙醚层通过无水硫酸钠脱水后，挥发乙醚，加 2.0mL 乙醇溶解残留物，密塞保存，备用。

④ 糕点、饼干等蛋白质、脂肪、淀粉多的食品：称取 25.0g 均匀试样，置于透析用玻璃纸中，放入大小适当的烧杯内，加 50mL 0.8g/L 氢氧化钠溶液，调成糊状，将玻璃纸口扎紧，放入 200mL 0.8g/L 氢氧化钠溶液的烧杯中，盖上表面皿，透析过夜。量取 125mL 透析液（相当于 12.5g 试样），加约 0.4mL 盐酸（1+1）使成中性，加 20mL 100g/L 硫酸铜溶液，混匀，再加 4.4mL 40g/L 氢氧化钠溶液，混匀，静置 30min，过滤，取 120mL 滤液（相当于 10g 试样），置于 250mL 分液漏斗中，加 2mL 盐酸（1+1），用 30mL、20mL、20mL 乙醚提取 3 次，合并乙醚提取液，用 5mL 盐酸酸化的水洗涤一次，弃去水层。乙醚层通过无水硫酸钠脱水后，挥发乙醚，加 2.0mL 乙醇溶解残留物，密塞保存，备用。

（3）点样　在薄层板下端 2cm 处，用微量注射器点 10μL 和 20μL 的样液两个点，同时点 3.0μL、5.0μL、7.0μL、10.0μL 糖精钠标准溶液，各点间距 1.5cm。

（4）展开与显色　将点好的薄层板放入盛有展开剂（正丁醇+氨水+无水乙醇或异丙醇+氨水+无水乙醇）的展开槽中，展开剂液层约 0.5cm，并预先已达到饱和状态。展开至 10cm，取出薄层板，挥干，喷显色剂，斑点显黄色，根据试样点和标准点的比移值进行定性，根据斑点颜色深浅进行半定量测定。

**5. 结果计算**

$$X=\frac{m_1\times 1000}{m\times\frac{V_2}{V_1}\times 1000}$$

式中 $X$——试样中糖精钠含量，g/kg 或 g/L；

$m_1$——测定用样液中糖精钠的质量，mg；

$m$——试样质量或体积，g 或 mL；

$V_1$——试样提取液残留物加入乙醇的体积，mL；

$V_2$——点板液体积，mL。

## 二、甜蜜素的测定

甜蜜素的化学名为环己基氨基磺酸钠，属非营养型合成甜味剂，为白色结晶或结晶性粉末，无臭，易溶于水，对热、酸、碱均稳定，特点是甜味好，后苦味比糖精低，甜度不高，约为蔗糖的 30 倍，故用量大，易超标使用，是一种限制使用的甜味剂。

按我国 GB 2760—2002 规定：本品可用于酱菜类、调味酱汁、配制酒、糕点、饼干、面包、冰棍、冰淇淋、饮料，最大使用量 0.65g/kg；用于瓜子，最大用量为 2.0g/kg；用于话李、杨梅干、话梅、陈皮类，最大用量为 8.0g/kg；用于蜜饯最大用量 1.0g/kg。浓缩果汁按浓缩倍数 80%加入。

本品常与糖精钠按 9∶1 比例混合使用。

甜蜜素的定量分析方法常用的有气相色谱法、分光光度法。

### （一）气相色谱法

**1. 原理**

在硫酸介质中环己基氨基磺酸钠与亚硝酸反应，生成环己醇亚硝酸酯，利用气相色谱法进行定性和定量。

**2. 试剂**

（1）正己烷。

（2）氯化钠。

（3）色谱硅胶（或海砂）。

（4）50g/L 亚硝酸钠溶液。

（5）100g/L 硫酸溶液。

（6）环己基氨基磺酸钠溶液　称取 1g 环己基氨基磺酸钠，加水溶解并定容至 100mL，此溶液每 1mL 含环己基氨基磺酸钠 10mg。

**3. 仪器**

（1）旋涡混合器。

（2）离心机。

（3）气相色谱仪（附氢火焰离子化检测器）。

（4）10μL 微量注射器。

**4. 操作步骤**

（1）色谱条件

① 色谱柱：长 2m，直径 3mm，U 形不锈钢柱。

② 固定相：Chromosorb WAWDMCS 80～100 目，涂以 10%SE-30。

③ 测定条件：柱温 80℃；汽化温度 150℃；流速为氮气 40mL/min，氢气 30mL/min，空气 300mL/min。

（2）样品处理

① 液体试样：称取 20.0g 试样于 100mL 带塞比色管，置于冰浴中。

② 固体试样：称取 2.0g 已剪碎的试样于研钵中，加少许色谱硅胶（或海砂）研磨至干粉状，经漏斗倒入 100mL 容量瓶中，加水冲洗研钵，并将洗液一并转移至容量瓶中，加水至刻度，不时地摇动，1h 后过滤，即得试样提取液。准确吸取 20mL 试样提取液于 100mL 带塞比色管，置冰浴中。

（3）标准曲线的绘制　准确吸取 1.00mL 环已基氨基磺酸钠标准溶液于 100mL 带塞比色管中，加水 20mL，置冰浴中，加入 5mL 50g/L 亚硝酸钠溶液、5mL 100g/L 硫酸溶液，摇匀，在冰浴中放置 30min，并经常摇动，然后准确加入 10mL 正己烷、5g 氯化钠，摇匀后置旋涡混合器上振动 1min（或振摇 80 次），待静止分层后吸出己烷层于 10mL 带塞离心管中进行离心分离。每 1mL 己烷提取液相当于 1mg 环己基氨基磺酸钠，将标准提取液进样 1～5μL 于气相色谱仪中，根据响应值绘制标准曲线。

（4）测定　样品管加入 5mL 50g/L 亚硝酸钠溶液、5mL 100g/L 硫酸溶液，摇匀，在冰浴中放置 30min，并经常摇动，然后准确加入 10mL 正己烷、5g 氯化钠，摇匀后置旋涡混合器上振动 1min（或振摇 80 次），待静止分层后吸出己烷层于 10mL 带塞离心管中进行离心分离。将试样提取液同样进样 1～5μL 于气相色谱仪中，测得响应值，从标准曲线中查出相应含量。

**5. 结果计算**

$$X=\frac{m_2\times 10\times 1000}{m_1\times V\times 1000}=\frac{10m_2}{m_1V}$$

式中　$X$——样品中环己基氨基磺酸钠的含量，g/kg；

$m_1$——样品质量，g；

$V$——进样体积，μL；

10——正己烷加入量，mL；

$m_2$——测定用试样中环己基氨基磺酸钠的量，μg。

**6. 精密度和允许误差**

重复测定相对标准误差＜7%。

两次平行测定相对允许误差绝对误差≤10%，平行测定结果用算术平均值表示，保留两位小数。

（二）分光光度法

**1. 原理**

在硫酸介质中环己基氨基磺酸钠与亚硝酸钠反应，生成环己醇亚硝酸酯，与磺胺重氮化后再与盐酸萘乙二胺偶合生成红色染料，在 550nm 波长测其吸光度，与标准比较定量。

**2. 试剂**

（1）三氯甲烷。

（2）甲醇。

（3）透析剂称取 0.5g 二氯化汞和 12.0g 氯化钠于烧杯中，以 0.01mol/L 盐酸溶液定容至 100mL。

（4）10g/L 亚硝酸钠溶液。

（5）100g/L 硫酸溶液。

（6）100g/L 尿素溶液　临用时新配制或冰箱保存。

(7) 100g/L 盐酸溶液。

(8) 10g/L 磺胺溶液称取 1g 磺胺溶于 10%盐酸溶液中，定容至 100mL。

(9) 1g/L 盐酸萘乙二胺溶液。

(10) 环己基氨基磺酸钠溶液　精确称取 0.1000g 环己基氨基磺酸钠，加水溶解，定容至 100mL。此液每 1mL 含环己基氨基磺酸钠 1mg。临用时将环己基氨基磺酸钠标准溶液稀释 10 倍，此液每 1mL 含环己基氨基磺酸钠 0.1mg。

**3. 仪器**

(1) 分光光度计。

(2) 旋涡混合器。

(3) 离心机。

(4) 透析纸。

**4. 操作步骤**

(1) 样品处理

① 液体试样：称取 10.0g 试样于透析纸中，加 10mL 透析剂，将透析纸口扎紧，放入盛有 100mL 水的 200mL 广口瓶内，加盖，透析 20～24h 得透析液。

② 固体试样：称取 2.0g 已剪碎的试样于研钵中，加少许色谱硅胶（或海砂）研磨至干粉状，经漏斗倒入 100mL 容量瓶中，加水冲洗研钵，并将洗液一并转移至容量瓶中，加水至刻度，不时地摇动，1h 后过滤，即得试样提取液。

(2) 提取　准确吸取 10.0mL 处理后的试样提取液于透析纸中，加 10mL 透析剂，将透析纸口扎紧，放入盛有 100mL 水的 200mL 广口瓶内，加盖，透析 20～24h 得透析液。

(3) 测定

① 取两支 50mL 带塞比色管，分别加入 10mL 透析液和 10mL 标准液，于 0～3℃冰浴中，加入 1mL 10g/L 亚硝酸钠溶液、1mL 100g/L 硫酸溶液，摇匀后放入冰水中不时摇动，放置 1h。取出后加 15mL 水，振动 1min，静置后吸去上层清液，加 10mL 100g/L 尿素溶液、2mL 100g/L 盐酸溶液，再振动 5min 静置后吸去上层清液，加 15mL 水，振动 1min，静置后吸去上层清液，分别准确吸出 5mL 三氯甲烷于两支 25mL 比色管中，另取一支 25mL 比色管加入 5mL 三氯甲烷作参比管。

于各管中加入 15mL 甲醇、1mL 10g/L 磺胺，置冰水中 15min，取出，恢复常温后加入 1mL 1g/L 盐酸萘乙二胺溶液，加甲醇至刻度，在 15～30℃下放置 20～30min，用 1cm 比色皿于波长 550nm 处测定吸光度，测得吸光度 $A$ 及 $A_s$。

② 另取 2 支 50mL 带塞比色管，分别加入 10mL 水和 10mL 透析液，除不加 10g/L 亚硝酸钠外，其他按上述①操作过程进行，测得吸光度 $A_{s0}$ 及 $A_0$。

**5. 结果计算**

$$X=\frac{\rho}{m}\times\frac{A-A_0}{A_s-A_{s0}}\times\frac{100+10}{V}\times\frac{10}{1000}\times\frac{1000}{1000}$$

式中　$X$——样品中环己基氨基磺酸钠的含量，g/kg；

$m$——样品质量，g；

$V$——透析液用量，mL；

$\rho$——标准管浓度，μg/mL；

$A_s$——标准液吸光度；

$A_{s0}$——水的吸光度；

10——标准液用量，mL；

100＋10——水的用量＋透析剂的用量，mL；

$A$——试样透析液吸光度；

$A_0$——不加亚硝酸钠的试样透析液吸光度。

## 第六节 饮料中着色剂的测定

食品着色剂又称食用色素，是使食品着色和改善食品色泽的一类食品添加剂。食用色素按其来源和性质分为食用天然色素和食用合成色素两大类。

**1. 食用天然色素**

食用天然色素是从有色的动植物体内提取，经进一步分离精制而成，但其有效成分含量低，且因来源困难，故价格很高。目前，国内外使用的食用色素绝大多数都是食用合成色素。

**2. 食用合成色素**

合成色素因其着色力强，易于调色，在食品加工过程中稳定性能好，价格低廉，在食用色素中占主要地位。合成色素多取煤焦油为起始原料，且在合成过程中可能受铅、砷等有害物质的污染，因此在使用的安全上，其争论要比其他类的食品添加剂更为突出和尖锐。各国对合成色素的研究、开发和使用都极为谨慎，不仅在品种和质量上有明确的限制性规定，而且对生产企业也有明确的限制，因此生产中实际使用的品种正在逐渐减少。

在食品生产中，目前我国允许使用的人工合成色素有苋菜红、胭脂红、赤藓红、新红、柠檬黄、日落黄、靛蓝、亮蓝等，例如蛋糕上五颜六色的图案的颜色。国家发布的 GB 2760—2011《食品添加剂使用标准》中规定了食用合成色素的使用范围及最大使用量。其中苋菜红、胭脂红、赤藓红、新红的最大使用量为 0.05g/kg；柠檬黄、日落黄、靛蓝的最大使用量为 0.10g/kg；亮蓝的最大使用量为 0.025g/kg。

### 食用合成着色剂的测定

#### （一）高效液相色谱法

依据 GB/T 5009.35—2003《食品中合成着色剂的测定》。

**1. 原理**

食品中人工合成色素用聚酰胺吸附法或用液-液分配法提取，制成水溶液，注入高效液相色谱仪，经反相色谱分离，根据保留时间和峰面积进行定性和定量。本方法适用于清凉饮料、配制酒、糖、果汁等食品中酸性人工合成色素的测定。

**2. 试剂**

（1）甲醇　经 0.5μm 滤膜过滤。

（2）0.02mol/L 乙酸铵（$CH_3COONH_4$）溶液　称取 1.54g 乙酸铵，加水至 1000mL，溶解，经 0.45μm 滤膜过滤。

（3）氨水（2＋98）　量取 2mL 氨水，加水至 100mL，混匀。

（4）氨水-乙酸铵溶液（0.02mol/L）　量取氨水（2＋98）0.5mL，加 0.02mol/L 乙酸铵溶液至 1000mL，混匀。

（5）聚酰胺粉（尼龙 6）　过 200 目筛。

（6）甲醇-甲酸（6＋4）溶液　量取甲醇 60mL、甲酸 40mL，混匀。

（7）200g/L 柠檬酸溶液　称取 20g 柠檬酸（$C_6H_8O_7 \cdot H_2O$），加水至 100mL，振摇溶解混匀。

(8) 无水乙醇-氨水-水（7＋2＋1）溶液 取无水乙醇 70mL、氨水 20mL、水 10mL，混匀。

(9) 三正辛胺-正丁醇溶液（5％） 量取三正辛胺 5mL、加正丁醇 95mL，混匀。

(10) 饱和硫酸钠溶液。

(11) 20g/L 硫酸钠溶液。

(12) 正己烷（分析纯）。

(13) pH 6 的水 在水中加 200g/L 柠檬酸溶液调 pH 值到 6。

(14) 合成着色剂标准溶液 准确称取按其纯度折算为 100％质量的柠檬黄、日落黄、苋菜红、胭脂红、新红、赤藓红、亮蓝、靛蓝各 0.100g，置于 100mL 容量瓶中，加 pH 6 水到刻度，配成 1.00mg/mL 水溶液。

(15) 合成着色剂标准使用液 临用时将上述溶液加 pH 6 水稀释 20 倍，经 0.45μm 滤膜过滤，配成每毫升相当于 50.0μg 的合成着色剂。

**3. 仪器**

高效液相色谱仪（紫外检测器，254nm）。

**4. 操作步骤**

(1) 样品处理

① 橘子汁、果味水、果子露、汽水等：称取样品 20.0～40.0g，放入 100mL 烧杯中，含 $CO_2$ 的样品应加热驱除 $CO_2$。

② 配制酒类：称取样品 20.0～40.0g，放入 100mL 烧杯中，加小碎瓷片数片，加热驱除乙醇。

③ 硬糖、蜜饯类、淀粉软糖等：称取 5.00～10.00g 粉碎试样，放入 100mL 烧杯中，加水 30mL，温热溶解，若试样的 pH 较高，用柠檬酸溶液调至 pH 值到 6 左右。

④ 巧克力豆、着色糖衣类食品：称取 5.00～10.00g 粉碎试样，放入 100mL 烧杯中，加水反复洗涤脱色，到试样无色为止，合并色素洗液为试样溶液。

(2) 色素提取

① 聚酰胺吸附法：样品溶液加 200g/L 柠檬酸调 pH 值到 6，加热至 60℃，将 1g 聚酰胺粉加少许水调成糊状，倒入样品溶液中，搅拌片刻，以 G3 垂融漏斗抽滤，用 60℃ pH 4 的水洗涤 3～5 次，然后用甲醇-甲酸混合液洗涤 3～5 次（含赤藓红的样品不能洗），再用水洗至中性，用乙醇-氨水-水混合液解吸 3～5 次，每次 5mL，收集解吸液，加乙酸中和，蒸发至近干，加水溶解，定容至 5mL。经 0.45μm 滤膜过滤，取 10μL 进高效液相色谱仪。

② 液-液分配法（适用于含赤藓红的样品）：将制备好的样品溶液放入分液漏斗中，加 2mL 盐酸，5％三正辛胺-正丁醇溶液 10～20mL，振摇，提取，分取有机相，重复提取至有机相无色，合并有机相，用饱和硫酸钠溶液洗 2 次，每次 10mL，分取有机相，放蒸发皿中，水浴加热浓缩至 10mL，转移到分液漏斗中，加 60mL 正己烷，混匀，加氨水（2＋98）提取 2～3 次，每次 5mL，合并氨水溶液层（含水溶性酸性色素），用正己烷洗 2 次，氨水层加乙酸调成中性，水浴加热蒸发至近干，加水溶解，定容至 5mL。经 0.45μm 滤膜过滤，取 10μL 进高效液相色谱仪。

(3) 色谱条件

① 色谱柱：YWG-$C_{18}$，10μm 不锈钢柱 4.6mm（内径）×250mm。

② 流动相：0.02mol/L 甲醇-乙酸铵溶液（pH 4）。

③ 梯度洗脱：甲醇 20％～35％，3％/min；35％～98％，9％/min；98％继续 6min。

④ 流速：1mL/min。

⑤ 检测器：紫外检测器，波长 254nm。

(4) 测定

各取 10μL 试样提取液和标准使用液，注入高效液相色谱仪，根据保留时间定性，外标峰面积法定量。

**5. 结果计算**

试样中着色剂的含量按照下式计算。

$$X=\frac{A\times 1000}{m\times \frac{V_2}{V_1}\times 1000\times 1000}$$

式中 $X$——试样中着色剂的含量，g/kg；

$A$——样液中着色剂的质量，μg；

$V_2$——进样体积，mL；

$V_1$——试样稀释总体积，mL；

$m$——试样质量，g。

计算结果保留两位有效数字。

在重复性条件下获得的两次独立测定结果的绝对差值不得超过算术平均值的 10%。

(二) 薄层色谱法

依据 GB/T 5009.35—2003《食品中合成着色剂的测定》。

**1. 原理**

水溶性酸性合成色素在酸性条件下被聚酰胺吸附，而在碱性条件下解吸附，再用纸色谱或者薄层色谱法分离，与标准比较定性、定量。

最低检出量为 50μg。点样量为 1μL 时，检出浓度约为 50mg/kg。

**2. 试剂**

(1) 石油醚 沸程 60～90℃。

(2) 甲醇。

(3) 聚酰胺粉（尼龙 6） 过 200 目筛。

(4) 硅胶 G。

(5) 硫酸（1+10）。

(6) 甲醇-甲酸溶液（6+4）。

(7) 50g/L 氢氧化钠溶液。

(8) 海砂 先用盐酸（1+10）煮沸 15min，用水洗至中性，再用 50g/L 氢氧化钠溶液煮沸 15min，用水洗至中性，再于 105℃干燥，贮于具玻璃塞的瓶中，备用。

(9) 50%乙醇。

(10) 乙醇-氨溶液：取 1mL 氨溶液，加 70%乙醇至 100mL。

(11) pH 6 的水：在水中加 200g/L 柠檬酸溶液调 pH 到 6。

(12) 1+10 盐酸。

(13) 200g/L 柠檬酸溶液。

(14) 100g/L 钨酸钠溶液。

(15) 碎瓷片 先用盐酸（1+10）煮沸 15min，用水洗至中性，再用 50g/L 氢氧化钠溶液煮沸 15min，用水洗至中性，再于 105℃干燥，贮于具玻璃塞的瓶中，备用。

(16) 展开剂。

① 正丁醇-无水乙醇-氨水（1%）（6+2+3）：供纸色谱用。

② 正丁醇-吡啶-氨水（1%）（6+3+4）：供纸色谱用。

③ 甲乙酮-丙酮-水（7+3+3）：供纸色谱用。

④ 甲醇-乙二胺-氨水（1%）（10+3+2）：供薄层色谱用。

⑤ 甲醇-氨水-乙醇（5+1+10）：供薄层色谱用。

⑥ 柠檬酸钠溶液（25g/L）-氨水-乙醇（8+1+2）：供薄层色谱用。

（17）合成色素标准溶液　准确称取按其纯度折算为100%质量的柠檬黄、日落黄、苋菜红、胭脂红、新红、赤藓红、亮蓝、靛蓝各0.100g，置于100mL容量瓶中，加pH 6水到刻度，配成1.00mg/mL水溶液。

（18）着色剂标准使用液　临用时吸取5.00mL置于50mL容量瓶中，加pH 6的水稀释至刻度，此溶液每毫升相当于0.1mg着色剂。

**3. 仪器**

（1）可见分光光度计。

（2）微量注射器或血色素吸管。

（3）层析缸（25cm×6cm×4cm）。

（4）滤纸　中速滤纸，纸色谱用。

（5）薄层板 5cm×20cm。

（6）电吹风机。

（7）水泵。

**4. 操作步骤**

（1）样品处理

① 橘子汁、果味水、果子露、汽水等：称取样品50.00g于100mL烧杯中，加热驱除$CO_2$。

② 配制酒类：称取样品100.00g于100mL烧杯中，加碎瓷片数块，加热驱除乙醇。

③ 硬糖、蜜饯类、淀粉软糖：称取5.00～10.00g粉碎试样，放入100mL烧杯中，加水30mL，温热溶解，若试样的pH较高，用200g/L柠檬酸溶液调至pH 4左右。

④ 奶糖：称取10.00g粉碎均匀的试样，放入100mL烧杯中，加30mL乙醇-氨溶液溶解，置于水浴上浓缩至约20mL，立即用硫酸（1+10）调至微酸性，再加1mL硫酸（1+10）、1mL 100g/L钨酸钠溶液，使蛋白质沉淀，过滤，用少量水洗涤，合并滤液。

⑤ 蛋糕类：称取10.00g粉碎均匀的试样，放入100mL烧杯中，加少量海砂，拌匀，用热风吹干样品（用手摸已干燥即可），加入30mL石油醚搅拌，放置片刻，倾出石油醚，如此处理三次，以除去脂肪。吹干后研细，全部倒入G3垂融漏斗或普通漏斗中，用乙醇-氨溶液提取色素。直至色素完全提出，再置于水浴上浓缩至约20mL，立即用硫酸（1+10）调至微酸性，再加1mL硫酸（1+10）、1mL 100g/L钨酸钠溶液，使蛋白质沉淀，过滤，用少量水洗涤，合并滤液。

（2）吸附分离　将处理所得的溶液加热至70℃，加入0.5～1.0g聚酰胺粉，充分搅拌，用200g/L柠檬酸溶液调至pH 4左右，使着色剂完全被吸附（如果溶液还有颜色，可以再多加一些聚酰胺粉）。将吸附着色剂的聚酰胺粉全部转入G3垂融漏斗中过滤（如用G3垂融漏斗过滤可以用水泵慢慢地抽滤），用pH 4的70℃的水反复洗涤聚酰胺粉，每次20mL，边洗边搅，若含有天然着色剂，再用甲醇-甲酸溶液洗1～3次，每次20mL，洗至滤液无色为止。再用70℃的水反复洗涤至流出的溶液为中性。洗涤过程中应充分搅拌。

所得聚酰胺粉用乙醇-氨溶液分次解吸全部着色剂，收集全部解吸液，于水浴上去除氨。

如果样品中只有一种色素，则用水稀释至50mL，用分光光度计测定。如果为多种着色剂混合液，则把除去氨的解吸液置于水浴上浓缩至约2mL，后转移至5mL容量瓶中，用

50%乙醇洗涤容器，洗液并入容量瓶中，定容，用纸色谱或者薄层色谱法测定。

(3) 定性

① 纸色谱

取色谱用纸，在距底边2cm处的起始线上，分别点3～10μL试样溶液，1～2μL的着色剂标准使用液，挂于分别盛有展开剂（①和②）的层析缸中，用上行法展开，待溶剂前沿至15cm处，将滤纸取出，于空气中晾干，与标准斑比较定性。

也可以取0.5mL试样溶液，在起始线上自左至右点成条状，纸的左边点标准使用液，依法展开，晾干后先定性再供定量用。靛蓝在碱性条件下易褪色，可以用展开剂③。

② 薄层色谱

a. 薄层板的制备：称取1.6g聚酰胺粉、0.4g可溶性淀粉、2g硅胶G，置于研钵中，加15mL水研磨均匀后，立即置于涂布器中，铺成0.3mm的板，在室温晾干，80℃干燥1h，置于干燥器中备用。

b. 点样：在离底边2cm处，将0.5mL样液自左至右点成与底边平行的条状，板的左边点2μL色素标准使用液。

c. 展开：苋菜红、胭脂红用展开剂④；亮蓝、靛蓝用展开剂⑤；柠檬黄与其他着色剂用展开剂⑥。取适量展开剂于层析缸中，将薄层板放入展开，待着色剂明显分开后取出，晾干，与标准斑比较定性，如 $R_f$ 相同即为同一色素。

(4) 定量

① 绘制标准曲线

分别吸取0.0mL，0.5mL，1.0mL，2.0mL，3.0mL，4.0mL柠檬黄、日落黄、苋菜红、胭脂红色素标准使用溶液，或者0.0mL，0.2mL，0.4mL，0.6mL，0.8mL，1.0mL亮蓝、靛蓝色素标准使用溶液，分别置于10mL比色管中，各加水稀释至刻度。

用1cm比色杯，以零管调零，在一定波长下测定吸光度值，绘制标准曲线。

各种色素的最大吸收波长：柠檬黄430nm；日落黄482nm；苋菜红520nm；胭脂红510nm；亮蓝627nm；靛蓝620nm。

② 试样测定

将纸色谱的条状色斑剪下，用少量热水洗涤数次，洗液并入10mL比色管中，并加水至刻度，做比色用。

将薄层色谱板的条状色斑包括有扩散的部分，分别用刀刮下，移入漏斗中，用乙醇-氨溶液解吸着色剂，少量多次，将解吸液并于蒸发皿中，与水浴上挥去氨，移入10mL比色管，并加水至刻度，做比色用。

用同样的条件测定试样溶液的吸光度值，与标准系列对照定量。

**5. 结果计算**

试样中着色剂的含量按照下式计算。

$$X=\frac{A\times 1000}{m\times \frac{V_2}{V_1}\times 1000\times 1000}$$

式中 $X$——试样中着色剂的含量，g/kg或g/L；

$A$——测定用样液中着色剂的质量，μg；

$V_2$——样液点板（纸）体积，mL；

$V_1$——试样解吸后总体积，mL；

$m$——试样质量或体积，g或mL。

计算结果保留两位有效数字。

# 第七节 饮料原料中农药残留的检测

在农药生产中使用的各种药剂统称为农药。农药在防治农作物病虫害、提高农作物产量等方面起着重要作用。然而大量广泛地使用农药也会造成食品的污染，从而危害人畜健康。

食品中普遍存在农药残留，其种类很多，常见的有有机氯农药和有机磷农药两类。此外，在食品中氨基甲酸酯类、拟除虫菊酯类、沙蚕毒素类农药残留也占有一定的比例。食品中的农药残留主要来源于植物性食物原料在种植过程中使用的杀虫剂。另外，还会来源于动物性食物，其原因是动物食用了含有农药的植物或者饮用了被污染的水源，在动物体内产生了生物富集作用，如蜂蜜等。

由于农药的毒性很大，有些甚至可以在人体中蓄积，严重危害人体健康。因此为提高食品的卫生质量，保证食品的安全及人类的健康，应该对食品中的农药残留进行准确测定。目前许多国家和组织对食品中农药残留的允许量都有了相关的规定，中国对有机氯农药六六六（HCH）、滴滴涕（DDT）及有机磷农药等在食品中的允许残留量都作出了相关规定。日本现使用的《肯定列表制度》中，规定了近 800 种化学品的五万多个限量指标，其中农用化学品的限量指标占大多数。日本对农药残留的检测可谓“世界严格第一”，自 2005 年以来，输日产品因为农药残留超标被退货的事件屡见不鲜，曾经造成重大的经济损失。这些事件促使我国农业生产过程中农药的使用日趋规范，各种食品安全法规日趋完善。

**[案例分析]**

实例：2013 年 5 月 6 日中央电视台曝光了山东潍坊农户使用剧毒农药“神农丹”种植生姜，销售剧毒农药“神农丹”的门店很快被查封，门店经理被依法刑事拘留。

分析：“神农丹”的主要成分是一种叫涕灭威的剧毒农药，50mg 就可致 50kg 的人死亡，所以不能直接用于蔬菜瓜果。按照农业部的农药登记，“神农丹”只能用在棉花、烟草、月季、花生、甘薯上，并对使用条件、用药量、用药次数、用药方法上有严格的限制。

## 食品中农药残留的检验方法

食品中农药残留量的分析，早期曾使用比色法、分光光度法和电化学分析进行测定，但由于这些方法的灵敏度很低且选择性不强，所以现在已经很少使用这些方法。后来，色谱法（尤其是气相色谱法）被广泛地用于测定食品中农药残留量，这大大地提高了测定的灵敏度和专一性。高效液相色谱法对于挥发性、不稳定性农药残留有很好的分析效果。近几年，质谱与色谱的联用也大大提高了检测灵敏度。

### （一）有机氯农药多组分残留量的测定

按 GB/T 5009.19—2008《食品中有机氯农药多组分残留量的测定》。

**1. 原理**

试样中六六六、滴滴涕经提取、净化后用气相色谱法测定，与标准比较定量。电子捕获检测器对于负电极强的化合物具有极高的灵敏度，利用这一特点可分别测出痕量的六六六、滴滴涕。不同异构体和代谢物可同时分别测定。

出峰顺序：$\alpha$-HCH、$\gamma$-HCH、$\beta$-HCH、$\delta$-HCH、$p,p'$-DDE、$o,p'$-DDT、$p,p'$-DDD、$p,p'$-DDT。

**2. 试剂**

（1）丙酮（$CH_3COCH_3$）分析纯，重蒸。

（2）正己烷（$n$-$C_6H_{14}$） 分析纯，重蒸。

（3）石油醚 沸程30～60℃，分析纯，重蒸。

（4）苯（$C_6H_6$） 分析纯。

（5）硫酸（$H_2SO_4$） 优级纯。

（6）无水硫酸钠（$Na_2SO_4$） 分析纯。

（7）20g/L硫酸钠溶液。

（8）农药标准品 六六六（$\alpha$-HCH、$\gamma$-HCH、$\beta$-HCH和$\delta$-HCH）纯度≥99%，滴滴涕（$p,p'$-DDE、$o,p'$-DDT、$p,p'$-DDD和$p,p'$-DDT）纯度≥99%。

（9）农药标准贮备液 精密称取$\alpha$-HCH、$\gamma$-HCH、$\beta$-HCH、$\delta$-HCH、$p,p'$-DDE、$o,p'$-DDT、$p,p'$-DDD、$p,p'$-DDT各10.00mg，溶于苯中，分别移入100mL容量瓶中，以苯稀释至刻度，混匀，浓度为100mg/L，贮存于冰箱中。

（10）农药混合标准工作液 分别量取上述各标准贮备液于同一容量瓶中，以正己烷稀释至刻度，$\alpha$-HCH、$\gamma$-HCH、$\delta$-HCH的浓度为0.005mg/L，$\beta$-HCH和$p,p'$-DDE浓度为0.01mg/L，$o,p'$-DDT浓度为0.05mg/L，$p,p'$-DDD浓度为0.02mg/L，$p,p'$-DDT浓度为0.1mg/L。

**3. 仪器**

气相色谱仪（具电子捕获检测器）、旋转蒸发器、氮气浓缩器、匀浆机、调速多用振荡器、离心机、植物样本粉碎机。

**4. 操作步骤**

（1）试样制备 将样品制成匀浆备用。

（2）提取

① 称取具有代表性的匀浆20g，加水5mL（视样品水分含量加水，使总水量约20mL），加丙酮40mL，振荡30min，加氯化钠6g，摇匀。加石油醚30mL，再振荡30min，静置分层。取上清液35mL经无水硫酸钠脱水，于旋转蒸发器中浓缩至近干，以石油醚定容至5mL，加浓硫酸0.5mL净化，振摇0.5min，于3000r/min离心15min。取上清液进行GC分析。

② 称取具有代表性的2g粉末样品，加石油醚20mL，振荡30min，过滤，浓缩，定容至5mL加0.5mL净化，振摇0.5min，于3000r/min离心15min，取上清液进行气相色谱分析。

③ 称取具有代表性的食用油试样0.5g，以石油醚溶解于10mL刻度试管中，定容至刻度。加1.0mL浓硫酸净化，振摇0.5min，于3000r/min离心15min，取上清液进行气相色谱分析。

（3）气相色谱测定

填充柱气相色谱条件 色谱柱：内径3mm、长2m的玻璃柱，内装涂以1.5%OV-17和2%QF-1混合固定液的80～100目硅藻土；载气：高纯氮，流速110mL/min；柱温：185℃；检测器温度：225℃；进样口温度：195℃；进样量：1～10$\mu$L。外标法定量。

**5. 结果计算**

试样中六六六、滴滴涕及其异构体或代谢物的单一含量按下式进行计算。

$$X=\frac{A_1}{A_2}\times\frac{m_1}{m_2}\times\frac{V_1}{V_2}\times\frac{1000}{1000}$$

式中 $X$——试样中六六六、滴滴涕及其异构体或代谢物的单一含量，mg/kg；

$A_1$——被测定试样各组分的峰值（峰高或面积）；

$A_2$——各农药组分标准的峰值（峰高或面积）；

$m_1$——单一农药标准溶液的含量，ng；

$m_2$——被测定试样的取样量，g；

$V_1$——被测定试样的稀释面积，mL；

$V_2$——被测定试样的进样体积，μL。

**6. 精密度**

在重复性条件下获得的两次独立测定结果的绝对差值不得超过算术平均值的15%。

**（二）粮食、蔬菜中16种有机氯和拟除虫菊酯农药残留量的测定**

依据GB/T 5009.146—2008《植物性食品中有机氯和拟除虫菊酯类农药多种残留量的测定》。

**1. 原理**

试样中有机氯和拟除虫菊酯农药用有机溶剂提取，经液液分配及色谱净化除去干扰物质，用电子捕获检测器检测，根据色谱峰的保留时间定性，外标法定量。

**2. 试剂**

除非另有说明，在分析中仅使用确定为分析纯的试剂和蒸馏水或相当纯度的水。

（1）石油醚　沸程60～90℃，重蒸。

（2）苯　重蒸。

（3）丙酮　重蒸。

（4）乙酸乙酯　重蒸。

（5）无水硫酸钠。

（6）弗罗里硅土　色谱用，于620℃灼烧4h后备用，用前140℃烘2h，趁热加5%水灭活。

（7）农药标准品　见表5-2所示。

**表5-2　十六种农药标准品**

| 中文名称 | 英文名称 | 纯度 |
|---|---|---|
| α-六六六 | α-HCH | 99% |
| β-六六六 | β-HCH | 99% |
| γ-六六六 | γ-HCH | 99% |
| δ-六六六 | δ-HCH | 99% |
| p,p'-滴滴伊 | p,p'-DDE | 99% |
| o,p'-滴滴涕 | o,p'-DDT | 99% |
| p,p'-滴滴滴 | p,p'-DDD | 99% |
| p,p'-滴滴涕 | p,p'-DDT | 99% |
| 七氯 | Heptachlor | 99% |
| 艾氏剂 | Aldrin | 99% |
| 甲氰菊酯 | Fenpropathrin | 99% |
| 氯氟氰菊酯 | Cyhalothrin | 99% |
| 氯菊酯 | Permethrin | 99% |
| 氯氰菊酯 | Cypermethrin | 99% |
| 氰戊菊酯 | Fenvalerate | 99% |
| 溴氰菊酯 | Deltamethrin | 99% |

（8）标准溶液　分别准确称取表5-2中的标准品，用苯溶解并配成1mg/mL的贮备液，

使用时用石油醚稀释配成单品种的标准使用液。再根据各农药品种在仪器上的响应情况，吸取不同量的标准贮备液，用石油醚稀释成混合标准使用液。

**3. 仪器**

气相色谱仪（附电子捕获检测器 ECD）、电动振荡器、组织捣碎机、旋转蒸发仪、过滤器具［布氏漏斗（直径 80mm）、抽滤瓶（20mL）］、具塞三角瓶（100mL）、分液漏斗（250mL）、色谱柱。

**4. 操作步骤**

（1）试样制备　取试样擦净，去掉非可食部分后备用。

（2）提取　称取 20g 蔬菜试样置于组织捣碎杯中，加入 30mL 丙酮和 30mL 石油醚，于捣碎机上捣碎 2min，捣碎液经抽滤，滤液移入 250mL 分液漏斗中，加入 100mL 2%硫酸钠水溶液，充分摇匀，静置分层，将下层溶液转移到另一 250mL 分液漏斗中，用 2×20mL 石油醚萃取，合并三次萃取的石油醚层，过无水硫酸钠层，于旋转蒸发仪上浓缩至 10mL。

（3）净化

① 色谱柱的制备：玻璃色谱柱中先加入 1cm 高无水硫酸钠，再加入 5g 5%水脱活弗罗里硅土，最后加入 1cm 高无水硫酸钠，轻轻敲实，用 20mL 石油醚淋洗净化柱，弃去淋洗液，柱面要留有少量液体。

② 净化与浓缩：准确吸取试样提取液 2mL，加入已淋洗过的净化柱中，用 100mL 石油醚-乙酸乙酯（95＋5）洗脱，收集洗脱液于蒸馏瓶中，于旋转蒸发仪上浓缩近干，用少量石油醚多次溶解残渣于刻度离心管中，最终定容至 1.0mL，供气相色谱分析。

（4）测定

① 气相色谱参考条件

a. 色谱柱：石英弹性毛细管柱，0.25mm（内径）×15m，内涂有 OV-101 固定液。

b. 气体流速：氮气 40mL/min，尾吹气 60mL/min，分流比 1∶50。

c. 温度：柱温自 180℃升至 230℃保持 30min；检测器、进样口温度 250℃。

② 色谱分析：吸收 1μL 试样液注入气相色谱仪，记录色谱峰的保留时间和峰高。再吸取 1μL 混合标准使用液进样，记录色谱峰的保留时间和峰高。根据组分在色谱上的出峰时间与标准组分比较定性；用外标法与标准组分比较定量。

**5. 结果计算**

试样中的农药含量按下式计算。

$$X=\frac{h_i \times m_{si} \times V_2}{h_{si} \times V_1 \times m} \times K$$

式中　$X$——试样中农药的含量，mg/kg；

$h_i$——试样中 $i$ 组分农药峰高，mm；

$m_{si}$——标准样品中 $i$ 组分农药的含量，ng；

$V_2$——最后定容体积，mL；

$h_{si}$——标准样品中 $i$ 组分农药峰高，mm；

$V_1$——试样进样体积，μL；

$m$——试样的质量，g；

$K$——稀释倍数。

**6. 精密度和准确度**

将 10 种有机氯和 6 种拟除虫菊酯类农药混合标准品分别加入到面粉、黄瓜、油菜中进行方法的精密度和准确度试验，添加回收率在 81.71%～112.41%，变异系数在 2.48%～10.05%。

## [目标检测]

### 一、单项选择题

1. 用酸碱滴定法测定工业乙酸中的乙酸含量，应选择的指示剂是（ ）。

A. 酚酞 B. 甲基橙 C. 甲基红 D. 甲基红-次甲基蓝

2. 测定酸度时，下列样品制备方法哪种说法不正确（ ）。

A. 固体样品、干鲜果蔬、蜜饯及罐头样品用粉碎机或高速组织捣碎机粉碎，混合均匀。

B. 调味品及含 $CO_2$ 的饮料、酒类，直接取样。

C. 咖啡样品，粉碎，加乙醇，放置过夜。

D. 固体饮料，加水研磨，定容，过滤。

3. 用酸度计测试液的 pH 值，先用与试液 pH 相近的标准溶液（ ）。

A. 调零 B. 消除干扰离子 C. 定位 D. 减免迟滞效应

4. 不是食品中挥发酸成分的是（ ）。

A. 乙酸 B. 乳酸 C. 甲酸 D. 丁酸

5. 用酸度计测得果汁样品的 pH 值为 3.4，这是指样品的（ ）。

A. 总酸度 B. 有效酸度 C. 挥发酸度 D. 有机酸度

6. 新鲜苹果汁在空气中会由淡绿色变为棕黄色。若榨汁时加入维生素 C，可有效防止这种现象发生。这是因为维生素 C 具有（ ）。

A. 氧化性 B. 还原性 C. 碱性 D. 酸性

7. 采用 2,4-二硝基苯肼法测定食物中维生素 C 时，加入活性炭是做（ ）。

A. 干燥剂 B. 还原剂 C. 吸附剂 D. 氧化剂

8. 聚酰胺吸附法不能提取的色素是（ ）。

A. 赤藓红 B. 柠檬黄 C. 日落黄 D. 苋菜红

9. 酸度计测定溶液 pH 值时，使用（ ）作为指示电极。

A. 铂电极 B. Ag-AgCl 电极 C. 玻璃电极 D. 甘汞电极

10. 玻璃电极初次使用时，一定要在蒸馏水或 0.1mol/LHCl 溶液中浸泡（ ）小时。

A. 8 B. 12 C. 24 D. 36

11. 用酸度计测定溶液的 pH 值时，甘汞电极的（ ）。

A. 电极电位不随溶液 pH 值变化 B. 通过电极电流始终相同

C. 电极电位随溶液 pH 值变化 D. 电极电位始终在变

12. 薄层色谱法测糖精钠采用无水硫酸钠作（ ）。

A. 反应剂 B. 吸附剂 C. 脱水剂 D. 沉淀剂

13. 测定出口饮料中维生素 C 的标准方法是（ ）。

A. 乙醚萃取法 B. 碘量法 C. 荧光比色法 D. 气相色谱法

14. 测定饮料中维生素 C 时，为了防止维生素 C 的氧化损失，处理样品时应采用（ ）。

A. 乙酸 B. 盐酸 C. 硫酸 D. 草酸

15. 氧化型 2,6-二氯靛酚的颜色为（ ）。

A. 红色 B. 蓝色 C. 绿色 D. 无色

16. 还原型 2,6-二氯靛酚的颜色为（ ）。

A. 红色 B. 蓝色 C. 绿色 D. 无色

17. 测定饮料中茶多酚时，高锰酸钾氧化法比没食子酸乙酯比色法的测定结果（ ）。

A. 偏高 B. 相同 C. 偏低 D. 无法比较

18. 没食子酸乙酯比色法测定饮料中茶多酚时，采用（　　）的提取液进行比色。

A. 5%　　B. 10%　　C. 15%　　D. 20%

19. 咖啡因的三氯甲烷溶液对（　　）波长的紫外光有最大吸收。

A. 232.0nm　　B. 276.5nm　　C. 283.3nm　　D. 301.2nm

20. 有关汞的处理错误的是（　　）。

A. 汞盐废液先调节 pH 值至 8～10，加入过量的 $Na_2S$ 后再加入 $FeSO_4$ 生成 HgS、FeS 共沉淀再作回收处理。

B. 洒落在地上的汞可用硫磺粉盖上，干后清扫。

C. 实验台上的汞可采用适当措施收集在有水的烧杯。

D. 散落过汞的地面可喷洒 20% $FeCl_2$ 水溶液，干后清扫。

21. 玷污有氯化银的容器用（　　）洗涤最合适。

A. 盐酸（1+1）　B. 草酸（1+1）　C. 硝酸（1+1）　D. 氨水（1+1）

22. 利用酸和锌反应制取氢气时一般选用的酸是（　　）。

A. 稀盐酸　　B. 浓硫酸　　C. 乙酸　　D. 浓硝酸

23. 下列钠盐有剧毒的是（　　）。

A. NaCN　　B. $Na_2CO_3$　　C. $NaHCO_3$　　D. NaCl

24. 误服氢氧化钾中毒，可用下列方法处理（　　）。

A. 洗胃　　B. 催吐剂　　C. 服用稀乙酸　　D. 服用稀盐酸

25. 下列强腐蚀性，剧毒物保管不妥的是（　　）。

A. 容器必须密封好放于专用的柜子里并锁好。

B. 强酸、强碱要分开存放。

C. 氢氟酸应用陶瓷罐密封保存。

D. 浓硫酸不要与水接触。

26. 高压气瓶的使用，不正确的是（　　）。

A. 化验室内的高压气瓶要制定管理制度和操作规程。

B. 使用高压气瓶的人员，必须正确操作。

C. 开阀时速度要快。

D. 开关瓶的气阀时，应在气阀接管的侧面。

27. 色谱分析中，使用热导池检测器时，常使用的载气为（　　）。

A. 氮气　　B. 氧气　　C. 氢气　　D. 氩气

28. 在气相色谱法中，可用作定量的参数是（　　）。

A. 保留时间　　B. 相对保留值　　C. 半峰宽　　D. 峰面积

29. 气相色谱仪除了载气系统、柱分离系统、进样系统外，其另外一个主要系统是（　　）。

A. 恒温系统　　B. 检测系统　　C. 记录系统　　D. 样品制备系统

30. 液相色谱流动相过滤必须使用何种粒径的过滤膜（　　）。

A. 0.5μm　　B. 0.45μm　　C. 0.6μm　　D. 0.55μm

**二、判断题**

1. 2,4-二硝基苯肼比色法测定的是样品中的总抗坏血酸含量。（　　）

2. 三氯化锑比色法测定维生素 A 时，加显色剂后必须在 6s 内测定吸光度，否则会因产物不稳定而造成很大误差。（　　）

3. 测定糖精钠含量时样品液要酸化，其目的是利于乙醚提取。（　　）

4. 食品添加剂的含量都是以每千克样品含某种添加剂的克数来计的。（　　）

5. 气相色谱分析中，混合物能否完全分离取决于色谱柱，分离后的组分能否准确检测

出来，取决于检测器。（ ）

6. 在气相色谱分析中通过保留值完全可以准确地给被测物定性。（ ）

7. 氢火焰离子化检测器是依据不同组分气体的热导系数不同来实现物质测定的。（ ）

8. 色谱分析是把保留时间作为气相色谱定性分析的依据的。（ ）

9. 气相色谱法测定有机磷农药，选用的是电子捕获检测器。（ ）

10. pH 计测定 pH 值时，用标准 pH 溶液校正仪器，是为了消除温度对测量结果的影响。（ ）

11. 用酸度计测定水样 pH 值时，读数不正常，原因之一可能是仪器未用 pH 标准缓冲溶液校准。（ ）

12. 色层分析法（包括纸上色谱法和薄层色谱法）主要用于无机离子的分离及检测。（ ）

13. 薄层色谱法中，展开剂必须预先饱和，并且液面应高过点样处。（ ）

14. 测定饮料中的咖啡因时，在样品干过滤时弃去前过滤液，对实验结果有影响。（ ）

15. 没食子酸乙酯比色法测定饮料中的茶多酚时，如果改变磷酸盐缓冲溶液的浓度，显色后溶液的吸光度也会发生变化。（ ）

16. 没食子酸乙酯比色法测定饮料中茶多酚时，用没食子酸乙酯作为比色标准。（ ）

17. 电位滴定是根据电位的突变来确定终点的滴定方法。（ ）

18. 普通酸度计通电后可立即开始测量。（ ）

19. 阿贝折射仪不能测定强酸、强碱和氟化物。（ ）

20. 比旋光度与光的波长及测定温度有关。（ ）

# 第六章

# 肉蛋及其制品的检验

## 第一节 肉蛋及其制品中挥发性盐基氮的测定

挥发性盐基氮是指动物性食品由于酶和细菌的作用，在腐败过程中，使蛋白质分解而产生氨以及胺类等碱性含氮物质。这些物质与食品的外观、气味、质量、褐变、腐败等有关。目前挥发性盐基氮（TVB-N）值是国家标准中用于评价肉质鲜度的唯一理化指标。

### 一、半微量定氮法

**1. 原理**

利用弱碱剂氧化镁使碱性含氮物质游离而被蒸馏出来，用 20g/L 硼酸（含指示剂）吸收，然后用盐酸标准溶液滴定，计算求得挥发性盐基氮的含量。

**2. 试剂**

① 无氨蒸馏水。

② 10g/L 氧化镁混悬液：称取 1.0g 氧化镁，加 100mL 水，振摇成混悬液。

③ 20g/L 硼酸溶液：作为吸收液用。

④ 甲基红-次甲基蓝混合指示剂：1g/L 次甲基蓝指示剂与 2g/L 甲基红-乙醇指示剂，临用时将上述两种指示剂等量混合为混合指示剂。

⑤ 0.010mol/L 盐酸标准溶液。

**3. 仪器**

① 半微量定氮器。

② 微量滴定管：最小分度 0.01mL。

③ 其他：研钵、250mL 锥形瓶、150mL 烧杯、6cm 玻璃漏斗、滤纸等。

**4. 操作步骤**

(1) 样品处理　将样品除去脂肪、骨及腱后，切碎搅匀，称取约 10.0g，置于锥形瓶中，加 100mL 水，不时振摇，浸渍 30min 后过滤，滤液置于冰箱备用。

(2) 蒸馏滴定　将盛有 10mL 吸收液及 5～6 滴混合指示剂的锥形瓶置于冷凝管下端，并使其下端插入吸收液的液面下，准确吸取 5.0mL 上述样品滤液置于蒸馏器反应室内，加 5mL 10g/L 氧化镁混悬液，迅速盖塞，并加水以防漏气，通入蒸汽，进行蒸馏，蒸馏 5min 即停止，吸收液用 0.010mol/L 盐酸标准溶液滴定，终点至蓝紫色。同时做平行试验与空白试验。

**5. 结果计算**

样品中挥发性盐基氮的含量为：

$$X=\frac{(V_1-V_2)\times c\times 14}{m\times \frac{5}{100}}\times 100$$

式中　$X$——样品中挥发性盐基氮的含量，mg/100g；

$V_1$——样品溶液所耗盐酸标准溶液的体积，mL；

$V_2$——空白溶液所耗盐酸标准溶液的体积，mL；

$m$——样品的质量，g；

$c$——盐酸标准溶液的浓度，mol/L；

14——与 1.00mL 1.000mol/L 盐酸标准溶液相当的氮的质量，mg/mmol。

计算结果保留三位有效数字。

**6. 精密度**

在重复性条件下获得的两次独立测定结果的绝对差值不得超过算术平均值的 10%。

## 二、微量扩散法

**1. 原理**

利用弱碱剂饱和碳酸钾溶液使碱性含氮物质游离扩散，用 20g/L 硼酸（含指示剂）溶液吸收，然后用标准酸溶液滴定，计算求得挥发性盐基氮的含量。

**2. 试剂**

① 饱和碳酸钾溶液：称取 50g 碳酸钾，加 50mL 水，微加热助溶，使用上清液。

② 水溶性胶：取 10g 阿拉伯胶，加 10mL 水，再加 5mL 甘油和 5g 无水碳酸钾（或无水碳酸钠），研匀。

③ 吸收液、指示剂、0.010mol/L 盐酸标准溶液（同半微量定氮法）。

**3. 仪器**

① 微量扩散皿（附玻片盖）：直径 8cm，内室直径 3.8cm，皿高 1.8cm，内室皿高 1.1～1.2cm，如图 6-1 所示。

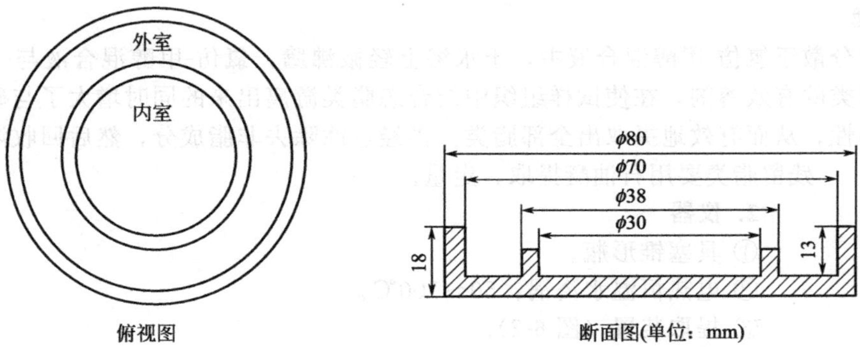


图 6-1　微量扩散皿

② 恒温培养箱（37℃）。

**4. 操作步骤**

（1）样品处理　将样品除去脂肪、骨及腱后，切碎搅匀，称取约 10.0g，置于锥形瓶中，加 100mL 水，不时振摇，浸渍 30min 后过滤，滤液置于冰箱备用。

（2）具体操作　先将水溶性胶涂于扩散皿的边缘，在皿内室加入 1mL 吸收液，并加指示剂1滴，在皿外室一侧加上述样品浸抽液1mL；另一侧加饱和碳酸钾溶液1mL，立即加盖，并轻轻转动皿，使两液混合。置37℃培养箱2h，取出，开启玻片盖，用0.010mol/L盐酸标准溶液小心滴定皿内室的吸收液，至呈蓝紫色为终点。同时需做平行试验和空白试验。

**5. 结果计算**

样品中挥发性盐基氮的含量为：

$$X=\frac{(V_1-V_2)\times c\times 14}{m\times\frac{1}{100}}\times 100$$

式中 $X$——样品中挥发性盐基氮的含量，mg/100g；

$V_1$——样品溶液所耗盐酸标准溶液的体积，mL；

$V_2$——空白溶液所耗盐酸标准溶液的体积，mL；

$c$——盐酸标准溶液的浓度，mol/L；

$m$——样品的质量，g；

14——与1.00mL 1.000mol/L盐酸标准溶液相当的氮的质量，mg/mmol。

**6. 注意事项**

① 扩散皿洗涤时先经皂液煮洗后再经稀酸液中和处理，然后再用蒸馏水冲洗，烘干后才能使用。

② 本法终点容易过量，需注意控制。

③ 精密度同半微量定氮法。

## 第二节 肉蛋及其制品中脂肪的测定

肉蛋及其制品中除游离脂肪外，肌肉组织中还存在一些结合脂类，因此脂肪测定分两类，即总脂肪（包括结合脂在内）和游离脂肪。

### 一、总脂肪含量的测定

#### （一）氯仿-甲醇提取法

**1. 原理**

将试样分散于氯仿-甲醇混合液中，于水浴上轻微沸腾，氯仿-甲醇混合液与一定的水分形成提取脂类的有效溶剂，在使试样组织中结合态脂类游离出来的同时增大了与磷脂等极性脂类的亲和性，从而有效地提取出全部脂类。再经过滤除去非脂成分，然后回收溶剂，对于残留脂类要用石油醚提取，定量。

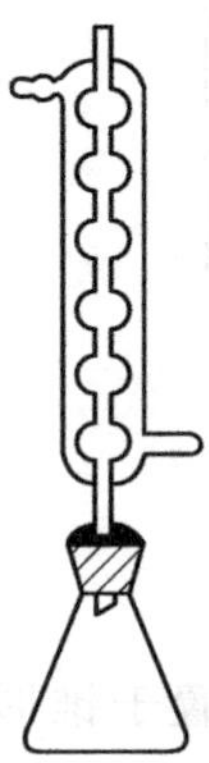

图6-2 提取装置

**2. 仪器**

① 具塞锥形瓶。

② 电热恒温水浴锅：50～100℃。

③ 提取装置（图6-2）。

④ G3布氏漏斗：过滤板直径40mm，容量60～100mL。

⑤ 具塞离心管。

⑥ 离心机：3000r/min。

⑦ 组织捣碎机。

**3. 试剂**

① 氯仿：体积分数为97%以上。

② 甲醇：体积分数为96%以上。

③ 氯仿-甲醇混合液：按 2∶1 体积比混合。

④ 石油醚。

⑤ 无水硫酸钠：以 120～135℃干燥 1～2h。

**4. 操作步骤**

(1) 提取 准确称取均匀样品 5g 置于具塞锥形瓶内（高水分食品可加适量硅藻土使其分散），加入 60mL 氯仿-甲醇混合液（对于干燥食品，可加入 2～3mL 水）。如图 6-2 所示连接提取装置，将其置于 65℃水浴中，由轻微沸腾开始，加热 1h 进行提取。

(2) 回收溶剂 提取结束后，取下烧瓶用布氏漏斗过滤，并且用氯仿-甲醇混合液洗涤滤器、烧瓶及滤器中试样残渣，滤液、洗涤液一并收集于具塞锥形瓶内，置65～70℃水浴中回收溶剂，至烧瓶内物料呈浓稠态，而不能使其干涸，然后冷却。

(3) 石油醚萃取、定量 用移液管加入 25mL 石油醚，然后加入 15g 无水硫酸钠，立即加塞混摇 1min，将醚层移入具塞离心沉淀管进行离心分离，3000r/min 离心 5min。用 10mL 移液管迅速吸取离心管中澄清的石油醚 10mL，置于已称量至恒重的干燥称量瓶内，蒸发去除石油醚，于 100～105℃烘箱中烘至恒重，约 30min。

**5. 结果计算**

试样中总脂肪的质量分数为：

$$w(\text{总脂肪})=\frac{(m_2-m_1)\times 2.5}{m}\times 100\%$$

式中 $w$（总脂肪）——试样中总脂肪的质量分数，%；

$m$——试样质量，g；

$m_2$——称量瓶与总脂肪的质量，g；

$m_1$——称量瓶质量，g；

2.5——从 25mL 石油醚中取 10mL 进行干燥，故乘以系数 2.5。

**6. 注意事项**

① 提取结束后先用玻璃过滤器过滤，再用溶剂洗涤烧瓶，每次用 5mL 洗 3 次，然后用 30mL 洗涤残渣及滤器，洗涤残渣时可用玻璃棒一边搅拌试样残渣，一边用溶剂洗涤。

② 回收溶剂也可利用索氏抽提器，提脂瓶需事先恒重后，再把提取液移入提脂瓶。

③ 溶剂回收残留物应具有一定流动性，不能完全干涸，否则脂类难以溶解于石油醚而使测定值偏低，故最好在残留有适量水分时停止蒸发。

④ 在用石油醚萃取时，应先加石油醚再加无水硫酸钠，以免影响脂肪的溶解。

### （二）酸水解法

**1. 原理**

试样与稀盐酸共同煮沸，试样中蛋白质及碳水化合物被水解，细胞壁被破坏，游离出结合或包裹在组织中的脂类部分，过滤得到的物质，干燥，然后用正己烷或石油醚抽提留在滤器上的脂肪，除去溶剂，即得脂肪总量。

**2. 试剂**

① 抽提剂：正己烷或 30～60℃沸程的石油醚。

② 盐酸：2mol/L 溶液。

③ 蓝色石蕊试纸。

④ 玻璃珠。

**3. 仪器**

① 试验室常规仪器和设备。

② 绞肉机：孔径不超过 4mm。

③ 索氏抽提器。

**4. 操作步骤**

(1) 试样的制备　取有代表性试样至少 200g，于绞肉机中使其均质化（至少绞两次）并混匀，封闭贮存于完全盛满的容器中（防止其腐败和成分变化），并尽可能提早分析试样。

(2) 酸水解　称取试样 3～5g，精确至 0.001g，置于 250mL 锥形瓶中，加入 2mol/L 盐酸溶液 50mL，盖上小表面皿，于石棉网上用火加热至沸腾，继续用小火煮沸 1h 并不时振摇。取下，加入热水 150mL，混匀，过滤。锥形瓶和小表面皿用热水洗净，一并过滤。沉淀用热水洗至中性（用蓝色石蕊试纸检验）。将沉淀与滤纸置于大表面皿上，连同锥形瓶和小表面皿一起于 (103±2)℃干燥箱内干燥 1h，冷却。

(3) 抽提脂肪　将烘干的滤纸放入衬有脱脂棉的滤纸筒中，用经抽提剂润湿的脱脂棉擦净锥形瓶、小表面皿和大表面皿上遗留的脂肪，放入滤纸筒中。将滤纸筒放入索氏抽提器的抽提筒内，连接内装少量玻璃珠并已干燥至恒重的接收瓶，加入抽提剂至瓶内容积的 2/3 处，于水浴上加热，使抽提剂每 5～6min 回流一次，抽提 4h。

(4) 称量　取下接收瓶，回收抽提剂，待瓶中抽提剂剩 1～2mL 时，在水浴上蒸干，于 (103±2)℃干燥箱内干燥 30min，置干燥器内冷却至室温，称量。重复以上烘干、冷却和称量过程，直至相继两次称量结果之差不超过试样质量的 0.1%。

(5) 抽提完全程度验证　用第二个内装玻璃珠、已干燥至恒重的接收瓶，用新的抽提剂继续抽提 1h，增量不得超过试样质量的 0.1%。同一试样进行两次测定。

**5. 结果计算**

试样中总脂肪的质量分数为：

$$w(\text{总脂肪})=\frac{m_2-m_1}{m}\times 100\%$$

式中　$w$（总脂肪）——试样中总脂肪的质量分数，%；

$m_2$——接收瓶、玻璃珠连同脂肪的质量，g；

$m_1$——接收瓶和玻璃珠的质量，g；

$m$——试样的质量，g。

当分析结果符合允许误差要求时，则取两次测定的算术平均值作为结果，精确至 0.1%。

**6. 允许误差**

由同一分析者同时或相继进行的两次测定结果之差不得超过 0.5%。

**7. 注意事项**

① 放入滤纸筒时高度不要超过回流弯管，否则超过回流弯管以上部分样品中的脂肪不能提尽造成误差。

② 提取时水浴温度不可过高，回流速度控制在每 5～6min 回流一次为宜。

③ 在抽提时，冷却管上端最好连接一个氯化钙管，这不仅可防止空气中水分的进入，还可避免抽提剂的挥发。若无此装置，可松松地塞一团干燥的脱脂棉球。

④ 浸出物在烘箱内干燥时间不能过长，因为极不饱和脂肪酸会受热氧化而增加质量。

⑤ 抽提瓶干燥时，瓶口应侧倒放置，使挥发物易与空气形成对流，干燥较快。

## 二、游离脂肪含量的测定

### （一）索氏提取法

**1. 原理**

试样用无水乙醚、石油醚或正己烷等溶剂抽提后，除去溶剂，干燥并称量抽提物，即为试样中的游离脂肪。

**2. 试剂**

① 无水乙醚：沸点 34.4℃。

② 石油醚：沸程 30～60℃。

③ 正己烷：沸点 68.7℃。

④ 海砂：化学纯，粒度 0.65～0.85mm，$SiO_2$ 的质量分数为 99%。

⑤ 无水硫酸钠。

**3. 仪器**

① 试验室常规仪器和设备。

② 绞肉机：孔径不超过 4mm。

③ 索氏抽提器。

**4. 操作步骤**

(1) 试样制备　取有代表性试样至少 200g，于绞肉机中使其均质化（至少绞两次）并混匀，封闭贮存于完全盛满的容器中（防止其腐败和成分变化），并尽可能提早分析试样。

(2) 试样装入滤纸筒　称取 2～5g 试样（精确至 0.001g），可取测定水分后的试样置于小烧杯中，加入适量海砂（或无水硫酸钠），用玻璃棒混合均匀，全部移入滤纸筒中。用蘸有乙醚的脱脂棉擦净小烧杯和玻璃棒后放入滤纸筒中，滤纸筒上方用少量脱脂棉塞住。

(3) 干燥　把滤纸筒移入电热式干燥箱中，于 103℃干燥 1h。

(4) 抽提　将滤纸筒放入索氏抽提器的抽提筒内，连接已经干燥至恒重的接收瓶，加入无水乙醚（石油醚或正己烷）至瓶内容积的 2/3 处，于水浴上加热，每 5～6min 回流一次，共抽提 6～8h。抽提器上方用少量脱脂棉松松地塞住。

(5) 称量　取下接收瓶，回收溶剂，待接收瓶中溶剂剩 1～2mL 时在水浴上蒸干，于 100～105℃的烘箱中烘至恒重。

(6) 第二次抽提　用第二个干燥至恒重的接收瓶，再用新的溶剂抽提 1h，以验证抽提是否完全，增量不超过试样质量 0.1%。

**5. 结果计算**

试样中游离脂肪的质量分数为：

$$w(\text{游离脂肪})=\frac{m_2-m_1}{m}\times 100\%$$

式中　$w$（游离脂肪）——试样中游离脂肪的质量分数，%；

$m_2$——接收瓶和脂肪的质量，g；

$m_1$——接收瓶的质量，g；

$m$——试样的质量（如果是测定水分后的试样，按测定水分前的质量计），g。

当分析结果符合允许误差的要求时，则取两次测定的算术平均值作为结果。

**6. 允许误差**

由同一分析者同时或相继进行的两次测定结果之差不得超过 0.5%。

**7. 注意事项**

① 加入无水硫酸钠的目的是为了将样品干燥。

② 所用乙醚必须是无水的，含水则可能将样品中的糖及无机物抽出，造成误差，被测样品也应先干燥。

③ 其他注意事项同氯仿-甲醇提取法。

### （二）三氯甲烷冷浸法

**1. 原理**

三氯甲烷浸出物以脂肪计。试样用三氯甲烷溶剂在常温下浸提后，回收三氯甲烷溶剂，干燥并称量浸出物，即为试样中的游离脂肪。

**2. 试剂**

中性三氯甲烷（内含无水乙醇） 取三氯甲烷，以等量的水洗一次，同时按三氯甲烷体积 20∶1 的比例加入 100g/L 氢氧化钠溶液，洗涤两次，静置分层。倾出洗涤液，再用等量的水洗涤 2～3 次，至呈中性。将三氯甲烷用无水氯化钙脱水后，于 80℃水浴上进行蒸馏，接取中间馏出液并检查是否为中性。于每 100mL 三氯甲烷中加入无水乙醇 1mL，贮于棕色瓶中。

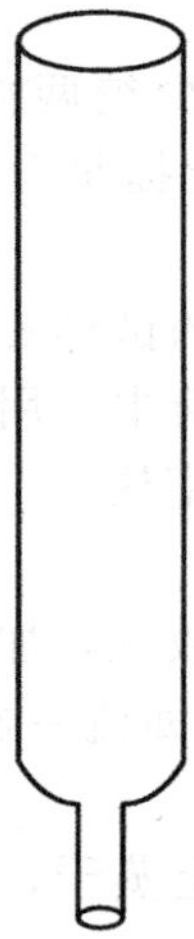

图 6-3 脂肪浸抽管

**3. 仪器**

① 脂肪浸抽管：玻璃制品，管长 150mm，内径 18mm，缩口部填脱脂棉，见图 6-3。

② 脂肪瓶：标准磨口，容量为 150mL。

**4. 操作步骤**

称取 2.00～2.50g 均匀样品置于 100mL 烧杯中，加约 15g 无水硫酸钠粉末，以玻璃棒搅匀，充分研细，小心移入脂肪浸抽管中，用少许脱脂棉拭净烧杯及玻璃棒上附着的样品，将脱脂棉一并移入脂肪浸抽管内。用 100mL 中性三氯甲烷分 10 次浸洗管内样品，使脂肪洗净为止，将三氯甲烷滤入已知质量的脂肪瓶中，将脂肪瓶置于水浴上接冷凝器回收三氯甲烷。然后将脂肪瓶于 78～80℃干燥 2h，取出放干燥器内 30min，称量，以后每干燥 1h 称量一次，至先后两次称量相差不超过 2mg。

**5. 结果计算**

试样中游离脂肪的质量分数为：

$$w(\text{游离脂肪})=\frac{m_2-m_1}{m}\times 100\%$$

式中 $w$（游离脂肪）——试样中游离脂肪的质量分数，%；

$m_2$——接收瓶和脂肪的质量，g；

$m_1$——接收瓶的质量，g；

$m$——试样的质量（如果是测定水分后的试样，按测定水分前的质量计），g。

结果的表述：报告算术平均值，精确至小数点后一位。

**6. 注意事项**

① 在重复性条件下获得的两次独立测定结果的绝对差值不得超过算术平均值的 3%。

② 本法适用于蛋及蛋制品中脂肪含量的测定。

## 第三节 肉蛋及其制品中胆固醇的测定

胆固醇又称胆甾醇，是一种环戊烷多氢菲的衍生物。早在 18 世纪人们已从胆石中发现了胆固醇，1816 年化学家本歇尔将这种具脂类性质的物质命名为胆固醇。胆固醇广泛存在于动物体内，尤以脑及神经组织中最为丰富，在肾、脾、皮肤、肝和胆汁中含量也很高，其溶解性与脂肪类似，不溶于水，易溶于乙醚、氯仿等溶剂。胆固醇是动物组织细胞所不可缺少的重要物质，它不仅参与形成细胞膜，而且是合成胆汁酸、维生素 D 以及甾体激素的原料。

胆固醇在体内有着广泛的生理作用，但当其过量时便会导致高胆固醇血症，对机体产生不利的影响。现代研究已发现，动脉粥样硬化、静脉血栓形成与胆石症与高胆固醇血症有密切的相关性。如果是单纯的胆固醇高则饮食调节是最好的办法，如果还伴有高血压，则需要使用降压药物。高胆固醇血症是导致动脉粥样硬化的一个很重要的原因，应该引起注意。在饮食上最好食用含膳食纤维丰富的食物，如芹菜、玉米、燕麦等。此外，茶叶中的茶色素可降低总胆固醇，防止动脉粥样硬化和血栓形成，绿茶比红茶更好；维生素 C 与维生素 E 可降低血脂，调整血脂代谢，在深色或绿色植物（蔬菜、水果）及豆类中含量颇高。限制高脂肪食品，如动物内脏，食植物油不食动物油。

自然界中的胆固醇主要存在于动物性食物之中，植物中没有胆固醇，但存在结构上与胆固醇十分相似的物质——植物固醇。植物固醇无致动脉粥样硬化的作用。在肠黏膜植物固醇（特别是谷固醇）可以竞争性抑制胆固醇的吸收。

胆固醇虽然存在于动物性食物之中，但是不同的动物以及动物的不同部位，胆固醇的含量很不一致。一般而言，兽肉的胆固醇含量高于禽肉，肥肉高于瘦肉，贝壳类和软体类高于一般鱼类，而蛋黄、鱼子、动物内脏的胆固醇含量则最高。

**1. 原理**

样品经有机溶剂氯仿抽提、皂化后，用石油醚提取。提取液在 65℃ 水浴中通入氮气吹干，残渣用冰醋酸溶解后，能与加入的硫酸铁铵显色剂作用，生成青紫色的物质。溶液颜色的深浅与胆固醇的含量成正比，可以比色定量。

**2. 试剂**

① 胆固醇：其提纯方法为称取约 6g 胆固醇，加入 60mL 无水乙醇，在沸水浴中加热到溶解，置于冰箱中冷却，待结晶后倾去上清液。如此重复结晶四次，最后在真空干燥器中，在五氧化二磷上抽空干燥，并测其熔点，以确定其纯度（胆固醇熔点为 148～150℃）。

② 硫酸铁铵贮备液：溶解 4.63g 硫酸铁铵 [$FeNH_4(SO_4)_2 \cdot 12H_2O$] 于 100mL 85%（质量分数）磷酸中。

③ 硫酸铁铵显色剂：取 10mL 硫酸铁铵贮备液用浓硫酸稀释至 100mL，将此液放置在硅胶干燥器内，备用。可存放两个月。

④ 胆固醇标准溶液：准确称取重结晶胆固醇 100mg，溶于冰醋酸中，并稀释至 100mL。此液为每 1mL 含 1mg 胆固醇的标准贮备液。

⑤ 胆固醇标准使用液：取胆固醇标准液 10mL，用冰醋酸稀释到 100mL。此液为每 1mL 含 100μg 胆固醇的标准使用液。

⑥ 500g/L 氢氧化钾溶液。

⑦ 石油醚：重蒸馏。

⑧ 氯仿：重蒸馏。

⑨ 甲醇：重蒸馏。

⑩ 50g/L 氯化钠溶液。

⑪ 纯氮气（纯度为 99.99%）。

**3. 仪器**

① 721 型分光光度计。

② 电热恒温水浴。

③ 电动振荡器。

④ 具玻璃塞试管：10mL、25mL。

⑤ 绞肉机。

**4. 操作步骤**

(1) 样品的处理和提取　市售的肉类除去皮、筋，将肥、瘦肉分开，分别在绞肉机中绞碎，肥肉绞2～3次，瘦肉绞3～4次，按下列步骤进行样品提取。

称肥、瘦肉各5g，加入30mL甲醇、10mL氯仿，在组织捣碎机中打碎2min，再加入20mL氯仿，继续捣碎1min，加15mL水，再捣碎1min。用布氏漏斗过滤于100mL带塞量筒内，从滤纸上取下残渣，加30mL氯仿再捣碎1min，过滤于同一量筒内，最后用氯仿冲洗残渣，混匀量筒中的滤液，将氮气通入滤液中约5min。静置过夜，以待分层。次日记下氯仿体积，弃去上层醇水溶液，保存下层的氯仿液供测定用。

(2) 样品分析　吸取2mL样品氯仿提取液，置于带塞的25mL比色管内，在65℃水浴中用氮气吹干（吹时用水泵在另一端抽气）直抽到无氯仿气味为止（一般需4～5min)。加入无水乙醇4mL、500g/L氢氧化钾0.5mL，混匀后，在65℃水浴中皂化1.5h，每隔20min振摇试管一次。皂化完毕后，取出试管，在每管内加入50g/L氯化钠溶液3mL和石油醚10mL，盖好玻璃塞，在电动振荡器上振摇2min，静置分层。吸取上层石油醚2～4mL，放入另一干燥试管内，在65℃水浴中通氮气吹干。加入4mL冰醋酸溶解残渣，加入2mL硫酸铁铵显色剂，混匀，30min后用分光光度计在560nm波长下进行比色测定。按测得的吸光度，从标准曲线查得相应的胆固醇质量。

(3) 标准曲线的绘制　吸取胆固醇标准使用液0.00mL、0.40mL、0.80mL、1.00mL、1.20mL置于25mL带塞比色管中。在各管中加入冰醋酸使总体积达4mL，再加入2mL硫酸铁铵显色剂，立即摇匀，在30～60min内用分光光度计在560nm波长下测定吸光度，并绘制标准曲线。

**5. 结果计算**

样品中胆固醇的含量为：

$$X=\frac{m_s}{m}\times\frac{V}{V_1}\times\frac{1000}{1000}$$

式中　$X$——样品中胆固醇的含量，mg/kg；

$m_s$——从标准曲线中查出的相当于胆固醇的质量，μg；

$m$——样品质量，g；

$V$——样品处理液的总体积，mL；

$V_1$——测定时所取样品溶液相当于处理液的体积，mL。

**6. 注意事项**

① 氯仿提取液必须吹干，否则易出现浑浊。

② 皂化必须完全，否则会出现浑浊，一般60～65℃皂化1.5h即可避免。

③ 在皂化时加入氯化钠可防止产生乳状，并加强石油醚的分离。

## 第四节　肉蛋及其制品中淀粉的测定

**1. 原理**

把样品与氢氧化钾酒精溶液共热，使蛋白质、脂肪溶解，而淀粉和粗纤维不溶解。过滤后，用氢氧化钾水溶液溶解淀粉，使之与粗纤维分离，然后用经乙酸酸化的乙醇使淀粉重新沉淀，过滤后把沉淀于100℃烘干至恒重，再于550℃灼烧至恒重，灼烧前后质量之差即为淀粉的质量。

**2. 试剂**

① 氢氧化钾酒精溶液：50g 氢氧化钾溶于 95%（体积分数）酒精中，稀释至 1000mL。

② 2mol/L 氢氧化钾溶液。

**3. 仪器**

① 表面皿。

② 100mL 容量瓶。

③ 古氏坩埚。

④ 恒温水浴锅。

⑤ 高温炉。

**4. 操作方法**

称取 10g 捣碎并混合均匀的样品置于 400mL 烧杯中，加入 150mL 氢氧化钾酒精溶液[取 50g 氢氧化钾溶于 1000mL 95%（体积分数）酒精中]，盖上表面皿，置沸水浴中加热并不断用玻璃棒搅拌，加热至样品完全溶解（约需 30min），用滤纸过滤；用氢氧化钾酒精溶液洗涤沉淀和滤纸 3 次，每次 20mL。将沉淀移入烧杯中，加 10mL 2mol/L 氢氧化钾溶液和 60mL 水，加热至淀粉溶解，将溶液用棉花塞滤入 100mL 容量瓶中，水洗烧杯，洗液通过棉花塞滤入容量瓶中，冷却后定容。吸取 10mL 滤液（含淀粉 20mg 以上）置于 250mL 烧杯中，加入 75mL 30～40℃的乙酸酸化乙醇 [1L 90%（体积分数）乙醇中加 5mL 冰醋酸]，搅拌后盖上表面皿，放置过夜。用滤纸过滤，以乙酸酸化乙醇洗涤沉淀，再以乙醚洗涤坩埚及内容物。坩埚于 100℃烘干至恒重，再于 550℃灼烧至恒重。

**5. 结果计算**

试样中淀粉的质量分数为：

$$w(\text{淀粉})=\frac{(m_1-m_2)\times 100}{mV}\times 100\%$$

式中 $w$（淀粉）——试样中淀粉的质量分数，%；

$m_1$——坩埚和内容物干燥后的质量，g；

$m_2$——坩埚和内容物灼烧后的质量，g；

$m$——样品质量，g；

$V$——测定时取样液体积，mL；

100——样液总量，mL。

**6. 注意事项**

① 该法适用于蛋白质、脂肪含量较高的肉蛋制品，如午餐肉、灌肠等食品中淀粉的测定。结果准确，但操作时间较长。

② 测定肉蛋制品中淀粉的含量也可以采用容量法。即把样品与氢氧化钾共热，使样品完全溶解，再加入乙醇使淀粉析出，经乙醇洗涤后用酶水解法或酸水解法（粮油及其制品中淀粉的测定）测定葡萄糖含量，再换算为淀粉含量。

## 第五节 肉蛋及其制品中三甲胺氮的测定

**1. 原理**

三甲胺 [$(CH_3)_3N$] 是挥发性碱性含氮物质，是动物性食品在腐败过程中由于细菌的作用将氧化三甲胺 [$(CH_3)_3NO$] 还原而产生的。将此物质抽提于无水甲苯中，与苦味酸作用，形成黄色的苦味酸三甲胺盐，然后与标准管同时比色，即可测得检样中三甲胺氮的含量。

**2. 试剂**

(1) 200g/L三氯乙酸溶液。

(2) 甲苯 试剂级，用无水硫酸钠脱水，再用0.5mol/L硫酸振摇，除去干扰物质，最后再用无水硫酸钠脱水使其干燥。

(3) 苦味酸甲苯溶液。

① 储备液：将2g干燥的苦味酸（试剂级）溶于100mL无水甲苯中，即成为20g/L苦味酸甲苯溶液。

② 使用液：将储备液稀释成为0.2g/L苦味酸甲苯溶液，即可使用。

(4) 碳酸钾溶液（1+1）。

(5) 10%（体积分数）甲醛溶液 先将甲醛（试剂级，体积分数为36%～38%）用碳酸镁振摇处理并过滤，然后稀释成为体积分数为10%的甲醛溶液。

(6) 无水硫酸钠。

(7) 三甲胺氮标准溶液 称取盐酸三甲基胺（试剂级）约0.5g，稀释至100mL，取其5mL再稀释至100mL，取最后稀释液5mL用微量或半微量凯氏蒸馏法准确测定三甲胺氮的质量，并计算出每毫升的含量；然后稀释使每毫升含有100μg的三甲胺氮，作为贮备液用。测定时将上述贮备液做10倍稀释，使每毫升含有10μg三甲胺氮量，准确吸取最后稀释标准溶液1.00mL、2.00mL、3.00mL、4.00mL、5.0mL（相当于10μg、20μg、30μg、40μg、50μg）置于25mL Maijel Gerson反应瓶中，加蒸馏水至5.0mL，并同时做空白试验，以下处理按样品操作方法测定吸光度，绘制标准曲线。

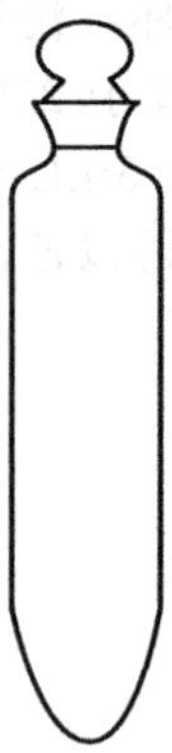

图6-4 Maijel Gerson反应瓶

**3. 仪器**

① 25mL Maijel Gerson反应瓶（图6-4）。

② 100mL或150mL带塞锥形瓶。

③ 100mL量筒。

④ 微量或半微量凯氏蒸馏器。

⑤ 分光光度计。

**4. 操作步骤**

(1) 样品处理 将取得的被检样20g（视样品新鲜程度确定取样量）剪细研匀，加水70mL移入带塞锥形瓶中，并加200g/L三氯乙酸10mL，振摇，沉淀蛋白质后过滤，滤液即可供测定用。

(2) 测定 取上述滤液5mL（亦可视样品新鲜程度确定，但必须加水补足至5mL）置于Maijel Gerson反应瓶中，加10%（体积分数）甲醛溶液1mL、甲苯10mL和碳酸钾溶液（1+1）3mL，立即盖塞，上下剧烈振摇60次。静置20min，吸去下面水层，加入无水硫酸钠约0.5g进行脱水，吸出5mL置于预先已有0.2g/L苦味酸甲苯溶液5mL的试管中，用分光光度计在410nm波长下进行比色，测得其吸光度，并做空白试验。同时将上述三甲胺氮标准溶液（相当于10μg、20μg、30μg、40μg、50μg）按同样方法测定，以测得的吸光度绘制标准曲线。

**5. 结果计算**

样品中三甲胺氮的含量为：

$$X=\frac{m_s-m_0}{m}\times\frac{V}{V_1}\times 100$$

式中 $X$——试样中三甲胺氮的含量，mg/100g；

$m_s$——测定用样液中三甲胺氮的质量，μg；

$m_0$——从标准曲线上查出空白溶液中三甲胺氮的质量，μg；
$V_1$——测定用样液的体积，mL；
$V$——试样处理液的总体积，mL；
$m$——试样的质量，g。

## 第六节 肉蛋及其制品中组胺的测定

组胺（histamine）是一种活性胺化合物，作为身体内的一种化学传导物质，可以影响许多细胞的反应，包括过敏、发炎反应、胃酸分泌等，也可以影响脑部神经传导，会造成人体想睡觉等效果。

大量的食物易残留组胺类药物，尤其是鱼类，对人体有一定的危害。大量检测表明，海产鱼中的青皮红肉鱼类含组胺较高，当鱼不新鲜或腐败时，鱼体中游离的组胺酸经脱羧酶作用产生组胺。组胺中毒潜伏期一般为 0.5～1h，最短可为 5min，最长达 4h。

食物中毒症状表现为：以局部或全身毛细管扩张、通透性增强、支气管收缩为主，主要症状为脸红、头晕、头痛、心慌、脉速、胸闷和呼吸窘迫等，部分病人出现眼结膜充血、瞳孔散大、视物模糊、脸发胀、唇水肿、口和舌及四肢发麻、恶心、呕吐、腹泻、荨麻疹、全身潮红、血压下降。

[案例分析]

*实例：为何有些人吃鱼过敏？只要食用少许鱼类，就可能发生起疹子、皮肤发痒、脸部潮红和头痛等过敏症状。*

*分析：这是因为体内缺少可以分解鱼肉中组胺的酶；一旦组胺被人体吸收，进入免疫系统，就会引发过敏现象。*

**1. 原理**

组胺用正戊醇提取，遇偶氮试剂显橙色，与标准系列比较定量。

**2. 试剂**

(1) 50g/L 碳酸钠溶液。

(2) 250g/L 氢氧化钠溶液。

(3) 偶氮试剂。

① 甲液：称取 0.5g 对硝基苯胺，加 5mL 盐酸溶解后，再加水稀释至 200mL，置冰箱中保存。

② 乙液：5g/L 亚硝酸钠溶液，临用现配。

③ 吸取甲液 5mL、乙液 40mL 混合后立即使用。

(4) 正戊醇。

(5) 盐酸（1+11）。

(6) 100g/L 三氯乙酸溶液。

(7) 磷酸组胺标准溶液　准确称取 0.2767g 于 100℃±5℃干燥 2h 的磷酸组胺溶于水，移入 100mL 容量瓶中，再加水稀释至刻度。此溶液每毫升相当于 1.0mg 组胺。

(8) 磷酸组胺标准使用液　吸取 1.0mL 磷酸组胺标准溶液，置于 50mL 容量瓶中，加水稀释至刻度。此溶液每毫升相当于 20.0μg 组胺。

**3. 仪器**

组织捣碎机、分光光度计、具塞锥形瓶、分液漏斗、容量瓶。

**4. 操作步骤**

（1）样品处理　称取5.00～10.00g绞碎并混合均匀的试样，置于具塞锥形瓶中，加入15～20mL 100g/L三氯乙酸溶液，浸泡2～3h，过滤。吸取2.0mL滤液，置于分液漏斗中，加250g/L氢氧化钠溶液使其呈碱性，每次加入3mL正戊醇，振摇5min，提取3次，合并正戊醇并稀释至10.0mL。吸取2.0mL正戊醇提取液于分液漏斗中，每次加3mL盐酸（1+11），振摇提取3次，合并盐酸提取液并稀释至10.0mL备用。

（2）测定　吸取2.0mL上述盐酸提取液，置于10mL比色管中。另吸取0.00mL、0.20mL、0.40mL、0.60mL、0.80mL、1.00mL磷酸组胺标准使用液（相当于0μg、4μg、8μg、12μg、16μg、20μg组胺），分别置于10mL比色管中，各加1mL盐酸（1+11），样品与标准管中各加入3mL 50g/L碳酸钠溶液、3mL偶氮试剂，加水至刻度，混匀，放置10min后用1cm比色皿以空白调节零点，于480nm波长处测吸光度，绘制标准曲线比较或与标准色列目测比较。

**5. 结果计算**

样品中组胺的含量为：

$$X=\frac{m_s}{m\times\frac{2}{V}\times\frac{2}{10}\times\frac{2}{10}\times1000}\times100$$

式中　$X$——样品中组胺的含量，mg/100g；

$V$——加入100g/L三氯乙酸溶液的体积，mL；

$m_s$——由标准曲线查得或由回归方程算得样品溶液中组胺的质量，μg；

$m$——试样质量，g。

测定结果的算术平均值精确至小数点后一位。

**6. 精密度**

在重复性条件下，获得的两次独立测定结果的绝对差值不得超过算术平均值的10%。

## 第七节　肉蛋及其制品中复合磷酸盐的检验

复合磷酸盐理论上是一个统称，可以包含若干种磷酸盐化合物。它是目前世界各国应用最广泛的食品添加剂，对食品品质的改良起着重要的作用，如对肉制品的保水性、凝胶强度、成品率的作用；在粮油制品中对面条的改良作用；可以制作新型膨松剂；对速冻水饺的影响及在海产品加工中的应用等。

按中国《食品添加剂使用卫生标准》，复合磷酸盐可用于肉制品、火腿、水产制品、乳制品、焙烤制品、腌制品、家禽制品、水果、蔬菜、罐头、方便面、速冻保鲜、竹、木制品深加工领域。

按中国《食品添加剂使用卫生标准》规定：肉制品最大使用量为0.01%；西式火腿以及鱼、虾、蟹等水产制品最大使用量为0.5%。

当膳食中磷酸盐含量过多时，会降低钙的吸收，导致人体骨骼组织中钙的流失。如持续的时间长，还会造成发育迟缓、骨骼畸形。

**1. 原理**

食物中的有机物经酸氧化，使磷在酸性条件下与钼酸铵结合生成磷钼酸铵。此化合物经对苯二酚、亚硫酸钠还原成蓝色的化合物钼蓝。用分光光度计在波长660nm处测定钼蓝的吸光度，求得磷的含量，再换算为磷酸盐（以$PO_4^{3-}$计）的含量。

**2. 试剂**

（1）钼酸铵溶液　称取 0.5g 钼酸铵用 15%（体积分数）硫酸稀释至 100mL。

（2）对苯二酚溶液　称取 0.5g 对苯二酚溶解于 100mL 水中，加浓硫酸 1 滴以使氧化作用减慢。

（3）亚硫酸钠溶液　称取 20g 无水亚硫酸钠溶解于 100mL 蒸馏水中。现配现用，防止浑浊。

（4）磷酸盐标准溶液　精确称取在 105℃下干燥的磷酸二氢钾（优级纯）0.7165g 溶于水中，移入 1000mL 容量瓶中，用水稀释至刻度。此溶液 1mL 相当于 500μg 磷酸盐。

（5）磷酸盐标准使用液　吸取 10.0mL 磷酸盐标准溶液，置于 500mL 容量瓶中，加水至刻度，此溶液 1mL 相当于 10μg 磷酸盐。

**3. 仪器**

分光光度计、马弗炉、电炉、水浴锅。

**4. 操作步骤**

（1）标准曲线绘制　分别称取磷酸盐标准使用液 0.00mL、0.20mL、0.40mL、0.60mL、0.80mL 和 1.00mL，分别置于 25mL 比色管中，再向每支试管中依次加入 2.0mL 钼酸铵溶液、1mL 亚硫酸钠溶液、1mL 对苯二酚溶液，加蒸馏水稀释至刻度，摇匀；静置 30min 后，以空白溶液调零，用分光光度计于 660nm 处比色，测定各标准溶液的吸光度，并绘制标准曲线。

（2）未知样品中磷的测定

① 将瓷蒸发器在火上加热、灼烧、冷却，准确称取均匀样品 2～5g，在火上灼烧成炭灰，再于 550℃下灰化，直至灰分呈白色为止（必要时，可在加入浓硝酸湿润后再灰化，有促进样品灰化的作用），加稀盐酸（1+1）10mL 及硝酸 2 滴，在水浴上蒸干，再加稀盐酸（1+1）2mL，用水分数次将残渣完全洗入 100mL 容量瓶中，并用水稀释至刻度，摇匀，过滤（若无沉淀则不需过滤）。

② 取滤液 0.5mL（视磷量多少定）置于 25mL 比色管中，加入 2mL 钼酸铵溶液，1mL 亚硫酸钠溶液、1mL 对苯二酚溶液，加蒸馏水稀释至刻度，摇匀；静置 30min 后，以空白溶液调零，用分光光度计于 660nm 处比色，测定此溶液的吸光度，根据测得的吸光度，从标准曲线上求得相应磷的含量。

**5. 结果计算**

$$X=\frac{m_s}{m}\times\frac{1000}{1000}$$

式中　$X$——样品中磷酸盐的含量，mg/kg；

$m_s$——从标准曲线中查出的相当于磷酸盐的质量，μg；

$m$——测定时所取样品溶液相当于样品的质量，g。

**6. 注意事项**

本法测定的复合磷酸盐残留量包括了肉类本身所含磷及添加的磷酸盐。

## 第八节　肉蛋及其制品中护色剂的检验

护色剂又称呈色剂或发色剂，是食品加工中为使肉与肉制品呈现良好的色泽而适当加入的化学物质。最常使用的护色剂是硝酸盐和亚硝酸盐。硝酸盐在亚硝基化菌的作用下还原成亚硝酸盐，并在肌肉中乳酸的作用下生成亚硝酸。亚硝酸不稳定，分解产生亚硝基，并与肌红蛋白反应生成亮红色的亚硝基红蛋白，使肉制品呈现良好的色泽。

亚硝酸盐主要指亚硝酸钠，亚硝酸钠为白色至淡黄色粉末或颗粒状，味微咸，易溶于水。外观及滋味都与食盐相似，并在工业、建筑业中广为使用。亚硝酸钠除了发色外，还是很好的防腐剂，尤其是对肉毒梭状芽孢杆菌在 pH 6 时有显著的抑制作用。

亚硝酸盐毒性较强，摄入量大可使血红蛋白（二价铁）变成高铁血红蛋白（三价铁），失去输氧能力，引起肠还原性青紫症。尤其是亚硝酸盐可与胺类物质生成强致癌物亚硝胺。权衡利弊，各国都在保证安全和产品质量的前提下严格控制其使用。我国目前批准使用的护色剂有硝酸钠（钾）和亚硝酸钠（钾），常用于香肠、火腿、午餐肉罐头等。在肉类罐头中的最大使用量为 0.5g/kg，在肉类制品中的最大使用量为 0.15g/kg；残留量以亚硝酸钠计，肉类罐头不得超过 0.05g/kg，肉类制品不得超过 0.03g/kg。

## 硝酸盐和亚硝酸盐的测定

依据 GB 5009.33—2010《食品安全国家标准食品中亚硝酸盐与硝酸盐的测定》，其测定方法主要有离子色谱法和分光光度法。在分光光度法中亚硝酸盐常采用盐酸萘乙二胺法测定，硝酸盐常采用镉柱还原法测定。

### （一）离子色谱法测定食品中硝酸盐和亚硝酸盐

**1. 原理**

试样经沉淀蛋白质、除去脂肪后，采用相应的方法提取和净化，以氢氧化钾溶液为淋洗液，阴离子交换柱分离，电导检测器检测。以保留时间定性，外标法定量。

**2. 试剂**

（1）超纯水　电阻率＞18.2MΩ·cm。

（2）乙酸（$CH_3COOH$）　分析纯。

（3）氢氧化钾（KOH）　分析纯。

（4）3%乙酸溶液　量取乙酸 3mL 于 100mL 容量瓶中，以水稀释至刻度，混匀。

（5）100mg/L 亚硝酸根离子（$NO_2^-$）标准溶液（水基体）。

（6）1000mg/L 硝酸根离子（$NO_3^-$）标准溶液（水基体）。

（7）亚硝酸盐（以 $NO_2^-$ 计，下同）和硝酸盐（以 $NO_3^-$ 计，下同）混合标准使用液　准确移取亚硝酸根离子（$NO_2^-$）和硝酸根离子（$NO_3^-$）的标准溶液各 1.0mL 于 100mL 容量瓶中，用水稀释至刻度，此溶液每升含亚硝酸根离子 1.0mg 和硝酸根离子 10.0mg。

**3. 仪器**

所有玻璃器皿使用前均需依次用 2mol/L 氢氧化钾和水分别浸泡 4h，然后用水冲洗 3～5 次，晾干备用。

（1）离子色谱仪　包括电导检测器、配有抑制器、高容量阴离子交换柱、50μL 定量环。

（2）食物粉碎机。

（3）超声波清洗器。

（4）天平　感量为 0.1mg 和 1mg。

（5）离心机　转速≥10000r/min，配 5mL 或 10mL 离心管。

（6）0.22μm 水性滤膜针头滤器。

（7）净化柱　包括 $C_{18}$ 柱、Ag 柱和 Na 柱或等效柱。

（8）注射器　1.0mL 和 2.5mL。

**4. 操作步骤**

（1）试样预处理

① 新鲜蔬菜、水果　将试样用去离子水洗净，晾干后，取可食部分切碎混匀。将切碎

的样品用四分法取适量，用食物粉碎机制成匀浆备用。如需加水应记录加水量。

② 肉、蛋、水产及其制品　用四分法取适量或取全部，用食物粉碎机制成匀浆备用。

③ 乳粉、豆奶粉、婴儿配方粉等固态乳制品（不包括干酪）　将试样装入能够容纳 2 倍试样体积的带盖容器中，通过反复摇晃和颠倒容器使样品充分混匀直到使试样均一化。

④ 发酵乳、乳、炼乳及其他液体乳制品　通过搅拌或反复摇晃和颠倒容器使试样充分混匀。

⑤ 干酪　取适量的样品研磨成均匀的泥浆状。为避免水分损失，研磨过程中应避免产生过多的热量。

（2）提取

① 水果、蔬菜、鱼类、肉类、蛋类及其制品等　称取试样匀浆 5g（精确至 0.01g，可适当调整试样的取样量，下同），以 80mL 水洗入 100mL 容量瓶中，超声提取 30min，每隔 5min 振摇一次，保持固相完全分散。于 75℃水浴中放置 5min，取出放置至室温，加水稀释至刻度。溶液经滤纸过滤后，取部分溶液于 10000r/min 离心 15min，上清液备用。

② 腌鱼类、腌肉类及其他腌制品　称取试样匀浆 2g（精确至 0.01g），以 80mL 水洗入 100mL 容量瓶中，超声提取 30min，每 5min 振摇一次，保持固相完全分散。于 75℃水浴中放置 5min，取出放置至室温，加水稀释至刻度。溶液经滤纸过滤后，取部分溶液于 10000r/min 离心 15min，上清液备用。

③ 乳　称取试样 10g（精确至 0.01g），置于 100mL 容量瓶中，加水 80mL，摇匀，超声 30min，加入 3%乙酸溶液 2mL，于 4℃放置 20min，取出放置至室温，加水稀释至刻度。溶液经滤纸过滤，取上清液备用。

④ 乳粉　称取试样 2.5g（精确至 0.01g），置于 100mL 容量瓶中，加水 80mL，摇匀，超声 30min，加入 3%乙酸溶液 2mL，于 4℃放置 20min，取出放置至室温，加水稀释至刻度。溶液经滤纸过滤，取上清液备用。

（3）净化　取上述备用的上清液约 15mL，通过 0.22μm 水性滤膜针头滤器、$C_{18}$柱，弃去前面 3mL（如果氯离子大于 100mg/L，则需要依次通过针头滤器、$C_{18}$柱、Ag 柱和 Na 柱，弃去前面 7mL），收集后面洗脱液待测。固相萃取柱使用前需进行活化。

（4）参考色谱条件

① 色谱柱　氢氧化物选择性，可兼容梯度洗脱的高容量阴离子交换柱，如 Dionex IonPac AS11-HC 4mm×250mm（带 IonPac　AG11-HC 型保护柱 4mm×50mm），或性能相当的离子色谱柱。

② 淋洗液

a. 一般试样：氢氧化钾溶液，浓度为 6～70mmol/L；洗脱梯度为 6mmol/L 30min、70mmol/L 5min、6mmoL/L 5min；流速 1.0mL/min。

b. 粉状婴幼儿配方食品：氢氧化钾溶液，浓度为 5～50mmol/L；洗脱梯度为 5mmol/L 33min、50mmol/L 5min、5mmol/L 5min；流速 1.3mL/min。

③ 抑制器　连续自动再生膜阴离子抑制器或等效抑制装置。

④ 检测器　电导检测器，检测池温度为 35℃。

⑤ 进样体积　50μL（可根据试样中被测离子含量进行调整）。

（5）测定

① 标准曲线　移取亚硝酸盐和硝酸盐混合标准使用液，加水稀释，制成系列标准溶液，含亚硝酸根离子浓度为 0.00mg/L、0.02mg/L、0.04mg/L、0.06mg/L、0.08mg/L、0.10mg/L、0.15mg/L、0.20mg/L；硝酸根离子浓度为 0.0mg/L、0.2mg/L、0.4mg/L、0.6mg/L、0.8mg/L、1.0mg/L、1.5mg/L、2.0mg/L 的混合标准溶液，从低到高浓度依

次进样，得到上述各浓度标准溶液的色谱图（图 6-5）以亚硝酸根离子或硝酸根离子的浓度（mg/L）为横坐标，以峰高（μS）或峰面积为纵坐标，绘制标准曲线或计算线性回归方程。

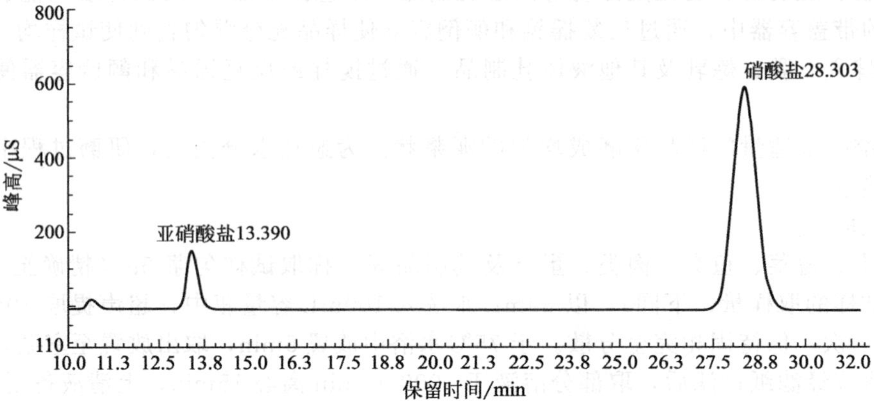


图 6-5 亚硝酸盐和硝酸盐混合标准溶液的色谱图

② 样品测定 分别吸取空白和试样溶液 50μL，在相同工作条件下，依次注入离子色谱仪中，得到色谱图。根据保留时间定性，分别测量空白和样品的峰高（μS）或峰面积。

**5. 结果计算**

试样中亚硝酸盐（以 $NO_2^-$ 计）或硝酸盐（以 $NO_3^-$ 计）含量按下式计算。

$$X=\frac{(\rho-\rho_0)\times V\times f\times 1000}{m\times 1000} \quad ①$$

式中 $X$——试样中亚硝酸根离子或硝酸根离子的含量，mg/kg；

$\rho$——测定用试样溶液中的亚硝酸根离子或硝酸根离子浓度，mg/L；

$\rho_0$——试剂空白液中亚硝酸根离子或硝酸根离子的浓度，mg/L；

$V$——试样溶液体积，mL；

$f$——试样溶液稀释倍数；

$m$——试样取样量，g。

**6. 注意事项**

① 试样中测得的亚硝酸根离子含量乘以换算系数 1.5，即得亚硝酸盐（按亚硝酸钠计）含量。

② 试样中测得的硝酸根离子含量乘以换算系数 1.37，即得硝酸盐（按硝酸钠计）含量。

③ 以重复性条件下获得的两次独立测定结果的算术平均值表示，结果保留两位有效数字。

④ 在重复性条件下获得的两次独立测定结果的绝对值差不得超过算术平均值的 10%。

### （二）盐酸萘乙二胺法（又称格里斯试剂比色法）测定食品中的亚硝酸盐

**1. 原理**

样品经处理、沉淀蛋白质、去除脂肪后，亚硝酸盐与对氨基苯磺酸在弱酸条件下重氮化，再与盐酸萘乙二胺偶合，形成紫红色偶氮染料，在 538nm 处有最大的吸收，测定吸光度以定量。

**2. 试剂**

除非另有规定，本方法所用试剂均为分析纯。水为 GB/T 6682 规定的二级水或去离子水。

(1) 106g/L 亚铁氰化钾溶液 称取 106g 亚铁氰化钾 [$K_4Fe(CN)_6 \cdot 3H_2O$]，溶于水并稀释至 1000mL。

(2) 220g/L 乙酸锌溶液 称取 220g 乙酸锌 [$Zn(CH_3COO)_2 \cdot 2H_2O$]，加 30mL 冰醋酸溶解，用蒸馏水稀释至 1000mL。

(3) 50g/L 饱和硼砂溶液 称取 5g 硼酸钠 ($Na_2B_4O_7 \cdot 10H_2O$) 溶于 100mL 热水中，冷却后备用。

(4) 4g/L 对氨基苯磺酸溶液 称取 0.4g 对氨基苯磺酸，溶于 100mL 20% (体积分数) 盐酸 ($\rho$=1.19g/mL) 中，避光保存。

(5) 2g/L 盐酸萘乙二胺溶液 称取 0.2g 盐酸萘乙二胺，以水稀释至 100mL，避光保存。

(6) 200μg/mL 亚硝酸钠标准液 准确称取 0.1000g 于 110～120℃干燥至恒重的亚硝酸钠，加水溶解，移入 500mL 容量瓶中，加水稀释至刻度，混匀。

(7) 5.0μg/mL 亚硝酸钠标准使用液 临用时，吸取亚硝酸钠标准液 5.00mL 于 200mL 容量瓶中，加水稀释至刻度。

**3. 仪器**

① 分光光度计。

② 50mL 比色管。

**4. 操作步骤**

(1) 样品处理 称取 5g (精确至 0.01g) 制成匀浆的试样 (如制备过程中加水，应按加水量折算)，置于 50mL 烧杯中，加 12.5mL 硼砂饱和液，搅拌均匀；以 70℃左右的水约 300mL 将样品洗入 500mL 容量瓶中，于沸水浴中加热 15min，取出后冷却至室温；然后边转动边加入 5mL 亚铁氰化钾溶液，摇匀；再加入 5mL 乙酸锌溶液，以沉淀蛋白质；加水至刻度，摇匀，放置 30min，除去上层脂肪，清液用滤纸过滤，弃去初滤液 30mL，所得滤液备用。

(2) 标准曲线绘制 吸取 0.00mL、0.20mL、0.40mL、0.60mL、0.80mL、1.00mL、1.50mL、2.00mL、2.50mL 亚硝酸钠标准使用液 (相当于 0.0μg、1.0μg、2.0μg、3.0μg、4.0μg、5.0μg、7.5μg、10.0μg、12.5μg 亚硝酸钠)，分别置于 50mL 比色管中，加入 2.0mL 4g/L 对氨基苯磺酸溶液，混匀；静置 3～5min 后，各加入 1.0mL 2g/L 盐酸萘乙二胺溶液，加水至刻度，混匀；静置 15min，用 2cm 比色皿，以零管调节零点，于分光光度计 538nm 波长处测定吸光度，绘制标准曲线。

(3) 试样测定 吸取 40mL 样品处理液置于 50mL 比色管中，其余操作同标准曲线的绘制。于 538nm 处测定吸光度，从标准曲线上查出样品液中亚硝酸盐的质量。同时做试剂空白。

**5. 结果计算**

样品中亚硝酸盐 (以亚硝酸钠计) 含量的计算公式为：

$$X=\frac{m_1\times 1000}{m\times\frac{V_2}{V_1}\times 1000} \quad ——②$$

式中 $X$——样品中亚硝酸盐的含量，mg/kg；

$m$——样品质量，g；

$m_1$——测定用样液中亚硝酸盐的质量，μg；

$V_1$——样品的总体积，mL；

$V_2$——测定用样液的体积，mL。

### （三）镉柱法测定食品中的硝酸盐

**1. 原理**

样品经沉淀蛋白质、去除脂肪后，将样品提取液通过镉柱，使其中的硝酸根离子还原为亚硝酸根离子。在酸性条件下，亚硝酸根与对苯氨基苯磺酸重氮化后，再与盐酸萘乙二胺偶合形成紫红色的偶氮染料，经比色测得亚硝酸盐的含量，从还原前后亚硝酸盐的含量即可求得硝酸盐的含量。

**2. 试剂**

① 氨缓冲液（pH 9.6～9.7）：量取 30mL 1.19g/mL 浓盐酸加 100mL 水，混匀后加 65mL 25%氨水，再加水稀释至 1000mL，混匀。调节 pH 至 9.6～9.7。

② 稀氨缓冲液：取 50mL 氨缓冲液，用水稀释至 500mL。

③ 0.1mol/L 盐酸：取 5mL 1.19g/mL 浓盐酸加水稀释至 600mL。

④ 硝酸钠标准液：准确称取 0.1232g 硝酸钠（已于 110～120℃干燥恒重），加水溶解，移于 500mL 容量瓶中，并定容。此液的质量浓度为 200μg/mL。

⑤ 硝酸钠标准使用液：临用时吸取标准液 2.50mL 置于 100mL 容量瓶中，加水定容。此液的质量浓度为 5μg/mL。

⑥ 锌皮或锌棒。

⑦ 硫酸镉。

⑧ 亚硝酸钠标准使用液：同亚硝酸盐测定。

⑨ 其他试剂同亚硝酸盐测定。

**3. 仪器**

（1）镉柱

① 海绵状镉的制备：投入足够的锌皮或锌棒于 500mL 20%（体积分数）硫酸镉溶液中，经 3～4h，当其中的镉全部被锌置换后，用玻璃棒轻轻刮下，取出残余锌皮，使镉沉底，倾去上层清液，以水用倾泻法多次洗涤，然后移入组织捣碎机中，加 500mL 水，捣碎约 2s，用水将金属细粒洗至标准筛上，取 20～40 目之间的部分。

② 镉柱的装填（如图 6-6）：用水装满镉柱玻璃管，并装入 2cm 高的玻璃棉作垫，将玻璃棉压向柱底时，应将其中所包含的空气全部排出，在轻轻敲击下加入海绵状镉至 8～10cm 高，上面用 1cm 高的玻璃棉覆盖，上置一贮液漏斗，末端要穿过橡胶塞与镉柱玻璃管紧密连接。

如无上述镉柱玻璃管时，可用 25mL 酸式滴定管代替，但过柱时要注意始终保持液面在镉层之上。

当镉柱填装好后，先用 25mL 0.1mol/L 盐酸洗涤，再以水洗两次，每次 25mL，镉柱不用时用水封盖，随时都要保持水平面在镉层之上，不得使镉层夹有气泡。

③ 镉柱每次使用完毕后，应先以 25mL 0.1mol/L 盐酸洗涤，再以水洗两次，每次 25mL，最后用水覆盖镉柱。

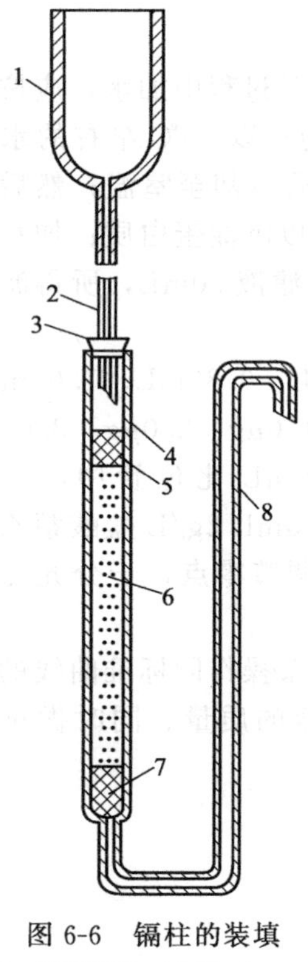

图 6-6 镉柱的装填

1—贮液漏斗（内径 35mm，外径 37mm）；2—进液毛细管（内径 0.4mm，外径 6mm）；3—橡胶塞；4—镉柱玻璃管（内径 12mm，外径 16mm）；5,7—玻璃棉；6—海绵状镉；8—出液毛细管（内径 2mm，外径 8mm）

（2）分光光度计。

（3）50mL 比色管。

**4. 操作步骤**

（1）样品处理　同亚硝酸盐测定。

(2) 镉柱还原效率的测定

① 还原：先以 25mL 稀氨缓冲液冲洗镉柱，流速控制在 3～5mL/min（以滴定管代替的可控制在 2～3mL/min）。吸取 20mL 硝酸钠标准使用液，加入 5mL 稀氨缓冲液，混匀，注入贮液漏斗，使其流经镉柱还原，以原烧杯收集流出液，当贮液中溶液流完后，再加 5mL 水置换柱内留存溶液。将全部收集液如前再经镉柱还原一次，第二次流出液收集于 100mL 容量瓶中，再用 20mL 水洗涤镉柱，共洗涤 3 次，洗涤液收集于同一容量瓶，加水至刻度，混匀。

② 比色测定：取 10.0mL 还原后的标准液（相当 10μg 亚硝酸钠）于 50mL 比色管中，加入 2.0mL 4g/L 对氨基苯磺酸溶液，混匀；静置 3～5min 后，再加入 1.0mL 2g/L 盐酸萘乙二胺溶液，加水至刻度，混匀；静置 15min，用 2cm 比色皿，于分光光度计 538nm 波长处测定吸光度，根据标准曲线计算测得结果。还原效率应大于 98%为符合要求。

③ 还原效率计算。

还原效率按下式进行计算。

$$X=\frac{A}{10}\times 100\%——③$$

式中　$X$——还原效率，%；

$A$——测得亚硝酸钠的含量，μg；

10——测定用溶液相当于亚硝酸钠的含量，μg。

(3) 标准曲线的绘制　同亚硝酸盐测定。

(4) 试样中亚硝酸盐质量的测定

① 样液的还原：吸取 20mL 样品处理液置于 50mL 烧杯中，加 5mL 氨缓冲液，混匀后注入贮液漏斗，使其流经镉柱还原，以下按镉柱还原效率测定操作进行，收集还原后的样液于 100mL 容量瓶，并定容。

② 吸取 10～20mL 还原后的样液置于 50mL 比色管中，以下按镉柱还原效率的测定操作进行，测定吸光度，从标准曲线上查出亚硝酸盐的质量。

(5) 亚硝酸盐的测定　吸取 40mL 未经镉柱还原的样品处理液置于 50mL 比色管中，按镉柱还原效率测定操作进行，测定吸光度，从标准曲线上查出亚硝酸盐的质量。

**5. 结果计算**

样品中硝酸盐（以硝酸钠计）含量的计算公式为：

$$X=\left(\frac{m_3\times 1000}{m_1\times \frac{V_2}{V_0}\times \frac{V_4}{V_3}\times 1000}-X_1\right)\times 1.232$$

式中　$X$——样品中硝酸钠的含量，mg/kg；

$m_3$——经镉粉还原后测得总亚硝酸钠的质量，μg；

$m_1$——样品的质量，g；

$V_2$——测总亚硝酸钠的测定用样液体积，mL；

$V_0$——试样处理液总体积，mL；

$V_3$——经镉柱还原后样液总体积，mL；

$V_4$——经镉柱还原后样液的测定用体积，mL；

$X_1$——由式②计算出的试样中亚硝酸钠的含量，mg/kg；

1.232——亚硝酸钠换算成硝酸钠的系数。

**6. 说明**

① 镉是有害元素之一，在制作海绵状镉或处理镉柱时，不要用手直接接触，同时注意

不要弄到皮肤上，一旦接触应立即用水冲洗。制备、处理过程的废弃液含大量的镉，应经处理后再放入水道，以免造成环境污染。

② 样品处理中，饱和硼砂液、亚铁氰化钾溶液、乙酸锌溶液作为蛋白质沉淀剂。

③ 此测定法为国家标准法。

④ 镉柱每次使用完毕后，应先以 25mL 0.1mol/L 盐酸洗涤，再以重蒸水洗 2 次，每次 25mL，最后用水覆盖镉柱。为了保证硝酸盐的测定结果准确，镉柱的还原效能应当经常检查。镉柱维持得当，使用一年效能尚无显著变化。

⑤ 氨缓冲液除控制 pH 条件外，又可缓解镉对亚硝酸根的还原，还可作为络合剂，以防止反应生成的 $Cd^{2+}$ 与 $OH^-$ 形成沉淀。

⑥ 本法规定镉制备成海绵状，须严格按照规定方法制备，才能保证其还原效能。

⑦ 当样品连续检测时，可不必每次都洗涤镉粒，若数小时内不用，则须按前述方法洗涤镉粒。

[课堂互动]

1. 硝酸盐和亚硝酸盐在食品加工中起什么作用？
2. 测定食品中的亚硝酸盐常用盐酸萘乙二胺法，其测定原理是什么？
3. 用镉柱法测定食品中的硝酸盐时，当没有镉柱玻璃管时，可用什么来代替？

## 第九节 肉蛋及其制品中兽药残留的检验

兽药残留是“兽药在动物源食品中的残留”的简称，是指用药后蓄积或存留于畜禽机体或产品（如鸡蛋、乳品、肉品等）中原型药物或其代谢产物，包括与兽药有关的杂质的残留。一般以 μg/mL 或 μg/g 计量。根据联合国粮农组织和世界卫生组织（FAO/WHO）食品中兽药残留联合立法委员会的定义，兽药残留是指动物产品的任何可食部分所含兽药的母体化合物及（或）其代谢物，以及与兽药有关的杂质。所以，兽药残留既包括原药，也包括药物在动物体内的代谢产物和兽药生产中所伴生的杂质。

兽药残留可分为 7 类：①抗生素类；②驱肠虫药类；③生长促进剂类；④抗原虫药类；⑤灭锥虫药类；⑥镇静剂类；⑦β-肾上腺素能受体阻断剂。在动物源食品中较容易引起兽药残留量超标的兽药主要有抗生素类、磺胺类、呋喃类、抗寄生虫类和激素类药物。

养殖环节用药不当是产生兽药残留的最主要原因。产生兽药残留的主要原因大致有以下几个方面：①非法使用违禁或淘汰药物；②不遵守休药期规定；③滥用药物；④违背有关标签的规定；⑤屠宰前用药。

长期食用兽药残留超标的食品会对人体产生多种危害，主要有以下几个方面。

（1）产生毒性反应　长期食用兽药残留超标的食品，当体内蓄积的药物浓度达到一定量时会对人体产生多种急慢性中毒。

（2）产生耐药菌株　动物机体长期反复接触某种抗菌药物后，其体内敏感菌株受到选择性的抑制，从而使耐药菌株大量繁殖，耐药性细菌的产生使得一些常用药物的疗效下降甚至失去疗效。

（3）产生“三致”作用　研究发现许多药物具有致癌、致畸、致突变作用。

（4）过敏反应　许多抗菌药物如青霉素、四环素类、磺胺类和氨基糖苷类等能使部分人群发生过敏反应甚至休克，并在短时间内出现血压下降、皮疹、喉头水肿、呼吸困难等严重症状。

(5) 肠道菌群失调　有抗菌药物残留的动物源食品可对人类胃肠的正常菌群产生不良的影响，使一些非致病菌被抑制或死亡，造成人体内菌群的平衡失调，从而导致长期的腹泻或引起维生素的缺乏等反应。菌群失调还容易造成病原菌的交替感染，使得具有选择性作用的抗生素及其他化学药物失去疗效。

(6) 对生态环境质量的影响　一些性质稳定的药物随动物粪便、尿被排泄到环境中后仍能稳定存在，从而造成环境中的药物残留，对水环境、土壤、空气有潜在的不良作用。

(7) 严重影响畜牧业发展　长期滥用药物严重制约着畜牧业的健康持续发展。如长期使用抗生素易造成畜禽机体免疫力下降，影响疫苗的接种效果；还可引起畜禽内源性感染和二重感染，使得以往较少发生的细菌病（大肠埃希菌、葡萄球菌、沙门菌）转变成为家禽的主要传染病。此外，耐药菌株的增加，使有效控制细菌疫病变得越来越困难。

[知识链接]

"三致"作用：如丁苯咪唑、丙硫咪唑和苯硫氨酯具有致畸作用；雌激素、克球酚、砷制剂、喹噁啉类、硝基呋喃类等已被证明具有致癌作用；喹诺酮类药物的个别品种已在真核细胞内发现有致突变作用；磺胺二甲嘧啶等磺胺类药物在连续给药中能够诱发啮齿动物甲状腺增生，并具有致肿瘤倾向；链霉素具有潜在的致畸作用。这些药物的残留量超标无疑会对人类产生潜在的危害。

## 一、几种常见的兽药残留的检测

### （一）气相色谱法

氯霉素残留量的检测依据农业部 1025 号公告-21—2008 动物源食品中氯霉素残留检测方法。

**1. 原理**

组织样品经乙酸乙酯提取、液液分配和固相萃取净化后，用 *N*,*O*-双三甲基硅烷三氟乙酰胺（BST-FA）衍生化，用气相色谱微电子捕获检测器检测，内标法定量。

**2. 试剂**

除非另有说明，本法所用试剂均为分析纯；水符合 GB/T 6682 二级用水的规定。

(1) 乙酸乙酯：色谱纯。

(2) 正己烷：色谱纯。

(3) 甲醇：色谱纯。

(4) 乙腈：色谱纯。

(5) 氯化钠溶液（4%）：称取氯化钠 40.0g，加水溶解并稀释至 1000mL。

(6) *N*,*O*-双三甲基硅烷三氟乙酰胺（BST-FA）。

(7) 氨水。

(8) 氯霉素标准品。

(9) 异氯霉素标准品。

(10) 氯霉素标准贮备液（1000μg/L）：准确称取适量的氯霉素标准品，用乙腈溶解定容，配制成 1000μg/L 的标准贮备液，−20℃冰箱中保存。工作液用乙腈稀释。

(11) 异氯霉素标准贮备液（1000μg/L）：准确称取适量的异氯霉素标准品，用乙腈溶解定容，配制成 1000μg/L 的标准贮备液，−20℃冰箱中保存。工作液用乙腈稀释。

**3. 仪器**

(1) 气相色谱仪，配微池电子捕获检测器。

(2) 涡动混合器。

(3) 冷冻离心机。

(4) 电子天平：感量 0.01g 与 0.001g。

(5) 组织匀浆机。

(6) 氮吹仪。

(7) 固相萃取装置。

(8) 固相萃取柱 HLB 或相当者：60mg，3mL。

**4. 操作步骤**

(1) 提取　称取 (5±0.05)g 试样，置于 50mL 离心管中，加入 20mL 乙酸乙酯，旋涡混合 2min，5000r/min 离心 15min，分离上清液。用 20mL 乙酸乙酯重复提取 1 次，合并两次上清液，加入 500μL 氨水，放入－20℃冰箱过夜后，在－10℃条件下 6000r/min 离心 20min，将全部上清液迅速转移至另一离心管中，45℃氮气吹干。加 500μL 甲醇旋涡混合 1min 后，加入 10mL 氯化钠溶液 (4%)，旋涡混合 10s，再加入 10mL 正己烷轻摇 20 次，4000r/min 离心 10min，弃上层液，用正己烷重复脱脂 1 次，加入 500μL 氨水，混匀备用。

(2) 净化　HLB 柱用 2mL 甲醇和 2mL 水预洗，将上述备用液在重力作用下过柱，然后分别用 2mL 水和 1mL 甲醇：乙腈：水：氨水 (15：15：65：5) 淋洗，再用 2mL 甲醇：乙腈：水：氨水 (30：30：35：5) 洗脱药物，收集洗脱液。

(3) 衍生化　洗脱液在 45℃氮气吹干，加入 100μL 乙腈，旋涡混合 20s，再加 100μL BSTFA，旋涡混合 10s，70℃衍生化 20min，取出，旋涡混合 30s，待冷却后，用氮气小流速缓慢吹干，然后用 200μL 正己烷复溶，旋涡混合 30s，再加入 300μL 甲醇：水 (5：5) 旋涡混合 30s，转入 500μL 离心管中，9000r/min 离心 2min，吸取上层液转入装有 200μL 内插管的进样小瓶中，供气相色谱检测。

(4) 气相色谱测定

① 气相色谱测定参数

气相色谱柱：HP-1 (5%苯基甲基硅氧烷)，30m×320mm×0.25μm。

载气：氮气。

柱前压：30psi。

进样口温度：250℃。

进样量：3μL。

分流模式：不分流。

程序升温程序：105℃保持 0.5min，以 30℃/min 的速度升至 280℃，保持 5min。以 30℃/min 的速度再升至 290℃，保持 5min。

检测器：微池电子捕获检测器，检测温度 320℃。

② 测定　分别取适量试样溶液和相应浓度的标准工作液，作单点或多点校准，以待测物色谱峰面积与内标物色谱峰面积比值进行定量。

③ 结果计算　试样中氯霉素的残留量 $X$，以 μg/kg 表示，按下面公式计算：

$$X=\frac{A\times f}{m}$$

式中　$A$——试样色谱峰与内标色谱峰的峰面积比对应的氯霉素质量，μg；

$f$——试样稀释倍数；

$m$——试样的取样量，g。

测定结果用平行测定的算术平均值表示，保留至小数点后两位。

**5. 检测方法灵敏度、准确度、精密度**

(1) 灵敏度　本方法在猪肉、鸡肉组织中的检测限为 0.1μg/kg。

(2) 准确度　本方法回收率均为 60%～120%。

(3) 精密度　本方法的批内变异系数 CV≤21%，批间变异系数 CV≤32%。

### (二) 液相色谱法

四环素类药物残留的检验依据 GB/T 5009.116—2003《畜、禽肉中土霉素、四环素、金霉素残留量的测定（高效液相色谱法）》。

**1. 原理**

试样经过提取、微孔滤膜过滤后，直接进样，经过反相色谱分离、紫外检测器检测，与标准比较定量，出峰顺序为土霉素、四环素、金霉素，标准加法定量。

**2. 试剂**

(1) 乙腈（分析纯）。

(2) 0.01mol/L 磷酸二氢钠溶液　称取 1.56g 磷酸二氢钠（精确至 0.01g），溶于水中，定容至 100mL，微孔滤膜过滤，备用。

(3) 土霉素标准溶液　准确称取土霉素标准品 0.0100g（准确至 0.0001g），用 0.1mol/L 盐酸溶液溶解，并定容至 10.00mL，此溶液每毫升含土霉素 1mg。

(4) 四环素标准溶液　准确称取四环素标准品 0.0100g（准确至 0.0001g），用 0.1mol/L 盐酸溶液溶解，并定容至 10.00mL，此溶液每毫升含四环素 1mg。

(5) 金霉素标准溶液　准确称取金霉素标准品 0.0100g（准确至 0.0001g），用水溶解，并定容至 10.00mL，此溶液每毫升含金霉素 1mg。

以上标准品按照 1000 单位/mg 计算，标准溶液于 4℃冰箱保存，可使用一周。

(6) 混合标准溶液　取土霉素、四环素标准溶液各 1.00mL，金霉素标准溶液 2.00mL，置于 10mL 容量瓶，加水定容至刻度，此溶液每毫升含土霉素、四环素各 0.1mg，金霉素 0.2mg。临用时现配。

(7) 5%高氯酸溶液。

**3. 仪器**

高效液相色谱仪：配紫外检测器。

**4. 色谱条件**

(1) 色谱柱　ODS-$C_{18}$柱，5μm，6.2mm×15cm。

(2) 检测波长　355nm。

(3) 灵敏度　0.002 AUFS。

(4) 柱温　室温。

(5) 流速　1mL/min。

(6) 进样量　10μL。

(7) 流动相　乙腈+0.01mol/L 磷酸二氢钠溶液（用 30%硝酸溶液调节 pH 2.5），按照 35∶65 的比例混匀，使用前超声波脱气 10min。

**5. 操作步骤**

(1) 试样测定　称取 5.00g（精确至 0.01g）经过组织捣碎机处理的肉样，置于 50mL 锥形瓶中，加入 5%高氯酸溶液 25.0mL，放于振荡器上振荡提取 10min，移入离心管中，2000r/min 离心 3min，取上清液，0.45μm 微孔滤膜过滤，取 10.00μL 进样，记录峰高，从标准工作曲线上查出抗生素含量。

（2）标准工作曲线　称取 5.00g（精确至 0.01g），经过组织捣碎机处理的肉样 7 份，分别置于 50mL 锥形瓶中，分别加入混合标准溶液 0μL、25μL、50μL、100μL、150μL、200μL、250μL，分别含土霉素、四环素各为 0.0μg、0.25μg、5.00μg、10.0μg、15.0μg、20.0μg、25.0μg，分别含金霉素为 0.0μg、0.50μg、10.0μg、20.0μg、30.0μg、40.0μg、50.0μg。按照试样测定的操作，记录峰高。以峰高为纵坐标，以抗生素含量为横坐标，绘制标准曲线。

**6. 结果计算**

试样中土霉素、四环素、金霉素的含量分别按照下式计算。

$$X=\frac{m_2\times 1000}{m_1\times 1000}$$

式中　$X$——试样中抗生素的含量，mg/kg；

$m_2$——试样溶液测得抗生素的质量，μg；

$m_1$——试样质量，g。

精密度：在重复条件下获得的两次独立测定结果绝对差值不超过算术平均值的 10%。

（三）酶联免疫吸附法

依据农业部 1025 号公告-26—2008《动物源食品中氯霉素残留量检测——酶联免疫吸附法》。

**1. 原理**

基于抗原抗体反应进行竞争性抑制测定。酶标板的微孔包被有偶联抗原，加入标准品或待测样品，再加入恩诺沙星单克隆抗体。包被抗原与加入的标准品或待测样品竞争抗体，加入酶标记物，酶标记物与抗体结合。通过洗涤除去游离的抗原、抗体及抗原抗体复合物。加入底物液，使结合到板上的酶标记物将底物转化为有色产物。加入终止液，在 450nm 处测定吸光度值，吸光度值与试样中恩诺沙星浓度的自然对数成反比。

**2. 试剂**

以下所有试剂，均为分析纯试剂；水为符合 GB/T 6682 规定的二级水。

（1）乙酸乙酯。

（2）乙腈。

（3）正己烷。

（4）亚硝基铁氰化钠 [$Na_2Fe(CN)_5\cdot NO\cdot 2H_2O$]。

（5）硫酸锌（$ZnSO_4\cdot 7H_2O$）。

（6）氯霉素酶联免疫试剂盒：2～8℃冰箱中保存。

① 酶标板：8 孔×12 条，包被有偶联抗原。

② 氯霉素系列标准溶液：0.00μg/L、0.05μg/L、0.15μg/L、0.45μg/L、1.35μg/L、4.05μg/L。

③ 酶标记物。

④ 氯霉素抗体（浓缩液）。

⑤ 底物液（A、B 液）。

⑥ 终止液。

⑦ 洗涤液（浓缩液）。

⑧ 缓冲液（浓缩液）。

⑨ 缓冲液工作液：将浓缩缓冲液（2 倍浓缩）50mL 用水稀释至 100mL，备用。

（7）乙腈-水溶液：量取无水乙腈 84mL 至玻璃瓶中，加入水 16mL 混合均匀。

（8）C 液：0.36mol/L 亚硝基铁氰化钠缓冲液。

称取亚硝基铁氰化钠 10.7g，加水 50mL 搅拌溶解，再加水定容至 100mL。

(9) D 液：1mol/L 硫酸锌缓冲液。

称取硫酸锌 28.8g，加水 60mL 搅拌溶解，再加水定容至 100mL。

**3. 仪器**

(1) 酶标仪（配备 450nm 滤光片）。

(2) 旋转蒸发仪。

(3) 匀浆器。

(4) 振荡器。

(5) 冷冻离心机。

(6) 微量移液器：单道 20μL、50μL、100μL、1000μL；多道 250μL。

(7) 天平：感量 0.01g。

(8) 氮气吹干装置。

**4. 制样**

(1) 样品的制备　将组织样品解冻，剪碎，置于组织匀浆机中高速匀浆；将肠衣干样本剪碎后均质，湿样本需用去离子水漂洗 20min，除去表面的盐分，沥干后置于组织匀浆机中高速匀浆；牛乳样本离心除去脂肪层；将鸡蛋样本打碎，用玻璃棒搅匀防止泡沫的产生。

(2) 样品的保存　组织、肠衣样本在−20℃冰箱中贮存备用；牛乳和禽蛋样本在 4℃冰箱中贮存备用。

**5. 试料的制备**

① 取制备后的供试样品，作为供试试料；

② 取制备后的空白样品，作为空白试料；

③ 取制备后的空白样品，添加适宜浓度的标准溶液作为空白添加试料。

**6. 样本提取**

(1) 组织样本（肌肉、肝脏、鱼虾）　称取试料 (3±0.01)g，置 50mL 离心管中，加入乙酸乙酯 6mL，振荡 10min，室温 3800r/min 以上离心 10min。取出上层液 4mL（约相当于 2g 的样本），50℃下氮气吹干，加入正己烷 1mL 溶解干燥的残留物，再加缓冲液工作液 1mL 强烈振荡 1min，室温 3800r/min 以上离心 15min，取 50μL 用于分析。稀释倍数为 0.5 倍。

注：在检测动物肝脏样品时，加入正己烷 1mL 溶解干燥的残留物，再加缓冲液工作液 1mL 后，只需振荡 10s（防止乳化现象产生）。

(2) 肠衣样本　称取试料 (1±0.01)g，置 50mL 离心管中，加入乙酸乙酯 10mL，振荡 10min，室温 3800r/min 以上离心 10min。取出上层液 5mL（相当于 0.5g 的样本），50℃下氮气吹干，加入正己烷 1mL 溶解干燥的残留物，再加缓冲液工作液 0.5mL 强烈振荡 1min，室温 3800r/min 以上离心 5min，去上层相，取下层液 50μL 用于分析。稀释倍数为 1 倍。

(3) 牛乳样本　取试样 5mL，置 50mL 离心管中，加入 250μL C 液和 250μL D 液彻底混合，4～12℃ 3800r/min 以上离心 10min。如果没有冷冻离心机，请预先将样本冷却到 8℃，转移出上层液 2.2mL（相当于 2mL 乳样）至一个新的离心管中，加入乙酸乙酯 4mL，上下振荡 10min，室温 3800r/min 以上离心 10min，转移出乙酸乙酯 2mL 上层液体（相当于 1mL 乳样），50℃下氮气吹干，用缓冲液工作液 0.5mL 溶解干燥的残留物，取 50μL 用于分析。稀释倍数为 0.5 倍。

(4) 禽蛋样本　称取试样 (3±0.01) g，置 50mL 离心管中，加入乙腈-水溶液 9mL，振荡 10min，15℃ 3800r/min 以上离心 10min。取上层液 3mL，加入水 3mL 和乙酸乙酯 4.5mL，混合 5min，15℃ 3800r/min 以上离心 10min，将上层有机相转移到试管中，50℃下氮气吹干，加入正己烷 1mL 溶解残留物后，用缓冲液工作液 2mL 混合 1min，15℃ 3800r/min 以上离心 10min，去除正己烷，取 50μL 用于分析。稀释倍数为 2 倍。

**7. 操作步骤**

(1) 试剂的准备

① 洗涤液工作液　将浓缩洗涤液 40mL（20 倍浓缩）用水稀释至 800mL，备用。

② 微孔板条　将铝箔袋沿着外沿剪开，取出需用数量的微孔板及框架，将不用的微孔板放进原铝箔袋中，放入自封袋，保存于 2～8℃。

③ 氯霉素抗体工作液　用缓冲液工作液按 1∶10 的比例稀释氯霉素抗体浓缩液（如 400μL 浓缩液＋4mL 的缓冲液工作液，足够 4 个微孔板条 32 孔用）。

(2) 测定　从 4℃冷藏环境中取出所需试剂，置室温（20～25℃）平衡 30min 以上，注意每种液体试剂使用前均需摇匀。

① 将样本和标准品对应微孔按序编号，每个样本和标准品做 2 孔平行，并记录标准孔和样本孔所在的位置。

② 加入标准品或处理好的试样 50μL 到各自的微孔中，然后加入氯霉素抗体工作液 50μL 到每个微孔中。用盖板膜盖板，轻轻振荡混匀，室温环境中反应 1h。取出酶标板，将孔内液体甩干，加入洗涤液工作液 250μL 到每个板孔中，洗板 4～5 次，用吸水纸拍干。

③ 加入酶标记物 100μL 到每个微孔中，盖板膜盖板，室温环境中反应 30min。取出酶标板，将孔内液体甩干，加入洗涤液工作液 250μL 到每个板孔中，洗板 4～5 次，用吸水纸拍干。

④ 加入底物液 A 液 50μL 和底物液 B 液 50μL 到微孔中，轻轻振荡混匀，室温环境中避光显色 30min。

⑤ 加入终止液 50μL 到微孔中，轻轻振荡混匀，设定酶标仪于 450nm 处，测定每孔吸光度值。

⑥ 以上述同样步骤做空白对照试验。

**8. 结果计算**

(1) 定性测定　示例：以 0.45μg/L 标准液的吸光度值为判定标准，样品吸光度值大于或等于该值为未检出，小于该值为可疑，建议用确证法确证。

(2) 定量测定　按以下公式计算百分吸光度值：

$$\text{相对吸光度值}=\frac{B}{B_0}\times 100\%$$

式中　$B$——标准溶液或样品的平均吸光度值；

$B_0$——零浓度的标准溶液平均吸光度值。

将计算的相对吸光度值（%）对应氯霉素（ng/mL）的自然对数作半对数坐标系统曲线图，对应的试样浓度可从校正曲线算出，见下面公式所示。

$$X=\frac{A\times f\times 50}{m\times 1000}$$

式中　$X$——试样中氯霉素的含量，μg/kg 或 μg/L；

$A$——试样的相对吸光度值（%）对应的氯霉素的含量，μg/L；

$f$——试样稀释倍数；

50——用于分析的试样处理液，mL；

$m$——试样的取样量，单位为克或毫升（g 或 mL）。

计算结果表示到小数点后两位。

**9. 检测方法的灵敏度、准确度、精密度**

(1) 灵敏度 本方法在猪、鸡肌肉、肝脏、鱼、虾、牛乳样品中氯霉素的检出限为50.0ng/kg；在禽蛋和肠衣样品中氯霉素的检出限为100.0ng/kg。

本方法在样本中的定量限（LOQ）为0.25μg/kg（L）。

(2) 准确度 本方法的回收率为50%～110%。

(3) 精密度 本方法样本的变异系数小于20%。

## （四）液相色谱-串联质谱法

硝基呋喃类代谢物残留量的检验依据GB/T 20752—2006《猪肉、牛肉、鸡肉、猪肝和水产品中硝基呋喃类代谢物残留量的测定 液相色谱-串联质谱法》。

**1. 原理**

试样中残留的硝基呋喃类代谢物在酸性条件下用2-硝基苯甲醛衍生化，用固相萃取柱净化，电喷雾离子化，液相色谱-串联质谱法测定，用外标法和同位素标记的内标法定量。

**2. 试剂**

(1) 甲醇（色谱纯）。

(2) 乙腈（色谱纯）。

(3) 乙酸乙酯（色谱纯）。

(4) 磷酸氢二钾。

(5) 乙酸。

(6) 二甲亚砜。

(7) 盐酸。

(8) 氢氧化钠。

(9) 2-硝基苯甲醛（2-NBA） $C_7H_5NO_3$，含量≥99%。

(10) 0.1mol/L磷酸氢二钾溶液 称取17.4g磷酸氢二钾，用水溶解，定容至1000mL。

(11) 0.2mol/L盐酸溶液 量取17mL浓盐酸，用水定容至1000mL。

(12) 1mol/L氢氧化钠溶液 称取40g氢氧化钠，用水溶解，定容至1000mL。

(13) 衍生剂 含2-硝基苯甲醛0.05mol/L，称取0.075g 2-硝基苯甲醛，溶于10mL二甲亚砜，现用现配。

(14) 样品定容溶液 10mL乙腈、0.3mL乙酸，用水稀释至100mL。

(15) 四种硝基呋喃代谢物标准品 呋喃它酮的代谢物5-吗啉甲基-3-氨基-2-噁唑烷基酮(3-amino-5-morpholinomethyl-2-oxazolidinone，AMOZ)；呋喃西林的代谢物氨基脲（semicarbazide，SEM)；呋喃妥因的代谢物1-氨基-2-内酰脲（1-aminohydantoin，AHD)；呋喃唑酮的代谢物3-氨基-2-噁唑烷基酮（3-amino-2-oxazolidinone，AOZ)。四种标准物质纯度均≥99%。

(16) 四种硝基呋喃代谢物内标标准品 5-吗啉甲基-3-氨基-2-噁唑烷基酮的内标物，$D_5$-AMOZ；氨基脲的内标物，$^{13}C^{15}N$-SEM；1-氨基-2-内酰脲的内标物，$^{13}C_3$-AHD；3-氨基-2-噁唑烷基酮的内标物，$D_4$-AOZ。四种内标物纯度均≥99%。

(17) 1.0mg/mL四种硝基呋喃代谢物标准贮备液 称取适量四种硝基呋喃代谢物标准品，分别用甲醇溶解并稀释成1.0mg/mL的贮备液，避光保存于−18℃冰箱中，可以使用6个月。

(18) 0.1μg/mL四种硝基呋喃代谢物混合标准溶液 适量吸取四种硝基呋喃代谢物标

准贮备液，用甲醇稀释成 0.1μg/mL 的混合标准溶液。避光保存于－18℃冰箱中，可以使用 3 个月。

（19）1.0mg/mL 四种硝基呋喃代谢物内标标准贮备液　称取适量四种硝基呋喃代谢物内标标准品，分别用甲醇溶解并稀释成 1.0mg/mL L 的贮备液，避光保存于－18℃冰箱中，可以使用 6 个月。

（20）0.1μg/mL 四种硝基呋喃代谢物混合内标标准溶液　适量吸取四种硝基呋喃代谢物内标标准贮备液，用甲醇稀释成 0.1μg/mL 的混合内标标准溶液。避光保存于－18℃冰箱中，可以使用 3 个月。

**3. 仪器**

（1）Oasis HLB 固相萃取柱或相当者　60mg 或 3mL，使用前分别用 5mL 甲醇和 10mL 水预处理，保持柱体湿润。

（2）0.2μm 滤膜。

（3）液相色谱-串联四极杆质谱仪　配有电喷雾离子源。

（4）分析天平　感量 0.1mg 和 0.01g 各一台。

（5）液体混匀器。

（6）固相萃取装置。

（7）氮气吹干仪。

（8）恒温振荡水浴。

（9）真空泵　真空度达到 80kPa。

（10）微量注射器　25μL，100μL。

（11）棕色具塞离心管　25mL，50mL。

（12）pH 计　测量精度至±0.02pH 单位。

（13）贮液器。

（14）离心机 4000r/min 以上。

**4. 操作步骤**

（1）试样制备

用组织捣碎机处理样品，分出 0.5kg 作为试样。置于－18℃冰箱保存。

（2）混合基质标准校准溶液制备

① 对照样品称量并去除脂肪：称取 5 个阴性对照样品各 2g（精确至 0.01g），置于 50mL 棕色具塞离心管中，加入 10mL 甲醇-水溶液（2＋1），均质 1min，再用 5mL 甲醇-水溶液（2＋1）清洗刀头，二者合并，4000r/min 离心 5min，吸取上清液弃去。向 5 个离心管中分别加入适量四种硝基呋喃代谢物混合标准溶液，使最终测定浓度分别是 0.5ng/mL、1.0ng/mL、2.0ng/mL、4.0ng/mL、10.0ng/mL。再向每个离心管中加入适量混合内标标准溶液，使四种硝基呋喃代谢物内标物最终测定浓度都是 2.0ng/mL。

② 水解和衍生化：向上述离心管中分别加入 10mL 0.2mol/L 盐酸溶液并均质 1min。用 10mL 0.2mol/L 盐酸溶液清洗刀头，二者合并。离心管中分别加入 0.3mL 衍生剂，用液体混匀器混匀，置于 37℃振荡水浴避光反应 16h。

③ 净化：上述离心管放置至室温，加入 5mL 0.1mol/L 磷酸氢二钾溶液，用 1mol/L 氢氧化钠溶液调节 pH 至 7.4，4000r/min 离心 10min，上清液（若待测样品含脂肪较多，上清液加 5mL 正己烷，振荡 2min，4000r/min 离心 10min 吸取并弃掉正己烷）倒入下接 Oasis HLB 固相萃取柱的贮液器，在固相萃取装置上使液体以小于 2mL/min 的流速通过 Oasis HLB 柱体，待试样液体全部流出萃取柱后，用 10mL 水洗涤固相萃取柱，弃去全部流出液。用真空泵在 65kPa 负压下抽干固相萃取柱 15min。用 5mL 乙酸乙酯洗脱待测物于

25mL棕色具塞离心管中，使用氮气吹干仪，在40℃水浴中吹干，用样品定容溶液溶解并定容至1.0mL，混匀后，过0.2μm滤膜，用液相色谱-串联四极杆质谱仪测定。

(3) 待测样品溶液的制备　称取待测样品2g（精确至0.01g），以下按照（2）中①②③同样方法操作。

(4) 阴性样品基质空白溶液制备　称取阴性样品2g（精确至0.01g），置于50mL棕色具塞离心管中，加入10mL甲醇-水溶液（2+1），均质1min，再用5mL甲醇-水溶液（2+1）清洗刀头，二者合并，4000r/min离心5min。吸取上清液弃去。以下按照（2）中②③的操作。

(5) 测定色谱条件

① 色谱柱：Atlantis-$C_{18}$柱，3.5μm，150mm×2.1mm（内径）或相当者。

② 柱温：35℃。

③ 进样量：40μL。

④ 流动相及流速见表6-1。

表6-1　液相色谱梯度洗脱条件

| 时间/min | 流速/(mL/min) | 0.3%乙酸水溶液浓度/% | 0.3%乙酸乙酯水溶液浓度/% |
|---|---|---|---|
| 0.00 | 200 | 80 | 20 |
| 3.00 | 200 | 50 | 50 |
| 8.00 | 200 | 50 | 50 |
| 8.01 | 200 | 80 | 20 |
| 16.00 | 200 | 80 | 20 |

(6) 质谱条件

① 离子源：电喷雾离子源（ESI）。

② 扫描方式：正离子扫描。

③ 检测方式：多反应检测（MRM）。

④ 电喷雾电压（IS）：5000V。

⑤ 辅助气（AUX）流速：7L/min。

⑥ 辅助气温度（TEM）：480℃。

⑦ 聚焦电压（FP）：150V。

⑧ 碰撞室出口电压（CXP）：11V。

⑨ 去簇电压（DP）：45V。

⑩ 四种硝基呋喃代谢物和内标衍生物的定性离子对、定量离子对、采集时间及碰撞气能量质谱参数见表6-2。

表6-2　质谱参数

| 衍生化后硝基呋喃代谢物及内标物名称 | 定性离子对($m/z$) | 定量离子对($m/z$) | 采集时间/ms | 碰撞气能量/V |
|---|---|---|---|---|
| 5-吗啉甲基-3-氨基-2-噁唑烷基酮的衍生物(2-NP-AMOZ) | 185/291 | 335/291 | 100 | 18 |
| | 335/128 | | | 16 |
| 氨基脲的衍生物(2-NP-SEM) | 209/192 | 209/166 | 150 | 17 |
| | 209/166 | | | 15 |
| 1-氨基-2-内酰脲的衍生物(2-NP-AHD) | 249/134 | 249/134 | 200 | 19 |
| | 249/178 | | | 22 |
| 3-氨基-2-噁唑烷基酮的衍生物(2-NP-AOZ) | 236/134 | 236/134 | 100 | 19 |
| | 236/192 | | | 17 |

续表

| 衍生化后硝基呋喃代谢物及内标物名称 | 定性离子对($m/z$) | 定量离子对($m/z$) | 采集时间/ms | 碰撞气能量/V |
|---|---|---|---|---|
| 5-吗啉甲基-3-氨基-2-噁唑烷基酮内标物的衍生物($2\text{-}NP\text{-}D_5\text{-}AMOZ$) | 340/296 | 340/296 | 100 | 18 |
| 氨基脲内标物的衍生物($2\text{-}NP\text{-}^{13}C^{15}N\text{-}SEM$) | 212/168 | 212/168 | 100 | 15 |
| 1-氨基-2-内酰脲内标物的衍生物($2\text{-}NP\text{-}^{13}C_3\text{-}AHD$) | 252/134 | 252/134 | 100 | 32 |
| 3-氨基-2-噁唑烷基酮内标物的衍生物($2\text{-}NP\text{-}D_4\text{-}AOZ$) | 240/134 | 240/134 | 100 | 22 |

(7) 液相色谱-串联四极杆质谱仪测定

① 定性测定：每种被测组分选择1个母离子，2个以上子离子，在相同的试验条件下，样品中待测物质和内标物的保留时间之比，也就是相对保留时间，与混合基质标准校准溶液中对应的相对保留时间偏差在±2.5%之内；且样品谱图中各组分定性离子的相对丰度与浓度接近的混合基质标准校准溶液谱图中对应的定性离子的相对丰度进行比较，若偏差不超过表6-3规定的范围，则可判定为样品中存在对应的待测物。

**表6-3 定性确证时相对离子丰度的最大允许偏差**

| 相对离子丰度 | >50 | >20~50 | >10~20 | ≤10 |
|---|---|---|---|---|
| 允许最大偏差/% | ±20 | ±25 | ±30 | ±50 |

② 定量测量

内标法定量：用仪器软件中的内标定量程序。

外标法定量：在仪器最佳工作条件下，四种硝基呋喃代谢物的混合基质标准校准溶液进样测定，以混合基质标准校准溶液浓度为横坐标，峰面积为纵坐标，绘制标准工作曲线，用标准工作曲线对待测样品进行定量，样品溶液中的待测物的响应值均应该在仪器测定的线性范围内。

(8) 平行试验　按以上步骤对同一试样进行平行测定。

(9) 回收率试验　吸取适量混合标准工作溶液和内标标准工作溶液，分别按(2)中②③方法衍生、浓缩，得到相应浓度的混合标准衍生溶液和内标标准衍生溶液，用基质空白溶液(4)稀释成所需浓度的标准校准溶液。阴性样品中添加标准溶液，按(3)操作，测定后计算样品添加的回收率。

**5. 结果计算**

结果按照下式计算。

$$X=\rho\times\frac{V\times1000\times1000}{m}$$

式中　$X$——试样中被测组分残留量，μg/kg；

$\rho$——从标准工作曲线得到的被测组分溶液浓度，mg/mL；

$V$——样品溶液最终定容体积，mL；

$m$——样品溶液所代表最终试样的质量，g。

## 二、盐酸克伦特罗的检验

盐酸克伦特罗是白色或类白色的结晶粉末，无臭、味苦，熔点161℃，溶于水、乙醇，微溶于丙酮，不溶于乙醚。

盐酸克伦特罗既不是兽药，也不是添加剂，是肾上腺素类神经兴奋剂，属β-兴奋剂类激素，其化学成分为：α-[(叔丁氨基) 甲基]-4-氨基3,5-二氯苯甲醇盐酸盐，是严重危害畜牧业健康发展和畜产品安全的毒品。盐酸克伦特罗早期仅在医学上用于急救和肺科病（主要是平喘）。但在动物体内，对营养物质具有重新分配的作用，能促进动物生长、提高瘦肉率、降低脂肪沉积、提高饲料利用率等。盐酸克伦特罗属于非蛋白质激素，耐热，使用后会在猪体组织中形成残留，尤其是在猪的肝脏等内脏器官残留较高，食用后直接危害人体健康。其主要危害是：出现肌肉震颤、心慌、战栗、头疼、恶心、呕吐等症状，特别是对高血压、心脏病、甲亢和前列腺肥大等疾病患者危害更大，严重的可导致死亡。

### （一）酶联免疫吸附法

依据DB 34/T 823—2008《动物组织中盐酸克伦特罗的残留测定——酶联免疫吸附法》。

**1. 原理**

反应在已包被有盐酸克伦特罗多抗的塑料微孔中进行，将盐酸克伦特罗标准品或样品、酶标物加入微孔，温浴时，游离的和酶标记的盐酸克伦特罗竞争结合盐酸克伦特罗抗体的结合位点。所有未反应的酶标物在洗涤步骤中被清除，结合了的酶可以由显色剂显示出来，因为酶可以使无色的显色剂转变成蓝色，反应终止液的加入则可以使蓝色变成黄色，吸收值可以在450nm处进行测定。颜色变化的程度反应样品中盐酸克伦特罗的含量，在一定浓度范围内吸光度的高低与样品中盐酸克伦特罗的含量成反比。

**2. 试剂**

除非另有说明，本法所用试剂均为分析纯，水为去离子水，符合GB/T 6682二级水的规定。

（1）竞争酶标免疫法盐酸克伦特罗试剂盒，2～8℃冰箱中保存。

① 微孔板：包被有盐酸克伦特罗多抗。

② 盐酸克伦特罗标准溶液：0.1μg/mL。

③ 酶标物冻干粉。

④ 酶标物溶解液。

⑤ 浓缩洗涤液。

⑥ 显色剂。

⑦ 终止液。

（2）盐酸克伦特罗工作液　取盐酸克伦特罗标准溶液，用稀释液稀释为浓度范围0.15～5.0μg/L。

（3）洗涤液　用水10倍稀释厂商提供的浓缩洗涤液。

（4）酶标物溶液　在冻干粉中精确加入12mL酶标物溶解液（配制后静置至少4h或者2～6℃放置8h后使用），用前摇匀，酶标物溶液有效期为90d。

（5）盐酸。

（6）氢氧化钠。

（7）0.01mol/L盐酸溶液　取盐酸0.9mL，加水稀释到1000mL。

（8）2mol/L氢氧化钠溶液　取氢氧化钠8.0g，加水溶解后稀释到100mL。

**3. 仪器**

① 酶标仪（带450nm滤光片）。

② 振荡器。

③ 冷冻离心机。

④ 冰箱。

⑤ 生化培养箱。

⑥ 氮吹仪。

⑦ 分析天平感量 0.01g。

⑧ 匀浆机。

⑨ 微量加样器及配套吸头：单道 20μL、50μL、100μL，多道 50～300μL。

**4. 操作步骤**

(1) 试样制备与样品处理

① 试样制备：动物肌肉、肝脏、肾脏去筋后切成小块，制成肉糜后，于－18℃以下温度冷冻保存。

② 样品处理：称取匀浆后样品（1±0.1)g，加入 1mL 盐酸溶液，涡旋 2min，取 250μL 于 1.5mL 试管中，加 5μL 氢氧化钠溶液，4℃条件下离心 10min，取上清液用于检测。

(2) 测试程序

① 测定在室温 20～25℃条件下操作，测定之前将试剂盒以及所有试剂在室温 20～25℃下放置 1～2h。

② 将足够标准和样品所用数量的孔条插入微孔架，标准和样品做两个平行实验，记录下标准和样品的位置。

③ 分别在各孔中加 50μL 的标准品溶液或样品溶液。

④ 每孔加 100μL 酶标物溶液（推荐使用多通道加样器）。

⑤ 轻轻晃动反应板，20～25℃反应 10min。

⑥ 倾出微孔中的液体，加 300μL 洗涤液，轻轻振荡混匀，倾出微孔中的洗涤液，在吸水纸上拍打，彻底清除微孔中的残留液和气泡，重复洗板 3 遍。

⑦ 立即加 100μL 显色剂（推荐使用多通道加样器），晃动反应板使之彻底混匀，20～25℃避光反应 10min。

⑧ 每孔加 100μL 终止液（推荐使用多通道加样器），轻轻振荡混匀，30min 内在 450nm 下检测吸光度（10min 内最佳）。

**5. 结果计算**

按下式计算百分吸光度值。

$$\text{百分吸光度值}=\frac{A}{A_0}\times 100\%$$

式中 $A$——标准溶液或供试样品的平均吸光度值；

$A_0$——零标准的标准溶液平均吸光度值。

用专业计算机软件求出供试样品中盐酸克伦特罗的浓度，乘以稀释系数即得检测结果。或以 $X$ 轴为标准溶液中盐酸克伦特罗浓度（ng/L）的自然对数，$Y$ 轴为百分吸光度值，在半对数坐标纸上绘制标准曲线图，校正曲线在 150～5000ng/L 范围内应当成为线性方程。从标准曲线上查出供试样品中盐酸克伦特罗的浓度（ng/L）。

**6. 注意事项**

① 本方法在动物组织中的检测限为 0.1μg/kg。

② 本方法在 1.0μg/kg 添加浓度水平上的回收率为 70%～120%。

③ 本方法的批内变异系数 CV≤10%，批间变异系数 CV≤15%。

④ 本方法动物组织稀释系数为 1。

⑤ 本方法为快速测定法，检测结果小于 0.1μg/kg 时可判为未检出，大于 0.1μg/kg 时需用气相色谱-质谱法（GC/MS）确认。

⑥ 吸光值 $B_0$ 应该不低于 0.8。

⑦ 试剂盒可能存在交叉反应，不同品牌的试剂盒，其操作步骤可能略有差别，具体操作步骤可根据试剂盒使用说明书略作调整。

（二）气相色谱-质谱法

依据 DB 33/T 624—2006《动物组织中特布他林、克伦特罗、沙丁胺醇和莱克多巴胺残留量的测定　气相色谱-质谱法》。

**1. 原理**

试样加入内标物后，用甲醇提取和离子交换固相萃取柱净化，氮气吹干，与 N,O-双三甲基硅烷三氟乙酰胺（BSTFA）进行衍生化反应，于气相色谱-质谱仪上进行测定。内标法定量。

**2. 试剂**

所有试剂，如未注明规格，均指分析纯；所有实验室用水为去离子水，应符合 GB/T 6682 二级水的规定。

① 甲醇。

② 乙酸乙酯（色谱纯）。

③ 氨水。

④ 盐酸。

⑤ 0.2mol/L 盐酸溶液：取盐酸 9mL，加水至 500mL，摇匀，即得。

⑥ 30mmol/L 盐酸溶液：取 0.2mol/L 盐酸溶液 15mL，加水至 100mL，摇匀，即得。

⑦ 无水硫酸钠：450℃干燥 12h，备用。

⑧ 正己烷。

⑨ 甲苯（色谱纯）。

⑩ 衍生剂：*N*,*O*-双三甲基硅烷三氟乙酰胺（BSTFA）。

⑪ 4%氨水-乙酸乙酯溶液：取氨水 4mL 加乙酸乙酯至 100mL，超声 15min，充分混匀，即配即用。

⑫ SLS 阳离子交换固相萃取柱：每根柱填料量为 400mg，柱体积 5mL。

⑬ 标准品：特布他林、克伦特罗、沙丁胺醇、莱克多巴胺，纯度≥98%。

⑭ 同位素内标物：100μg/mL $D_9$-克伦特罗，100μg/mL $D_3$-沙丁胺醇。

⑮ $\beta_2$-兴奋剂标准贮备液：取特布他林、克伦特罗、沙丁胺醇、莱克多巴胺标准品 10mg，精密称定，分别置 100mL 容量瓶中，用甲醇溶解并定容至刻度，其浓度均为 0.1mg/mL，置－20℃以下冰箱中保存，有效期为 6 个月。

⑯ $\beta_2$-兴奋剂混合标准工作液：分别准确吸取适量的 $\beta_2$-兴奋剂标准贮备液于同一容量瓶中，用甲醇稀释成含特布他林、克伦特罗、沙丁胺醇、莱克多巴胺均为 1.0μg/mL 的混合标准工作液，置 4～8℃冰箱中保存，有效期为 1 个月。

⑰ $\beta_2$-兴奋剂内标工作液：分别准确吸取适量的 $\beta_2$-兴奋剂同位素内标物于同一容量瓶中，用甲醇稀释成含 $D_9$-克伦特罗、$D_3$-沙丁胺醇均为 1.0μg/mL 混合内标工作液，置 4～8℃冰箱中保存，有效期为 1 个月。

**3. 仪器**

① 气相色谱-质谱仪：配有电子轰击（EI）源。

② 离心机：最大转速 9000r/min 或以上。

③ 组织捣碎机。

④ 组织匀浆机：最大转速 10000r/min 或以上。

⑤ 分液漏斗：125mL。

⑥ 具塞玻璃试管：5mL，10mL。

⑦ 旋涡混合器。

⑧ 分析天平：感量 0.00001g，0.01g。

⑨ 超声波清洗器。

⑩ 离心管：50mL，10mL。

⑪ 氮吹仪。

⑫ 移液器：量程 20～200μL，100～1000μL。

**4. 操作步骤**

（1）试样制备　取有代表性的样品，经绞碎后，保存于−20℃冰箱中，备用。

（2）试样提取　称取试样 5g（精确到 0.01g），置于 50mL 离心管中，加 $\beta_2$-兴奋剂内标工作液 50μL；加甲醇 20mL，10000r/min 以上均质 60s，加盖，于 60℃超声波清洗器中超声 20min；取出离心管，冷却后 8000r/min 离心 10min，倾出上清液至分液漏斗中，另取甲醇 10mL 重复提取一次，合并上清液；加正己烷 20mL 脱脂一次，分离甲醇相，在 60℃下氮气吹至 2mL 以下；加 0.2mol/L 盐酸 3mL，充分混匀后，在 9000r/min 离心 10min，分出上清液，备用。

（3）试样净化　依次用甲醇 5mL、水 5mL、30mmoL/L 盐酸溶液 5mL 润洗阳离子交换固相萃取柱，取试样提取的上清液过柱，弃去流出液，并依次用水 5mL 和甲醇 5mL 淋洗柱子，抽干；用 4%氨水-乙酸乙酯溶液 10mL 洗脱，收集洗脱液，经无水硫酸钠脱水，50℃氮气吹干；残余物中加乙酸乙酯 5mL，置于超声波清洗器中超声 5min，5000r/min 离心 5min，分出上清液至 5mL 具塞玻璃试管中，50℃氮吹至干，吹干物备用。

（4）衍生化　吹干物加入甲苯 100μL 和衍生剂 100μL，加塞后于旋涡混合器充分混匀，在 80℃±5℃的烘箱中恒温衍生 60min，氮气吹干，加甲苯 0.5mL 溶解供 GC-MS 分析。

另取 $\beta_2$-兴奋剂混合标准工作液适量，加 $\beta_2$-兴奋剂内标工作液 50μL、乙酸乙酯 5mL 后，氮气吹干，与样品同步进行衍生化。

（5）仪器测定条件

① 色谱条件　色谱柱：5%苯基甲基聚硅氧烷弹性石英毛细管柱（30m×0.25mm×0.25μm），或具同等性能的色谱柱；进样口温度：280℃；柱温程序：初温 120℃，保持 3min，然后以 10℃/min 升至 230℃，保持 5min，再以 10℃/min 升至 280℃保持 3min；载气：高纯氦气（99.999%）；流速：1.0mL/min，不分流进样；进样量：2.0μL。

② 质谱条件　EI 源：源温 230℃；电子能量：70eV；接口温度：280℃；电子倍增器电压：高于调谐电压 200V；质量扫描范围：30～550U；溶剂延迟：10min；选择离子监测方式（SIM）。

监测离子（$m/z$）：特布他林 86、356*、426；克伦特罗 86*、262、243；沙丁胺醇 369*、440、207；莱克多巴胺 179、250*、502；$D_9$-克伦特罗 95*、262；$D_3$-沙丁胺醇 372*、443。其中带*离子为定量离子，分三段进行采集，特布他林、克伦特罗、$D_9$-克伦特罗为第Ⅰ阶段，沙丁胺醇、$D_3$-沙丁胺醇为第Ⅱ阶段，莱克多巴胺为第Ⅲ阶段，详见表6-4。在上述色谱条件下，标准物质总离子流图见图 6-7；标准物质质谱图见图 6-8。

表 6-4　4 种 $\beta_2$-兴奋剂和 2 种内标物的保留时间和质谱条件

| 药物名称 | 采集阶段 | 选择离子/(m/z) | 定量离子/(m/z) |
|---|---|---|---|
| 特布他林 | Ⅰ | 356、86、426 | 356 |
| 克伦特罗 | Ⅰ | 86、243、262 | 86 |
| $D_9$-克伦特罗 | Ⅰ | 95、262 | 95 |
| 沙丁胺醇 | Ⅱ | 369、207、440 | 369 |
| $D_3$-沙丁胺醇 | Ⅱ | 372、443 | 372 |
| 莱克多巴胺 | Ⅲ | 250、179、502 | 250 |

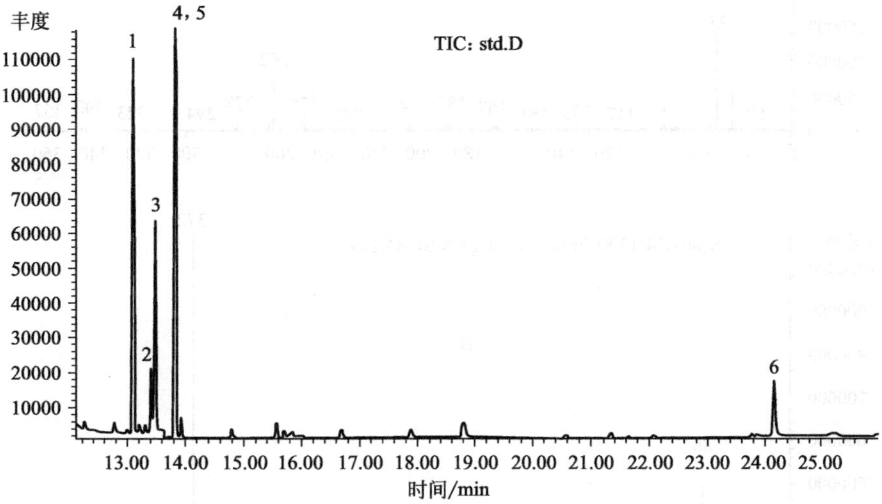


图 6-7　$\beta_2$-兴奋剂和内标物衍生物的总离子流（TIC）图

1—特布他林（13.09min）；2—$D_9$-克伦特罗（13.41min）；3—克伦特罗（13.47min）；4—沙丁胺醇（13.83min）；5—$D_3$-沙丁胺醇（13.82min）；6—莱克多巴胺（24.15min）

（6）气相色谱-质谱测定

① 定性方法：在相同试验条件下，样品中待测物与同时检测的标准物质的保留时间之差在±2s之内，并且所选择的离子相对丰度比符合表 6-5 的要求，可判定为样品中存在该药物残留。

表 6-5　试样离子丰度比与标准物质离子丰度比的允许偏差范围

| 占基峰相对丰度/% | 最大允许偏差/% | 占基峰相对丰度/% | 最大允许偏差/% |
|---|---|---|---|
| >50 | ±10 | >10～20 | ±20 |
| >20～50 | ±15 | ≤10 | ±50 |

② 定量方法：以峰面积按内标法进行单点或多点校准定量，标准工作液和样品液中药物响应值均应在仪器检测线性范围内。

以 $D_9$-克伦特罗（m/z 95）作为计算克伦特罗（m/z 86）和莱克多巴胺（m/z 250）浓度的内标物，以 $D_3$-沙丁胺醇（m/z 372）作为计算特布他林（m/z 356）和沙丁胺醇（m/z 369）浓度的内标物。

**5. 结果计算**

按内标法单点或多点校准计算试样中 4 种 $\beta_2$-兴奋剂的含量。

试样中 4 种 $\beta_2$-兴奋剂的含量按下式计算。

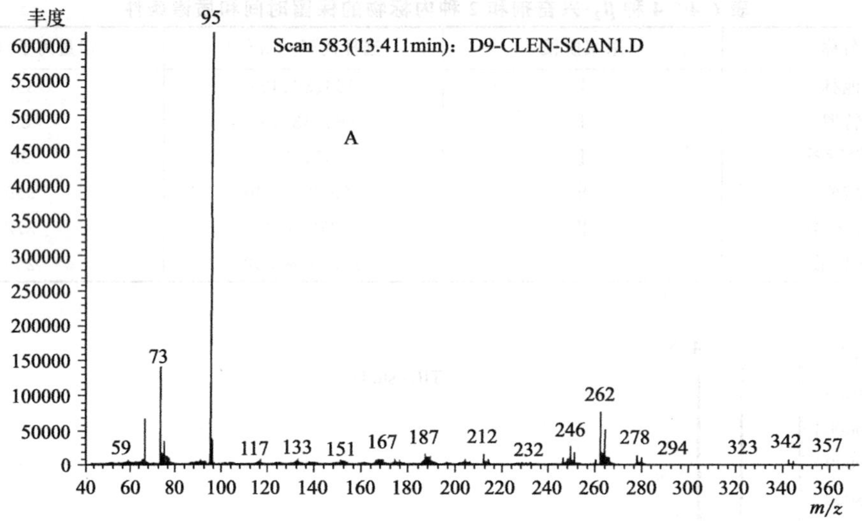
丰度
Scan 583(13.411min)：D9-CLEN-SCAN1.D
A
m/z

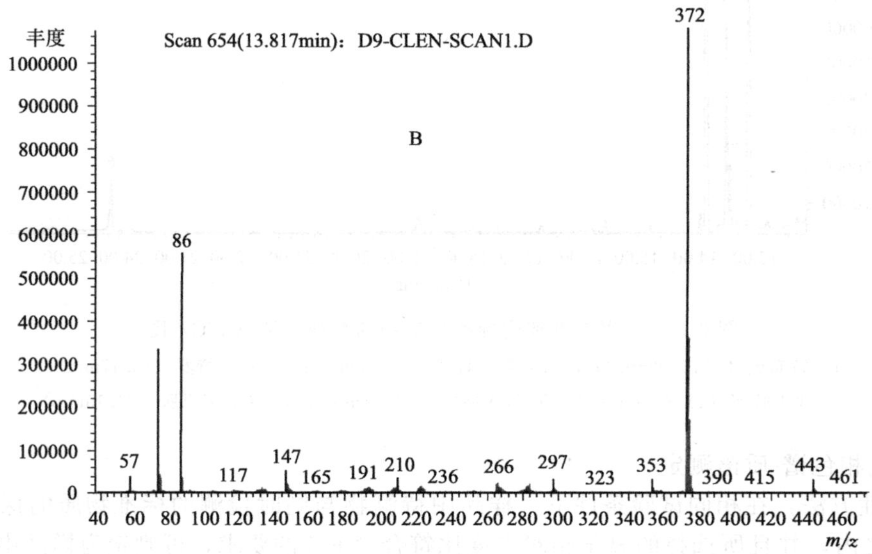
丰度
Scan 654(13.817min)：D9-CLEN-SCAN1.D
B
m/z

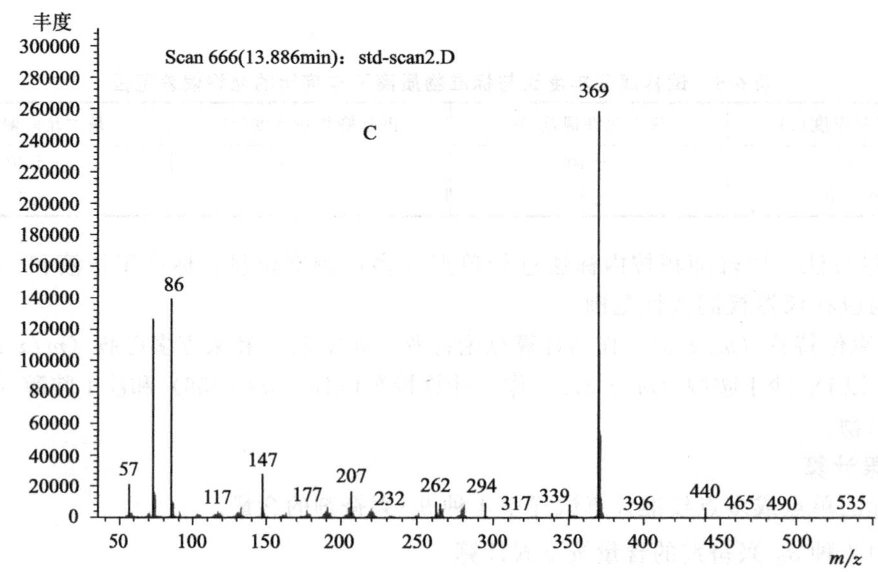
丰度
Scan 666(13.886min)：std-scan2.D
C
m/z

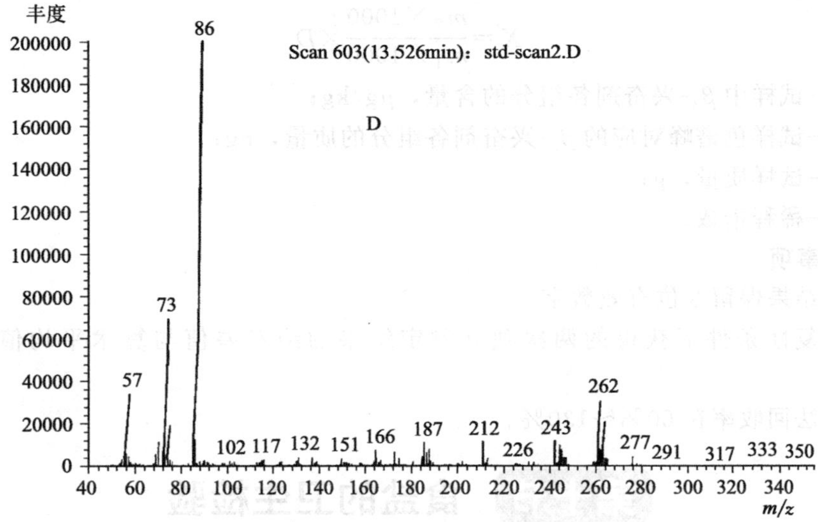


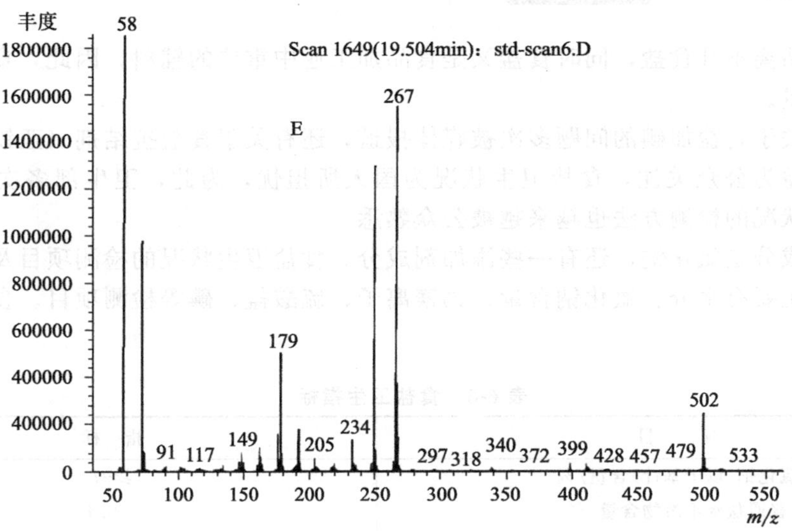


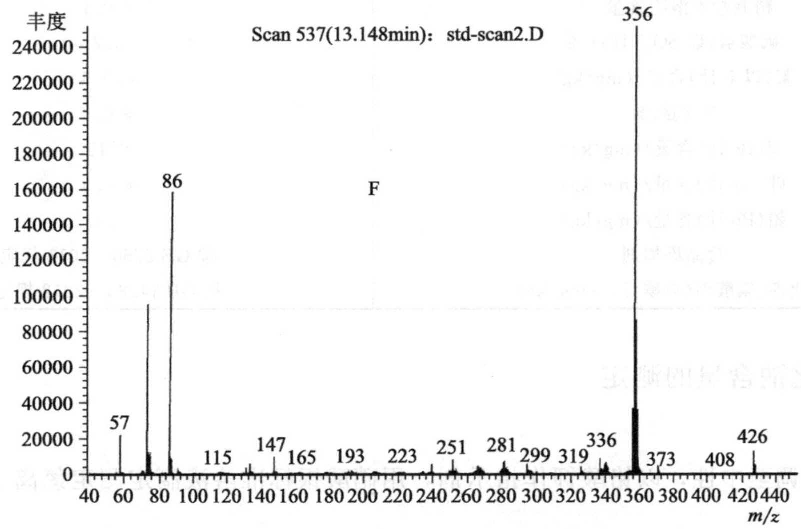


图 6-8　$\beta_2$-兴奋剂和内标物衍生物的质谱图（EI 源）

A—$D_9$-克伦特罗；B—$D_3$-沙丁胺醇；C—沙丁胺醇；D—克伦特罗；E—莱克多巴胺；F—特布他林

$$X=\frac{m_2\times1000}{m_1\times1000}\times D$$

式中　$X$——试样中$\beta_2$-兴奋剂各组分的含量，μg/kg；

$m_2$——试样色谱峰对应的$\beta_2$-兴奋剂各组分的质量，ng；

$m_1$——试样质量，g；

$D$——稀释倍数。

**6. 注意事项**

① 计算结果保留 3 位有效数字。

② 在重复性条件下获得的两次独立测定结果的绝对差值与算术平均值之比应不大于 20%。

③ 本方法回收率在 60%～130%。

## 第十节　食盐的卫生检验

人们的生活离不开食盐，同时食盐又是食品加工业中重要的辅料，因此，食盐的质量关系到食品的质量。

近年来，关于食盐加碘的问题多次被媒体报道，还有关于食盐抗结剂（亚铁氰化钾）的毒理学讨论日益为公众关注，食盐卫生状况为国人所担忧，为此，卫生部多次发表声明解释。食盐卫生状况的检测方法也越来越被公众熟悉。

食盐主要成分是氯化钠，还有一些添加剂成分。食盐卫生状况的检测项目及方法都要依据国家标准，主要有水分、氯化钠含量、钙镁离子、硫酸盐、碘等检测项目。食盐卫生指标见表 6-6。

**表 6-6　食盐卫生指标**

| 项　目 | 指　标 |
|---|---|
| 氯化钠(以干基计)含量/% | ≥97 |
| 普通盐水不溶物含量/% | ≤0.4 |
| 精制盐不溶物含量/% | ≤0.1 |
| 硫酸盐(以 $SO_4^-$ 计)/% | ≤2 |
| 氟(以 F 计)含量/(mg/kg) | ≤2.5 |
| 镁含量/% | ≤0.5 |
| 钡(Ba 计)含量/(mg/kg) | ≤15 |
| 砷(As 计)含量/(mg/kg) | ≤0.5 |
| 铅(Pb 计)含量/(mg/kg) | ≤1 |
| 食品添加剂 | 按 GB 2760—2011 规定 |
| 碘化钾、碘酸钾(以碘计)/(mg/kg) | 按 GB 14880—2012 规定 |

### 一、氯化钠含量的测定

**1. 原理**

样品溶液调至中性，以铬酸钾作指示剂，用硝酸银标准溶液滴定测定氯离子。

**2. 仪器**

① 容量瓶。

② 滴定管和移液管，使用前必须先经过校正。

**3. 试剂**

本方法所用试剂和水未注明要求时，均使用分析纯试剂和蒸馏水（或相应纯度的水）。标准溶液的配制与使用必须进行温度校正。

（1）0.1mol/L 氯化钠标准溶液　称取 2.9222g 磨细并在 500～600℃灼烧至恒重的氯化钠，称重至 0.0001g，溶于不含氯离子的水中，移入 500mL 容量瓶中，加水稀释至刻度，摇匀。

（2）$AgNO_3$ 标准溶液的配制与标定

① 配制：称取经 110℃干燥 1～2h 的硝酸银 8.5g 溶于水，移入 500mL 容量瓶，稀释至刻度，摇匀，在棕色试剂瓶中备用（如有浑浊，过滤）。

②标定：吸取 25.00mL 氯化钠标准溶液，置于 150mL 烧杯中，加 4 滴铬酸钾指示剂，均匀搅拌下用 0.1mol/L $AgNO_3$ 标准溶液滴定，直至呈现稳定的淡橘红色悬浊液，同时做空白试验校正。

（3）10%铬酸钾溶液　称取 10g 铬酸钾，溶于 100mL 水中，搅拌下滴加硝酸银标准溶液至呈现红棕色不褪，搅拌均匀后放置过夜，然后用滤纸过滤，使用滤液。

**4. 操作步骤**

称取 25g 粉碎至 2mm 以下的均匀样品，称准至 0.001g，置于 400mL 烧杯中，加 200mL 水，加热近沸至样品全部溶解，冷却后移入 500mL 容量瓶，加水稀释至刻度，摇匀（必要时过滤）。从中吸取 25.00mL 于 250mL 容量瓶，加水稀释至刻度，摇匀，再吸取 25mL（含 60～70mg $Cl^-$）置于 150mL 烧杯中，加 4 滴铬酸钾指示剂，均匀搅拌下用 0.1mol/L $AgNO_3$ 标准溶液滴定，直至呈现稳定的淡橘红色悬浊液，同时做空白试验校正。

**5. 结果计算**

氯化钠含量按下式计算：

$$\omega=\frac{(V_1-V_2)\times c\times 0.0585}{m\times\frac{25}{500}\times\frac{25}{250}}\times\frac{100}{1-A}$$

式中　$A$——食盐含水量，g/g；

$c$——$AgNO_3$ 标准溶液的浓度，mol/L；

0.0585——1mL 1mol/L $AgNO_3$ 标准溶液相当氯化钠的质量，g/mmol；

$m$——试样的质量，mg；

$V_1$——$AgNO_3$ 标准溶液用量，mL；

25/500，25/250——稀释因子；

$V_2$——空白实验 $AgNO_3$ 标准溶液用量，mL。

**6. 注意事项**

① 允许差见表 6-7。

**表 6-7　允许差**

| 氯离子含量/% | 允许差 |
|---|---|
| 34.00～47.00 | 0.10 |
| ＞47.00 | 0.13 |

② 分析次数和报告值同一实验室取 2～3 个样进行平行测定，其测定值之差超过允许差时应重测，平行值之差没有超过允许差时取测定值的平均值作为报告值。

## 二、碘含量的测定

**1. 原理**

酸性溶液中碘离子经溴氧化为碘酸根，用甲酸钠除去过剩的溴，碘酸根氧化碘化钾析出碘，然后用硫代硫酸钠标准溶液滴定，测定碘含量，其反应式如下。

$$I^- + 3Br_2 + 3H_2O \longrightarrow IO_3^- + 6H^+ + 6Br^-$$

$$Br_2 + HCOO^- + H_2O \longrightarrow CO_3^{2-} + 3H^+ + 2Br^-$$

$$IO_3^- + 5I^- + 6H^+ \longrightarrow 3I_2 + 3H_2O$$

$$3I_2 + Na_2S_2O_3^- \longrightarrow 6NaI + 3Na_2S_4O_6$$

**2. 试剂**

(1) 0.005mol/L 硫代硫酸钠溶液　准确称取硫代硫酸钠 1.24g，用去离子水溶于 1L 容量瓶中，并稀释至刻度，置于冰箱中避光保存。

(2) 1mol/L 盐酸溶液　量取 12mol/L 盐酸（分析纯）8.4mL 加水稀释至 100mL。

(3) 饱和溴水溶液　量取 25mL 溴（分析纯）至 100mL 水中摇匀（应在通风柜中进行）。

(4) 10%甲酸钠溶液　称取甲酸钠（分析纯）25.0g 溶于 250mL 容量瓶中，并稀释至刻度，置冰箱避光保存（或现配现用）。

(5) 1%淀粉指示剂　量取 100mL 水于 250mL 烧杯中，加热至沸腾，然后加入 1.0g 可溶性淀粉搅拌至完全溶解，再加入 1.0g 氯化钠搅拌，冷却后即可使用。

**3. 仪器**

分析天平、电炉、滴管。

**4. 操作步骤**

① 称取 10.0g 碘盐，置于 150mL 锥形瓶中，加 50mL 水溶解。

② 加入 2mL 1mol/L 盐酸溶液和 2mL 饱和溴水溶液，混匀，放置 5min。

③ 摇动下加入 5mL 10%甲酸钠溶液，放置 5min。

④ 加入 5mL 10%碘化钾溶液，静置约 10min。

⑤ 用 0.005mol/L 硫代硫酸钠溶液滴定至溶液呈淡黄色。

⑥ 加入 2mL 1%淀粉指示剂，摇匀后，继续用 0.005mol/L 硫代硫酸钠标准溶液滴定至溶液颜色恰好消失。

⑦ 记下滴定管中硫代硫酸钠刻度值，根据硫代硫酸钠标准溶液所消耗的体积，从盐碘含量对照表中查得碘含量。

## 三、亚铁氰化钾含量的测定

我国规定亚铁氰化钾在食盐中最大使用量为 0.010g/kg。国家标准规定测定食盐中亚铁氰化钾含量的方法为硫酸亚铁比色法。实际应用中发现此方法测定样品时，硫酸亚铁水溶液很容易被空气氧化生成碱式盐，产生棕黄色沉淀，致测定溶液浑浊，影响比色。采用蒸馏食用盐中亚铁氰化钾，吸收氰根，吡啶-吡唑啉酮显色定量测定，并对试剂的配制进行了改进，相对克服了硫酸亚铁水溶液被空气的氧化。

**1. 原理**

亚铁氰化钾在酸性条件下经蒸馏分解出氰化物，与氯胺 T 反应，生成氯化氰（CNCl），然后与吡啶-吡唑啉酮生成蓝色染料，比色定量。

**2. 试剂**

(1) 亚铁氰化钾标准溶液（1mg/mL）　称取亚铁氰化钾（$K_4[Fe(CN)_6] \cdot 3H_2O$）0.1993g，精确至 0.0001g，加少量水溶解，稀释至 1000mL，得 1mL 含 1mg $[Fe(CN)_6]^{4-}$ 溶液。

(2) 亚铁氰化钾标准工作溶液　吸取亚铁氰化钾标准溶液 5.0mL，稀释至 100mL，得 1mL 含 50μg $[Fe(CN)_6]^{4-}$ 溶液。

(3) 5g/L 1-苯基-3-甲基-5-吡唑啉酮溶液　称取1-苯基-3-甲基-5-吡唑啉酮1.0g，溶于200mL无水乙醇，加吡啶1.2mL，混匀。

(4) 10.0g/L氯胺T溶液　称取氯胺T 1.0g，溶于100mL水。

(5) 磷酸盐缓冲溶液　称取磷酸氢二钠（$Na_2HPO_4$）17.8g和磷酸二氢钾（$KH_2PO_4$）17.0g，加水溶解，稀释至500mL。

(6) 0.1mol/L NaOH溶液　称取NaOH 1.0g，溶于250mL水中。

(7) 1mol/L $KNO_3$溶液　称取$KNO_3$ 25.0g，溶于250mL水中。

(8) 1mol/L乙酸　吸取乙酸11.5mL，加水至200mL，混匀。

(9) 10.0g/L酒石酸溶液　称取酒石酸20.0g，溶于200mL水中，过滤。

(10) 1%酚酞乙醇溶液　称取酚酞1.0g，于60mL无水乙醇中，加水40mL，混匀。

**3. 仪器**

(1) 分光光度计　波长620nm。

(2) 蒸馏冷凝装置。

(3) 一般实验室仪器。

**4. 操作步骤**

(1) 标准曲线制作

① 称取不含亚铁氰化钾的食盐（以下称盐样）10.0g，加水100mL溶解，加入亚铁氰化钾工作标准溶液4.0mL（200μg $[Fe(CN)_6]^{4-}$），搅匀，转入500mL蒸馏烧瓶中，加入100g/L酒石酸10mL，迅速连接冷凝器及聚乙烯毛细管，毛细管尖端浸入盛有0.1mol/L NaOH 10mL的100mL的容量瓶中，收集氰化物蒸馏液，启动电源加热和冷却水开关，维持蒸馏瓶中溶液沸腾10min，关闭电源，当温度降至70℃以下，取下容量瓶，加水至刻度，摇匀，1mL溶液相当2.0μg $[Fe(CN)_6]^{4-}$，此为A液。取A液20.00mL置100mL容量瓶，加水稀释至刻度，摇匀，1mL溶液相当0.4μg $[Fe(CN)_6]^{4-}$，此为B液。

② 取B液0.00mL、2.00mL、4.00mL、6.00mL、8.00mL分别置于25mL比色管中，加水至10mL，加酚酞指示液1滴，以1mol/L乙酸调至无色，加磷酸缓冲溶液4.0mL、10g/L氯胺T 0.3mL，摇匀，放置3min，加吡啶-吡唑啉酮5.0mL，摇匀，静置20min，加水至刻度，摇匀。于分光光度计620nm处，用1cm比色皿，水作参比，测定吸光度。以对应$[Fe(CN)_6]^{4-}$质量（μg）为横坐标，吸光度为纵坐标，绘制标准曲线。

(2) 样品测定　称取盐样10.0g，加水100mL，溶解，转入500mL蒸馏烧瓶中，以下用测定标准系列的操作条件测定样品溶液，具体操作：取下容量瓶，加水至刻度，摇匀，吸取10.00mL于25mL比色管，加酚酞指示液1滴，用1mol/L乙酸调至无色，加磷酸缓冲溶液4.0mL、10g/L氯胺T 0.3mL，放置3min，加吡啶-吡唑啉酮5.0mL，摇匀，静置20min，加水至刻度，摇匀。于分光光度计620nm处，用1cm比色皿，水作空白，测定吸光度。

**5. 结果计算**

从标准曲线上查出相应$[Fe(CN)_6]^{4-}$质量（μg），此数即为盐样中亚铁氰化钾含量（μg/g）。

**6. 注意事项**

① 氰化物蓝色染料络合物稳定时间较短，显色过程由红色渐变为蓝色，在20～45min内相对较稳定。因此需要在此区间内完成测定。

② 酸的加入量对结果有影响，酸量大，分解氰化物（CN）多，但蒸馏中部分$H^+$也带入吸收瓶，吸收液呈酸性，致使氰化物不稳定，本实验选择酒石酸加入量为10.0mL。

③ 蒸馏时间长，氰化物增多，同时使$H^+$带入吸收液，氰化物不稳定。控制蒸馏时间

（微沸状态）10min，基本上达到完全。

④ 10g/L 氯胺 T 加 0.3mL 适宜。氯胺 T 量加至 1.0mL 时结果偏低，不加氯胺 T 不生成 CNCl，溶液无色不能测定。

## [目标检测]

### 一、单项选择题

1. 挥发性盐基氮测定时所用的指示剂是（　　）。

A. 甲基红-次甲基蓝　B. 甲基红　C. 溴甲酚绿　D. 甲基红-溴甲酚绿

2. 挥发性盐基氮测定时在蒸馏过程中，接收瓶内的液体是（　　）。

A. 硼酸　B. 硝酸　C. 氢氧化钠　D. 盐酸

3. 蒸馏或回流易燃低沸点液体时操作错误的是（　　）。

A. 在烧瓶内加数粒沸石防止液体暴沸　B. 加热速度宜慢不易快

C. 用明火直接加热烧瓶　D. 烧瓶内液体不宜超过 1/2 体积

4. 挥发性盐基氮测定时，吸收液用盐酸标准溶液滴定，终点的颜色应呈（　　）。

A. 蓝紫色　B. 红色　C. 绿色　D. 无色

5. 脂肪测定时，严禁（　　）。

A. 使用滴定管　B. 明火加热　C. 和他人说话　D. 水浴加热

6. 脂肪测定过程中，所使用的加热温度是（　　）。

A. 65～80℃　B. 200～300℃　C. 550～600℃　D. 95～105℃

7. 胆固醇测定时样品经氯仿抽提、皂化后，用石油醚提取。提取液挥干后，残渣用冰醋酸溶解后，能与加入的（　　）显色剂作用，生成青紫色的物质。

A. 硫酸铁铵　B. 硫酸亚铁铵　C. 氯化铵　D. 硫酸铵

8. 食品中淀粉的测定，样品水解处理时应选用下列（　　）。

A. 回流　B. 蒸馏　C. 分馏　D. 提取

9. 测定含有能被水解为还原糖的多糖含量很高的样品中的淀粉，宜采用以下哪种方式水解淀粉（　　）。

A. 酸水解　B. 酶水解

C. 先用酸，再用酶水解　D. 先用酶，再用酸水解

10. 测定肉中组胺含量时，先用正戊醇提取，然后遇偶氮试剂显（　　），与标准系列比较定量。

A. 橙色　B. 红色　C. 蓝色　D. 紫色

11. 分光光度法测定肉中复合磷酸盐含量时，应在（　　）波长处测定吸光度。

A. 660nm　B. 700nm　C. 538nm　D. 560nm

12. 用镉柱法测硝酸盐含量，若无镉柱玻璃管可用（　　）代替。

A. 冷凝管　B. 碱式滴定管　C. 酸式滴定管　D. 比色管

13. 我国禁止使用的食品添加剂不包括下面所说的（　　）。

A. 甲醛用于乳及乳制品　B. 硼酸、硼砂用于肉类防腐、饼干膨松

C. 吊白块用于食品漂白　D. 亚硝酸钠用于肉制品护色

14. 国家标准中规定，腊肠产品的过氧化值（以脂肪计）不得超过（　　）g/100g。

A. 0.4　B. 0.5　C. 0.6　D. 0.7

15. 国家标准中规定，腊肠产品的亚硝酸残留量不得超过（残留量以亚硝酸钠计）（　　）。

A. 0.3g/kg　B. 3g/kg　C. 0.03g/kg　D. 0.003g/kg

16.（　　）在腌制时对肉起呈色和防腐作用。

A. 抗坏血酸　　B. 磷酸盐　　C. 硝酸盐　　D. 发色剂

17. 在肉制品加工中（　　）具有调味、防腐、保鲜、提高保水性和黏着性等作用。

A. 蔗糖　　B. 磷酸盐　　C. 味精　　D. 食盐

18. 使用分光光度法测定食品中亚硝酸盐含量的方法称为（　　）。

A. 盐酸副玫瑰苯胺比色法　　B. 盐酸萘乙酸比色法

C. 格里斯比色法　　D. 双硫腙比色法

19. 下面对 GB/T 13662—92 代号解释不正确的是（　　）。

A. GB/T 为推荐性国家标准　　B. 13662 是产品代号

C. 92 是标准发布年号　　D. 13662 是标准顺序号

20. 下列标准属于地方性强制标准的是（　　）。

A. GB XX　　B. DB XX　　C. QB XX　　D. HB XX

**二、判断题**

1. 酿造用水的亚硝酸盐的测定显色反应后呈紫红色的偶氮染料，应在 700nm 波长处测定吸光度。（　　）

2. 肉制品加工中，常使用混合磷酸盐，一般添加量为 0.1%～0.3%范围。（　　）

3. 硝酸盐能抑制肉毒梭菌毒素的生长。（　　）

4. 磷酸盐有增强肉的保水性和黏结性作用，故能降低肉制品在加工过程中的损失。（　　）

5. pH 值越低，亚硝酸生成的越多，肉发色效果越好。（　　）

6. 我国在肉类制品加工中规定亚硝酸盐最大使用量为 0.05g/kg。（　　）

7. 只要是优级纯试剂都可作基准物。（　　）

8. 一般食品用有机溶剂浸提，挥干有机溶剂后称得的质量主要是游离脂肪。（　　）

9. 我国规定硝酸钠和亚硝酸钠只能用于肉类罐头和肉类制品。（　　）

10. 甲醇有毒，而且是积累性中毒，食饮少量（约 1mL）甲醇可使双目失明，量多可致死。（　　）

# 第七章 发酵食品的检验

## 第一节 发酵食品理化指标的检验

### 一、样品理化检验前的处理

**1. 样品的制备**

(1) 生产原料的制备　从混合均匀的样品中以四分法的形式分取 30～50g 样品，除去大样杂质和矿物质，粉碎至细度通过 40 目分析筛，将制备好的试样盛于干燥洁净的具塞磨口瓶中。

(2) 酱油、食醋的半成品、成品样品的制备　将有代表性的样品充分振摇后，用干滤纸滤入干燥洁净的 250mL 磨口瓶中备用。

(3) 酱货类（面酱、豆酱、腐乳等）的制备　取有代表性的样品 50g，置于研钵中，研磨细匀后，贮于洁净的玻璃瓶中。

(4) 酱腌菜的制备　取有代表性的样品 200g，置于仪器粉碎机中，充分绞碎，混匀，贮于洁净的玻璃瓶中。

**2. 样品稀释液的制备**

(1) 固体、半固体样品　准确称取研磨细匀的试样 10g 于烧杯中，加入 80mL 煮沸的蒸馏水，搅匀，浸泡 0.5h，浸泡期间搅拌 3～5 次，待冷却至室温时，倒入 100mL 容量瓶中，并以少量蒸馏水冲洗烧杯数次，将洗液一并倒入容量瓶中，稀释至刻度充分摇匀后，用滤纸过滤，弃去初滤液 5mL，然后滤入具塞锥形瓶中备用。此样品稀释液的浓度为 10%。主要用于盐分、总酸、pH、无盐固形物、灰分等理化检验使用。

(2) 液体样品　准确吸取 10mL 已过滤的样品，置于 100mL 容量瓶中，加蒸馏水定容至刻度，摇匀，即成 10%稀释液。主要用于盐分、总酸、pH、无盐固形物、灰分等理化检验使用。

### 二、总固形物的测定

固形物可分为可溶性固形物和不溶性固形物，总固形物的含量等于可溶性固形物含量与不溶性固形物含量之和。

可溶性无盐固形物是指食醋中除水、食盐、不溶性物质外的其他物质的含量，是食醋中内容物含量指标，其含量高低直接反映出酿造食醋的品质好坏，强制性国家标准《酿造食醋》(GB 18187—2000)规定，固态发酵食醋可溶性无盐固形物的含量不小于1.00g/100mL，液态发酵食醋不小于0.50g/100mL。食醋中可溶性无盐固形物的含量是通过测定试样中可溶性总固形物的含量后，减去试样中氯化钠含量而得到的。总固形物含量的测定方法如下所述。

**1. 原理**

样品在98～100℃的电热恒温干燥箱中进行干燥，所得到的干物质的量，即为总固形物的含量。

**2. 仪器**

① 分析天平：感量0.1mg，称量200g。

② 电热恒温干燥箱：40cm×40cm×50cm。

③ 移液管：10mL、5mL。

④ 称量瓶：直径40mm，高25mm。

**3. 操作步骤**

吸取上述制备好的样品10.00mL放入100mL容量瓶中，加蒸馏水稀释至刻度，摇匀，即为10%稀释液。吸取10%稀释液5.00mL，放入已烘至恒重的称量瓶中，然后移入98～100℃干燥箱中，将瓶盖斜置于瓶边。6h后，将瓶盖盖好，取出，放入干燥器内，冷却至室温（约需0.5h），称重。再烘1h，冷却，称重，直至两次称量值之差不大于1mg，即为恒重。

**4. 结果计算**

$$\rho_1=\frac{m-m_0}{\frac{10}{100}\times 5}\times 100$$

式中 $\rho_1$——样品中总固形物的含量，g/100mL；

$m$——恒重后总固形物和称量瓶的质量，g；

$m_0$——称量瓶的质量，g；

10/100——样品稀释度；

100——将g/mL换算为g/100mL的系数；

5——换算系数。

**5. 允许误差**

两次测定结果的允许误差为0.30g/100mL。

## 三、盐分的测定

食盐是发酵调味品生产的重要原料之一，它使调味品具有适当咸度。在发酵和成品贮存过程中起到了防腐的功能。国家标准一级、二级、三级酱油的食盐含量为15%～17%。食盐的测定既能控制酱油质量，又能指导人们合理食用酱油。

测定盐分的方法有两种：一种是直接滴定法，以铬酸钾为指示剂；另一种是间接法（佛哈德法），以铁铵矾为指示剂。因为直接法简易、迅速，所以一般采用直接法测定。

**1. 原理**

用硝酸银标准溶液滴定样品中的氯化钠，生成氯化银沉淀，其反应式为

$$AgNO_3+NaCl \longrightarrow AgCl\downarrow+NaNO_3$$

待全部氯化银沉淀后，过量的硝酸银立即与铬酸钾指示剂作用，生成砖红色的铬酸银沉淀，因此当溶液滴定至刚显砖红色不褪色时即为终点。

$$2AgNO_3+K_2CrO_4 \longrightarrow Ag_2CrO_4\downarrow+2KNO_3$$

由硝酸银标准滴定溶液消耗量计算氯化钠的含量。

**2. 仪器**

① 分析天平：感量 0.1mg。

② 滴定管。

③ 容量瓶：1000mL。

④ 移液管：1mL、10mL。

⑤ 吸量管：1mL 等。

**3. 试剂**

① 10%铬酸钾指示剂：称取铬酸钾（$K_2CrO_4$）（分析纯）10g，加蒸馏水溶解并定容至 100mL。

② 0.1mol/L 硝酸银标准溶液：称取硝酸银 17.00g，于 100mL 容量瓶中，加蒸馏水溶解后，稀释至刻度，混匀。

标定：称取在 270℃干燥至恒重的基准氯化钠 0.1200g，放入 250mL 锥形瓶中，加蒸馏水 50mL，溶解后加入铬酸钾指示液 0.5mL，用硝酸银溶液滴定至浅橘红色，记下耗用硝酸银溶液的体积（mL）。同时做空白试验。

按下式计算硝酸银标准溶液的浓度。

$$c=\frac{m}{(V-V_0)\times 10^{-3}\times 58.5}$$

式中 $c$——硝酸银的物质的量浓度，mol/L；

$m$——氯化钠的质量，g；

$V$——耗用硝酸银溶液的体积，mL；

$V_0$——空白耗用硝酸银溶液的体积，mL；

$10^{-3}$——将 mL 换算为 L 的系数；

58.5——氯化钠的摩尔质量，g/mol。

**4. 操作步骤**

(1) 10%样品稀释液的制备　方法同总固形物的测定中操作步骤。

(2) 样品的测定　吸取 10%稀释液 5mL，放入洁净的 250mL 锥形瓶中，加入蒸馏水 50mL，10%铬酸钾指示剂 0.5mL（或 10 滴），用 0.1mol/L 硝酸银标准液滴定，至刚显砖红色沉淀时即为终点，记下耗用硝酸银标准溶液的体积。同时做试剂空白试验。

**5. 结果计算**

$$\rho=\frac{(V-V_0)\times c\times 0.05844}{5\times\frac{10}{100}}\times 100$$

式中 $\rho$——氯化物的含量（以 NaCl 计），g/100mL 或 g/100g；

$c$——硝酸银标准溶液的浓度，mol/L；

$V$——样品耗用硝酸银标准溶液的体积，mL；

$V_0$——试剂空白耗用硝酸银标准溶液的体积，mL；

10/100——样品稀释度；

0.05844——与 1.00mL 1.000mol/L 硝酸银标准滴定溶液相当的氯化钠的质量，g/mmol；

100——将 g/mL 或 g/g 换算为 g/100mL 或 g/100g 的系数；

5——滴定时样品稀释液用量，mL。

结果的表述：报告算术平均值的 3 位有效数字。平行试验允许差为 0.20g/100mL，或相对偏差≤10%。

**6. 注意事项**

① 此法在酸性或碱性溶液中进行滴定，会使结果偏高。滴定前溶液的 pH 调整到 6.5～10.5，即中性或弱碱性较适宜（可用氢氧化钠溶液中和）；如有铵盐存在时，pH 要调整到 6.5～7.2 为宜。如样品溶液的蛋白质含量较高，应除去蛋白质后再进行氯化物的测定，以避免蛋白质对含银化合物的吸附造成的影响。

② 如果样品色泽过深，终点不易辨认，可取样品 10～15g 于坩埚中，在水浴上蒸干，小心炭化至内容物易压碎为止。用水将碳化物移入 100mL 容量瓶中，加水至刻度，过滤。

③ 观察终点不熟悉时，可用同量的蒸馏水加铬酸钾指示剂 1 滴，再加 1 滴 0.1mol/L 硝酸银溶液进行对照。

## 四、氨基氮的测定

氨基酸态氮指的是以氨基酸形式存在的氮元素的含量。它是酱油的营养指标、酿造酱油中大豆蛋白水解率高低的特征性指标、酱油的质量指标和酱油中氨基酸含量的特征指标。一般来说，氨基酸态氮含量越高，酱油的鲜味越强，质量越好。国家标准规定酱油中氨基酸态氮最低含量不得小于 0.4g/100mL。按照 GB 18186—2000，我国酿造酱油的等级划分如表 7-1 所示。

**表 7-1 我国酿造酱油的等级划分**

| 项目 | 指标 | | | | | | | |
|---|---|---|---|---|---|---|---|---|
| | 高盐稀态发酵酱油(含固稀发酵酱油) | | | | 低盐固态发酵酱油 | | | |
| | 特级 | 一级 | 二级 | 三级 | 特级 | 一级 | 二级 | 三级 |
| 氨基酸态氮(以氮计)/(g/100mL) ≥ | 0.80 | 0.70 | 0.55 | 0.40 | 0.80 | 0.70 | 0.60 | 0.40 |

**[案例分析]**

实例：张某为了买一瓶品质好的酱油，就在一大型超市选了一瓶氨基酸态氮含量大于 0.8g/100mL 的酱油，请问他选择的就一定是特级酱油吗？

分析：张某的选择并不一定是特级酱油。虽然说酱油的鲜味取决于氨基酸态氮含量的高低，但是由于一些不法的生产商在配兑酱油时加了鲜味剂，这样也能使氨基酸态氮的含量增加，所以说不能简单地以氨基氮的含量来判断酱油的品质。

**1. 原理**

氨基酸分子中含有羧基，又含有氨基，加入甲醛以固定氨基，使溶液显酸性，用氢氧化钠标准溶液滴定。

**2. 仪器**

① 酸度计（附磁力搅拌器）。

② 碱式滴定管：25mL。

③ 移液管：10mL。

**3. 试剂**

① 1%酚酞乙醇指示剂。

② 磷酸盐标准缓冲液：pH 6.88。

③ 硼砂标准缓冲液：pH 9.22。

④ 邻苯二甲酸氢钾标准缓冲液：pH4。

⑤ 甲醛：36%～38%。

⑥ 0.0500mol/L 氢氧化钠标准溶液：称取氢氧化钠 120g 于 200mL 烧杯中，加蒸馏水 100mL 搅拌使其溶解，冷却后，摇匀，置聚乙烯塑料瓶中，密塞，放置数日。澄清后，吸取上层清液 2.80mL 加蒸馏水稀释至 1000mL，混匀。

标定：称取在 105～110℃干燥至恒重的基准邻苯二甲酸氢钾 0.2000g 于 250mL 锥形瓶中，加蒸馏水 50mL 使其溶解，加酚酞指示剂 2 滴，用上述配制的氢氧化钠溶液滴定至溶液呈微红色，0.5min 不消失为终点，记下耗用氢氧化钠溶液体积（mL）。同时做空白试验。

按下式计算氢氧化钠标准溶液的浓度

$$c=\frac{m}{(V-V_0)\times10^{-3}\times204.2}$$

式中 $c$——氢氧化钠标准溶液的物质的量浓度，mol/L；

$m$——邻苯二甲酸氢钾的质量，g；

$V$——氢氧化钠溶液的用量，mL；

$V_0$——空白试验氢氧化钠溶液的用量，mL；

$10^{-3}$——将 mL 换算为 L 的系数；

204.2——邻苯二甲酸氢钾的摩尔质量，g/mol。

**4. 操作步骤**

准确吸取酱油 5.0mL，置于 100mL 容量瓶中，加水至刻度，混匀后吸取 20.0mL，置于 200mL 烧杯中，加蒸馏水 60mL，放入搅拌磁子，用蒸馏水清洗电极，并用吸水纸将水滴吸干，把电极插入试液中，开动磁力搅拌器，用 0.0500mol/L 氢氧化钠标准溶液滴定至酸度计指示 pH 8.20，记下消耗氢氧化钠标准溶液的体积 $V_1$。

加入 10.0mL 甲醛溶液，混匀。再用 0.0500mol/L 氢氧化钠标准溶液继续滴定至酸度计指示 pH 9.20，记下消耗氢氧化钠标准溶液的体积 $V_2$。

同时取 80mL 蒸馏水置于另一 200mL 洁净烧杯中，先用 0.0500mol/L 氢氧化钠标准溶液调节至 pH 为 8.20（此时不计耗碱量），再加入 10.0mL 甲醛溶液，用 0.0500mol/L 氢氧化钠标准溶液调节至 pH 为 9.20，作为试剂空白试验，记下试剂空白试验消耗的氢氧化钠标准溶液的体积 $V_0$，供计算样品中氨基酸态氮的含量。

**5. 结果计算**

$$\rho=\frac{(V_2-V_0)\times c\times0.014}{V_3\times\frac{5}{100}}\times100$$

式中 $\rho$——酱油试样中氨基酸态氮的含量（以氮计），g/100mL；

$V_2$——试样在加入甲醛后滴定至终点（pH 9.20）所消耗的氢氧化钠标准溶液的体积，mL；

$V_0$——空白试验加入甲醛后滴定至终点（pH 9.20）所消耗的氢氧化钠标准溶液的体积，mL；

$c$——氢氧化钠标准溶液的浓度，mol/L；

0.014——氮的毫摩尔质量，g/mmol；

$V_3$——试样稀释液的取用量，mL；

5/100——样品稀释度；

100——将 g/mL 换算为 g/100mL 的系数。

**6. 允许误差**

两次测定结果的允许误差为0.03g/100mL。

## 五、全氮的测定

**1. 原理**

样品中的含氮化合物经浓硫酸消化后，生成硫酸铵，加碱蒸馏出的氨以硼酸吸收，以甲基红-溴甲酚绿为指示剂，用盐酸标准溶液滴定。

**2. 仪器**

① 凯氏烧瓶：200mL或250mL。

② 冷凝器：外管长300mm。

③ 电热恒温干燥箱：40cm×40cm×50cm。

④ 氮球。

⑤ 分析天平：感量0.1mg，称量200g。

⑥ 移液管：2mL。

**3. 试剂**

① 混合指示液：1份0.2%甲基红乙醇液与5份0.2%溴甲酚绿乙醇液混合。

② 混合试剂：3份硫酸铜与50份硫酸钾混合。

③ 硫酸：95%～98%。

④ 锌粒。

⑤ 氢氧化钠溶液：40%（质量浓度）。

⑥ 0.1000mol/L盐酸标准溶液：量取盐酸9mL于1000mL容量瓶中，用蒸馏水稀释至刻度。

标定：称取在270～300℃干燥至恒重的基准无水碳酸钠0.1200g于250mL锥形瓶中，加入蒸馏水50mL，溶解后，加混合指示剂3滴，用上述配制的盐酸溶液滴定至溶液呈灰色即为终点。同时做空白试验。

按下式计算盐酸标准溶液的浓度。

$$c=\frac{m}{(V-V_0)\times 0.0530}$$

式中 $c$——盐酸的物质的量浓度，mol/L；

$m$——无水碳酸钠的质量，g；

$V$——盐酸溶液用量，mL；

$V_0$——空白试验盐酸溶液用量，mL；

0.0530——1/2 $Na_2CO_3$的毫摩尔质量，g/mmol。

**4. 操作步骤**

吸取样品2.00mL于干燥的250mL凯氏烧瓶中，加入硫酸铜-硫酸钾混合试剂4g，硫酸10.00mL，然后放入通风橱内（烧瓶口放一个小漏斗，并将烧瓶以45°角斜置于电炉上），小心加热，待内容物全部炭化，泡沫完全停止后，加强火力，并保持瓶内溶液微沸，至炭粒全部消失，消化液呈澄清的浅绿色，再继续加热15min，取下，冷却。缓缓加入蒸馏水120mL，将冷凝管下端的导管插入盛有2%硼酸溶液30mL及混合指示液2～3滴的锥形瓶中的液面下，再沿凯氏烧瓶瓶壁缓慢加入40%氢氧化钠溶液40mL，锌粒2粒，迅速连接蒸馏装置（整个装置应严密不漏气），接通冷却水，振摇凯氏烧瓶，加热蒸馏至馏出液约120mL，然后将接收瓶放下少许使冷凝管下端离开液面，再蒸馏1min，停止加热，用少量蒸馏水冲洗冷凝管下端的外部，取下接收瓶。以0.1000mol/L盐酸标准溶液滴定至灰红色为终点，记下耗用毫升数。同时做空白试验。

**5. 结果计算**

$$\rho=\frac{(V-V_0)\times c\times 0.014}{2}\times 100$$

式中 $\rho$——样品中全氮的含量（以氮计），g/100mL；

$V$——样品耗用盐酸标准溶液的体积，mL；

$V_0$——空白耗用盐酸标准溶液的体积，mL；

$c$——盐酸标准溶液的物质的量浓度，mol/L；

0.014——氮的毫摩尔质量，g/mmol；

100——将 g/mL 换算为 g/100mL 的系数；

2——样品的体积，mL。

**6. 允许误差**

两次测定结果的允许误差为 0.03g/100mL。

**7. 注意事项**

① 所用试剂纯度除特别注明外均为分析纯。

② 以上理化检验项目，同一样品应做 2 个平行试验，2 次测定值之差不得大于允许误差，取其平均值作为分析结果。

## 六、亚铁氰化钾的测定

亚铁氰化钾是我国食盐中常使用的抗结剂，一般食盐如果不添加抗结剂在 10d 左右就会结成无法使用的硬块。在国家标准《食用盐》（GB 5461—2000）中允许食盐中亚铁氰化钾含量≤10mg/kg。亚铁氰化钾属低毒类，吸入引起咳嗽、气短，大量口服引起胃肠不适，受热或遇酸反应，会产生剧毒物。人类的每日容许摄入量为 0.025mg/kg，而食盐作为酱油酿造中重要的添加剂，故测定酱油中亚铁氰化钾的含量，必然成为控制食品安全性的一个指标。

**[知识链接]**

亚铁氰化钾，俗称黄血盐，是国内外广泛使用的食盐抗结剂，国际食品法典委员会及日本、澳大利亚和新西兰、欧盟都允许亚铁氰化钾作为食品添加剂使用。我国《食品添加剂使用卫生标准》中允许其在盐和代盐制品中作为抗结剂使用，用于防止食盐结块，最大使用量为 10mg/kg，在产品包装上应当标识，可以标识为“亚铁氰化钾”或“抗结剂”。

亚铁氰化钾中铁和氰化物之间结构稳定，只有在高于 400℃的情况下才可能分解产生氰化钾，但日常烹调温度通常低于 340℃，因此在烹调温度下亚铁氰化钾分解的可能性极小，因此规范使用抗结剂亚铁氰化钾是安全无害的。

**1. 原理**

亚铁氰化钾在酸性条件下与硫酸亚铁生成蓝色复盐，与标准比较定量。

**2. 试剂**

① 80g/L 硫酸亚铁溶液。

② 稀硫酸：量取 5.7mL 硫酸，倒入 50mL 水中，冷后再加水至 100mL。

③ 亚铁氰化钾标准溶液：称取 0.1000g 亚铁氰化钾，溶于少量水，移入 100mL 容量瓶中，加水稀释至刻度。此溶液每毫升相当于 1mg 亚铁氰化钾。

④ 亚铁氰化钾标准使用液：吸取 10.0mL 亚铁氰化钾标准溶液，置于 100mL 容量瓶内，加水稀释至刻度。此溶液每毫升相当 0.1mg 亚铁氰化钾。

**3. 仪器**

分光光度计。

**4. 操作步骤**

称取 10.0g 样品，溶于水，移入 50mL 容量瓶中，加水至刻度，混匀，过滤，弃去初滤液，然后吸取 25.0mL 滤液置于比色管中。

吸取 0.00mL、0.10mL、0.20mL、0.30mL、0.40mL 亚铁氰化钾标准使用液（相当 0μg、10μg、20μg、30μg、40μg 亚铁氰化钾），分别置于 25mL 比色管中，各加水至 25mL。

样品管与标准管中各加入 2mL 80g/L 硫酸亚铁溶液及 1mL 稀硫酸，混匀。20min 后，用 3cm 比色杯，以零管调节零点，于波长 670nm 处测吸光度，绘制标准曲线比较或与标准色列目测比较。

**5. 结果计算**

样品中亚铁氰化钾的含量为：

$$X=\frac{m_s\times 1000}{m\times\frac{V_2}{V_1}\times 1000\times 1000}$$

式中　$X$——样品中亚铁氰化钾的含量，g/kg；

$m_s$——测定用样液中亚铁氰化钾的质量，μg；

$m$——样品质量，g；

$V_2$——测定用样液体积，mL；

$V_1$——样液总体积，mL。

## 七、挥发酸与不挥发酸的测定

食醋是一种重要的酸味调味剂，主要使用大米、小麦、小米、麸皮或者高粱等原料发酵而成。食醋中主要的成分为乙酸，还含有少量其他的酸。总酸含量的多少将直接影响到食醋的质量。总酸和不挥发酸是反映食醋特色的重要指标，总酸和不挥发酸含量高则滋味柔和，回味绵长，含量低滋味就差。

### （一）挥发酸的测定

测定挥发酸的方法有间接法和直接法。间接法是将挥发酸蒸发除去后，滴定不挥发的残酸，然后由总酸减去残酸，即为挥发酸。直接法用标准碱液直接滴定蒸馏出来的挥发酸。由于挥发酸呈游离态和结合态两部分，前者在蒸馏时较易挥发，后者则比较困难，为了准确地测出挥发酸的含量，在直接蒸馏的基础上，发展了水蒸气蒸馏技术，在食品分析中，常用水蒸气蒸馏法来测定挥发酸的含量。

**1. 原理**

用水蒸气蒸馏使挥发酸分离，在蒸馏时加入磷酸可使结合态离析。挥发酸经冷凝收集后，用标准碱液滴定，根据消耗标准碱液的浓度和体积，可计算挥发酸的含量［本方法适用于各类饮料、果蔬及其制品（如发酵制品、酒等）中总挥发酸含量的测定］。

**2. 仪器**

水蒸气蒸馏装置，见图 7-1。

**3. 试剂**

① 0.1mol/L 氢氧化钠标准溶液。

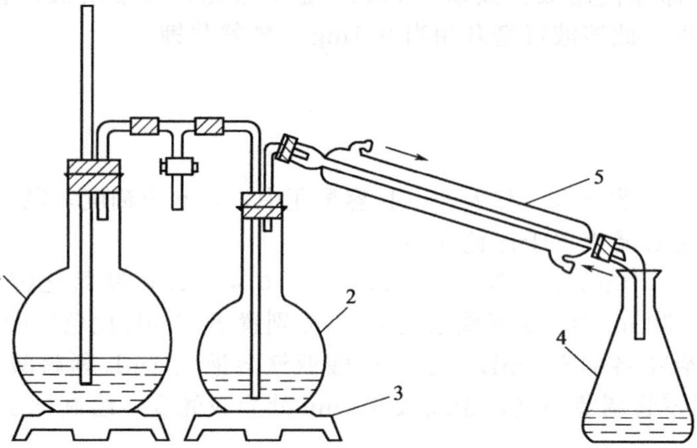


图 7-1 水蒸气蒸馏装置

1—水蒸气发生器；2—样品瓶；3—电炉；4—接收瓶；5—冷凝管

② 10g/L 酚酞指示剂。

③ 100g/L 磷酸溶液。

**4. 操作步骤**

吸取酒样 25mL 置于 250mL 烧瓶中，加 1%（质量分数）磷酸 1mL，连接水蒸气蒸馏装置，加热蒸馏至馏出液（如室温较高，应将接收瓶置于冰水或冷水中）达 300mL。将馏出液加热至 60～65℃，加酚酞指示剂 3 滴，用 0.1mol/L 氢氧化钠标准溶液滴定至微红色，0.5min 内不褪色为终点。在相同条件下做空白试验。

**5. 结果计算**

酒样中挥发酸的质量分数为：

$$w(\text{挥发酸})=\frac{(V_1-V_2)\times c}{m}\times 0.06\times 100\%$$

式中 $w$（挥发酸）——挥发酸的质量分数（以醋酸计），%；

$c$——氢氧化钠标准溶液的浓度，mol/L；

$V_1$——样品滴定时，所耗氢氧化钠标准溶液的体积，mL；

$V_2$——空白滴定时，所耗氢氧化钠标准溶液的体积，mL；

$m$——样品质量，g；

0.06——乙酸的摩尔质量，g/mmol。

**6. 注意事项**

① 蒸馏前水蒸气发生器中的水应先煮沸 10min，以排除其中的二氧化碳，并用蒸汽冲洗整个蒸馏装置。

② 整套蒸馏装置的各个连接处应密封，切不可漏气。

③ 滴定前将馏出液加热至 60～65℃，可使其终点明显，加快反应速度，缩短滴定时间，减少溶液与空气的接触，提高测定精度。

（二）不挥发酸的测定

**1. 酸度计法**

（1）原理

样品经加热蒸馏，除去其中的挥发酸，然后用氢氧化钠标准溶液滴定残留液，直接测得不挥发酸（以乳酸计，酸度计法）。亦可通过收集滴定挥发酸，间接求得不挥发酸（滴定法）。

（2）仪器

① 酸度计（附磁力搅拌器）。

② 单沸式蒸馏装置（图 7-2）。

③ 25mL 碱式滴定管。

④ 250mL 锥形瓶。

⑤ 200mL 烧杯。

⑥ 10mL 吸量管。

⑦ 500W 电炉。

（3）试剂

① 中性蒸馏水：将蒸馏水煮沸 15min 后，密塞，冷却备用。

② 0.10mol/L 氢氧化钠标准溶液。

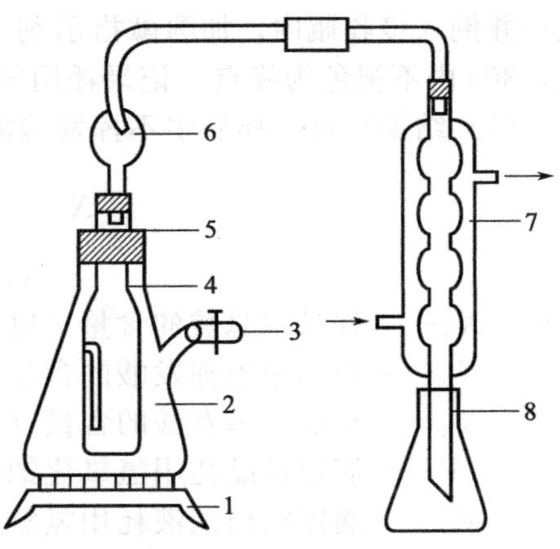


图 7-2　单沸式蒸馏装置

1—电炉；2—广口蒸馏瓶；3—排气管；4—蒸馏管；5—橡胶塞；6—氮球；7—冷凝管；8—锥形瓶

（4）操作步骤　将样品摇匀后，准确吸取 2.00mL 放入蒸馏管中，加入中性蒸馏水 8mL 后摇匀，然后将蒸馏管插入装有中性蒸馏水（其液面应高于蒸馏液液面而低于排气口）的蒸馏瓶中，连接蒸馏器和冷凝器，并将冷凝器下端的导管插入 250mL 锥形瓶内的 10mL 中性蒸馏水中。

操作时，先打开排气口，待加热至烧瓶中的水沸腾 2min 后，关闭排气口进行蒸馏。在蒸馏过程中，当蒸馏管内产生大量泡沫影响测定时，可重新取样，加一滴精制植物油或单宁再蒸馏。待馏出液达 180mL 时，先打开排气口，然后切断电源，以防蒸馏瓶造成真空。然后，将残余的蒸馏液倒入 200mL 烧杯中，用中性蒸馏水反复冲洗蒸馏管及管上的进气孔，洗液一并倒入烧杯，再补加中性蒸馏水至烧杯中溶液总量约为 120mL，开动磁力搅拌器，用 0.1mol/L 氢氧化钠标准溶液滴定至酸度计指示 pH 8.20，记录耗用氢氧化钠标准溶液的体积。同时做空白试验。

（5）结果计算　样品中不挥发酸的含量为：

$$X_2=\frac{(V-V_0)c\times 0.09}{V_1}\times 100$$

式中　$X_2$——样品中不挥发酸的含量（以乳酸计），g/100mL；

$V$——滴定残留样品耗用氢氧化钠标准溶液的体积，mL；

$V_0$——空白试验耗用氢氧化钠标准溶液的体积，mL；

$V_1$——样品体积，mL；

$c$——氢氧化钠标准溶液的浓度，mol/L；

0.09——与 1.00mL 1.000mol/L 氢氧化钠标准溶液相当的以克表示的乳酸的质量，g/mmol。

**2. 指示剂滴定法**

（1）原理　同酸度计法。

（2）仪器　同酸度计法（除酸度计外）。

（3）试剂

① 10g/L 酚酞乙醇溶液。

② 0.10mol/L 氢氧化钠标准溶液。

③ 中性蒸馏水。

（4）操作步骤　挥发酸的测定操作同上述的酸度计法。

待馏出液达 180mL 时，打开排气口，切断电源后，用少量中性蒸馏水冲洗冷凝器，洗液一并倒入接收瓶内，加酚酞指示剂 2 滴，用 0.10mol/L 氢氧化钠标准液滴定至刚显微红色，30s 内不褪色为终点。记录耗用氢氧化钠标准溶液的体积。同时做空白试验。

(5) 结果计算　样品中不挥发酸的含量为：

$$X_3=\frac{(V-V_0)c\times 0.06}{2}\times 100$$

$$X_2=(X_1-X_3)\times 1.5$$

式中　$X_1$——样品中总酸的含量（以乙酸计），g/100mL；

$X_2$——样品中不挥发酸的含量（以乳酸计），g/100mL；

$X_3$——样品中挥发酸的含量（以乙酸计），g/100mL；

$V$——滴定样品耗用氢氧化钠标准溶液的体积，mL；

$V_0$——滴定空白试液耗用氢氧化钠标准溶液的体积，mL；

$c$——氢氧化钠标准溶液的浓度，mol/L；

0.06——与 1.00mL 1.000mol/L 氢氧化钠标准溶液相当的以克表示的乙酸的质量，g/mmol；

1.5——乙酸折算为乳酸的折算系数。

(6) 注意事项

① 蒸馏时，应首先打开排气口，待烧瓶中的水加热沸腾 2min、排除冷空气、保持蒸馏装置稳定后，关闭排气口进行蒸馏。

② 蒸馏结束时，也应先打开排气口，然后关闭热源，以防止蒸馏瓶造成真空，致使溶液倒吸。

③ 食醋样品蒸馏时间一般为 20min 左右，收集馏出液约 180mL，至少不少于 150mL 或最多不多于 200mL。

④ 因挥发酸在蒸馏收集时可能存在的损失以及指示剂滴定法也存在误差，仲裁检验应以酸度计法为准。

## 八、谷氨酸钠的测定

谷氨酸是一种酸性氨基酸，为无色晶体，有鲜味，微溶于水，而溶于盐酸，等电点为 3.22。L-谷氨酸是蛋白质的主要构成成分，谷氨酸盐在自然界普遍存在。多种食品以及人体内都含有谷氨酸盐，它既是蛋白质或肽的结构氨基酸之一，又是游离氨基酸。L-谷氨酸鲜味较浓，味精中谷氨酸含量即是其主要成分谷氨酸钠盐的含量。

谷氨酸钠含量是味精质量的重要标志，国家标准《谷氨酸钠（味精）》(GB/T 8967—2007) 于 2007 年 12 月 1 日起正式实施。标准新增对味精产品的分类，并增加对加盐味精和增鲜味精的理化要求，首次明确规定加盐味精产品的谷氨酸钠含量应不小于 80%。味精中谷氨酸钠含量的测定是味精检验中必不可少的步骤之一。具体测定方法如下所述。

### （一）旋光法

**1. 原理**

具有不对称碳原子的有机化合物，均有旋光性。当通过偏振光时，能使偏振面旋转，其旋转程度以角度表示。谷氨酸含有不对称碳原子，具有旋光性，可用旋光仪测定其旋光度，求得谷氨酸钠的含量。

**2. 试剂**

浓盐酸。

**3. 仪器**

分刻度 0.01°的旋光仪，光源为钠光（波长 589nm）。

**4. 操作步骤**

准确称取样品 10.0g，加入 40～50mL 水中溶解，然后在搅拌下加入 16mL 浓盐酸，冷却后调节液温至 20℃，定容至 100mL。

开启旋光仪，待稳定后校正零点。用样液洗涤 2dm 旋光管内壁 2～3 次，然后用样液注满旋光管，置于旋光仪中测定旋光度，记下观测温度。

**5. 结果计算**

① 当温度为 20℃时，谷氨酸钠的质量分数直接按下式计算，即

$$\omega(\text{谷氨酸钠})=\frac{d_t\times50\times187.13}{5\times2\times32\times147.13}\times100\%$$

式中　$\omega$（谷氨酸钠）——样品中谷氨酸钠的质量分数（含 1 分子结晶水），%；

$d_t$——20℃时观察所得的旋光度；

32——纯谷氨酸 20℃时的比旋光度；

187.13——谷氨酸钠含 1 分子结晶水的相对分子质量；

147.13——谷氨酸的相对分子质量；

2——旋光管长度，dm。

② 如温度不在 20℃时，测定必须加以校正，谷氨酸文献值为 0.06。

$t$℃时纯谷氨酸的比旋光度，按下式计算，即

$$d_t=[32+0.06(20-t)]\times\frac{147.13}{187.13}=25.16+0.047(20-t)$$

谷氨酸钠质量分数的计算公式为：

$$\omega(\text{谷氨酸钠})=\frac{d_t\times50\times187.13}{5\times2\times[25.16+0.047(20-t)]}\times100\%$$

式中　$\omega$（谷氨酸钠）——样品中谷氨酸钠的质量分数（含 1 分子结晶水），%；

$d_t$——$t$℃时观察所得的旋光度；

$t$——测定时温度，℃。

### （二）甲醛滴定法

**1. 原理**

氨基酸是两性化合物，不能直接用氢氧化钠标准溶液滴定，可先采用加入甲醛使氨基的碱性被掩蔽后，呈现羧基酸性，再以氢氧化钠标准溶液滴定。

**2. 试剂**

① 0.1mol/L 氢氧化钠标准溶液。

② 10g/L 酚酞指示剂。

③ 360～380g/L 甲醛溶液。

**3. 操作步骤**

准确称取样品 0.50g，置于烧杯中，加蒸馏水 60mL，开动磁力搅拌器，用 0.05mol/L 氢氧化钠标准溶液滴定至 pH 8.20 时加入甲醛 10mL，开动磁力搅拌器，混匀，再用 0.05mol/L 氢氧化钠标准溶液滴定至 pH 9.20，记下加入甲醛后消耗 0.05mol/L 氢氧化钠标准溶液的体积，平行测定两次。同时做试剂空白试验。

**4. 结果计算**

样品中谷氨酸钠的质量分数为：

$$\omega(\text{谷氨酸钠})=\frac{c(V-V_0)K}{m}\times100\%$$

式中　$c$——氢氧化钠标准溶液的浓度，mol/L；

$V$——加入甲醛后样品液消耗氢氧化钠标准溶液的体积，mL；

$V_0$——加入甲醛后空白试验消耗氢氧化钠标准溶液的体积，mL；

$m$——样品质量，g；

$K$——谷氨酸钠的毫摩尔质量，无结晶水时为 0.169，具有 1 分子结晶水时为 0.187，g/mmol。

## 九、硫酸盐的测定

食品发酵液中的硫酸盐主要是硫酸钠。硫酸钠，无机化合物，十水合硫酸钠又名芒硝，白色、无臭、有苦味的结晶或粉末，有吸湿性，外形为无色、透明、大的结晶或颗粒性小结晶，主要用于制水玻璃、玻璃、瓷釉、纸浆、制冷混合剂、洗涤剂、干燥剂、染料稀释剂、分析化学试剂、医药品等，对眼睛和皮肤有刺激作用，基本无毒，对环境有危害，对大气可造成污染。

### （一）铬酸比色法

**1. 原理**

样液中的硫酸盐在盐酸中与铬酸钡生成硫酸钡沉淀，样液被中和后，多余的铬酸钡和生成的硫酸钡呈沉淀状态，可以过滤除去。滤液中含有硫酸根所取代出的铬酸离子，可以比色测定求出硫酸盐的量。

**2. 试剂**

① 铬酸钡悬浮液：称取 19.44g 铬酸钾和 24.44g 氯化钡，分别溶于 1000mL 水中，加热至沸腾后，两液倾入 3000mL 烧杯内，生成黄色铬酸钡沉淀。待沉淀下沉后，倾出上层液体，用 1000mL 水冲洗沉淀 5 次左右，最终加水至 1000mL，呈悬浮液。于每次使用前混匀。

② 2.5mol/L 盐酸溶液。

③ 氨水溶液（1+2）。

④ 硫酸盐标准溶液：准确称取 1.4787g 经干燥的无水硫酸钠，溶于水中，移入 1000mL 容量瓶中，加水至刻度，此溶液为每毫升相当于 1mg 硫酸根（$SO_4^{2-}$）的标准溶液。

**3. 仪器**

分光光度计。

**4. 操作步骤**

（1）样品测定　称取食盐 2.0～4.0g，移入锥形瓶中，加入 50mL 水，待食盐溶解后，加入 1mL 2.5mol/L 盐酸溶液，加热煮沸 5min。然后加入 2.5mL 铬酸钡悬浮液，再煮沸 5min 左右，使铬酸钡和硫酸盐生成硫酸钡沉淀。冷却，加入氨水溶液（1+2）中和，直至溶液呈柠檬黄色为止。将溶液过滤于 50mL 比色管中，用少量水洗涤锥形瓶，收集滤液于比色管中，用水稀释至刻度。以水为空白对照，用分光光度计在波长 420nm 处测得吸光度，并从标准曲线中查出硫酸盐的质量。

（2）标准曲线的绘制　准确吸取上述硫酸盐标准溶液 0.00mL、0.50mL、1.00mL、1.50mL、2.00mL 和 2.50mL，移入锥形瓶中，加水至 50mL，以下操作方法按样品测定方法进行，测得各浓度的吸光度，绘制标准曲线。

**5. 结果计算**

样品中硫酸盐的含量为：

$$X=\frac{m_s}{m}\times 1000$$

式中 $X$——样品中硫酸盐（以 $SO_4^{2-}$ 计）的含量，mg/kg；

$m_s$——相当于硫酸盐的标准质量，mg；

$m$——比色时样液相当于样品的质量，g。

### （二）硫酸钡质量法

**1. 原理**

硫酸盐与氯化钡在强酸性溶液中生成白色硫酸钡沉淀，灼烧至恒重后，根据质量计算硫酸盐含量。反应式如下：

$$Na_2SO_4 + BaCl_2 \longrightarrow BaSO_4 \downarrow + 2NaCl$$

**2. 试剂**

① 100g/L 氯化钡溶液。

③ 盐酸溶液（1+1）。

③ 100g/L 硝酸银溶液。

**3. 操作步骤**

称取样品 20.0g，置于锥形瓶内，加水 200mL，煮沸 10min。将样液过滤于 500mL 容量瓶内，用热水洗涤滤纸，直至用 100g/L 硝酸银溶液检查无浑浊为止，洗液并入瓶内，冷却，加水至刻度。取此液 250mL 置于烧杯内，加盐酸溶液（1+1）呈酸性，加热煮沸，缓缓加入 100g/L 氯化钡溶液并不断搅拌，在水浴上继续加热 15～30min，静置。用定量滤纸过滤，再用热水洗涤烧杯，洗液过滤，用热水洗涤滤纸及沉淀，直至滤液用硝酸银溶液检查不显白色浑浊为止。将滤纸与沉淀置于已知质量的坩埚中，小火加热至无烟，移入高温炉内高温灼烧至呈白色或微灰白色灰分为止。取出冷却，称至恒重。

**4. 结果计算**

样品甲硫酸盐的质量分数为：

$$\omega(\text{硫酸盐}) = \frac{(m_1 - m_2) \times 0.4114}{m \times \frac{250}{500}} \times 100\%$$

式中 $\omega$（硫酸盐）——样品中硫酸盐（以 $SO_4^{2-}$ 计）的质量分数，%；

$m_1$——坩埚加残渣的质量，g；

$m_2$——坩埚的质量，g；

$m$——样品的质量，g；

0.4114——lg 硫酸钡相当于硫酸盐的克数。

## 十、透光率的测定

**1. 原理**

有色溶液能吸收光线，使透过的光线强度减弱，其减弱程度与颜色深度成正比，透过的光线通过光电池变成电能，在电流计上读出，用以表示光线透过的程度。

**2. 仪器**

分光光度计。

**3. 操作步骤**

称取 15.0g 样品，用水定容至 50mL 容量瓶中，摇匀后置于 1cm 比色皿中，在分光光度计波长 420nm 处测定透光率，以水作对照，调节透光率为 100，记下透光率。

## 十一、防腐剂（山梨酸、苯甲酸）的测定

食品存放、加工和销售过程中，因为微生物的作用，会导致其腐败、变质而不能食用。

为延长食品的保存时间，一方面可通过物理方法控制微生物的生存条件，如温度、水分、pH 等，以杀灭或抑制微生物的活动；另一方面还可用化学方法保存，即使用防腐剂提高食品的保藏期。防腐剂具有使用方便、高效、投资少的特点，因而被广泛采用。

防腐剂有广义和狭义之分，狭义的防腐剂主要指山梨酸、苯甲酸等直接加入食品中的化学物质；广义的防腐剂除包括狭义的防腐剂外还包括通常被认为是调料而具有防腐作用的食盐、醋、蔗糖、二氧化碳等，以及那些不直接加入食品，而在食品贮藏过程中应用的消毒剂、防霉剂等。

防腐剂可分为有机防腐剂和无机防腐剂。有机防腐剂有苯甲酸及其盐类、山梨酸及其盐类、对羟基苯甲酸酯类、丙酸及其盐类等。无机防腐剂有二氧化硫及亚硫酸盐类等。

防腐剂是人为添加的化学物质，在杀死或抑制微生物的同时，也不可避免地对人体产生副作用。

目前我国食品加工业多使用苯甲酸及其钠盐和山梨酸及其钾盐。故本节主要介绍这两种防腐剂的测定方法。

苯甲酸俗称安息香酸，是最常用的防腐剂之一。因对其安全性尚有争议，认为它可能有蓄积中毒现象，故有逐步被山梨酸盐类防腐剂取代的趋势。

山梨酸俗名花楸酸，化学名称为 2,4-已二烯酸。山梨酸及其钾盐作为酸性防腐剂，在酸性介质中对霉菌、酵母菌、好氧性细菌有良好的抑制作用，可与这些微生物酶系统中的巯基结合，使之失活，但对厌氧的芽孢杆菌、乳酸菌无效。山梨酸是一种不饱和脂肪酸，在机体内可参与正常的新陈代谢，是目前被认为最安全的一类食品防腐剂。

### （一）气相色谱法

依据 GB/T 5009.29—2003《食品中山梨酸、苯甲酸的测定》。

**1. 原理**

试样酸化后，用乙醚提取山梨酸、苯甲酸，用附氢火焰离子化检测器的气相色谱仪进行分离测定，与标准系列比较定量。

**2. 试剂**

① 乙醚：不含过氧化物。

② 石油醚：沸程 30～60℃。

③ 盐酸。

④ 无水硫酸钠。

⑤ 盐酸（1+1）：取 100mL 盐酸，加水稀释至 200mL。

⑥ 40g/L 氯化钠酸性溶液：于 40g/L 氯化钠溶液中加少量盐酸（1+1）酸化。

⑦ 山梨酸、苯甲酸标准溶液：准确称取山梨酸、苯甲酸各 0.2000g，置于 100mL 容量瓶中，用石油醚-乙醚（3+1）混合溶剂溶解后并稀释至刻度。此溶液每毫升相当于 2.0mg 山梨酸或苯甲酸。

⑧ 山梨酸、苯甲酸标准使用液：吸取适量的山梨酸、苯甲酸标准溶液，以石油醚-乙醚（3+1）混合溶剂稀释至每毫升相当于 50μg、100μg、150μg、200μg、250μg 山梨酸或苯甲酸。

**3. 仪器**

气相色谱仪：具有氢火焰离子化检测器。

**4. 操作步骤**

（1）试样提取

称取 2.50g 事先混合均匀的试样，置于 25mL 带塞量筒中，加 0.5mL 盐酸（1+1）酸化，用 15mL、10mL 乙醚提取两次，每次振摇 1min，将上层乙醚提取液吸入另一个 25mL 带塞量筒中，合并乙醚提取液。用 3mL 40g/L 氯化钠酸性溶液洗涤两次，静置 15min，用滴管将乙醚层通过无水硫酸钠滤入 25mL 容量瓶中。加乙醚至刻度，混匀。准确吸取 5mL 乙醚提取液于 5mL 带塞刻度试管中，置 40℃水浴上挥干，加入 2mL 石油醚-乙醚（3+1）混合溶剂溶解残渣，备用。

(2) 色谱参考条件

色谱柱：玻璃柱，内径 3mm，长 2m，内装涂以 5%丁二酸二乙二醇聚酯（DEGS）+1%磷酸固定液的 60 目～80 目 Chromosorb WAW。

气流速度：载气为氮气，50mL/min（氮气和空气、氢气之比按各仪器型号不同选择各自的最佳比例条件）。

温度：进样口 230℃；检测器 230℃；柱温 170℃。

(3) 测定　进样 2μL 标准系列中各浓度标准使用液于气相色谱仪中，可测得不同浓度山梨酸、苯甲酸的峰高，以浓度为横坐标，相应的峰高值为纵坐标，绘制标准曲线。

同时进样 2μL 试样溶液，测得峰高与标准曲线比较定量。

试样中山梨酸或苯甲酸的含量按下式进行计算。

$$X=\frac{A\times 1000}{m\times\frac{5}{25}\times\frac{V_2}{V_1}\times 1000\times 1000}$$

式中 $X$——试样中山梨酸或苯甲酸的含量，mg/kg；

$A$——测定用试样液中山梨酸或苯甲酸的质量，μg；

$V_1$——加入石油醚-乙醚（3+1）混合溶剂的体积，mL；

$V_2$——测定时进样的体积，μL；

$m$——试样的质量，g；

5——测定时吸取乙醚提取液的体积，mL；

25——试样乙醚提取液的总体积，mL。

由测得苯甲酸的量乘以 1.18，即为试样中苯甲酸钠的含量。

计算结果保留两位有效数字。

**5. 精密度**

在重复性条件下获得的两次独立测定结果的绝对差值不得超过算术平均值的 10%。

**6. 其他**

山梨酸和苯甲酸的气相色谱图，见图 7-3。

山梨酸保留时间 2min53s；苯甲酸保留时间 6min8s。

### （二）高效液相色谱法

依据 GB/T 5009.29—2003《食品中山梨酸、苯甲酸的测定》。

**1. 原理**

试样加温除去二氧化碳和乙醇，调 pH 至近中性，过滤后进高效液相色谱仪，经反相色谱分离后，根据保留时间和峰面积进行定性和定量。

**2. 试剂**

方法中所用试剂，除另有规定外，均为分析纯试剂，水为蒸馏水或同等纯度水，溶液为水溶液。

① 甲醇：经 0.5μm 滤膜过滤。

② 稀氨水（1+1）：氨水加水等体积混合。

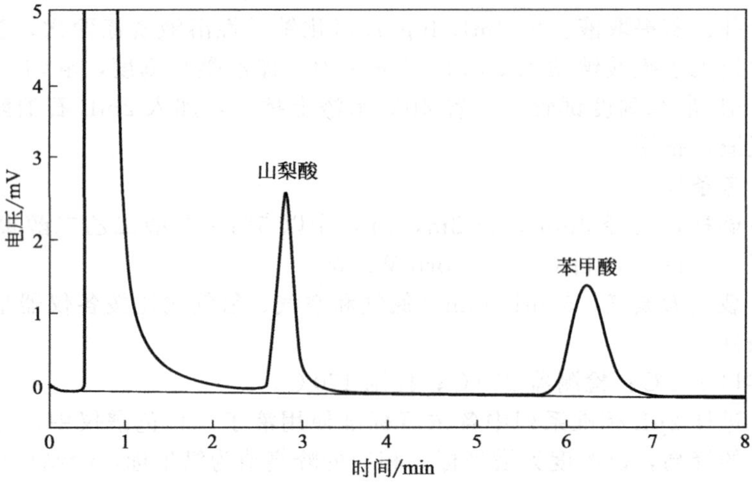


图 7-3 山梨酸、苯甲酸的气相色谱图

③ 0.02mol/L 乙酸铵溶液：称取 1.54g 乙酸铵，加水至 1000mL，溶解，经 0.45μm 滤膜过滤。

④ 20g/L 碳酸氢钠溶液：称取 2g 碳酸氢钠（优级纯），加水至 100mL，振摇溶解。

⑤ 苯甲酸标准贮备溶液：准确称取 0.1000g 苯甲酸，加 20g/L 碳酸氢钠溶液 5mL，加热溶解，移入 100mL 容量瓶中，加水定容至 100mL，苯甲酸含量为 1mg/mL，作为贮备溶液。

⑥ 山梨酸标准贮备溶液：准确称取 0.1000g 山梨酸，加 20g/L 碳酸氢钠溶液 5mL，加热溶解，移入 100mL 容量瓶中，加水定容至 100mL，山梨酸含量为 1mg/mL，作为贮备溶液。

⑦ 苯甲酸、山梨酸标准混合使用溶液：取苯甲酸、山梨酸标准储备溶液各 10.0mL，放入 100mL 容量瓶中，加水至刻度。此溶液含苯甲酸、山梨酸各 0.1mg/mL。经 0.45μm 滤膜过滤。（同时可加 GB/T 5009.28—2003 中 3.4 糖精钠标准储备溶液。）

**3. 仪器**

高效液相色谱仪（带紫外检测器）。

**4. 操作步骤**

（1）试样处理

① 汽水：称取 5.00～10.0g 试样，放入小烧杯中，微温搅拌除去二氧化碳，用氨水（1＋1）调 pH 约 7。加水定容至 10～20mL，经 0.45μm 滤膜过滤。

② 果汁类：称取 5.00～10.0g 试样，用氨水（1＋1）调 pH 约 7，加水定容至适当体积，离心沉淀，上清液经 0.45μm 滤膜过滤。

③ 配制酒类：称取 10.0g 试样，放入小烧杯中，水浴加热除去乙醇，用氨水（1＋1）调 pH 约 7，加水定容至适当体积，经 0.45μm 滤膜过滤。

（2）高效液相色谱参考条件

色谱柱：YWG-$C_{18}$ 4.6mm×250mm，10μm 不锈钢柱。

流动相：0.02mol/L 甲醇-乙酸铵溶液（5＋95）

流速：1mL/min。

进样量：10μL。

检测器：紫外检测器，230nm 波长，0.2AUFS。

**5. 结果计算**

试样中苯甲酸或山梨酸的含量按下式进行计算。

$$X=\frac{A\times 1000}{m\times \frac{V_2}{V_1}\times 1000}$$

式中　$X$——试样中山梨酸或苯甲酸的含量，g/kg；

$A$——进样体积中山梨酸或苯甲酸的质量，mg；

$V_1$——试样稀释液总体积，mL；

$V_2$——进样的体积，mL；

$m$——试样的质量，g。

计算结果保留两位有效数字。

**6. 精密度**

在重复性条件下获得的两次独立测定结果的绝对差值不得超过算术平均值的 10%。

**7. 其他**

山梨酸和苯甲酸的液相色谱图，见图 7-4。

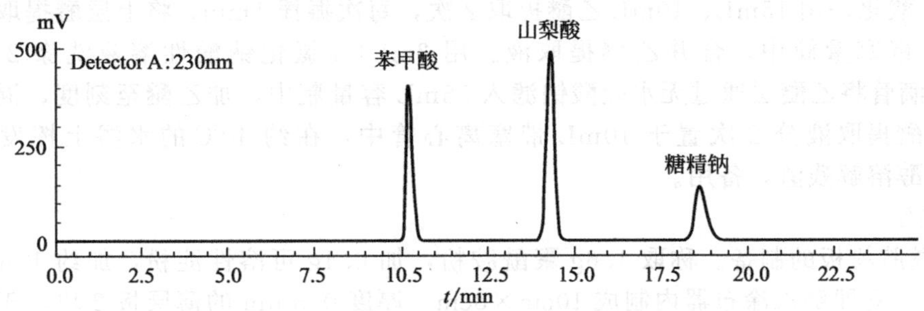


图 7-4　苯甲酸、山梨酸和糖精钠的高效液相色谱图

注：本方法可同时测定糖精钠。

## （三）薄层色谱法

依据 GB/T 5009.29—2003《食品中山梨酸、苯甲酸的测定》。

**1. 原理**

样品酸化后，用乙醚提取山梨酸、苯甲酸。将样品提取液浓缩，点于聚酰胺薄层板上，展开、显色后，根据薄层板上山梨酸、苯甲酸的比移值与标准比较定性，并可进行概略定量。

**2. 试剂**

（1）异丙醇。

（2）正丁醇。

（3）石油醚：沸程 30～60℃。

（4）乙醚：不含过氧化物。

（5）氨水。

（6）盐酸（1+1）：取 100mL 盐酸，加水稀释至 200mL。

（7）无水乙醇。

（8）聚酰胺粉：200 目。

（9）山梨酸标准溶液：精密称取 0.2000g 山梨酸，用少量乙醇溶解后移入 100mL 容量瓶中，并稀释至刻度，此溶液每 1mL 相当于 2.0mg 山梨酸。

(10) 苯甲酸标准溶液：精密称取0.2000g苯甲酸，用少量乙醇溶解后移入100mL容量瓶中，并稀释至刻度，此溶液每1mL相当手2.0mg苯甲酸。

(11) 展开剂

① 正丁醇＋氨水＋无水乙醇（7＋1＋2）。

② 异丙醇＋氨水＋无水乙醇（7＋1＋2）。

(12) 显色剂：0.04%溴甲酚紫的50%乙醇溶液，用4g/L氢氧化钠溶液调至pH 8。

(13) 4%氯化钠酸性溶液：于4%的氯化钠溶液中加少量盐酸（1＋1）酸化。

**3. 仪器**

① 吹风机。

② 层析缸。

③ 玻璃板：10cm×18cm。

④ 微量注射器：10μL、100μL。

⑤ 喷雾器。

**4. 操作步骤**

(1) 样品提取　称取2.5g事先混合均匀的样品，置于25mL带塞量筒中，加0.5mL盐酸（1＋1）酸化，用15mL、10mL乙醚提取2次，每次振摇1min，将上层醚提取液吸入另一个25mL带塞量筒中，合并乙醚提取液。用3mL4%氯化钠酸性溶液洗涤2次，静置15min，用滴管将乙醚层通过无水硫酸钠滤入25mL容量瓶中，加乙醚至刻度，混匀，吸取10.0mL乙醚提取液分2次置于10mL带塞离心管中，在约40℃的水浴上挥发干，加入0.10mL乙醇溶解残渣，备用。

(2) 测定

① 聚酰胺粉板的制备。称取1.6g聚酰胺粉，加0.4g可溶性淀粉，加约15mL水，研磨3～5min，立即倒入涂布器内制成10cm×8cm、厚度0.3mm的薄层板2块，于室温干燥后保存，于80℃干燥1h，取出，置于干燥器中保存。

② 点样。在薄层板下端2cm的基线上，用微量注射器点1μL、2μL样品液，同时各点1μL、2μL山梨酸和苯甲酸标准溶液。

③ 展开与显色。将点样后的薄层板放入预先盛有展开剂①或②的展开槽内，展开槽周围贴有滤纸，待溶剂前沿上展至10cm，取出挥干，喷显色剂、斑点成黄色，背景为蓝色。样品中所含有山梨酸、苯甲酸的量与标准斑点比较定量（山梨酸、苯甲酸的比色值依次为0.82、0.73）。

**5. 结果计算**

试样中山梨酸或苯甲酸的含量按下式进行计算。

$$X=\frac{A\times 1000}{m\times \frac{10}{25}\times \frac{V_2}{V_1}\times 1000\times 1000}$$

式中　$X$——试样中山梨酸或苯甲酸的含量，g/kg；

$A$——测定用试样液中山梨酸或苯甲酸的质量，mg；

$V_1$——加入乙醇的体积，mL；

$V_2$——测定时点样的体积，μL；

$m$——试样的质量，g；

10——测定时吸取乙醚提取液的体积，mL；

25——试样乙醚提取液的总体积，mL。

注：本方法还可以同时测定果酱、果汁中的糖精钠。

[课堂互动]

1. 什么叫防腐剂？常见的防腐剂有哪些？
2. 苯甲酸和山梨酸的测定方法有哪些？

## 第二节 发酵食品中微量元素的检验

### 一、锌的测定

测定调味品、酱腌制品中微量锌的方法有双硫腙比色法和原子吸收分光光度法。

#### （一）双硫腙比色法

**1. 原理**

样品经消化后，在 pH 4.0～5.5 时，锌离子与双硫腙形成紫红色络合物，溶于四氯化碳，加入硫代硫酸钠，防止铜、汞、铅、铋、银和镉等离子干扰，与标准系列比较定量。

**2. 仪器**

可见分光光度计。

**3. 试剂**

① 2mol/L 乙酸钠溶液：称取 68g 乙酸钠（$CH_3COONa \cdot 3H_2O$），加水溶解后稀释至 250mL。

② 2mol/L 乙酸：量取 10.0mL 冰醋酸，加水稀释至 85mL。

③ 乙酸-乙酸盐缓冲液：2mol/L 乙酸钠溶液与 2mol/L 乙酸等体积混合，此溶液 pH 值为 4.7 左右。用 0.1g/L 双硫腙-四氯化碳溶液提取数次，每次 10mL，除去其中的锌，至四氯化碳层绿色不变为止，弃去四氯化碳层，再用四氯化碳提取乙酸-乙酸盐缓冲液中过剩的双硫腙，至四氯化碳层无色，弃去四氯化碳层。

④ 氨水（1+1）。

⑤ 2mol/L 盐酸：量取 10mL 盐酸，加水稀释至 60mL。

⑥ 0.02mol/L 盐酸：吸取 1mL 2mol/L 盐酸，加水稀释至 100mL。

⑦ 1g/L 甲基橙指示剂：称取 0.1g 甲基橙，溶于 100mL 乙醇。

⑧ 200g/L 盐酸羟胺溶液：称取 20g 盐酸羟胺，加 60mL 水，滴加氨水（1+1），调节其 pH 值至 4.0～5.5，用 0.1g/L 双硫腙-四氯化碳溶液提取数次，每次 10mL，除去其中的锌，至四氯化碳层绿色不变为止，弃去四氯化碳层，再用四氯化碳提取盐酸羟胺溶液中过剩的双硫腙，至四氯化碳层无色，弃去四氯化碳层。

⑨ 250g/L 硫代硫酸钠溶液：用 2mol/L 乙酸调节溶液 pH 值至 4.0～5.5。用 0.1g/L 双硫腙-四氯化碳溶液提取数次，每次 10mL，除去其中的锌，至四氯化碳层绿色不变为止，弃去四氯化碳层，再用四氯化碳提取溶液中过剩的双硫腙，至四氯化碳层无色，弃去四氯化碳层。

⑩ 0.1g/L 双硫腙-四氯化碳溶液。

⑪ 双硫腙使用液：吸取 1.0mL 0.1g/L 双硫腙-四氯化碳溶液，加四氯化碳至 10.0mL，混匀。用 1cm 比色皿，以四氯化碳调节零点，于波长 530nm 处测吸光度（$A$）。用下式计算出配制 100mL 双硫腙使用液（57%透光率）所需 0.1g/L 双硫腙-四氯化碳溶液体积（$V$/mL）。

$$V=\frac{10\times(2-\lg 57)}{A}=\frac{2.44}{A}$$

⑫ 锌标准溶液：准确称取 0.1000g 锌，加 10mL 2mol/L 盐酸，溶解后移入 1000mL 容量瓶中，加水稀释至刻度，摇匀。此溶液每毫升相当于 100μg 锌。

⑬ 锌标准使用液：吸取 1.0mL 锌标准溶液，置于 100mL 容量瓶中，加 1mL 2mol/L 盐酸，加水稀释至刻度，摇匀。此溶液每毫升相当于 1μg 锌。

**4. 操作步骤**

（1）样品消化　称取 10g 或 20g 固体样品（或吸取 10.0mL 或 20.0mL 液体样品），置于 250～500mL 定氮瓶中，加数粒玻璃珠，加入 5～10mL 硝酸，放置片刻，小火缓缓加热，待作用缓和后，放置冷却。沿瓶壁加入 5mL 或 10mL 硫酸，再加热至瓶中液体开始变成棕色时，不断沿瓶壁滴加硝酸至有机物分解完全。加大火力，至产生白烟，溶液应无色或微黄色澄清透明，放置冷却。

在上述溶液中加 20mL 水，煮沸，除去残余的硝酸，至产生白烟为止。如此处理 2 次，放置冷却。移入 50mL 或 100mL 容量瓶中，用水洗涤定氮瓶，洗液并入容量瓶中，冷却后加水稀释至刻度，摇匀。此溶液 10mL 相当于 2g 样品，相当于加入硫酸量 1mL。

取与消化样品用相同量的硝酸、硫酸，按同一方法做试剂空白试验。

（2）测定　吸取 5.0～10.0mL 样品消化液和相同量的试剂空白液，分别置于 125mL 分液漏斗中，加水至 10mL。

吸取 0.00mL、1.00mL、2.00mL、3.00mL、4.00mL、5.00mL 锌标准使用液（相当于 0.0μg、1.0μg、2.0μg、3.0μg、4.0μg、5.0μg 锌），分别置于 125mL 分液漏斗中，各加水至 10mL。

于样品消化液、试剂空白液及锌标准液中各加 1 滴甲基橙指示剂，用氨水调至由红变黄，再各加 5mL 乙酸-乙酸盐缓冲液及 1mL250g/L 硫代硫酸钠溶液，混匀后，各加 10.0mL 0.1g/L 双硫腙-四氯化碳溶液，剧烈振摇 4min，静置分层，收集四氯化碳层于 1cm 比色皿中，以零管调节零点，于 530nm 处测吸光度，绘制标准曲线比较。

**5. 结果计算**

$$X=\frac{(A-A_0)\times 1000}{m\times\frac{V_2}{V_1}\times 1000}$$

式中　$X$——样品中锌的含量，mg/kg 或 mg/L；

$A$——测定用样品消化液中锌的质量，μg；

$A_0$——试剂空白液中锌的质量，μg；

$m$——样品的质量或体积，g 或 mL；

$V_1$——样品消化液的总体积，mL；

$V_2$——测定用样品消化液的体积，mL。

（二）原子吸收分光光度法

**1. 原理**

样品经处理后，导入原子吸收分光光度计中，原子化以后，吸收 213.8nm 共振线，其吸收值与锌含量成正比，与标准系列比较定量。

**2. 仪器**

原子吸收分光光度计。

**3. 试剂**

要求使用去离子水，优级纯或高级纯试剂。

① 1mol/L 盐酸：量取 10mL 盐酸，加水稀释至 120mL。

② 混合酸：硝酸和高氯酸按 3∶1 混合。

③ 锌标准溶液：准确称取 0.5000g 金属锌（质量分数不小于 99.99%），溶于 10mL 盐酸中，然后在水浴上蒸发至近干，用少量水溶解后移入 1000mL 容量瓶中，以水稀释至刻度，贮于聚乙烯瓶中。此溶液每毫升相当于 0.5mg 锌。

④ 锌标准使用液：吸取 10.0mL 锌标准溶液，置于 50mL 容量瓶中，以盐酸（1+11）稀释至刻度。此溶液每毫升相当于 100μg 锌。

**4. 操作方法**

(1) 样品处理　称取 5.0～10.0g 样品置于 50mL 瓷坩埚中，小火炭化，然后移入高温炉中，500℃以下灰化约 8h 后，取出坩埚，放冷后再加少量混合酸，小火加热，不使干涸，必要时再加少许混合酸，如此反复处理，直至残渣中无炭粒，待坩埚稍冷，加 10mL 1mol/L 盐酸，溶解残渣并移入 50mL 容量瓶中，再用 1mol/L 盐酸反复洗涤坩埚，洗液并入容量瓶中，并稀释至刻度，混匀备用。

取与处理样品用相同量的混合酸和 1mol/L 盐酸，按同一操作方法做试剂空白试验。

(2) 测定　吸取 0.00mL、0.10mL、0.20mL、0.40mL、0.80mL 锌标准使用液（相当于 0.0μg、10.0μg、20.0μg、40.0μg、80.0μg 锌），分别置于 50mL 容量瓶中，以盐酸（1+11）稀释至刻度，混匀。

将处理后的样品溶液、试剂空白液和各容量瓶中锌标准液分别导入火焰进行测定。测定条件：灯电流 6mA，波长 213.8nm，狭缝 0.38nm，空气流量 10L/min，乙炔流量 2.3L/min，灯头高度 3mm，氘灯背景校正（也可根据仪器型号，调至最佳条件），以锌含量对应吸光度，绘制标准曲线比较。

**5. 结果计算**

样品中的锌含量按下式计算。

$$X=\frac{(A-A_0)V\times 1000}{m\times 1000}$$

式中　$X$——样品中锌的含量，mg/kg 或 mg/L；

$A$——测定用样品液中锌的含量，μg/mL；

$A_0$——试剂空白液中锌的含量，μg/mL；

$m$——样品质量或体积，g 或 mL；

$V$——样品处理液的总体积，mL。

**6. 注意事项**

① 在制备锌标准溶液的过程中，将高纯度锌溶于盐酸溶液时，要用表面皿盖在烧杯口，以防止产生的氢气使溶液飞溅损失。反应后，要用水洗涤表面皿，洗液也要并入容量瓶中。

② 所用的蒸馏水、试剂、玻璃器皿都可能被锌污染，因此每次实验时都应使空白值达到稳定后，才能进行标准曲线和样品溶液的测定。分析过程中必须使用去离子水（电阻率大于 $8\times10^5\Omega$），所用的仪器应用硝酸（1+5）浸泡过夜，再用水反复冲洗，最后用去离子水冲洗干净。

③ 样品用干法灰化处理测得的锌含量低于湿法处理。分析过程中锌的损失程度与样品的性质、锌的形态及阴离子有密切关系。

④ 本法测定锌的最低检出量为 0.4mg/kg，允许的相对误差小于 10%，适用于测定食品中的锌含量。

## 二、铅的测定

测定调味品、酱腌制品中微量铅的方法有双硫腙比色法和原子吸收分光光度法。

### （一）双硫腙比色法

**1. 原理**

样品经硝酸-硫酸消化后，铅被氧化成铅离子。调节 pH 至 8.5～9.0 时，铅离子可以与双硫腙生成红色的双硫腙铅络合物。用三氯甲烷将双硫腙铅络合物萃取出来，与标准系列进行比较定量。

加柠檬酸铵是为了阻止其他金属的氢化物发生沉淀；加氰化钾是用来掩蔽铜、锌的干扰，加盐酸羟胺是用来还原三价铁，以免其在碱性溶液中与氰化钾生成高铁氰化钾，使双硫腙被氧化。

**2. 仪器**

① 所用玻璃仪器均用10%～20%（体积分数）硝酸浸泡24h以上，用自来水反复冲洗，最后用水冲洗干净。

② 可见分光光度计。

**3. 试剂**

① 氨水（1+1）。

② 6mol/L 盐酸：量取 100mL 盐酸，加水稀释至 200mL。

③ 酚红指示剂（质量分数为 0.1%乙醇溶液）。

④ 200g/L 盐酸羟胺溶液：称取 20g 盐酸羟胺，加水溶解至约 50mL，加 2 滴酚红指示剂，加氨水（1+1），调 pH 至 8.5～9.0（由黄变红，再多加 2 滴），用双硫腙-三氯甲烷溶液提取至三氯甲烷层绿色不变为止，再用三氯甲烷洗 2 次，弃去三氯甲烷层，水层加 6mol/L 盐酸呈酸性，加水稀释至 100mL。

⑤ 200g/L 柠檬酸铵溶液：称取 50g 柠檬酸铵，溶于 100mL 水中，加 2 滴酚酞指示剂，加氨水（1+1），调 pH 至 8.5～9.0，用双硫腙-三氯甲烷溶液提取数次，每次 10～20mL，至三氯甲烷层绿色不变为止，弃去三氯甲烷层，再用三氯甲烷洗 2 次，每次 5mL，弃去三氯甲烷层，加水稀释至 250mL。

⑥ 100g/L 氰化钾溶液。

⑦ 三氯甲烷（不应含氧化物）。

检查方法：量取 10mL 三氯甲烷，加 25mL 新煮沸过的水，振摇 3min，静置分层后，取 10mL 水液，加数滴 150g/L 碘化钾溶液及淀粉指示剂，振摇后应不显蓝色。

处理方法：于三氯甲烷中加入 1/10～1/20 体积的 200g/L 硫代硫酸钠溶液洗涤，再用水洗，加入少量无水氯化钙脱水后进行蒸馏，弃去最初及最后的 1/10 馏出液，收集中间馏出液备用。

⑧ 淀粉指示剂：称取 0.5g 可溶性淀粉，加 5mL 水搅匀后，慢慢倒入 100mL 沸水中，边倒边搅拌，煮沸后放冷备用。临用时配制。

⑨ 硝酸（1+99）：量取 1mL 硝酸，加水稀释至 100mL。

⑩ 双硫腙溶液 0.5g/L（质量分数）三氯甲烷溶液，保存冰箱中，必要时用下述方法钝化。

称取 0.5g 研细的双硫腙，溶于 50mL 三氯甲烷中，如不全溶，可用滤纸过滤于 250mL 分液漏斗中，用氨水（1+99）提取 3 次，每次 100mL，将提取液用棉花过滤至 500mL 分液漏斗中，用 6mol/L 盐酸调至酸性，将沉淀出的双硫腙用三氯甲烷提取 2～3 次，每次 20mL，合并三氯甲烷层，用等量水洗涤 2 次，弃去洗涤液，在 50℃水浴上蒸去三氯甲烷。精制的双硫腙置于硫酸干燥器中，干燥备用。或将沉淀出的双硫腙用 200mL、200mL、100mL 三氯甲烷提取 3 次，合并三氯甲烷层为双硫腙溶液。

⑪ 双硫腙使用液：吸取 1.0mL 双硫腙溶液，加三氯甲烷至 10mL，混匀。用 1cm 比色皿，以三氯甲烷调节零点，于 510nm 处测吸光度（$A$），用下式计算出配制 100mL 双硫腙使用液（70%透光率）所需双硫腙溶液的毫升数（$V$）。

$$V=\frac{10\times(2-\lg 70)}{A}=\frac{1.55}{A}$$

⑫ 铅标准溶液：准确称取 0.1598g 硝酸铅，加 10mL 硝酸（1+99），全部溶解后，移入 100mL 容量瓶中，加水稀释至刻度。此溶液每毫升相当于 1mg 铅。

⑬ 铅标准使用液：吸取 1.0mL 铅标准溶液，置于 100mL 容量瓶中，加水稀释至刻度。此溶液每毫升相当于 10μg 铅。

**4. 操作步骤**

（1）样品消化　称取 10g 或 20g 固体样品（或吸取 10.0mL 或 20.0mL 液体样品），置于 250～500mL 定氮瓶中，加数粒玻璃珠，加入 5～10mL 硝酸，放置片刻，小火缓缓加热，待作用缓和后，放置冷却。沿瓶壁加入 5mL 或 10mL 硫酸，再加热至瓶中液体开始变成棕色时，不断沿瓶壁滴加硝酸至有机物分解完全。加大火力，至产生白烟，溶液应无色或微黄色澄清透明，放置冷却。

在上述溶液中加 20mL 水，煮沸，除去残余的硝酸，至产生白烟为止。如此处理 2 次，放置冷却。移入 50mL 或 100mL 容量瓶中，用水洗涤定氮瓶，洗液并入容量瓶中，冷却后加水稀释至刻度，摇匀。此溶液 10mL 相当于 2g 样品，相当于加入硫酸量 1mL。

取与消化样品用相同量的硝酸、硫酸，按同一方法做试剂空白试验。

（2）测定　吸取 10.0mL 消化后的定容溶液和同量的试剂空白液，分别置于 125mL 分液漏斗中，各加水至 20mL。另吸取 0.00mL、1.00mL、2.00mL、3.00mL、4.00mL、5.00mL 铅标准使用液，分别置于 125mL 分液漏斗中，各加水至 20mL。

于样品消化液、试剂空白液和铅标准液中各加 2mL 200g/L 柠檬酸铵溶液、1mL 200g/L 盐酸羟胺溶液和 2 滴酚红指示剂，用氨水（1+1）调至红色，再各加 2mL 100g/L 氰化钾溶液，混匀。各加 5.0mL 双硫腙使用液，剧烈振摇 1min，静置分层后，三氯甲烷层经脱脂棉滤入 1cm 比色杯中，以零管调节零点，于 510nm 处测吸光度，绘制标准曲线比较。

**5. 结果计算**

样品中铅的含量按下式计算。

$$X=\frac{(A-A_0)\times 1000}{m\times\frac{V_2}{V_1}\times 1000}$$

式中　$X$——样品中铅的含量，mg/kg 或 mg/L；

$A$——测定用样品消化液中铅的质量，μg；

$A_0$——试剂空白液中铅的质量，μg；

$m$——样品质量或体积，g 或 mL；

$V_1$——样品消化液的总体积，mL；

$V_2$——测定用样品消化液体积 mL。

如用单色法，可按上述操作，但双硫腙三氯甲烷层需用 100g/L 氰化钾溶液洗涤 2 次，每次 10～20mL，以洗去过剩的双硫腙，然后进行比色测定。

**6. 注意事项**

① 氰化钾是剧毒药品，操作时不能用嘴吸，使用后要洗手。废氰化钾溶液不要与酸接触，以防产生氰化氢气体而中毒。向废氰化钾溶液中加氢氧化钠和硫酸亚铁，生成铁氰化钾，可降低毒性。

② 本法测定重金属的灵敏度很高，在分析之前对所用玻璃仪器先要用硝酸（1+3）洗涤 2 次，再用水冲洗干净，然后用双硫腙三氯甲烷应用液洗 1 次，残留在仪器中的微量双硫腙三氯甲烷溶液不应改变颜色，否则说明玻璃仪器不洁净，应重新洗涤。

③ 双硫腙在空气中容易被氧化，氧化产物不溶于酸性或碱性水溶液，能溶解在三氯甲烷和四氯化碳中显黄色或棕色，对测定有干扰，所以要保证双硫腙的纯度和稳定性，将双硫腙贮存于棕色试剂瓶中，放在干燥器中备用。

④ 铅与双硫腙相结合，其颜色变化过程为：

绿色→浅蓝→浅灰→灰→淡紫→紫→淡红→红色

### （二）原子吸收分光光度法

**1. 原理**

样品经消化后，将铅用甲基异丁基甲酮萃取至有机相，进行富集分离。将有机相导入原子吸收分光光度计中，原子化后，吸收 283.3nm 共振线，其吸收量与铅含量成正比，与标准系列比较定量。

**2. 仪器**

原子吸收分光光度计。

**3. 试剂**

① 20g/L 吡咯烷二硫代甲酸铵（APDC）溶液。

② 氨水（1+1）。

③ 硝酸（1+1）。

④ 甲基异丁基甲酮（MIBK）。

⑤ 甲基橙指示剂：称取 0.5g 甲基橙，加水 100mL，加入 2mLAPDC 溶液，放置 10min 后，用 10mL MIBK 提取数次，贮存于棕色试剂瓶中备用。

⑥ 硝酸（1+199）：量取 1mL 硝酸，加水至 200mL。

⑦ 硝酸。

⑧ 硫酸。

⑨ 铅标准贮备液：准确称取 1.0000g 金属铅（质量分数不低于 99.99%），分次加入 6mol/L 硝酸溶解，总量不超过 37mL，移入 1000mL 容量瓶中，加水稀释至刻度（此溶液每毫升相当于 1mg 铅）。

⑩ 铅标准使用液：吸取 10.0mL 铅标准溶液，置于 100mL 容量瓶中，加硝酸（1+199）稀释至刻度，如此多次稀释至每毫升相当于 1μg 铅。

**4. 操作步骤**

(1) 样品处理　称取样品 5～10g（或吸取 5～10mL），置于消化装置烧瓶中，加入玻璃珠 5 粒，硝酸 45mL，硫酸 5～10mL，转动烧瓶，防止局部炭化，装上冷凝管，小火加热，待开始发泡时，立即停止加热，泡沫消失后，加热回流 2h。若加热过程中溶液变成棕色，再加 5～10mL 硝酸，继续回流 2h。冷却后，从冷凝管上端小心加入 20mL 水，继续加热回流 10min。冷却后，用 5～10mL 水冲洗冷凝管，洗液并入消化液中。将消化液用洁净的玻璃棉滤入 100mL 容量瓶中，并用少量水洗涤烧瓶和过滤器，洗液合并于容量瓶中，加水至刻度，摇匀。同时做试剂空白试验。

(2) 萃取　吸取 25mL 消化液于 50mL 容量瓶中，加入 2～4 滴甲基橙指示剂，用氨水（1+1）调 pH 值至 3.0～4.5（溶液从红到淡橘红色），用水稀释至约 40mL。冷却后，准确加入 10mL MIBK 溶液，振摇 3min，静置分层，用水稀释至刻度。

(3) 标准系列的配制　吸取铅标准使用液 0.00mL、1.00mL、2.00mL、3.00mL、

4.00mL、5.00mL，分别置于6个50mL容量瓶中，各加20mL水和5mL硫酸。加入2～4滴甲基橙指示剂，用氨水（1+1）调pH值至3.0～4.5（溶液从红到淡橘红色），用水稀释至约40mL。冷却后，准确加入10mL MIBK溶液，振摇3min，静置分层，水稀释至刻度。

（4）测定　将原子吸收分光光度计调节至最佳测量条件，喷吸MIBK调节仪器零点后，依次将各容量瓶中的有机相导入原子吸收分光光度计测定吸光度，以标准系列中铅的质量浓度对应吸光度绘制标准曲线，将样品测定溶液的吸光度减去试剂空白溶液的吸光度后，从标准曲线上查出样品溶液中铅的质量浓度。

仪器测量条件：灯电流7.5mA，波长283.3nm，狭缝0.2nm，空气流量7.5L/min，乙炔流量1L/min，灯头高度3mm，氘灯背景校正（也可以根据仪器型号调节至最佳条件）。

**5. 结果计算**

样品中的铅含量按下式计算。

$$X=\frac{(c-c_0)\times 1000}{\frac{m}{100}\times\frac{25}{50}\times 1000}$$

式中 $X$——样品中铅的含量，mg/kg或mg/L；

$c$——测定用样品溶液中铅的质量浓度，μg/mL；

$c_0$——试剂空白溶液中铅的质量浓度，μg/mL；

$m$——样品的质量或体积，g或mL。

## 三、砷的测定

砷在调味品、酱腌制品中的含量是极少的，目前主要采用砷斑法和银盐法来测定。

### （一）砷斑法

**1. 原理**

样品经消化后，砷及各种砷化物都转化为五价砷或三价砷，将五价砷用碘化钾还原为亚砷酸，加入酸性氯化亚锡与析出的碘结合，并使五价砷还原为三价砷化合物。亚砷酸与新生态氢原子作用生成的砷化氢，再与溴化汞作用生成黄色斑点。在测砷管上端填充乙酸铅棉花，以消除硫化氢的干扰。砷斑颜色的深浅与砷的含量成正比，与标准系列比较定量。

**2. 仪器**

砷斑测定器，如图7-5所示。

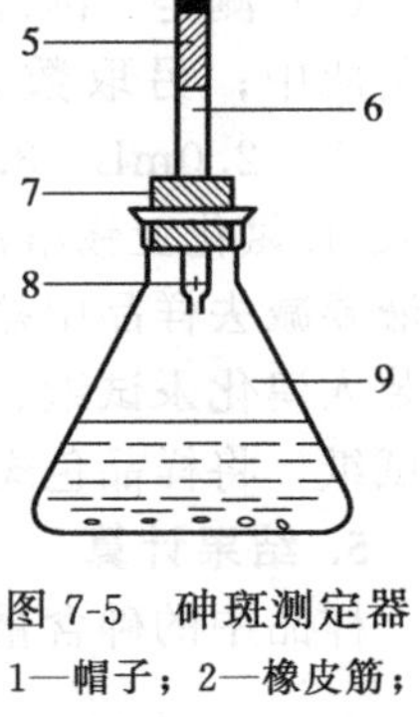

图7-5　砷斑测定器
1—帽子；2—橡皮筋；3—溴化汞试纸；4—乙酸铅棉花；5—乙酸铅试纸；6—砷测定管；7—橡胶塞；8—小孔；9—150mL锥形瓶

**3. 试剂**

① 50g/L溴化汞乙醇溶液。

② 溴化汞试纸：将滤纸剪成直径为2cm的圆片，浸泡在溴化汞乙醇溶液中。使用前取出，自然干燥后备用。

③ 400g/L酸性氯化亚锡溶液：称取20g氯化亚锡（$SnCl_2 \cdot 2H_2O$），溶于12.5mL浓盐酸中，加水稀释至50mL。另加两颗锡粒于溶液中。

④ 100g/L乙酸铅溶液。

⑤ 乙酸铅棉花：将脱脂棉浸泡在100g/L乙酸铅溶液中，1h后取出，并使之疏松，在100℃烘箱内干燥，取出置于玻璃瓶中塞紧保存以备用。

⑥ 乙酸铅试纸：将普通滤纸浸泡在100g/L乙酸铅溶液中，1h后取出，自然晾干，剪成条状（8cm×5cm），置于瓶中保存以备用。

⑦ 无砷锌粒。

⑧ 浓盐酸。

⑨ 200g/L 碘化钾溶液。

⑩ 100g/L 硝酸镁溶液。

⑪ 氧化镁。

⑫ 1mol/L 氢氧化钠溶液。

⑬ 0.5mol/L 硫酸溶液。

⑭ 砷标准溶液：准确称取预先在硫酸干燥器中干燥的三氧化二砷 0.1320g，溶于 10mL 1mol/L 氢氧化钠溶液中，加 0.5mol/L 硫酸溶液 10mL，将此溶液仔细地移入 1000mL 容量瓶中，加水稀释至刻度，摇匀。此溶液每毫升相当于 0.1mg 砷。使用时，可将此溶液稀释成每毫升含 1.0μg 砷的标准溶液。

**4. 操作步骤**

(1) 样品处理

① 硝酸-硫酸消化法：称取 10g 或 20g 固体样品（或吸取 10.0mL 或 20.0mL 液体样品），置于 250～500mL 定氮瓶中，加数粒玻璃珠，加入 5～10mL 硝酸，放置片刻，小火缓缓加热，待作用缓和后，放置冷却。沿瓶壁加入 5mL 或 10mL 硫酸，再加热至瓶中液体开始变成棕色时，不断沿瓶壁滴加硝酸至有机物分解完全。加大火力，至产生白烟，溶液应无色或微黄色澄清透明，放置冷却。

在上述溶液中加 20mL 水，煮沸，除去残余的硝酸，至产生白烟为止。如此处理 2 次，放置冷却。移入 50mL 或 100mL 容量瓶中，用水洗涤定氮瓶，洗液并入容量瓶中，冷却后加水稀释至刻度，摇匀。此溶液 10mL 相当于 2g 样品，相当于加入硫酸量 1mL。

取与消化样品用相同量的硝酸、硫酸，按同一方法做试剂空白试验。

② 灰化法：准确称取 10g 样品置于瓷坩埚中，加入 1g 氧化镁、10mL 100g/L 硝酸镁溶液，混匀，浸泡 4h，在水浴上蒸干。小火炭化后，在 550℃高温炉中灼烧 3～4h，冷却后取出。加 5mL 水湿润灰分，用玻璃棒搅拌均匀，用少量水将附着在玻璃棒上的灰分洗至坩埚内，于水浴上蒸干后，移入 550℃高温炉中灰化 2h，冷却后取出。加 5mL 水湿润灰分，再慢慢加入 10mL 盐酸（1+1）溶解残渣，用水移入 50mL 容量瓶中，稀释至刻度，摇匀（每 10mL 此溶液相当于 2g 样品，相当于加入的盐酸量 1.5mL）。同时做试剂空白试验。

(2) 测定　准确吸取一定量的样品溶液和试剂空白液各 20mL，分别移入砷斑测定器的三角瓶中；另取数套砷斑测定器，于三角瓶中分别加入 1.0μg/L 砷标准溶液 0.0mL、1.0mL、2.0mL、3.0mL、4.0mL、5.0mL。在各瓶中加入 5mL 200g/L 碘化钾溶液、5 滴 400g/L 氯化亚锡溶液和 5mL 盐酸（硝酸-硫酸消化液要减去样品中硫酸的体积；灰化法消化液要减去样品中盐酸的体积），各加水至 35mL，放置 10min。各加入 3g 锌粒，迅速装上已装入溴化汞试纸、乙酸铅棉花和乙酸铅试纸的测砷管。在 25℃下避光放置 1h。取出溴化汞试纸，将样品色斑和标准色斑比较，求出样品溶液和试剂空白液中的砷含量。

**5. 结果计算**

样品中的砷含量按下式计算。

$$X=\frac{(A-A_0)\times 1000}{m\times\frac{V_2}{V_1}\times 1000}$$

式中　$X$——样品中砷的含量，mg/kg 或 mg/L；

$A$——测定用样品消化液中砷的质量，μg；

$A_0$——试剂空白液中砷的质量，μg；

$m$——样品质量或体积，g 或 mL；

$V_1$——样品消化液的总体积，mL；

$V_2$——测定用样品消化液体积，mL。

### （二）银盐法

**1. 原理**

样品经消化后，用碘化钾、氯化亚锡将五价砷还原为三价砷，然后与锌和酸作用产生的新生态氢生成砷化氢，通过用乙酸铅溶液浸泡的棉花除去硫化氢后，与溶于三乙醇胺-三氯甲烷的二乙氨基二硫代甲酸银（AgDDC）溶液作用，形成红色胶态物，与标准系列比较定量。

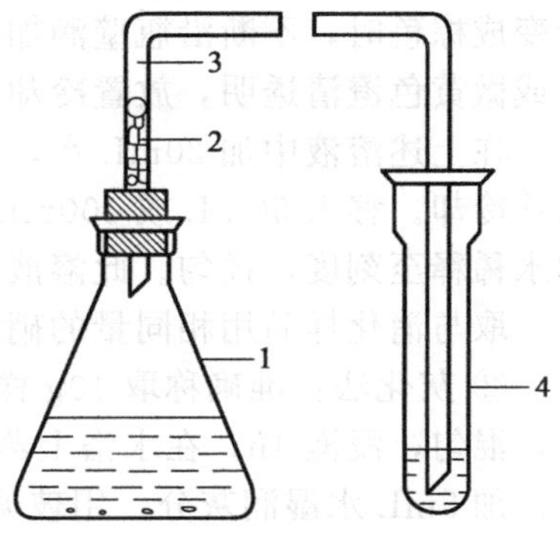

图 7-6 银盐法测砷装置

1—150mL 锥形瓶；2—乙酸铅棉花；3—导气管；4—10mL 刻度离心管

**2. 仪器**

① 可见分光光度计。

② 测砷装置如图 7-6 所示。

a. 100～150mL 锥形瓶（19 号标准口）。

b. 导气管：管口 19 号标准口或经碱处理后洗净的橡皮塞（与锥形瓶密合时不应漏气），管的另一端管径为 1.0mm。

c. 吸收管：10mL 刻度离心管。

**3. 试剂**

① 硝酸。

② 硫酸。

③ 盐酸。

④ 硝酸-高氯酸混合液（4+1）：量取 80mL 硝酸，加入 20mL 高氯酸，混匀。

⑤ 氧化镁。

⑥ 硝酸镁溶液：称取 15g 硝酸镁 [$Mg(NO_3)_2 \cdot 6H_2O$]，溶于水中并稀释至 100mL。

⑦ 150g/L 碘化钾溶液（贮存于棕色瓶中）。

⑧ 酸性氯化亚锡溶液：称取 40g 氯化亚锡（$SnCl_2 \cdot 2H_2O$），加盐酸溶解，加水稀释至 100mL，另加几颗锡粒于溶液中。

⑨ 6mol/L 盐酸：量取 50mL 盐酸，加水稀释至 100mL。

⑩ 100g/L 乙酸铅溶液。

⑪ 乙酸铅棉花：用 100g/L 乙酸铅溶液浸透脱脂棉后，压除多余溶液，并使之疏松，在 100℃以下干燥，取出置于玻璃瓶中。

⑫ 无砷锌粒。

⑬ 200g/L 氢氧化钠溶液。

⑭ 100g/L 硫酸溶液：量取 5.7mL 硫酸，缓缓加到 80mL 水中，冷却后加水稀释至 100mL。

⑮ 二乙氨基二硫代甲酸银-三乙醇胺-三氯甲烷溶液：称取 0.25g 二乙氨基二硫代甲酸银 [$(C_2H_5)_2NCS_2Ag$] 置于乳钵中，加少量三氯甲烷研磨，移入 100mL 量筒中，加入 1.8mL 三乙醇胺，再用三氯甲烷分次洗涤乳钵，洗液一并移入量筒中，用三氯甲烷稀释至 100mL，放置过夜，滤入棕色瓶中贮存。

⑯ 砷标准溶液：准确称取 0.1320g 在硫酸干燥器中干燥过的或在 100℃干燥 2h 的三氧化二砷，加 5mL 200g/L 氢氧化钠溶液，溶解后加 25mL 100g/L 硫酸溶液，移入 1000mL

容量瓶中，加新煮沸后冷却的水稀释至刻度，摇匀，贮存在棕色玻璃瓶中。此溶液每毫升相当于 0.1mg 砷。

⑰ 砷标准使用液：吸取 1.0mL 砷标准溶液，置于 100mL 容量瓶中，加 1mL 100g/L 硫酸溶液，加水稀释至刻度，摇匀。此溶液每毫升相当于 1.0μg 砷。

**4. 操作步骤**

(1) 样品处理

① 硝酸-硫酸消化法：称取 10g 或 20g 固体样品（或吸取 10.0mL 或 20.0mL 液体样品），置于 250～500mL 定氮瓶中，加数粒玻璃珠，加入 5～10mL 硝酸，放置片刻，小火缓缓加热，待作用缓和后，放置冷却。沿瓶壁加入 5mL 或 10mL 硫酸，再加热至瓶中液体开始变成棕色时，不断沿瓶壁滴加硝酸至有机物分解完全。加大火力，至产生白烟，溶液应无色或微黄色澄清透明，放置冷却。

在上述溶液中加 20mL 水，煮沸，除去残余的硝酸，至产生白烟为止。如此处理 2 次，放置冷却。移入 50mL 或 100mL 容量瓶中，用水洗涤定氮瓶，洗液并入容量瓶中，冷却后加水稀释至刻度，摇匀。此溶液 10mL 相当于 2g 样品，相当于加入硫酸量 1mL。

取与消化样品用相同量的硝酸、硫酸，按同一方法做试剂空白试验。

② 灰化法：准确称取 10g 样品置于瓷坩埚中，加入 1g 氧化镁、10mL 100g/L 硝酸镁溶液，混匀，浸泡 4h，在水浴上蒸干。小火炭化后，在 550℃高温炉中灼烧 3～4h，冷却后取出。加 5mL 水湿润灰分，用玻璃棒搅拌均匀，用少量水将附着在玻璃棒上的灰分洗至坩埚内，于水浴上蒸干后，移入 550℃高温炉中灰化 2h，冷却后取出。

加 5mL 水湿润灰分，再慢慢加入 10mL 盐酸（1+1）溶解残渣，用水移入 50mL 容量瓶中，稀释至刻度，摇匀（每 10mL 此溶液相当于 2g 样品，相当于加入的盐酸量 1.5mL）。同时做试剂空白试验。

(2) 测定

① 硝酸-高氯酸-硫酸法消化液或硝酸-硫酸法消化液：吸取一定量样品消化溶液（相当于 5g 样品）及同量的空白溶液，分别置于 150mL 锥形瓶中，补加硫酸至总量为 5mL，加水至 50～55mL。

吸取 0.0mL、2.0mL、4.0mL、6.0mL、8.0mL、10.0mL 砷标准使用液（相当于 0.0μg、2.0μg、4.0μg、6.0μg、8.0μg、10.0μg 砷），分别置于 150mL 锥形瓶中，加水稀释至 40mL，再加 10mL（1+1）硫酸。

在样品消化液、空白溶液和砷标准使用液中各加 3mL 150g/L 碘化钾溶液和 0.5mL 酸性氯化亚锡溶液，混匀，静置 15min。各加 3g 锌粒，立即分别塞上装有乙酸铅棉花的导气管，使管尖端插入盛有 4mL 银盐溶液的离心管的液面下。在常温下反应 45min 后，取下离心管，加三氯甲烷补足 4mL。用 1cm 比色皿，以零管调节零点，于 520nm 处测定其吸光度，绘制标准曲线比较定量。

② 灰化法消化液：取灰化消化液和空白液分别置于 150mL 锥形瓶中。吸取 0.0mL、2.0mL、4.0mL、6.0mL、8.0mL、10.0mL 砷标准使用液（相当于 0.0μg、2.0μg、4.0μg、6.0μg、8.0μg、10.0μg 砷），分别置于 150mL 锥形瓶中，加水稀释至 43.5mL，再加 6.5mL 盐酸。

在灰化消化液、空白液和砷标准使用液中各加 3mL 150g/L 碘化钾溶液和 0.5mL 酸性氯化亚锡溶液，混匀，静置 15min。各加 3g 锌粒，立即分别塞上装有乙酸铅棉花的导气管，使管尖端插入盛有 4mL 银盐溶液的离心管的液面下。在常温下反应 45min 后，取下离心管，加三氯甲烷补足 4mL。用 1cm 比色皿，以零管调节零点，于 520nm 处测定其吸光度，绘制标准曲线比较定量。

**5. 结果计算**

样品中的砷含量按下式计算。

$$X=\frac{(A-A_0)\times 1000}{m\times\frac{v_2}{v_1}\times 1000}$$

式中 $X$——样品中砷的含量，mg/kg 或 mg/L；

$A$——测定用样品消化液中砷的质量，μg；

$A_0$——试剂空白液中砷的质量，μg；

$m$——样品质量或体积，g 或 mL；

$V_1$——样品消化液的总体积，mL；

$V_2$——测定用样品消化液体积，mL。

**6. 注意事项**

① 样品中若含有锑盐，它所生成的锑化氢也能与银盐作用生成红色化合物，对比色有干扰。

② 测砷装置各接口处不能漏气。

## [目标检测]

**一、单项选择题**

1. 砷斑法测砷时，与砷化氢作用生成砷斑的是（ ）。

A. 乙酸铅试纸　B. 碘化钾　C. 氯化亚锡　D. 溴化汞试纸

2. 双硫腙比色法测定锌的 pH 条件是（ ）。

A. 酸性溶液　B. 碱性溶液　C. 中性溶液　D. 任意溶液

3. 食品中加入苯甲酸或苯甲酸钠，可抑制酵母和霉菌生长，但 pH 必须在（ ）以下的食品中才有作用。

A. 6.5　B. 6　C. 5　D. 4.5

4. 实验室烘箱使用时，放入下面的（ ）有着火危险。

A. $NaHCO_3$　B. $Na_2CO_3$　C. 乙醚　D. NaCl

5. 试验室中常用的铬酸洗液，用久后表示失效的颜色是（ ）。

A. 黄色　B. 绿色　C. 红色　D. 无色

6. 当油类起火时，可用来灭火的灭火剂有（ ）。

A. 水　B. 泡沫灭火器　C. 四氯化碳　D. 湿粉

7. 测定砷时，实验结束后锌粒应（ ）。

A. 丢弃　B. 直接保存

C. 用热水冲洗后保存　D. 先活化，后再生处理

8. 双硫腙比色法测定铅时，加入柠檬酸铵的目的是（ ）。

A. 与许多金属离子形成稳定的络合物而被掩蔽。

B. 防止在碱性条件下碱土金属的沉淀。

C. 防止三价铁离子对双硫腙的氧化。

D. 使铅与双硫腙形成的络合物稳定。

9. 双硫腙比色法测定锌时，加入盐酸羟胺的作用是（ ）。

A. 消除其他金属离子的干扰。

B. 使锌与双硫腙形成的络合物色泽稳定。

C. 防止三价铁离子氧化双硫腙。

D. 以上都是。

10. 双硫腙比色法测定锌时，为了防止铜、汞、铅、铋、银和镉等离子干扰，应加入（　）。

A. 硫代硫酸钠　　B. 盐酸羟胺　　C. 乙酸钠　　D. 以上都是

11. 原子吸收光度法测定锌时，（　）处理的样品测得的锌含量较低。

A. 硫酸-硝酸法　　B. 硝酸-高氯酸法

C. 灰化法　　D. 硝酸-硫酸-高氯酸法

12. 双硫腙比色法测定铅时，为了防止铁、铜、锌等离子的干扰，应加入（　）。

A. 柠檬酸铵　　B. 氰化钾　　C. 盐酸羟胺　　D. 以上都是

13. 双硫腙比色法测定铅时产生的废氰化钾溶液，在排放前应加入（　）降低毒性。

A. 氢氧化钠和硫酸亚铁　　B. 盐酸和硫酸亚铁

C. 氢氧化钠　　D. 盐酸

14. 砷斑法测定砷时，与新生态氢作用生成砷化氢的是（　）。

A. 砷原子　　B. 五价砷　　C. 三价砷　　D. 砷化物

15. 砷斑法测定砷时，去除反应中生成的硫化氢气体采用（　）。

A. 乙酸铅试纸　　B. 溴化汞试纸　　C. 氯化亚锡　　D. 碘化钾

16. 砷斑法测定砷时，生成的砷斑是（　）的。

A. 红色　　B. 蓝色　　C. 黄色或黄褐色　　D. 绿色

17. 银盐法测定砷时，为了避免反应过缓或过激，反应温度应控制在（　）左右。

A. 15℃　　B. 20℃　　C. 25℃　　D. 30℃

18. 双硫腙比色法测定铅中，铅与双硫腙生成（　）络合物。

A. 红色　　B. 黄色　　C. 蓝色　　D. 绿色

19. 双硫腙比色法测定铅的测量波长为（　）。

A. 510nm　　B. 530nm　　C. 550nm　　D. 570nm

20. 国家标准有效期一般为（　）。

A. 2 年　　B. 3 年　　C. 5 年　　D. 10 年

**二、判断题**

1. 苯甲酸和山梨酸均溶于水，而它们的盐则不易溶于水。（　）

2. 双硫腙难溶于水，但能溶于碱性水溶液如氨水等。（　）

3. 测定食品中汞、砷、铅等元素的含量最好采用干法灰化处理。（　）

4. 砷斑法测砷时用乙酸铅棉花是为了吸收砷化氢气体。（　）

5. 银盐法测砷比砷斑法更准确。（　）

6. 气相色谱法可以同时测定苯甲酸和山梨酸钾。（　）

7. 砷斑法测砷时，砷斑在空气中易褪色，没法保存。（　）

8. 双硫腙比色法测定铅含量时，用普通蒸馏水就能满足实验要求。（　）

9. 双硫腙比色法测定铅的灵敏度高，故所用的试剂及溶剂均需检查是否含有铅，必要时需经纯化处理。（　）

10. 双硫腙是测定铅的专一试剂，测定时没有其他金属离子的干扰。（　）

11. 双硫腙比色法测定锌时，加入硫代硫酸钠是为了消除其他金属离子的干扰。（　）

12. 在实验室中，皮肤溅上浓碱时，在用大量水冲洗后继而用5%小苏打溶液处理。（　）

13. 实验室钾、钠活泼金属因剧烈反应而引起的失火只能用沙土覆盖灭火。（　）

# 第八章 糕点、糖果的检验

## 第一节 糕点、糖果中脂肪的测定

脂类主要包括脂肪（甘油三酯）和类脂化合物（脂肪酸、糖脂、甾醇）。脂肪是食物中具有最高能量的营养素，也是三大营养素之一。食品中脂肪含量是衡量食品营养价值高低指标之一。在食品加工生产过程中，原料、半成品、成品的脂类含量对产品的风味、组织结构、品质、外观、口感等都有直接的影响，故食品中脂类含量是食品质量管理的一项重要指标。

食品的脂肪含量可以用来评价食品的品质，衡量食品的营养价值，而且在实行工艺监督、生产过程的质量管理、研究食品的贮藏方式是否恰当等方面都有重要的意义。

### 一、提取剂的选择

食品中脂肪的存在形式有游离态的，也有结合态的。游离态脂有动物性脂肪和植物性脂肪，结合态脂如天然存在的磷脂、糖脂、脂蛋白等中的脂肪与蛋白质或碳水化合物等成分形成的结合态。对大多数食品来说，游离态的脂肪是主要的，结合态的脂肪含量较少。脂类结构比较复杂，到现在没有一种溶剂能将纯脂肪萃取出来，也就是说提取出来的都是粗脂肪。测定脂类大多采用低沸点的有机溶剂。常用的溶剂有乙醚、石油醚、三氯甲烷-甲醇混合溶剂。其中乙醚溶解脂肪的能力强，应用最广泛。

**1. 乙醚**

乙醚优点是沸点低（34.6℃），溶解脂肪的能力比石油醚强；缺点是能被2%的水饱和，含水的乙醚抽提能力降低，并且乙醚易燃。使用乙醚时，样品不能含水分，必须干燥，室内需空气流畅。乙醚一般贮存在棕色瓶中，因为光下照射就会产生过氧化物，过氧化物也容易爆炸，如果乙醚贮存时间过长，在使用前一定要检查有无过氧化物，如果有应除掉。

**2. 石油醚**

石油醚溶解脂肪的能力比乙醚弱些，但吸收水分比乙醚少，并且没有乙醚易燃。使用时允许样品含有微量水分，没有胶溶现象，不会夹带胶溶淀粉、蛋白质等物质。采用石油醚提取剂，测定值比较接近真实值。

乙醚、石油醚这两种溶剂仅适用于已烘干磨碎的样品和不易潮解结块的样品，而且只能提取样品中游离态的脂肪，不能提取结合态的脂肪，对于结合态脂，必须预先用酸或碱破坏脂类。

**3. 氯仿-甲醇**

氯仿-甲醇对于脂蛋白、磷脂的提取效率较高，特别适用于水产品、家禽、蛋制品等食品脂肪的提取。

## 二、样品的预处理

样品的预处理方法决定于样品本身的性质，牛乳预处理非常简单，而植物组织和动物组织的处理方法较为复杂。

**1. 粉碎**

粉碎的方法很多，不论是切碎、碾磨、绞碎或者采用均质等处理方法，均应当使样品中的脂类物理降解、化学降解以及酶降解减少到最小程度。

**2. 加海砂**

有的样品易结块，用乙醚提取较困难，为了使样品保持散粒状，可以加一些海砂，一般加样品的 4～6 倍量，目的是使样品疏松，扩大与有机溶剂的接触面积，有利于萃取。

**3. 加入无水硫酸钠**

因为乙醚可被 2%水饱和，使乙醚不能渗入到组织内部，抽提脂肪的能力降低，所以有些样品含水量高时可加入无水硫酸钠，用量以样品呈散粒状为度。

**4. 干燥**

干燥的目的是为了提高脂肪的提取效率。干燥时要注意温度，温度过高易使脂肪氧化，与糖、蛋白质结合变成复合脂；温度过低时脂肪易降解。

**5. 酸处理**

温度过高时脂与糖、蛋白质等接触，变成复合脂，产生复合脂后，不能用非极性溶剂直接抽提，所以要用酸处理，主要是把结合的脂肪游离出去。

**6. 其他**

有些样品含有大量的碳水化合物，测定脂肪时应先用水洗掉水溶性碳水化合物再进行干燥、提取。

## 三、脂肪的测定

由于食品的种类不同，脂肪含量及其存在形式也不相同，测定脂肪的方法也就不同。常用的测定方法有：索式提取法、巴布科克法、盖勃法、罗斯-哥特里法、酸分解法。过去测定脂肪普遍采用的是索式提取法，这种方法至今仍被认为是测定多种食品脂类含量的代表性方法，但对于某些样品测定结果往往偏低。巴布科克法、盖勃法、罗斯-哥特里法主要用于乳及乳制品中脂类的测定。酸水解法测出的脂肪为全部脂类（游离态脂和结合态脂）。

### （一）索氏提取法（经典方法）

**1. 原理**

样品经前处理后，放入圆筒滤纸内，将滤纸筒置于索式提取管中，利用乙醚或石油醚在水浴中加热回流，使样品中的脂肪进入溶剂中，回收溶剂后所得到的残留物即为脂肪（粗脂肪）。采用这种方法测出游离态脂，此外还含有磷脂、色素、蜡状物、挥发油、糖脂等物质，所以用索氏提取法测得的脂肪为粗脂肪。

**2. 适用范围**

索氏提取法适用于脂类含量较高、结合态的脂类含量较少、能烘干磨细、不宜吸湿结块的样品的测定。此法只能测定游离态脂肪，而结合态脂肪无法测出，要想测出结合态脂肪，需在一定条件下将其水解变成游离态的脂肪。此法是经典方法，对大多数样品结果比较可靠，但需要周期长，溶剂量大。

**3. 仪器**

索氏提取器，它由三部分组成，即回流冷凝管、提取管和提脂瓶（接收瓶），如图 8-1 所示。

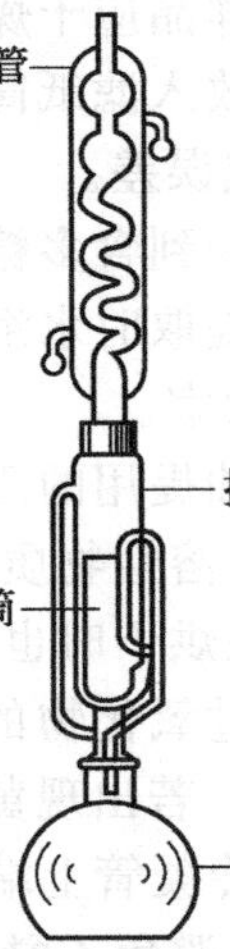


图 8-1　索氏提取器

**4. 试剂**

① 无水乙醚或石油醚。

② 精制海砂。

**5. 操作步骤**

（1）样品处理

① 固体样品：精确称取于 100℃±5℃烘干并研细的样品 2.00～5.00g（可取测定水分后的样品），必要时拌以海砂，全部移入滤纸筒内。

② 半固体或液体样品：精确称取 5.00～10.00g 样品，置于蒸发皿中，加入海砂约 20g，于沸水浴上蒸干后，再于 100℃±5℃干燥、研细，全部移入滤纸筒内，蒸发皿及沾有样品的玻璃棒用蘸有乙醚（或石油醚）的脱脂棉擦净，将棉花一同放入滤纸筒内。

（2）索氏提取器的清洗　将索氏提取器各部分充分洗涤并用蒸馏水清洗后烘干。接收瓶在 100℃±5℃的电热鼓风干燥箱内干燥至恒重（前后两次称量值之差不超过 0.002g）。

（3）抽提　将干燥后盛有试样的滤纸筒放入索氏提取器的提取管内，连接已干燥至恒重的接收瓶，由冷凝管上端注入乙醚或石油醚，加量为接收瓶的 2/3 体积，于水浴上（夏天 65℃，冬天 80℃左右）加热使乙醚或石油醚不断回流提取，抽提速度以每 1min 80 滴左右，每 1h 回流 6～8 次，至抽提完全为止。同时，用一小块脱脂棉轻轻塞入冷凝管上端口。

提取时间视试样中粗脂肪的含量而定：一般样品提取 6～12h，坚果样品提取约 16h。提取结束时，用抽提管下端滴下的乙醚或石油醚滴在滤纸或毛玻璃上，挥发后若其上无油迹出现，则表明已抽提完毕，若留下油迹则说明抽提不完全。

（4）回收溶剂、烘干、称重　取下接收瓶，回收乙醚或石油醚，待接收瓶内乙醚剩下 1～2mL 时，在水浴上蒸干，再于 100℃±5℃干燥 2h，放于干燥器内冷却 0.5h，称重。重复以上操作至恒重。

**6. 结果计算**

$$X=\frac{m_1-m_0}{m_2}\times 100$$

式中　$X$——试样中粗脂肪的含量，g/100g；

$m_1$——接收瓶和粗脂肪的质量，g；

$m_0$——接收瓶的质量，g；

$m_2$——试样的质量（如是测定水分后的试样，则按测定水分前的质量计），g。

计算结果表示到小数点后一位。

**7. 精密度**

在重复条件下获得的两次独立测定结果的绝对差值不得超过算术平均值的 10%。

**8. 注意事项**

① 滤纸筒的制备：将滤纸剪成长方形 8cm×15cm，卷成圆筒，直径为 6cm，将圆筒底部封好，最好放一些脱脂棉，避免向外漏样。

② 滤纸筒应事先放入烧杯，于 100～105℃烘箱烘至恒重。提脂瓶在使用前也需烘干至恒重。

③ 样品应干燥后研细，最好用测定水分含量后的样品。

④ 放入滤纸筒的高度不能超过回流弯管，否则乙醚不易穿透样品，使脂肪不能全部提出，造成误差。

⑤ 碰到含多糖及糊精的样品要先以冷水处理，等其干燥后连同滤纸一起放入提取管内。

⑥ 提取时水浴温度不能过高，一般使乙醚刚开始沸腾即可（约 45℃），回流速度以 6～8 次/h 为宜。

⑦ 抽提用的乙醚或石油醚要求无水、无醇、无过氧化物，挥发残渣含量低。因水和醇可导致水溶性物质溶解，如水溶性盐类、糖类等，使得测定结果偏低。过氧化物会导致脂肪氧化，在烘干时也有引起爆炸的危险。

⑧ 过氧化物的检查方法：取 6mL 乙醚，加 2mL 10%碘化钾溶液，用力振摇，放置 1min 后，若出现黄色，则证明有过氧化物存在，应另选乙醚或处理后再用。

⑨ 冷凝管上端最好连接一个氯化钙干燥管，这样不仅可以防止空气中的水分进入，而且还可以避免乙醚挥发在空气中，从而可防止实验室环境空气的污染。如无此装置，塞一团干脱脂棉球亦可。

⑩ 如果没有无水乙醚，可以自己制备，制备方法如下：在 100mL 乙醚中加入无水石膏 50g，振摇数次，静置 10h 以上，蒸馏，收集 35℃以下的蒸馏液，即可应用。

⑪ 将提脂瓶放在烘箱内干燥时，瓶口向一侧倾斜 45°，防止挥发物乙醚与空气形成对流，这样干燥迅速。

⑫ 使用挥发乙醚或石油醚时，切忌直接用火源加热，应用电热套、电水浴、电灯泡等。

⑬ 这里恒重的概念有区别，它表示最初达到的最低质量，即溶剂和水分完全挥发时的恒重。此后若继续加热，则因油脂氧化等原因会导致质量增加。若质量增加时，以增重前的质量作为恒重。

⑭ 在干燥器中的冷却时间一般要一致。

**[课堂互动]**

1. 索氏提取器的提取原理是什么？
2. 用索氏提取法提取脂肪时，注意事项有哪些？

### （二）酸水解法

**1. 原理**

将试样与盐酸溶液一同加热进行水解，使结合或包裹在组织里的脂肪游离出来，再用乙醚和石油醚提取脂肪，回收溶剂，干燥后称量，提取物的质量即为脂肪含量。

**2. 适用范围**

本法适用于各类食品中脂肪的测定，对固体、半固体、黏稠液体或液体食品，特别是加工后的混合食品，容易吸湿、结块、不易烘干的食品，不能采用索氏提取法时，用此法效果较好。但是鱼类、贝类和蛋制品中含有较多的磷脂，在盐酸溶液中加热时，磷脂几乎完全分解为脂肪和碱，因为仅定量前者，测定值偏低，故本法不宜用于测定含有大量磷脂的食品，此法也不适用于含糖量高的食品，因糖类遇强酸易炭化而影响测定结果。

**3. 仪器**

100mL 具塞刻度量筒、恒温水浴锅。

**4. 试剂**

① 95%乙醇。

② 乙醚：不含过氧化物。

③ 石油醚：沸程 30～60℃。

④ 盐酸。

**5. 操作步骤**

（1）样品处理

① 固体样品：准确称取约 2.00g 试样，置于 50mL 大试管内，加入 8mL 水，用玻璃棒充分混匀后，再加 10mL 盐酸。

② 液体样品：准确称取 10.00g 试样，置于 50mL 大试管中，加 10mL 盐酸。

（2）水解　将混匀试样后的大试管置于 70～80℃水浴中，每隔 5～10min 用玻璃棒搅拌一次，至试样完全消化、脂肪游离完全为止，约需 40～50min，取出静置，冷却。

（3）提取　取出试管，加入 10mL 乙醇，混合，冷却后将混合物移入 100mL 具塞量筒中，用 25mL 乙醚分次冲洗试管，洗液一并倒入具塞量筒内。待乙醚全部倒入量筒后，加塞振摇 1min，将塞子慢慢转动，放出气体，再塞好，静置 12min，小心开塞，用石油醚-乙醚等量混合液冲洗塞及筒口附着的脂肪。静置 10～20min，待上部液体清晰，吸出上层清液于已恒重的锥形瓶中，再加 5mL 乙醚于具塞量筒内，振摇，静置后，仍将上层乙醚吸出，放入原锥形瓶中。将锥形瓶置于 100℃±5℃烘箱中干燥 2h，取出，放干燥器内冷却 30min 后称重，重复以上操作至恒重。

**6. 结果计算**

$$X=\frac{m_1-m_0}{m_2}\times 100$$

式中　$X$——试样中粗脂肪的含量，g/100g；

$m_1$——接收瓶和粗脂肪的质量，g；

$m_0$——接收瓶的质量，g；

$m_2$——试样的质量（如是测定水分后的试样，则按测定水分前的质量计），g。

计算结果表示到小数点后一位。

**7. 精密度**

在重复条件下获得的两次独立测定结果的绝对差值不得超过算术平均值的 10%。

**8. 注意事项**

① 开始加入 8mL 水是为防止后面加盐酸时干试样固化。水解后加入乙醇可使蛋白质沉淀，降低表面张力，促进脂肪球聚合，同时溶解一些碳水化合物如糖、有机酸等。后面用乙醚提取脂肪时因乙醇可溶于乙醚，故需加入石油醚降低乙醇在醚中的溶解度，使乙醇溶解物残留在水层，使分层清晰。

② 挥干溶剂后，残留物中若有黑色焦油状杂质，是分解物与水一同混入所致，会使测定值增大，造成误差，可用等量的乙醚及石油醚溶解后过滤，再次进行挥干溶剂的操作。

③ 若无分解液等杂质混入，通常干燥 2h 即可恒重。

## 第二节 糕点、糖果中总糖的测定

### 一、还原糖的测定

还原糖是指具有还原性的糖类。葡萄糖分子中含有游离的醛基，果糖分子中含有游离的酮基，乳糖和麦芽糖分子中含有半缩醛羟基，因此它们都具有还原性，都是还原糖。其他非还原糖类，如双糖、多糖，本身不具有还原性，但可以通过水解生成还原性的单糖，再进行测定，然后换算成样品中相应糖类的含量。所以糖类的测定是以还原糖的测定为基础。

还原糖的测定方法很多，其中最常用的有直接滴定法和高锰酸钾滴定法，以下分别介绍。

### （一）直接滴定法

**1. 原理**

试样经除去蛋白质后，在加热条件下，以次甲基蓝作指示剂，滴定标定过的碱性酒石酸铜溶液。当达到终点时，稍微过量的还原糖将蓝色的次甲基蓝还原为无色，而显示出氧化亚铜的橘红色。加入亚铁氰化钾，可使橘红色变为无色或淡黄色的终点而更易于判断。根据样品液消耗体积计算还原糖量。

特点：此法是目前最常用的测定还原糖的方法，该法又称费林试剂容量法、快速法，它是在蓝-爱农容量法的基础上发展起来的，具有试剂用量少，操作简单、快速，滴定终点明显等特点。

适用范围：此法适用于各类食品中还原糖的测定。但对于深色样品（如酱油、深色果汁等），因色素干扰使终点难以判断，从而影响其准确性。

**2. 仪器**

酸式滴定管、电炉。

**3. 试剂**

① 碱性酒石酸铜甲液（费林试剂 A 液）：称取 $CuSO_4 \cdot 5H_2O$15g 及亚甲基蓝 0.05g，加水溶解，定容至 1000mL，摇匀。

② 碱性酒石酸铜乙液（费林试剂 B 液）：称取 50g 酒石酸钾钠、75g 氢氧化钠、4g 亚铁氰化钾，溶解后，定容至 1000mL，摇匀，贮存于橡胶塞玻璃瓶内。

③ 乙酸锌溶液：称取 21.9g 乙酸锌，加 3mL 冰醋酸，加水溶解并稀释至 100mL。

④ 亚铁氰化钾溶液：称取 10.6g 亚铁氰化钾，加水溶解并稀释至 100mL。

⑤ 0.1%标准葡萄糖溶液：取分析纯葡萄糖，在 100℃下烘干至恒重，准确称取 1.000g 无水葡萄糖，加水溶解后加入 5mL 盐酸，并以水稀释至 1000mL。此溶液每毫升相当于 1.0mg 葡萄糖。

**4. 操作步骤**

（1）试样处理

① 糕点、糖果类；乳类、乳制品及含蛋白质的冷食类（雪糕、冰淇淋、豆乳等） 准确称取 2.50～5.00g 经粉碎后的固体样品（或吸取 25.00～50.00mL 液体样液），置于 250mL 容量瓶中，加 50mL 水，摇匀后慢慢加入 5mL 乙酸锌溶液，混匀后再慢慢加入 5mL 亚铁氰化钾溶液，振摇，加水至刻度，混匀，沉淀，静置 30min，用干燥滤纸过滤，弃去初滤液，滤液备用。

② 酒精性饮料 吸取 100.0mL 试样，置于蒸发皿中，用氢氧化钠（40g/L）溶液中和至中性，在水浴上蒸发至原体积的 1/4 后，移入 250mL 容量瓶中，加水至刻度。

③ 淀粉含量较高的食品 称取 10.00～20.00g 样品置于 250mL 容量瓶中，加 200mL 水，在 45℃水浴中加热 1h，并不断振摇。冷却后加水稀释至刻度，混匀，静置使其沉淀。吸取 200mL 上层清液于另一 250mL 容量瓶中，以下按①法除去蛋白质后，配制成待测样液。

④ 汽水等含有二氧化碳的饮料 吸取 100.00mL 试液置于蒸发皿中，在水浴上除去二氧化碳后，定量移入 250mL 容量瓶中，用水洗涤蒸发皿，洗液并于容量瓶中，再加水至刻度，混匀后备用。

（2）费林试剂的标定 准确吸取费林试剂 A 液、B 液各 5.0mL 于锥形瓶中，加水

10mL，加入玻璃珠2粒，从滴定管滴加约9mL葡萄糖标准溶液，控制在2min内加热至沸腾，沸腾后立即以2s/滴的速度继续滴加标准葡萄糖溶液，直至溶液蓝色刚好褪去为终点，记录消耗葡萄糖标准溶液的总体积。平行操作3次，取其平均值，计算每10mL费林试剂相当于葡萄糖的质量（mg）。

$$A = Vc$$

式中　$A$——10mL费林试剂相当于葡萄糖的质量，mg；

$V$——标定的消耗葡萄糖标准溶液的总体积，mL；

$c$——葡萄糖标准溶液的浓度，mg/mL。

（3）试样溶液的预测定　吸取费林试剂A液、B液各5.0mL于锥形瓶中，加水10mL，加入玻璃珠2粒，控制在2min内加热至沸腾，趁沸以先快后慢的速度从滴定管中滴加试样溶液，并保持沸腾状态，待溶液颜色变浅时，以2s/滴的速度滴定，直至蓝色刚好褪去为终点，记下样液消耗的体积。

（4）试样溶液的测定　吸取费林试剂A液、B液各5mL于锥形瓶中，加水10mL，加入玻璃珠2粒，从滴定管滴加比预测体积少1mL的试样溶液至锥形瓶中，使其在2min内加热至沸腾，沸腾后以2s/滴的速度滴定，直至蓝色刚好褪去为终点，记录样液消耗的体积。同法平行操作3次，得出平均消耗体积。

**5. 结果计算**

$$X = \frac{A}{m \times \frac{V}{250} \times 1000} \times 100$$

式中　$X$——试样中还原糖的含量（以葡萄糖计），g/100g；

$A$——10mL费林试剂相当于葡萄糖的质量，mg；

$m$——试样质量，g；

$V$——测定时平均消耗试样溶液的体积，mL；

250——试样液的总体积，mL。

计算结果精确到小数点后一位。

**6. 注意事项**

① 碱性酒石酸铜甲液、乙液应分别配制贮存，用时才混合。

② 碱性酒石酸铜的氧化能力较强，可将醛糖和酮糖都氧化，所以测得的是总还原糖量。

③ 本法对糖进行定量的基础是碱性酒石酸铜溶液中$Cu^{2+}$的量，所以，样品处理时不能采用硫酸铜-氢氧化钠作为澄清剂，以免样液中误入$Cu^{2+}$，得出错误的结果。

④ 在碱性酒石酸铜乙液中加入亚铁氰化钾，是为了使所生成的$Cu_2O$红色沉淀与之形成可溶性的无色配合物，使终点便于观察。

$$Cu_2O\downarrow + K_4Fe(CN)_6 + H_2O = K_2Cu_2Fe(CN)_6 + 2KOH$$

⑤ 次甲基蓝也是一种氧化剂，但在测定条件下其氧化能力比$Cu^{2+}$弱，故还原糖先与$Cu^{2+}$反应，待$Cu^{2+}$完全反应后，稍过量的还原糖才会与次甲基蓝发生反应，使溶液蓝色消失，指示到达终点。

⑥ 整个滴定过程必须在沸腾条件下进行，其目的是加快反应速率和防止空气进入，避免氧化亚铜和还原型的次甲基蓝被空气氧化从而增加耗糖量。

⑦ 测定中还原糖液的浓度、滴定速度、热源强度及煮沸时间等都对测定精密度有很大的影响。还原糖液浓度要求在0.1%左右，与标准葡萄糖溶液的浓度相近；继续滴定至终点的体积应控制在0.5～1mL以内，以保证在1min内完成续滴定的工作；热源一般采用800W电炉，热源强度和煮沸时间应严格按照操作中的规定执行，否则，加热及煮沸时间不

同，水蒸气蒸发量不同，反应液的碱度也不同，从而会影响反应速率、反应程度及最终测定的结果。

⑧ 预测定与正式测定的操作条件应一致。平行试验中消耗样液量之差应不超过 0.1mL。

### （二）高锰酸钾滴定法

此法为国家标准（GB/T 5009.7—2003）食品中还原糖测定的第二法，此法又称贝尔德法。

**1. 原理**

将样液与一定量的碱性酒石酸铜溶液反应，还原糖将二价铜还原为氧化亚铜，经过滤，得到氧化亚铜沉淀，加入过量的酸性硫酸铁溶液将其氧化溶解，而三价铁盐被定量地还原为亚铁盐，用高锰酸钾标准溶液滴定所生成的亚铁盐，根据高锰酸钾标准溶液消耗量可计算出氧化亚铜的量，再从还原糖质量换算表中查出与氧化亚铜量相当的还原糖的量，即可计算出样品中还原糖的含量。

**2. 特点**

此法的主要特点是准确度高、重现性好，这两方面都优于直接滴定法。缺点是操作步骤不多，但操作复杂、费时，需查特制的还原糖质量换算表。

**3. 适用范围**

此法适用于各类食品中还原糖的测定，对于深色样液也同样适用。

**4. 说明**

操作过程必须严格按规定执行，加入碱性酒石酸铜甲液、乙液后，务必控制在 4min 内加热至沸，沸腾时间 2min 也要准确，否则会引起较大的误差。该法所用的碱性酒石酸铜溶液是过量的，即保证把所有的还原糖全部氧化后，还有过剩的 $Cu^{2+}$ 存在。所以，经煮沸后的反应液应显蓝色。如不显蓝色，说明样液含糖浓度过高，应调整样液浓度，或减少样液取用体积，重新操作，而不能增加碱性酒石酸铜甲液、乙液的用量。样品中的还原糖既有单糖，也有麦芽糖或乳糖等双糖时，还原糖的测定结果会偏低，这主要是因为双糖的分子中仅含有一个还原基所致。在抽滤和洗涤时，要防止氧化亚铜沉淀暴露在空气中，应使沉淀始终在液面下，避免其氧化。

## 二、总糖的测定

测定总糖通常以还原糖的测定法为基础，将食品中的非还原性双糖经酸水解成还原性单糖，再按还原糖的测定法测定，测出以转化糖计的总糖量。

若需要单纯测定食品中的蔗糖量，可分别测定样品水解前的还原糖量及水解后的还原糖量，两者之差再乘以校正系数 0.95 即为蔗糖量，即 1g 转化糖量相当于 0.95g 蔗糖量。

在食品加工生产过程中，也常用相对密度法、折光法等简易的物理方法测定总糖量。

**1. 原理**

样品除去蛋白质后，加入稀盐酸，在加热条件下使蔗糖水解转化为还原糖，再以直接滴定法或高锰酸钾法测定。

**2. 仪器**

① 恒温水浴箱。

② 其他仪器同还原糖的测定。

**3. 试剂**

① 6mol/L 盐酸溶液。

② 甲基红指示剂：称取 0.1g 甲基红溶于 100mL 60%（体积分数）乙醇中。

③ 200g/L 氢氧化钠溶液。

④ 转化糖标准溶液：准确称取 1.0526g 纯蔗糖用 100mL 水溶解，置于具塞锥形瓶中加 5mL 盐酸（1+1），在 68～70℃水浴中加热 15min，冷却至室温后定容至 1000mL。此溶液每毫升标准溶液相当于 1.0mg 转化糖。

⑤ 其他试剂同还原糖的测定。

**4. 操作步骤**

（1）样品处理 按还原糖测定法中的方法进行。

（2）样品中总糖量的测定 吸取 50mL 样品处理液置于 100mL 容量瓶中，加 6mol/L 盐酸 5mL，在 68～70℃水浴中加热 15min，冷却后加 2 滴甲基红指示剂，用 200g/L 氢氧化钠溶液中和至中性，加水至刻度，混匀，按还原糖测定法中直接滴定法或高锰酸钾法进行测定。

**5. 结果计算**

样品中总糖质量分数的计算公式为：

$$w(\text{总糖})=\frac{m_1}{m\dfrac{50}{V_1}\times\dfrac{V_2}{100}\times 1000}\times 100\%$$

式中 $w$（总糖）——总糖的质量分数，%；

50——样品处理液体积，mL；

100——样品液总体积，mL；

$m_1$——直接滴定法中 10mL 碱性酒石酸铜相当于转化糖的质量，mg，或高锰酸钾法中查表得出相当的转化糖质量，mg；

$m$——样品质量，g；

$V_1$——样品处理液的总体积，mL；

$V_2$——测定总糖量取用水解液的体积，mL。

**6. 注意事项**

① 分析结果的准确性及重现性取决于水解的条件，要求样品在水解过程中，只有蔗糖被水解而其他化合物不被水解。

② 在用直接滴定法测定蔗糖时，为减少误差，碱性酒石酸铜溶液的标定需采用蔗糖标准液，按测定条件水解后进行标定。

③ 碱性酒石酸铜溶液的标定。

a. 称取 105℃烘干至恒重的纯蔗糖 1.0000g，以蒸馏水溶解，移入 500mL 容量瓶中，稀释至刻度，摇匀。此标准液 1mL 相当于纯蔗糖 2mg。

b. 吸取蔗糖标准液 50mL 置于 100mL 容量瓶中，加 6mol/L 盐酸 5mL 在 68～70℃水浴中加热 15min，冷却后加 2 滴甲基红指示剂，用 200g/L 氢氧化钠中和至中性，加水至刻度，摇匀。此标准液 1mL 相当于蔗糖 1mg。

c. 取经水解的蔗糖标准液，按直接滴定法标定碱性酒石酸铜溶液，则 10mL 碱性酒石酸铜溶液相当于转化糖的质量为：

$$m_2=V\frac{m_1}{0.95}$$

式中 $m_1$——1mL 蔗糖标准水解液相当于蔗糖的质量，mg；

$m_2$——10mL 碱性酒石酸铜液相当于转化糖的质量，mg；

0.95——蔗糖换算为转化糖的系数；

$V$——标定中消耗蔗糖标准水解液的体积，mL。

④ 利用酶的专一性也可进行酶法水解，如采用α-果糖苷酶（转化酶）进行水解，这种方法的应用，关键在于酶制剂本身的纯度及活力，目前较少采用。

## 第三节 糕点、糖果中酸价与过氧化值的测定

### 一、酸价的测定

酸价是指中和1g油脂中所含的游离脂肪酸所需氢氧化钾的质量。

**1. 原理**

油脂中的游离脂肪酸与氢氧化钾发生中和反应，从氢氧化钾标准溶液的消耗量可计算出游离脂肪酸的含量。

$$RCOOH+KOH = RCOOK+H_2O$$

**2. 试剂**

① 10g/L 酚酞乙醇溶液。

② 乙醚-乙醇混合液：乙醚、乙醇按2∶1混合，用0.1000mol/L氢氧化钾溶液中和至对酚酞指示剂呈中性。

③ 0.1000mol/L氢氧化钾标准溶液。

**3. 操作步骤**

(1) 取样方法　称取0.5kg含油脂较多的样品，面包、饼干等含脂肪少的样品取1.0kg，然后用对角线取四分之二或六分之二或根据样品情况取有代表性样品，在玻璃研钵中研碎，混合均匀后置于广口瓶内保存于冰箱中。

(2) 样品处理

① 含油脂量高的样品（如桃酥等）：称取混合均匀的试样50g，置于250mL具塞锥形瓶中，加50mL石油醚（沸程：30～60℃），放置过夜，用快速滤纸过滤后，减压回收溶剂，得到油脂。

② 含油脂量中等的样品（如蛋糕、江米条等）：称取混合均匀后的试样100g左右，置于500mL具塞锥形瓶中，加100～200mL石油醚，放置过夜，用快速滤纸过滤后，减压回收溶剂，得到油脂。

③ 含油脂量低的样品（如面包、饼干等）：称取混合均匀后的试样250～300g，置于500mL具塞锥形瓶中，加入适量石油醚浸泡样品，放置过夜，用快速滤纸过滤后，减压回收溶剂，得到油脂。

(3) 试样测定　准确称取上述油脂样品3.00～5.00g，置于250mL锥形瓶中，加入50mL中性乙醚-乙醇混合液，振摇使油脂溶解，必要时可置于热水中，温热促其溶解。再冷却至室温，加入酚酞指示剂2～3滴，以0.1000mol/L氢氧化钾标准溶液滴定，至恰呈现微红色，且30s内不褪色即为终点。

**4. 结果计算**

样品酸价的计算公式为：

$$X=\frac{cV}{m}\times\frac{m_1}{m_2}\times 56.11$$

式中　$X$——试样的酸价，mg/g；

$V$——样品消耗氢氧化钾标准滴定溶液的体积，mL；

$c$——氢氧化钾标准滴定溶液的浓度，mol/L；

$m$——试样质量，g；

$m_1$——试样中总的油脂质量，g；

$m_2$——测定时称取油脂的质量，g；

56.11——氢氧化钾的摩尔质量，g/mol。

在重复性条件下，获得的两次独立测定结果的绝对差值不得超过算术平均值的10%，求其平均数，即为测定结果。测定结果取小数点后一位。

**5. 注意事项**

① 试验中加入乙醇，可防止反应生成的脂肪酸钾盐离解，所用乙醇的体积分数最好大于40%。

② 酸价较高的油脂可适当减小称样质量。

③ 如果油样颜色过深，终点判断困难时，可减少试样用量或适当增加混合溶剂的用量。也可将指示剂改为1%（质量分数）百里酚酞（乙醇溶液）终点由无色变为蓝色。

④ 在没有氢氧化钾标准溶液的情况下，试验时也可用氢氧化钠溶液代替，但计算公式不变，即仍以氢氧化钾的摩尔质量（56.11）参与计算。

## 二、过氧化值的测定

**1. 原理**

油脂氧化过程中产生过氧化物，当与碘化氢（HI）反应时析出碘（为获得碘化氢可在乙酸中加入碘化钾），用硫代硫酸钠标准溶液滴定，计算过氧化值。

**2. 试剂**

① 饱和碘化钾溶液：称取14g碘化钾，加10mL水溶解，必要时微热使其溶解，冷却后贮于棕色瓶中。

② 三氯甲烷-冰醋酸混合液：量取40mL三氯甲烷，加60mL冰醋酸，混匀。

③ 0.002mol/L硫代硫酸钠标准溶液。

④ 10g/L淀粉指示剂：称取可溶性淀粉0.5g，加少许水，调成糊状，倒入50mL沸水中，调匀，煮沸。临用时现配。

**3. 操作步骤**

取样方法及样品处理同本节酸价的测定。

准确称取2～3g混匀（必要时过滤）的样品，置于250mL碘量瓶中，加入30mL三氯甲烷-冰醋酸混合液，使样品完全溶解。加入1.00mL饱和碘化钾溶液，塞紧瓶盖，并轻轻振摇30s，然后在暗处放置3min。取出加100mL水，摇匀，立即用硫代硫酸钠标准溶液滴定至淡黄色为止，再加1mL淀粉指示剂，继续滴定至蓝色消失为终点，取相同量三氯甲烷-冰醋酸溶液、碘化钾溶液、水，按同一方法，做试剂空白试验。

**4. 结果计算**

样品过氧化值的计算公式为：

$$w(\text{过氧化物})=\frac{(V_2-V_1)\times c\times 0.1269}{m}\times 100\%$$

式中　$w$（过氧化物）——样品的过氧化值；

$V_2$——样品消耗硫代硫酸钠标准溶液的体积，mL；

$V_1$——试剂空白消耗硫代硫酸钠标准溶液的体积，mL；

$c$——硫代硫酸钠标准溶液的浓度，mol/L；

$m$——样品质量，g；

0.1269——1mL 1mol/L硫代硫酸钠标准溶液相当于碘的质量，g/mmol。

**5. 注意事项**

① 本方法在室温下进行，对常见油脂都适用。对过氧化值较高的试样，可减少取样量，同时也可取用浓度稍大的硫代硫酸钠溶液滴定，以使滴定体积处于最佳范围。

② 碘化钾溶液应澄清无色，在进行空白试验时，当加入淀粉溶液后，若呈现蓝色，则试剂碘化钾不符合试验要求。

③ 淀粉指示剂，应按要求做灵敏度检查，在滴定时应在接近终点时再加入淀粉指示剂。

④ 对于固态油样，可微热溶解，并适当多加一些溶剂。

⑤ 过氧化值用质量分数表示。

## 第四节 糕点、糖果中丙酸钙的测定

丙酸钙是世界卫生组织（WHO）和联合国粮农组织（FAO）批准使用的安全可靠的食品与饲料用防霉剂。丙酸钙与其他脂肪一样可以通过代谢被人畜吸收，并供给人畜必需的钙，这一优点是其他防霉剂所无法相比的，一般被认为安全（GRAS）。

丙酸钙对霉菌、酵母菌及细菌等具有广泛的抗菌作用。作为食品保存剂的丙酸盐，丙酸钙主要用于面包，因为丙酸钠使面包的 pH 值升高，延迟生面的发酵；而丙酸钙对霉菌和能引起面包产生黏丝物质的好气性芽孢杆菌有抑制作用，对酵母无抑制作用。糕点中多用丙酸钠，因为糕点的膨松采用合成膨松剂，没有 pH 值上升引起的酵母发酵问题。作为饲料保存剂时，丙酸钠的效果优于丙酸钙，但丙酸钙比丙酸钠稳定。丙酸盐在食品中除用于面包、糕点、奶酪等外，还可用于酱油防霉、抑制再发酵。

糕点、糖果中丙酸钙含量的测定方法常用气相色谱法。此方法对糕点、糖果中丙酸钙的最低检出量为 0.05g/kg。

**1. 原理**

样品经酸化后，丙酸钙转化为丙酸，经水蒸气蒸馏，收集后直接进样，进行气相色谱分析，用氢火焰离子化检测器检测，与标准系列比较定量。

**2. 仪器**

① 气相色谱仪：具有氢火焰离子化检测器（FID）。

② 水蒸气蒸馏装置。

**3. 试剂**

① 磷酸溶液（1+9）：量取 10mL 磷酸（体积分数 85%），加水至 100mL。

② 甲酸溶液（1+49）：量取 1mL 甲酸（体积分数 99%），加水至 50mL。

③ 硅油。

④ 10mg/mL 丙酸标准贮备液：准确称取 250mg 丙酸于 25mL 容量瓶中，加水至刻度。

⑤ 丙酸标准使用液：将丙酸标准贮备液用水稀释成 10～250μg/mL 的标准系列。

**4. 操作步骤**

（1）提取　准确称取 30g 预先均匀化的样品（面包样品需在室温下风干，磨碎），置于 500mL 蒸馏瓶中，加入 100mL 水，再用 50mL 水冲洗容器，然后转移到蒸馏瓶中，加 10mL 磷酸溶液和 2～3 滴硅油，进行水蒸气蒸馏。将 250mL 容量瓶置于冰浴中作为吸收液装置，待收集蒸馏液约 250mL 时取出，在室温下放置 30min，加水至刻度，吸取 10mL 该溶液于试管中，加入 0.5mL 甲酸溶液，混匀，供色谱测定用。

（2）色谱条件　色谱柱为一玻璃柱，内径 3mm，长 1m，内装 80～100 目 PorapakQS；柱温 180℃；气化室、检测器温度 220℃；氮气 50mL/min、氢气 50mL/min、空气 500mL/min。

（3）测定　吸取丙酸标准系列中各浓度的标准使用液 10mL，加 0.5mL 甲酸溶液，混匀。取 5μL 进样分析，测定不同浓度丙酸的峰高，根据浓度和峰高绘制标准曲线。同时进样品溶液分析，根据样品的峰高与标准曲线比较定量。

**5. 结果计算**

① 先按下式计算丙酸含量，再求出丙酸钙含量。

$$X=\frac{A}{m}\times\frac{250}{1000}$$

$$丙酸钙含量(g/kg)=1.2569X$$

式中　$X$——样品中丙酸含量，g/kg；

$A$——待测样品中丙酸质量浓度，μg/mL；

$m$——样品质量，g。

② 精密度和允许误差：重复测定变异系数＜6%。二次平行测定相对允许误差的绝对值≤100%，平行测定结果用算术平均值表示，保留二位小数。

# 第五节　糕点、糖果中微量元素的测定

## 一、锌的测定

锌是仅次于铁的人体需求量较大的必需的微量元素，在核酸代谢和蛋白质合成中发挥重要作用。锌是 200 多种含锌酶的组成成分，也是酶的激活剂。人体每天需锌量婴幼儿为 3～5mg，1～10 岁为 10mg。婴幼儿锌供给不足，影响生长和智力发育，也影响味觉和免疫功能，缺锌是厌食症的主要原因。人体若摄入过量的锌，则会引起锌中毒。

[案例分析]

实例：最近，在一社区发现一四岁大的孩子竟然喜欢吃泥土、煤渣、火柴棍、生面粉等东西，这个孩子以前是一个正常人，并且很有讲究卫生。

分析：这个孩子是患上了异食癖，很有可能是缺锌所致。

食品中锌的测定有双硫腙比色法、双硫腙比色法（一次提取）、原子吸收光谱法三种国家标准方法，都适用于各种食品中锌的测定。

### （一）双硫腙比色法

**1. 原理**

样品经消化后，在 pH 4.0～5.5 时，锌离子与双硫腙形成紫红色络合物，溶于四氯化碳，加入硫代硫酸钠，防止铜、汞、铅、铋、银和镉等离子干扰，与标准系列比较定量。

**2. 仪器**

可见分光光度计。

**3. 试剂**

① 2mol/L 乙酸钠溶液：称取 68g 乙酸钠（$CH_3COONa\cdot 3H_2O$），加水溶解后稀释至 250mL。

② 2mol/L 乙酸：量取 10.0mL 冰醋酸，加水稀释至 85mL。

③ 乙酸-乙酸盐缓冲液：2mol/L 乙酸钠溶液与 2mol/L 乙酸等体积混合，此溶液 pH 值为 4.7 左右。用 0.1g/L 双硫腙-四氯化碳溶液提取数次，每次 10mL，除去其中的锌，至四氯化碳层绿色不变为止，弃去四氯化碳层，再用四氯化碳提取乙酸-乙酸盐缓冲液中过剩的

双硫腙，至四氯化碳层无色，弃去四氯化碳层。

④ 氨水（1+1）。

⑤ 2mol/L 盐酸：量取 10mL 盐酸，加水稀释至 60mL。

⑥ 0.02mol/L 盐酸：吸取 1mL 2mol/L 盐酸，加水稀释至 100mL。

⑦ 1g/L 酚红指示剂：称取 0.1g 酚红，将其溶于 100mL 乙醇。

⑧ 200g/L 盐酸羟胺溶液：称取 20g 盐酸羟胺，加 60mL 水，滴加氨水（1+1），调节其 pH 值至 4.0～5.5，用 0.1g/L 双硫腙-四氯化碳溶液提取数次，每次 10mL，除去其中的锌，至四氯化碳层绿色不变为止，弃去四氯化碳层，再用四氯化碳提取盐酸羟胺溶液中过剩的双硫腙，至四氯化碳层无色，弃去四氯化碳层。

⑨ 250g/L 硫代硫酸钠溶液：用 2mol/L 乙酸调节溶液 pH 值至 4.0～5.5。用 0.1g/L 双硫腙-四氯化碳溶液提取数次，每次 10mL，除去其中的锌，至四氯化碳层绿色不变为止，弃去四氯化碳层，再用四氯化碳提取溶液中过剩的双硫腙，至四氯化碳层无色，弃去四氯化碳层。

⑩ 0.1g/L 双硫腙-四氯化碳溶液。

⑪ 双硫腙使用液：吸取 1.0mL 0.1g/L 双硫腙-四氯化碳溶液，加四氯化碳至 10.0mL，混匀。用 1cm 比色皿，以四氯化碳调节零点，于波长 530nm 处测吸光度（$A$）。用下式计算出配制 100mL 双硫腙使用液（57%透光率）所需 0.1g/L 双硫腙-四氯化碳溶液体积（$V$/mL）。

$$V=\frac{10\times(2-\lg 57)}{A}=\frac{2.44}{A}$$

⑫ 锌标准溶液：准确称取 0.1000g 锌，加 10mL 2mol/L 盐酸，溶解后移入 1000mL 容量瓶中，加水稀释至刻度，摇匀。此溶液每毫升相当于 100μg 锌。

⑬ 锌标准使用液：吸取 1.0mL 锌标准溶液，置于 100mL 容量瓶中，加 1mL 2mol/L 盐酸，加水稀释至刻度，摇匀。此溶液每毫升相当于 1μg 锌。

**4. 操作步骤**

（1）样品消化　称取 5.000g 或 10.000g 粉碎样品，置于 250～500mL 定氮瓶中，加少许水使之润湿，加数粒玻璃珠、10～15mL 硝酸，放置片刻，小火缓缓加热，待作用缓和后，放置冷却。沿瓶壁加入 5mL 或 10mL 硫酸，再加热至瓶中液体开始变成棕色时，不断沿瓶壁滴加硝酸至有机物分解完全。大火加热，至产生白烟，溶液应无色或微黄色澄清透明，放置冷却。

向上述溶液中加 20mL 水，煮沸，除去残余的硝酸，至产生白烟为止。如此处理 2 次，放置冷却。移入 50mL 或 100mL 容量瓶中，用水洗涤定氮瓶，洗液并入容量瓶中，冷却后加水稀释至刻度，摇匀。此溶液 10mL 相当于 1g 样品，相当于加入硫酸量 1mL。

取与消化样品用相同量的硝酸、硫酸，按同一方法做试剂空白试验。

（2）测定　吸取 5.0～10.0mL 分样品消化液和相同量的试剂空白液，分别置于 125mL 分液漏斗中，加 5mL 水、0.5mL 200g/L 盐酸羟胺溶液，摇匀，再加 2 滴 1g/L 酚红指示液，用氨水（1+1）调节至红色，多加 2 滴。再加 5mL 0.1g/L 双硫腙-四氯化碳溶液，剧烈振摇 2min，静置分层。将四氯化碳层移入另一分液漏斗中，水层再用少量双硫腙-四氯化碳溶液振摇提取，每次 2～3mL，直至双硫腙-四氯化碳溶液绿色不变为止。合并提取液，用 5mL 水洗涤，四氯化碳层用 0.02mol/L 盐酸提取 2 次，每次 10mL，提取时剧烈振摇 2min，合并 0.02mol/L 盐酸提取液，并用少量四氯化碳洗去残留的双硫腙。

吸取 0.0mL、1.0mL、2.0mL、3.0mL、4.0mL、5.0mL 锌标准使用液（相当 0.0μg、1.0μg、2.0μg、3.0μg、4.0μg、5.0μg 锌），分别置于 125mL 分液漏斗中，各加 0.02mol/L 盐酸至 20mL。于样品提取液、试剂空白液及锌标准溶液各分液漏斗中加 10mL 乙酸-乙酸盐缓冲液、1mL 250g/L 硫代硫酸钠溶液，摇匀，再各加入 10.0mL 双硫腙使用液，剧烈振摇 2min。静置分层后，经脱脂棉将四氯化碳层滤入 1cm 比色皿中，以零管调节零点，于波长 530nm 处测吸光度，绘制标准曲线比较。

**5. 结果计算**

样品中锌的含量可由下式求得。

$$X=\frac{(A-A_0)\times 1000}{m\times\frac{V_2}{V_1}\times 1000}$$

式中　$X$——样品中锌的含量，mg/kg 或 mg/L；

$A$——测定用样品消化液中锌的质量，μg；

$A_0$——试剂空白液中锌的质量，μg；

$m$——样品的质量或体积，g 或 mL；

$V_1$——样品消化液的总体积，mL；

$V_2$——测定用样品消化液的体积，mL。

### （二）双硫腙比色法（一次提取）

**1. 原理**

样品经消化后，在 pH 4.0～5.5 时，锌离子与双硫腙形成紫红色络合物，溶于四氯化碳，加入硫代硫酸钠，防止铜、汞、铅、铋、银和镉等离子干扰，与标准系列比较定量。

**2. 仪器**

可见分光光度计。

**3. 试剂**

① 乙酸-乙酸盐缓冲液：2mol/L 乙酸钠溶液与 2mol/L 乙酸等体积混合，此溶液 pH 值为 4.7 左右。用 0.1g/L 双硫腙-四氯化碳溶液提取数次，每次 10mL，除去其中的锌，至四氯化碳层绿色不变为止，弃去四氯化碳层，再用四氯化碳提取乙酸-乙酸盐缓冲液中过剩的双硫腙，至四氯化碳层无色，弃去四氯化碳层。

② 250g/L 硫代硫酸钠溶液：用 2mol/L 乙酸调节溶液 pH 值至 4.0～5.5。用 0.1g/L 双硫腙-四氯化碳溶液提取数次，每次 10mL，除去其中的锌，至四氯化碳层绿色不变为止，弃去四氯化碳层，再用四氯化碳提取溶液中过剩的双硫腙，至四氯化碳层无色，弃去四氯化碳层。

③ 0.1g/L 双硫腙-四氯化碳溶液。

④ 1g/L 甲基橙指示剂：称取 0.1g 甲基橙，将其溶于 100mL 乙醇。

⑤ 氨水（1+1）。

⑥ 锌标准溶液：准确称取 0.1000g 锌，加 10mL 2mol/L 盐酸，溶解后移入 1000mL 容量瓶中，加水稀释至刻度，摇匀。此溶液每毫升相当于 100μg 锌。

⑦ 锌标准使用液：吸取 1.0mL 锌标准溶液，置于 100mL 容量瓶中，加 1mL 2mol/L 盐酸，加水稀释至刻度，摇匀。此溶液每毫升相当于 1μg 锌。

**4. 操作步骤**

(1) 样品消化　称取 5.000g 或 10.000g 粉碎样品，置于 250～500mL 定氮瓶中，加少许水使之润湿，加数粒玻璃珠、10～15mL 硝酸，放置片刻，小火缓缓加热，待作用缓和后，放置冷却。沿瓶壁加入 5mL 或 10mL 硫酸，再加热至瓶中液体开始变成棕色时，不断沿瓶壁滴加硝酸至有机物分解完全。大火加热，至产生白烟，溶液应无色或微黄色澄清透明，放置冷却。

向上述溶液中加 20mL 水，煮沸，除去残余的硝酸，至产生白烟为止。如此处理 2 次，放置冷却。移入 50mL 或 100mL 容量瓶中，用水洗涤定氮瓶，洗液并入容量瓶中，冷却后加水稀释至刻度，摇匀。此溶液 10mL 相当于 1g 样品，相当于加入硫酸量 1mL。

取与消化样品用相同量的硝酸、硫酸，按同一方法做试剂空白试验。

(2) 测定　吸取 5.0～10.0mL 样品消化液和相同量的试剂空白液，分别置于 125mL 分液漏斗中，加水至 10mL。

吸取 0.0mL、1.0mL、2.0mL、3.0mL、4.0mL、5.0mL 锌标准使用液（相当于 0.0μg、1.0μg、2.0μg、3.0μg、4.0μg、5.0μg 锌），分别置于 125mL 分液漏斗中，各加水至 10mL。

于样品消化液、试剂空白液及锌标准液中各加 1 滴甲基橙指示剂，用氨水调至由红变黄，再各加 5mL 乙酸-乙酸盐缓冲液及 1mL 250g/L 硫代硫酸钠溶液混匀后，各加 10.0mL 0.1/L 双硫腙-四氯化碳溶液，剧烈振摇 4min，静置分层，收集四氯化碳层于 1cm 比色皿中，以零管调节零点，于 530nm 处测吸光度，绘制标准曲线比较。

**5. 结果计算**

样品中锌的含量可由下式求得。

$$X=\frac{(A-A_0)\times 1000}{m\times \frac{V_2}{V_1}\times 1000}$$

式中　$X$——样品中锌的含量，mg/kg 或 mg/L；

$A$——测定用样品消化液中锌的质量，μg；

$A_0$——试剂空白液中锌的质量，μg；

$m$——样品的质量或体积，g 或 mL；

$V_1$——样品消化液的总体积，mL；

$V_2$——测定用样品消化液的体积，mL。

### （三）原子吸收分光光度法

**1. 原理**

样品经处理后，导入原子吸收分光光度计中，原子化以后，吸收 213.8nm 共振线，其吸收值与锌含量成正比，与标准系列比较定量。

**2. 仪器**

原子吸收分光光度计。

**3. 试剂**

要求使用去离子水，优级纯或高级纯试剂。

① 1mol/L 盐酸：量取 10mL 盐酸，加水稀释至 120mL。

② 混合酸：硝酸和高氯酸按 3∶1 混合。

③ 锌标准溶液：准确称取 0.5000g 金属锌（质量分数不小于 99.99%），溶于 10mL 盐酸中，然后在水浴上蒸发至近干，用少量水溶解后移入 1000mL 容量瓶中，以水稀释至刻度，贮于聚乙烯瓶中。此溶液每毫升相当于 0.5mg 锌。

④ 锌标准使用液：吸取 10.0mL 锌标准溶液，置于 50mL 容量瓶中，以盐酸（1＋11）稀释至刻度。此溶液每毫升相当于 100μg 锌。

**4. 操作步骤**

(1) 样品处理　称取 5.0～10.0g 样品置于 50mL 瓷坩埚中，小火炭化，然后移入高温炉中，500℃以下灰化约 8h 后，取出坩埚，放冷后再加少量混合酸，小火加热，不使干涸，必要时再加少许混合酸，如此反复处理，直至残渣中无炭粒，待坩埚稍冷，加 10mL 1mol/L 盐酸，溶解残渣并移入 50mL 容量瓶中，再用 1mol/L 盐酸反复洗涤坩埚，洗液并入容量瓶中，并稀释至刻度，混匀备用。

取与处理样品用相同量的混合酸和 1mol/L 盐酸，按同一操作方法做试剂空白试验。

(2) 测定 吸取 0.00mL、0.10mL、0.20mL、0.40mL、0.80mL 锌标准使用液（相当于 0.0μg、10.0μg、20.0μg、40.0μg、80.0μg 锌），分别置于 50mL 容量瓶中，以盐酸 (1+11) 稀释至刻度，混匀。

将处理后的样品溶液、试剂空白液和各容量瓶中锌标准液分别导入火焰进行测定。测定条件：灯电流 6mA，波长 213.8nm，狭缝 0.38nm，空气流量 10L/min，乙炔流量 2.3L/min，灯头高度 3mm，氘灯背景校正（也可根据仪器型号，调至最佳条件），以锌含量对应吸光度，绘制标准曲线比较。

**5. 结果计算**

样品中的锌含量按下式计算。

$$X=\frac{(A-A_0)V\times 1000}{m\times 1000}$$

式中 $X$——样品中锌的含量，mg/kg 或 mg/L；

$A$——测定用样品消化液中锌的含量，μg/mL；

$A_0$——试剂空白液中锌的含量，μg/mL；

$m$——样品的质量或体积，g 或 mL；

$V$——样品处理液的总体积，mL。

**6. 注意事项**

① 在制备锌标准溶液的过程中，将高纯度锌溶于盐酸溶液时，要用表面皿盖在烧杯口，以防止产生的氢气使溶液飞溅损失。反应后，要用水洗涤表面皿，洗液也要并入容量瓶中。

② 所用的蒸馏水、试剂、玻璃器皿都可能被锌污染，因此每次实验时都应使空白值达到稳定后，才能进行标准曲线和样品溶液的测定。分析过程中必须使用去离子水（电阻率大于 $8\times 10^5\Omega$），所用的仪器应用硝酸（1+5）浸泡过夜，再用水反复冲洗，最后用去离子水冲洗干净。

③ 样品用干法灰化处理测得的锌含量低于湿法处理。分析过程中锌的损失程度与样品的性质、锌的形态及阴离子有密切关系。

④ 本法测定锌的最低检出量为 0.4mg/kg，允许的相对误差小于 10%，适用于测定食品中的锌含量。

## 二、铜的测定

[知识链接]

一般认为造血功能主要与微量元素铁有关，但在铁参与形成血红蛋白过程中，铜起着关键性作用，即在二价铁转变为三价铁时，必须依赖血浆铜蓝蛋白的氧化作用。如果体内缺铜，血浆铜蓝蛋白的氧化活性降低，必然导致铁的价位转变发生困难而引起贫血。临床上也经常可以发现有些缺铁性贫血的病人在单纯补充铁剂时效果并不明显，而加用含铜制剂后，贫血很快得到纠正。另外在肿瘤疾病后期，患者贫血也常常与体内的铜大量消耗有关，在给贫血患者补铁时最好适当补铜，往往收到较好效果。

铜是人体生理的必需微量元素，在人体内含量很少，是组成体内多种金属酶的重要成分，主要功能是促进铁构成血红蛋白，也是许多氧化酶的辅助因素。人体缺铜时，可发生贫血、中性粒细胞减少、生长缓慢和情绪不稳。一般食物中都含有铜，足够人体的需要，但若经常食用受污染，含铜量高的食品，在人体内积累了过量的铜也会引起中毒。

测定糕点、糖果中微量铜的方法主要有二乙氨基二硫代甲酸钠法和原子吸收分光光度法。

### （一）二乙氨基二硫代甲酸钠法

**1. 原理**

样品经消化后，在碱性溶液中铜离子与二乙氨基二硫代甲酸钠生成棕黄色络合物，溶于四氯化碳，与标准系列比较定量。

**2. 仪器**

可见分光光度计。

**3. 试剂**

① 柠檬酸铵-乙二胺四乙酸二钠溶液：称取 20g 柠檬酸铵和 5g 乙二胺四乙酸二钠溶于水中，加水稀释至 100mL。

② 硝酸（1+199）：量取 0.5mL 硝酸，倒入 100mL 水中，混匀。

③ 氨水（1+1）。

④ 1g/L 酚红指示剂：称取 0.1g 酚红，溶于 100mL 乙醇。

⑤ 铜试剂溶液：1g/L 二乙氨基二硫代甲酸钠 [$(C_2H_5)_2NCS_2Na \cdot 3H_2O$] 溶液，必要时可过滤，贮存于冰箱中。

⑥ 四氯化碳。

⑦ 6mol/L 硝酸：量取 60mL 硝酸，加水稀释至 160mL。

⑧ 铜标准溶液：准确称取 1.0000g 金属铜（99.99%），分次加入 6mol/L 硝酸溶解，总量不超过 37mL，移入 1000mL 容量瓶中，用水稀释至刻度。此溶液每毫升相当于 1mg 铜。

⑨ 铜标准使用液：吸取 1.00mL 铜标准溶液，置于 100mL 容量瓶中，加硝酸（1+199）稀释至刻度。此溶液每毫升相当于 10μg 铜。

**4. 操作步骤**

（1）样品消化　称取 5.0～10.0g 样品置于 50mL 瓷坩埚中，加 5mL 硝酸，放置 0.5h，小火蒸干，继续加热炭化，然后移入高温炉中，500℃±25℃灰化 1h 后，取出坩埚，放冷后再加 1mL 硝酸，小火蒸干，再移入高温炉中，500℃灰化 0.5h，冷却后取出，加 1mL 硝酸（1+4）溶解残渣 4 次，移入 10mL 容量瓶中，加水稀释至刻度，混匀备用。

取与处理样品用相同量的硝酸，按同一操作方法做试剂空白试验。

（2）测定　吸取 10.0mL 消化后的定容溶液和同量的试剂空白液，分别置于 125mL 分液漏斗中，加水稀释至 20mL。吸取 0.00mL、0.50mL、1.00mL、1.50mL、2.00mL、2.50mL 铜标准使用液（相当于 0.0μg、5.0μg、10.0μg、15.0μg、20.0μg、25.0μg 铜），分别置于 125mL 分液漏斗中，各加 2mol/L 硫酸至 20mL。

于样品消化液、试剂空白液和铜标准液中，各加 5mL 柠檬酸铵-乙二胺四乙酸二钠溶液和 3 滴酚红指示液，混匀，用氨水（1+1）调至红色。各加 2mL 铜试剂溶液和 10.0mL 四氯化碳，剧烈振摇 2min，静置分层后，四氯化碳层经脱脂棉滤入 2cm 比色杯中，以零管调节零点，于波长 440nm 处测吸光度，绘制标准曲线比较。

**5. 结果计算**

样品中铜的含量可由下式求得。

$$X=\frac{(A-A_0)\times 1000}{m\times\frac{V_2}{V_1}\times 1000}$$

式中 $X$——样品中铜的含量，mg/kg 或 mg/L；

$A$——测定用样品消化液中铜的质量，μg；

$A_0$——试剂空白液中铜的质量，μg；

$m$——样品的质量或体积，g 或 mL；

$V_1$——样品消化液的总体积，mL；

$V_2$——测定用样品消化液的体积，mL。

### （二）原子吸收分光光度法

**1. 原理**

样品处理后，导入原子吸收分光光度计中，原子化以后，吸收 324.8nm 共振线，其吸收量与铜含量成正比，与标准系列比较定量。

**2. 仪器**

原子吸收分光光度计。

**3. 试剂**

要求使用去离子水，优级纯或高级纯试剂。

① 硝酸（1+4）。

② 硝酸（4+6）：量取 40mL 硝酸，加水稀释至 100mL。

③ 硝酸（1+199）：量取 0.5mL 硝酸，倒入 100mL 水中，混匀。

④ 铜标准溶液：准确称取 1.0000g 金属铜（99.99%），分次加入硝酸（4+6）溶解，总量不超过 37mL，移入 1000mL 容量瓶中，用水稀释至刻度。此溶液每毫升相当于 1mg 铜。

⑤ 铜标准使用液：吸取 1.00mL 铜标准溶液，置于 100mL 容量瓶中，加硝酸（1+199）稀释至刻度。此溶液每毫升相当于 10μg 铜。

**4. 操作步骤**

(1) 样品处理　称取 5.0～10.0g 样品置于 50mL 瓷坩埚中，加 5mL 硝酸，放置 0.5h，小火蒸干，继续加热炭化，然后移入高温炉中，500℃±25℃灰化 1h 后，取出坩埚，放冷后再加 1mL 硝酸，小火蒸干，再移入高温炉中，500℃灰化 0.5h，冷却后取出，加 1mL 硝酸（1+4）溶解残渣 4 次，移入 10mL 容量瓶中，加水稀释至刻度，混匀备用。

取与处理样品用相同量的硝酸，按同一操作方法做试剂空白试验。

(2) 测定　吸取 0.00mL、1.00mL、2.00mL、4.00mL、6.00mL、8.00mL 铜标准使用液（相当于 0.0μg、10.0μg、20.0μg、40.0μg、60.0μg、80.0μg 铜），分别置于 100mL 容量瓶中，加硝酸（1+199）稀释至刻度，混匀。

将处理后的样液、试剂空白液和各容量瓶中铜标准液分别导入火焰进行测定。测定条件：灯电流 6mA，波长 324.8nm，狭缝 0.19nm，空气流量 9L/min，乙炔流量 2L/min，灯头高度 3mm，氘灯背景校正（也可根据仪器型号，调至最佳条件），以铜含量对应吸光度，绘制标准曲线比较。

**5. 结果计算**

样品中铜的含量按下式计算。

$$X=\frac{(A-A_0)V\times 1000}{m\times 1000\times 1000}$$

式中 $X$——样品中铜的含量，mg/kg 或 mg/L；
$A$——测定用样品中铜的质量浓度，μg/mL；
$A_0$——试剂空白液中铜的质量浓度，μg/mL；
$V$——样品处理后的总体积，mL；
$m$——样品质量或体积，g 或 mL。

## 第六节 糕点、糖果中包装材料的检验

《中华人民共和国食品安全法》中规定，用于食品的包装材料和容器，指包装、盛放食品或者食品添加剂用的纸、竹、木、金属、搪瓷、陶瓷、塑料、橡胶、天然纤维、化学纤维、玻璃等制品和直接接触食品或者食品添加剂的涂料。食品包装不仅要保护内容物的卫生安全，更不能因为自身的原因污染食品，增加内容物的不安全因素，因此，必须控制食品包装的卫生安全性能。

用于食品的包装材料、容器的生产经营要遵守《中华人民共和国食品安全法》的有关规定。安全法的第 12 条、第 13 条规定了食品容器和包装材料的基本卫生要求，包括应该选用的原材料、基本构造以及清洗和消毒；第 14 条规定食品容器和包装材料必须符合的国家卫生标准；第 20 条是关于新产品管理的，规定了利用新的原材料生产的包装材料必须按照国家卫生标准的审批程序进行审批；第 24 条规定了食品容器和包装材料出厂前应当经过检验，合格以后才能出厂。

食品包装材料不同于食品，一般来说，我国食品包装材料卫生标准的相关指标，可分为两大类：一类是特异性指标；另一类是非特异性指标。特异性指标主要是根据包装材料中间可能会产生对人体健康有危害的物质确定的。例如，橡胶制品中含有的丙烯腈类物质，黏合剂中含有的甲苯二氨，含酚类的塑料制品和涂料中含有的游离酚，金属制品中包括的甲醛，以及锑、铬、镉、铅、砷等重金属。非特异性指标不是以包装材料中含有的某种有毒有害物质为主要对象，而是以有毒有害物质可能产生的某种现象为控制指标，间接地反映食品容器和包装材料中有毒有害物质的含量以及可能向食品中迁移的程度，例如，包装材料的蒸发残渣量、高锰酸钾消耗量等。

有关食品包装材料的卫生标准，包括塑料、橡胶、涂料、金属、纸等的卫生标准及其检验方法，共 7 个大类 69 项。食品包装原材料方面，现行的卫生标准有 GB/T 5009.156—2003《食品用包装材料及其制品的浸泡试验方法通则》、GB/T 5009.58—2003《食品包装用聚乙烯树脂卫生标准的分析方法》、GB/T 5009.59—2003《食品包装用聚苯乙烯树脂卫生标准的分析方法》、GB/T 5009.71—2003《食品包装用聚丙烯树脂卫生标准的分析方法》、GB/T 5009.78—2003《食品包装用原纸卫生标准的分析方法》等，这些卫生标准中有重金属含量、蒸发残渣、高锰酸钾消耗量、脱色指标等规定。在成型品方面，现行的标准有 GB/T 5009.60—2003，《食品包装用聚乙烯、聚苯乙烯、聚丙烯树脂成型品卫生标准的分析方法》等。除了上述原材料的卫生指标，增加了二氨基甲苯等检验指标，目的是为了防止在食品包装成型品制造过程中乱加添加剂。在复合材料、包装的印刷等方面，规定了残留溶剂的指标，如甲苯，防止出现异味和产生潜在毒性。除此之外，还有食品包装材料用助剂使用卫生标准等，保证食品包装的无毒无害，保证食品安全卫生。

### 一、塑料食品包装材料的检验

**1. 食品包装取样方法**

食品用包装原料取样方法：每批按照包数的 10%取样，小批时取样数不少于 3 包。从

选出的包中，用取样针等工具伸入每包深度的3/4处取样，取出试样总量不少于2kg，将试样混匀，用四分法分成4份，其中2份分别装入密闭玻璃容器，粘贴标签，注明生产厂家、产品名称、批号、取样时间等信息，送检。

食品用包装取样方法：每批按照0.1%取样，小批时取样数不少于10支（以容量500mL/支计，小于500mL/支时，取样数加倍），其中半数供化验用，另外半数保存2个月，以备仲裁分析用，分别粘贴标签，注明生产厂家、批次、取样日期等信息。

**2. 浸泡条件**

食品包装的测定，一般是模拟不同食品，配制四种浸泡液（模拟食品包装的四种使用环境），在一定温度下，对试样浸泡一定时间后，测定有关的卫生指标，如高锰酸钾消耗量、蒸发残渣、重金属、脱色试验等。

浸泡液的使用量是2mL/cm²，在容器中以加入浸泡液2/3～4/5体积为准。四种浸泡液分别是：

(1) 水　60℃，保温2h；

(2) 4%乙酸　60℃，保温2h；

(3) 65%乙醇　常温(20±1)℃，浸泡2h；

(4) 正己烷　常温(20±1)℃，浸泡2h。

这四种浸泡液分别模拟食品包装接触水、酸、酒、油不同性质食品的情况。

## （一）高锰酸钾消耗量的检验

依据GB/T 5009.60—2003《食品包装用聚乙烯、聚苯乙烯、聚丙烯成型品卫生标准的分析方法》。

**1. 原理**

塑料样品经过浸泡液浸泡后，测定其高锰酸钾消耗量，表示可溶出有机物质的含量。

**2. 试剂**

① 高锰酸钾标准溶液（$c_{1/5}=0.01mol/L$）。

② 硫酸（1+2）：取20mL硫酸缓缓注入40mL水中，边加边搅拌。

③ 草酸标准溶液（$c_{1/2}=0.01mol/L$）。

**3. 操作步骤**

(1) 锥形瓶的处理　取100mL水，放入250mL锥形瓶中，加入5mL硫酸（1+2）、5mL高锰酸钾标准溶液（$c_{1/5}=0.01mol/L$），煮沸5min，倒去，用水冲洗干净，备用。

(2) 滴定　准确吸取100mL水浸泡液（有残渣时需过滤）于按照上述方法处理过的锥形瓶中，加入5mL硫酸（1+2）、10mL高锰酸钾标准溶液（$c_{1/5}=0.01mol/L$），再加玻璃珠2粒，准确煮沸5min，趁热加入10mL草酸标准溶液（$c_{1/2}=0.01mol/L$），混匀，再以高锰酸钾标准溶液（$c_{1/5}=0.01mol/L$）滴定至溶液呈微红色为止，记下2次高锰酸钾溶液的滴定量。另取100mL水，按上述方法做试剂空白试验。

**4. 结果计算**

样品的高锰酸钾消耗量按照下式计算。

$$X=\frac{(V_1-V_2)\times c\times 31.6\times 1000}{100}$$

式中　$X$——样品的高锰酸钾消耗量，mg/L；

$V_1$——样品浸泡液滴定时消耗高锰酸钾标准溶液的体积，mL；

$V_2$——试剂空白滴定时消耗高锰酸钾标准溶液的体积，mL；

$c$——高锰酸钾标准溶液的浓度，mol/L；

100——水浸泡液的用量，mL；

31.6——与1.0mL高锰酸钾标准溶液（$c_{1/5}=0.01mol/L$）相当的高锰酸钾的质量，mg/mmol。

计算结果保留3位有效数字。

## （二）蒸发残渣的检验

**1. 原理**

样品用各种不同浸泡液浸泡后，某些成分会被溶出在浸泡液中，通过蒸发，使溶出的物质残留在残渣中，从蒸发残渣的量可以判断包装材料对食品的影响程度。

**2. 操作步骤**

取各浸泡液200mL，分别置于预先在（100±5)℃干燥至恒重的50mL玻璃蒸发皿或者小瓶浓缩器（为回收正己烷用）中，在水浴蒸干，于（100±5)℃干燥2h，在干燥器中冷却30min，称重，再于（100±5)℃干燥1h，在干燥器中冷却30min，称量至恒重。同时做试剂空白试验。

**3. 结果计算**

样品的蒸发残渣按照下式计算。

$$X=\frac{(m_1-m_2)\times 1000}{200}$$

式中 $X$——样品浸泡液（不同浸泡液）的蒸发残渣，mg/L；

$m_1$——样品浸泡液的蒸发残渣质量，mg；

$m_2$——空白浸泡的质量，mg。

计算结果保留3位有效数字。

## （三）重金属的检验

**1. 原理**

样品经过浸泡以后，重金属（以铅计）溶出，与硫化钠作用，在酸性溶液中形成黄棕色硫化铅，与标准比较，若比标准颜色浅，即表示样品的重金属含量符合标准。

**2. 试剂**

① 硫化钠溶液：称取5g硫化钠，溶于10mL水和30mL甘油的混合液中，或将30mL水和90mL甘油混合后分成二等份，一份加5g氢氧化钠溶解后通入硫化氢气体（硫化铁加稀盐酸）使溶液饱和后，将另一份水和甘油混合液倒入，混合均匀后装入瓶中，密闭保存。

② 铅标准溶液：精密称取0.1598g硝酸铅，溶于10mL硝酸（1+9）中，移入1000mL容量瓶内，加水稀释至刻度，混匀。此溶液每毫升相当于100μg铅。

③ 铅标准使用液：吸取10.0mL标准溶液，置于100mL容量瓶中，加水至刻度，混匀。此溶液每毫升相当于10μg铅。

**3. 操作步骤**

量取20.0mL 4%乙酸浸泡液于50mL比色管中，加水至刻度。另取2mL铅标准使用液于50mL比色管中，加20.0mL 4%乙酸溶液，加水至刻度，混匀。两管中各加2滴硫化钠溶液，混匀后，放5min，以白色为背景，从上方或者侧面观察，样品呈色不能比标准更深。

结果表示：样品管呈色深于标准管，重金属（以铅计）报告值>1。

## （四）脱色试验

取洗净的待测塑料食品包装一个，用蘸有冷餐油、65%乙醇的棉花在接触食品部位的小面积内，用力来回擦拭100次，棉花上不得染有颜色。四种浸泡液也不得染有颜色。

### （五）食品包装中甲醛的检验

依据 GB/T 5009.178—2003《食品包装材料中甲醛的测定》。

**1. 原理**

在 pH 5.0 的乙酸-乙酸钠缓冲溶液中，甲醛与硫酸联氨反应生成质子化醛腙产物，在电位－1.04V 处产生灵敏的吸附还原波，该电流的峰高与甲醛浓度在一定范围内成正比。试样的峰高与标准曲线的峰高比较进行定量。

**2. 试剂**

① 280g/L 氢氧化钾溶液：称取 28g 氢氧化钾，加水溶解，冷却，加水稀释至 100mL。

② 20g/L 硫酸联氨溶液：称取 2.0g 硫酸联氨，用约 40℃热水溶解，冷却至室温，用 280g/L 氢氧化钾溶液调至 pH 5.0，加水稀释至 100mL。

③ 乙酸-乙酸钠缓冲溶液：称取 0.82g 无水乙酸钠或者 1.36g 乙酸钠，用水溶解，用 1mol/L 的乙酸调至 pH 5.0，加水稀释至 100mL。

④ 甲醛标准溶液：吸取 10mL 36%～38%甲醛溶液，置于 500mL 容量瓶中，加入 5mL 硫酸（1＋35），加水稀释至刻度。用碘量法标定，最后稀释至每毫升相当于 100μg 甲醛。

甲醛标准溶液的标定：吸取 5mL 上述溶液，置于 250mL 碘量瓶中，加 40mL 0.1mol/L 碘标准溶液、15mL 40g/L 氢氧化钠溶液，摇匀，放置 10min，加 3mL 盐酸溶液（1＋1），再放置 10～15min，加水 100mL，摇匀，用 0.1mol/L 硫代硫酸钠溶液滴定至草黄色，加 1 滴淀粉指示剂，继续滴定至蓝色消失为终点。同样做试剂空白试验。

甲醛标准溶液的浓度按照下式计算。

$$\rho=\frac{(V_1-V_2)\times c\times 15}{5}$$

式中　$\rho$——甲醛标准溶液的浓度，mg/mL；

$V_1$——空白试验消耗硫代硫酸钠溶液的体积，mL；

$V_2$——试样滴定消耗硫代硫酸钠溶液的体积，mL；

$c$——硫代硫酸钠的实际浓度，mol/L。

⑤ 甲醛标准使用液：吸取 10.0mL 甲醛标准溶液，置于 100mL 容量瓶中，加水至刻度。此溶液每毫升相当于 10μg 甲醛。

**3. 仪器**

① MP-2 型溶出分析仪或者示波极谱仪。

② 三电极体系：滴汞电极为工作电极，饱和氯化钾甘汞电极为参比电极，铂电极为辅助电极。

③ 10mL 容量瓶。

④ 微量注射器。

**4. 操作步骤**

① 标准曲线的绘制　准确吸取 0mL、0.2mL、0.4mL、0.6mL、0.8mL、1.0mL 甲醛标准使用液，分别置于 10mL 容量瓶中，加 2mL 乙酸-乙酸钠缓冲溶液、0.6mL 硫酸联氨溶液，加水至刻度，混匀，放置 2min。分别将试样放入电解池（15mL 烧杯）中，于起始电位－0.80V 开始扫描，读取电位－1.04V 处 2 次微分的峰高值。以甲醛浓度为横坐标，峰高值为纵坐标，绘制标准曲线。

② 浸泡条件　4%乙酸：60℃，保温 2h；水：60℃，保温 2h。

③ 试样浸泡液中甲醛的测定　准确吸取（用微量进样器）4%乙酸浸泡液 10～30μL，置于 10mL 容量瓶中；准确吸取水浸泡液 1.0～5.0mL，置于 10mL 容量瓶中。分别加 2mL

乙酸-乙酸钠缓冲溶液、0.6mL硫酸联氨溶液，加水至刻度，混匀，放置2min。分别将试样放入电解池（15mL烧杯）中，于起始电位－0.8V开始扫描，读取电位－1.04V处2次微分的峰高值。

**5. 结果计算**

样品浸泡液中甲醛的含量按照下式计算。

$$X=\frac{m\times 1000}{V\times 1000}$$

式中 $X$——试样浸泡液中甲醛的含量，mg/L；

$m$——测定时所取试样浸泡液中甲醛的质量，μg；

$V$——测定时所取试样浸泡液的体积，mL。

## 二、纸质食品包装材料的检验

### （一）荧光检查

从样品中随机取5张100cm$^2$的试样，置于波长365nm及254nm光源下检查，任何一张纸样中最大荧光面积不得超过5cm$^2$。

### （二）脱色试验

水、正己烷浸泡液不得有颜色。

### （三）铅的测定

**1. 原理**

样品经过处理后，导入原子吸收分光光度计中，原子化后，吸收元素空心阴极灯发出的共振线（铅283.3nm），其吸收量与样品中金属元素铅的含量成正比，与标准系列比较定量。

**2. 试剂**

① 铅标准溶液：精密称取0.1598g硝酸铅，加40mL冰醋酸，缓缓加热至溶解，冷却，移入1000mL容量瓶内，加水稀释至刻度，混匀。此溶液每毫升相当于100μg铅。

② 铅标准使用液：吸取10.0mL标准溶液，置于100mL容量瓶中，加4%乙酸稀释至刻度，混匀。此溶液每毫升相当于10μg铅。

**3. 仪器**

原子吸收分光光度计。

**4. 操作步骤**

(1) 测定条件　波长283.3nm，灯电流7.5mA，狭缝2nm，空气流量7.5L/min，乙炔流量1.0L/min，氘灯背景校正。

(2) 标准曲线绘制　分别吸取0.0mL、0.50mL、1.00mL、2.00mL、3.00mL、4.00mL铅标准使用液，置于10mL容量瓶中，加4%乙酸溶液稀释至刻度，将仪器调至测定条件后进行测定，记录对应浓度的峰高。以铅浓度为横坐标，峰高为纵坐标，绘制标准曲线。

(3) 测定试样　在测定条件下，将试样浸泡液或其稀释液，直接导入火焰中进行测定，与标准比较定量。

**5. 结果计算**

样品中铅含量按照下式计算。

$$X=\frac{m\times 1000}{V\times 1000}$$

式中 $X$——试样浸泡液中铅的含量，mg/L；

$m$——测定时所取试样浸泡液中铅的质量，μg；

$V$——测定时所取试样浸泡液的体积，mL。

（四）砷的测定

试样经过灰化后；按照 GB/T 5009.11—2003《食品中总砷及无机砷的测定》第二法砷斑法测定。

**1. 原理**

在酸性条件下，用氯化亚锡将五价砷还原成三价砷，再利用锌粒和酸的作用，产生原子态氢，而原子态氢将三价砷还原为砷化氢。当砷化氢气体遇到溴化汞试纸时，根据不同的含砷量而生成黄色至黄褐色的砷斑。砷斑颜色的深浅与砷含量成正比，与标准比色定量。

**2. 试剂**

① 4%乙酸。

② 6mol/L 盐酸溶液。

③ 15%碘化钾溶液。

④ 5%溴化汞-乙醇溶液。

⑤ 酸性氯化亚锡溶液：称取 40g 氯化亚锡，溶于 50mL 盐酸中，加水至 100mL。

⑥ 砷标准使用液：准确称取在硫酸干燥器中干燥过的三氧化二砷 0.1320g，加 20%氢氧化钠溶液 5mL。溶解后用适量 10%硫酸中和，再加 10%硫酸 10mL，移入 1000mL 容量瓶中，加入新煮沸冷却后的水稀释至刻度，混匀，贮于棕色瓶中。

临用时，准确吸取此溶液 1mL 于 100mL 容量瓶中，加 10%硫酸 1mL，加水稀释至刻度，混匀。此溶液每毫升相当于砷 1μg。

⑦ 无砷锌粒。

⑧ 乙酸铅棉花：用 10%乙酸铅溶液浸透脱脂棉后，压除多余的溶液，阴干备用。

⑨ 溴化汞试纸。

**3. 仪器**

测砷装置（100mL 锥形瓶、橡皮塞、玻璃测砷管、玻璃帽）。

**4. 操作步骤**

量取 2.0mL 浸泡液，置于测砷瓶中，加 23mL 水。另取 2.0mL 砷标准使用液置于测砷瓶中，加 4%乙酸 2mL，加水 21mL。于试样及标准液的测砷瓶中加 5mL 盐酸、5mL 碘化钾溶液及 5 滴酸性氯化亚锡溶液，摇匀后，放置 10min。加入 2g 无砷锌粒，立即将装有乙酸铅棉花及溴化汞试纸的定砷管装上，放置 25～35℃的暗处 1h，取出，比较溴化汞试纸的颜色。试样颜色不得比标准更深。

## 三、其他食品用包装材料的检验

其他食品用包装材料如橡胶制品及容器内壁涂料的检验等，按照 GB/T 5009.156—2003《食品用包装材料及其制品的浸泡试验方法通则》规定的取样方法和浸泡条件，处理样品，获得的浸泡液按照一定方法检验其卫生指标。

## [目标检测]

**一、单项选择题**

1. 用乙醚抽取测定脂肪含量时，要求样品（　　）。

A. 含有一定量水分　　B. 尽量少含有蛋白质
C. 颗粒较大以防被氧化　　D. 经低温脱水干燥
2. （　　）测定是糖类定量的基础。
A. 还原糖　　B. 非还原糖　　C. 淀粉　　D. 葡萄糖
3. 淀粉的测定，一般加稀酸水解成葡萄糖，用费林试剂还原糖法测糖，再乘以（　　）。
A. 0.8　　B. 0.98　　C. 0.95　　D. 0.90
4. 样品总糖含量若以蔗糖计算，则最后乘以系数（　　）。
A. 1.05　　B. 0.95　　C. 1.10　　D. 0.90
5. 测定甜牛乳中的蔗糖含量时，转化温度为（　　）。
A. 75℃　　B. 35℃　　C. 67℃　　D. 100℃
6. 标定费林氏液时，基准蔗糖的干燥温度为（　　）。
A. 105℃　　B. 115℃　　C. 121℃　　D. 90℃
7. 测定牛乳中乳糖含量的时，会干扰测定的离子是（　　）。
A. 钙离子　　B. 磷酸根离子　　C. 草酸根离子　　D. 磷酸氢根离子
8. 蓝-爱农法在测定还原糖含量时用（　　）作指示剂。
A. 次甲基蓝　　B. $Cu^{2+}$的颜色　　C. 硼酸　　D. 亚铁氰化钾
9. 直接滴定法测总糖含量所用的指示剂是（　　）。
A. 结晶紫　　B. 甲基红　　C. 次甲基蓝　　D. 溴甲酚绿
10. 用费林氏直接滴定法测还原糖应在沸腾状态下滴定，是因为（　　）。
A. 反应需要高温　　B. 降低反应速度
C. 还原糖的氧化能力弱　　D. 次甲基兰的还原态易被空气氧化
11. 直接滴定法测定还原糖时，要求样液浓度为（　　）左右，与葡萄糖标准溶液的浓度相近。
A. 0.1%　　B. 1%　　C. 0.1%　　D. 0.2%
12. 以下不是还原糖的是（　　）。
A. 蔗糖　　B. 果糖　　C. 乳糖　　D. 麦芽糖
13. GC 法测定糕点中丙酸钙时使用的检测器是（　　）。
A. TCD　　B. FID　　C. ECD　　D. FPD
14. 丙酸钙对（　　）具有广泛的抗菌作用。
A. 霉菌　　B. 酵母菌　　C. 细菌　　D. 以上都是
15. 双硫腙比色法测定锌时，为了防止铜、汞、铅、铋、银和镉等离子干扰，应加入（　　）。
A. 硫代硫酸钠　　B. 盐酸羟胺　　C. 乙酸钠　　D. 以上都是
16. 原子吸收光度法测定锌时，（　　）处理的样品测得的锌含量较低。
A. 硫酸-硝酸法　　B. 硝酸-高氯酸法
C. 灰化法　　D. 硝酸-硫酸-高氯酸法
17. 二乙氨基二硫代甲酸钠法测定铜的测量波长为（　　）。
A. 400nm　　B. 420nm　　C. 440nm　　D. 460nm
18. 原子吸收法测定铜的分析线为（　　）。
A. 324.8nm　　B. 248.3nm　　C. 285.0nm　　D. 283.3nm
19. 原子吸收分析中的吸光物质是（　　）。
A. 分子　　B. 离子　　C. 基态原子　　D. 激发态原子
20. 原子吸收分光光度计的核心部分是（　　）。

A. 光源　　　B. 原子化器　　　C. 分光系统　　　D. 检测系统

二、判断题

1. 费林试剂宜用标准还原糖液加以标定。(　　)

2. 测定食品中还原糖含量，高锰酸钾滴定法在准确度和重现性方面均优于直接滴定法。(　　)

3. 由于样品中含有水分，所以提取脂肪的乙醚应用水饱和。(　　)

4. 索氏提取法适用于脂类含量高，结合态的脂类含量较少，能烘干磨细，不易吸湿结块的样品的测定。(　　)

5. 丙酸钙用于面包及糕点中可起到防腐作用，pH 值越高，其防腐效力越高。(　　)

6. 双硫腙比色法测定锌时，加入硫代硫酸钠是为了消除其他金属离子的干扰。(　　)

7. 二乙氨基二硫代甲酸钠法测定铜时，一般样品中存在的主要干扰元素是铁。(　　)

8. 双硫腙比色法测定锌含量是在碱性条件下进行的，加入硫代硫酸钠、盐酸羟胺是为了防止铜、汞、铅等其他金属离子的干扰。(　　)

9. 二乙氨基二硫代甲酸钠光度法测定铜含量是在酸性条件下进行的，而吡啶偶氮间苯二酚比色法测定铜含量则是在碱性溶液中进行的。(　　)

10. 目前我国的标准等级分为国家标准、行业标准和企业标准三级。(　　)

# 第九章 茶叶的检验

## 第一节 茶叶中水溶性灰分碱度的测定

茶叶中水溶性灰分碱度是指100g干态磨碎样品所需的一定浓度盐酸的毫摩尔数，或换算为相当于干态磨碎样品中所含氢氧化钾的质量分数。

**1. 原理**

在(525±25)℃下灰化制品，用热水浸出灰分，然后在甲基橙指示剂的存在下，用盐酸标准溶液中和水浸出物，由消耗的盐酸标准溶液的量求得样品中水溶性灰分碱度。

**2. 试剂**

全部试剂均为分析纯，均用不含二氧化碳的蒸馏水配制。

① 0.1mol/L盐酸标准溶液。

② 甲基橙指示剂：甲基橙0.5g，用热蒸馏水溶解后稀释至1L。

**3. 仪器**

① 坩埚：30～50mL的石英坩埚或瓷坩埚（一次性使用）。

② 马弗炉。

③ 坩埚钳。

④ 干燥器。

⑤ 分析天平。

⑥ 磨碎机：由不吸收水分的材料制成；死角尽可能小，易于清扫；使磨碎样品能完全通过孔径为600～1000μm的筛。

⑦ 电热板。

**4. 操作步骤**

(1) 坩埚的恒重　用稀盐酸(1+4)将坩埚煮1～2h，洗净置于马弗炉内，在(525±25)℃下灼烧30min，待炉温降至200℃以下时，将坩埚移入干燥器中，冷却至室温，称重(准确至0.0001g)，重复灼烧至恒重。

(2) 试样的制备

① 紧压茶：用锤子和凿子将紧压茶分成4～8份，再在每份不同处取样，用锤子击碎，混匀，按上述方法制备试样。

② 除紧压茶以外的各类茶：先用磨碎机将少量试样磨碎，弃去，再磨碎其余部分，作为待测试样。

(3) 炭化 称取混匀的磨碎试样 2g（准确至 0.0001g）置于坩埚内，在电热板上徐徐加热，使试样充分炭化至无烟。

(4) 灰化 将坩埚移入 (525±25)℃马弗炉内，灼烧至无炭粒（不少于 2h）。待炉温降至 200℃左右时，取出坩埚，置于干燥器内冷却至室温，称量。再移入高温炉内以上述温度灼烧 1h，取出，冷却，称量。继续移入高温炉内，灼烧 30min，取出，冷却，称量。重复此操作，直至连续两次称量差不超过 0.001g 为止。

(5) 水溶性灰分碱度的测定 加约 20mL 热水于所得的灰分中，全部移入已放好滤纸的漏斗中，然后用少量热水洗涤滤纸上的残留物，将洗涤液并入滤液，待滤液冷却后加 2 滴甲基橙指示剂，用 0.1mol/L 盐酸标准溶液滴定至溶液由黄色变为红色，记录消耗盐酸标准溶液的体积。

**5. 结果计算**

(1) 碱度用毫摩尔数表示（100g 干态磨碎样品） 其计算公式为：

$$A_w=\frac{cV}{m\omega(\text{干物质})}\times 100\%$$

式中 $A_w$——水溶性灰分的碱度，mmol；

$c$——盐酸标准溶液的物质的量浓度，mol/L；

$V$——滴定时消耗盐酸标准溶液的体积，mL；

$\omega$（干物质）——试样干物质的质量分数，%；

$m$——试样的质量，g。

(2) 碱度用氢氧化钾的质量分数表示 其计算公式为：

$$w(\text{氢氧化钾})=\frac{cV\times 0.05611}{m\omega(\text{干物质})}\times 100\%$$

式中 $w$（氢氧化钾）——氢氧化钾的质量分数，%；

$c$——盐酸标准溶液的物质的量浓度，mol/L；

$V$——滴定时消耗盐酸标准溶液的体积，mL；

$\omega$（干物质）——试样干物质的质量分数，%；

$m$——试样的质量，g；

0.05611——氢氧化钾的摩尔质量，g/mmol。

若符合重复性的要求，则取两次测定的算术平均值作为结果（保留小数点后一位）。

**6. 注意事项**

同一样品的两次测定值之差，每 100g 试样不得超过 0.2g。

## 第二节 茶叶中氟含量的测定

食品中氟含量的测定方法有扩散-氟试剂比色法、灰化蒸馏-氟试剂比色法和氟离子选择电极法等。前两者是一般化验室常用方法，使用试剂较多，但结果准确；后者是近几年来发展的方法，简便、准确，能克服色泽干扰，但样液中氟含量低时会出现非线性关系。

### 一、扩散-氟试剂比色法

**1. 原理**

食品中的氟化物在扩散盒内与酸作用，产生氟化氢气体，经扩散被氢氧化钠吸收。氟离子与镧（Ⅲ）、氟试剂（茜素氨羧络合剂）在适宜 pH 值下生成蓝色三元络合物，颜色随氟离子浓度的增大而加深，用有机溶剂提取，与标准系列比较定量。

**2. 试剂**

本方法所用水均为不含氟的去离子水，试剂为分析纯，全部试剂贮于聚乙烯塑料瓶中。

① 丙酮。

② 20g/L 硫酸银-硫酸溶液：称取 2g 硫酸银，溶于 100mL 硫酸（3+1）中。

③ 40g/L 氢氧化钠-无水乙醇溶液：取 4g 氢氧化钠，溶于无水乙醇并稀释至 100mL。

④ 1mol/L 乙酸：取 3mL 冰醋酸，加水稀释至 50mL。

⑤ 茜素氨羧络合剂溶液：称取 0.19g 茜素氨羧络合剂，加少量水及 40g/L 氢氧化钠溶液使其溶解，加 0.125g 乙酸钠，用 1mol/L 乙酸溶液调节 pH 值为 5.0（红色），加水稀释至 500mL，置冰箱内保存。

⑥ 250g/L 乙酸钠溶液。

⑦ 硝酸镧溶液：称取 0.22g 硝酸镧，用少量 1mol/L 乙酸溶液溶解，加水至约 450mL，用 250g/L 乙酸钠溶液调节 pH 值为 5.0，再加水稀释至 500mL，置冰箱内保存。

⑧ pH 4.7 缓冲液：称取 30g 无水乙酸钠，溶于 400mL 水中，加 22mL 冰醋酸，再缓缓加冰醋酸调节 pH 值为 4.7，然后加水稀释至 500mL。

⑨ 二乙基苯胺-异戊醇溶液（5：100）：量取 25mL 二乙基苯胺，溶于 500mL 异戊醇中。

⑩ 100g/L 硝酸镁溶液。

⑪ 40g/L 氢氧化钠溶液：称取 4g 氢氧化钠，溶于水并稀释至 100mL。

⑫ 氟标准溶液：准确称取 0.2210g 经 95～105℃干燥 4h 的氟化钠，溶于水后移入 100mL 容量瓶中，加水至刻度，混匀，置冰箱中保存。此溶液每毫升相当于 1.0mg 氟。

⑬ 氟标准使用液：吸取 1.0mL 氟标准溶液，置于 200mL 容量瓶中，加水至刻度，混匀。此溶液每毫升相当于 5.0μg 氟。

⑭ 圆滤纸片：把滤纸剪成直径为 4.5cm 圆，浸于氢氧化钠-无水乙醇溶液，于 100℃烘干、备用。

**3. 仪器**

① 塑料扩散盒：内径 4.5cm，深 2cm，盖内壁顶部光滑，并带有凸起的圈（盛放氢氧化钠吸收液用），盖紧后不漏气。其他类型塑料盒亦可使用。

② 恒温箱：(55±1)℃。

③ 可见分光光度计。

④ 酸度计：PHS-2 型或其他型号。

⑤ 马弗炉。

**4. 操作步骤**

（1）扩散单色法

① 样品处理

a. 茶叶、谷类样品：稻谷去壳，其他粮食除去可见杂质，取有代表性样品 50～100g，粉碎，过 40 目筛（孔径为 0.45mm）。

b. 蔬菜、水果：取可食部分，洗净、晾干、切碎、混匀，称取 100～200g 样品，以 80℃鼓风干燥，粉碎，过 40 目筛（孔径为 0.45mm）。结果以鲜重表示，同时要测水分。

c. 特殊样品（含脂肪高、不易粉碎过筛的样品，如花生、肥肉、含糖分高的果实等）：称取研碎的样品 1.00～2.00g 置于坩埚（镍、银、瓷等）内，加 4mL 100g/L 硝酸镁溶液，加 100g/L 氢氧化钠溶液使其呈碱性，混匀后浸泡 0.5h，将样品中的氟固定，然后在水浴上挥干，加热炭化至不冒烟，再于 600℃马弗炉内灰化 6h，待灰化完全，取出放冷，取灰分进行扩散。

② 测定

a. 取塑料盒若干个，分别于盒盖中央加 0.2mL 氢氧化钠-无水乙醇溶液，在圈内均匀涂布，于 (55±1)℃恒温箱中烘干，形成一层薄膜，取出备用；或把滤纸片贴于盒内备用。

b. 称取 1.00～2.00g 处理后的样品置于塑料盒内，加 4mL 水，使样品均匀分布，不能结块。加 4mL 20g/L 硫酸银-硫酸溶液，立即盖紧，轻轻摇匀。若样品经灰化处理，则先将灰分全部移入塑料盒内，用 4mL 水分数次将坩埚洗净，洗液均倒入塑料盒内，并使灰分均匀分散，若坩埚还未完全洗净，可加 4mL 20g/L 硫酸银-硫酸溶液于坩埚内继续洗涤，将洗液倒入塑料盒内，立即盖紧，轻轻摇匀，置 (55±1)℃恒温箱内保温 20h。

c. 分别于塑料盒内加 0.0mL、0.2mL、0.4mL、0.8mL、1.2mL、1.6mL 氟标准使用液（相当于 0.0μg、1.0μg、2.0μg、4.0μg、6.0μg、8.0μg 氟）。补加水至 4mL，各加硫酸银-硫酸溶液 4mL，立即盖紧，轻轻摇匀（切勿将酸溅在盖上），置恒温箱内保温 20h。

d. 将盒取出，取下盒盖，分别用 20mL 水，少量多次地将盒盖内氢氧化钠薄膜溶解，并用滴管小心完全地移入 100mL 分液漏斗中。

e. 分别于分液漏斗中加 3mL 茜素氨羧络合剂溶液、3.0mL 缓冲液、8.0mL 丙酮、3.0mL 硝酸镧溶液、13.0mL 水，混匀，放置 10min，各加入 10.0mL 二乙基苯胺-异戊醇溶液 (5+100)，振摇 2min，待分层后，弃去水层，分出有机层，并用滤纸过滤于 10mL 带塞比色管中。

f. 用 1cm 比色皿于 580nm 波长处以标准零管调节零点，测吸光值，绘制标准曲线，用样品吸光值与标准曲线比较求得氟的含量。

③ 结果计算

样品中氟的含量为：

$$X_1=\frac{m_1\times10^{-3}}{m\times10^{-3}}$$

式中 $X_1$——样品中氟的含量，mg/kg；

$m_1$——测定用样品中氟的质量，μg；

$m$——样品的质量，g。

结果的表述：报告平行测定的算术平均值的二位有效数。

允许差：在重复性条件下获得的两次独立测定结果的绝对值不得超过算术平均值的 10%。

(2) 扩散复色法

① 样品处理：同扩散单色法。

② 测定

a. 取塑料盒若干个，分别于盒盖中央加 0.2mL 40g/L 氢氧化钠-无水乙醇溶液，在圈内均匀涂布，于 (55±1)℃恒温箱中烘干，形成一层薄膜，取出备用；或把滤纸片贴于盒内备用。

b. 称取 1.00～2.00g 处理后的样品置于塑料盒内，加 4mL 水，使样品均匀分布，不能结块。加 4mL 20g/L 硫酸银-硫酸溶液，立即盖紧，轻轻摇匀。若样品经灰化处理，则先将灰分全部移入塑料盒内，用 4mL 水分数次将坩埚洗净，洗液均倒入塑料盒内，并使灰分均匀分散，若坩埚还未完全洗净，可加 4mL 20g/L 硫酸银-硫酸溶液于坩埚内继续洗涤，将洗液倒入塑料盒内，立即盖紧，轻轻摇匀，置 (55±1)℃恒温箱内保温 20h。

c. 分别于塑料盒内加 0.0mL、0.2mL、0.4mL、0.8mL、1.2mL、1.6mL 氟标准使用液（相当 0.0μg、1.0μg、2.0μg、4.0μg、6.0μg、8.0μg 氟）。补加水至 4mL，各加硫酸银-硫酸溶液 (20g/L) 4mL，立即盖紧，轻轻摇匀（切勿将酸溅在盖上）置恒温箱内保温 20h。

d. 取下盒盖，分别用 10mL 水分数次将盒盖内的氢氧化钠薄膜溶解，并用滴管小心完全地移入 25mL 带塞比色管中。

e. 分别于带塞比色管中加 2.0mL 茜素氨羧络合剂溶液、3.0mL 缓冲液、6.0mL 丙酮、2.0mL 硝酸镧溶液，再加水至刻度，混匀，放置 20min，用 3cm 比色皿于波长 580nm 处以零管调节零点，测各管吸光度，绘制标准曲线比较。

③ 结果计算：同扩散单色法。

## 二、灰化蒸馏-氟试剂比色法

**1. 原理**

样品经硝酸镁固定氟，经高温灰化后，在酸性条件下，蒸馏分离氟，蒸出的氟被氢氧化钠溶液吸收，氟与氟试剂、硝酸镧作用，生成蓝色三元络合物，与标准比较定量。

**2. 试剂**

① 丙酮。

② 盐酸（1+11）：取 10mL 盐酸，加水稀释至 120mL。

③ 250g/L 乙酸钠溶液。

④ 乙酸溶液：同扩散-氟试剂比色法。

⑤ 茜素氨羧络合剂溶液：同扩散-氟试剂比色法。

⑥ 100g/L 硝酸镁溶液。

⑦ 硝酸镧溶液：同扩散-氟试剂比色法。

⑧ pH 4.7 缓冲液：同扩散-氟试剂比色法。

⑨ 100g/L 氢氧化钠溶液。

⑩ 10g/L 酚酞-乙醇指示剂。

⑪ 硫酸（2+1）。

⑫ 40g/L 氢氧化钠溶液：同扩散-氟试剂比色法。

⑬ 氟标准使用液：同扩散-氟试剂比色法。

**3. 仪器**

① 电热恒温水浴锅。

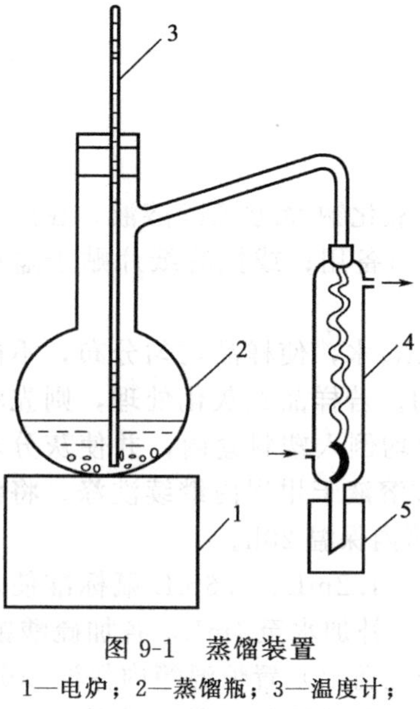


图 9-1 蒸馏装置

1—电炉；2—蒸馏瓶；3—温度计；4—冷凝管；5—小烧杯

② 电炉：800W。

③ 酸度计。

④ 马弗炉。

⑤ 蒸馏装置（图 9-1）。

⑥ 可见分光光度计。

**4. 操作步骤**

（1）样品处理

① 茶叶、粮食：同扩散-氟试剂比色法。

② 蔬菜：同扩散-氟试剂比色法。

③ 鱼、肉类：取鲜肉绞碎，混合。鱼应先去骨，再捣碎混匀。

④ 蛋类：去壳，将蛋白、蛋黄打匀。

⑤ 豆制品：将样品捣碎、混匀。

（2）灰化　称取混匀样品 5.00g（以鲜重计），置于 30mL 坩埚内，加 5.0mL 100g/L 硝酸镁溶液和 0.5mL 100g/L 氢氧化钠溶液，使其呈碱性，混匀后浸泡 0.5h，置水浴上蒸干，再低温炭化，至完全不冒烟为止。移入马弗炉中，以600℃灰化6h。取出，放冷。

（3）蒸馏

① 于坩埚中加入10mL水，将数滴硫酸（2+1）慢慢加入坩埚中，防止溶液飞溅，中和至不产生气泡为止。将此液移入500mL蒸馏瓶中，用20mL水分数次洗涤坩埚，并入蒸馏瓶中。

② 于蒸馏瓶中加60mL硫酸（2+1），数粒无氟小玻璃珠，连接蒸馏装置，加热蒸馏。馏出液用盛有5mL水、7～20滴100g/L氢氧化钠溶液和1滴酚酞指示剂的50mL烧杯吸收，当蒸馏瓶内溶液温度上升至190℃时停止蒸馏（整个蒸馏时间约为15～20min）。

③ 取下冷凝管，用滴管加水洗涤冷凝管3～4次，洗液合并于烧杯中。再将烧杯中的吸收液移入50mL容量瓶中，并用少量水洗涤烧杯2～3次，合并于容量瓶中。用盐酸（1+11）中和至红色刚好消失。用水稀释至刻度，混匀。

④ 分别吸取0.0mL、1.0mL、3.0mL、5.0mL、7.0mL、9.0mL氟标准使用液置于蒸馏瓶中，补加水至30mL，以下按蒸馏操作中②、③进行。此蒸馏标准液每10mL分别相当于0.0μg、1.0μg、3.0μg、5.0μg、76.0μg、9.0μg氟。

（4）测定

① 分别吸取标准系列蒸馏液和样品蒸馏液各10.0mL置于25mL带塞比色管中。

② 分别于带塞比色管中加2.0mL茜素氨羧络合剂溶液、3.0mL缓冲液、6.0mL丙酮、2.0mL硝酸镧溶液，再加水至刻度，混匀，放置20min，用3cm比色杯于波长580nm处以零管调节零点，测各管吸光度，绘制标准曲线比较。

**5. 结果计算**

样品中氟的含量为：

$$X_2=\frac{m_3V_2\times 1000}{V_1m_4\times 1000}$$

式中　$X_2$——样品中氟的含量，mg/kg；

$m_3$——测定用样液中氟的质量，μg；

$V_1$——比色时吸取蒸馏液的体积，mL；

$V_2$——蒸馏液的总体积，mL；

$m_4$——样品质量，g。

结果的表述：报告平行测定的算术平均值的二位有效数。

允许差：在重复性条件下获得的两次独立测定结果的绝对差值不得超过算术平均值的10%。

## 三、氟离子选择电极法

**1. 原理**

氟离子选择电极的氟化镧单晶膜对氟离子产生选择性的对数响应，氟电极和饱和甘汞电极在被测试液中，电位差可随溶液中氟离子活度的变化而改变，电位变化规律符合能斯特方程式。

$$E=E_0-\frac{2.303RT}{F}\times \lg C_{F^-}$$

$E$与$\lg C_{F^-}$呈线性关系。$2.303RT/F$为该直线的斜率（25℃时为59.16）。

与氟离子形成络合物的Fe、Al等离子干扰测定，其他常见离子无影响。测量溶液的酸度为pH 5～6，用总离子强度缓冲剂，消除干扰离子及酸度的影响。

**2. 试剂**

本方法所用水均为去离子水，全部试剂贮于聚乙烯塑料瓶中。

① 3mol/L乙酸钠溶液：称取204g乙酸钠（$CH_3COONa \cdot 3H_2O$）溶于300mL水中，加1mol/L乙酸，调节pH值至7.0，加水稀释至500mL。

② 0.75mol/L柠檬酸钠溶液：称取110g柠檬酸钠（$Na_3C_6H_5O_7 \cdot 2H_2O$）溶于300mL水中，加14mL高氯酸，再加水稀释至500mL。

③ 总离子强度缓冲剂：3mol/L乙酸钠溶液与0.75mol/L柠檬酸钠溶液等量混合，临用时现配制。

④ 盐酸（1+11）。

⑤ 氟标准溶液。

⑥ 氟标准使用液：吸取10.0mL氟标准溶液置于100mL容量瓶中，加水稀释至刻度。如此反复稀释至此溶液每毫升相当于1.0μg氟。

**3. 仪器**

① 氟电极。

② 酸度计（或离子计）：±0.01pH单位。

③ 磁力搅拌器。

④ 甘汞电极。

**4. 操作步骤**

① 称取1.00g粉碎过40目筛（孔径为0.45mm）的样品，置于50mL容量瓶中，加10ml盐酸（1+11），密闭浸泡提取1h（不时轻轻摇动），应尽量避免样品粘于瓶壁上。提取后加25mL总离子强度缓冲剂，加水至刻度，混匀，备用。

② 吸取0.0mL、1.0mL、2.0mL、5.0mL、10.0mL氟标准使用液（相当于0.0μg、1.0μg、2.0μg、5.0μg、10.0μg氟），分别置于50mL容量瓶中，于各容量瓶中分别加入25mL总离子强度缓冲剂、10mL盐酸（1+11），加水至刻度，混匀，备用。

③ 将氟电极和甘汞电极与测量仪器的负端与正端相连接。电极插入盛有水的25mL塑料杯中，杯中放有套聚乙烯管的铁搅拌棒，在电磁搅拌中，读取平衡电位值，更换2～3次水后，待电位值平衡后，即可进行样液与标准液的电位测定。

④ 以电极电位为纵坐标，氟离子浓度为横坐标，在半对数坐标纸上绘制标准曲线，根据样品电位值在曲线上求得含量。

**5. 结果计算**

样品中氟的含量为：

$$X_3=\frac{\rho_1 V_3 \times 1000}{m_3 \times 1000}$$

式中 $X_3$——样品中氟的含量，mg/kg；

$\rho_1$——测定用样液中氟的浓度，μg/mL；

$m_3$——样品质量，g；

$V_3$——样液总体积，mL。

**6. 注意事项**

① 此法不适用于脂肪含量高而又未经灰化的样品。

② 最低检出含量为0.25mg/kg。

③ 氟电极在每次使用前，先用水洗至电位为340mV以上，然后浸在含低浓度氟（0.1mg/L或0.5mg/L）的0.4mol/L柠檬酸钠溶液中适应20min，再洗至320mV后进行测定。以后每次测定均应洗至320mV，再进行下一次测定。在良好情况下，当氟离子浓度为$10^{-5}$mol/L时，

响应时间一般为 5min，搅拌 5min，放置 1min，在静止状态下读取电位值。

④ 塑料和玻璃仪器在使用前需用盐酸（1+1）及水淋洗。

[课堂互动]

氟是广泛存在于地壳中的元素，在一定量的范围内为人体所必需。适量的氟可防止血管钙化，氟不足常出现佝偻病、骨质疏松、龋齿。试问：氟是不是摄入越多越好？茶叶中氟含量的测定方法主要有哪几种？

## 第三节 茶叶中咖啡碱的测定

咖啡碱是存在于咖啡、茶叶中的一种生物碱，属于嘌呤族。咖啡碱学名 1,3,7-三甲基黄嘌呤，是白色针状结晶，有苦味，能溶于热水，有兴奋中枢神经系统的作用，并能止痛、利尿。咖啡碱广泛分布于茶树体内，但各部位含量差异很大，在茶叶中的大致质量分数为 2%～5%。

由于咖啡碱分子对紫外光有特定的吸收，因此采用紫外分光光度法来测定茶叶中的咖啡碱。

**1. 原理**

茶叶中的咖啡碱易溶于热水，除去干扰物质后，用特定波长测定其含量。

**2. 仪器**

① 磨碎机：由不吸收水分的材料制成；死角尽可能小，易于清理；使磨碎样品能完全通过孔径 600～1000μm 的筛子。

② 样品容器：可用玻璃样品瓶或金属样盒。清洁、干燥、密闭；用不与样品起反应的材料制成；大小以能装满磨碎样品为宜。

③ 恒温水浴。

④ 紫外分光光度计。

⑤ 分析天平（感量 0.0001g）。

**3. 试剂**

所用试剂除另有规定外，均为分析纯；水为蒸馏水。

① 500g/L 碱性乙酸铅溶液：称取 50g 碱性乙酸铅，加水 100mL，静置过夜。

② 0.01mol/L 盐酸：取 0.9mL 盐酸，用水稀释 1L，摇匀。

③ 9mol/L 硫酸：取硫酸 250mL，用水稀释至 1L，摇匀。

④ 50mg/L 咖啡碱标准液：称取 100mg 咖啡碱（质量分数不低于 99%）溶于 100mL 水中，作为母液，准确吸取 5mL 母液，加水至 100mL，作为工作液。

**4. 操作步骤**

（1）样品的制备

① 紧压茶以外的各类茶：先用磨碎机将少量样品磨碎，弃去，再磨碎其余部分。如果水分含量太高，不能将样品磨碎到所规定的细度，必须将样品预先干燥（烘干温度不超过 100℃为宜）。待样品冷却后，再进行磨碎。将磨碎样品转入预先干燥的样品容器中，并立即密封。

② 紧压茶：在不同形状（砖、块、饼）的紧压茶表面，分别取不少于 5 处的采样点，用电钻或台钻钻洞取样，混匀，按上述规定制备样品。

（2）试液的制备　称取 3g（准确至 0.001g）磨碎样品于 500mL 锥形瓶中，加入热蒸馏水 450mL，立即移入沸水浴中浸提 45min（每隔 10min 摇动 1 次）。浸提完毕后，立即趁热减压过滤。滤液移入 500mL 容量瓶中，残渣用少量热蒸馏水洗涤 2～3 次，并将滤液滤入上述容量瓶中。冷却后，用蒸馏水稀释至刻度。

（3）测定　用移液管准确吸取试液 20mL 移入 250mL 容量瓶中，加入 10mL 0.01mol/L 盐酸和 2mL 500g/L 碱性乙酸铅溶液，用水准确稀释至刻度，充分混匀，静置澄清过滤，准确吸取滤液 50mL，注入 100mL 容量瓶中，加入 0.2mL 9mol/L 硫酸溶液，加水稀释至刻度，混匀，静置澄清过滤。用 1cm 比色杯，在波长 274nm 处，以试剂空白溶液作参比，测定吸光度 $A$。

分别吸取 0.0mL、5.0mL、10.0mL、15.0mL、20.0mL、25.0mL、30.0mL、50mg/L 咖啡碱工作液于一组 100mL 容量瓶中，各加入 4.0mL 0.01mol/L 盐酸溶液，用水稀释至刻度，混匀，用 1cm 石英比色杯，在紫外分光光度仪上选择狭缝 0.1～0.18mm，在波长 274nm 处，以试剂空白溶液作参比，测定吸光度 $A$。将测得的吸光度与对应的咖啡碱浓度绘制标准曲线。

**5. 结果计算**

茶叶中咖啡碱含量（以干态质量分数表示）按下式计算。

$$X=\frac{\frac{C}{1000}\times L_1\times\frac{250}{20}\times\frac{100}{50}}{M\times m}\times 100\%$$

式中　$X$——茶叶中咖啡碱的质量分数，%；

$C$——根据样品测得的吸光度从咖啡碱标准曲线上查得的咖啡碱相应含量，mg/mL；

$L_1$——试液总量，mL；

$M$——样品用量，g；

250/20，100/50——稀释倍数；

$m$——样品干态质量分数，%。

如果符合重复性的要求，取两次测定的算术平均值作为结果。同一样品的两次测定值之差，每 100g 样品不得超过 0.2g。

## 第四节　茶叶中茶多酚的测定

茶多酚是茶叶中酚类及其衍生物的总称，又称为茶鞣质、茶单宁，可广泛地消除体内的自由基，能起到抗衰老、防护辐射损伤、抑制肿瘤、抗菌、杀菌和防治艾滋病等作用。

茶多酚的主要组分是黄烷醇类、羟基-4-黄烷醇类、花色苷类、黄酮醇类和黄酮类。这些化合物都具有 2-苯基苯并吡喃的基本结构，故统称为类黄酮物质。茶叶中的绿原酸、鸡钠酸、咖啡酸等酚酸类化合物也是茶多酚的组分之一。在茶多酚各组分中以黄烷醇类为主，黄烷醇类又以儿茶素类物质为主。儿茶素类含量约占茶多酚总量的 70%（质量分数）。

利用多酚类物质可以和亚铁离子生成有色化合物，从而可以用可见分光光度法测定茶叶中的茶多酚含量。

**1. 原理**

茶叶中多酚类物质能与亚铁离子形成紫蓝色络合物。用分光光度法测定其含量。

**2. 仪器**

分析天平（感量 0.0001g）、分光光度计。

**3. 试剂**

所用试剂应为分析纯，水为蒸馏水。

① 酒石酸亚铁溶液：称取 1g（准确至 0.0001g）硫酸亚铁和 5g（准确至 0.0001g）酒

石酸钾钠，用水溶解并定容至 1L（溶液应避光，低温保存，有效期一个月）。

② pH 7.5 磷酸盐缓冲液

1/15mol/L 磷酸氢二钠：称取 23.377g 磷酸氢二钠，加水溶解后定容至 1L。

1/15mol/L 磷酸二氢钾：称取 9.078g 磷酸二氢钾，加水溶解后定容至 1L。

取 85mL 1/15mol/L 磷酸氢二钠溶液和 15mL 1/15mol/L 磷酸二氢钾溶液混合均匀。

**4. 操作步骤**

（1）样品的制备　按咖啡碱测定中的规定制备样品。

（2）试液的制备　按咖啡碱测定中的规定制备试液。

（3）测定　准确吸取上述试液 1mL，注入 25mL 的容量瓶中，加水 4mL 和酒石酸亚铁溶液 5mL，充分混合，再加 pH7.5 缓冲液至刻度，用 1cm 比色杯，在波长 540nm 处，以试剂空白溶液作参比，测定吸光度 $A$。

**5. 结果计算**

茶叶中茶多酚的含量（以干态质量分数表示）按下式计算。

$$X=\frac{A\times 1.975\times 2}{100}\times\frac{L_1}{L_2Mm}\times 100\%$$

式中　$X$——茶叶中茶多酚的质量分数，%；

$L_1$——试液的总量，mL；

$L_2$——测定时的用液量，mL；

$m$——样品的质量，g；

$M$——样品干态质量分数，%；

$A$——样品的吸光度；

1.957——用 1cm 比色杯，当吸光度等于 0.50 时，每毫升茶汤中含茶多酚相当于 1.975mg。

如果符合重复性的要求，则取两次测定的算术平均值作为结果。

同一样品的两次测定值之差，每 100g 样品不得超过 0.5g。

## 第五节　茶叶中游离氨基酸总量的测定

茶叶中的游离氨基酸丰富，高档茶约为 5%（质量分数），低档茶一般为 2%（质量分数）左右。但由于茶叶原料和加工方法不同，其中游离氨基酸含量差异很大，绿茶中的含量相对于其他类的茶要略高。

茶叶中的氨基酸有 26 种，除了 20 种蛋白质氨基酸存在于游离氨基酸中，另外还检出 6 种非蛋白质氨基酸（茶氨酸、$\gamma$-氨基丁酸、豆叶氨酸、谷氨酰甲胺、天冬酰乙胺、$\beta$-丙氨酸）。其中茶氨酸含量最高，占茶叶干重的 1%～2%，占整个游离氨基酸的 70%。

**［知识链接］**

茶氨酸是茶树中比较特殊的、在一般植物中罕见的氨基酸，是茶叶的特色成分之一，除了在一种蕈及茶梅中检出外，在其他植物中尚未发现。

茶氨酸的主要作用有：①调节脑内神经传达物质的变化；②提高学习能力和记忆力；③镇静作用；④保护神经细胞；⑤降血压作用；⑥减肥作用。

利用氨基酸可以与茚三酮生成有色化合物，因而用可见分光光度法来测定茶叶中游离氨基酸的含量。

**1. 原理**

氨基酸在 pH 8.0 的条件下与茚三酮共热，形成紫色络合物，用分光光度法在特定的波长下测定其含量。

**2. 仪器**

分析天平（感量 0.0001g）、分光光度计。

**3. 试剂**

① pH 8.0 磷酸盐缓冲液：按茶多酚测定中的规定，配制 1/15mol/L 磷酸氢二钠和 1/15mol/L 磷酸二氢钾溶液，然后取 95mL 磷酸氢二钠溶液和 5mL 磷酸二氢钾溶液混匀。

② 20g/L 茚三酮溶液：称取水合茚三酮（质量分数不低于 99%）2g，加 50mL 水和 80mg 氯化亚锡，搅拌均匀。分次加少量水溶解，放在暗处，静置一昼夜，过滤后加水定容至 100mL。

③ 100mg/L 茶氨酸或谷氨酸标准液：称取 100mg 茶氨酸或谷氨酸（质量分数不低于 99%）溶于 100mL 水中，作为母液。准确吸取 5mL 母液，加水定容至 50mL，准为工作液。

**4. 操作步骤**

（1）样品的制备　按咖啡碱测定中的规定制备样品。

（2）试液的制备　按咖啡碱测定中的规定制备试液。

（3）测定　准确吸取试液 1mL，注入 25mL 容量瓶中，加 0.5mL pH 8.0 缓冲液和 0.5mL 20g/L 茚三酮溶液，在沸水浴中加热 15min。待冷却后，加水定容至 25mL。放置 10min 后，用 0.5cm 比色杯，在 570nm 处以试剂空白溶液作参比，测定吸光度 $A$。

分别吸取 0.0mL、1.0mL、1.5mL、2.0mL、2.5mL、3.0mL 100mg/L 氨基酸工作液于一组 25mL 容量瓶中，各加 4mL 水、0.5mL 20g/L 茚三酮溶液和 2mL pH 8.0 缓冲液，在沸水浴中加热 15min。冷却后，加水定容至 25mL，按上述操作测定吸光度 $A$。将测得的吸光度与对应的茶氨酸或谷氨酸的质量浓度绘制标准曲线。

注：制作标准曲线时，所用蒸馏水必须是二次蒸馏水。

**5. 结果计算**

茶叶中游离氨基酸含量（以干态质量分数表示）按下式计算。

$$X=\frac{\frac{C}{1000}\times\frac{L_1}{L_2}}{M\times m}\times 100\%$$

式中　$X$——茶叶中游离氨基酸含量，%；

$L_1$——试液总量，mL；

$L_2$——测定用样品量，mL；

$M$——样品质量，g；

$C$——根据测得的吸光度从标准曲线上查得的茶氨酸的质量，mg；

$m$——样品干态质量分数，%。

如果符合重复性的要求，取两次测定的算术平均值作为结果。

同一样品进行两次测定，测定值之差，每 100g 样品不得超过 0.1g。

## 第六节　茶叶中铅的测定

铅是微量元素中具有潜在毒性的元素之一，正常情况下人体需要量极少或不需要，或只能耐受极小范围的变动。如血铅在 0.099mg/L 时相对安全，当大于这个量时会发生铅中毒。

铅中毒的危害主要表现在对神经系统、血液系统、心血管系统、骨骼系统等终身性的伤害，严重的可以引起死亡。因此，无论是人体必需的微量元素还是有害元素，在食品卫生要求中都有一定的限量规定，从食品分析的角度统称为限量元素。我国食品卫生标准中对这类元素的含量有严格的规定，冷饮食品、奶粉、甜炼乳、井盐和矿盐、味精和酱类等，含铅量不得超过 1mg/kg；蒸馏酒与配制酒、食醋和酱油不得超过 1mg/L（均以 Pb 计）。食品铅污染来自直接或间接的污染，一是含铅农药的使用，陶瓷食具釉料中含铅颜料的加入；二是膨化食品、薯条、松花蛋和爆米花等加工过程中使用含铅量高的镀锡管道、器械或容器及食品添加剂，此外，还有来自环境污染等。当人们经常食用含铅食品时，铅在人体内积累，可引起慢性铅中毒。

[案例分析]

实例：10 岁的男孩明浩，近一年来，他吃饭越来越少，个子一点没见长高，上课时老爱走神，成绩很差。前两个月，他频繁地喊肚子疼，上课一点精神都没有。

分析：明浩属铅中毒现象，主要是不良生活习惯引起的。因他家住在摩托车维修店附近，再加上明浩经常到摩托车修理店去玩，喜欢咬手指，身上、手上的铅更容易进入体内。另外，他还喜欢经常到小卖部里买一些膨化小食品吃，膨化食品的铅含量也比较高。

依据 GB 5009.12—2010《食品安全国家标准食品中铅的测定》，其测定方法有石墨炉原子吸收光谱法、氢化物原子荧光光谱法、火焰原子吸收光谱法、二硫腙比色法和单扫描极谱法等五种国家标准方法。本节主要对火焰原子吸收光谱法作详细阐述。

**1. 原理**

试样经处理后，铅离子在一定 pH 条件下与二乙基二硫代氨基甲酸钠（DDTC）形成络合物，经 4-甲基-2-戊酮（MIBK）萃取分离，导入原子吸收光谱仪中，火焰原子化后，吸收 283.3nm 共振线，其吸收量与铅含量成正比，与标准系列比较定量。

**2. 试剂**

① 硝酸（1+1）：取 50mL 硝酸慢慢加入 50mL 水中。

② 300g/L 硫酸铵溶液：称取 30.0g 硫酸铵 [$(NH_4)_2SO_4$]，用水溶解并稀释至 100mL。

③ 250g/L 柠檬酸铵溶液：称取 25.0g 柠檬酸铵，用水溶解并稀释至 100mL。

④ 1g/L 溴百里酚蓝水溶液。

⑤ 50g/L 二乙基二硫代氨基甲酸钠（DDTC）溶液：称取 5g 二乙基二硫代氨基甲酸钠，用水溶解并加水至 100mL。

⑥ 氨水（1+1）：分别量取氨水 100mL 加入到 100mL 水中，混合均匀。

⑦ 4-甲基-2-戊酮（MIBK）。

⑧ 0.5mol/L 硝酸：取 3.2mL 硝酸加入 50mL 水中，稀释至 100mL。

⑨ 1.0mg/mL 铅标准储备液：准确称取 1.0000g 金属铅（质量分数不低于 99.99%），分次加少量硝酸（1+1），加热溶解，总量不超过 37mL，移入 1000mL 容量瓶，加水至刻度，混匀。

⑩ 10.0μg/mL 铅标准使用液：吸取 1.0mL 铅标准储备液，置于 100mL 容量瓶中，加 0.5mol/L 硝酸至刻度。

**3. 仪器**

① 原子吸收光谱仪：火焰原子化器。

② 天平：感量为 1mg。

③ 马弗炉。

④ 干燥恒温箱。

⑤ 瓷坩埚。

⑥ 可调式电热板、可调式电炉。

**4. 操作步骤**

(1) 样品处理 称取2g混匀或磨碎样品，置于瓷坩埚中，加热炭化后置马弗炉，于420℃灰化3h，放冷后加水少许，稍加热，然后加10mL硝酸(1+1)，加热溶解后，移入10mL容量瓶中，加水稀释至刻度，备用。

(2) 萃取分离 吸取25～50mL上述制备的样品液及试剂空白液，分别置于125mL分液漏斗中，补加水至60mL。加2mL柠檬酸铵溶液、溴百里酚蓝指示剂3～5滴，用氨水(1+1)调pH值至溶液由黄变蓝，加硫酸铵溶液10mL、DDTC溶液10mL，摇匀。放置5min左右，加入10.0mL MIBK，剧烈振荡提取1min，静置分层后，弃去水层，将MIBK层放入10mL带塞刻度管中，备用。

分别吸取0.00mL、0.25mL、0.50mL、1.00mL、1.50mL、2.00mL铅标准使用液(相当于0.0μg、2.5μg、5.0μg、10.0μg、15.0μg、20.0μg铅)于125mL分液漏斗中。与样品相同方法操作。

(3) 测定

仪器参考条件：空心阴极灯电流8mA，共振线283.3nm，狭缝0.4nm。空气流量8L/min；燃烧器高度6mm；氘灯或塞曼效应扣背景。由于某些样品或因样品量增加干扰增大，如加基底改善剂后的石墨炉条件可以自行决定。

将铅标准系列、样品液及试剂空白液的萃取液分别导入火焰中进行测定。绘制铅标准曲线，从标准曲线上查得样品液及试剂空白液中铅的含量。

**5. 结果计算**

样品中铅的含量按下式计算。

$$X=\frac{(c_1-c_0)\times V_1\times 1000}{m\times\frac{V_3}{V_2}\times 1000}$$

式中 $X$——试样中铅的含量，mg/kg或mg/L；

$c_1$——测定用试样中铅的含量，μg/mL；

$c_0$——试剂空白液中铅的含量，μg/mL；

$m$——试样质量或体积，g或mL；

$V_1$——试样萃取液体积，mL；

$V_2$——试样处理液的总体积，mL；

$V_3$——测定用试样处理液的总体积，mL。

以重复性条件下获得的两次独立测定结果的算术平均值表示，结果保留两位有效数字。

精密度：在重复性条件下获得的两次独立测定结果的绝对差值不得超过算术平均值的20%。

## [目标检测]

### 一、单项选择题

1. 咖啡碱广泛分布于茶树体内，在茶叶中大致的质量分数为（　　）。

A. ≤1%　　B. 1%～2%　　C. 2%～5%　　D. ≥5%

2. 咖啡碱分子对（　　）光有特定的吸收。

A. 紫外　　B. 可见　　C. 近红外　　D. 远红外

3. 茶叶中茶多酚主要成分是（　　）。

A. 绿原酸　　B. 鸡钠酸　　C. 咖啡酸　　D. 儿茶素

4. 可见分光光度法测定茶叶中的茶多酚含量，是利用茶多酚能与（　　）形成紫蓝色络合物来测定的。

A. 二价铁离子　　B. 三价铁离子　　C. 铁原子　　D. 以上都是

5. 茶叶中游离氨基酸的质量分数约为（　　）。

A. <2%　　B. <5%　　C. 2%～5%　　D. >5%

6. 可见分光光度法来测定茶叶中游离氨基酸时，溶液的 pH 值应控制在（　　）左右。

A. 4.0　　B. 6.0　　C. 8.0　　D. 10.0

7. 原子吸收分光光度法测定铅的分析线波长为（　　）。

A. 213.8nm　　B. 248.3nm　　C. 285.0nm　　D. 283.3nm

8. 在原子吸收分析法中，被测定元素的灵敏度、准确度在很大程度上取决于（　　）。

A. 空心阴极灯　　B. 火焰　　C. 原子化系统　　D. 分光系统

9. 原子空心阴极灯的主要操作参数是（　　）。

A. 灯电流　　B. 灯电压　　C. 阴极温度　　D. 内充气体压力

10. 与火焰原子吸收法相比，石墨炉原子吸收法有以下特点（　　）。

A. 灵敏度低但重现性好　　B. 基体效应大但重现性好

C. 样品量大但检出限低　　D. 物理干扰少且原子化效率高

**二、判断题**

1. 记录原始数据时，要想修改错误数字，应在原数字上画一条横线表示消除，并由修改人签注。（　　）

2. 检验报告单可以由进修及代培人员填写，但必须有指导人员或室负责人的同意和签字，检验结果才能生效。（　　）

3. 原子吸收分光光度分析是一种良好的定性定量分析方法。（　　）

4. 原子吸收分光光度法可以同时测定多种元素。（　　）

5. 标准曲线法仅适用于组成简单或无共存元素干扰的样品，分析同类大批量样品简单、快速，但基体影响较大。（　　）

6. 标准加入法不仅可以消除基体干扰，而且能消除背景吸收的影响和其他干扰。（　　）

7. 为了提高测定低含量组分的灵敏度，通常选用待测元素的共振线作为分析线。但当待测元素的共振线受到其他谱线干扰时，则选用其他无干扰的较灵敏谱线作为分析线。（　　）

8. 原子吸收分光光度计的检出极限数值越小，仪器的噪声越小，灵敏度越高。（　　）

9. 测定食品中汞、砷、铅等元素的含量最好采用干法灰化处理。（　　）

10. 企业的质监机构不负责产品包装及包装物的检验，产品包装应由经销部门负责检验。（　　）

# 目标检测答案

## 第一章

### 一、单项选择题

1. C　2. A　3. B　4. D　5. B　6. B　7. B　8. C　9. D　10. C
11. D　12. A　13. B　14. A　15. A　16. C　17. B　18. B　19. C　20. A
21. D　22. B　23. C　24. A　25. D　26. C　27. B　28. D　29. D　30. C

### 二、判断题

1. ×　2. ×　3. ×　4. √　5. √　6. ×　7. ×　8. √　9. √
10. √　11. ×　12. √　13. √　14. ×　15. √　16. √　17. √　18. ×
19. √　20. ×　21. √　22. √　23. ×　24. ×　25. ×　26. √　27. ×
28. √　29. ×　30. √

## 第二章

### 一、单项选择题

1. C　2. D　3. B　4. A　5. B　6. A　7. B　8. C　9. D　10. D
11. A　12. B　13. C　14. B　15. D　16. D　17. B　18. D　19. C　20. A
21. D　22. D　23. A　24. D　25. A　26. C　27. B　28. A　29. C　30. B
31. D　32. A　33. C　34. A　35. C　36. A　37. C　38. B　39. A　40. A

### 二、判断题

1. ×　2. ×　3. ×　4. ×　5. √　6. ×　7. √　8. √　9. √
10. √　11. √　12. ×　13. ×　14. √　15. ×　16. √　17. ×　18. √
19. ×　20. √

## 第三章

### 一、单项选择题

1. A　2. A　3. A　4. B　5. A　6. A　7. C　8. A　9. B　10. A
11. C　12. B　13. B　14. A　15. C　16. B　17. C　18. D　19. D　20. A
21. A　22. C　23. B　24. A　25. B　26. C　27. B　28. D　29. A　30. B

### 二、判断题

1. √　2. ×　3. ×　4. ×　5. ×　6. √　7. ×　8. √　9. ×
10. ×　11. √　12. ×　13. √　14. ×　15. ×　16. ×　17. √　18. √
19. √　20. √

**第四章**

一、单项选择题

1. B 2. B 3. D 4. A 5. D 6. C 7. C 8. A 9. A 10. C
11. D 12. B 13. A 14. A 15. C 16. C 17. C 18. A 19. B 20. C
21. D 22. A 23. C 24. B 25. D 26. A 27. A 28. C 29. C 30. A

二、判断题

1. √ 2. √ 3. × 4. × 5. √ 6. × 7. × 8. × 9. √
10. √ 11. × 12. √ 13. √ 14. × 15. √ 16. × 17. √ 18. √
19. × 20. ×

**第五章**

一、单项选择题

1. A 2. B 3. C 4. B 5. B 6. B 7. D 8. A 9. C 10. C
11. A 12. C 13. C 14. D 15. B 16. D 17. C 18. A 19. B 20. D
21. D 22. A 23. A 24. C 25. C 26. C 27. C 28. D 29. B 30. B

二、判断题

1. √ 2. √ 3. √ 4. × 5. √ 6. × 7. × 8. √ 9. ×
10. × 11. √ 12. × 13. × 14. √ 15. √ 16. √ 17. √ 18. ×
19. √ 20. √

**第六章**

一、单项选择题

1. A 2. A 3. C 4. A 5. B 6. A 7. A 8. A 9. D 10. A
11. A 12. C 13. D 14. B 15. C 16. C 17. B 18. C 19. B 20. B

二、判断题

1. × 2. × 3. √ 4. √ 5. √ 6. × 7. × 8. √
9. √ 10. √

**第七章**

一、单项选择题

1. D 2. A 3. D 4. C 5. B 6. B 7. D 8. B 9. C 10. A
11. C 12. D 13. A 14. C 15. A 16. C 17. C 18. A 19. A 20. C

二、判断题

1. × 2. √ 3. × 4. × 5. √ 6. √ 7. × 8. × 9. √
10. × 11. √ 12. √ 13. √

**第八章**

一、单项选择题

1. D 2. A 3. D 4. B 5. C 6. A 7. A 8. A 9. C 10. D
11. A 12. A 13. B 14. D 15. A 16. C 17. C 18. A 19. C 20. B

二、判断题

1. × 2. √ 3. × 4. √ 5. × 6. √ 7. √ 8. ×
9. × 10. ×

**第九章**

一、单项选择题

1. C 2. A 3. D 4. A 5. C 6. C 7. D 8. C 9. A 10. D

二、判断题

1. √ 2. √ 3. × 4. × 5. √ 6. × 7. √ 8. √
9. × 10. ×

# 附　录

## 附录1 酒精水溶液相对密度与酒精度（乙醇含量）对照表

| 相对密度 | 不同温度下的酒精度/% | | | | |
|---|---|---|---|---|---|
| | 15℃/15℃ | 20℃/20℃ | 25℃/25℃ | 30℃/30℃ | 35℃/35℃ |
| 0.9720 | 23.87 | 22.96 | 22.11 | 21.38 | |
| 19 | .96 | 23.06 | .19 | .46 | |
| 18 | 24.06 | .15 | .28 | .54 | |
| 17 | .15 | .24 | .36 | .62 | |
| 16 | .25 | .33 | .45 | .70 | |
| 15 | .34 | .42 | .53 | .79 | |
| 14 | .43 | .51 | .62 | .87 | |
| 13 | .53 | .60 | .70 | .95 | |
| 12 | .62 | .69 | .79 | 22.03 | |
| 11 | .72 | .78 | .87 | .11 | |
| 10 | .81 | .87 | .96 | .19 | |
| 09 | .91 | .95 | 23.04 | .27 | |
| 08 | 25.00 | 24.04 | .13 | .35 | |
| 07 | .09 | .13 | .21 | .43 | |
| 06 | .19 | .22 | .29 | .51 | |
| 05 | .28 | .31 | .38 | .59 | |
| 04 | .38 | .40 | .46 | .67 | |
| 03 | .47 | .49 | .55 | .75 | |
| 02 | .57 | .58 | .63 | .83 | |
| 01 | .66 | .66 | .71 | .90 | |
| 00 | .75 | .75 | .80 | .98 | |
| 0.9699 | .85 | .84 | .88 | 23.06 | |
| 98 | .94 | .93 | .97 | .14 | |
| 97 | 26.04 | 25.01 | 24.05 | .22 | |
| 96 | .13 | .10 | .13 | .30 | |
| 95 | .22 | .19 | .22 | .38 | |
| 94 | .31 | .28 | .30 | .45 | |
| 93 | .41 | .36 | .38 | .53 | |
| 92 | .50 | .45 | .47 | .61 | |
| 91 | .59 | .54 | .55 | .69 | |
| 90 | .69 | .62 | .63 | .77 | |
| 89 | .78 | .71 | .72 | .84 | |
| 88 | .87 | .80 | .80 | .92 | |
| 87 | .96 | .89 | .88 | 24.00 | |
| 86 | 27.05 | .98 | .97 | .08 | |
| 85 | .15 | 26.06 | 25.05 | .16 | |
| 84 | .24 | .15 | .13 | .23 | |
| 83 | .33 | .24 | .21 | .31 | |
| 82 | .42 | .33 | .29 | .39 | |
| 81 | .51 | .41 | .37 | .47 | |
| 80 | .60 | .50 | .45 | .54 | |
| 79 | .69 | .59 | .53 | .62 | |
| 78 | .78 | .67 | .61 | .70 | |
| 77 | .87 | .76 | .69 | .78 | |
| 76 | .96 | .84 | .77 | .85 | |
| 75 | 28.05 | .93 | .85 | .93 | |
| 74 | .14 | 27.01 | .94 | 25.01 | |
| 73 | .23 | .10 | 26.02 | .09 | |
| 72 | .32 | .19 | .10 | .16 | |
| 71 | .41 | .27 | .18 | .24 | |
| 70 | .50 | .36 | .26 | .32 | |
| 69 | .59 | .44 | .34 | .40 | |
| 68 | .68 | .52 | .42 | .47 | |
| 67 | .77 | .61 | .50 | .55 | |
| 66 | .86 | .69 | .58 | .63 | |
| 65 | .95 | .77 | .66 | .70 | |
| 64 | 29.04 | .86 | .74 | .78 | |
| 63 | .12 | .94 | .82 | .86 | |
| 62 | .21 | 28.02 | .90 | .94 | |
| 61 | .30 | .11 | .98 | 26.02 | |
| 60 | .39 | .19 | 27.06 | .09 | |
| 59 | .47 | .28 | .13 | .17 | |
| 58 | .56 | .36 | .21 | .24 | |
| 57 | .65 | .44 | .29 | .32 | |
| 56 | .74 | .53 | .37 | .39 | |
| 55 | .82 | .61 | .45 | .47 | |
| 54 | .91 | .69 | .53 | .55 | |
| 53 | 30.00 | .78 | .61 | .62 | |
| 52 | .09 | .86 | .69 | .70 | |
| 51 | .17 | .94 | .77 | .78 | |
| 50 | .26 | 29.03 | .85 | .85 | |
| 49 | .34 | .11 | .93 | .92 | |

续表

| 相对密度 | 不同温度下的酒精度/% | | | | | 相对密度 | 不同温度下的酒精度/% | | | | |
|---|---|---|---|---|---|---|---|---|---|---|---|
| | 15℃/15℃ | 20℃/20℃ | 25℃/25℃ | 30℃/30℃ | 35℃/35℃ | | 15℃/15℃ | 20℃/20℃ | 25℃/25℃ | 30℃/30℃ | 35℃/35℃ |
| 48 | .43 | .19 | 28.01 | 27.00 | | 05 | .89 | .58 | .29 | .16 | |
| 47 | .52 | .27 | .09 | .07 | | 04 | .97 | .66 | .36 | .23 | |
| 46 | .60 | .35 | .16 | .15 | | 03 | 34.05 | .73 | .43 | .30 | |
| 45 | .69 | .44 | .24 | .22 | | 02 | .12 | .81 | .51 | .37 | |
| 44 | .78 | .52 | .32 | .30 | | 01 | .20 | .88 | .58 | .44 | |
| 43 | .86 | .60 | .40 | .37 | | 00 | .27 | .96 | .65 | .51 | |
| 42 | .95 | .68 | .47 | .44 | | 0.9599 | .35 | 33.03 | .73 | .58 | |
| 41 | 31.03 | .76 | .55 | .52 | | 98 | .42 | .10 | .80 | .65 | |
| 40 | .11 | .85 | .63 | .59 | | 97 | .50 | .18 | .87 | .72 | |
| 39 | .20 | .93 | .71 | .67 | | 96 | .57 | .25 | .95 | .79 | |
| 38 | .28 | 30.01 | .78 | .74 | | 95 | .65 | .32 | 32.02 | .87 | |
| 37 | .36 | .09 | .86 | .81 | | 94 | .72 | .40 | .09 | .94 | |
| 36 | .44 | .17 | .94 | .89 | | 93 | .80 | .47 | .16 | 31.01 | |
| 35 | .52 | .25 | 29.02 | .96 | | 92 | .87 | .54 | .23 | .08 | |
| 34 | .61 | .34 | .09 | 28.04 | | 91 | .95 | .62 | .30 | .15 | |
| 33 | .69 | .42 | .17 | .11 | | 90 | 35.02 | .69 | .37 | .22 | |
| 32 | .77 | .50 | .25 | .19 | | 89 | .09 | .76 | .44 | .38 | |
| 31 | .85 | .58 | .33 | .26 | | 88 | .17 | .84 | .51 | .35 | |
| 30 | .93 | .66 | .40 | .33 | | 87 | .24 | .91 | .58 | .42 | |
| 29 | 32.02 | .74 | .48 | .41 | | 86 | .31 | .98 | .65 | .49 | |
| 28 | .09 | .82 | .56 | .48 | | 85 | .38 | 34.05 | .73 | .56 | |
| 27 | .17 | .89 | .64 | .56 | | 84 | .46 | .12 | .80 | .63 | |
| 26 | .25 | .97 | .71 | .63 | | 83 | .53 | .20 | .87 | .70 | |
| 25 | .33 | 31.05 | .79 | .70 | | 82 | .60 | .27 | .94 | .77 | |
| 24 | .41 | .13 | .87 | .78 | | 81 | .67 | .34 | 33.01 | .84 | |
| 23 | .49 | .20 | .95 | .85 | | 80 | .75 | .41 | .08 | .91 | 30.86 |
| 22 | .57 | .28 | 30.02 | .93 | | 79 | .82 | .48 | .15 | .98 | .93 |
| 21 | .65 | .36 | .10 | 29.00 | | 78 | .89 | .56 | .22 | 32.05 | 31.00 |
| 20 | .72 | .44 | .17 | .07 | | 77 | .96 | .63 | .29 | .11 | .07 |
| 19 | .80 | .52 | .25 | .14 | | 76 | 36.04 | .70 | .36 | .18 | .13 |
| 18 | .88 | .59 | .32 | .22 | | 75 | .11 | .77 | .43 | .25 | .20 |
| 17 | .96 | .67 | .40 | .29 | | 74 | .18 | .84 | .50 | .32 | .26 |
| 16 | 33.04 | .75 | .47 | .36 | | 73 | .25 | .91 | .57 | .38 | .33 |
| 15 | .12 | .82 | .54 | .43 | | 72 | .32 | .98 | .64 | .45 | .39 |
| 14 | .19 | .90 | .62 | .51 | | 71 | .39 | 35.05 | .71 | .52 | .46 |
| 13 | .27 | .98 | .69 | .58 | | 70 | .46 | .12 | .78 | .58 | .53 |
| 12 | .35 | 32.06 | .77 | .65 | | 69 | .53 | .19 | .85 | .65 | .59 |
| 11 | .43 | .13 | .84 | .72 | | 68 | .60 | .26 | .92 | .72 | .66 |
| 10 | .50 | .21 | .92 | .80 | | 67 | .67 | .33 | .99 | .79 | .72 |
| 09 | .58 | .28 | .99 | .87 | | 66 | .74 | .40 | 34.05 | .85 | .79 |
| 08 | .66 | .36 | 31.07 | .94 | | 65 | .81 | .47 | .12 | .92 | .86 |
| 07 | .74 | .43 | .13 | 30.01 | | 64 | .88 | .54 | .19 | .99 | .92 |
| 06 | .81 | .51 | .21 | .09 | | 63 | .95 | .61 | .26 | 33.05 | .99 |

续表

| 相对密度 | 不同温度下的酒精度/% | | | | | 相对密度 | 不同温度下的酒精度/% | | | | |
|---|---|---|---|---|---|---|---|---|---|---|---|
| | 15℃/15℃ | 20℃/20℃ | 25℃/25℃ | 30℃/30℃ | 35℃/35℃ | | 15℃/15℃ | 20℃/20℃ | 25℃/25℃ | 30℃/30℃ | 35℃/35℃ |
| 62 | 37.02 | .68 | .32 | .12 | 32.05 | 19 | .88 | .52 | .15 | .91 | .78 |
| 61 | .09 | .75 | .39 | .19 | .12 | 18 | .95 | .59 | .21 | .97 | .84 |
| 60 | .16 | .82 | .46 | .25 | .18 | 17 | 40.01 | .65 | .28 | 36.04 | .91 |
| 59 | .22 | .88 | .53 | .32 | .25 | 16 | .08 | .72 | .34 | .10 | .97 |
| 58 | .29 | .95 | .59 | .39 | .31 | 15 | .14 | .78 | .40 | .16 | 35.04 |
| 57 | .36 | 36.02 | .66 | .45 | .37 | 14 | .20 | .84 | .46 | .22 | .10 |
| 56 | .43 | .09 | .73 | .52 | .44 | 13 | .27 | .91 | .52 | .28 | .16 |
| 55 | .50 | .15 | .80 | .59 | .50 | 12 | .33 | .97 | .59 | .35 | .22 |
| 54 | .56 | .22 | .86 | .65 | .57 | 11 | .39 | 39.04 | .65 | .41 | .28 |
| 53 | .63 | .29 | .93 | .72 | .63 | 10 | .46 | .10 | .71 | .47 | .34 |
| 52 | .70 | .36 | 35.00 | .79 | .70 | 09 | .52 | .16 | .78 | .53 | .40 |
| 51 | .77 | .42 | .07 | .85 | .76 | 08 | .58 | .23 | .84 | .59 | .46 |
| 50 | .84 | .49 | .13 | .92 | .83 | 07 | .65 | .29 | .90 | .65 | .52 |
| 49 | .90 | .56 | .20 | .99 | .89 | 06 | .71 | .35 | .96 | .72 | .58 |
| 48 | .97 | .63 | .26 | 34.05 | .95 | 05 | .77 | .41 | 38.02 | .78 | .64 |
| 47 | 38.04 | .69 | .33 | .12 | 33.02 | 04 | .84 | .48 | .09 | .84 | .71 |
| 46 | .11 | .76 | .39 | .18 | .08 | 03 | .90 | .54 | .15 | .90 | .77 |
| 45 | .17 | .83 | .46 | .25 | .15 | 02 | .96 | .60 | .21 | .96 | .83 |
| 44 | .24 | .89 | .53 | .31 | .21 | 01 | 41.02 | .67 | .27 | 37.02 | .89 |
| 43 | .31 | .96 | .59 | .38 | .27 | 00 | .09 | .73 | .33 | .09 | .95 |
| 42 | .37 | 37.03 | .66 | .44 | .34 | 0.9499 | .15 | .79 | .40 | .15 | 36.01 |
| 41 | .44 | .09 | .72 | .51 | .40 | 98 | .21 | .85 | .46 | .21 | .07 |
| 40 | .51 | .16 | .79 | .57 | .46 | 97 | .27 | .91 | .52 | .27 | .13 |
| 39 | .57 | .23 | .86 | .64 | .53 | 96 | .33 | .98 | .58 | .33 | .19 |
| 38 | .64 | .29 | .92 | .70 | .59 | 95 | .40 | 40.04 | .64 | .39 | .25 |
| 37 | .71 | .36 | .99 | .77 | .66 | 94 | .46 | .10 | .70 | .45 | .31 |
| 36 | .77 | .42 | 36.05 | .83 | .72 | 93 | .52 | .16 | .77 | .51 | .37 |
| 35 | .84 | .49 | .12 | .90 | .78 | 92 | .58 | .22 | .83 | .57 | .43 |
| 34 | .91 | .56 | .18 | .96 | .85 | 91 | .64 | .29 | .89 | .63 | .49 |
| 33 | .97 | .62 | .25 | 35.03 | .91 | 90 | .70 | .35 | .95 | .70 | .55 |
| 32 | 39.04 | .69 | .31 | .09 | .97 | 89 | .77 | .41 | 39.01 | .76 | .61 |
| 31 | .10 | .75 | .38 | .15 | 34.04 | 88 | .83 | .47 | .07 | .82 | .67 |
| 30 | .17 | .82 | .44 | .22 | .10 | 87 | .89 | .53 | .13 | .88 | .13 |
| 29 | .23 | .88 | .51 | .28 | .16 | 86 | .95 | .59 | .20 | .94 | .79 |
| 28 | .30 | .95 | .57 | .34 | .22 | 85 | 42.01 | .65 | .26 | 38.00 | .85 |
| 27 | .36 | 38.01 | .64 | .41 | .29 | 84 | .07 | .71 | .32 | .06 | .91 |
| 26 | .43 | .07 | .70 | .47 | .35 | 83 | .13 | .78 | .38 | .12 | .97 |
| 25 | .49 | .14 | .77 | .53 | .41 | 82 | .19 | .84 | .44 | .18 | 37.03 |
| 24 | .56 | .20 | .83 | .59 | .47 | 81 | .25 | .90 | .50 | .24 | .09 |
| 23 | .62 | .27 | .90 | .66 | .53 | 80 | .31 | .96 | .56 | .30 | .15 |
| 22 | .69 | .33 | .96 | .72 | .60 | 79 | .37 | 41.02 | .62 | .36 | .21 |
| 21 | .75 | .39 | 37.02 | .78 | .66 | 78 | .43 | .08 | .68 | .42 | .26 |
| 20 | .82 | .46 | .09 | .85 | .72 | 77 | .49 | .14 | .74 | .48 | .32 |

续表

| 相对密度 | 不同温度下的酒精度/% | | | | | 相对密度 | 不同温度下的酒精度/% | | | | |
|---|---|---|---|---|---|---|---|---|---|---|---|
| | 15℃/15℃ | 20℃/20℃ | 25℃/25℃ | 30℃/30℃ | 35℃/35℃ | | 15℃/15℃ | 20℃/20℃ | 25℃/25℃ | 30℃/30℃ | 35℃/35℃ |
| 76 | .55 | .20 | .80 | .54 | .38 | 33 | .08 | .73 | .32 | 41.04 | .87 |
| 75 | .61 | .26 | .87 | .60 | .44 | 32 | .14 | .78 | .38 | .10 | .93 |
| 74 | .67 | .32 | .93 | .66 | .50 | 31 | .19 | .85 | .43 | .15 | .98 |
| 73 | .73 | .38 | .99 | .72 | .56 | 30 | .25 | .90 | .49 | .21 | 40.04 |
| 72 | .80 | .44 | 40.05 | .78 | .62 | 29 | .31 | .96 | .55 | .27 | .09 |
| 71 | .86 | .50 | .11 | .84 | .68 | 28 | .36 | 44.02 | .61 | .32 | .15 |
| 70 | .92 | .56 | .17 | .90 | .74 | 27 | .42 | .07 | .66 | .38 | .21 |
| 69 | .98 | .62 | .22 | .96 | .79 | 26 | .47 | .13 | .72 | .44 | .26 |
| 68 | 43.04 | .68 | .28 | 39.02 | .85 | 25 | .53 | .18 | .78 | .49 | .32 |
| 67 | .09 | .74 | .34 | .08 | .91 | 24 | .59 | .24 | .83 | .55 | .37 |
| 66 | .15 | .80 | .40 | .13 | .97 | 23 | .64 | .30 | .89 | .60 | .43 |
| 65 | .21 | .86 | .46 | .19 | 38.03 | 22 | .70 | .35 | .95 | .66 | .48 |
| 64 | .27 | .92 | .52 | .25 | .09 | 21 | .76 | .41 | 43.01 | .72 | .54 |
| 63 | .33 | .98 | .58 | .31 | .15 | 20 | .81 | .46 | .06 | .77 | .59 |
| 62 | .39 | 42.04 | .64 | .37 | .20 | 19 | .87 | .52 | .12 | .83 | .65 |
| 61 | .45 | .09 | .70 | .43 | .26 | 18 | .93 | .58 | .17 | .89 | .71 |
| 60 | .51 | .15 | .76 | .49 | .32 | 17 | .98 | .63 | .23 | .94 | .76 |
| 59 | .57 | .21 | .82 | .54 | .38 | 16 | 46.04 | .69 | .29 | 42.00 | .82 |
| 58 | .63 | .27 | .88 | .60 | .44 | 15 | .09 | .74 | .34 | .06 | .87 |
| 57 | .69 | .33 | .93 | .66 | .49 | 14 | .15 | .80 | .40 | .11 | .93 |
| 56 | .75 | .39 | .99 | .72 | .55 | 13 | .20 | .86 | .46 | .17 | .98 |
| 55 | .80 | .45 | 41.05 | .78 | .61 | 12 | .26 | .91 | .51 | .22 | 41.04 |
| 54 | .86 | .51 | .11 | .84 | .67 | 11 | .31 | .97 | .57 | .28 | .09 |
| 53 | .92 | .57 | .17 | .89 | .73 | 10 | .37 | 45.03 | .62 | .33 | .15 |
| 52 | .98 | .63 | .23 | .95 | .78 | 09 | .43 | .08 | .68 | .39 | .20 |
| 51 | 44.04 | .69 | .28 | 40.01 | .84 | 08 | .48 | .14 | .74 | .44 | .26 |
| 50 | .10 | .74 | .34 | .07 | .90 | 07 | .54 | .19 | .79 | .50 | .31 |
| 49 | .16 | .80 | .40 | .13 | .96 | 06 | .59 | .25 | .85 | .56 | .37 |
| 48 | .21 | .86 | .46 | .18 | 39.02 | 05 | .65 | .30 | .90 | .61 | .42 |
| 47 | .27 | .92 | .51 | .24 | .07 | 04 | .70 | .36 | .96 | .67 | .48 |
| 46 | .33 | .98 | .57 | .30 | .13 | 03 | .76 | .42 | 44.02 | .72 | .53 |
| 45 | .39 | 43.04 | .63 | .35 | .19 | 02 | .81 | .47 | .07 | .78 | .59 |
| 44 | .45 | .09 | .69 | .41 | .24 | 01 | .87 | .53 | .13 | .83 | .64 |
| 43 | .50 | .15 | .75 | .47 | .30 | 00 | .92 | .58 | .18 | .89 | .70 |
| 42 | .56 | .21 | .80 | .53 | .36 | 0.9399 | .98 | .64 | .23 | .94 | .75 |
| 41 | .62 | .27 | .86 | .58 | .41 | 98 | 47.03 | .69 | .29 | 43.00 | .81 |
| 40 | .68 | .33 | .92 | .64 | .47 | 97 | .09 | .74 | .34 | .05 | .86 |
| 39 | .73 | .39 | .98 | .70 | .53 | 96 | .14 | .80 | .40 | .11 | .92 |
| 38 | .79 | .44 | 42.03 | .75 | .59 | 95 | .19 | .85 | .45 | .16 | .97 |
| 37 | .85 | .50 | .09 | .81 | .64 | 94 | .25 | .91 | .51 | .22 | 42.03 |
| 36 | .91 | .56 | .15 | .87 | .70 | 93 | .30 | .96 | .56 | .27 | .08 |
| 35 | .97 | .62 | .21 | .93 | .76 | 92 | .35 | 46.01 | .62 | .33 | .14 |
| 34 | 45.02 | .67 | .26 | .98 | .81 | 91 | .41 | .07 | .67 | .38 | .19 |

续表

| 相对密度 | 不同温度下的酒精度/% | | | | | 相对密度 | 不同温度下的酒精度/% | | | | |
|---|---|---|---|---|---|---|---|---|---|---|---|
| | 15℃/15℃ | 20℃/20℃ | 25℃/25℃ | 30℃/30℃ | 35℃/35℃ | | 15℃/15℃ | 20℃/20℃ | 25℃/25℃ | 30℃/30℃ | 35℃/35℃ |
| 90 | .46 | .12 | .73 | .44 | .24 | 47 | .73 | .41 | 47.03 | .74 | .54 |
| 89 | .52 | .18 | .78 | .49 | .30 | 46 | .78 | .47 | .08 | .79 | .60 |
| 88 | .57 | .23 | .84 | .55 | .35 | 45 | .83 | .52 | .14 | .85 | .65 |
| 87 | .62 | .29 | .89 | .60 | .41 | 44 | .89 | .57 | .19 | .90 | .70 |
| 86 | .68 | .34 | .95 | .66 | .46 | 43 | .94 | .62 | .24 | .95 | .75 |
| 85 | .73 | .39 | 45.00 | .71 | .52 | 42 | .99 | .68 | .29 | 46.01 | .81 |
| 84 | .78 | .45 | .05 | .77 | .57 | 41 | 50.04 | .73 | .34 | .06 | .86 |
| 83 | .84 | .50 | .11 | .82 | .63 | 40 | .09 | .78 | .40 | .11 | .91 |
| 82 | .89 | .56 | .16 | .87 | .68 | 39 | .14 | .83 | .45 | .16 | .96 |
| 81 | .95 | .61 | .22 | .93 | .73 | 38 | .19 | .88 | .50 | .21 | 45.02 |
| 80 | 48.00 | .67 | .27 | .98 | .79 | 37 | .24 | .94 | .55 | .27 | .07 |
| 79 | .05 | .72 | .32 | 44.04 | .84 | 36 | .30 | .99 | .60 | .32 | .12 |
| 78 | .11 | .77 | .38 | .09 | .90 | 35 | .35 | 49.04 | .66 | .37 | .17 |
| 77 | .16 | .83 | .43 | .15 | .95 | 34 | .40 | .09 | .71 | .42 | .22 |
| 76 | .21 | .88 | .48 | .20 | 43.01 | 33 | .45 | .14 | .76 | .47 | .27 |
| 75 | .26 | .94 | .54 | .25 | .06 | 32 | .50 | .19 | .81 | .53 | .33 |
| 74 | .32 | .99 | .59 | .31 | .11 | 31 | .55 | .25 | .86 | .58 | .38 |
| 73 | .37 | 47.04 | .65 | .36 | .17 | 30 | .60 | .30 | .92 | .63 | .43 |
| 72 | .42 | .10 | .70 | .41 | .22 | 29 | .65 | .35 | .97 | .68 | .48 |
| 71 | .48 | .15 | .75 | .47 | .27 | 28 | .70 | .40 | 48.02 | .73 | .53 |
| 70 | .53 | .20 | .81 | .52 | .33 | 27 | .75 | .45 | .07 | .79 | .59 |
| 69 | .58 | .26 | .86 | .58 | .38 | 26 | .81 | .50 | .12 | .84 | .64 |
| 68 | .63 | .31 | .91 | .63 | .43 | 25 | .86 | .55 | .17 | .89 | .69 |
| 67 | .69 | .36 | .97 | .68 | .49 | 24 | .91 | .60 | .22 | .94 | .74 |
| 66 | .74 | .42 | 46.02 | .74 | .54 | 23 | .96 | .65 | .28 | .99 | .79 |
| 65 | .79 | .47 | .07 | .79 | .59 | 22 | 51.01 | .70 | .33 | 47.05 | .84 |
| 64 | .85 | .52 | .13 | .84 | .65 | 21 | .06 | .75 | .38 | .10 | .90 |
| 63 | .90 | .58 | .18 | .90 | .70 | 20 | .11 | .80 | .43 | .15 | .95 |
| 62 | .95 | .63 | .23 | .95 | .75 | 19 | .16 | .85 | .48 | .20 | 46.00 |
| 61 | 49.01 | .68 | .29 | 45.01 | .81 | 18 | .21 | .90 | .53 | .25 | .05 |
| 60 | .06 | .73 | .34 | .06 | .86 | 17 | .26 | .95 | .58 | .30 | .10 |
| 59 | .11 | .79 | .39 | .11 | .91 | 16 | .31 | 50.00 | .63 | .35 | .15 |
| 58 | .16 | .84 | .45 | .16 | .97 | 15 | .36 | .05 | .68 | .40 | .20 |
| 57 | .21 | .89 | .50 | .22 | 44.02 | 14 | .41 | .10 | .73 | .45 | .26 |
| 56 | .26 | .94 | .55 | .27 | .07 | 13 | .46 | .16 | .79 | .50 | .31 |
| 55 | .32 | 48.00 | .61 | .32 | .13 | 12 | .51 | .21 | .84 | .55 | .36 |
| 54 | .37 | .05 | .66 | .37 | .18 | 11 | .56 | .26 | .89 | .60 | .41 |
| 53 | .42 | .10 | .71 | .43 | .23 | 10 | .61 | .31 | .94 | .65 | .46 |
| 52 | .47 | .15 | .77 | .48 | .28 | 09 | .66 | .36 | .99 | .71 | .51 |
| 51 | .52 | .21 | .82 | .53 | .34 | 08 | .71 | .41 | 49.04 | .76 | .56 |
| 50 | .58 | .26 | .87 | .58 | .39 | 07 | .76 | .46 | .09 | .81 | .61 |
| 49 | .63 | .31 | .93 | .64 | .44 | 06 | .81 | .51 | .14 | .86 | .66 |
| 48 | .68 | .36 | .98 | .69 | .49 | 05 | .86 | .56 | .19 | .91 | .71 |

续表

| 相对密度 | 不同温度下的酒精度/% | | | | |
|---|---|---|---|---|---|
| | 15℃/15℃ | 20℃/20℃ | 25℃/25℃ | 30℃/30℃ | 35℃/35℃ |
| 04 | .91 | .61 | .24 | .96 | .77 |
| 03 | .96 | .66 | .29 | 48.01 | .82 |
| 02 | 52.01 | .71 | .34 | .06 | .87 |
| 01 | .06 | .76 | .39 | .11 | .92 |
| 00 | .11 | .81 | .44 | .16 | .97 |
| 0.9299 | .16 | .86 | .49 | .21 | 47.02 |
| 98 | .21 | .91 | .54 | .26 | .07 |
| 97 | .26 | .96 | .59 | .31 | .12 |
| 96 | .31 | 51.01 | .64 | .36 | .17 |
| 95 | .36 | .06 | .69 | .41 | .22 |
| 94 | .41 | .11 | .74 | .46 | .27 |
| 93 | .46 | .16 | .79 | .51 | .32 |
| 92 | .51 | .21 | .84 | .56 | .37 |
| 91 | .56 | .26 | .89 | .61 | .42 |
| 90 | .61 | .31 | .94 | .66 | .47 |
| 89 | .66 | .36 | .99 | .71 | .52 |
| 88 | .71 | .41 | 50.04 | .76 | .57 |
| 87 | .76 | .46 | .09 | 81 | .62 |
| 86 | .81 | .50 | .14 | .86 | .67 |
| 85 | .86 | .55 | .19 | .91 | .72 |
| 84 | .91 | .60 | .24 | .96 | .77 |
| 83 | .96 | .65 | .29 | 49.01 | .82 |
| 82 | 53.00 | .70 | .34 | .06 | .87 |
| 81 | .05 | .75 | .39 | .11 | .92 |
| 80 | .10 | .80 | .44 | .16 | .97 |
| 79 | .15 | .85 | .49 | .21 | 48.02 |
| 78 | .20 | .90 | .54 | .26 | .07 |
| 77 | .25 | .95 | .59 | .31 | .12 |
| 76 | .30 | 52.00 | .64 | .36 | .17 |
| 75 | .35 | .05 | .68 | .41 | .22 |
| 74 | .40 | .10 | .73 | .46 | .27 |
| 73 | .45 | .15 | .78 | .51 | .32 |
| 72 | .50 | .20 | .83 | .56 | .37 |
| 71 | .54 | .25 | .88 | .61 | .42 |
| 70 | .59 | .29 | .93 | .66 | .47 |
| 69 | .64 | .34 | .98 | .71 | .52 |
| 68 | .69 | .39 | 51.03 | .76 | .57 |
| 67 | .74 | .44 | .08 | .81 | .62 |
| 66 | .79 | .49 | .13 | .86 | .67 |
| 65 | .84 | .54 | .18 | .91 | .71 |
| 64 | .89 | .59 | .23 | .96 | .76 |
| 63 | .94 | .64 | .27 | 50.00 | .81 |
| 62 | .99 | .69 | .32 | .05 | .86 |
| 61 | 54.03 | .74 | .37 | .10 | .91 |
| 60 | .08 | .79 | .42 | .15 | .96 |
| 59 | .13 | .84 | .47 | .20 | 49.01 |
| 58 | .18 | .89 | .52 | .25 | .06 |
| 57 | .23 | .93 | .57 | .30 | .11 |
| 56 | .28 | .98 | .62 | .35 | .15 |
| 55 | .32 | 53.03 | .67 | .40 | .20 |
| 54 | .37 | .08 | .72 | .44 | .25 |
| 53 | .42 | .13 | .76 | .49 | .30 |
| 52 | .47 | .18 | .81 | .54 | .35 |
| 51 | .52 | .22 | .86 | .59 | .40 |
| 50 | .57 | .27 | .91 | .64 | .44 |
| 49 | .61 | .32 | .96 | .69 | .49 |
| 48 | .66 | .37 | 52.01 | .74 | .54 |
| 47 | .71 | .42 | .06 | .79 | .59 |
| 46 | .76 | .47 | .11 | .83 | .64 |
| 45 | .81 | .52 | .16 | .88 | .69 |
| 44 | .86 | .56 | .20 | .93 | .73 |
| 43 | .90 | .61 | .25 | .98 | .78 |
| 42 | .95 | .66 | .30 | 51.03 | .83 |
| 41 | 55.00 | .71 | .35 | .08 | .88 |
| 40 | .05 | .76 | .40 | .13 | .93 |
| 39 | .10 | .81 | .45 | .17 | .98 |
| 38 | .14 | .85 | .50 | .22 | 50.02 |
| 37 | .19 | .90 | .54 | .27 | .07 |
| 36 | .24 | .95 | .59 | .32 | .12 |
| 35 | .29 | 54.00 | .64 | .37 | .17 |
| 34 | .33 | .05 | .69 | .42 | .22 |
| 33 | .38 | .09 | .74 | .46 | .27 |
| 32 | .43 | .14 | .79 | .51 | .31 |
| 31 | .48 | .19 | .83 | .56 | .36 |
| 30 | .52 | .24 | .88 | .61 | .41 |
| 29 | .57 | .29 | .93 | .66 | .46 |
| 28 | .62 | .33 | .98 | .71 | .51 |
| 27 | .67 | .38 | 53.03 | .75 | .56 |
| 26 | .71 | .43 | .08 | .80 | .60 |
| 25 | .76 | .48 | .12 | .85 | .65 |
| 24 | .81 | .53 | .17 | .90 | .70 |
| 23 | .86 | .57 | .22 | .95 | .75 |
| 22 | .90 | .62 | .27 | 52.00 | .80 |
| 21 | .95 | .67 | .31 | .04 | .85 |
| 20 | 56.00 | .72 | .36 | .09 | .89 |
| 19 | .05 | .77 | .41 | .14 | .94 |

续表

| 相对密度 | 不同温度下的酒精度/% | | | | | 相对密度 | 不同温度下的酒精度/% | | | | |
|---|---|---|---|---|---|---|---|---|---|---|---|
| | 15℃/15℃ | 20℃/20℃ | 25℃/25℃ | 30℃/30℃ | 35℃/35℃ | | 15℃/15℃ | 20℃/20℃ | 25℃/25℃ | 30℃/30℃ | 35℃/35℃ |
| 18 | .09 | .81 | .46 | .19 | .99 | 74 | .16 | .88 | .53 | .26 | .07 |
| 17 | .14 | .86 | .50 | .23 | 51.04 | 73 | .20 | .93 | .58 | .31 | .12 |
| 16 | .19 | .91 | .55 | .28 | .09 | 72 | .25 | .97 | .63 | .36 | .16 |
| 15 | .24 | .96 | .60 | .33 | .13 | 71 | .29 | 57.02 | .67 | .40 | .21 |
| 14 | .28 | 55.00 | .65 | .38 | .18 | 70 | .34 | .07 | .72 | .45 | .26 |
| 13 | .33 | .05 | .70 | .43 | .23 | 69 | .38 | .11 | .77 | .50 | .30 |
| 12 | .38 | .10 | .74 | .47 | .27 | 68 | .43 | .16 | .81 | .54 | .35 |
| 11 | .43 | .15 | .79 | .52 | .32 | 67 | .47 | .21 | .86 | .59 | .40 |
| 10 | .47 | .19 | .84 | .57 | .37 | 66 | .52 | .25 | .91 | .64 | .44 |
| 09 | .52 | .24 | .89 | .62 | .42 | 65 | .57 | .30 | .95 | .68 | .49 |
| 08 | .57 | .29 | .93 | .67 | .46 | 64 | .61 | .35 | 56.00 | .73 | .53 |
| 07 | .62 | .34 | .98 | .71 | .51 | 63 | .66 | .39 | .05 | .78 | .58 |
| 06 | .66 | .38 | 54.03 | .76 | .56 | 62 | .70 | .44 | .09 | .82 | .63 |
| 05 | .71 | .43 | .08 | .81 | .61 | 61 | .75 | .48 | .14 | .87 | .67 |
| 04 | .76 | .48 | .12 | .86 | .65 | 60 | .79 | .53 | .18 | .92 | .72 |
| 03 | .81 | .53 | .17 | .90 | .70 | 59 | .84 | .58 | .23 | .96 | .77 |
| 02 | .85 | .57 | .22 | .95 | .75 | 58 | .89 | .62 | .28 | 55.01 | .81 |
| 01 | .90 | .62 | .26 | 53.00 | .80 | 57 | .93 | .67 | .32 | .06 | .86 |
| 00 | .95 | .67 | .31 | .05 | .84 | 56 | .98 | .71 | .37 | .10 | .91 |
| 0.9199 | 57.00 | .71 | .36 | .09 | .89 | 55 | 59.02 | .76 | .41 | .15 | .95 |
| 98 | .04 | .76 | .41 | .14 | .94 | 54 | .07 | .81 | .46 | .19 | 54.00 |
| 97 | .09 | .81 | .45 | .19 | .99 | 53 | .11 | .85 | .51 | .24 | .05 |
| 96 | .13 | .86 | .50 | .23 | 52.03 | 52 | .16 | .90 | .55 | .29 | .09 |
| 95 | .18 | .90 | .55 | .28 | .08 | 51 | .20 | .94 | .60 | .33 | .14 |
| 94 | .23 | .95 | .59 | .33 | .13 | 50 | .25 | .99 | .65 | .38 | .18 |
| 93 | .27 | 56.00 | .64 | .37 | .17 | 49 | .29 | 58.03 | .69 | .42 | .23 |
| 92 | .32 | .04 | .69 | .42 | .22 | 48 | .34 | .08 | .74 | .47 | .28 |
| 91 | .37 | .09 | .74 | .47 | .27 | 47 | .38 | .13 | .78 | .52 | .32 |
| 90 | .41 | .14 | .78 | .51 | .32 | 46 | .43 | .17 | .83 | .56 | .37 |
| 89 | .46 | .18 | .83 | .56 | .36 | 45 | .47 | .22 | .88 | .61 | .41 |
| 88 | .51 | .23 | .88 | .61 | .41 | 44 | .52 | .26 | .92 | .65 | .46 |
| 87 | .55 | .28 | .92 | .65 | .46 | 43 | .56 | .31 | .97 | .70 | .51 |
| 86 | .60 | .32 | .97 | .70 | .50 | 42 | .61 | .35 | 57.01 | .75 | .55 |
| 85 | .65 | .37 | 55.02 | .75 | .55 | 41 | .65 | .40 | .06 | .79 | .60 |
| 84 | .69 | .42 | .07 | .79 | .60 | 40 | .70 | .44 | .10 | .84 | .65 |
| 83 | .74 | .46 | .11 | .84 | .65 | 39 | .74 | .49 | .15 | .88 | .69 |
| 82 | .79 | .51 | .16 | .89 | .69 | 38 | .79 | .53 | .20 | .93 | .74 |
| 81 | .83 | .56 | .21 | .93 | .74 | 37 | .83 | .58 | .24 | .98 | .78 |
| 80 | .88 | .60 | .25 | .98 | .79 | 36 | .88 | .62 | .29 | 56.02 | .83 |
| 79 | .93 | .65 | .30 | 54.03 | .83 | 35 | .92 | .67 | .33 | .07 | .88 |
| 78 | .97 | .70 | .35 | .07 | .88 | 34 | .97 | .71 | .38 | .11 | .92 |
| 77 | 58.02 | .74 | .39 | .12 | .93 | 33 | 60.01 | .76 | .42 | .16 | .97 |
| 76 | .06 | .79 | .44 | .17 | .98 | 32 | .06 | .80 | .47 | .21 | 55.01 |
| 75 | .11 | .84 | .49 | .21 | 53.02 | 31 | .10 | .85 | .51 | .25 | .06 |

续表

| 相对密度 | 不同温度下的酒精度/% | | | | | 相对密度 | 不同温度下的酒精度/% | | | | |
|---|---|---|---|---|---|---|---|---|---|---|---|
| | 15℃/15℃ | 20℃/20℃ | 25℃/25℃ | 30℃/30℃ | 35℃/35℃ | | 15℃/15℃ | 20℃/20℃ | 25℃/25℃ | 30℃/30℃ | 35℃/35℃ |
| 30 | .15 | .89 | .56 | .30 | .11 | 86 | .10 | .86 | .53 | .29 | .11 |
| 29 | .19 | .94 | .60 | .34 | .15 | 85 | .14 | .90 | .58 | .33 | .15 |
| 28 | .24 | .98 | .65 | .39 | .20 | 84 | .18 | .94 | .63 | .38 | .19 |
| 27 | .28 | 59.03 | .70 | .44 | .24 | 83 | .23 | .99 | .67 | .42 | .24 |
| 26 | .33 | .07 | .74 | .48 | .29 | 82 | .27 | 61.03 | .71 | .46 | .28 |
| 25 | .37 | .12 | .79 | .53 | .33 | 81 | .31 | .08 | .76 | .51 | .33 |
| 24 | .42 | .16 | .83 | .57 | .38 | 80 | .36 | .12 | .80 | .55 | .37 |
| 23 | .46 | .21 | .88 | .62 | .42 | 79 | .40 | .17 | .85 | .60 | .42 |
| 22 | .50 | .25 | .92 | .67 | .47 | 78 | .45 | .21 | .89 | .64 | .46 |
| 21 | .55 | .30 | .97 | .71 | .52 | 77 | .49 | .25 | .94 | .69 | .50 |
| 20 | .59 | .34 | 58.01 | .76 | .56 | 76 | .53 | .30 | .98 | .73 | .55 |
| 19 | .64 | .39 | .06 | .80 | .61 | 75 | .58 | .34 | 60.03 | .77 | .59 |
| 18 | .68 | .43 | .10 | .85 | .65 | 74 | .62 | .39 | .07 | .82 | .64 |
| 17 | .73 | .48 | .15 | .89 | .70 | 73 | .66 | .43 | .11 | .86 | .68 |
| 16 | .77 | .52 | .19 | .94 | .74 | 72 | .71 | .47 | .16 | .91 | .73 |
| 15 | .82 | .57 | .24 | .99 | .79 | 71 | .75 | .52 | .20 | .95 | .77 |
| 14 | .86 | .61 | .28 | 57.03 | .84 | 70 | .79 | .56 | .25 | 59.00 | .81 |
| 13 | .91 | .66 | .33 | .08 | .88 | 69 | .84 | .60 | .29 | .04 | .86 |
| 12 | .95 | .70 | .37 | .12 | .93 | 68 | .88 | .65 | .33 | .08 | .90 |
| 11 | 61.00 | .75 | .42 | .17 | .97 | 67 | .93 | .69 | .38 | .13 | .95 |
| 10 | .04 | .79 | .46 | .21 | 56.02 | 66 | .97 | .74 | .42 | .17 | .99 |
| 09 | .08 | .84 | .51 | .26 | .06 | 65 | 63.01 | .78 | .46 | .21 | 58.04 |
| 08 | .13 | .88 | .55 | .30 | .11 | 64 | .06 | .82 | .51 | .26 | .08 |
| 07 | .17 | .92 | .60 | .35 | .15 | 63 | .10 | .87 | .55 | .30 | .12 |
| 06 | .22 | .97 | .64 | .39 | .20 | 62 | .14 | .91 | .60 | .35 | .17 |
| 05 | .26 | 60.01 | .69 | .44 | .25 | 61 | .19 | .96 | .64 | .39 | .21 |
| 04 | .30 | .06 | .73 | .48 | .29 | 60 | .23 | 62.00 | .68 | .43 | .26 |
| 03 | .35 | .10 | .78 | .53 | .34 | 59 | .27 | .04 | .73 | .48 | .30 |
| 02 | .39 | .15 | .82 | .57 | .38 | 58 | .32 | .09 | .77 | .52 | .34 |
| 01 | .44 | .19 | .87 | .62 | .43 | 57 | .36 | .13 | .82 | .57 | .39 |
| 00 | .48 | .24 | .91 | .66 | .47 | 56 | .40 | .17 | .86 | .61 | .43 |
| 0.9099 | .52 | .28 | .96 | .71 | .52 | 55 | .45 | .22 | .90 | .65 | .48 |
| 98 | .57 | .33 | 59.00 | .75 | .56 | 54 | .49 | .26 | .95 | .70 | .52 |
| 97 | .61 | .37 | .04 | .80 | .61 | 53 | .53 | .30 | .99 | .74 | .56 |
| 96 | .66 | .41 | .09 | .84 | .65 | 52 | .58 | .35 | 61.03 | .79 | .61 |
| 95 | .70 | .46 | .13 | .89 | .70 | 51 | .62 | .39 | .08 | .83 | .65 |
| 94 | .74 | .50 | .18 | .93 | .75 | 50 | .66 | .43 | .12 | .87 | .70 |
| 93 | .79 | .55 | .22 | .98 | .79 | 49 | .71 | .48 | .16 | .92 | .74 |
| 92 | .83 | .59 | .27 | 58.02 | .84 | 48 | .75 | .52 | .21 | .96 | .78 |
| 91 | .88 | .64 | .31 | .07 | .88 | 47 | .79 | .56 | .25 | 60.00 | .83 |
| 90 | .92 | .68 | .36 | .11 | .93 | 46 | .84 | .60 | .29 | .05 | .87 |
| 89 | .96 | .72 | .40 | .15 | .97 | 45 | .88 | .65 | .34 | .09 | .92 |
| 88 | 62.01 | .77 | .45 | .20 | 57.02 | 44 | .92 | .69 | .38 | .14 | .96 |
| 87 | .05 | .81 | .49 | .24 | .06 | 43 | .97 | .73 | .42 | .18 | 59.00 |

续表

| 相对密度 | 不同温度下的酒精度/% | | | | | 相对密度 | 不同温度下的酒精度/% | | | | |
|---|---|---|---|---|---|---|---|---|---|---|---|
| | 15℃/15℃ | 20℃/20℃ | 25℃/25℃ | 30℃/30℃ | 35℃/35℃ | | 15℃/15℃ | 20℃/20℃ | 25℃/25℃ | 30℃/30℃ | 35℃/35℃ |
| 42 | 64.01 | .78 | .47 | .22 | .05 | 31 | .48 | .25 | .94 | .70 | .53 |
| 41 | .05 | .82 | .51 | .27 | .09 | 30 | .53 | .30 | .99 | .75 | .57 |
| 40 | .09 | .86 | .55 | .31 | .13 | 29 | .57 | .34 | 62.03 | .79 | .61 |
| 39 | .14 | .91 | .60 | .35 | .18 | 28 | .61 | .38 | .07 | .83 | 66 |
| 38 | .18 | .95 | .64 | .40 | .22 | 27 | .66 | .43 | .12 | .88 | .70 |
| 37 | .22 | .99 | .68 | .44 | .27 | 26 | 70 | .47 | .16 | .92 | .74 |
| 36 | .27 | 63.04 | .73 | .48 | .31 | 25 | .74 | .51 | .20 | .97 | .79 |
| 35 | .31 | .08 | .77 | .53 | .35 | 24 | .78 | .56 | .24 | 61.01 | .83 |
| 34 | .35 | .12 | .81 | .57 | .40 | 23 | .83 | .60 | .29 | .05 | .87 |
| 33 | .40 | .17 | .86 | .62 | .44 | 22 | .87 | .64 | .33 | .09 | .92 |
| 32 | .44 | .21 | .90 | .66 | .48 | 21 | .91 | .69 | .37 | .14 | .96 |

# 附表2 酒精计温度、酒精度（乙醇含量）换算表

| 溶液温度/℃ | 酒精计示值 | | | | | | | | | | | | | | | | | | | |
|---|---|---|---|---|---|---|---|---|---|---|---|---|---|---|---|---|---|---|---|---|
| | 65 | 64.5 | 64 | 63.5 | 63 | 62.5 | 62 | 61.5 | 61 | 60.5 | 60 | 59.5 | 59 | 58.5 | 58 | 57.5 | 57 | 56.5 | 56 | 55.5 |
| | 温度20℃时用容量百分数表示的酒精度(乙醇含量) | | | | | | | | | | | | | | | | | | | |
| 35 | 59.9 | 59.4 | 58.9 | 58.4 | 57.8 | 57.2 | 56.7 | 56.2 | 55.8 | 55.2 | 54.6 | 54.1 | 53.6 | 53.1 | 52.6 | 52.1 | 51.6 | 51.0 | 50.5 | 50.0 |
| 34 | 60.2 | 59.7 | 59.2 | 58.6 | 58.1 | 57.6 | 57.1 | 56.6 | 56.1 | 55.6 | 55.0 | 54.5 | 54.0 | 53.5 | 53.0 | 52.4 | 51.9 | 51.4 | 50.8 | 50.3 |
| 33 | 60.6 | 60.1 | 59.6 | 59.0 | 58.5 | 58.0 | 57.4 | 57.0 | 56.5 | 55.9 | 55.3 | 54.8 | 54.3 | 53.8 | 53.3 | 52.8 | 52.3 | 51.8 | 51.2 | 50.7 |
| 32 | 60.9 | 60.4 | 59.9 | 59.4 | 58.8 | 58.3 | 57.8 | 57.3 | 56.8 | 56.2 | 55.7 | 55.2 | 54.7 | 54.2 | 53.7 | 53.2 | 52.7 | 52.2 | 51.6 | 51.1 |
| 31 | 61.3 | 60.8 | 60.3 | 59.8 | 59.2 | 58.6 | 58.1 | 57.6 | 57.2 | 56.6 | 56.1 | 55.5 | 55.0 | 54.5 | 54.0 | 53.5 | 53.0 | 52.4 | 51.9 | 51.4 |
| 30 | 61.6 | 61.1 | 60.6 | 60.0 | 59.5 | 59.0 | 58.5 | 58.0 | 57.5 | 57.0 | 56.4 | 55.9 | 55.4 | 54.9 | 54.4 | 53.9 | 53.4 | 52.9 | 52.3 | 51.8 |
| 29 | 61.9 | 61.4 | 60.9 | 60.4 | 59.9 | 59.4 | 58.8 | 58.3 | 57.8 | 57.3 | 56.8 | 56.3 | 55.8 | 55.3 | 54.8 | 54.2 | 53.7 | 53.2 | 52.7 | 52.2 |
| 28 | 62.3 | 61.8 | 61.2 | 60.7 | 60.2 | 59.7 | 59.2 | 58.7 | 58.2 | 57.7 | 57.2 | 56.6 | 56.1 | 55.6 | 55.1 | 54.6 | 54.1 | 53.6 | 53.1 | 52.6 |
| 27 | 62.6 | 62.1 | 61.6 | 61.1 | 60.6 | 60.1 | 59.6 | 59.0 | 58.5 | 58.0 | 57.5 | 57.0 | 56.5 | 56.0 | 55.5 | 55.0 | 54.5 | 54.0 | 53.4 | 52.9 |
| 26 | 63.0 | 62.4 | 61.9 | 61.4 | 60.9 | 60.4 | 59.9 | 59.4 | 58.9 | 58.4 | 57.9 | 57.4 | 56.9 | 56.4 | 55.8 | 55.3 | 54.8 | 54.3 | 53.8 | 53.3 |
| 25 | 63.3 | 62.8 | 62.3 | 61.8 | 61.3 | 60.8 | 60.3 | 59.8 | 59.2 | 58.7 | 58.2 | 57.7 | 57.2 | 56.7 | 56.2 | 55.7 | 55.2 | 54.7 | 54.2 | 53.7 |
| 24 | 63.6 | 63.1 | 62.6 | 62.1 | 61.6 | 61.1 | 60.6 | 60.1 | 59.6 | 59.1 | 58.6 | 58.1 | 57.6 | 57.1 | 56.6 | 56.1 | 55.6 | 55.0 | 54.5 | 54.0 |
| 23 | 64.0 | 63.5 | 63.0 | 62.5 | 62.0 | 61.5 | 61.0 | 60.4 | 60.0 | 59.4 | 58.9 | 58.4 | 57.9 | 57.4 | 56.9 | 56.4 | 55.9 | 55.4 | 54.9 | 54.4 |
| 22 | 64.3 | 63.8 | 63.3 | 62.8 | 62.3 | 61.8 | 61.3 | 60.8 | 60.3 | 59.8 | 59.3 | 58.8 | 58.3 | 57.8 | 57.3 | 56.8 | 56.3 | 55.8 | 55.3 | 54.8 |
| 21 | 64.6 | 64.2 | 63.6 | 63.2 | 62.6 | 62.2 | 61.6 | 61.2 | 60.6 | 60.1 | 59.6 | 59.1 | 58.6 | 58.1 | 57.6 | 57.1 | 56.6 | 56.1 | 55.6 | 55.1 |
| 20 | 65.0 | 64.5 | 64.0 | 63.5 | 63.0 | 62.5 | 62.0 | 61.5 | 61.0 | 60.5 | 60.0 | 59.5 | 59.0 | 58.5 | 58.0 | 57.5 | 57.0 | 56.5 | 56.0 | 55.5 |
| 19 | 65.3 | 64.8 | 64.3 | 63.8 | 63.3 | 62.8 | 62.3 | 61.8 | 61.3 | 60.8 | 60.4 | 59.8 | 59.4 | 58.8 | 58.4 | 57.8 | 57.4 | 56.9 | 56.4 | 55.9 |
| 18 | 65.7 | 65.2 | 64.7 | 64.2 | 63.7 | 63.2 | 62.7 | 62.2 | 61.7 | 61.2 | 60.7 | 60.2 | 59.7 | 59.2 | 58.7 | 58.2 | 57.7 | 57.2 | 56.7 | 56.2 |
| 17 | 66.0 | 65.5 | 65.0 | 64.5 | 64.0 | 63.5 | 63.0 | 62.5 | 62.0 | 61.5 | 61.0 | 60.5 | 60.0 | 59.6 | 59.1 | 58.6 | 58.1 | 57.6 | 57.1 | 56.6 |
| 16 | 66.3 | 65.8 | 65.4 | 64.8 | 64.4 | 63.9 | 63.4 | 62.9 | 62.4 | 61.9 | 61.4 | 60.9 | 60.4 | 59.9 | 59.4 | 58.9 | 58.4 | 57.9 | 57.4 | 56.9 |
| 15 | 66.7 | 66.2 | 65.7 | 65.2 | 64.7 | 64.2 | 63.7 | 63.2 | 62.7 | 62.2 | 61.7 | 61.2 | 60.8 | 60.2 | 59.8 | 59.3 | 58.8 | 58.3 | 57.8 | 57.3 |
| 14 | 67.0 | 66.5 | 66.0 | 65.5 | 65.0 | 64.6 | 64.1 | 63.6 | 63.1 | 62.6 | 62.1 | 61.6 | 61.1 | 60.6 | 60.1 | 59.6 | 59.1 | 58.6 | 58.2 | 57.7 |
| 13 | 67.4 | 66.8 | 66.4 | 65.9 | 65.4 | 64.9 | 64.4 | 63.9 | 63.4 | 62.9 | 62.4 | 61.9 | 61.4 | 61.1 | 60.5 | 60.0 | 59.5 | 59.0 | 58.5 | 58.0 |
| 12 | 67.7 | 67.2 | 66.7 | 66.2 | 65.7 | 65.2 | 64.7 | 64.2 | 63.8 | 63.3 | 62.8 | 62.3 | 61.8 | 61.3 | 60.8 | 60.3 | 59.8 | 59.4 | 58.9 | 58.4 |
| 11 | 68.0 | 67.5 | 67.0 | 66.5 | 66.0 | 65.6 | 65.1 | 64.6 | 64.1 | 63.6 | 63.1 | 62.6 | 62.1 | 61.6 | 61.2 | 60.7 | 60.2 | 59.7 | 59.2 | 58.7 |
| 10 | 68.3 | 67.8 | 67.4 | 66.9 | 66.4 | 65.9 | 65.4 | 64.9 | 64.4 | 63.9 | 63.5 | 63.0 | 62.5 | 62.0 | 61.5 | 61.0 | 60.5 | 60.0 | 59.6 | 59.1 |

# 附录 3 相当于氧化亚铜质量的葡萄糖、果糖、乳糖、转化糖质量表

单位/mg

| 氧化亚铜 | 葡萄糖 | 果糖 | 乳糖(含水) | 转化糖 | 氧化亚铜 | 葡萄糖 | 果糖 | 乳糖(含水) | 转化糖 |
|---|---|---|---|---|---|---|---|---|---|
| 11.3 | 4.6 | 5.1 | 7.7 | 5.2 | 59.7 | 25.6 | 28.2 | 40.6 | 27.0 |
| 12.4 | 5.1 | 5.6 | 8.5 | 5.7 | 60.8 | 26.1 | 28.7 | 41.4 | 27.6 |
| 13.5 | 5.6 | 6.1 | 9.3 | 6.2 | 61.9 | 26.5 | 29.2 | 42.1 | 28.1 |
| 14.6 | 6.0 | 6.7 | 10.0 | 6.7 | 63.0 | 27.0 | 29.8 | 42.9 | 28.6 |
| 15.8 | 6.5 | 7.2 | 10.8 | 7.2 | 64.2 | 27.5 | 30.3 | 43.7 | 29.1 |
| 16.9 | 7.0 | 7.7 | 11.5 | 7.7 | 65.3 | 28.0 | 30.9 | 44.4 | 29.6 |
| 18.0 | 7.5 | 8.3 | 12.3 | 8.2 | 66.4 | 28.5 | 31.4 | 45.2 | 30.1 |
| 19.1 | 8.0 | 8.8 | 13.1 | 8.7 | 67.6 | 29.0 | 31.9 | 46.0 | 30.6 |
| 20.3 | 8.5 | 9.3 | 13.8 | 9.2 | 68.7 | 29.5 | 32.5 | 46.7 | 31.2 |
| 21.4 | 8.9 | 9.9 | 14.6 | 9.7 | 69.8 | 30.0 | 33.0 | 47.5 | 31.7 |
| 22.5 | 9.4 | 10.4 | 15.4 | 10.2 | 70.9 | 30.5 | 33.6 | 48.3 | 32.2 |
| 23.6 | 9.9 | 10.9 | 16.1 | 10.7 | 72.1 | 31.0 | 34.1 | 49.0 | 32.7 |
| 24.8 | 10.4 | 11.5 | 16.9 | 11.2 | 73.2 | 31.5 | 34.7 | 49.8 | 33.2 |
| 25.9 | 10.9 | 12.0 | 17.7 | 11.7 | 74.3 | 32.0 | 35.2 | 50.6 | 33.7 |
| 27.0 | 11.4 | 12.5 | 18.4 | 12.3 | 75.4 | 32.5 | 35.8 | 51.3 | 34.3 |
| 28.1 | 11.9 | 13.1 | 19.2 | 12.8 | 76.6 | 33.0 | 36.3 | 52.1 | 34.8 |
| 29.3 | 12.3 | 13.6 | 19.9 | 13.3 | 77.7 | 33.5 | 36.8 | 52.9 | 35.3 |
| 30.4 | 12.8 | 14.2 | 20.7 | 13.8 | 78.8 | 34.0 | 37.4 | 53.6 | 35.8 |
| 31.5 | 13.3 | 14.7 | 21.5 | 14.3 | 79.9 | 34.5 | 37.9 | 54.4 | 36.3 |
| 32.6 | 13.8 | 15.2 | 22.2 | 14.8 | 81.1 | 35.0 | 38.5 | 55.2 | 36.8 |
| 33.8 | 14.3 | 15.8 | 23.0 | 15.3 | 82.2 | 35.5 | 39.0 | 55.9 | 37.4 |
| 34.9 | 14.8 | 16.3 | 23.8 | 15.8 | 83.3 | 36.0 | 39.6 | 56.7 | 37.9 |
| 36.0 | 15.3 | 16.8 | 24.5 | 16.3 | 84.4 | 36.5 | 40.1 | 57.5 | 38.4 |
| 37.2 | 15.7 | 17.4 | 25.3 | 16.8 | 85.6 | 37.0 | 40.7 | 58.2 | 38.9 |
| 38.3 | 16.2 | 17.9 | 26.1 | 17.3 | 86.7 | 37.5 | 41.2 | 59.0 | 39.4 |
| 39.4 | 16.7 | 18.4 | 26.8 | 17.8 | 87.8 | 38.0 | 41.7 | 59.8 | 40.0 |
| 40.5 | 17.2 | 19.0 | 27.6 | 18.3 | 88.9 | 38.5 | 42.3 | 60.5 | 40.5 |
| 41.7 | 17.7 | 19.5 | 28.4 | 18.9 | 90.1 | 39.0 | 42.8 | 61.3 | 41.0 |
| 42.8 | 18.2 | 20.1 | 29.1 | 19.4 | 91.2 | 39.5 | 43.4 | 62.1 | 41.5 |
| 43.9 | 18.7 | 20.6 | 29.9 | 19.9 | 92.3 | 40.0 | 43.9 | 62.8 | 42.0 |
| 45.0 | 19.2 | 21.1 | 30.6 | 20.4 | 93.4 | 40.5 | 44.5 | 63.6 | 42.6 |
| 46.2 | 19.7 | 21.7 | 31.4 | 20.9 | 94.6 | 41.0 | 45.0 | 64.4 | 43.1 |
| 47.3 | 20.1 | 22.2 | 32.2 | 21.4 | 95.7 | 41.5 | 45.6 | 65.1 | 43.6 |
| 48.4 | 20.6 | 22.8 | 32.9 | 21.9 | 96.8 | 42.0 | 46.1 | 65.9 | 44.1 |
| 49.5 | 21.1 | 23.3 | 33.7 | 22.4 | 97.9 | 42.5 | 46.7 | 66.7 | 44.7 |
| 50.7 | 21.6 | 23.8 | 34.5 | 22.9 | 99.1 | 43.0 | 47.2 | 67.4 | 45.2 |
| 51.8 | 22.1 | 24.4 | 35.2 | 23.5 | 100.2 | 43.5 | 47.8 | 68.2 | 45.7 |
| 52.9 | 22.6 | 24.9 | 36.0 | 24.0 | 101.3 | 44.0 | 48.3 | 69.0 | 46.2 |
| 54.0 | 23.1 | 25.4 | 36.8 | 24.5 | 102.5 | 44.5 | 48.9 | 69.7 | 46.7 |
| 55.2 | 23.6 | 26.0 | 37.5 | 25.0 | 103.6 | 45.0 | 49.4 | 70.5 | 47.3 |
| 56.3 | 24.1 | 26.5 | 38.3 | 25.5 | 104.7 | 45.5 | 50.0 | 71.3 | 47.8 |
| 57.4 | 24.6 | 27.1 | 39.1 | 26.0 | 105.8 | 46.0 | 50.5 | 72.1 | 48.3 |
| 58.5 | 25.1 | 27.6 | 39.8 | 26.5 | 107.0 | 46.5 | 51.1 | 72.8 | 48.8 |

续表

| 氧化亚铜 | 葡萄糖 | 果糖 | 乳糖(含水) | 转化糖 | 氧化亚铜 | 葡萄糖 | 果糖 | 乳糖(含水) | 转化糖 |
|---|---|---|---|---|---|---|---|---|---|
| 108.1 | 47.0 | 51.6 | 73.6 | 49.4 | 161.0 | 71.1 | 77.7 | 109.8 | 74.3 |
| 109.2 | 47.5 | 52.2 | 74.4 | 49.9 | 162.1 | 71.6 | 78.3 | 110.6 | 74.9 |
| 110.3 | 48.0 | 52.7 | 75.1 | 50.4 | 163.2 | 72.1 | 78.8 | 111.4 | 75.4 |
| 111.5 | 48.5 | 53.3 | 75.9 | 50.9 | 164.4 | 72.6 | 79.4 | 112.1 | 75.9 |
| 112.6 | 49.0 | 53.8 | 76.7 | 51.5 | 165.5 | 73.1 | 80.0 | 112.9 | 76.5 |
| 113.7 | 49.5 | 54.4 | 77.4 | 52.0 | 166.6 | 73.7 | 80.5 | 113.7 | 77.0 |
| 114.8 | 50.0 | 54.9 | 78.2 | 52.5 | 167.8 | 74.2 | 81.1 | 114.4 | 77.6 |
| 116.0 | 50.6 | 55.5 | 79.0 | 53.0 | 168.9 | 74.7 | 81.6 | 115.2 | 78.1 |
| 117.1 | 51.1 | 56.0 | 79.7 | 53.6 | 170.0 | 75.2 | 82.2 | 116.0 | 78.6 |
| 118.2 | 51.6 | 56.6 | 80.5 | 54.1 | 171.1 | 75.7 | 82.8 | 116.8 | 79.2 |
| 119.3 | 52.1 | 57.1 | 81.3 | 54.6 | 172.3 | 76.3 | 83.3 | 117.5 | 79.7 |
| 120.5 | 52.6 | 57.7 | 82.1 | 55.2 | 173.4 | 76.8 | 83.9 | 118.3 | 80.3 |
| 121.6 | 53.1 | 58.2 | 82.8 | 55.7 | 174.5 | 77.3 | 84.4 | 119.1 | 80.8 |
| 122.7 | 53.6 | 58.8 | 83.6 | 56.2 | 175.6 | 77.8 | 85.0 | 119.9 | 81.3 |
| 123.8 | 54.1 | 59.3 | 84.4 | 56.7 | 176.8 | 78.3 | 85.6 | 120.6 | 81.9 |
| 125.0 | 54.6 | 59.9 | 85.1 | 57.3 | 177.9 | 78.9 | 86.1 | 121.4 | 82.4 |
| 126.1 | 55.1 | 60.4 | 85.9 | 57.8 | 179.0 | 79.4 | 86.7 | 122.2 | 83.0 |
| 127.2 | 55.6 | 61.0 | 86.7 | 58.3 | 180.1 | 79.9 | 87.3 | 122.9 | 83.5 |
| 128.3 | 56.1 | 61.6 | 87.4 | 58.9 | 181.3 | 80.4 | 87.8 | 123.7 | 84.0 |
| 129.5 | 56.7 | 62.1 | 88.2 | 59.4 | 182.4 | 81.0 | 88.4 | 124.5 | 84.6 |
| 130.6 | 57.2 | 62.7 | 89.0 | 59.9 | 183.5 | 81.5 | 89.0 | 125.3 | 85.1 |
| 131.7 | 57.7 | 63.2 | 89.8 | 60.4 | 184.5 | 82.0 | 89.5 | 126.0 | 85.7 |
| 132.8 | 58.2 | 63.8 | 90.5 | 61.0 | 185.8 | 82.5 | 90.1 | 126.8 | 86.2 |
| 134.0 | 58.7 | 64.3 | 91.3 | 61.5 | 186.9 | 83.1 | 90.6 | 127.6 | 86.8 |
| 135.1 | 59.2 | 64.9 | 92.1 | 62.0 | 188.0 | 83.6 | 91.2 | 128.4 | 87.3 |
| 136.2 | 59.7 | 65.4 | 92.8 | 62.6 | 189.1 | 84.1 | 91.8 | 129.1 | 87.8 |
| 137.4 | 60.2 | 66.0 | 93.6 | 63.1 | 190.3 | 84.6 | 92.3 | 129.9 | 88.4 |
| 138.5 | 60.7 | 66.5 | 94.4 | 63.6 | 191.4 | 85.2 | 92.9 | 130.7 | 88.9 |
| 139.6 | 61.3 | 67.1 | 95.2 | 64.2 | 192.5 | 85.7 | 93.5 | 131.5 | 89.5 |
| 140.7 | 61.8 | 67.7 | 95.9 | 64.7 | 193.6 | 86.2 | 94.0 | 132.2 | 90.0 |
| 141.9 | 62.3 | 68.2 | 96.7 | 65.2 | 194.8 | 86.7 | 94.6 | 133.0 | 90.6 |
| 143.0 | 62.8 | 68.8 | 97.5 | 65.8 | 195.9 | 87.3 | 95.2 | 133.8 | 91.1 |
| 144.1 | 63.3 | 69.3 | 98.2 | 66.3 | 197.0 | 87.8 | 95.7 | 134.6 | 91.7 |
| 145.2 | 63.8 | 69.9 | 99.0 | 66.8 | 198.1 | 88.3 | 96.3 | 135.3 | 92.2 |
| 146.4 | 64.3 | 70.4 | 99.8 | 67.4 | 199.3 | 88.9 | 96.9 | 136.1 | 92.8 |
| 147.5 | 64.9 | 71.0 | 100.6 | 67.9 | 200.4 | 89.4 | 97.4 | 136.9 | 93.3 |
| 148.6 | 65.4 | 71.6 | 101.3 | 68.4 | 201.5 | 89.9 | 98.0 | 137.7 | 93.8 |
| 149.7 | 65.9 | 72.1 | 102.1 | 69.0 | 202.7 | 90.4 | 98.6 | 138.4 | 94.4 |
| 150.9 | 66.4 | 72.7 | 102.9 | 69.5 | 203.8 | 91.0 | 99.2 | 139.2 | 94.9 |
| 152.0 | 66.9 | 73.2 | 103.6 | 70.0 | 204.9 | 91.5 | 99.7 | 140.0 | 95.5 |
| 153.1 | 67.4 | 73.8 | 104.4 | 70.6 | 206.0 | 92.0 | 100.3 | 140.8 | 96.0 |
| 154.2 | 68.0 | 74.3 | 105.2 | 71.1 | 207.2 | 92.6 | 100.9 | 141.5 | 96.6 |
| 155.4 | 68.5 | 74.9 | 106.0 | 71.6 | 208.3 | 93.1 | 101.4 | 142.3 | 97.1 |
| 156.5 | 69.0 | 75.5 | 106.7 | 72.2 | 209.4 | 93.6 | 102.0 | 143.1 | 97.7 |
| 157.6 | 69.5 | 76.0 | 107.5 | 72.7 | 210.5 | 94.2 | 102.6 | 143.9 | 98.2 |
| 158.7 | 70.0 | 76.6 | 108.3 | 73.2 | 211.7 | 94.7 | 103.1 | 144.6 | 98.8 |
| 159.9 | 70.5 | 77.1 | 109.0 | 73.8 | 212.8 | 95.2 | 103.7 | 145.4 | 99.3 |

# 附录4 相对密度与浸出物含量对照表

| 相对密度（20℃/20℃） | 浸出物含量 ω/（$\times10^{-2}$） | 相对密度（20℃/20℃） | 浸出物含量 ω/（$\times10^{-2}$） | 相对密度（20℃/20℃） | 浸出物含量 ω/（$\times10^{-2}$） |
|---|---|---|---|---|---|
| 1.0000 | 0.000 | 1.0040 | 1.026 | 1.0080 | 2.053 |
| 1 | 0.026 | 1 | 1.052 | 1 | 2.078 |
| 2 | 0.052 | 2 | 1.078 | 2 | 2.101 |
| 3 | 0.077 | 3 | 1.103 | 3 | 2.127 |
| 4 | 0.103 | 4 | 1.129 | 4 | 2.152 |
| 5 | 0.129 | 5 | 1.155 | 5 | 2.178 |
| 6 | 0.154 | 6 | 1.180 | 6 | 2.203 |
| 7 | 0.180 | 7 | 1.206 | 7 | 2.229 |
| 8 | 0.206 | 8 | 1.232 | 8 | 2.254 |
| 9 | 0.231 | 9 | 1.257 | 9 | 2.280 |
| 1.0010 | 0.257 | 1.0050 | 1.283 | 1.0090 | 2.305 |
| 1 | 0.283 | 1 | 1.308 | 1 | 2.330 |
| 2 | 0.309 | 2 | 1.334 | 2 | 2.356 |
| 3 | 0.334 | 3 | 1.360 | 3 | 2.381 |
| 4 | 0.360 | 4 | 1.385 | 4 | 2.407 |
| 5 | 0.386 | 5 | 1.411 | 5 | 2.432 |
| 6 | 0.411 | 6 | 1.437 | 6 | 2.458 |
| 7 | 0.437 | 7 | 1.462 | 7 | 2.483 |
| 8 | 0.463 | 8 | 1.488 | 8 | 2.508 |
| 9 | 0.488 | 9 | 1.514 | 9 | 2.534 |
| 1.0020 | 0.514 | 1.0060 | 1.539 | 1.0100 | 2.560 |
| 1 | 0.540 | 1 | 1.565 | 1 | 2.585 |
| 2 | 0.565 | 2 | 1.590 | 2 | 2.610 |
| 3 | 0.591 | 3 | 1.616 | 3 | 2.636 |
| 4 | 0.616 | 4 | 1.641 | 4 | 2.661 |
| 5 | 0.642 | 5 | 1.667 | 5 | 2.687 |
| 6 | 0.668 | 6 | 1.693 | 6 | 2.712 |
| 7 | 0.693 | 7 | 1.718 | 7 | 2.738 |
| 8 | 0.719 | 8 | 1.744 | 8 | 2.763 |
| 9 | 0.745 | 9 | 1.769 | 9 | 2.788 |
| 1.0030 | 0.770 | 1.0070 | 1.795 | 1.0110 | 2.814 |
| 1 | 0.796 | 1 | 1.820 | 1 | 2.839 |
| 2 | 0.821 | 2 | 1.846 | 2 | 2.864 |
| 3 | 0.847 | 3 | 1.872 | 3 | 2.890 |
| 4 | 0.872 | 4 | 1.897 | 4 | 2.915 |
| 5 | 0.898 | 5 | 1.923 | 5 | 2.940 |
| 6 | 0.924 | 6 | 1.948 | 6 | 2.966 |
| 7 | 0.949 | 7 | 1.973 | 7 | 2.991 |
| 8 | 0.975 | 8 | 1.999 | 8 | 3.017 |
| 9 | 1.001 | 9 | 2.025 | 9 | 3.042 |

续表

| 相对密度(20℃/20℃) | 浸出物含量 ω/(×10⁻²) | 相对密度(20℃/20℃) | 浸出物含量 ω/(×10⁻²) | 相对密度(20℃/20℃) | 浸出物含量 ω/(×10⁻²) |
|---|---|---|---|---|---|
| 1.0120 | 3.067 | 1.0160 | 4.077 | 1.0200 | 5.080 |
| 1 | 3.093 | 1 | 4.102 | 1 | 5.106 |
| 2 | 3.118 | 2 | 4.128 | 2 | 5.130 |
| 3 | 3.143 | 3 | 4.153 | 3 | 5.155 |
| 4 | 3.169 | 4 | 4.178 | 4 | 5.180 |
| 5 | 3.194 | 5 | 4.203 | 5 | 5.205 |
| 6 | 3.219 | 6 | 4.228 | 6 | 5.230 |
| 7 | 3.245 | 7 | 4.253 | 7 | 5.255 |
| 8 | 3.270 | 8 | 4.278 | 8 | 5.280 |
| 9 | 3.295 | 9 | 4.304 | 9 | 5.305 |
| 1.0130 | 3.321 | 1.0170 | 4.329 | 1.0210 | 5.330 |
| 1 | 3.346 | 1 | 4.354 | 1 | 5.355 |
| 2 | 3.371 | 2 | 4.379 | 2 | 5.380 |
| 3 | 3.396 | 3 | 4.404 | 3 | 5.405 |
| 4 | 3.421 | 4 | 4.429 | 4 | 5.430 |
| 5 | 3.447 | 5 | 4.454 | 5 | 5.455 |
| 6 | 3.472 | 6 | 4.479 | 6 | 5.480 |
| 7 | 3.497 | 7 | 4.505 | 7 | 5.505 |
| 8 | 3.523 | 8 | 4.529 | 8 | 5.530 |
| 9 | 3.548 | 9 | 4.555 | 9 | 5.555 |
| 1.0140 | 3.573 | 1.0180 | 4.580 | 1.0220 | 5.580 |
| 1 | 3.598 | 1 | 4.605 | 1 | 5.605 |
| 2 | 3.624 | 2 | 4.630 | 2 | 5.629 |
| 3 | 3.649 | 3 | 4.655 | 3 | 5.654 |
| 4 | 3.674 | 4 | 4.680 | 4 | 5.679 |
| 5 | 3.699 | 5 | 4.705 | 5 | 5.704 |
| 6 | 3.725 | 6 | 4.730 | 6 | 5.729 |
| 7 | 3.750 | 7 | 4.755 | 7 | 5.754 |
| 8 | 3.775 | 8 | 4.780 | 8 | 5.779 |
| 9 | 3.800 | 9 | 4.805 | 9 | 5.803 |
| 1.0150 | 3.826 | 1.0190 | 4.830 | 1.0230 | 5.828 |
| 1 | 3.851 | 1 | 4.855 | 1 | 5.853 |
| 2 | 3.876 | 2 | 4.880 | 2 | 5.878 |
| 3 | 3.901 | 3 | 4.905 | 3 | 5.903 |
| 4 | 3.926 | 4 | 4.930 | 4 | 5.928 |
| 5 | 3.951 | 5 | 4.955 | 5 | 5.952 |
| 6 | 3.977 | 6 | 4.980 | 6 | 5.977 |
| 7 | 4.002 | 7 | 5.006 | 7 | 6.002 |
| 8 | 4.027 | 8 | 5.030 | 8 | 6.027 |
| 9 | 4.052 | 9 | 5.055 | 9 | 6.052 |

续表

| 相对密度（20℃/20℃） | 浸出物含量 ω/（×10$^{-2}$） | 相对密度（20℃/20℃） | 浸出物含量 ω/（×10$^{-2}$） | 相对密度（20℃/20℃） | 浸出物含量 ω/（×10$^{-2}$） |
|---|---|---|---|---|---|
| 1.0240 | 6.077 | 1.0280 | 7.066 | 1.0320 | 8.048 |
| 1 | 6.101 | 1 | 7.091 | 1 | 8.073 |
| 2 | 6.126 | 2 | 7.115 | 2 | 8.098 |
| 3 | 6.151 | 3 | 7.140 | 3 | 8.122 |
| 4 | 6.176 | 4 | 7.164 | 4 | 8.146 |
| 5 | 6.200 | 5 | 7.189 | 5 | 8.171 |
| 6 | 6.225 | 6 | 7.214 | 6 | 8.195 |
| 7 | 6.250 | 7 | 7.238 | 7 | 8.220 |
| 8 | 6.275 | 8 | 7.263 | 8 | 8.244 |
| 9 | 6.300 | 9 | 7.287 | 9 | 8.269 |
| 1.0250 | 6.325 | 1.0290 | 7.312 | 1.0330 | 8.293 |
| 1 | 6.350 | 1 | 7.337 | 1 | 8.317 |
| 2 | 6.374 | 2 | 7.361 | 2 | 8.342 |
| 3 | 6.399 | 3 | 7.386 | 3 | 8.366 |
| 4 | 6.424 | 4 | 7.411 | 4 | 8.391 |
| 5 | 6.449 | 5 | 7.435 | 5 | 8.415 |
| 6 | 6.473 | 6 | 7.460 | 6 | 8.439 |
| 7 | 6.498 | 7 | 7.484 | 7 | 8.464 |
| 8 | 6.523 | 8 | 7.509 | 8 | 8.488 |
| 9 | 6.547 | 9 | 7.533 | 9 | 8.513 |
| 1.0260 | 6.572 | 1.0300 | 7.558 | 1.0340 | 8.537 |
| 1 | 6.597 | 1 | 7.583 | 1 | 8.561 |
| 2 | 6.621 | 2 | 7.607 | 2 | 8.586 |
| 3 | 6.646 | 3 | 7.632 | 3 | 8.610 |
| 4 | 6.671 | 4 | 7.656 | 4 | 8.634 |
| 5 | 6.696 | 5 | 7.681 | 5 | 8.659 |
| 6 | 6.720 | 6 | 7.705 | 6 | 8.683 |
| 7 | 6.745 | 7 | 7.730 | 7 | 8.708 |
| 8 | 6.770 | 8 | 7.754 | 8 | 8.732 |
| 9 | 6.794 | 9 | 7.779 | 9 | 8.756 |
| 1.0270 | 6.819 | 1.0310 | 7.803 | 1.0350 | 8.781 |
| 1 | 6.844 | 1 | 7.828 | 1 | 8.805 |
| 2 | 6.868 | 2 | 7.853 | 2 | 8.830 |
| 3 | 6.893 | 3 | 7.877 | 3 | 8.854 |
| 4 | 6.918 | 4 | 7.901 | 4 | 8.878 |
| 5 | 6.943 | 5 | 7.926 | 5 | 8.902 |
| 6 | 6.967 | 6 | 7.950 | 6 | 8.927 |
| 7 | 6.922 | 7 | 7.975 | 7 | 8.902 |
| 8 | 7.017 | 8 | 8.000 | 8 | 8.927 |
| 9 | 7.041 | 9 | 8.024 | 9 | 8.951 |

续表

| 相对密度 (20℃/20℃) | 浸出物含量 ω/(×10⁻²) | 相对密度 (20℃/20℃) | 浸出物含量 ω/(×10⁻²) | 相对密度 (20℃/20℃) | 浸出物含量 ω/(×10⁻²) |
|---|---|---|---|---|---|
| 1.0360 | 9.024 | 1.0400 | 9.9930 | 1.0440 | 10.956 |
| 1 | 9.048 | 1 | 10.017 | 1 | 10.980 |
| 2 | 9.073 | 2 | 10.042 | 2 | 11.004 |
| 3 | 9.097 | 3 | 10.066 | 3 | 11.027 |
| 4 | 9.121 | 4 | 10.090 | 4 | 11.051 |
| 5 | 9.145 | 5 | 10.114 | 5 | 11.075 |
| 6 | 9.170 | 6 | 10.138 | 6 | 11.100 |
| 7 | 9.194 | 7 | 10.162 | 7 | 11.123 |
| 8 | 9.218 | 8 | 10.186 | 8 | 11.147 |
| 9 | 9.243 | 9 | 10.210 | 9 | 11.171 |
| 1.0370 | 9.267 | 1.0410 | 10.234 | 1.0450 | 11.195 |
| 1 | 9.291 | 1 | 10.259 | 1 | 11.219 |
| 2 | 9.316 | 2 | 10.283 | 2 | 11.243 |
| 3 | 9.340 | 3 | 10.307 | 3 | 11.267 |
| 4 | 9.364 | 4 | 10.331 | 4 | 11.291 |
| 5 | 9.388 | 5 | 10.355 | 5 | 11.315 |
| 6 | 9.413 | 6 | 10.379 | 6 | 11.339 |
| 7 | 9.437 | 7 | 10.403 | 7 | 11.363 |
| 8 | 9.461 | 8 | 10.427 | 8 | 11.387 |
| 9 | 9.485 | 9 | 10.451 | 9 | 11.411 |
| 1.0380 | 9.509 | 1.0420 | 10.475 | 1.0460 | 11.435 |
| 1 | 9.534 | 1 | 10.499 | 1 | 11.458 |
| 2 | 9.558 | 2 | 10.523 | 2 | 11.482 |
| 3 | 9.582 | 3 | 10.548 | 3 | 11.506 |
| 4 | 9.606 | 4 | 10.571 | 4 | 11.530 |
| 5 | 9.631 | 5 | 10.596 | 5 | 11.554 |
| 6 | 9.655 | 6 | 10.620 | 6 | 11.578 |
| 7 | 9.679 | 7 | 10.644 | 7 | 11.602 |
| 8 | 9.703 | 8 | 10.668 | 8 | 11.626 |
| 9 | 9.727 | 9 | 10.692 | 9 | 11.650 |
| 1.0390 | 9.751 | 1.0430 | 10.716 | 1.0470 | 11.673 |
| 1 | 9.776 | 1 | 10.740 | 1 | 11.697 |
| 2 | 9.800 | 2 | 10.764 | 2 | 11.721 |
| 3 | 9.824 | 3 | 10.788 | 3 | 11.745 |
| 4 | 9.848 | 4 | 10.812 | 4 | 11.768 |
| 5 | 9.873 | 5 | 10.836 | 5 | 11.792 |
| 6 | 9.897 | 6 | 10.860 | 6 | 11.816 |
| 7 | 9.921 | 7 | 10.884 | 7 | 11.840 |
| 8 | 9.945 | 8 | 10.908 | 8 | 11.864 |
| 9 | 9.969 | 9 | 10.932 | 9 | 11.888 |

续表

| 相对密度 (20℃/20℃) | 浸出物含量 ω/(×10⁻²) | 相对密度 (20℃/20℃) | 浸出物含量 ω/(×10⁻²) | 相对密度 (20℃/20℃) | 浸出物含量 ω/(×10⁻²) |
|---|---|---|---|---|---|
| 1.0480 | 11.912 | 1.0520 | 12.861 | 1.0560 | 13.804 |
| 1 | 11.935 | 1 | 12.885 | 1 | 13.828 |
| 2 | 11.959 | 2 | 12.909 | 2 | 13.851 |
| 3 | 11.983 | 3 | 12.932 | 3 | 13.875 |
| 4 | 12.007 | 4 | 12.956 | 4 | 13.898 |
| 5 | 12.031 | 5 | 12.979 | 5 | 13.921 |
| 6 | 12.054 | 6 | 13.003 | 6 | 13.945 |
| 7 | 12.078 | 7 | 13.027 | 7 | 13.968 |
| 8 | 12.102 | 8 | 13.050 | 8 | 13.992 |
| 9 | 12.126 | 9 | 13.074 | 9 | 14.015 |
| 1.0490 | 12.150 | 1.0530 | 13.098 | 1.0570 | 14.039 |
| 1 | 12.173 | 1 | 13.121 | 1 | 14.062 |
| 2 | 12.197 | 2 | 13.145 | 2 | 14.086 |
| 3 | 12.221 | 3 | 13.168 | 3 | 14.109 |
| 4 | 12.245 | 4 | 13.192 | 4 | 14.133 |
| 5 | 12.268 | 5 | 13.215 | 5 | 14.156 |
| 6 | 12.292 | 6 | 13.239 | 6 | 14.179 |
| 7 | 12.316 | 7 | 13.263 | 7 | 14.203 |
| 8 | 12.340 | 8 | 13.286 | 8 | 14.226 |
| 9 | 12.363 | 9 | 13.310 | 9 | 14.250 |
| 1.0500 | 12.387 | 1.0540 | 13.333 | 1.0580 | 14.273 |
| 1 | 12.411 | 1 | 13.357 | 1 | 14.297 |
| 2 | 12.435 | 2 | 13.380 | 2 | 14.320 |
| 3 | 12.458 | 3 | 13.404 | 3 | 14.343 |
| 4 | 12.482 | 4 | 13.428 | 4 | 14.367 |
| 5 | 12.506 | 5 | 13.451 | 5 | 14.390 |
| 6 | 12.530 | 6 | 13.475 | 6 | 14.414 |
| 7 | 12.553 | 7 | 13.499 | 7 | 14.437 |
| 8 | 12.577 | 8 | 13.522 | 8 | 14.460 |
| 9 | 12.601 | 9 | 13.546 | 9 | 14.484 |
| 1.0510 | 12.624 | 1.0550 | 13.569 | 1.0590 | 14.507 |
| 1 | 12.648 | 1 | 13.593 | 1 | 14.531 |
| 2 | 12.672 | 2 | 13.616 | 2 | 14.554 |
| 3 | 12.695 | 3 | 13.640 | 3 | 14.577 |
| 4 | 12.719 | 4 | 13.663 | 4 | 14.601 |
| 5 | 12.743 | 5 | 13.687 | 5 | 14.624 |
| 6 | 12.767 | 6 | 13.710 | 6 | 14.647 |
| 7 | 12.790 | 7 | 13.734 | 7 | 14.671 |
| 8 | 12.814 | 8 | 13.757 | 8 | 14.694 |
| 9 | 12.838 | 9 | 13.781 | 9 | 14.717 |

续表

| 相对密度(20℃/20℃) | 浸出物含量 ω/(×10⁻²) | 相对密度(20℃/20℃) | 浸出物含量 ω/(×10⁻²) | 相对密度(20℃/20℃) | 浸出物含量 ω/(×10⁻²) |
|---|---|---|---|---|---|
| 1.0600 | 14.741 | 1.0640 | 15.671 | 1.0680 | 16.595 |
| 1 | 14.764 | 1 | 15.691 | 1 | 16.618 |
| 2 | 14.787 | 2 | 15.717 | 2 | 16.641 |
| 3 | 14.818 | 3 | 15.741 | 3 | 16.664 |
| 4 | 14.834 | 4 | 15.764 | 4 | 16.687 |
| 5 | 14.857 | 5 | 15.787 | 5 | 16.710 |
| 6 | 14.881 | 6 | 15.810 | 6 | 16.733 |
| 7 | 14.904 | 7 | 15.833 | 7 | 16.756 |
| 8 | 14.927 | 8 | 15.857 | 8 | 16.779 |
| 9 | 14.950 | 9 | 15.880 | 9 | 16.802 |
| 1.0610 | 14.974 | 1.0650 | 15.903 | 1.0690 | 16.825 |
| 1 | 14.991 | 1 | 15.926 | 1 | 16.848 |
| 2 | 15.020 | 2 | 15.949 | 2 | 16.871 |
| 3 | 15.044 | 3 | 15.972 | 3 | 16.894 |
| 4 | 15.067 | 4 | 15.995 | 4 | 16.917 |
| 5 | 15.090 | 5 | 16.019 | 5 | 16.940 |
| 6 | 15.114 | 6 | 16.041 | 6 | 16.963 |
| 7 | 15.137 | 7 | 16.065 | 7 | 16.986 |
| 8 | 15.160 | 8 | 16.088 | 8 | 17.009 |
| 9 | 15.183 | 9 | 16.111 | 9 | 17.032 |
| 1.0620 | 15.207 | 1.0660 | 16.134 | 1.0700 | 17.055 |
| 1 | 15.230 | 1 | 16.157 | 1 | 17.078 |
| 2 | 15.253 | 2 | 16.180 | 2 | 17.101 |
| 3 | 15.276 | 3 | 16.203 | 3 | 17.123 |
| 4 | 15.300 | 4 | 16.226 | 4 | 17.146 |
| 5 | 15.323 | 5 | 16.249 | 5 | 17.169 |
| 6 | 15.346 | 6 | 16.272 | 6 | 17.192 |
| 7 | 15.369 | 7 | 16.295 | 7 | 17.215 |
| 8 | 15.398 | 8 | 16.319 | 8 | 17.238 |
| 9 | 15.416 | 9 | 16.341 | 9 | 17.261 |
| 1.0630 | 15.439 | 1.0670 | 16.365 | 1.0710 | 17.284 |
| 1 | 15.462 | 1 | 16.388 | 1 | 17.307 |
| 2 | 15.486 | 2 | 16.411 | 2 | 17.330 |
| 3 | 15.509 | 3 | 16.434 | 3 | 17.353 |
| 4 | 15.532 | 4 | 16.457 | 4 | 17.375 |
| 5 | 15.555 | 5 | 16.480 | 5 | 17.398 |
| 6 | 15.578 | 6 | 16.503 | 6 | 17.421 |
| 7 | 15.602 | 7 | 16.526 | 7 | 17.444 |
| 8 | 15.625 | 8 | 16.549 | 8 | 17.467 |
| 9 | 15.648 | 9 | 16.572 | 9 | 17.490 |

续表

| 相对密度 (20℃/20℃) | 浸出物含量 ω/(×10⁻²) | 相对密度 (20℃/20℃) | 浸出物含量 ω/(×10⁻²) | 相对密度 (20℃/20℃) | 浸出物含量 ω/(×10⁻²) |
|---|---|---|---|---|---|
| 1.0720 | 17.513 | 1.0760 | 18.425 | 1.0800 | 19.331 |
| 1 | 17.536 | 1 | 18.447 | 1 | 19.353 |
| 2 | 17.559 | 2 | 18.470 | 2 | 19.376 |
| 3 | 17.581 | 3 | 18.493 | 3 | 19.399 |
| 4 | 17.604 | 4 | 18.516 | 4 | 19.421 |
| 5 | 17.627 | 5 | 18.538 | 5 | 19.444 |
| 6 | 17.650 | 6 | 18.561 | 6 | 19.466 |
| 7 | 17.673 | 7 | 18.584 | 7 | 19.489 |
| 8 | 17.696 | 8 | 18.607 | 8 | 19.511 |
| 9 | 17.719 | 9 | 18.629 | 9 | 19.534 |
| 1.0730 | 17.741 | 1.0770 | 18.652 | 1.0810 | 19.556 |
| 1 | 17.764 | 1 | 18.675 | 1 | 19.579 |
| 2 | 17.787 | 2 | 18.697 | 2 | 19.601 |
| 3 | 17.810 | 3 | 18.720 | 3 | 19.624 |
| 4 | 17.833 | 4 | 18.742 | 4 | 19.646 |
| 5 | 17.856 | 5 | 18.765 | 5 | 19.669 |
| 6 | 17.878 | 6 | 18.788 | 6 | 19.692 |
| 7 | 17.901 | 7 | 18.810 | 7 | 19.714 |
| 8 | 17.924 | 8 | 18.833 | 8 | 19.737 |
| 9 | 17.947 | 9 | 18.856 | 9 | 19.759 |
| 1.0740 | 17.970 | 1.0780 | 18.878 | 1.0820 | 19.782 |
| 1 | 17.992 | 1 | 18.901 | 1 | 19.804 |
| 2 | 18.015 | 2 | 18.924 | 2 | 19.827 |
| 3 | 18.038 | 3 | 18.947 | 3 | 19.849 |
| 4 | 18.061 | 4 | 18.969 | 4 | 19.872 |
| 5 | 18.084 | 5 | 18.992 | 5 | 19.894 |
| 6 | 18.106 | 6 | 19.015 | 6 | 19.917 |
| 7 | 18.129 | 7 | 19.037 | 7 | 19.939 |
| 8 | 18.152 | 8 | 19.060 | 8 | 19.961 |
| 9 | 18.175 | 9 | 19.082 | 9 | 19.984 |
| 1.0750 | 18.197 | 1.0790 | 19.105 | 1.0830 | 20.007 |
| 1 | 18.220 | 1 | 19.127 | 1 | 20.032 |
| 2 | 18.243 | 2 | 19.150 | 2 | 20.055 |
| 3 | 18.266 | 3 | 19.173 | 3 | 20.078 |
| 4 | 18.288 | 4 | 19.195 | 4 | 20.100 |
| 5 | 18.311 | 5 | 19.218 | 5 | 20.123 |
| 6 | 18.334 | 6 | 19.241 | 6 | 20.146 |
| 7 | 18.356 | 7 | 19.263 | 7 | 20.169 |
| 8 | 18.379 | 8 | 19.286 | 8 | 20.191 |
| 9 | 18.402 | 9 | 19.308 | 9 | 20.213 |

# 参 考 文 献


[1] 孙清荣，王方坤．食品分析与检验．北京：中国轻工业出版社，2011.

[2] 王芃．生物产品分析与检验技术．武汉：华中科技大学出版社，2012.

[3] 刘长春．生物产品分析与检验技术．北京：科学出版社，2009.

[4] 朱维军．粮食制品加工实验实训教程．北京：科学出版社，2010.

[5] 刘长虹．食品分析及实验．北京：化学工业出版社，2006.

[6] 朱克永．食品检测技术——理化检验、感官检验技术．北京：科学出版社，2011.

[7] 张克荣．水质理化检验．北京：人民卫生出版社，2006.

[8] 张意静．食品分析技术．北京：中国轻工业出版社，2007.

[9] 大连轻工业学院等八大院校．食品分析．北京：中国轻工业出版社，2006.

[10] 杨祖英．食品检验．北京：化学工业出版社，2004.

[11] 贾春晓．现代仪器分析技术及其在食品中的应用．北京：中国轻工业出版社，2005.

[12] 黄晓钰，刘邻渭．食品化学综合实验．北京：中国农业大学出版社，2002.

[13] 王叔淳．食品卫生检验技术手册．第3版．北京：化学工业出版社，2002.

[14] 徐春．食品检验工（初级)．北京：机械工业出版社，2006.

[15] 黄高明．食品检验工（中级)．北京：机械工业出版社，2006.

[16] 刘长春．食品检验工（高级)．北京：机械工业出版社，2006.

[17] 中华人民共和国国家标准．制盐工业通用试验方法碘离子的测定．北京：中国标准出版社，2004.

[18] 程云燕，李双石．食品分析与检验．北京：化学工业出版社，2007.

[19] 罗建成．生物工业分析．北京：化学工业出版社，2009.

[20] 康臻．食品分析与检验．北京：中国轻工业出版社，2008.

[21] 中华人民共和国国家标准．GB 5511—2008 谷物和豆类氮含量测定和粗蛋白质含量计算凯氏法．北京：中国标准出版社，2008.

[22] 中华人民共和国国家标准．GB/T 5494—2008 粮油检验粮食、油料的杂质、不完善粒检验．北京：中国标准出版社，2009.

[23] 中华人民共和国国家标准．GB 5492—2008 粮油检验粮食、油料的色泽、气味、口味鉴定．北京：中国标准出版社，2009.

[24] 中华人民共和国国家标准．食品安全国家标准（GB 5413—2010)．北京：中国标准出版社，2010.

[25] 中华人民共和国国家标准．GB/T 22388—2008 原料乳与乳制品中三聚氰胺检测方法．北京：中国标准出版社，2008.

[26] 中华人民共和国国家标准．GB/T 9695.6—2008 肉制品 胭脂红着色剂测定．北京：中国标准出版社，2009.

[27] 中华人民共和国国家标准．GB/T 20752—2006 猪肉、牛肉、鸡肉、猪肝和水产品中硝基呋喃类代谢物残留量的测定．北京：中国标准出版社，2006.

[28] 安徽省地方标准．DB 34/T 823—2008 动物组织中盐酸克伦特罗的残留测定．北京：中国标准出版社，2008.

[29] 浙江省地方标准．DB 33/T 624—2006 动物组织中特布他林、克伦特罗、沙丁胺醇和莱克多巴胺残留量的测定．北京：中国标准出版社，2006.

[30] 中华人民共和国国家标准．GB 2760—2011 食品添加剂使用卫生标准．北京：中国标准出版社，2011.

[31] 中华人民共和国国家标准．GB/T 23495—2009 食品中苯甲酸、山梨酸、糖精钠的测定．北京：中国标准出版社，2009.